VKHUTEMAS

呼捷玛斯

一个被遗忘的现代主义建筑先锋

韩林飞 著

中国电力出版社
CHINA ELECTRIC POWER PRESS

内 容 提 要

本书是我国第一部全面介绍呼捷玛斯——苏联国立高等艺术与技术创作工作室成果及其历史的专著。书中系统地介绍了呼捷玛斯（1920—1930年）十年间成长与发展的历史，从呼捷玛斯的发展概况、教学体系与成果、创作思想的传播及其教育体系的传承，到代表人物的建筑理论及设计实践、呼捷玛斯与包豪斯、世界现代艺术史体系框架中的呼捷玛斯，详细分析了该学术团体成立的学术及社会背景。对其在世界现代造型艺术中的地位，特别是在现代建筑造型领域的前卫作用进行了论证；揭开了这段历史的谜团，指出了呼捷玛斯巨大的历史贡献，尤其是对于现代建筑造型基础及教育方法研究上的影响，极大地丰富了人类20世纪的现代造型艺术理论。

本书图文并茂，共有图片1300余张，它是直观了解苏联前卫建筑、苏联前卫艺术、现代建筑造型语言起源的重要文献，对于历史学者、艺术工作者、建筑师及广大的师生具有较高的参考价值。

图书在版编目（CIP）数据

呼捷玛斯：一个被遗忘的现代主义建筑先锋 / 韩林飞

著 . —北京：中国电力出版社，2023.5

ISBN 978-7-5198-6539-9

Ⅰ . ①呼… Ⅱ . ①韩… Ⅲ . ①呼捷玛斯—校史 Ⅳ .

① TU-40

中国版本图书馆 CIP 数据核字（2022）第 123999 号

出版发行：中国电力出版社

地　　址：北京市东城区北京站西街 19 号（邮政编码 100005）

网　　址：http://www.cepp.sgcc.com.cn

策划编辑：梁　瑶

责任编辑：王　倩　（010-63412607）

责任校对：黄　蓓　常燕昆　朱丽芳

书籍设计：赵姗姗

责任印制：杨晓东

印　　刷：北京博海升彩色印刷有限公司

版　　次：2023 年 5 月第一版

印　　次：2023 年 5 月北京第一次印刷

开　　本：787 毫米 ×1092 毫米　12 开本

印　　张：36.5

字　　数：923 千字

定　　价：498.00 元

序一

现代建筑在世界各国生根、发芽、成长已经100多年了。在这一个多世纪的发展过程中，虽然各国现代建筑的发展脉络、表现形式不尽相同，但其实质上的关联性及某些内容的相通却出奇的一致。这种一致性的源头在何处？它的根脉又是怎样的呢？为什么现代建筑思想可以在全世界生根发芽？

现代建筑起源于19世纪末至20世纪初的欧洲大陆，这已是不争的事实。这种起源的理论基础及社会经济、科学技术基础究竟是怎样的呢？这一问题看似简单，但从世界范围内进行比较研究，不仅可以促进中国现代建筑的健康发展，满足中国建筑的创作需求，而且对丰富与完善世界现代建筑的起源研究也是意义非凡的一件事。

最近阅读了韩林飞先生关于一套苏联丛书的编写提纲。我确信我多年思索的问题有了一种答案或解答。韩林飞先生留学莫斯科多年，并系统全面地考察欧洲现代建筑发源地，具有德国、法国，以及意大利、荷兰等国的学习与研究背景，掌握了丰富全面的一手资料，加之他勤奋努力、扎实肯干的治学态度，为这套丛书的撰写奠定了良好的基础。这也正是我们这一代人所渴望而由于历史原因未能得到的研究条件。

《呼捷玛斯——一个被遗忘的现代主义建筑先锋》《短暂的恋情——柯布西耶与苏联》《雅科夫·切尔尼科夫——空间与图形的世界》，首先计划出版的这三本书无疑填补了我们对苏联现代建筑起源研究的一个空白。其中，前两本书涉及比较研究——苏联与德国、柯布西耶与苏联的关系及其相互影响，第三本书所介绍的雅科夫·切尔尼科夫是当时苏联杰出的、具有非凡创造力的建筑大师。从他的建筑设计作品及天才的建筑构思中，我们不仅可以看出雅科夫·切尔尼科夫对现代建筑全新的理解，也可以看出他对现代建筑造型基础理论及教育方法研究是何等的深入。1938年他意外失去工作机会后，仍进行了大量的构思想象，这是何等的执着！

在这三本书里，作者通过大量的原始资料，比较全面地阐述了现代建筑起源的真实面貌、先驱们的创新思想，特别是把苏联十月革命以后伴随思想解放喷薄而出的现代造型艺术思想、创作激情，以及俄罗斯人深厚的艺术创新传统，形象而生动地展示给我们。历史证明，现代建筑先驱们的理论与实践，是具有强大生命力的真正的时代先导。

《共同的目标——F. L. 莱特与苏联》《列昂尼多夫——柯布西耶所佩服与忌妒的建筑师》《"孪生兄弟"的不同命运——呼捷玛斯与包豪斯》，是这套丛书计划第二批出版的三本书。这些题目都是非常吸引人的。《共同的目标——F. L. 莱特与苏联》回答了苏联1937年第一届全苏建筑师大会邀请F. L. 莱特作为唯一国外代表与会的原因，为什么是莱特而不是柯布西耶？在此之前，柯布西耶与苏联有过千丝万缕的联系。从这种历史的现象中是否可以感受到苏联20世纪30年代建筑思想的转变，与F. L. 莱特有没有共同的目标呢？

《列昂尼多夫——柯布西耶所佩服与忌妒的建筑师》，再现了现代建筑起源之初，苏联人天才的想象与艺术功底。为什么桀骜不驯的柯布西耶既佩服又忌妒列昂尼多夫？当代著名建筑师、普利策奖获得者雷姆·库哈斯为什么在30多岁时，看到列昂尼多夫的作品后放弃建筑编辑工作，开始从事建筑设计工作呢？看了书中列昂尼多夫的作品，读者也许会体会到个中缘由。

《"孪生兄弟"的不同命运——呼捷玛斯与包豪斯》，比较并研究了苏联与德国的现代建筑起源和相互影响，使我们重新认识现代建筑起源的两个中心：一个是德国包豪斯，另一个是苏联呼捷玛斯。

诚然，正如所有的青年学术工作者一样，韩林飞先生的研究工作也并非尽善尽美，有些问题还需要做进一步深入的研究和论证。比如对中国现代建筑的研究，仍需纳入世界体系中加以考察论证。

我衷心希望这套丛书的出版能丰富我国青年一代在建筑学研究工作上的成果，对今后建筑创作起到支撑作用，同时希望作者继续深入研究，不断奉献出新的研究成果，为我国建筑学的发展贡献更大的力量。此外，也希望广大读者对这套丛书提出宝贵意见，百家争鸣、互补互动、齐心协力，共同推进我国建筑理论与建筑历史研究工作。

是为序。

杨永生

2010 年 6 月 8 日于北京

序二

2002年春天，我去北京工业大学看了一个展览，叫"建筑师创造力的培养"，副标题是"从苏联高等艺术与技术创作室到莫斯科建筑学院（МАРХИ）"。展览的内容之丰富使我大吃一惊，既系统又全面，既有创作过程，又有作品展示，大长了我的见识。我认识展览的策划者韩林飞已经多年，知道他在俄罗斯及欧洲学习期间重视学术工作，尤其对苏联、俄罗斯早期前卫建筑的各个流派很感兴趣，并留心搜集相关资料。我知道这方面的资料因某些原因很难收集，我也曾对那些勇敢的、生气勃勃的流派很有兴趣，但因为所得资料不多，勉勉强强写了几篇评论文章之后就搁笔了。20世纪60年代，解构主义出现之后，西方国家的一些人对苏联、俄罗斯早期建筑的兴趣大增，出版了一些书。苏联解体之后，学术环境大为宽松，对苏联、俄罗斯初期的文艺和建筑流派也重新评价，出了些文章和书籍。但我已经心意阑珊，不想再去研究。1998年我到俄罗斯时，韩林飞告诉我，他的寓所里装满了书籍，其中有很大一部分是关于苏联、俄罗斯早期前卫建筑的。我听了很高兴，希望他能深入地写些介绍性文章。但我无论如何也没有想到，他搜集的资料竟有这么多、这么全。花半天时间看展览，虽是走马看花，但我心中充满了欢喜。韩林飞对学术工作的认真和勤奋，更令我钦佩。

这个展览也引发我对以呼捷玛斯为代表的苏联、俄罗斯前卫建筑的一些想法，趁韩林飞将呼捷玛斯内容编成书出版的机会，我把它们简单地梳理一下。

第一个想到的是，法国国王路易十四于17世纪设立世界上最早的建筑学专业学校的时候，目的就是要它引领建筑学的潮流，而它也确实履行了这个职责，它和它经过改组的继承者巴黎美术学院，引领欧洲建筑潮流将近300年之久。这所学校里发生的大小事件，都会影响欧洲各国的建筑发展。到了20世纪初，世界建筑经历了空前未有的大革命，巴黎美术学院的地位才被推翻，而引领这场革命的，又是两所学校——德国的包豪斯和苏联的呼捷玛斯。它们是现代主义建筑运动的两个中心，一起开辟了建筑学极富生命力的新时期。欧美一些有地位的大学建筑院系，或者没有能把握住，或者无缘得到那样的历史机遇，但是日后大多在建筑学术上也都有自己的特色、成就和广泛的影响。

比较起来，包豪斯的命运比呼捷玛斯好一点。呼捷玛斯在当时的制度下，一旦遭到贬抑便没有丝毫喘息的余地。包豪斯的主要人物大部分流亡到美国，他们都是左派，在美国并没有受到政治迫害，从而享受了学术的充分自由。他们的个人才华得以发挥，使美国成为现代主义建筑的福地，引领全世界建筑改变了面貌。而苏联建筑直到20世纪50年代中叶之后，才重新走上现代主义的道路。

第二点我想到的是，呼捷玛斯和包豪斯相比较，两者有着不小的差别。在格罗皮乌斯主持包豪斯之后，它的建筑理念便逐渐和现代化的工业技术合理地结合起来，抛弃幻想而趋于务实。它抓住了现代建筑发展的主脉。它的主要人物到了美国之后，依靠美国强大的生产力，终于把世界现代建筑的一场大革命进行到底。

而呼捷玛斯，它的主要人物有太多不切实际的空想，赋予了建筑过多无法负担的社会历史使命。他们做了许多惊世骇俗的建筑设计，但当时的技术并没有任何实现的可能，只是象征性地表现他们的革命激情。而建筑，只要它是实实在在的建筑，就摆脱不了实用性和经济性，摆脱不了技术上的可能性。现代主义建筑在20世纪中叶得以彻底地改造整个建筑业，靠的正是它在实用、经济和技术上的强大优势。

不过，在社会革命和建筑革命两个革命赶在一起的重大时刻，热情澎湃的建筑师富有海阔天空的幻想不但是理所当然的，而且是必要的。包豪斯的大师们和他们的同路人柯布西耶也曾经有过不着边际的幻想。没有激情，哪里会有创新的朝气和战斗力。不过，包豪斯到美国后比较快地走上了现实的道路，影响了20世纪的全世界，而呼捷玛斯还没有来得及走就被扼杀了。

一些苏联前卫派的建筑大师，如维斯宁兄弟，正是由于走上创新而又务实的路，后来才做出了很大的贡献。几位从包豪斯流亡到苏联的人士，也在创新而又务实的道路上取得了大的成就。

但苏联初期的前卫建筑师们在冲破传统的樊篱，解放一代建筑师的思想，强化建筑师的社会责任心和历史使命感方面，是做出了重大贡献的。

近年来有一些时髦的欧美"解构主义"建筑师，重新找回苏联以呼捷玛斯为代表的前卫建筑，拿它们做盟友，空想出没有客观合理性的建筑形式来，当然不可能有什么成绩和前途。"解构主义"者根本没有理解当年苏联前卫建筑师创作中所蕴含的深刻的社会历史意义。

我想，从呼捷玛斯的教育体系和方法来看，还有很多话可说，但我先说到这里为止，希望读者们驰骋想象，再好好看看这本书。

陈志华
2012年10月17日

CONTENTS

Chapter II   **The teaching system and achievements of VKHUTEMAS**

Chapter V   VKHUTEMAS and Bauhaus

Chapter VI   VKHUTEMAS in the framework of the world modern art history system

Содержание

Глава 4   Архитектурная теория и практика проектирования представительных архитекторов ВХУТЕМАСа

绪论

20世纪初,苏联呼捷玛斯,即国立高等艺术与技术创作工作室(Высшие художественно-технические мастерские)(俄文BXYTEMAC,英文VKHUTEMAS),开始现代主义建筑空间造型理论与教育方法的研究,历经百年时间。百年前,先贤们奠定的空间造型理论与方法被广为传播,在世界各地开花结果,成为工业革命以来现代空间造型艺术发展的重要基础,也成为现代主义建筑创作的重要基石。如今,这个在20世纪20年代独一无二的高等院校已经离我们渐行渐远,但随着近年来资料的收集与信息的完善,我们愈发明晰呼捷玛斯的出现是整个20世纪艺术发展史中最伟大的历史事件之一。著名瑞士建筑史学家希格弗莱德·吉迪恩(Sigfrid Giedion)曾指出:完全可以把当时(20世纪20年代至30年代)的苏联看作世界现代建筑的运动中心。建筑编辑家杨永生先生也曾将包豪斯和呼捷玛斯比作"孪生兄弟",可见呼捷玛斯对当时造型艺术产生的巨大影响丝毫不逊于包豪斯,并在世界建筑学界享有盛誉。这是现代艺术学界许多历史学家公认的事实。呼捷玛斯的实践性成果不仅为现代空间造型提供了创新性的教学体系,也成为现代建筑造型艺术形成与发展的主要源头。

20世纪初,随着工业生产的发展和人们生活水平的改善,苏联作为世界上第一个社会主义国家对工业产品的需求越来越大。列宁曾说过,必须将艺术教育与技术教育相结合。大学必须为苏联的工业发展储备专家,而呼捷玛斯正是为许多领域孕育前卫造型艺术家的摇篮。在呼捷玛斯,师生们巨大的创作潜力促使了不同艺术形式在相互影响过程中的形成合力。这是一个创作热情空前高涨的熔炉,所有有志之士都在摩拳擦掌、跃跃欲试。正是在这种情况下,新艺术形式得到探索与发展,不同专业领域的师生成为现代工业与建筑造型的原创者与实践者。

在这一背景下,独具创新性的高等艺术与技术学校应运而生。在这里,建筑艺术先锋者指导完成了许多优秀的学生作品。在教学过程中,对新艺术形式的共同追求和实践,加深了各个工作室对空间创造的理解,并营造了这所高等学校的艺术气氛。呼捷玛斯建立在历史悠久的斯特罗干诺夫斯基工艺美术学校与莫斯科绘画雕塑与建筑学校的基础上,由八个院系组成,不仅培养建筑师、金属加工艺术家、画家、印刷业专家、雕塑家和陶瓷艺术家,而且还培养剧院舞台装饰设计师、图案与染织艺术家、木材加工专家等多领域人才。学校将培养画家、雕塑家、建筑师的高等学校教育方式与为工厂培养专业技师的工作室模式相结合,将艺术教育同社会生产相融合。从1920年呼捷玛斯成立开始,基础教学部引入了新的课程,如空间、形体、色彩和构图等,所有学生共同完成基础教学部的预科学习之后方能转入各个专业学习,这种方式的基础教学奠定了学生对新艺术的追求和创造力。同时,出色的设计作品与实践,如伊·列奥尼多夫的列宁学院、莫斯科阿·阿布洛夫中心火车站、弗·拉弗洛夫线型城市等,也奠定了苏联乃至整个世界现代建筑艺术的基础。

呼捷玛斯的贡献不仅在于它的创作理论与方法,在现代建筑造型教育与空间构成方面也成果颇丰,成为如今现代建筑教育的重要基石(图绪论-1、图绪论-2)。20世纪20年代,对于建筑设计的创新教育而言,以尼·拉多夫斯基为首的建筑师们开展的空间教学法具有独特的意义。在呼捷玛斯建立之前,无论在苏联艺术院校,还是在绘画雕塑与建筑学校,当时苏联的建筑艺术教学体系都无一例外地效仿欧洲,特别是效仿法国巴黎美术学院(布扎)的教学

体系,即从低年级开始学习古典作品到高年级创作历史风格的设计作品。直到1920年秋季,呼捷玛斯建筑系的教育家尼·拉多夫斯基、尼·多库恰耶夫、弗·科林斯基领导的左翼工作室联盟开始探索创新的空间造型理念。他们要求学生们表现不同类型建筑形态的抽象特性,并且创作空间语言由新的形态和新的组织构成,通过推敲建筑形体的模型来研究空间与形式的关系。空间教学法从最初的抽象空间练习逐渐扩展到具体、实际的设计题目中,学生们也逐渐掌握了现代空间设计的语言和手法。因此,这种建筑空间语言在革新的创作潮流中,在创新者的引领与青年人的创作潜力的作用下得到进一步的探索与发展。呼捷玛斯这种具有创新精神的教学理念颠覆了古典传统模仿式、技法训练为主的学习方法,这影响了整整一代建筑师,并为创新型现代建筑教育模式的发展奠定了重要基础。

呼捷玛斯对当代世界造型艺术的影响,不仅体现在它是一种现代的、具有生命力的视觉语言,而且其艺术教育与工业生产相结合的方式,对第二次世界大战后的世界造型艺术教育都具有借鉴意义。目前,空间、平面、色彩仍是许多大学建筑学新生的必修课。基于这样的教育思想和训练方法,世界各国大学的建筑空间造型训练与教育虽不尽相同,但大体思想却出奇的一致,那就是遵循现代主义建筑的造型方法体系、结构技术体系,建立现代材料的逻辑体系,形成整体的空间造型训练。文学语言的构成需要字、词、句等基本元素,但建筑教育界却忽视了对建筑造型基本语言元素体系的训练,缺少必要的方法与理论,初学者缺乏必要的基本元素训练,欠缺较完整的基本空间构成元素训练。他们希望借助呼捷玛斯优秀的教育理念和成果,使学生们能够理解空间元素,并独立使用与创造它们。显然,所有这些教育方法都深受呼捷玛斯的图形空间理念与教育模式的影响。

呼捷玛斯与包豪斯之间存在着千丝万缕的联系，这种联系主要体现在构成主义艺术思潮盛行时期，一批构成主义前卫艺术的探索者与西方的交流中。这其中包括瓦·康定斯基、卡·马列维奇、拉·里西茨基等，他们与包豪斯有着密切的联系。而同时在呼捷玛斯任教的勒·柯布西耶（1888—1965），20世纪著名的建筑大师、城市规划家、画家和理论家，是现代建筑运动的激进分子与主将，被称为"现代建筑的旗手"。自1922年构成主义者发表《构成主义国际宣言》后，勒·柯布西耶便接受这种建筑思潮，并在这两个学校间进行交流。随后勒·柯布西耶在建筑师彼·让涅尔的协助下，采用了纯粹的构成主义手法进行设计，建造了莫斯科中央消费合作社总部大楼，吸引了苏联及世界前卫建筑师们的关注，并得到前卫艺术家们的赞叹。这些让勒·柯布西耶最终成为联结呼捷玛斯与包豪斯的桥梁之一。

呼捷玛斯与包豪斯之所以伟大，在于它们对学术思想的积极探索与远见卓识，它们的造型艺术思想影响至远，并在世界各地生根发芽。呼捷玛斯和包豪斯都是世界现代艺术发展的重要里程碑，丰富了20世纪的世界现代建筑理论与实践。1933年之后，苏联国立高等技术与艺术创作工作室进行了院系调整，苏联国立高等技术与艺术创作工作室的建筑系与莫斯科高等工业学校的建筑系合并，成立了莫斯科建筑建设学院。1933年，改名为莫斯科建筑学院，呼捷玛斯被改组（图绪论-3、图绪论-4）。而在前一年（1932年），包豪斯被关闭，两所学校可谓是"同始同终"。然而，与着重培养艺术设计师的包豪斯不同，呼捷玛斯的建筑系是前卫综合艺术流派中最具实力的一支，并且与其先进的教学理念相融合，在苏联和世界前卫艺术运动中发挥着重要作用。呼捷玛斯的学术思想和先进的教育体系为现代建筑造型艺术的新理念和新风格奠定了基础，在当代建筑发展中也发挥着重要作用。

整个20世纪20年代，呼捷玛斯是苏联建筑界最重要的一支创作流派与研究中心，也成为构成主义者最活跃的舞台。在1920—1933年，呼捷玛斯作为一个全新的现代造型艺术教育基地，创立了独树一帜的教育体系。这种自成体例的教学系统，极大地激发了师生们创造独特构成语言的热情，为世界现代造型艺术留下了极富价值的遗产宝库，为现代建筑界发展作出了巨大贡献。

尽管呼捷玛斯与包豪斯一样，都时间短暂，但两者的影响力却大相径庭。包豪斯虽然被纳粹政府强令关闭，但其教育思想却重新在美国扎根，之后在世界范围内传播；而呼捷玛斯则在政府主导的机构重组中消失了。但呼捷玛斯的思想及其深刻的影响力不会磨灭，其在现代建筑的构成与造型领域的巨大价值，正逐步被重新认识和挖掘。在呼捷玛斯的教学及思想传统曾经发出光芒那个地方——罗日杰斯特文斯卡娅大街111号，被今天的莫斯科建筑学院坎坷地延续下来，并如同火种一样，最终在20世纪80年代，又重燃起，放出耀眼的光芒。

1991年苏联解体后俄罗斯现代建筑的发展又一次陷入了变革潮流中，但莫斯科建筑学院对呼捷玛斯教育思想的继承与发展却前进了一大步。近年来，随着当代新材料、新技术、新建造形式的发展与演变，20世纪20年代呼捷玛斯孕育的前卫建筑造型理论，从艺术幻想转为现实，因此研究呼捷玛斯的艺术思想及其作品，对建筑理论与实践的发展有着非凡的意义。

在建筑造型艺术领域发展的历史进程中，呼捷玛斯的建筑艺术理论和实践成果影响深远。当代很多著名的建筑大师都深受其影响，如当代先锋建筑师雷姆·库哈斯、扎哈·哈迪德和丹尼尔·里伯斯金等都曾借鉴了呼捷玛斯在现代建筑造型领域的宝贵经验。他们从呼捷玛斯的作品形式中受到启发和感染，创造出一系列延续呼捷玛斯造型艺术思想的前卫建筑设计作品，这些影响从他们的建筑作品中均可清晰地看见。

莫斯科建筑学院的教学继承了呼捷玛斯的大部分教学体系，并且总结了之前无数实践者的教学经验，形成了完善、严谨的建筑设计教学理论及训练方法。笔者于1994年起留学俄罗斯，在莫斯科建筑学院学习与工作6年。在这里，笔者较全面地了解了呼捷玛斯存在十余年间的历史发展进程与教学实践内容，深刻体会到其特殊的历史价值及对现代建筑造型领域的巨大影响力。笔者通过多种资料的收集与总结，不断研究呼捷玛斯的作品、艺术理论与其对世界造型艺术的贡献，方形成了本书的研究基础。

在世界现代建筑造型运动的历史长河中，呼捷玛斯与德国的包豪斯一样，在现代艺术新风格的探索中，丰富完善了世界现代建筑造型的理论与实践，在人类艺术史的创造中书写了重要一笔，同时对当代建筑设计也产生了不可磨灭的深远影响。

图绪论-1　莫斯科建筑教育的发展历程
图绪论-2　20世纪20年代莫斯科河两岸建筑远眺

DEVELOPMETN OF ARCHITECTURAL EDUCATION IN MOSCOW
莫 斯 科 建 筑 教 育 的 发 展 历 程 图 示

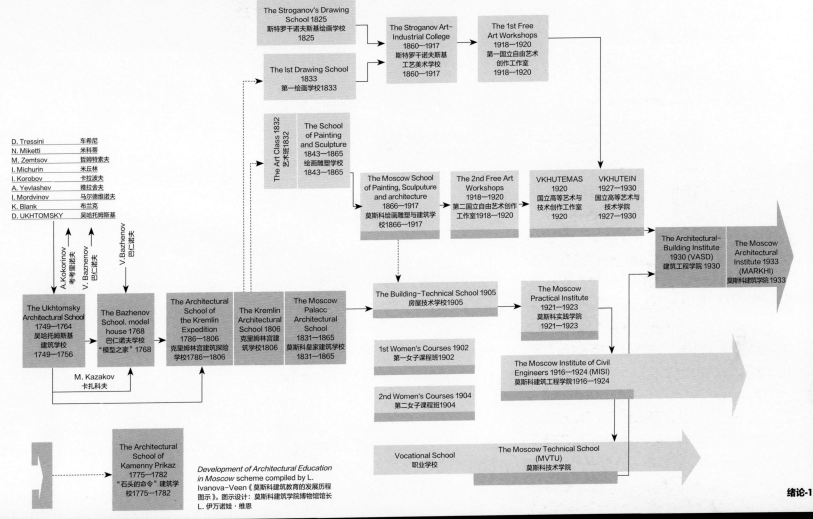

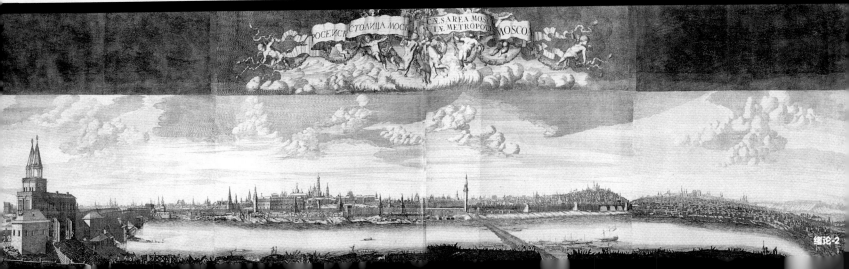

图绪论-3 莫斯科建筑学院
图绪论-4 莫斯科建筑学校校址变迁图

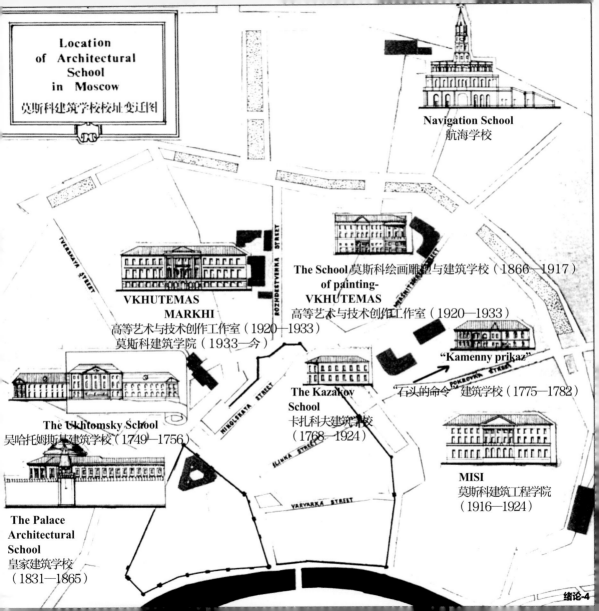

Location of Architectural School in Moscow
莫斯科建筑学校校址变迁图

Navigation School
航海学校

VKHUTEMAS
MARKHI
高等艺术与技术创作工作室（1920—1933）
莫斯科建筑学院（1933—今）

The School 莫斯科绘画雕塑与建筑学校（1866—1917）
of painting-
VKHUTEMAS
高等艺术与技术创作工作室（1920—1933）

"Kamenny prikaz"
"石头的命令"建筑学校（1775—1782）

The Kazakov
School
卡扎科夫建筑学校
（1768—1924）

The Ukhtomsky School
吴哈托姆斯基建筑学校（1749—1756）

The Palace
Architectural
School
皇家建筑学校
（1831—1865）

MISI
莫斯科建筑工程学院
（1916—1924）

绪论-4

第1章 ›
呼捷玛斯的发展历程

19世纪末20世纪初，世界建筑界发生了空前的变化，变化之大，用"革命"两字形容当之无愧。俄罗斯坚实的艺术创作土壤为呼捷玛斯的形成奠定了深厚的学术及创作基础，并为它的成熟发展提供了丰富的营养。呼捷玛斯是19世纪以来工业革命的产物，它并非简单的是工业革命的一部分，而是工业革命之初在历史的综合作用下所引起的人类创造活动，是由生产力、生产关系、文化和意识形态及上层建筑全面复杂变化所引起的。研究呼捷玛斯的形成与发展，有必要详细了解这所学校，同时也是设计中心的整个发展轨迹。

1.1 呼捷玛斯形成的背景

要了解20世纪20年代苏联在现代建筑构成理论及思想探索中的特殊性，必须考虑到俄罗斯19世纪艺术状况的特殊性，它的诞生与欧洲其他国家现代建筑及现代艺术新风格的诞生不同。这种特殊性在于19世纪俄罗斯特殊的建筑艺术传统及其表达方式，以及其受限的经济与材料制造业。这造成了1917年十月革命前，俄国在艺术思想及现实创作环境中，关于建筑构成形式问题的自相矛盾性。在其形式的发展过程中，相互对立的两种不同建筑风格之间始终存在着激烈的矛盾与互相批判。

在十月革命前的半个世纪里，俄罗斯涌现出了"新古典主义"的巨大潮流，它产生于同现代派间的激烈辩论过程中。对俄罗斯古典主义精神的新古典主义探求，在19世纪末20世纪初达到了高潮。出现了独特的、诠释古典造型艺术体系的新流派——"活的古典主义"，以区别于学院派所研究的古典法则。"活的古典主义"成为俄国十月革命前建筑艺术的主要创作流派。这时的建筑艺术风格由新古典主义大师伊·福明[1]、伊·若尔托夫斯基[2]、弗·修科[3]、马·里亚列维奇[4]等人掌控，从这一时期的古典主义建筑中可以看出，俄罗斯建筑艺术逐渐摆脱了折中主义的道路，古典建筑师们共同在原有的体系中进行传统造型艺术的探索与努力。

从1910—1930年间，受法国巴黎的立体主义[5]、德国慕尼黑的"青骑士"表现主义[6]，以及西欧刚刚兴起的未来主义[7]的影响，俄国相继发展出了本土的至上主义[8]、未来主义[9]、构成主义[10]、立体未来主义[11]、新原始主义[12]。这些前卫艺术流派以呼捷玛斯作为催生地和研究创新中心（图1-1），并且在不同艺术领域中进行合作、融合、竞争、碰撞，共同影响了20世纪的世界现代化艺术。

左派即前卫派的艺术，在完全不同于传统美学的新形式探寻中，形成了强烈的冲击波，如同火山喷发般释放出巨大的能量。激进的革新流派组成了建筑界、艺术界全新的领域，包含了广泛的艺术种类。正是在俄罗斯及苏联造型艺术中，产生了卡·马列维奇的至上主义和弗·塔特林的构成主义（图1-2）。这两个影响至深的风格构成概念，成为现代造型艺术全新艺术语言的根基。

图1-1 呼捷玛斯为纪念十月革命十周年创作的展览项目，具体作者不详，1927年

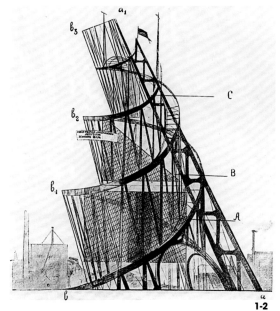

图1-2 构成主义代表作品（第三国际纪念碑），弗·塔特林，1921年

从当时的建筑作品及建筑师发表的建筑思想中基本可以看出，那是一个时代的转折点，新的构成语言与传统的构成方式在那里交织、发展，在两个相互抵触的方向上探索，并最终推进了苏联建筑历史全新的发展。

1.1.1 社会经济对古典主义复兴的影响

在18世纪和19世纪初期，俄罗斯对建筑的支持主要在宫殿建筑、奢华的官方建筑，以及体现新古典主义秩序的城市规划中。在19世纪60年代，政策推行中要求从经济上合理地使用建筑资源并发展出具有适应能力的专业建筑组织，建筑实践被政策限制与严格的控制。与此同时，建筑批评家们开始谴责代表俄罗斯的新古典主义建筑，认为它是单调且压抑的。

1860—1917年，在欧洲建筑风格的影响下，各大主要城市进行了大面积的改造，即使在莫斯科的中心老城区，也逐渐开始建设新型建筑。在圣彼得堡，由于建筑很大程度上是在1917年之前50年建造的，巴洛克和新古典主义风格的建筑错落有致，使得这个时期圣彼得堡的其他杰出建筑黯然失色。随着建筑项目的推进，以及建筑师们为不同客户设计不同类型的建筑，满足一定的审美需求成为人们的期待。建筑师开始探索新技术的专业化表达，与此同时，工业的迅速发展对建筑师的需求量也大大增加。同时，由于建筑专业建设组织结构的不断变革，建筑教育与设计组织开始成熟化，使俄罗斯建筑逐渐走向现代。

与欧洲较发达的国家相比，俄罗斯的建筑实践受限于萧条的经济状况。19世纪60年代后期，在俄罗斯主要城市的建设中，建筑师开始采用新的建筑方法与材料，但是他们应用这些

新方法的建筑规模普遍较小。这主要是受限于先进技术和新材料的不足。俄罗斯当地工业无法生产足够的新建筑材料，这些新材料主要应用在工业建筑、工厂建设等领域。尽管许多俄罗斯建筑师早在19世纪三四十年代就已经将铁用于结构设计，但欧洲建筑在技术和结构设计方面通常领先俄罗斯很多，19世纪30年代在欧洲发展起来的工厂和商业建筑的结构设计，40年后才在莫斯科和圣彼得堡开始应用。

因此，西欧和中欧的建筑是俄罗斯现代建筑发展的榜样。许多俄罗斯建筑师开始践行18世纪的教育传统，即在自己的家乡进行系统学习后，再到国外旅游和学习，吸收欧洲先进的理念与技术。这其中，维·施莱特[13]——圣彼得堡建筑师协会的发起人之一，在结束柏林艺术学院三年的学习和广泛的欧洲之旅后返回俄罗斯，于1862年组织成立了非正式的建筑师协会组织。

此外，与西方国家一样，俄罗斯的建筑学校也进行了建筑技术培训方面的改革。1863年，法国的尤金·维奥莱特·勒杜克[14]对巴黎高等美术学院进行了课程计划的改革。德国柏林的艺术学院和土木工程学院的教学改革计划对俄罗斯均有影响。圣彼得堡艺术学院、圣彼得堡土木工程学院、莫斯科绘画雕塑与建筑学校等学校建筑教育的发展，当时也受到了柏林和巴黎类似教学研究机构的极大影响。

即使有传统理念的局限性和技术生产方面的限制，俄罗斯仍出现了很多创新建筑。创新的建筑类型包括购物商厦、大型的室内市场、教育机构、银行和其他金融机构、医院、公共剧院、展览馆、酒店和城市行政大楼等（图1-3），它们遍布俄罗斯城市的各个角落。莫斯科和圣彼得堡的建筑师在19世纪四五十年代继续进行火车站的设计与建设。由于铁路交通的发展，一些早期的火车站因不能满足新的需求而被拆除，并改为更大的车站站房建筑。在这个过程中，工业尤其是金属加工厂需求的不

断增长，促进了用于建造大型车站站房建筑空间的工程技术发展。这些技术主要涉及铁路站台、铁柱，以及铁路设施大跨度桁架支撑的大型屋顶等的建设。技术的进步以及钢筋混凝土和框架结构的使用，被认为是工程学发展的重中之重。当工业建筑的功能主义开始出现在非工业功能的民用建筑中时，这些进步及美学上的重要性就被赋予了新的定义。

在之后的几十年中，莫斯科和圣彼得堡的人口迅速增长，这时建筑的最大需求就是住宅。圣彼得堡在1858年的人口不足50万人，在1869年增至66.7万人，在1881年增至86.1万人，在1890年增至95.4万人。现代风格对俄罗斯私人住宅和公寓的设计产生了明显的影响。当时，人口增长速度很快，大多数新居民都是到城市寻求工作机会的农民，而坚固、实用的住房建设增长速度比人口增长速度慢。在圣彼得堡，可用的土地比莫斯科的少，但是公寓楼的数量和增长规模却令人印象深刻。根据1881年的普查，圣彼得堡的房屋中有19%是1层，2层有42%，3层有21%，4层有18%。1844年出台了一项法律，禁止建筑高度超过20米。新的建筑技术使圣彼得堡新区的公寓楼高度普遍增至6层。

圣彼得堡的建筑热潮始于19世纪60年代。从19世纪60年代到20世纪初，一排排公寓楼给人一种风格混乱的印象。某个地区越繁荣，它的建筑立面装饰就越丰富。在19世纪后期，圣彼得堡的商业建筑和住房建筑都在模仿或诠释着当时主要流行的古典建筑风格：新文艺复兴式、新巴洛克式、新希腊式、路易十六式、俄罗斯复兴式和摩登式等。然而，更多的是无法识别风格的折中主义建筑。大多数建筑物是砖砌的，上面覆盖着灰泥，它们可以很容易地用于古典主义建筑的装饰。

弗·阿列克桑德罗维奇大王子宫殿（图1-4）代表了设计者对风格化或折中主义设计风格的极端热爱。亚·里扎诺夫[15]被任命为圣

彼得堡建筑师协会的第一任主席。安·休恩[16]、耶·基特纳[17]和维·施莱特，这几位建筑师在19世纪后期的建筑设计中都扮演着重要角色。宫殿的外观严格按照早期佛罗伦萨文艺复兴时期的风格设计，但豪华客房的装饰却有从路易十六式到哥特式，再到摩登式及至少其他四种古典时期的风格。正如一位建筑评论家所指出的那样，这座宫殿的风格样式就像与它类似的其他豪华公寓楼一样，它的建造对成本和材料的要求相当高：其许多细节都用硅酸盐水泥建造而成。因此，这是在彼得堡沙皇家族建造大型宫殿的最后时期，俄罗斯的沙皇帝国品位追随资产阶级时代风潮的开始。大王子宫殿建成后，该市最富有的公民弗·拉特科夫-罗日诺夫在其豪宅的设计中模仿了皇宫的富丽堂皇。社会中的贵族阶层也开始在自己的住宅中模仿着折中主义。在圣彼得堡折中主义风格的公寓住宅设计中，最多产、最著名的建筑师是米·马卡罗夫[18]。公众喜欢米·马卡罗夫，从严格意义上讲，他是第一个开始建造真正现代化且独特的公寓楼的建筑师。这些公寓楼与任何一种建筑风格都不相关，但米·马卡罗夫显然为房屋设计带来了新的元素（图1-5），因而许多人都喜欢他。通过他的建筑设计，住户不断地炫耀自己古典住宅的风格，"我们不需要外墙，我们需要一栋实用的房屋"。圣彼得堡的人们开始狂热追捧折中主义，建筑师以最新风格重新设计城市建筑立面，这使圣彼得堡具有历史意义的建筑风貌遭到了破坏。当时的评论家曾提到这个时期建筑风格十分混乱：非常薄的墙壁，廉价的建筑材料，在一个立面上集合了许多种风格的窗户……风格混乱成了那时建筑的极大弊病。

折中主义始于19世纪60年代之前的俄罗斯。当时为了建造更多的建筑物，需要大量专业人员，建筑师可以在粉刷过的外墙上重新创建所谓的风格。与此同时崛起的是现代艺术的传播，它们注意到了过于繁复的装饰。建筑越来越成为引导公众品位和被重点讨论的对象。

到了19世纪70年代，一些评论家在《建筑师》[19]杂志中发表文章，认为折中主义那种与任何特定风格无关的建筑风格是不可取的："以其他方式为代价的风格崇拜，对艺术的发展是有害的，因为它不能为艺术家的创造力留出空间，通常会迫使艺术家从现成的图案和形式中借用琐碎的语言。"1875年，《建筑师》中的另一位批评家说道，折中主义的装饰已经走得太远了。米·马卡罗夫的作品再次提供了一个例证："一切都应有合理的限度，超过这一限度，就不能不受惩罚。"就美观性而言，米·马卡罗夫的外立面设计混乱，"丰富而繁杂的外墙"令人窒息，已经远远超出了当时合理的建筑设计的需求。

图1-3　海鲜市场，圣彼得堡，艾罗尼姆·基特纳，1883—1885年

图1-4　弗·阿列克桑德罗维奇大王子宫殿，圣彼得堡，1867—1872年

图1-5　圣彼得堡科诺格拉德斯基街的公寓，米·马卡罗夫，1870年

在19世纪60年代之前，公众已经成为建筑设计的评判者。当时的艺术期刊出版得到了官方的许可，从第一个存在时间短暂的建筑出版物《建筑学报》（1859—1861年）到之后的各种期刊，均为专业建筑师和一般读者提供了共享知识的平台，并且公众对建筑艺术的评论开始具有实质性的监督与导向作用。公众舆论不仅在建筑师塑造城市形象的过程中发挥了作用，而且由此引发了大规模的讨论，公众的新需求在这些转变中起到了重要的推动作用。

同时，由于西方国家处于工业化的快速发展阶段，建筑界发生了翻天覆地的变化，而这也影响着俄罗斯。受这些外部因素的影响，建筑师评论家伍·库罗耶多夫于1876年在《建筑师》上发表了关于柏林建筑的文章，表达了对俄罗斯建筑设计的沮丧和困惑的情绪。他认为俄国建筑师相对于德国建筑师处于思维与实践双方面的劣势。

此外，从20世纪60年代至90年代，圣彼得堡的建筑实践对专业建筑师提出了更高的要求，这揭示了建筑的美学理想与建筑师创造性工作之间的矛盾。随着20世纪圣彼得堡建筑的不断发展，两者间的矛盾仍未得到有效解决。这个时期里，由于经济与材料的限制，砖混结构和俄罗斯古典复兴风格展示了建筑的活力和独创性，折中主义风格和历史主义风格也弥漫在莫斯科。从克里姆林宫到克里姆林宫墙外的红场，甚至到社区教堂的设计，中世纪莫斯科城市建筑的风格主要都为历史主义风格。这导致16世纪和17世纪城市立面中装饰图案的大量应用，例如建筑师尼·尼基丁为著名历史学家和作家米·波戈丁的庄园所设计的别墅中使用的装饰图案。尼·尼基丁后来担任莫斯科建筑学会第一秘书长，他对一座方木小屋做出了建筑造型上的独特诠释，表明建筑可以复兴过去，并可以将传统俄罗斯风格与新的城市环境联系起来。历史博物馆（1874—1883年）是当时最宏伟的项目之一（图1-6）。博物馆的建造目的是通过俄式风格的克里姆林宫墙壁，表达俄罗斯的历史文化。在弗·谢弗德的设计中，每个立面都采用表面凸凹变化的红砖，带有门廊和塔楼，以及醒目的浮雕，这些均是俄罗斯中世纪建筑的典型装饰元素。

在兴建历史博物馆巨大的砖砌外墙时，弗·谢弗德[20]重新使用了无抹灰的外立面。这种砖作为一种装饰材料，成本经济，曾在中世纪的俄罗斯建筑中被广泛使用。列·科库舍夫[21]和费·舍赫捷尔[22]等莫斯科建筑师将砖饰风格当作当时俄式风格的主要种类。然而，在19世纪70年代，圣彼得堡的建筑师提出了将结构功能与美学联系起来的"砖花样式"，他们是这种样式的强力倡导者（图1-7）。

维·施莱特在瓦西列夫斯基岛上设计的圣彼得堡信用社公寓楼，被认为是建筑师使用砖材料的成功案例之一（图1-8）。维·施莱特认为无抹灰的砖块具有耐用性、独创性和合理性的特点，同时也很经济，并且相对容易维护。此外，维·施莱特通过砖拼成的抽象装饰图案，以及使用不同颜色的砖，来证明单调的材料也可以营造出丰富多变的建筑立面和建筑空间（图1-9）。建筑师及批评家伍·库罗耶多夫也预见了砖的美好未来，因为砖材料可做出合理的结构，而非仅是简单的装饰用途。然而，此处"合理"一词的含义，不能等同于20世纪20年代尼·拉多夫斯基[23]探索的理性主义。19世纪70年代后期圣彼得堡和莫斯科对砖饰风格的使用与后来对铁和玻璃等材料的使用，体现了对功能和美学品质的不同理解，以及对外观设计理性的认知与理解的差异。

到了19世纪后期，俄罗斯开始建立新型商业建筑和工业建筑。每个主要城市都急需对技术和新功能有所了解的建筑师和工程师，建筑的专业化程度越来越高。如果要使建筑专业化，教育培训机构、高等院校等都需要培训合格人才。这些院校只有经过相应的教育体制改革，培养出具有专业化能力的人才，建筑设计专业才能发展。意识到这点，20世纪末各个院校逐渐开始建立完善的现代职业教育体系。

在圣彼得堡，最古老的建筑教育中心是帝国艺术学院，它成立于1757年。1859年，该学院为画家和雕塑家建立了一套完整的课程体系，而为建筑师建立了另一套课程体系。建筑师需要学习数学、物理和化学，而相关建筑技术的课程，并没有改变学院原有建筑教学的设计和风格。

圣彼得堡另一个主要的建筑教育机构是土木工程学院，它强调建筑的技术要素。该学院由尼古拉斯一世统治时期建立的两所学校——以艺术为重点的建筑师学校（建于1830年）和以数学和工程学为主的土木工程师学校（建于1832年）发展而来。这两所学校于1842年合并，形成了以军事为基础目标的建筑学校。经过19世纪50年代的各种改革，学校于1865年被移交给内务部，并取消了准军事的定位。1877年，它获得了与其他高等学府一样的官方认可，并通过了一项新的章程，旨在确保其五年制课程能够培养出合格的工程师。1882年，随着新扩建的教学设施的增加，学校被确定为土木工程学院。在1842—1892年的50年间，仅有1020名学生从学校毕业；而在1892年，这里就招收了222名学生。该学院的学生毕业后成为土木工程师，他们中的许多人在1917年之前的20年中参加了圣彼得堡建筑环境的建设。当时，活跃于圣彼得堡的390位建筑师中，有168位从土木工程学院的建筑艺术系毕业。其余的62位建筑师和工程师，毕业于其他学校，例如里加理工学院和莫斯科绘画雕塑与建筑学校等。

在莫斯科，19世纪建筑教育的主要中心在绘画雕塑与建筑学校中。该学校的历史可以追溯到1832年学校开设的一系列美术课程，之后于1843年正式改为绘画与雕塑学院。建筑部分于1865年加入，原莫斯科法院办公楼上的建筑学院与绘画同雕塑学院合并。在这里，面向建筑师和土木工程师的课程加强了对古典建筑造型及其建筑秩序的研究。这引起了1905年教学上的争论，反对者声称这与技术创新无关，但是古典建筑的教育基础无疑使20世纪初俄罗斯独特的前卫派建筑风格得到了进一步发展。莫斯科另一个在俄罗斯建筑设计发展中发挥重要作用的教育机构是斯特罗干诺夫斯基工艺美术学校。该学校由谢·斯特罗干诺夫于1825年成立，这在当时是一所面向10岁及10岁以上儿童的绘画学校。学校于1843年获得官方认可，之后于1869年成为斯特罗干诺夫斯基工艺美术学校。学校强调实用艺术，其学生经常可以参与实际建筑工艺设计

项目。在莫斯科，就像在圣彼得堡一样，建筑师接受的是学徒式的训练，随后获得考试委员会的认可。应届毕业生可以通过与高级建筑师建立联系，一起参加公开的建筑设计竞赛，从建筑学校过渡到专业实践。这些比赛的评审团经常由经验丰富的建筑师担任，对项目中的技术和设计规范进行分析并裁决胜负。

这些学校的成功，可以用19世纪末期俄罗斯建筑中重要的建筑设计项目来衡量，即1889—1893年间为红场贸易商行建造的新建筑，即今天红场上的中央商场。贸易商行的重建是俄罗斯建筑史上的一个转折点，这不仅是因为它是探索民族风格的最佳案例，而且还因

为它在俄罗斯民用建筑中应用了前所未有的先进结构技术。该建筑面对克里姆林宫，位于莫斯科的批发和零售贸易区的中心，在1812年大火后，变为由奥·博夫修建的新古典主义贸易商场。到19世纪60年代，它已经变得年久失修，难以适应现代商业的需求。1888年11月，城市交易规则协会宣布了一项设计竞赛，获胜的方案是由美国艺术学院学者亚·波美拉捷夫[24]提出的。这个极具开创性项目的灵感来自欧洲，受到了当时米兰与巴黎等欧洲各大主要城市中众多华丽的购物回廊的启发。

当时，贸易商行的规模有1000~1200个零售和批发性质的商店（图1-10、图1-11），方案

图1-6　历史博物馆南立面，弗·谢弗德，1874—1883年

图1-7　莫斯科柯什剧院，米·奇恰戈夫，1884—1885年

图1-8　圣彼得堡信用社公寓楼，维·施莱特，1878—1881年

图1-9　斯托尔和施密特大厦，圣彼得堡，维·施莱特，1880—1881年

图1-10　贸易商行中间步道，今天的古姆商厦「ГУМ」，亚·波美拉捷夫，1890年

图1-11　贸易商行西部展廊，今天的古姆商厦「ГУМ」，亚·波美拉捷夫，1890年

要求设计出适当通道、照明和通风的建筑，但必须采用新的技术方法，同时贸易商行的结构及其风格需与红场周边纪念碑式建筑相协调。亚·波美拉捷夫的方案展示了俄罗斯建筑和结构工程在过去几十年中的高度专业化水平。亚·波美拉捷夫以均衡的方式组织装饰细节，在主入口处以克里姆林宫墙风格的两个对称塔为主体，与延伸242米的贸易商行相呼应。历史博物馆的主立面相对狭窄，构成了竖向构图上的优势。然而，亚·波美拉捷夫在建筑基座之间使用了锐角造型的装饰线，以强调水平度，并分别装饰窗户周围和各层的拱形。在主立面上，每层都使用不同类型的石材，如红色芬兰花岗岩、塔鲁萨大理石和石灰石，它们全部贴于巨大的檐口上。建筑的夸张风格代表了开发商的重金投入。但不得不承认，必须要有相当大的独创性，才能使重重装饰的外墙形象与室内新技术的商业功能相协调。

这个时期，将美学与功能完美结合起来的天才是建筑师弗·舒霍夫。他是俄罗斯杰出的钢架结构工程师。弗·舒霍夫1876年从莫斯科帝国理工学院毕业后，在美国待了几个月。尽管我们对他的美国行程知之甚少，但这无疑给了他研究美国建筑技术和建筑结构的极好机会。他于1878年回到莫斯科，在那里专门设计金属结构。到贸易商行设计竞赛时，他已经在桥梁建造、石油工程以及大型金属框架拱形屋顶设计等领域，获得了技术行家的赞誉及业内的良好声誉。弗·舒霍夫后来的声望主要来自1896年诺夫哥罗德展览会上的金属"网状"水塔（图1-12），以及在1896年的展览中他为建筑和工程部建造的两个大型展馆。这些展馆代表了当时最先进的金属框架结构，这也是首次使用金属膜与玻璃屋顶的实例。

由于这种样式和功能上的差异，图形展馆建成后（图1-13），其上部画廊充分受益于弗·舒霍夫的玻璃和铁制结构设计，轻盈美观但空间不够实用；而下部商店则缺乏适当的照明和通风，较明亮和宽敞的顶层商店则交通不太方便。许多店主看到搬到新楼的好处并不多，这对那些购买了价值500万卢布股票的巨额投资者，只产生了微薄的回报。由于贸易商行项目经济上的失败，俄罗斯复兴风格建筑的影响在圣彼得堡大为减弱，而其他折中主义风格大行其道，再次占据主导地位。在之后的时间里，俄罗斯复兴设计风格仍然流行在各个贸易商行建筑竞赛中，人们的认识逐渐开始有了改观，并且新的风格正在酝酿中。

19世纪90年代，建筑专业人士可能对已有的建筑成就感到满意，但对基于俄罗斯复兴设计风格或法国文艺复兴时期风格无穷变化的未来实践却感到怀疑。1892年，在圣彼得堡和莫斯科建筑协会组织的俄罗斯建筑师大会期间，在关于建筑理性主义的讨论中，建筑师展现出了对这一矛盾的思考。在接下来的10年里，建筑师们各抒己见，对此展开了深刻且全面的评判与反批判，以及激烈的建筑评论。接下来的20年里，建筑师们通过杂志、书籍阐述自己的观点，建筑艺术出版物也迎来了短暂的爆发期，并在之后迅猛发展。

图1-14～图1-17为19世纪末至20世纪初期俄罗斯新古典主义建筑风格时期的代表作品。这些建筑作品体现了早期俄罗斯新古典主义风格对

图1-12　金属"网状"水塔，弗·舒霍夫，诺夫哥罗德展览会，1896年

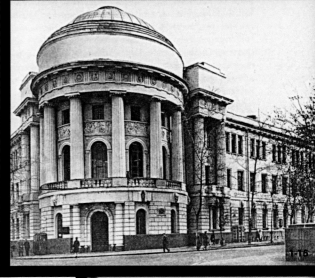

图1-13 圆形展馆，弗·舒霍夫，诺
夫哥罗德展览会建筑和工程
组，1896年

图1-14 马尔科夫公寓住宅，弗·什
楚科，1908—1910年

图1-15 人民公社项目，阿尔特拉多
加，1915年

图1-16 莫斯科女子教育学院，莫斯
科，1913年

图1-17 第二信用合作社，圣彼得
堡，1907—1909年

建筑传统的继承。俄罗斯风格体现在后期作品中，我们可以看出新古典主义构成元素的简单化，以及现代建筑材料的应用。这些新材料、新技术、新的建造方式的出现，预示着建筑中的新探索，以及俄罗斯古典主义的消亡。

1.1.2 工业与社会变革中新艺术思想的产生

在工业革命之后，无产阶级一直受资本家的压迫和剥削，不公平和贫富阶层的严重分化终于导致了革命。长期的压制使人们对布尔什维克革命充满了激情、雄心和憧憬。从1910—1920年间，苏联前卫艺术家们受到法国巴黎的立体主义、德国慕尼黑的表现主义，以及西欧刚刚兴起的未来主义的影响后，摆脱了根深蒂固的思想固化状态，这也成为俄罗斯思想革命的一个重要组成部分。俄罗斯社会主义思想——对专制的旧秩序、父权制和宗教信仰的抵制，在十月革命前就已经爆发。新的革命媒体对"新生活方式"的前景充满热情，提出了在适当条件下可能出现"新苏联人"的观念。因此，苏联革命者一直在思考和讨论集体制度和合作空间的变革性，以及它们之间的关系，特别是其相互影响的关系。

19世纪下半叶到20世纪上半叶，伴随工业革命发展带来的时代变革，西方艺术界思想璀璨的"立言时期"，以及社会政治改革的巨大冲击，传统的艺术学院已经无法满足新兴艺术现象和工业时代提出的任务，苏联国内兴起了一股私人工坊和艺术家工作室迅速扩张的运动。城市规划者和建筑师纷纷在建筑设计领域进行了实验性的理想主义建筑畅想。前卫的建筑师迫切地向工业化迅速发展的西方寻求答案，特别是向已具备一定经验、技术上占优势的西方前卫建筑师与艺术家学习。

到20世纪初的前十年，建筑专业的出版物已不仅限于1881年由圣彼得堡建筑师协会主持的《建筑师》及其增刊《建筑周刊》这两本杂志。《建筑师》在那时是建筑行业最重要的信息来源。它的文章来源涵盖北美、日本和欧洲等地的出版物，也包括在圣彼得堡举行的有关建筑设计等专业会议要点的详细文章等。

除《建筑师》之外，20世纪初的俄罗斯艺术媒体成立了许多新的机构，发行了众多的刊物，对西方的先进艺术形式进行了广泛的讨论与探索。例如，1894年12月在圣彼得堡由土木工程师加·巴拉诺夫斯基主持的杂志《我们的住房》中就公开地讨论了当时欧洲建筑的发展，并表明了建筑旨在为解决当代城市问题提供实用、创新的解决方案的重要性。

1895年《我们的住房》杂志更名为《建筑业》。从成立到1905年年底，杂志一直在强调有关建筑创新的信息，同时提供俄罗斯主要城市关于改善居住空间环境的思考。在某种程度上，新风格在住房设计方面的革新与改善得益于这些对前卫建筑的理论思考，以及专业学术刊物理论话语的深刻影响。

这个时期的出版物除了杂志，还有印刷精美的书籍，它们逐渐深入人们的日常生活以及建筑师们的视野。在1899—1902年期间，由弗·贝尔纳所著的《建筑图案》，在莫斯科的安·马蒙托夫印刷厂印刷。书中提供了比《建筑师》或《建筑业》更多关于新建筑风格的高质量图片。书中还包含了对"现代风格"一词的最早解释，它特指的是19世纪90年代初期在俄罗斯出现的千变万化的新建筑风格。

随后，1903年《建筑和装饰艺术》在莫斯科出版。同年，弗·卡尔波维奇团队编辑的《建筑博物馆》由圣彼得堡艺术学院赞助出版。《建筑博物馆》对俄罗斯的新风格进行了重要的批判性分析，并报道了西方建筑应用艺术与技术新发展的实例。其中特别强调了工艺美术运

动中苏格兰和英国的艺术作品。该杂志在文章里，直接体现了威廉·莫里斯[25]所表达的对新风格艺术的向往与赞赏。

值得一提的是，谢·迪亚吉廖夫于1898—1904年在美国彼得斯堡出版的《世界当代设计》。这本杂志引发了人们对建筑和当代设计的兴趣，其引起的对美学复兴的讨论，受到了社会广泛关注。该杂志的著名作者，包括苏格兰建筑师查尔斯·麦金托什[26]、俄罗斯建筑师伊·福明和德国建筑师约瑟夫·奥尔布里希[27]等，都对俄国新风格的形成与发展产生了影响。

1905年以后，第二波期刊出版浪潮开始涌现，这些期刊着重探讨关于过去十年间，建筑界对现代风格成熟度的思考，以及对建筑实践的介绍与评价。这期间最重要的新建筑出版物是1906—1916年之间，在圣彼得堡出版的《莫斯科建筑年鉴》。它主要记录了建筑和装饰行业的大量绘图与社会实例。除了圣彼得堡出版的专业期刊外，城市的报纸中还出现了建筑评论，例如《圣彼得堡报》和文化杂志《阿波罗》（Apollon，1909—1917）。通过这些评论，新的风格与建筑设计体系、新结构有了向专业人士和公众们普及的方式与渠道。此外，来自西欧和中欧的有关现代典雅设计的报道使新美学显得更加多元，但是，俄罗斯现代风格的影响不仅仅在于改变社会品味和时尚设计，在现代建筑风格的拥护者与其反对者的频繁交战与激烈辩论中，一些人也将这种新风格解释为整个社会变革的先兆。

在这些杂志的报道中，最先且详尽介绍欧洲新建筑的报告，出现在1899年年底《建筑业》杂志"建造者的对话"这篇文章中。该文章由格·拉维奇撰写，文章中对比了比利时、德国、奥地利和法国的新艺术运动，并进行了详细的调查分析。其中包括奥托·瓦格纳[28]、维克多·奥尔塔[29]、约瑟夫·奥尔布里希、鲁道夫·特罗普和赫克托·吉马尔[30]的建筑空间和装

饰设计。格·拉维奇热情洋溢地将新样式描绘得备受欢迎，这种风格允许建筑师"表达内在的内容"，并允许建筑与其他艺术形式，如诗歌和绘画一起寻求新形式。随着功能性建筑规模的空前发展，新建筑造型艺术形式的迅速发展也是不可避免的。"从现在开始，教堂和宫殿都不能作为教学和研究的对象，主要研究对象为造船工程、火车站、工厂、体量巨大的多层公寓，以及现代生活所需要的其他建筑类型。"

关于现代风格的理论分析著作首次出现在1902年12月的《建筑师》中，包含了叶·鲍姆加滕撰写的由三部分组成的论文。该论文展示了奥地利建筑师奥托·瓦格纳第三版出版的《现代建筑》中的思想。叶·鲍姆加滕于1891年毕业于圣彼得堡艺术学院，对奥托·瓦格纳坚持认为"新建筑对形成现代城市环境必不可少"的观点，既震惊又震撼。叶·鲍姆加滕无法摆脱资产阶级的思考方式，他指出了俄罗斯知识分子某些根深蒂固的文化态度，但他的言论却没有引起建筑师们突破性的设计创新。实际上，在十月革命前的俄国，不存在建筑师奥托·瓦格纳所倡导的现代建筑的思想。叶·鲍姆加滕所定义的现代化在商业建筑和公寓建筑中影响了圣彼得堡和莫斯科的建筑师们，然而实际上，所有这些建筑都是为了"资产阶级"的俄国。叶·鲍姆加滕在20世纪俄国建筑评论中潜在地表达了两个方面的内容，即他既拒绝资产阶级价值观，又拒绝无实质的功能主义。这使他的论文充分说明了十月革命前俄国知识分子矛盾的现状。

尽管《建筑师》中对古典主义、折中主义设计的建筑实例报道仍然不少，但到1903年，对于新风格研究探索的文章已在俄罗斯建筑报刊中抢占了巨大的篇幅。从1902年12月至1903年1月，在莫斯科举行的首次俄罗斯大型现代设计展览中，新风格被进一步倡导。展览包括查尔斯·麦金托什、约瑟夫·奥尔布里希、威

廉·沃尔科特、费·舍赫捷尔、康·科罗温[31]和伊·福明等人设计的建筑和家具（图1-18~图1-22）。其中，不久之后即将转向新古典复兴的著名学院派建筑师伊·福明，在此展览中展示了他对欧洲现代设计的透彻理解，并将此归功于工艺美术运动。伊·福明在展览中的现代家具设计受到了新风格支持者的赞赏，他的设计被认为吸收了新的国际风格，同时保留了俄罗斯的传统文化。通过这次展览以及建筑杂志的大量宣传报道，现代风格已经在最具影响力的俄罗斯知识分子阶层中、在俄罗斯上层文化圈中确立了自己的地位。

在莫斯科展览之后，紧接着在《世界当代艺术》杂志社的组织下，一群艺术家和设计师（没有专业建筑师）在圣彼得堡举办了另一场展览。1903年1月16日开幕的"当代艺术"展览是同名设计工作室的首次亮相（几个月后，由于财务赞助者突然撤出，工作室于1903年秋天倒闭），但本次展览取得了成功。在展览中，康·科罗温设计了一个色彩艳丽的室内空间（该空间当时被称为新俄罗斯风格的唯一房间），康·科罗温设计了一个低调的茶室，亚·伯努瓦和他的侄子叶·兰谢列设计了一个餐厅，墙壁上有田园诗意般的古典绘画场景、洛可可式的家具和类似于查尔斯·麦金托什作品的桌子。谢·迪亚吉廖夫的批评性评论指出了该设计的不真实感，并建议展览中邀请一位务实、知识渊博的建筑师。他可以将童话般的城堡空间改造成宜居的房屋和符合人们日常生活的空间。与之相反，《建筑师》的评论家却对展览表示了赞赏，并肯定了其对未来家具设计的影响。

在莫斯科，其他与新风格有关的展览包括1904年4月的建筑和艺术展览，其中包括斯特罗干诺夫斯基工艺美术学校的装饰艺术和兰姆塞沃工作坊的作品。1905年3月，圣彼得堡也举行了类似的展览，其中包括伊·福明和阿·舒舍夫[32]的设计。阿·舒舍夫的狙击战场——教堂纪念碑

中醒目且自由式的设计引起了人们的注意。尽管这些展品的影响范围比期刊文章的范围要小，但它们为设计师提供了曝光机会，也为艺术家与观众之间的直接交流提供了契机。因此，这些展览促进了伊·福明和阿·舒舍夫的事业发展，使他们的才能和专业探索精神在展览与期刊上被广泛传播，并获得了良好的评价。

到1904年，大多数新发行的建筑学期刊由于种种原因逐渐销声匿迹、不复存在，到1906年，《建筑师》和《建筑业》成为该行业的两个主要期刊出版物。1904年是现代风格在建筑媒体上广泛报道的最后一年，其中具有革新性的是鲍·尼古拉耶夫[33]《建筑形式的物质原理》书籍的出版。鲍·尼古拉耶夫从自然本身的逻辑中得出概念，他的书是对新建筑设计系统最彻底的革命性陈述，是基于逻辑、理性和自由思想的建筑教育改革方法的前瞻："只有对机械原理坚定而精确的认识，只有不断地关注永恒逻辑的纯粹来源以为生活服务，尤其是为建筑中的自由创造力提供坚实的基础，设计才不受例行传统程序的约束。"任何其他方法都不可避免地意味着"昨天的革命者已经成为保守派，他们创造了新的标准来巩固自己的地位"。从书中这些表达中可以看出鲍·尼古拉耶夫的严谨，书中也预见了20世纪20年代后革命式建筑思想的新模式。他对于建筑教育的前瞻论述在现实中的回应，通常是不支持的，这显然基于他对"文艺复兴时期风格"的研究。这些前瞻性的建筑课程思考在当时没有发生根本变化。

尽管十月革命前鲍·尼古拉耶夫没有发表过任何关于建筑学的论文，但他的《建筑形式的物质原理》却激发了人们对自由和创新的向往。有关建筑学问题的论文和其他书籍证明了专业话语的持续活力。1905年前后，这些建筑展览、出版活动仅对建筑思想产生了外围影响，这在很大程度上被期刊研究所忽略。然而之后，人们似乎对建筑，尤其是城市规划相关

主题的社会责任有了更多的兴趣。

但是，现代风格几乎不能成为推翻旧形式的标志，因为现代风格没有从根本上为新的建筑系统提供全面系统的理论基础。它未完全实现，需要朝着更彻底的设计创新过程迈进。这也为在当时的某些"理性主义者"商业建筑中

使用新材料和新技术，为探讨技术的美学可能性和挑战开辟了道路。

在现代风格发展的十年中，批评性建筑评论认可了许多相互竞争且通常是相互矛盾的建筑观点。尽管对新文化的悲观情绪和挫败感持续存在，但除了最悲观的评论家之外，其他评论家都

希望振兴的新建筑能够带来社会和美学上的解放，进而将俄罗斯引入现代。对于米·马卡罗夫、弗·阿佩什科夫和其他评论家，所有理想主义者都为自由的学术观点带来了活力，他们的话语预言了20世纪20年代现代设计的辉煌。

所有新风格的酝酿和诞生都充满了矛盾的碰

图1-18　扶手椅设计，查尔斯·麦金托什，莫斯科建筑与手工艺品展览，1902年

图1-19　灰色枫木餐厅设计，伊·福明设计，莫斯科建筑与手工艺品展览，1902年

图1-20　砂岩瓷砖壁炉，伊·福明设计；饰带，弗拉基米尔·埃格罗夫设计；莫斯科建筑与手工艺品展览，1902年

图1-21　茶室，康·科罗温，圣彼得堡展览"当代艺术"，1903年

图1-22　餐厅设计，亚·伯努瓦、叶·兰谢列设计，圣彼得堡的展览，1903年

撞与坎坷，其他欧洲国家在诞生、发展新的建筑理论实践时也面临类似的问题。例如在奥地利，奥托·瓦格纳和他的学生约瑟夫·奥尔布里希、约瑟夫·霍夫曼[34]在寻求现代建筑美学的过程中，以"考古学的成果"为基础，建立了批判性的观念。巧合的是，在奥托·瓦格纳完成他的著作《现代建筑》的那一年，也是尼·比科夫斯基[35]相似理论提出的周年。尼·比科夫斯基在同年演讲中宣称，从结构和功能上衍生出一种新的理性主义美学；他的宣传口号是："任何不切实际的事情都可以是美的。"奥托·瓦格纳对新建筑的观点使得现代建筑的含义被广泛认可："为了代表我们和我们的时代，这种新的现代风格必须清楚地表达出与之前不同的重大变化，浪漫主义风格的几乎完全衰落和再现，改变了人类视觉审美的格式与需求。"因为奥托·瓦格纳在19世纪90年代初期，也以文艺复兴时期的成就为荣，所以新旧之间的这种矛盾对比更加明显。19世纪末至20世纪初，奥托·瓦格纳、约瑟夫·奥尔布里希和约瑟夫·霍夫曼的作品，在俄罗斯建筑界广为人知。尽管有些俄罗斯建筑师蔑视奥托·瓦格纳的现代主义，但他本人作为圣彼得堡建筑师协会的名誉会员，在理论研究和建筑实践工作中所代表的态度是，拒绝与历史或文学表现联系在一起的建筑象征主义："将内部结构藏在自己喜欢的外部图形内，甚至将其牺牲掉，始终应该被视为一种重大错误。这种行为是具有欺骗性的，并且产生的形式令人反感。"

尽管在俄国十月革命之前从未在建筑中如此激进地表达过对现代的呼唤，但功能和结构之间的关系在定义新形式时尤为重要。许多苏联建筑师公开地借鉴维也纳达姆施塔特和巴黎的创新风格，但仍保持了俄罗斯的自身特质。尽管在这期间，折中主义平庸的设计反复出现，产生了严重的风格过剩现象，但新建筑却蓬勃发展，出现的建筑类型种类繁多，这一点在莫斯科尤为明显。这些影响甚至流传到苏联

20世纪60年代至21世纪初的这段时期，已经成功地将传统形式和设计学术观点转变为关注"新样式""现代俄罗斯"的观念。所有主要的建筑类型都受到了技术和美学变化的影响，这些变化伴随并定义了新风格。

1.1.3 20世纪20年代新经济政策对呼捷玛斯创建的促进

1895年，列宁领导成立了"工人阶级解放协会"，将俄国工人运动推到了新的阶段。1917年11月7日（俄历10月25日）俄国十月革命胜利，极大地鼓舞了无产阶级革命运动和民族解放运动。社会政治运动、思想解放对于艺术家的刺激，加上全新政治形式和工业时代对新的艺术形式的需求，在苏联掀起了前卫艺术运动的狂潮。前卫艺术家认为：共产主义创造的社会理想应该匹配新的艺术形式，与以往资产阶级贵族社会的艺术形式区别开来，惯用的符号元素和题材都应该全部更新。

这时的列宁作为革命的领导者在社会中拥有绝对的话语权和决策权。在这样极为艰难的逆境中，列宁在接见负责文化艺术及宣传工作的安·卢纳查斯基[36]时，提出了发展苏维埃城市雕塑的宏伟纲领。列宁认为："应当拟定一个人员名单，包括那些社会主义先驱者、社会主义理论家和社会主义战士，还包括那些光辉的哲学家、思想家、科学家和艺术家等。这些人虽然与社会主义没有直接的关系，但他们都是真正的文化英雄……"1918年4月15日，列宁公开建议大规模兴建纪念碑，他与安·卢纳查斯基、斯大林共同签署了"纪念碑法令"。由于列宁的倡导，1918年秋季起，莫斯科、彼得格勒的各个广场和公园里开始按照国家政策建设纪念碑。他们聘请了有

着不同理想的艺术家，这些艺术家使用了所有视觉和象征性的艺术表达方式。有的雕塑设计极具创新性；有的只不过是在原有的文化形式上稍加改变，如弗·修科设计的赫尔辛基革命死难者纪念碑（图1-23）。俄罗斯东正教教会禁止建立以人为主题的雕塑已有多个世纪的历史，因此政府决定建造建筑物而不是用雕像来作为伟大胜利的纪念碑。因此，十月革命后最初的一些建筑设计实际上是作为"纪念碑"的形式来宣传新政府的成就。

在一些主要城市，特别是莫斯科和彼得格勒，曾经用于忏悔节和帝国加冕活动的主要街道被重新改造成为一种新的宣传媒介，而其改造者是革命者。城市广场上充满着社会主义的符号和标语。弗·修科所设计的凯旋门，一半是古典风格，一半是埃及风格，是典型的"俄罗斯式纪念碑"风格。这种沉重的纪念风格是20世纪初期许多纪念性项目的主要特征。另外，弗·塔特林当时是彼得格勒和莫斯科人民教育委员会造型艺术部的领导人，1919年初，他受莫斯科造型艺术部的委托设计十月革命纪念碑。这个纪念碑最终不仅成为构成主义建筑的标志性代表作品之一，同时也是弗·塔特林构成主义思想与理想的集中体现，设计稿完成之时正值第三国际成立，出于纪念这一历史事件的目的，弗·塔特林将纪念碑命名为"第三国际纪念碑"（图1-24）。

尼·科利[37]是一名从莫斯科毕业的建筑学专业的学生，他曾在十月革命之前推迟毕业参与游行，后来在亚·维斯宁和弗·修科等人手下工作（图1-25）。他早期设计了许多出色的纪念碑建筑，并参与红场附近用于庆祝革命一周年的建筑设计。到20世纪20年代后期，才华横溢的创造力使他成为勒·柯布西耶的莫斯科中央消费合作社总部大楼建筑群[38]的现场执行建筑师，展露了他在前卫建筑风格方面的才华。拉·里西茨基[39]许多革命主题的著名宣传海报也

创作于这些年的政治宣传活动中。

在1917年俄国革命的社会动荡中，随着彼得格勒的贵族家庭从俄罗斯消失，建筑行业失去了显贵身份的客户们。建筑业中也有一部分中产阶级建筑设计师离开了这个行业，但大多数建筑师们都在适当的时机寻找让自己发光发热的地方。

俄罗斯在十月革命前几乎没有城市化。能称为"城市"的只有圣彼得堡（1914年更名为彼得格勒）和莫斯科，当时这两个城市大约各有200万居民。而基辅和敖德萨这两个城市在文化、艺术和居民素养方面仅次于圣彼得堡和莫斯科，这两个城市的人口也刚刚超过50万人。在第一次世界大战前夕，俄罗斯的经济增长速度比很多发达国家都要快。处于萌芽阶段的中产阶级、专业人士和无产阶级群体正在社会变革中形成分化。这时的俄罗斯城市，可以看到在建筑建造技术上与当时欧洲一样进步的建筑，但是这些先进建筑的数量非常少。俄罗斯工业化处于最初的萌芽状态。

在十月革命前的20年，社会中创新的建筑层出不穷，中产阶级公寓大楼、办公楼和商业总部、慈善或合作资助的城市产业工人公共住宅大楼、"人民之家"（20世纪20年代工人俱乐部的前身）、大城市的无产阶级儿童学校和工人高等教育的机构，所有这些都是在十月革命前建造的。

作为西方建筑实践的主要部分，即定制的家庭别墅，在俄罗斯新崛起的富有商业中产阶级中兴起。从英国著名史学家凯瑟琳·库克[40]1984年关于费·舍赫捷尔的客户资料研究中，我们可以看到活跃于莫斯科世纪之交的设计大师费·舍赫捷尔的服务对象。他的设计主要为富裕家庭提供现代生活的便利，而不是为传统贵族服务。他的建筑设计在空间和建筑技术方面同样具有创新性，与先锋派所建立的早期现代主义运动一样，这些设计在美学上也令人震惊。在这些新客户对自宅提出的关于新的社会属性的需求中，许多住宅设计都采用了最新的西方标准，采用了同样的新型材料和结构技术（图1-26）。然而，这种情况仅仅发生在战争爆发之前。第一次世界大战爆发后，建筑被大规模的摧毁和拆除。

1920年，列宁签署苏联政府的教育法令，把第一、第二国立自由艺术创作工作室合并，成立国立高等艺术与技术创作工作室——呼捷玛斯。呼捷玛斯最初的定位是"艺术—技术—工业的最高专门教育机构，宗旨是为工业生产培养高水平的艺术大师、职业技术教育的领军者和各个设计行业的领导者"。由于政治上的需求，革命者们不断追求新的艺术形式，并且当时的社会环境趋于开放化，与西方国家的联系也逐渐加强，艺术家们开始吸收欧洲大陆先进的艺术思想与技术手段。

图1-23　赫尔辛基革命死难者纪念碑，弗·修科，彼得格勒，1918年

图1-24　"第三国际纪念碑"，弗·塔特林，1919年

图1-25　左二：勒·柯布西耶；左三：尼·科利；左四：亚·维斯宁，1924年

1921年，列宁批准全苏电气化计划[41]。这对苏联的先锋派建筑师来说是一个难得的机会，他们的建筑梦想有了变为现实作品的可能。十月革命后，随着艺术体验回归大众生活的提倡，主观的创作活动开始走向了"社会化"。激进的建筑实践者们将个人发展的人文价值与科学技术的进步结合起来，创作全新的建筑设计，为民众带来反映社会生活水平提高中的更多体验。

1926年，当拉·里西茨基从德国回到莫斯科，发表他关于"云撑"的设想，莫斯科城市周围的工厂以生产钢化玻璃来建造"云撑"（图1-27）。"云撑"的表皮是透明的，使用的是可以阻挡太阳中紫外线的玻璃材质，但由于技术的限制，这些建筑材料像铂金和钻石一样稀缺。越来越多的现代派建筑师试图在混凝土框架上开洞后嵌入钢化玻璃，以此为人们带来健康和光。当时苏联的工业发展基础有限，工业体系处于建立的

初级阶段，建筑材料市场上几乎没有适合安装窗户的玻璃，更不用说钢化玻璃了。

20世纪20年代中期，建筑设计开始再一次发展时，解决这些问题的理论和实践方案层出不穷。最具前卫性的是构成主义建筑师，他们要求对所用的材料，特别是混凝土材料，进行现代化的技术开发。应建筑师们的要求，水泥搅拌机和起重机必须从德国或美国进口，以换掉那些一直在使用的木制机器。但现实是，即使在莫斯科著名的景点，骡子仍然是建筑工作的主要劳动力。呼捷玛斯的学生成员伊·列奥尼多夫[42]认为，建筑材料的生产不仅应该为常规的建造项目服务，而且应满足创新型建筑师对材料的需求。为了使设计的建筑可以被建造出来，伊·列奥尼多夫在他的方案中假设了一种全新的建造思路。在这方面，伊·列奥尼多夫的作品方案为先锋派革命家提供了有力的论据。

十月革命后，建筑以集体主义大生产的方

式来实现，这是传达革命性社会信任的有效方式。建筑风格的多元化表示民主接受度的多样性，这直接反映了不同的政治和哲学观点。十月革命后，苏联社会为重组公共空间与人们的日常生活作出的努力，使社会可以更加认同并接受新的建筑类型。建筑竞赛成为这些创新的主要动力来源和展示平台。管理竞赛的专业组织是莫斯科建筑协会（MAO）[43]。经历了战争和革命之后，1923年，阿·舒舍夫取代年迈的费·舍赫捷尔成为莫斯科建筑协会的主席。那年秋天，莫斯科建筑协会宣布举行人民劳动宫建筑设计竞赛，这是为了庆祝一个新的统一国家——苏联的诞生而举办的。建筑专业评审团由费·舍赫捷尔、伊·若尔托夫斯基、世界艺术史评论家伊·格拉巴尔组成。人民劳动宫是一座纪念性建筑，它的建筑基地位于红场的北面，建筑要求有巨大的礼堂，有居住功能，同时希望表达出革命性的纪念意义。建筑学会的

图1-26 斯·里亚布申斯基自宅花园立面细节，卡恰洛夫大街，莫斯科，1900—1902年

图1-27 "云撑"，拉·里西茨基，1926年

另外一个领导人谢·基洛夫[44]说道:"它必须向西方表明,我们有能力用我们的敌人做梦也想不到的伟大建筑作品来装饰这个地球。"因此,人民劳动宫建筑设计竞赛可以被描述为"极端表现主义"风格的表达。

在列宁新经济政策下,为了恢复工业和贸易活动,1923年夏季,在莫斯科的河边(今天的高尔基公园),一次大型农业和手工业展览会在此举办。每个建筑师都可以在此得到一次创作的机会,因此建筑师、艺术家们产生了巨大的创作热情,并进行了有趣的相互合作。在这次展览中,阿·舒舍夫和伊·若尔托夫斯基对项目进行了总体规划,像尼·科利和安·布罗夫[45]这样有天赋的年轻学生以及年龄稍长的伊·戈洛索夫[46]在这个展览竞赛中虽然获得了奖项,但他们超前的想象因当时落后的经济技术条件所限,无力实现。伊·若尔托夫斯基在展馆中公开表明,即使因为经费短缺而使用最便宜的木材,也不能阻止他对和谐比例和古典秩序的追求。在其他城市,柳·波波娃[47]和亚·罗德钦科[48]也作出了贡献。费·舍赫捷尔则在哈萨克斯坦设计了展馆。伊·戈洛索夫设计了有趣且空间相当复杂的办公建筑——远东共和国教育署大楼。彼得格勒的亚·罗德钦科则负责苏联在国外的项目设计,负责一个大胆前卫的现代主义建筑群项目。在这个展览中,例如格·格里茨[49]的演奏台或伊·拉姆措夫[50]的瓶形啤酒屋的图纸,均反映了设计师极大的热情。这些图纸也传达了展览设计中建筑师作品的丰富内涵(图1-28~图1-31)。这体现了前卫建筑中对建造技术及普通材料的运用,与此同时极大促进前卫建筑发展的是康·美尔尼科夫[51]设计的国家莫合烟展览馆。康·美尔尼科夫后来把这个作品描述为他"有史以来最好的建筑"。此外,康·美尔尼科夫还设计了列宁陵墓的水晶棺。在安·卢纳查斯基的领导下,列宁的永久陵墓设计委员会发起了一场多阶段的竞赛,旨在建造一座"适合建在广场的砖石建筑,永久的列宁纪念碑"。举办这次竞赛的主要原因是社会经济复苏后,政府有财力建造新的列宁墓。竞赛日益激烈,年轻的先锋派建筑师在此大量涌现,反映了新一代建筑师的成熟与自信。

同年,一场建筑竞赛的主题是为莫斯科真理报设计总部大楼。设计基址6米×6米,位于今天的普希金广场。从建筑密度和功能性出发,需要表达出"建筑的独特性"。面对这种设计条件,前卫派的建筑师新星康·美尔尼科夫、维斯宁兄弟[52]、伊·戈洛索夫分别给出了三种极具创造力和功能的建筑设计方案。康·美尔尼科夫是其中最年轻的建筑师,他设计了一个极其新奇的设计方案。方案中六个菱形体块围绕着垂直的中心循环并旋转,产生一个不断变化的连续空间。这一方案表现了弗·塔特林的理念,以及工业化的新技术对他的影响,也许比康·美尔尼科夫的其他设计都要好。伊·戈洛索夫的建筑使用了更传统的建筑设计手法,他用复杂的星形平面、建筑外部呈对角线布置的楼梯产生了多变的立面,以表现建筑的活力。维斯宁兄弟的方案有外部电梯,这更多地体现了亚·维斯宁戏剧化的建筑设计(图1-32),而不像弗·塔特林那样利用简单的螺旋结构实现建筑的空间乐趣。两年后,当他们的理论追随者组建了一个构成主义的艺术家组织,并且开始发行出版杂志时,维斯宁兄弟的这个方案作为艺术家组织中极具代表性的作品,出现在杂志的封面上。

维斯宁兄弟的方案由于具有规模适中、较强的结构表现力、可建造性而获胜。这个建筑方案成为他们的标志性建筑设计和事业成功的关键。同年,他们又赢得了另一项重要奖项,即莫斯科建筑竞赛的第一名。获奖项目为英俄贸易组织的总部(ARCOS),一个集办公、酒店、餐厅、商业为一体的综合体,选址位于红场以东的老银行和商业中心区。这是一个非常有想法的概念方案设计,两个竞争方案表明,维斯宁兄弟在当时已经遥遥领先他们的竞争对手,也不逊于西方建筑师的专业设计水平。这也是由于他们和他们的艺术家团体在革命前就对新建筑产生了新的审美兴趣。相比之下,更为年轻的弗·科林斯基[53]的概念建筑设计方案仅仅是一些草图的表达,无法实际建造。

20世纪20年代,苏联从业建筑师可以根据不同的设计思想,需要分成极其不同的四类,他们有各自不同的发展趋势。而以年龄段来区分这些建筑师,是因为在很大程度上他们可以帮助我们了解设计者背后在艺术和专业领域所反映的时代背景。第一代是革命前已经略有成就的中年建筑师、教育家们,在前卫艺术来临的时候,他们积极投身于新形势,但没有从根本上改变对传统建筑的审美。第二代是年纪在四十岁以下的建筑师,他们有扎实的专业经验,并且足够年轻可以抓住革命后社会中新的理论机遇,成为先锋派主要潮流的引领者。第三代人,我们可以称之为年轻的先锋者们,他们在十月革命之前完成了建筑学的基本学习,从扎实、传统的建筑学教育中解放出来,但同时他们又缺乏实践的机会。第四代也是最年轻的一代,他们是十月革命后的第一代学生,他们进入学院中各个独立的"自由工作室",尤其是在莫斯科向年长一代学习,学习他们的建筑创作风格以及理论设计的新课程。在这四代俄罗斯建筑师中,最早的一代是古典主义、折中主义的积极倡导者,以及革命前的俄罗斯新艺术派,即所谓的"现代主义"最初的实践者。他们深深扎根于高级知识分子阶层之中,构建了自己的建筑艺术流派。他们接受过圣彼得堡帝国学院流派或莫斯科学院流派的教育,并且都曾出国旅行或留学,对西方的教育理念与建筑思潮进行过一定的研究与学习。

在20世纪20年代的第一代建筑师中,最著名的要数伊·若尔托夫斯基、伊·福明和

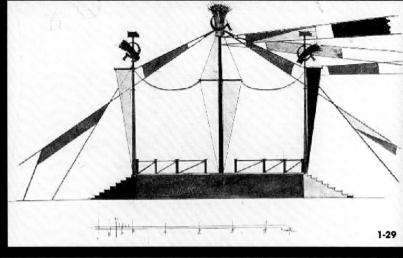

图1-28　远东共和国教育署大楼，伊·戈洛索夫，1923年

图1-29　演奏台设计，格·格里茨，莫斯科，1923年

图1-30　苏联馆，为1925年装饰艺术博览会设计，伊·福明，巴黎竞赛项目（未建成）

图1-31　列宁人民公馆，在伊万诺活-沃兹涅先斯克现在的伊万诺沃竞争项目竞赛，1924年

阿·舒舍夫。莫斯科的伊·若尔托夫斯基在十月革命爆发时正值50岁，他是文艺复兴时期古典主义的狂热追随者。他尤其对帕拉第奥的建筑风格情有独钟，并且从1900年开始在斯特罗干诺夫斯基工艺美术学校任教。当时45岁的伊·福明是一位对古典主义和新思潮艺术有着同样理解的、才华横溢的建筑设计师。阿·舒舍夫当时44岁，他也是传统建筑和现代艺术重要的研究者。十月革命成功后的第一年，美术

部由安·卢纳查斯基领导的苏联人民教育委员会确认建立。美术部把各个不同年龄和不同文化背景的艺术家与建筑师集聚在一起。1919年，当城市建筑与规划局在莫斯科和彼得格勒成立的时候，安·卢纳查斯基曾以苏联人民教育委员会的名义亲自向列宁推荐，让伊·若尔托夫斯基来领导莫斯科城市建筑与规划局的工作。在彼得格勒，亚·罗德钦科被任命为美术部建筑活动的负责人，伊·福明领导彼得格勒城市规划局。

在十月革命爆发时，就在第一代建筑师的身后，一群30多岁的建筑师正蓄势待发，准备留下自己的印记。在他们当中，在彼得格勒，39岁的弗·修科就是其中之一。在莫斯科，

37岁的列·维斯宁和分别小他两岁和三岁的维·维斯宁和亚·维斯宁兄弟三人开始崛起，他们开始越来越多地出现在莫斯科建筑学会竞赛的获奖者名单上。列·维斯宁支持新艺术运动，它兴盛于1900—1905年间，然而随着前卫艺术潮流的兴起，这种风格逐渐被打压。维斯宁兄弟成为十月革命后先锋派的构成主义领袖，年龄在维斯宁兄弟之间的是尼·拉多夫斯基，而尼·拉多夫斯基则成为他们的学术争论的对手，成为理性主义流派重要的领袖。

还有一些更年轻者，他们在十月革命前缺乏建筑实践的经验，但对现代主义先锋派的理论和实践有着同样的贡献，如尼·科利著名的《红色楔子》雕塑，将拉·里西茨基的抽象平面艺术发

展成构成派的雕塑，建立了抽象艺术与现代建筑之间的联系（图1-33）。他们大多生于1890年，并且在1917年十月革命前从学校毕业。在这一代建筑师中，他们的背景和受教育情况各不相同，但他们的鲜明特征是：均与年龄稍大一点的前卫建筑师们建立了牢固的创新合作伙伴关系。1917年，莫·金兹堡[54]在米兰理工学院的三年专业教育课程结束之后，又在里加理工学院完成了学习。毕业后，莫·金兹堡与年轻的维斯宁兄弟并称为构成主义的领导者。

拉·里西茨基的教育生涯与莫·金兹堡非常相似。他在达姆施塔特获得了他的第一个学位，随后在莫·金兹堡毕业的一年后，拉·里西茨基也从里加理工学院毕业。弗·科林斯基1917年在彼得格勒完成了学业，像拉·里西茨基一样，在理性主义流派的研究与创作中与尼·拉多夫斯基形成了紧密的联系。

同年，康·美尔尼科夫从莫斯科大学毕业，他和同龄人一样，不久就回到重组后的呼捷玛斯任教。比他稍微年长一些的伊·戈洛索夫也与他经历类似。同样属于这个年龄段的亚·切尔尼霍夫[55]毕业不久后也从事教学和研究工作，但非连续的受教育经历使他有些脱离主流前卫建筑思潮。

十月革命后不久，伊·若尔托夫斯基和阿·舒舍夫共同成立了一个由年轻建筑师组成的工作室——现代建筑师协会（OCA）[56]，这些年轻建筑师的作品早在革命之前就引起了社会的关注，其中就有康·美尔尼科夫、尼·拉多夫斯基、尼·科利、伊·戈洛索夫和列·维斯宁。他们针对现代建筑产生的原则展开激烈辩论，但他们一致认为：现代建筑从本质上应被视为一种新的特殊现象，而不是对古典主义的重新解释。在十月革命后的一年之内，根据政策学校进行了更自由的改组，很快，建筑师们又回到了这些学校。尤其在莫斯科，他们在绘画、文学方面与创作工作室的成员就新的理论展开了激烈的辩论，甚至这些批判性的研究内容渗透到了对下一代的教育中。对于这些1917年学习建筑的"新鲜血液"来说，他们最初接受的是古典主义的教育方式，这点从他们的毕业设计作品中就可以看出来。而1900年前后出生的那一代人是真正的革命之子。他们的全部设计训练以及早期的专业学习熏陶都是在新的社会条件下进行的。他们的实践受新的社会主义计划体制的影响，并受新的经济和技术条件的支持，特别是在莫斯科的呼捷玛斯、斯特罗干诺夫斯基工艺美术学校和莫斯科绘画雕塑与建筑学校的合并，将二维和三维造型艺术合并为一系列课程之后。

呼捷玛斯前卫艺术中最年轻的一代新星们，如伊·列奥尼多夫、米·巴尔希[57]和安·布罗夫加入了构成主义的派别，而伊·拉姆措夫、米·杜尔库斯[58]和格·克鲁季科夫[59]则加入了理性主义的阵营。

当时社会上频繁进行的自由辩论、频繁举行的公开建筑设计竞赛，以及开放的创作工作室组织，都使有才华的新人迅速崛起。前卫的年轻建筑师作品一部分表现出机械主义的倾向，这也许是前辈教学传承的成果深深植根于欧洲和俄罗斯传统的艺术审美中。然而，与此相悖的，对创新思维同样重要的无疑是创造者成长的环境。许多学生从小成长在农村的环境中，对城市的审美和现象有着不同的看法与设计视角。例如，建筑先锋派的两位革新者——伊·列奥尼多夫和亚·切尔尼霍夫，他们把童年在农村生活的艰苦场景，以及与自然进行顽强斗争的记忆相结合，形成了建筑中最原始的、最初的形式感。他们在成年之前，都对城市的文明一无所知。康·美尔尼科夫也是如此，他的童年同样以农村为生长背景，尽管他在青少年时期被一位中产阶级赞助人挑选出

图1-32 真理报莫斯科总部，维斯宁兄弟，1924年

图1-33 十月革命一周年的装饰雕塑《红色楔子》，尼·科利，莫斯科，1918年

来，得到了受教育的机会。在20世纪20年代，这些社会出身不同的人，在学术发展中得到了足够的扶持与帮助。尽管康·美尔尼科夫、伊·列奥尼多夫和亚·切尔尼霍夫有着相当的个性，不会成为让人感到轻松的同事，但他们的作品对于建筑创新的刺激也许是改革的关键所在，同时他们也是前卫艺术的伟大创造者。相比1917年十月革命前，这些在"形式追随功能"建筑理念下所做出的作品，更加具有时代的创新表现力。

尤其是在莫斯科，在伊·若尔托夫斯基的领导下，城市规划局成为可以公开讨论学术的场所，就像任何学院内部有的开放创作工作室一样。在这里，年轻的建筑师们可以在自己有潜力、擅长的领域中找到自信，正如呼捷玛斯艺术与技术创作工作室等，它在当时是前卫建筑思潮的一个重要发源地。

然而，卡·马列维奇去了维捷布斯克，在那里他与拉·里西茨基一起和维捷布斯克艺术学校的老师和学生组成了"新艺术肯定者协会"[60]。卡·马列维奇参与其中，并且成为非常重要的一分子。"协会"成员共同进行至上主义和构成主义实践，并积极参与社会主义建设实践，他们设计了许多至上主义风格的招贴画、书刊封面、瓷器、织物、服装的图案等。新艺术肯定者协会的主要代表人物有肖拉·里西茨基、伊·恰什尼克[61]、尼·苏叶廷[62]。随后新艺术肯定者协会解散（解散时间不确定），其中的部分成员参与了呼捷玛斯的教学工作。

与此同时，在莫斯科，年轻的建筑师和抽象艺术家首次尝试跨越传统的专业界限，共同成立了绘画雕塑建筑综合委员会（图1-34）。最终的建筑历史研究表明，立体主义在跨越专业鸿沟、走向现代建筑的过程中发挥了重要作用。这种建筑构成方式不仅摒弃了传统古典建筑的形式语言，也摒弃了古典派原有成熟老套与稳固呆板的表达。主导这些艺术家们对典型乌托邦主题进行国家探索的是无国界的宗教崇拜式的交流，

尼·拉多夫斯基的年轻支持者弗·科林斯基对此提出了许多想法。由于当时社会情况的混乱与不稳定，绘画雕塑建筑综合委员会被艺术文化研究所所取代，也许是受到了艺术文化研究所画家同事的影响，这种风格语言变得更加立体化，结构也更加清晰。因此，从1920年开始，弗·科林斯基的作品更加接近柳·波波娃和亚·罗德钦科等艺术家的作品。

"构成主义"这种新观念源于弗·塔特林的灵感，不同于传统的造型审美原则。构成主义者认为，"构成主义"更重要的是体现了时代精神，特别是新世界的精神和哲学本质。在新意识形态下，每个人都对"构成主义"原则将在未来工作中应该扮演的角色有自己的立场。这些争论成为发展前卫建筑流派的分水岭，呼捷玛斯内部也因此形成了两个阵营。"构成主义"和"造型主义"的追随者们，分别孕育了建筑设计行业内的构成主义和理性主义团体。尼·拉多夫斯基、弗·科林斯基同为理性主义的阵营，而莫·金兹堡与维斯宁兄弟同为构成主义的阵营。

理性主义领导者尼·拉多夫斯基和弗·科林斯基的早期作品的主题，开始反映新的社会环境。弗·科林斯基为国际共产主义运动日设计了桥上的装饰（图1-35）。尼·拉多夫斯基也参与了多项公共住房项目，为解决社会居住问题提出了自己的想法（图1-36）。一般来说，作品通过其形式表达理念，但是弗·科林斯基的作品"空间结构"却通过明亮的色彩表达了艺术家对色彩的极度重视。当呼捷玛斯于1920年底在莫斯科创建时，艺术文化研究所成员承担了基础课程的教学。这类似包豪斯的预科课程，是所有艺术和设计学科学生进行专业学习前的基础入门课程。学生伊·拉姆措夫在尼·拉多夫斯基的指导下，在1921—1922年间完成了对学校学生作业的收集，并举办了展览。这些学生作业展示了一整套完善的固定练习，从纯粹的形式练习到失重等感觉的形式表达，探索了

世界现代建筑基础教学的新训练途径。

十月革命后，年轻的构成主义者，如亚·维斯宁的同事柳·波波娃和亚·罗德钦科的妻子瓦·斯捷尔潘诺娃[63]，在最初的探索阶段仍无法设计出有效率的、可以批量生产的家具，也无法建造出他们设计的构成主义形态建筑。但他们渴望将他们的"构成"艺术实践扩展到新的工业生产的多元化产品中，如梅·弗谢沃洛德的舞台设计和抽象服装设计等。

在20世纪20年代早期，典型的构成主义建筑与艺术造型的尝试中，实践的本身是带有资本主义色彩的，只有为大众服务的造型诠释是具有革命意义的。1923年，在吉尔伯特·基思·切斯特顿《星期四的男人》[64]的舞台布景设计中，亚·维斯宁设计了一个具有未来先锋派城市愿景的机械化的西部大都市。演员们并不喜欢使他们放慢动作的场景设计，但是亚·维斯宁的这个前卫设计为舞台新造型提供了非常独特的空间表达（图1-37）。如果先锋派的建筑设计作品可以被建成的话，这个舞台设计与构成主义的建筑设计看起来会很相似。随后不久，在1924年真理报莫斯科总部的建筑设计竞赛中，最初的构成主义建筑委托设计就出现了。

早在1918年，随着列宁对新经济政策的推行，苏联同时改组了学院派教学体制。一系列艺术专科学校统一成为"自由艺术工作室"，实施个人创作工作室制度，各创作工作室的艺术培训方法取决于主持此工作室的顶尖建筑师、艺术家。每个创作工作室的教学方式都带有浓烈的个人风格色彩和独特的个人艺术探索精神。莫斯科设立了第一国立自由艺术创作工作室（俄名简称ГСХМ I，前身为斯特罗干诺夫斯基工艺美术学校，成立于1860年）和第二国立自由艺术创作工作室（俄名简称ГСХМ II，前身为莫斯科绘画雕塑与建筑学校，成立于1865年）。两个工作室的先锋艺术家各自摸索着适合新兴艺术的教学方式和各自的创作风格。继

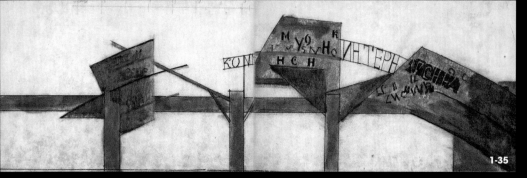

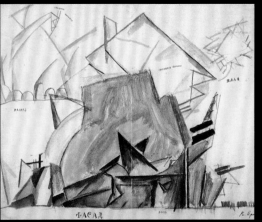

(a)

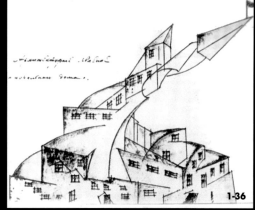

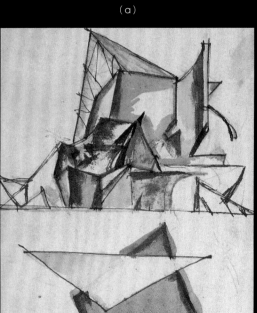

(b)

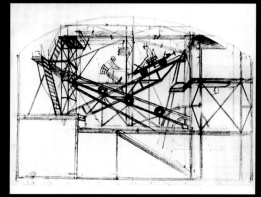

(a)

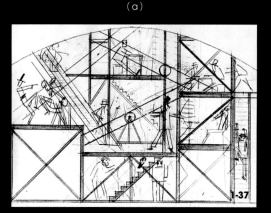

(b)

1919年末，雕塑和建筑教学综合体改组为绘画雕塑与建筑教学综合体之后，第一、第二自由艺术创作工作室于1920年合并成为苏联国立高等艺术与技术创作工作室，即呼捷玛斯。

所有当年著名的造型大师就这样聚集在这所学校，组成了天才教师团队，成员包括卡·马列维奇、亚·罗德钦科、弗·塔特林、弗·马雅可夫斯基[65]、瓦·康定斯基[66]、拉·里西茨基等。两大造型艺术工作室先驱探索出的教学方式也在这个新兴学校中被合并、发展、延续。走在艺术前端的前卫派大师们总结与提炼出艺术造型规律，并发展出一套通用的艺术教学方法，以作为所有造型艺术创作的基础。在思想革命的潮流和国家强力的支持下，这些前卫艺术流派以呼捷玛斯作为催生地和创新研究中心，并且在不同艺术领域内进行合作、融合、竞争碰撞，共同影响了苏联以及20世纪的世界现代艺术，相继发展出了苏联本土的至上主义、未来主义、构成主义、立体未来主义、新古典主义等建筑艺术风格。

苏联在20世纪20年代的新经济政策期间，公共文化生活十分活跃，激进的画家和建筑师都在积极参与。因此，早期苏联先锋派的艺术作品，反映了前卫艺术团体和大多以革命运动为象征对象的内容。在这种大的社会背景中，新的思想、对理想社会的憧憬迅速在国家中渗透。与此同时，艺术家狂热的创作激情被唤醒，各种新艺术风格在俄罗斯大地及整个欧洲深厚的文化土壤中孕育。因此，正是苏联20世纪20年代列宁新经济政策的理性、开放与民主，以及其较广泛的国际视野，促进了艺术思想的百花齐放。俄罗斯大地上迅速出现了许多前卫的艺术组织，这使早期苏联的前卫艺术在整个世界中走在了前列。

图1-34　国家间交流圣殿实验项目（a、b），绘画雕塑建筑综合委员会，弗·科林斯基，1919年

图1-35　桥上的装饰，弗·科林斯基，1921年

图1-36　公共住宅实验性项目，尼·拉多夫斯基，1920年

图1-37　舞台机械设计（a、b），亚·维斯宁，1923年

1.2 呼捷玛斯的前身

呼捷玛斯是建立在俄罗斯两所历史久远的艺术院校的基础之上的，可以说正是这两所院校多年的艺术思想及教育传统的积累，为呼捷玛斯的发展提供了一个坚实的平台。这两所学校是：斯特罗干诺夫斯基工艺美术学校和莫斯科绘画雕塑与建筑学校。

1.2.1 斯特罗干诺夫斯基工艺美术学校

斯特罗干诺夫斯基工艺美术学校成立于1860年，至1917年十月革命结束。这所学校在俄国一直在为手工艺制造方面培养专门人才（图1-38）。其培养的学生范围极广，涉及城市、建筑、雕塑、城市小品、纺织艺术品、陶瓷、家具、印刷制品、纪念品等多个艺术领域。

学校的课程包括普通教育（职业高中性质）及普通艺术教育课程、造型构成课程及在创作工作室里完成的艺术创作实践课程。应着重指出的是，这所学校在20世纪初的教育计划中，非常有预见地将工艺课与艺术教育课分开设置。学校拥有一套完整的教学制度，学制为八年，即开设基础预科教育，教授给学生全面的艺术造型基础知识；然后是分门别类专业领域的艺术教育，类似于今天许多建筑院校的专业化教育。正是继承了这一传统，使之后的继承者呼捷玛斯侧重于培养学生全面的艺术观，奠定了学生们良好的造型构成艺术素质的基础。

斯特罗干诺夫斯基工艺美术学校对装饰图案给予了极大的关注，学生们认真钻研过去不同风格的装饰图案，学习在各种不同的作品中运用这些装饰图案，这些作品是用不同的技术来制成的。除此之外，还有专门的课程，要求学生在大自然中各种物体的基础上研究装饰图案。比如，要求学生先用水彩画出鲜花花瓣，然后将它抽象简化成装饰图案，显示出装饰性图案的构成结构，并最终在其基础上加工出具有特色的装饰图形或图案。这种教学方法符合初学者对形态认知的基本规律，培养了学生由浅入深、逐渐领悟形态本质的造型基本功。

十月革命前，斯特罗干诺夫斯基工艺美术学校不断加强普通艺术课程中基础训练的内容，学生通过对素描、绘画、雕塑等领域的全面接触，开阔了艺术视野。扎实的预科教育使学生们经过一定的艺术基础训练后，能够轻松地进入自己选择的绘画系、雕塑系或建筑系。

图1-38 位于罗日杰斯特文斯卡娅大街上的斯特罗干诺夫斯基工艺美术学校建筑（今莫斯科建筑学院），莫斯科建筑学院入口立面

斯特罗干诺夫斯基工艺美术学校拥有深厚的剧院舞台装饰教育的传统，同时又很重视发展印刷与绘画艺术教育理论的根基，这为呼捷玛斯基础教学的发展提供了理论与创作的双重基础。而且，在该校的舞台装饰艺术的创作中，学生们所接受新的绘画基础训练比实用艺术工作室的学生们要多。学生们在学习过程中

不断寻找新形式，这也为日后呼捷玛斯新的基础教学思想的形成奠定了一定的基础。

斯特罗干诺夫斯基工艺美术学校对呼捷玛斯整个教学体系的贡献不仅在于提供了积淀后的艺术教育思想，也在于工作室实践作品中建立的艺术创作体系。这两者之间的联系是不可分割的，比如呼捷玛斯延续了金属创作工作

室、铸造工作室、装配工作室、纪念品工作室、电镀塑造工作室、珐琅工作室等，工作室完整的艺术创作体系及其思想，连同经验丰富的技师，原有工作室的设备、材料、职业传统、经验等。这也造就了呼捷玛斯日后在造型艺术设计方面顺利地向生产、工业造型领域发展（图1-39～图1-42）。

(a)

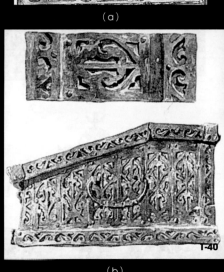

(b)

(a)　　(b)

1-41

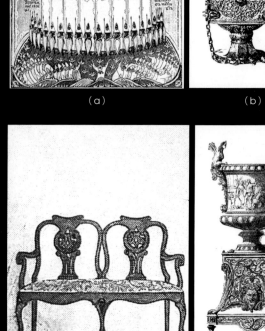

(a)　　(b)

图1-39　斯特罗干诺夫斯基工艺美术学校学生设计作品，十字架，20世纪初

图1-40　斯特罗干诺夫斯基工艺美术学校金属制品设计（a、b），20世纪初

图1-41　斯特罗干诺夫斯基工艺美术学校教堂室内装饰及封面设计作品（a、b），20世纪初

图1-42　斯特罗干诺夫斯基工艺美术学校学生设计作品（a）家具组合设计，哈·萨哈罗夫，20世纪初；（b）花瓶设计，尼·特拉温

1.2.2 莫斯科绘画雕塑与建筑学校

莫斯科绘画雕塑与建筑学校成立于1866年,结束于1917年(图1-43)。呼捷玛斯的绘画、雕塑和建筑系是在莫斯科绘画雕塑与建筑学校相应教学部门的基础上形成的,包括一部分斯特罗干诺夫斯基工艺美术学校和莫斯科绘画雕塑与建筑学校的教师。在20世纪初,莫斯科绘画雕塑与建筑学校是一个既有普通教育,又有专业艺术教育的学校。学生在普通教育部要学习4年,而在绘画、雕塑和建筑部要学习4~6年。

在当时的俄罗斯,作为艺术教育重要中心的还有建于18世纪中期的圣彼得堡艺术学院,它的学院派教育传统历史悠久。1893年学院被分成学院部(从事专业的艺术教育)和绘画雕塑建筑高等艺术学校(附属于艺术学院)。

莫斯科绘画雕塑与建筑学校从19世纪末就成为圣彼得堡艺术学院主要且长期的竞争对手,并逐渐成为俄罗斯培养画家、雕塑家和建筑家的第二个最重要的研究教育中心。从培养学生的角度来看,在20世纪初,莫斯科绘画雕塑与建筑学校的确具备高等教育学院的水准,但当时的政府却没有赋予它高等教育学院的权力。这种情况使莫斯科绘画雕塑与建筑学校的许多毕业生为了取得高等学院的毕业文凭,又重新进入圣彼得堡艺术学院学习。

这一切都使莫斯科(当时俄罗斯第二个重要的艺术研究中心)在世界艺术创新的探索中成为最活跃的地区之一。1900年,在莫斯科绘画雕塑与建筑学校绘画系和雕塑系学习的学生们可以看到莫斯科各种艺术潮流的书刊、展览。学生不仅可以从出版的刊物中了解西欧各种新的艺术思潮,也有机会在康·休金[67]和亚·马洛左夫的展览中学习新艺术。相比之下,圣彼得堡的学生就没有这样的机会,他们

被束缚在古典主义学院派中。

艺术家们怀着极大的兴趣去观察在莫斯科绘画雕塑与建筑学校所发生的一切。著名的建筑师莫·金兹堡在1908年写道:"莫斯科绘画雕塑与建筑学校推动了优秀艺术家的培养,并且显然是高水平的学校,我们圣彼得堡的学院远不及它。"(《晨报》1908年2月13日 No.71)。

与此同时,莫斯科绘画雕塑与建筑学校存在着顽固的保守势力,学校领导消极地对待学院革新者们对形式美学的新探索。为努力减少绘画革新流派的影响,在1910年,学校甚至开除了差不多50个学生,基本上都是高年级学生。正是他们其中的一些人,后来在呼捷玛斯担任教职,如伊·马什科夫[68]、弗·塔特林、罗·法尔克[69]、阿·舍夫琴科[70]等,他们都成为新的造型艺术形式探索的先锋。

这一事实无疑是对莫斯科学校革新派创新精神的一个重大打击。学生有些怅然若失,教师中的一部分人暂时脱离了实践工作,但是几年后,绘画部的学生们又重新兴起了创新探索的风气。这些创新探索的风潮重新定位了学校的教育方向。

第一次世界大战期间(1914—1918年),新的潮流越来越强烈地渗透到莫斯科绘画雕塑与建筑学校的绘画部。学院派的影响逐渐减弱,已经无力再保持传统的学院派教学方法了。学校领导对学生探索方向的要求也不再像以前那么严厉。1916年,绘画系出现了帕·库兹涅佐夫[71]工作室,它是当时最受学生欢迎的教授工作室之一,也是这一时期学术思想前卫探索的最好例证。

如果说绘画部的学生不仅在艺术方面,而且在社会政治意识上也同样显示出自己独立的自由风格,那么建筑系的学生则认为,未来建筑师的职业是贵族的职业,将为少数达官显贵们服务。这样的判断使这些学生缺乏对社会大众的关怀,缺乏对社会进步敏感的意识。这一

切使建筑系学生的社会和政治理想陷入迷茫之中。正因如此,他们极少参与社会政治活动,逃避政治与社会变革前的漩涡,仅醉心于眼前传统学院派的学习与创作中。

但在1917年前后,一些自由思想和对学院派的反思渐渐渗透到莫斯科绘画雕塑与建筑学校的建筑部。许多繁复单调乏味的古典"风格"课程教学,首先引起了学生们的不满。这种教学方法始于19世纪中,反映了建筑师当时工作的体系和现实社会情况,但是在20世纪初,在同折中主义和新风格的斗争中,新古典主义越来越表现出强大的影响力。它在风格的形成中逐渐妥协,并且,同枯燥的学院派古典主义一同出现了新风格的设计,甚至新的精神,正像当时人们说的:"活的古典主义。"这证实了新古典主义变成了真正的风格创作方向。

新古典主义的这些特点被莫斯科绘画雕塑与建筑学校建筑部的学生所接受,他们在完成年级作业的过程中掌握了各种"风格"的创作方法(古俄罗斯的、意大利的、希腊的、巴洛克式的、罗马的、哥特式的、路易十六式的等)(图1-44~图1-47)。这些风格五花八门却丰富多彩,而毕业设计却是枯燥的学院派古典主义乏味的模式化图式语言。

斯特罗干诺夫斯基工艺美术学校和莫斯科绘画雕塑与建筑学校的教育经验,体现在预科普通教育和专业教育结合方面。这在苏联政权之初是非常实用的,那时艺术学校里招收一些青年工人和农民,他们没有受过中等教育,艺术素质基础教育几乎是空白。

莫斯科绘画雕塑与建筑学校的普通教育部由4个年级组成,学生要通过考试入学,需要市立高中三年级学生的知识并要求有素描考试。在四年内学生可以获得相当于一般学校六年级的知识及初级预备班的绘画基础,也可以通过相应的考试进入高年级普通教育部学习。学校招收的学生为如下年龄段:一年级(12~16岁)、

1-43

1-44

1-45

二年级（13~17岁）、三年级（14~19岁）、四年级（15~20岁）。雕塑部和绘画部，学制四年，而建筑部学制则为六年。在建筑部的前三年学生必须学习许多工程建筑课程，这些课与建筑设计课、普通艺术课放在一起。后三年则完全用于学习建筑设计，最后一年进行毕业设计。1920年在呼捷玛斯成立时，它在斯特罗干诺夫斯基工艺美术学校和莫斯科绘画雕塑与建筑学校的基础之上，很多地方都进行了基本的改革，但终究还保留了许多教学传统，并继续发扬与运用。成立呼捷玛斯自然是很难的一件事，在那种复杂的环境下，没有两所学校的传承呼捷玛斯是根本建立不起来的。

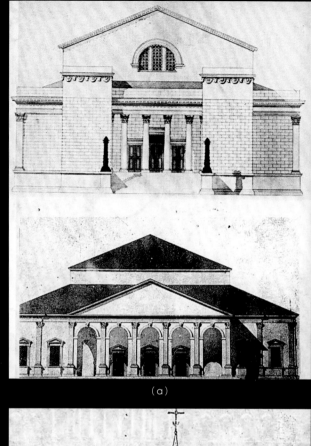

(a)

(b)

1-46

1-47

1.3 呼捷玛斯学术思想的建立

1.3.1 艺术教育改革的历史背景

1917年十月革命的胜利，使斯特罗干诺夫斯基工艺美术学校和莫斯科绘画雕塑与建筑学校的命运发生了根本的变化。在这场运动中，学校旧的行政管理体制被废除了，两所艺术院校的学生和教师都发挥了积极的作用。

1917年2月，斯特罗干诺夫斯基工艺美术学校和莫斯科绘画雕塑与建筑学校的学生们对改革的积极性迅速增长，学生们与学院派保守的教学成员在传统教学方法上分歧较大。1917年3月中旬，在莫斯科绘画雕塑与建筑学校，维·巴利欣[72]和鲍·约凡[73]领导的学生建议取消学院派行政组织。当时的校长兼学校的官方检察员阿·里沃奥夫公爵被迫离开，3月27日起暂时由教师们管理学校的各项教学与行政事务。学校被迫承认了临时教师与学生自治的组织。

莫斯科绘画雕塑与建筑学校学生们的这股积极性极大地推动了行政机构的全面改革，1917年9月，学校从各系的学生代表中选举产生了学生苏维埃。在学生的积极推动下，学校聘请了具有新思想的教师，这些老师由于具有较强的创新精神，从而受到了学生们的热情欢迎。

十月革命以后，受到社会革命热潮的鼓舞，两所学校的学生对革命的热情加强了。莫斯科绘画雕塑与建筑学校的学生委员会甚至要求取消官方的莫斯科艺术协会，同时也反对学校学院派皇家官气十足的组织构架。1917年12月，学生们在一次会议上激进地提出了改组学校体制的建议。学生们坚持推崇有威望的教授，用独立的工作室取代"班级"的设置。同时他们还要求取消旧的皇家教师委员会等。学生们认为，在一个由经验丰富、创意十足的教授领导的工作室里，他们可以更好地领悟教学与实践的全部内容，这样有利于培养学生的独立性和创造性。

两个学校的学生都有一个共同的口号："自由艺术万岁"，号召建立自由的艺术工作室。在那里学生们可以与教授们一起，确定教学的方向。1918年4月成立的学生代表大会，是学生们为艺术学校改革创新的第一阶段的成果。苏维埃新政权的建立，使学生们沿着自己的理想走得更远，享有自己独特的自由话语权，甚至上升到了参与学校学术与管理的领导权。

1918年6月，由学生与教师一起独立研究制定的教学计划诞生了。其中的建筑设计教学计划，学生们本应于夏天完成（设计作品于9月提交），设计的主题是"莫斯科自由艺术学校"。这个教学计划反映出莫斯科绘画雕塑与建筑学校学生们对现实的看法，并且充分表述了对传统学院派古典教学观点的自我思考，包括它的教学组织结构和建筑空间体系的教学。该计划与学院的教学改革计划相呼应，包括了三个部分（绘画、建筑和雕塑），其中每个部分都有6个工作室及一系列辅助教研室。除此之外，计划有50个自由艺术创作工作室、实验室、博物馆、开敞式教学大厅、展览厅，并为教授们提供了带工作室的住宅，还有学生宿舍、花园温室、动物房等。

十月革命以后成立的人民教育委员会由安·卢纳查斯基领导。这个委员会深刻地认识到社会和艺术学校中环境的复杂，充分考虑学校学生们的激情以及教师们积极等待学校新的变革。

在十月革命初期，苏联人民教育委员会各组织基本上由左派艺术家们组成，他们积极与苏维埃政权进行合作。长期以来，左派艺术家们得不到认可，并受到了长期的排挤。为了创建他们积极的思想流派，他们意识到应该充分利用自己的行政地位，这在很大程度上影响了新政权同艺术知识分子的相互关系。而社会中有一些艺术家则直接声称，他们非常愿意与开明并具远见的安·卢纳查斯基合作，但不愿意与委员会中的一部分左派艺术家们合作。

这样就出现了一个严重的问题——如何既保存艺术家知识分子的创新力量，又能吸引其他流派的艺术家，让他们都积极地同苏维埃政权合作。在艺术学校重组的第一个阶段，很重要的一点是不能让各种流派间的艺术创作学术之争成为阻碍，阻碍知识分子同新政权的合作。这一任务必须在艺术教育的第一次改革进程中完成。

1.3.2 第一次改革——第一、第二国立自由艺术创作工作室的成立

1918年9月5日，苏联人民教育委员会颁布了由政府艺术事业委员部代表达·施捷连贝格签署的命令，把斯特罗干诺夫斯基工艺美

图1-48　宣告成立第一国立自由艺术创作工作室的广告及张贴画，1918年

术学校同莫斯科绘画雕塑与建筑学校分别改组成第一、第二国立自由艺术创作工作室，附属于苏联人民教育委员会，同时全国范围内所有的艺术学校都改组成自由艺术创作工作室（图1-48）。

国立自由艺术创作工作室的所有学生都有权利选择艺术课程的导师，而所有的艺术家都有创作工作室导师的候选资格，并且可以在工作室中进行自由的艺术创作，包括不需要额外申请便可进行作品展览。需要指出的是，在自由艺术创作工作室中，一切艺术流派的地位都是平等的。学生们根据流派的不同分组，自由地进入这些工作室学习。他们可以为自己选择喜欢的课程教师和创作导师，提前两周提出他们所申请教师的名单。如果小组人员不少于20人，那么这个小组就有权可以为自己选择仰慕的导师。余下的导师通过投票的方法选出，并且每个学生只可以参选一次。

被选出的工作室导师任期两年，而学生一年内有一次机会可以从一个工作室转到另一个工作室。学生们还可以在没有导师的情况下自由进行创作工作。这种创作工作室导师制的形式，建立了导师的学术地位。在这种条件的支持下，导师与学生开始了自由艺术创作的探索，教学相长。经验丰富、具有艺术远见的导师们与激情四射的年轻学生一起，在全国各地开创了自由艺术创作工作室的新局面。

官方关于成立国立自由艺术创作工作室的决定确实考虑到了苏联人民教育委员会那些年在艺术文化方面所面临的现实问题。第一，除了学生要在艺术生活中有参与权之外，基本上满足了1918年4月学生艺术委员会提出的全部要求。第二，所有的艺术流派创作工作室的建立不仅体现在选导师的条件上，而且苏联人民教育委员会也强调支持所有不同艺术流派的探索，建立了自己在全苏联自由艺术创作工作室的地位，新生政权的官方代言机构苏联人民教育委员会在艺术家及学生中建立起自己的权威。

由学生决定艺术创作工作室的导师组成，这一做法引起了很大争议，而且是很冒险的。在这种情况下，很难不考虑到这种选择的客观与否，还要考虑到当时艺术流派之间的学术纷争，以及现实的相互关系。选择导师的结果非常成功，为选举所做的准备工作也十分认真。比如，在斯特罗干诺夫斯基工艺美术学校改成第一国立自由艺术创作工作室后，学生们立刻自发组织起来，成立了专门的主动精神小组。小组考虑到所有艺术流派代表后，编写了候选导师名单。名单在得到苏联人民教育委员会美术部同行们的认可后，基本上与所提交的候选人员名单一致。

第一国立自由艺术创作工作室在改组之后，从本质上改变了自己的组织架构，并且成立了绘画和雕塑两个工作室。绘画工作室按流派建成，教师有：自然主义——弗·马里亚维、谢·马留金、弗·费得罗维齐；现实主义——鲍·戈里戈里耶夫、尼·乌里扬诺夫；印象派——康·科罗温；非印象派——亚·库兹涅措夫、波·岗恰洛夫斯基、阿·列杜洛夫；后印象派——亚·库普林、弗·罗日捷斯特维斯基；立体未来主义派——弗·塔特林；至上主义——阿·莫尔古诺夫、卡·马列维奇。雕塑工作室的教师候选人是谢·科年科夫、阿·巴比切夫、弗·瓦塔金、彼·普洛米尔斯基、斯·艾里济亚。

许多著名的艺术家、建筑师同时在第一、第二国立自由艺术创作工作室中被选入新的教学体系。苏联人民教育委员会美术部的成员进入了这两所学校，参与改革和体制建设工作：进入第一国立自由国立艺术创作工作室的是阿·列杜洛夫；进入第二国立自由艺术创作工作室的是伊·马什科夫，之后为奥·布里科。

第一国立自由艺术创作工作室的变革进展相对顺利，老师、学生们和行政机关之间没有发生激烈冲突。学生们带着极大的热情接受了教学及学校组织机构的新改变，这种改变在其教学特点及教师的组成方面，都非常接近以往莫斯科绘画雕塑与建筑学校的体制。在1918年春天，斯特罗干诺夫斯基工艺美术学校已经取得了高等教育学校的地位，而秋天它被授权允许学校开始教授新设立的艺术课程——绘画和雕塑。在学校计划中，前三年学生会学习全面的艺术基础知识，而后四年则在专门的创作工作室中学习专业知识（图1-49～图1-51）。

第二国立自由艺术创作工作室的情况要复杂得多。这里在改组莫斯科绘画雕塑与建筑学校的过程中，教学及组织结构没有进行本质上的改变，所以学生们的注意力都集中到了导师的组成与选择上。导师的选择是在各个小组同各流派的学术争辩中进行的，学生们都被这些创新的学术争论所吸引，苏联人民教育委员会美术部的领导不得不亲自出面，协调各派个性十足的艺术家之间的争论。

虽然官方声明国立自由艺术创作工作室成立于1918年12月，然而事实上学校在10月就

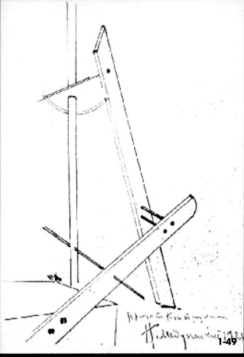

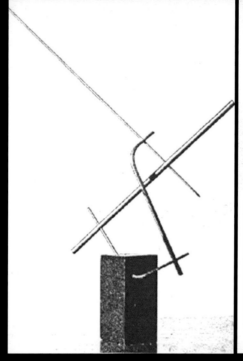

1-49

1-50

1-51

已经开课了。12月13日，安·卢纳查斯基在第二国立自由艺术创作工作室开幕式上讲了话，当时官方报纸发表了积极的评论："安·卢纳查斯基在评定各类艺术家的状况和心理活动之后，基本确定了艺术创新的发展之路。这是艺术生活应走的道路，这使艺术从精神思想中解放出来，只依赖于国家和新政权的建立。"安·卢纳查斯基指出："创作工作室的学生们必须认真自主地对待工作，要在尊重一切艺术流派的情况下，带着认真的态度对待他所研究的艺术领域，并且承认它装饰了生活，它使生活变得更加美好。"正如我们在当时报纸上见到的评论，安·卢纳查斯基在第二国立自由艺术创作工作室开幕时，已清楚地意识到艺术走进日常生活的必要性。

在第一、第二国立自由艺术创作工作室存在的短短两年里（1918—1920年），自由艺术创作工作室没有教学计划。这是继续摧毁旧艺术学校学院派陈腐教学体系的时期。这一时期展现了新的教育组织架构的活力，同时包含了年轻学生们积极参与的精神。

图1-49 结构设计方案1，第一国立自由艺术创作工作室，康·梅杜涅茨基，1919—1921年

图1-50 结构设计方案2，第一国立自由艺术创作工作室，康·梅杜涅茨基，1919—1921年

图1-51 关于第一国立自由艺术创作工作室三个月课程的通知，1919年

图1-52 第二国立自由艺术创作工作室作品。（a）构成训练学生作品，作者不详，1918年；（b）结构图解，格·克鲁齐斯，1920年

图1-53 第二国立自由艺术创作工作室学生作品。（a）空间形体结构图解；（b）复杂的结构图解，格·克鲁齐斯，1920年

图1-54 锅炉房设计方案，第二国立自由艺术创作工作室，维·巴利欣，1919年

图1-55 动态城市。（a）概念设计图；（b）形态轴测投影图，格·克鲁齐斯，1919年

国立自由艺术创作工作室的学习和创作与学院派完全不同，它继承了以往所有好的东西，包括文艺复兴时期艺术创作工作室的组织经验，甚至一些常用术语也是来自中世纪和文艺复兴时期。工作室的导师称为主技师，他的助手称作技师，而学生叫"副工长"。创作工作室的创作是自主的，由工作室领导自行确定其课程计划和艺术课程的研究探索范围。

这个新"文艺复兴"式的教学体系，在其出现的第一年便展示出它的勃勃生机，但同时又与当时的一些相反意见并存。在被推翻的学院派古典主义遗存与教条中，依然存在一些顽固的支持者。在国立自由艺术创作工作室改组的工作室中，虽然同时存在着各种流派的代表作导师，但新工作室中探寻新创作方法的潮流逐渐占了上风。

那个时期被称为俄罗斯的"文艺复兴"时期。在新教学体系开始施行的第一年，虽然物质匮乏，没有暖气、教学材料缺乏，但那时学生艺术创作的热情高涨，改变了艺术作品的创作方向。1919—1920年冬天，第二国立自由艺术创作工作室举办了学生作品展览会，展出的作品形式与内容与以往有很大不同，随后在学生中、在社会上引起了广泛而激烈的反响（图1-52~图1-55）。

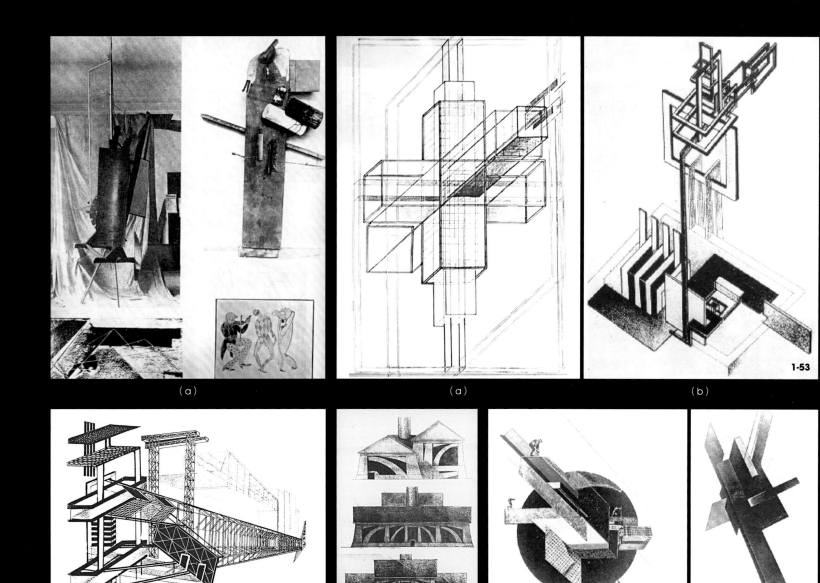

（a）　　　　　　　　　　　　　（a）　　　　　　　　　　　　1-53

（b）

（b）　　1-52　　　　　　　　1-54　　　　　　（a）　　　　　　1-55（b）

"文艺复兴"式教学体系的魅力整整持续了一年，第一次教学成功的喜悦来源于自由艺术创作工作室的学术探索与周围创作现实的联动。艺术创作与展览宣传广告相结合，产生了振奋人心的效果。在教学方面，大家发现新的教学方法中有许多是有充分根据的，是经过实践检验的教学方法。大家开始明白，推翻了旧的学院派教学方法之后，应该代之以新的，应认真研究传统有价值的教学方法，而不是简单机械式的模式化教育，或者是毫无原则与根基的主观臆造。

1.3.3 第二次改革——苏联国立高等艺术与技术创作工作室（呼捷玛斯）的建立

学生的激情在1919—1920学年中充斥在两个国立自由艺术创作工作室的角角落落。这时的创作环境更加丰富多元，甚至更复杂了。传统的"文艺复兴"式的旧教学体系不仅没有彻底调动激情四溢学生的积极性，也没有安置好大部分教师。学生们提出要研究"客观"的教学方法，用以代替"主观"的传统学院派创作方法，同时，提出增加机械主义方面的技术教育要求。

为了使艺术更接近生活，在第二国立自由艺术创作工作室，建筑系的学生表现出最大的热情。与其他系教学方法更贴近实际、更接近实践、为现实服务、为大众服务的目标有所不同，建筑系的学生是不满足于教师古典派创作的艺术方向的。为达官显贵们献媚，服务于宫廷的古典主义，完全脱离了当时激情澎湃的社会需求，脱离了人民大众的需要。以伊·若尔托夫斯基、阿·舒舍夫和伊·雷利斯基[74]等"新古典派"为代表，以他们为导师的工作室虽然曾经吸引了莫斯科绘画雕塑与建筑学校的许多学生，但此时学生们强烈呼吁取代"新古典派"的教学与实践，并喊出了"废除古典派"的口号。当时学生行动的果断，思维的活跃，勇敢的自我表达，对时代精神准确的体验与把握不得不令人佩服。

在自由艺术创作工作室有一个十分重要的复杂背景，即第一次艺术教育改革所形成的教学与争论的环境，各自为政的自由，工作室缺乏必要的章法，以及难以形成完整的教学与管理体系。这些现实问题促进了新的创作流派的教学与实践工作，应该从独立的、四分五裂的个人工作室形式转变为国家层面规整的教育院校的形式。两所国立自由艺术创作工作室在选择导师时涌现出大量的候选人，良莠不齐、各自分派、自立山头，军阀割据式的独立工作室制度也正说明了这一点。

应该特别指出的是，在旧的斯特罗干诺夫斯基工艺美术学校，一直具有传统手工艺师徒传承精神，在它改建成自由艺术创作工作室之后，一切都发生了巨大的变化。1918—1920年第一国立自由艺术创作工作室逐渐成为新创作流派和团队形成的中心，它们的团队或产生于师生的密切接触，或产生于学生创作小组的工作生活。

人事间的明争暗斗，多年的思想分歧，学术追求的不同理想，甚至是学术方面的争吵与辩论，这些潜在的因素从一开始就预示着第一、第二国立自由艺术创作工作室分分合合，分久必合、合久必分的变化趋势。

在1919年，第一国立自由艺术创作工作室的教师阿·戈里申科[75]、阿·舍夫琴科和他们的学生参加了"色彩和构造的原始主义"展览会，这些参加者在1923年组成了"架上绘画的艺术家"协会，并于1926年按照阿·舍夫琴科的建议改为"绘画家协会"。这种学生与教师之间的教学与师徒式的关系，充分说明了学生们积极思索，这也是当时各学派相互争论、一争高下的现实反映。

学生的积极性越高，便越对"主观"教育方法不满，这正好与教师中不同派别之间的学术争论及学术分歧相吻合。在这种复杂环境中最突出的是左翼画家，像对待某种新的、不寻常的事物一样，许多学生对他们的创新思想方向和新的教学方法相对更加敏感。其竞争与学术分歧的结果是1919年春天弗·塔特林去了圣彼得堡，而卡·马列维奇于同年秋天去了德国的比捷布斯科。

苏联人民教育委员会美术部开始明白，在莫斯科设立两个国立自由艺术创作工作室，这只完成了新艺术学校成立的第一步。学术流派间的分歧与争论，学生们的创新要求，艺术教学过程中缺少完备的、系统的教学计划，这都是1918年改组的后遗症，也是第一、第二国立自由艺术创作工作室组织与创作结构上相近性的弊端，所有这些都要求新的、彻底的解决方案。

在这种背景条件下，苏联人民教育委员会美术部在1920年6月召开全苏国立自由艺术创作工作室代表大会。这次代表大会会后决议中最重要的内容，有以下几个方面：

1）艺术学校应该有实验教学方法及教学计划大纲；

2）学校的教学体系应分成初级基础教育和高级专业教育两个部分；

3）允许学生加入艺术学校的管理机构；

4）第一、第二国立自由艺术创作工作室合并。

这是苏联第二次重要的艺术教育改革，它最成功的结果是成立了苏联国立高等艺术与技术创作工作室（即呼捷玛斯），在1920年9月按照苏联人民教育委员会委员叶·拉夫杰尔的命令，定于7月7日，把第一、第二国立自由艺术

（a）

（b）

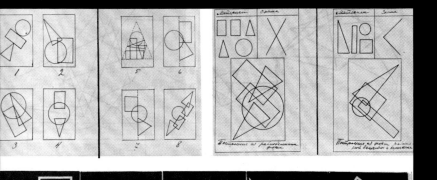

创作工作室合并成国立高等艺术与技术创作工作室——呼捷玛斯。

由列宁签署的《关于成立国立高等艺术与技术创作工作室》的国家法令，于1920年12月19日在"工人农民政府法律法规大会"上首次颁布，公示于天下。而后在12月25日官方的《消息报》上刊出，这标志着官方开展艺术与技术教育的决心，也显示了教师与学生对新社会、新艺术的憧憬（图1-56～图1-60）。

КОНСТРУКЦИЯ

1-59

(a)　　　　　　　　(b)

(a)　　　　　　　　(b)　　　　　　　　(c)

(d)　　　　　　　　(e)　　　　　　　　(f)

1-60

图1-59　呼捷玛斯构成作品2（a、b），1921年

图1-60　考入呼捷玛斯学校学生的作品（a-f），20世纪20年代末期

1.4 呼捷玛斯教育体系的建立

1.4.1 呼捷玛斯学制及教学内容的形成

呼捷玛斯是一所综合性的艺术学校，注重教学内容的艺术性和实践性，其特色鲜明的预科教学为随后的专业化教育奠定了良好的艺术基础。呼捷玛斯十余年间里形成了一套完整的、系统的、科学的教育教学方法，其理论基础与实践成果都具有极大的学术与艺术价值。

1920—1933年，在历史的长河中，呼捷玛斯虽然昙花一现，但其在基础教育方面的启蒙和发展对后世教育理念有着非凡的影响。相比包豪斯[76]，呼捷玛斯对于创新教育理念的探索从未消失，即在理论课程与实践设计相结合方面相互依存，课程有效地帮助学生在掌握基础知识的同时能够有效地训练自己的动手创造能力，使得将来的设计更加切合实际。总体来说，从呼捷玛斯的教育实践、教学内容以及教学理念的演变发展过程中，可以看出呼捷玛斯三个阶段的发展变化，在不同的教育阶段对基础教学课程有不同的课程设置与教学侧重点。

第一阶段是从1920年呼捷玛斯成立到1923年。这一时期的基础教学体系可以分成两部分：一部分是建筑系、雕塑系和绘画系中的基础课程，而另一部分是公共基础部。基础课程的设计是完全分开的，不同于包豪斯的整体式教学，在这一阶段中每一门课都承担着独立的教学体系内容，不能相互交叉。这段时期的基础教学时长为半年或一年，而各专业的学生共同学习多门跨专业的基础教学内容。这样的设置能拓展学生的思维。

总的来说，呼捷玛斯成立的前3年，基础教学体系的发展还在萌芽阶段，校内教师、学者对于基础教学模式依旧处于探索阶段，因此基础教育部门在较短的时间里，经历了从各系内基础部预科教学到跨系预科教学的转变。从教育理念上来讲，该阶段呼捷玛斯的办学思想相比包豪斯的更为理性，这一点主要体现在课程设置没有浓厚的个人色彩，其根本目标就是为社会培养创新型的设计人才。

第二阶段自1923—1926年，基础教育已经形成了新的体系，独立并平行于各个专业外的基础教学部形成了。这段时间的课程时长，从两年又变回了一年。这样的调整一方面反映了当时学校管理者和老师对课程建设的积极响应，同时也显示了当时学校教学方向探索的不确定性。在第二阶段中，呼捷玛斯的基础教学部成为最为重要的一个部门，这一阶段呼捷玛斯最为重要的体系便是设计了"最大化课程"和"最小化课程"。前者是为整个院系的学生打下坚实的基础，而后者则是专门为不同专业的学生所开设的。这样一来，基础课程在呼捷玛斯也进行了二次分类：第一类是提升所有学生基础的课程，第二类是专业课的预科教学。

除此之外，在第二阶段中，十分重要的创新体系就是由柳·波波娃所采用的圆周式教学法。这本来仅仅是在色彩的基础课程中采用的，但在校长弗·法沃尔斯基和基础教学部主任康·伊斯托明圆周式教学方法的推动下，圆周式教学法成为整个基础教学部所运用的教学体系。其主要是能够相对独立地安排并组织整体教学内容。相比较包豪斯的整体细分式体系，呼捷玛斯的教学体系在不断完善中能根据不同的专业提出更为细致严谨的要求，从这一点上不得不说，呼捷玛斯为现代造型艺术基础教学的发展作出了自己独特的贡献。

第三个阶段是从1926年到学校关闭，这一阶段的基础课程受到当时社会和经济发展及其他方面的影响，逐渐走向了萎缩。首先，这个阶段的基础课程再次被压缩到半年，缩短课程学制的根本原因在于学校新兴艺术流派与其他传统派系之间的斗争，真正意义上减弱了课程的基础实效性。其次，整体课程不再需要那么多的训练，真正受到重视的是新兴的艺术构成课程。最后，由于工业社会的快速发展，人才的需求量大大增加了，基础教学的时间也要有所减少。教学时间的减少，基础训练的压缩，导致了基础教学课程从数量到教学时间两方面的变化。

同时，学校内部课程设置也由于社会生产需求的加大，更加倾斜于建筑设计的专业技术训练与培养方面，而逐渐忽视了对基础教学的探索。同时不同的课程由于倾向技术课程的关系，造成了课程的长短不同。比如说空间课程本来是针对基础教学阶段的课程，但实际上在建筑系，到了第四学年的教学过程中，空间课程依旧起重要的作用，由此可见，呼捷玛斯的基础教学设计具有一定的延伸性和灵活性。

虽然学校不是一个人能决定一切的地方，但是足够强大的领导者，会引起整个学校的变化。这个阶段的教学极大地受到校长帕·诺维茨基个人思想的影响。他在学校技术教学、社会需求加剧的共同因素作用下，将基础教学时间进行压缩。这样的做法虽然力图保持呼捷玛斯整体的办学思路，但是没有足够注重基础教学的深入研究。从本质上说，呼捷玛斯最后几年的变化，实际上是在有意迎合校方与社会的，学校已经逐渐成为经济发展与政府的工具，局部已经失去了其原有创新发源基地的本质。

1.4.2 呼捷玛斯教学指导思想的逐渐建立

1918年9月5日，苏联人民教育委员会颁布了由艺术事业部代表达·施捷连贝格签署的命令，把斯特罗干诺夫斯基工艺美术学校同莫斯科绘画雕塑与建筑学校分别改组成第一、第二国立自由艺术创作工作室。同时全国范围内所有的艺术学校都改组成自由艺术创作工作室。随后又合并成苏联国立高等艺术与技术创作工作室（呼捷玛斯）。呼捷玛斯的存在仅有短短13年，但它像包豪斯一样，是世界现代造型艺术教育创建基础非常重要的组成部分。20世纪20年代，呼捷玛斯作为一个独立的教育机构不断发展，特别是在教学课程的内容上，每个学年都会有结构上的新变化，无论是增加还是减少教学部门或课程，是扩大必修科目的范围还是重新命名学校校名等。

呼捷玛斯的教学体制可以分为三个不同的阶段，分别由不同的校长所领导。他们分别是叶·拉夫杰尔（1920—1923年）、弗·法沃尔斯基（1923—1926年）、帕·诺维茨基（1926—1933年）（图1-61～图1-63）。这三位校长每个人都在学校的课程和教学改革方面做出了决定性的转变，以适应不断变化的世界上第一个苏联社会主义国家社会文化及工业经济发展的需要。

在第一阶段，呼捷玛斯被确立为一个具有全新艺术思想的现代造型教育与研究机构，因此其在苏联现代造型艺术的土壤是最肥沃和最受期待的。由于需要建设大型商业服务设施和工业生产设施，每个主要城市都亟需对技术以及新的建筑类型功能设计有所理解的建筑师和工程师，建筑专业化程度越来越高。如果要使建筑专业化，教育机构、学校等需要培训建筑师，只有这些院校将原有的学院派教学思想和体质进行改革，才能培育出专业化能力适应社会需求的人才，现代建筑专业才能健康发展。尽管那时刚经历完十月革命，国家的经济、物质条件都非常薄弱，但那时学校里的学生、老师对新时代新的艺术形式都怀有巨大的热情。同时，那段时期也是古典主义与现代艺术思想激烈辩论与艺术实践理论化初步形成的时期。呼捷玛斯在叶·拉夫杰尔的领导下建立了新的教学课程研究体系，以此来应对新社会、新工业、新思想的发展，通过艺术领域全新的教育计划，在社会与工业发展的客观基础上实现教学的改进。学院内部在原有的基础上成立了由各个风格鲜明的、由艺术家组成的艺术创作工作室，学生们可以选择自己喜爱的建筑师进行学习。

创作工作室教学模式的形成，体现了呼捷玛斯实践作品创作与艺术基础教育相结合的指导思想。学生们可以在创作工作室导师的实践创作中与社会实践相结合，提高自己的实际操作能力，在实践创作中思考艺术基本教育的内容；教师们也可以将艺术教育的内容放入实践中，在实践中检验与反思教学的成果。这一教

图1-61 叶·拉夫杰尔
图1-62 弗·法沃尔斯基
图1-63 帕·诺维茨基

学指导思想逐渐被大家所接受，并且成为对后世现代艺术教育影响深远的教学模式。

此外，呼捷玛斯进行了校内教学改革的另一项尝试。为了适应工业化快速发展带来的社会和经济的迅速发展，这项改革旨在缩小教育体系与工业发展不断增长需求之间的差距，来使艺术创作与社会实际应用需求相结合。这时呼捷玛斯的教育模式更加趋向于实用、规范，体现了教学的体制化和系统化。呼捷玛斯自上而下的教育模式，使其不仅仅作为一个教育机构而存在，而是逐渐开始规模化、中心化，逐渐开始取代其他教育与人才培养模式，并改革了初期建立的艺术教育组织。

呼捷玛斯第二阶段的主要目标为着力发展学校的基础艺术教育，由弗·法沃尔斯基担任校长。弗·法沃尔斯基把传统的基础艺术课程纳入教学大纲内，并努力提高其影响力。他这种做法被认为是应对"为工业发展培养人才"政策的做法。同时，这种做法标志着一种更为创新的学术传统的回归，让人联想起学校最初创建时，反对法国高等美术学院的布扎模式。弗·法沃尔斯基也一直致力于呼捷玛斯的教学创新实践，他坚持推行高水平的艺术预科教育。学生们在基础教学部、预科阶段，不仅能学到关于诸多艺术构成元素的基础知识，而且还能掌握一些通识的专业知识。总体来说，这个阶段的呼捷玛斯已经逐渐从第二阶段创作工作室模式——师傅带徒弟的教学模式过渡到强调通识基础教育特色的高级艺术和技术学院模式。

在第二阶段，呼捷玛斯的教学指导思想中明确将基础艺术的通识教育作为重点，建立以现代构成元素训练为基本内容的教学体系，试图通过基础构成教育方法的研究，建立起适应工业社会进步的、全面的艺术教育体系。当时色彩、形体、空间、构成等基础课程被各个专业系所广泛采纳。建筑系、雕塑系、绘画系、图案染织系、木加工系、金属制造系、平面

设计系、陶艺系等，都在探讨适应新社会需求的、普通的艺术形式及其基本的内容。全面系统的基础艺术教育奠定了各个系之间、各个艺术专业之间的广泛联系，提升了现代艺术教育的科学性。情感、感知、领悟式、技法训练为主的艺术教育方法被科学理性的新创作思维和客观训练所替代。

1926—1933年，在帕·诺维茨基领导的第三阶段，呼捷玛斯进行了新的教学改革。与弗·法沃尔斯基的教学理念形成鲜明对比的是，帕·诺维茨基在上任后受到苏联工业发展进程的影响，缩短了呼捷玛斯基础艺术课程的教学时长。这在一定程度上是为了迎合"为国民经济和文化发展培养新型专业人才"的战略。这次改革标志着学校优先考虑适应大规模工业化的任务，进一步实现了"五年计划"的国家议程，这也使学校最终整合为模式化的、为工业造型服务的新型艺术教育机构。

在学校发展的第三阶段，呼捷玛斯的教学指导思想体现了新技术、新工艺的力量，加入了许多技术训练的课程。如建筑系开设了结构、力学建造技术的课程；金属制造系加入了材料工艺、材料学、机械学、木结构甚至工业经济、预算决算等实际工业的课程；图案染织系新增了机械印花、纤维织物的化学工艺、染色工艺、喷雾染色等技术课程；陶艺系则增加了陶瓷工业技术、制瓷厂设备、胶体与硅酸盐等实践的技术知识课程；平面设计系则强调学生去印刷厂、木雕厂的实践，在实践中掌握印刷与平面设计的技能；雕塑系鼓励学生参加实际的展览展示设计与制作、舞台美术等。这些新课程的开设拓展并提升了学生们的技术创造观念（图1-64、图1-65），通过技术课程重新探讨并检验各门类艺术的实践操作能力，开创了设计造型教育与实践结合的新教学指导思想。

图1-64　尼·拉多夫斯基工作室学生作品展，1920—1930年

（a）

（b）

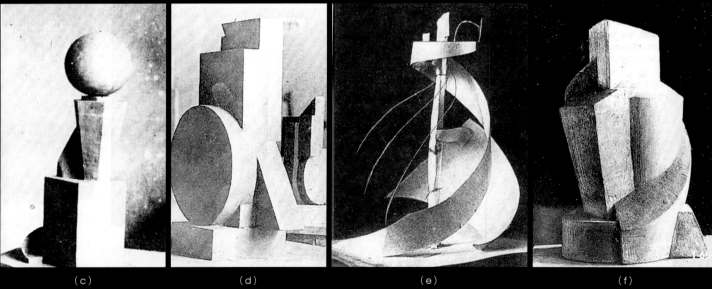

（c）　　　　　（d）　　　　　（e）　　　　　（f）

大型跨学科综合学校被政府认为是"低效率的"，故
学校被分为六个较小的以工业应用导向为基础的实用主
义艺术学部。当时的社会认为呼捷玛斯的艺术创作教育

图1-65　空间造型训练学生作品（a-f），呼捷玛斯，1926年

1.5 呼捷玛斯在苏联前卫艺术运动中的地位与贡献

呼捷玛斯被认为是俄罗斯先锋派艺术运动中最重要的研究创新中心。之所以其地位突出，不仅是因为许多先锋派的主要成员在这里自发地汇合在一起，而且它更为有力地揭示了先锋艺术运动文化的内涵，探索了现代造型艺术教育的全新体系，同时进行了全方位的现代造型艺术实践，以适应人类社会的发展，开创了人类现代艺术的新天地。

1.5.1 呼捷玛斯在苏联前卫艺术运动中的地位

在组建呼捷玛斯的同时，为了适应艺术演变出现的一些变化，需要制定适合新艺术趋势的教学方法、研究艺术形式的分析方法。这些产生前卫实验的方法是呼捷玛斯教学体系的基石。在呼捷玛斯，前卫运动的发展方向由理论化和实践创新的成果所引导。在这方面，先锋派内部积累的矛盾、各方面之间的冲突以及其发展过程中不时出现的危机也很引人注目。

当然，呼捷玛斯的创建和教学体系的设定，并不只是前卫创新上的考虑，它更是一个与整个20世纪20年代俄罗斯文化中的艺术潮流密切联系的研究教育机构。先锋派的精神和先锋运动的任务，不可否认地塑造了其性格中最重要、最有价值的东西。呼捷玛斯所采用的学习计划和教学方法充分体现了先锋派的主要原则及其相互争论：艺术实验的取向、形式的探索、个人主观创造与在艺术实验产品中最大程度地寻找与客观知识相结合的方法与探索；解决艺术实践和当代艺术理论探索中的理性分析和所处的综合困境之间的冲突；先锋派对绝对创新的纲领性价值取向与具有先锋思维艺术家特征的历史遗存之间的差异；不可复制的个人化的、天才的独特创造力和对工业生产、机械复制和群众生活组织的兴趣之间的冲突与矛盾。

简要回顾呼捷玛斯的历史和发展构架，这一总结是必不可少的。许多学者在描述呼捷玛斯的研究成果中，往往把它定位于似乎是一种特殊的嵌合体，由不可能共存的元素组成，但事实上，它们在不同时期都有它各自的特征和不同的表现方式。重要的是，呼捷玛斯结构性系统的艺术概念的形成，经历了持续且不断的变化，有时又是根本的变化。

从19世纪下半叶开始，以圣彼得堡帝国艺术学院为中心的俄罗斯艺术教育体系一直处于危机状态。零敲碎打的改革是无法解决问题的：教学体系与教育制度不能容纳新艺术现象的出现。这些新艺术现象是无视传统学术取向而存在的；同时这种学院派的教学制度也不能满足工业发展对艺术教育的要求。这个问题在一定程度上得到部分解决，而无法回避年轻人逃往巴黎和慕尼黑的艺术学校去学习的事实。通过早期俄罗斯的私立学校和创作工作室，甚至是"没有主管的创作工作室"的数量增加，新的艺术创造与教育的方法开始发展起来。第二个问题暂时没有解决办法。俄罗斯存在的那些艺术和工业设计学校全面向手工、手工制作日常物品的传统制作方法等，没有也不可能对工业的进步作出全面的响应。

呼捷玛斯是在十月革命后不久莫斯科艺术教育创新与改革的结晶。改革分两个阶段进行：第一阶段是在1918年废除了传统的皇家学院派式学术制度；俄罗斯各城市的艺术学校和一系列艺术、工业学校和学院地位平等，所有这些学校和学院都被改组为国立自由艺术创作工作室。因此，在莫斯科设立了第一国立自由艺术创作工作室（前斯特罗干诺夫斯基工艺美术学校）和第二国立自由艺术创作工作室（前莫斯科绘画雕塑与建筑学校）。

将艺术学院和其他教育机构转变为国立自由艺术创作工作室并不是流于形式，也不仅仅是名称的变化，更多的是有实质性的改变。在大多数新的教育研究机构中，优先重视"纯"艺术，首先是绘画，并引入了其他的创作工作室，苏联各个城市的每个创作工作室都遵循艺术家自己的教学与创作思想和方法。因此，国立自由艺术创作工作室努力复制文艺复兴时期的工作室自由创作状态，即大师与学徒和弟子一起工作，并将他的经验和艺术创作思想传授给学习者。不同的是，大师允许学生选择小组的学术主导者，并且学生可以自由选择与谁合作。此外，苏联人民教育委员会美术部一贯坚持所有艺术创新运动可以平等地参与艺术实践生活中的政策，并为他们在创作工作室中设定一定的艺术实践项目。

1918年秋季，国立自由艺术创作工作室开始上课；俄罗斯历史上第一次出现以自由探索和民主讨论为原则的艺术基础教育。新的教学体制有许多明显的缺点与优点，在接下来存在的两年时间里，这种优缺点在自由艺术创作室的教学与创新方面上逐渐显露。

在国立自由艺术创作工作室的活动中，一

些主要的艺术家（主要是左派运动的成员）开始建立一个新的艺术教育体系。从历史档案资料中可以看出，卡·马列维奇、格·亚库洛夫[77]和阿·巴比切夫[78]在第一国立自由艺术创作工作室的方案和瓦·康定斯基在第二国立自由艺术创作工作室中的方案具有高度的一致性与非凡的创新性。通过这些具有原创思想的艺术家们的共同努力而产生的新方法，学生们从日常的专业技能、从传统的训练中找到创新的方式。新的方法提高了学生的感知能力，并可以将学生的感知应用于丰富的艺术形式中。

然而相当多的教师坚持他们陈旧的学术评价和教学方法。他们得到了某一部分学生的支持，因为他们在之前的学校学习中已经习惯了这种学院派的规划以及教学模式中的某种逻辑，并努力保持其连续性。

总体而言，莫斯科的第一国立、第二国立自由艺术创作工作室在其两年的运作期间孕育了新的教育创新制度。先锋派艺术的探索存在于教育框架内并得到发展，同时也采取了新的教学与研究形式。因此，1919年由第一国立自由艺术创作工作室学生组成的"青年艺术家协会"所组织的展览中，已经没有拉丁语系的"传统教学材料选择"，但实验结果迄今尚未清楚地见到。1921年5月的青年艺术家协会展览被视为构成主义的熔炉。1919年年底，由苏联人民教育委员会美术部主持的绘画雕塑建筑综合委员会，由年轻的艺术家和建筑师重组为绘画雕塑建筑综合委员会，当时其中许多人是国立自由艺术创作工作室的学生。第一、第二自由艺术创作工作室开创了第一个以群体为导向的新授课形式。其与社会进步发展相一致，蜕变为创新的先锋派艺术实践。这些蜕变在呼捷玛斯中得以延续，并对其产生了重大影响。这种教育蜕变正是在1920年第一和第二个国立自由艺术创作工作室合并时产生的。

在艺术教育改革的第二阶段，各地的教育机构都经历了自由工作室的整合。这一行动有多种原因，其中有两方面的原因值得注意。首先学生们对车间生产缺乏清晰的认知，从而导致大规模生产，也令"小岗恰洛夫斯基"和"小塔特林"的风格模仿的教学体系感到力不从心。其次，在先锋派艺术家中，法则性、客观性的观念越来越深入人心，这表明尼·拉多夫斯基的客观方法应该成为艺术教育的普遍基础。

1920年11月29日，苏联人民教育委员会批准了国立高等艺术与技术创作工作室（呼捷玛斯）成立的文件，并且列宁于12月18日签署了该文件。该文件对"纯"艺术家的教育表示准许，大众艺术教育是官方传统上所追求的主要目标，也就是说，与国立的自由艺术创作工作室不同，呼捷玛斯从一开始就倾向于艺术和艺术技术教育的融合，追求艺术与新技术的有机联系。该文件还规定了呼捷玛斯的教学组织与结构。它在现有的基础上设立了八个系：建筑系、绘画系、雕塑系、平面设计系、图案染织系、陶艺系、木加工系和金属制造系，每个系都设置了一个基础教学部。

正如前文所述，呼捷玛斯、呼捷恩的历史共分为三个主要时期，每个时期都对应三个不同校长的思路。主要学术争论和呼捷玛斯的许多人事变动都有关系，均以某种方式直接或间接地与呼捷玛斯的教育方向选择问题有关。主要教育目标是围绕"纯"艺术教育还是生产艺术教育而展开讨论的。

第一个时期的校长是雕塑家叶·拉夫杰尔，第一任校长的教学思维（1920—1923）这个时期制定了呼捷玛斯的教学方法，设立了八个专业基础教学系，还设立了预科基础课程。叶·拉夫杰尔任期见证了生产主义艺术[79]设计倾向的兴起，虽然在1920年呼捷玛斯的文件中提到了这种倾向，但当时尚未完全应用，这种结果的积极一面导致了一些具有构成主义倾向的

左派艺术家从预科基础课程教学转到生产性的工作坊之中。

弗·法沃尔斯基在1923—1926年担任第二阶段的校长，他主持了呼捷玛斯历史上最富有成果、各方面都最和谐的时期。在这几年里，他所创建的教学体系与结构成为以后呼捷玛斯最终的教学形式。预备基础课程，借鉴并使用了形式分析的科学方法，最初是作为建筑和非客观绘画的入门而发展起来的，后来面向生产性实践艺术。经过重新思考和调整，其涵盖了所有各类艺术作品的创作，成功地将现实主义的艺术原则纳入其教学体系中。基础课程成为艺术教育的普遍基础，同样，也努力将呼捷玛斯学院的课程体系规范和系统化。在此期间，"架上艺术"[80]与实际生产型艺术取得并保持了平等的地位。弗·法沃尔斯基把艺术的各个领域看作一个统一完整的系统，他努力使这种信念成为呼捷玛斯的教育指导原则。

帕·诺维茨基于1926年上任，他成功地借鉴了弗·法沃尔斯基的教学经验。1926年，呼捷玛斯改名为呼捷恩，正式改名为国立高等艺术与技术学院，更名似乎为学校的发展注入了某种力量。对技术上的关注再次浮出水面，这一次伴随着学院的"社会化"改革。所有的艺术教育探索都是在过去几年里积累起来的，都是靠勤奋努力培育出来的。但所有专业的学生都上同样的基础课程，这种设置显现出它的弱点，而且基础课程被大幅削减，预科教育的时间从两年缩短到6个月。因此，不同艺术学科的教员与其他教员之间的联系大大削弱。呼捷恩被分裂成独立的创作教育单元，每个教员的命运都由各自决定，各个系内开始了各自为政的教学基础实验，基础教学部的力量被削弱了。

让我们回到俄罗斯先锋派艺术运动的总体问题上来。呼捷玛斯使精英们聚集在一起，这些精

英们是20世纪10年代先锋派潮流的最杰出代表。其中的一些艺术家，包括阿·舍夫琴科、安·戈卢布金娜[81]、亚·德列温[82]、瓦·康定斯基、波·岗恰洛夫斯基[83]、鲍·科罗廖夫[84]、帕·库兹涅佐夫、阿·列杜洛夫[85]、伊·马什科夫和罗·法尔克等，都在绘画系和雕塑系建立了自己的创作工作室。其他人如弗·巴拉诺夫-罗辛涅[86]、娜·乌达利佐娃[87]、伊·克柳恩[88]、亚·维斯宁、柳·波波娃、亚·罗德钦科、亚·埃克斯特[89]和亚·奥斯梅尔金[90]，他们也在基础教学部任教（图1-66~图1-70）。

在呼捷玛斯（呼捷恩）所有组织结构的变化和教学政策的波动中，绘画系的教授工作室尽可能地保留了原有的风格：即以一名大师为中心的自给自足的工作室体制。这体现了艺术家的前卫个人崇拜，或绝对的创造型人格。这些艺术家教师们对学生的影响可以从后来苏联绘画的风格倾向中看出；不同的影响印迹可以追溯到阿·舍夫琴科、罗·法尔克、帕·库兹涅佐夫、康·伊斯托明[91]等学生作品的表现上。当然，这种影响和教师的独创性之间没有硬性和快速的直接关联。例如，达·施捷连贝格的学生作品没有显示出受他影响的明显迹象。

主观和个人、客观和普遍，即先锋派对立的两部分学术的基本争辩，贯穿于呼捷玛斯中，并不时地发挥影响作用。即使在呼捷玛斯成立的最初阶段，先锋派的前卫实验也呈现出科学探究的特征，以及自发的自我表现特征。无论是在单一的前卫艺术家的作品中，还是在一群艺术家的群体创作或相互影响中，不同的学术争辩不断结合，并且试图在制定客观的感知和形式规律的尝试中进行教学探索，并将这些探索交织在一起。在这方面，瓦·康定斯基开创性的工作毫无疑问对日后的经验价值最大，瓦·康定斯基的理论是主观与客观结合的最好例子。

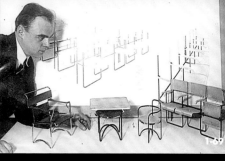

图1-66　基础教学部展示学生工作与学习成果的空间，1919年

图1-67　呼捷恩木加工系，照片：亚·罗德钦科，1928年

图1-68　呼捷玛斯基础教学部，学生色彩作业，维·巴斯科夫，1921年

图1-69　彼·加拉克蒂诺夫的毕业设计：一家电影院的家具，金属制造系，1922年

图1-70　学生们建造的一个农村阅览室的模型，供1925年巴黎国际装饰艺术博览会上展示，安·拉温斯基工作室，1924年

瓦·康定斯基是俄罗斯前卫艺术探索的重要先驱，1920年他组织了艺术文化研究所[92]，研究所成立的宗旨正是为了对艺术要素进行客观研究与分析。瓦·康定斯基为艺术文化研究所制定了一个系统的研究计划，并分层次、分门别类地实施。然而，不久之后出现了分歧，瓦·康定斯基离开了艺术文化研究所，其他人遵循的路线与他绘制的路线略有不同。其中缺少了详细的空间解读和与艺术文化研究所其他相关研究人员的交流与互动，只强调瓦·康定斯基对一系列艺术家无可争辩的影响，而似乎忽视了他最初的艺术概念和造型教育方法。其中一些艺术家是呼捷玛斯的教师，当时艺术文化研究所的研究人员和呼捷玛斯的教学工作是紧密联系在一起的。

呼捷玛斯所做的研究与教学工作证明了苏联前卫先锋派对理论的热爱。理论探索的内容在早期流行的宣言和小册子中都可见到。在20世纪20年代初，这种理论形式渗透到艺术文化研究所和呼捷玛斯、高等国家剧院美术创作工作室的学术实践项目中，以及由梅·弗谢沃洛德组织的其他项目中。创造性的作品是艺术家个人对群体化进程的反思，被认为是新的理论流派形成的重要实践支撑。

当然，到这个时候，艺术评论家和历史学家已经在一定程度上研究并归纳了大多数理论。尼·塔拉布肯[93]是艺术文化研究所的一员，他已经将自己的绘画实践理论编写成了绘画创作理论（1916年）。其中他将艺术史的研究定义为"对艺术创作要素的分析"，在同一时期，尼·普宁对现代艺术发展倾向的考察，使他产生了一种对艺术理论中形式分析方面的新思考。尼·普宁[94]在界定"艺术文化"概念方面也发挥了关键作用，苏联人民教育委员会美术部在十月革命后不久制定的研究方法奠定了这个理论的基础。"艺术文化"是苏联先锋派理论家从新艺术思潮的现实实践中衍生出来的一种观念。"艺术文化"的

价值被定义为纯粹的学术概念，是各种研究与教学机构"持续艺术劳动"的产物。

在20世纪20年代初，研究与教学机构在广泛的专业艺术设计方法和实践创新的研究与教学训练中，对某一特定的艺术运动具有特殊重要的推动意义。在艺术创新工作中，通过理论研究来"审视"这些成果，它们成为新艺术推广与宣传的主要方法，以及理论归纳与艺术生活的组织原则。这些都体现在艺术展览、博物馆和艺术教育中。

瓦·康定斯基在1920年描述了他对画家文化博物馆的雄伟计划："它将根据并列的原则收集建筑中优秀的案例：彩色平面和线性表达的平面；平面的排列、碰撞和分辨率；表皮平面和体积的关系；将表皮平面和体积作为自给自足的创作元素处理；线性和绘画平面和体积的重合或断开；创造纯粹形式体积的实验，包括单一和组合的形式等。"这当然是在瓦·康定斯基在纯艺术概念影响下的结果，尽管这些是在他当时缺席的情况下产生的，之后1922年瓦·康定斯基离开苏联去了德国包豪斯。阿·巴比切夫和柳·波波娃在艺术文化研究所的客观分析工作，对建筑纪念性艺术的研究，科学地发展了瓦·康定斯基的研究项目及其理念。同样的概念也是呼捷玛斯基础教学部学科体系的核心，其最活跃的创造者和理念协调者是著名画家柳·波波娃。

对于瓦·康定斯基来说，艺术分析工作仅仅是寻求艺术综合体现的一个临时阶段，或者用他的话来说："是一门不朽的艺术。"然而，对于艺术文化研究所使用的客观分析方法的研究成员，以及1921—1922年呼捷玛斯基础教学部的教师来说，艺术分析工作不仅仅是教学的副业或辅助阶段，它所体现的是一种真正的艺术精神和理论指导价值。此外，对他们来说，艺术分析实验的综合探索是当他们进行艺术合成时，做的不是瓦·康定斯基的"不朽艺术"和"纯艺术"，而是生产艺术，是先锋派现代艺

术进程中，分析综合探索阶段的俄罗斯独特的先锋艺术创造。这关系到呼捷玛斯第一期基础教学研究的深入和受亚·罗德钦科艺术思想集团影响的生产部门的命运。

在呼捷玛斯，1923—1926年遵循的是弗·法沃尔斯基的教学理念和教育政策，它在艺术的统一和全力支持艺术作品作为艺术现实最终形式的实践表达中，与瓦·康定斯基的思想发生了密切的联系。当然，瓦·康定斯基对这些问题的理解与弗·法沃尔斯基的追随者对这些问题的解释之间存在着严重的分歧。虽然瓦·康定斯基试图研究整个艺术造型规律，包括空间和时间的艺术，但呼捷玛斯却严格限于空间艺术，限于实用造型艺术的实践与教学。

1.5.2 呼捷玛斯对苏联前卫艺术运动的贡献

在生产者、构成主义者与弗·法沃尔斯基综合主义者之间的学术争论与冲突中，俄罗斯先锋派的两个原则，即机械主义和有机主义发生了碰撞。虽然来的有些晚了，但在20世纪20年代的后半期，彼·米杜里奇在平面设计系，从自由艺术直觉的角度中，反对弗·法沃尔斯基的方法是机械主义的。他认为弗·法沃尔斯基就是一个综合主义者。

所有空间形式规律的统一性教学概念是呼捷玛斯艺术教育体系的基石，促成了不同设计艺术趋势的统一与合并，并提供了有力的理论支持。日夫库·普塔克是第一个尝试促进这种教学概念的人，这是建立呼捷玛斯的先决条件。值得注意的是，展览中不仅仅有建筑师，而且还有画家和雕塑家。他们以惊人的艺术形式进行混合。画家亚·罗德钦科和阿·舍夫琴科、雕塑家鲍·科罗廖夫、建筑师尼·拉多夫

重要的影响。其代表作品有格拉斯哥艺术学校的麦金托什大楼、女王十字教堂和苏格兰街学校博物馆等建筑。

27. 约瑟夫·奥尔布里希（1867—1908），奥地利建筑师，维也纳分离派创始人之一。其代表作品有维也纳国家音乐厅展览馆、恩斯特-路德维希故居、杜塞尔多夫百货公司等建筑。

28. 奥托·瓦格纳（1841—1918），奥地利建筑师、规划师，被称为"分离派运动之父"。1895年，他发表著作《现代建筑》，认为新建筑要来自当代生活并表现当代生活。他的代表作品有维也纳新修道院4号公寓、维也纳邮政储蓄银行等建筑。

29. 维克多·奥尔塔（1861—1947），比利时设计师、建筑师，新艺术运动的创始人之一。他所设计的塔塞尔公馆常常被认为是第一座新艺术风格的建筑。建筑师在其中使用大量有机形式的图案装饰，使室内具有一种流动感与生命力。

30. 赫克托·吉马尔（1867—1942），法国设计师、建筑师，新艺术风格代表人物。他早年凭借贝朗热堡的设计声名鹊起，这是巴黎第一座新艺术风格的公寓楼，曾于1899年被选为该市最好的新建筑立面之一。其最有名的是带有装饰性新艺术风格曲线的玻璃和铁制灯罩或檐篷的设计，被用于巴黎地铁第一站的入口处。

31. 康·科罗温（1861—1939），苏联画家、作家、戏剧艺术家，莫斯科剧院的首席装饰师和艺术家。他的代表作有《北方田园诗》《在小屋》《鲜花》等作品。

32. 阿·舒舍夫（1873—1949），苏联建筑师。他的创作风格几经转变，涵盖了新古典主义、构成主义和社会主义现实主义等多种风格。他的代表作品有卡赞斯基铁路总站、列宁陵墓、苏联农业人民委员部大厦、军事运输学院大楼等建筑。

33. 鲍·尼古拉耶夫（1869—1953），苏联著名艺术家、建筑师。

34. 约瑟夫·霍夫曼（1870～1956），奥地利设计师、建筑师，维也纳分离派的创始人之一。他最著名的建筑作品是布鲁塞尔的斯托克莱宫，是现代建筑、装饰艺术和维也纳分离建筑的巅峰之作。

35. 尼·比科夫斯基（1834—1917），苏联艺术家，主要从事圣像绘画赫尔教堂壁画的绘制。

36. 安·卢纳查斯基（1875—1933），苏联政治家、文学家、文艺评论家、教育家和哲学家。他一生在文学、艺术、教育、出版、音乐、戏剧、电影等方面都发挥了积极的影响作用，为苏联无产阶级文化的形成与发展做出了巨大贡献。

37. 尼·科利（1894—1966），苏联构成主义建筑师、规划师。20世纪20年代后期，尼·科利成为现代建筑师协会（OCA）的成员和国际现代建筑协会（CIAM）代表。1928—1932年，他在巴黎兼职，协助勒·柯布西耶完成建筑师在莫斯科唯一建造的工作，即莫斯科中央消费合作社总部大楼。

38. 莫斯科中央消费合作社总部大楼，位于莫斯科米亚斯尼大街39号的一座政府建筑，由勒·柯布西耶和尼·科利于1933年建造。该建筑包括可容纳3500名人员的办公空间，以及餐厅、演讲厅、剧院和其他设施。

39. 拉·里西茨基（1890—1941），苏联平面设计师、摄影师、建筑师，至上主义的代表人物。他为苏联设计了许多展览展示和宣传作品，其中，最著名的有《红军击溃白匪》。画面中，红色楔子像针一样刺穿白色圆圈，暗示红军已经击溃白军，并将其成功地从周围的黑暗中解放出来。

40. 凯瑟琳·库克（1942—2004），英国建筑师，俄罗斯前卫设计及建筑和城市规划领域的国际知名学者。她曾在英国开放大学担任设计讲师，并在剑桥大学建筑系任教。

41. 1920年，列宁提出了著名的口号："共产主义就是苏维埃政权加全国电气化。"同年，苏联成立了俄罗斯国家电气化委员会，吸收了200多位科学家和工程师，用了10个月的时间拟定了俄罗斯苏维埃联邦社会主义共和国电气化计划，简称"全苏电气化计划"，预计用10～15年的时间，新建发电站30座（20座火力发电站和10座水力发电站）。列宁十分重视这个计划，把它称之为第二个党纲。此后，在苏联的政治宣传画中，电气化就成为永恒的主题。

42. 伊·列奥尼多夫（1902—1959），俄罗斯前卫建筑师、规划师、画家和教师，第二代构成主义的领袖人物。伊·列奥尼多夫的一生设计了诸多设计方案，其中著名的有列宁学院、工业之家、莫斯科无产阶级文化宫。不过，他唯一建成的作品只有一个位于基斯洛沃茨克的楼梯。

43. 莫斯科建筑协会（MAO）是第一个俄罗斯建筑师和土木工程师的协会，于1867年在建筑师米·拜科夫斯基的倡议下成立。协会的主要工作是研究古代建筑遗产、举办设计竞赛、出版专刊和期刊，以及举办建筑师大会。

44. 谢·基洛夫（1886—1934），苏联布尔什维克党早期领导人。他曾于1926—1934年间担任列宁格勒州委书记的职务，任期内在其办公室内被列·尼古拉耶夫开枪射杀。此次遇刺事件直接导致了20世纪30年代的大清洗运动，至今真相仍不明晰。

45. 安·布罗夫（1900—1957），苏联建筑师，现代建筑师协会的成员之一。他因设计了于1930年上映的由谢·爱森斯坦导演的电影《总线》中出现的柯布西耶式建筑而闻名。布罗夫还设计了许多工人俱乐部方案，但都没有实现。

46. 伊·戈洛索夫（1883—1945），苏联著名建筑师，构成主义的领袖人物之一，其代表作品有莫斯科全俄农业展览会远东馆、祖耶夫工人俱乐部、伊万诺沃集体住宅等。1932年，他开始转向后构成主义，这一时期的代表作品有莫斯科斯普里多诺夫卡街特普洛贝顿公寓楼、莫斯科约斯基大道公寓楼等建筑。

47. 柳·波波娃（1889—1924），苏联前卫画家、设计师。柳·波波娃是俄罗斯立体未来主义的首批女性先驱之一，与此同时，她还发展了至上主义和构成主义，创作了诸多前卫风格的绘画、书籍、海报、纺织品作品。

48. 亚·罗德钦科（1891—1956），苏联构成主义领袖人物。他早期以绘画和平面设计为主，后来转至摄影和集成照相。他的摄影作品反映社会现实，在形式上寻求创新。他经常从出人意料的角度拍摄，通常是俯视或者仰望，为观赏者带来震撼，常令他们一时间认不出熟悉的景物。

49. 格·格里茨（1893—1946），苏联建筑师、戏剧艺术家。

50. 伊·拉姆措夫（1899—1989），苏联理性主义建筑师、教育家，新建筑师协会的创始人之一。他还是一名杰出的建筑理论家，其代表著作有出版于1938年的《建筑构成要素》。

51. 康·美尔尼科夫（1892—1974），苏联前卫画家、建筑师。美尔尼科夫常常被认为是一个构成主义者，但实际上他是一位特立独行的艺术家，不受任何特定风格的约束。他的代表作品有巴赫梅捷夫斯基车库、鲁萨科夫俱乐部、美尔尼科夫自宅等建筑。20世纪30年代，他拒绝顺应社会主义现实主义设计潮流并退出建筑实践，直至生命的尽头。

52. 维斯宁兄弟是构成主义运动的旗手，他们是列·维斯宁（1880—1933）、维·维斯宁（1882—1950）和亚·维斯宁（1883—1959）。三兄弟合作默契，分工明确。其中，列·维斯宁精于建筑平面的布局，尤其擅长将各种复杂的功能合理组织在一起；维·维斯宁在建筑结构技术方面有很深的研究；亚·维斯宁更是建筑师中的佼佼者，专攻建筑造型和构图，是苏联构成主义建筑运动的领袖人物。

53. 弗·科林斯基（1890—1971），理性主义建筑运动的领袖人物，新建筑师协会的创始人之一。其代表作品有莫斯科卢比扬斯基广场的摩天大楼、莫斯科劳动宫设计方案、哥伦布纪念碑设计方案等建筑。

54. 莫·金兹堡（1892—1946），苏联构成主义理论家、建筑师，现代建筑师协会的创始人之一，《现代建筑》杂志的主编。他的著作众多，代表作品是出版于1924年的《风格与时代》，常常被认为是苏联早期构成主义最早和最重要的理论书籍。金兹堡最著名的建筑作品是纳康芬公寓，深深影响了勒·柯布西耶马赛公寓的创作。

55. 亚·切尔尼霍夫（1889—1951），苏联建筑师、平面设计师，机器主义的领袖人物之一。他的一生创作了大约17000幅画作和设计方案，但几乎没有一个

得以实施。

56. 现代建筑师协会（OCA）是苏联一个由构成主义者组成的建筑师协会。该组织由莫·金兹堡创立，活跃于1925—1930年。它于1926年创立了自己的期刊《现代建筑》（CA），主要发表现代主义建筑项目以及呼捷玛斯的学生方案。

57. 米·巴尔希（1904—1976），苏联构成主义建筑师、教师，现代建筑师协会的成员之一，以建筑形式的清晰性、几何性和合理性而著称。他的代表作品有莫斯科天文馆、斯维尔德洛夫斯克工业之家项目等。

58. 米·杜尔库斯（1896—1991），苏联建筑师、规划师、教师，新建筑师协会的成员之一。

59. 格·克鲁季科夫（1899—1958），苏联建筑师。克鲁季科夫于1928年设计的飞行城市项目代表了他那个时代最大胆的幻想。建筑师提议在地面上建造工业建筑，而将居住建筑转移到空域。他希望城市之间的通信能够在陆地、水上和空中移动的独立小屋的帮助下进行。

60. 新艺术肯定者协会（УНОВИС）是一个短暂但有影响力的艺术家团体，由卡·马列维奇于1919年在维捷布斯克大众艺术学校创立并领导。该小组最初由学生组成，原名为МОЛПОСНОВИС，旨在探索和发展艺术中的新理论。在马列维奇的领导下，他们更名为УНОВИС，主要关注于至上主义的思想，并进行了诸多社会主义建设的实践。

61. 伊·恰什尼克（1902—1929），苏联至上主义艺术家，新艺术肯定者协会的创始成员。

62. 尼·苏叶廷（1897—1954），苏联至上主义平面设计师、展览设计师和陶瓷画家。其代表作品有《稻草人》《拿白锯的女人》等。

63. 瓦·斯捷尔潘诺娃（1894—1958），苏联构成主义艺术家，主要从事平面设计、服装设计、纺织品设计及舞台布景设计工作。

64. 《星期四的男人》是由吉尔伯特·基思·切斯特顿出版于1908年的一部形而上学的惊悚小说，主要讲述了世纪之交，伦敦七名以一个星期中某一天的名称作为代号自称的无政府主义者的故事。切斯特顿

（1874—1936），英国作家、文学评论家，经常被誉为"悖论王子"。

65. 弗·马雅可夫斯基（1893—1930），苏联诗人、剧作家、演员，苏联未来主义运动的杰出人物。

66. 瓦·康定斯基（1866—1944），20世纪苏联最伟大的艺术家及艺术理论家之一。他创造的"抽象绘画"概念推动了20世纪及21世纪的艺术发展。对他而言，绘画是用点、面、线、色彩传达精神和情感，与观众共同激起内心与精神的震荡。

67. 康·休金（1875—1958），苏联画家、理论家。他常常描绘俄罗斯的自然风光和古代建筑遗迹，代表作品有《蓝色灌木》《冬天的修道院》《春天阳光明媚的日子》等。

68. 伊·马什科夫（1881—1944），苏联画家。他是苏联前卫艺术家协会钻石杰克的创始人之一，也是"艺术世界"研究团体的重要成员。20世纪20年代后期，他转向写实主义风格，主要描绘了苏联幸福生活的场景，以及为生产领导者、先驱者和红军士兵绘制肖像。

69. 罗·法尔克（1886—1958），苏联画家，苏联前卫艺术家协会钻石杰克的创始人之一。他多绘制静物、肖像和风景画，代表作品有《有鹦鹉的女孩》《穿黄色衬衫的女士》等。

70. 阿·舍夫琴科（1883—1948），苏联画家、艺术家。

71. 帕·库兹涅佐夫（1878—1968），苏联画家、教育家。他的代表作品有《蓝色喷泉》《草原上的海市蜃楼》《母亲》等。

72. 维·巴利欣（1893—1953），苏联前卫建筑师，新建筑师协会的创始人之一。巴利欣参加了许多建筑竞赛，如列宁纪念碑、全联盟宫莫斯科艺术学院和苏维埃宫设计竞赛。

73. 鲍·约凡（1891—1976），苏联建筑师。最初，维·约凡遵循新古典主义设计风格，后来，他转向社会主义现实主义风格。鲍·约凡最著名的作品是苏维埃宫设计方案，该方案具有强烈的古典特征，外观拼贴有诸多民族符号。自此之后，苏联建筑向高、大、神圣的方向发展。

74. 伊·雷利斯基（1876—1952），苏联新古典主义建筑师、教育家。他的代表作品有伊万诺沃结核病疗养院、维诺格拉多沃庄园的两座乡间别墅等。

75. 阿·戈里申科（1883—1977），苏联前卫画家、艺术家。

76. 包豪斯创建于1919—1933年间，学校主张适应现代大工业生产和生活需要，讲求建筑功能、技术和经济效益。它将艺术从一些特定的阶层、民族或国家的垄断中解放出来，归还给社会大众；并通过降低艺术的生产成本、提高艺术的生产效率，使艺术全面而整体地介入人类现代生活。

77. 格·亚库洛夫（1884—1928），苏联前卫画家、平面设计师、布景设计师。他积极与苏联各种艺术运动，如立体主义、未来主义、构成主义互动，但不属于任何艺术团体。他的代表作品有《赛马》《街》《春季漫步》等。

78. 阿·巴比切夫（1887—1963），苏联雕塑家、平面设计师、画家。他的代表作品有《芭蕾舞女演员》《两个男孩》等。

79. 生产主义艺术指能够反映现代工业社会、能够被大量生产和工业化的艺术。生产艺术家反对仅仅提供精神愉悦的纯粹艺术，与架上艺术家完全相反。

80. 架上艺术指绘画和雕塑等传统艺术，它们为了艺术而艺术，独立于实际生产之外，没有直接的实用性。

81. 安·戈卢布金娜（1864—1927），苏联雕塑家。他的代表作品有《游泳者》《老年》《桦木》等。

82. 亚·德列温（1889—1938），苏联画家。德列温早期为构成主义风格，自20世纪20年代开始，他逐渐向写实主义发展。他的代表作品有《一个年轻人的肖像》。

83. 波·岗恰洛夫斯基（1876—1956），苏联画家，钻石杰克协会的创始人之一，也是青年联盟和艺术世界的重要成员。他深受保罗·塞尚的影响，其代表作品有《女儿的肖像》《茉莉花丛》等。

84. 鲍·科罗廖夫（1884—1963），苏联雕塑家、教育家，苏联前卫艺术运动的领军人物之一。其代表作品有萨拉托夫的花岗岩革命战士、尼古拉·鲍曼的青铜和花岗岩雕像以及多座列宁雕像。

85. 阿·列杜洛夫（1882—1943），苏联画家、布景设计师，钻石杰克的创始人之一。他经常在画中使用鲜艳的色彩，代表作品有《红色自画像》《蓝色的罐子和水果》《红房子的风景》等。

86. 弗·巴拉诺夫-罗辛涅（1888—1944），苏联前卫画家、雕塑家。他的代表作品有《亚当和夏娃》《有洋娃娃的女孩》《表弟与鲜花》等。

87. 娜·乌达利佐娃（1886—1961），苏联前卫艺术家、画家。她的作品中结合了俄罗斯绘画学派的传统和立体主义、未来主义和至上主义的艺术风格，代表作品有《三个人物的构图》《吉他》《裁缝》等。

88. 伊·克柳恩（1873—1943），苏联前卫艺术家、艺术理论家。早期，伊·克柳恩主要使用象征主义和新艺术风格。后来，受到卡·马列维奇影响，他开始转向至上主义的设计风格，代表作品有《至上主义绘画》等。与大多数苏联艺术家一样，20世纪30年代，克柳恩被迫转向传统的具象绘画，开始绘制写实的静物和风景。

89. 亚·埃克斯特（1882—1949），苏联前卫艺术家、平面设计师、服装设计师、戏剧和电影艺术家。她创作了许多立体未来主义风格的作品，是青年联盟、至上主义协会和钻石杰克协会的成员。埃克斯特还曾在莫斯科时装工作室工作，甚至设计创作了红军的制服。

90. 亚·奥斯梅尔金（1892—1953），苏联艺术家、教师，钻石杰克协会成员。他深受保罗·塞尚、野兽派以及立体主义的影响，代表作品有《在涅瓦河上》《勿忘我》《日落》等。1918—1948年，他开始积极地从事教学工作。

91. 康·伊斯托明（1886—1942），苏联前卫画家、教师，四艺术协会成员之一。伊斯托明的绘画作品涵盖了风景、静物、肖像、风俗等多个主题，其中最具代表性的有《女人肖像》《早晨》等。除绘画外，伊斯托明还从事书籍插图、风景素描和表演服装的设计。

92. 艺术文化研究所是1920—1924年间活跃于莫斯科的一个俄罗斯艺术组织，由画家、雕塑家、平面设计师、建筑师和艺术学者组成。它在苏联人民教育委员会的批准下建立，并由美术部（ИЗО）资助，以确定革命后俄罗斯的艺术实验课程。

93. 尼·塔拉布肯（1889—1956），苏联艺术评论家、理论家、哲学家、戏剧评论家。

94. 尼·普宁（1888—1953），苏联艺术史学家、艺术评论家。尼·普宁一生共发表200多篇与苏联或西方艺术相关的文章或专著，是苏联先锋派的关键人物。

95. "精神分析"方法是尼·拉多夫斯基独创的一种教学方法。1926年，拉多夫斯基根据明斯特伯格的工业心理学理论建立了一个空间感知实验室，对最基本的几何形体的艺术表现力进行了不同的感知实验，从中总结人对构图的感知规律，研究建筑造型对人的影响及心理感知。拉多夫斯基将这些研究成果运用到呼捷玛斯建筑空间造型的教学课程中，学生们在开始就接受这种教学方法的训练。因此，他们能够不受任何特定风格的限制，对空间和形状有更加深刻的感知和控制。

96. 安·拉温斯基（1893—1968），苏联雕塑家、建筑师、平面设计师、布景设计师。拉温斯基以其为谢·爱森斯坦导演的《罢工》《战舰波将金号》等电影设计的海报而闻名。

97. 维·基谢廖夫（1895—1984），苏联艺术家，构成主义运动的代表人物。

98. 布勃诺夫骑士（又译作"钻石杰克"），是1910—1917年间活跃于莫斯科的一个有影响力的前卫艺术协会。该团体的第一次同名展览于1910年12月在莫斯科举办，一共展出了38名先锋艺术家的作品。布勃诺夫骑士的成员们年轻且富有实验精神，他们植根于革命信仰，拒绝传统的艺术规则，要求严格遵守现实主义，并渴望探索全新的艺术形式。

99. 四艺术协会是一个存在于1924—1931年间的艺术协会，主要活跃于莫斯科和列宁格勒地区。该协会由之前"艺术世界"和"蓝玫瑰"的艺术家们创立，成员包括画家、平面艺术家、雕塑家和建筑师，这些成员均具有较高的专业技能和极强的表现力。

2

第 2 章 ›

呼捷玛斯的教学体系与成果

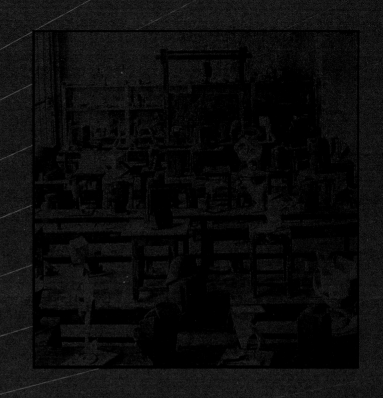

呼 捷玛斯存在的十余年间，权威的教师和领导们一直探索通识教育基础的新途径，从系内基础教学部预科教学到跨越建筑系、金属制造系、木加工系、图案染织系、陶艺系、平面设计系、绘画系、雕塑系八大系的跨系预科教学，从"客观教学法"到"最小化课程"和"最大化课程"，注重在色彩、空间、形体和构成等方面全方位培养学生的创新设计能力。这些留存下来的丰富的学生设计作品、首届世界现代建筑展览的参赛建筑方案等，无一例外地展现了呼捷玛斯教学体系的精髓与成功。

2.1 呼捷玛斯的预科课程

2.1.1 从系内基础教学部预科教学到跨系预科教学（1920—1923年）

最初呼捷玛斯的教学大多在各个专业权威导师领导的创作工作室进行，各个导师有不同的教学风格和艺术创作理念，因此各个工作室的教学计划按照导师的个人理解各自制定。按照呼捷玛斯新的教学计划，学生入学第一年要接受基础教育，学习一些关于造型艺术方面的基础知识。事实上，由于各专业的基础教学与训练属于自我管理性质，是一种工作室制的教学方式，授课教师在理解"客观教学法"[1]的内涵及对入门基础知识教学的教学方法上很难达成一致。因此，原第一、第二国立自由艺术创作工作室的教师并不愿意研究学生的综合基础课程，而是希望学生直接进入未设立基础教学的生产作坊中直接进行创作实践工作；另一方面，一些志同道合的教师们开始探寻在各个系的入门课程中，推行综合的知识与专业基础训练，推广建立"客观教学法"，探索实现通识教育基础的新途径。

由于绘画系、雕塑系的"基础教学训练"拥有健全的专业工作室体系，工作室由权威教师领导组建，因此绘画系、雕塑系的艺术基础教学工作走在了改革的前列。

雕塑系的基础教学最大程度上脱离了专业工作室体系。即便如此，它最初的教学也并没能明确划分入门级和专业级的差别。系内老师

鲍·科罗廖夫、安·拉温斯基和阿·巴比切夫采用统一的教学法教授系内的入门课程，但他们个人又有一套独特的见解。在教授雕塑系本系的入门知识方面，安·拉温斯基教授的教学法更具普遍性，这也为他后来教授各系的公共基础入门课程——形体课，奠定了基础。

绘画系的基础教学完全脱离了专业创作工作室体系，最初成立了入门级基础教育工作室（数量在4~8个之间波动）。每个入门级工作室的学生都能在学习专业课之前掌握多个绘画元素。柳·波波娃、亚·维斯宁、亚·罗德钦科等人领导着这些工作室，特别是亚·罗德钦科、柳·波波娃和娜·乌达利佐娃，他们在绘画系入门基础课程设立过程中发挥了积极的作用。他们将艺术文化研究所的"客观教学法"成功应用于呼捷玛斯的基础教学中。20世纪20年代末期，艺术文化研究所成立了客观方法分析小组，亚·罗德钦科把该小组创立的新的造型艺术形式分析方法带到了呼捷玛斯。他组建工作室的目的是教授学生新的科学技术知识和基础的绘画经验。工作室制定的教学计划包括五个单一绘画元素（颜色、形式、结构、肌理和材质）的训练。需要指出的是，亚·罗德钦科的这个教学计划的重点在于强调学生对基本造型元素的理解与认知，并提出了解决一般绘画问题中比较有效的训练途径。

建筑系的基础教学没有脱离专业工作室体系而自立门户，所有学生入门课程都按照统一的教学大纲来安排。后期随着建筑系由尼·拉多夫斯基领导的心理分析法和伊·戈洛索夫主

张的建筑构成理论的建立，以及之后两个教学思路的形成，建筑系的基础教学逐渐形成了两种建筑基础教学法。

在各系公共入门课程的设立过程中，亚·罗德钦科作为基础教学部主任发挥了非常重要的作用，而柳·波波娃也在制定教学方案和组建各系通用的公共基础教学方面作出了巨大的贡献。绘画系的两门课程——构成（亚·罗德钦科）和色彩（柳·波波娃、亚·维斯宁）成为了基础教学部的主要课程。在1920—1921年间，艺术文化研究所的教师们将更多注意力集中在制定各专业公共基础教学法的研究方面，而1922年他们则积极投身于设立各系内部的艺术入门课程上。这不仅使呼捷玛斯的绘画、雕塑和建筑系专业学生形成了统一的入门基础教育，而且增进了艺术入门课程与创作工作室及生产作坊之间的联系。

历史文献资料提到，艺术文化研究所的成员——客观教学法的拥护者尼·拉多夫斯基、弗·科林斯基、尼·多库恰耶夫、亚·罗德钦科、亚·维斯宁、柳·波波娃和安·拉温斯基是设立各系艺术入门课程和建立基础教学部的倡导者。1922年秋季，色彩、空间、形体和构成四门课程的任课教师制定了设立各院系艺术入门基础课程的方案。1922—1923学年，各系艺术入门基础课程的教学实践时长设为一年。从1923年秋季开始，这一教学理念被引入呼捷玛斯的整体教学体系中。进入呼捷玛斯的学生都要经过基础教学部的学习，之后再进入各专业系室，用两年时间完成专业课程的学习。

主要课程是柳·波波娃的绘画基础课程、亚·维斯宁的色彩基础课程（图2-1）。

教育体系改革初期，绘画系基础教学工作室的柳·波波娃和亚·维斯宁，并没有立即响应学院统一安排的教授"绘画元素"基础课程的教学方案，这是由于每个工作室的学生在这之前只学习单一的绘画元素。比如，有的工作室只学习"色彩形式"，有的工作室只学习"平面色彩应用"，有的工作室只学习"空间色彩应用"，有的工作室只学习"色彩和形式的同步性"。在这种情况下，对于柳·波波娃和亚·维斯宁而言，制定具体统一的入门基础知识与训练的教学计划，并统领全校，是一个极其艰巨的任务。

各院系最初制定了四门公共入门课程，分别是色彩、空间、形体和构成课程。其中构成课程分成了多门子课程，包括平面构成和空间构成（图2-2～图2-11）。

柳·波波娃和亚·维斯宁负责教授色彩课的教学方法与研究。早期，他们尝试把色彩影响从"色彩"等所有绘画系的入门课程中分离出来。他们认为，色彩课的本质在于让学生们描绘物体色彩的本质，以及一系列构成形式的本质特征，而非让他们描绘对物体的表面印象。此外，柳·波波娃和亚·维斯宁还认

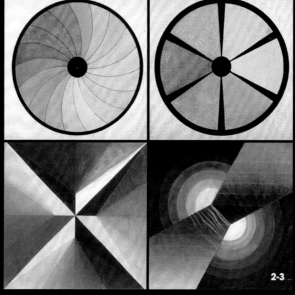

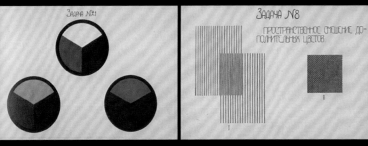

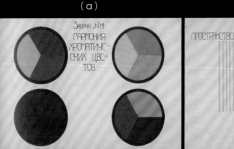

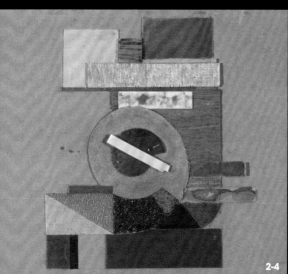

图2-1　柳·波波娃画室合照，1923年

图2-2　课程训练（a）色彩调和练习，一年级，1926—1927年；（b）色彩调和三角手绘训练，一年级，1926—1927年；（c）补色的空间蔓延，一年级，1926—1927年；（d）非补色的空间蔓延，一年级，1926—1927年

图2-3　光谱环，一年级，1926—1927年

图2-4　四种材料的非彩色等级分析：墨汁、水粉、炭粉、石墨，一年级，1927—1928年

图2-5　学生作业——浮雕纹理：有光泽的、无光泽的、粗糙的、透明的，1921年

图2-6　带有三道条纹的绘画式建筑风格（a，b），柳·波波娃，1921年

(a)　　　　　　　　　　　　　(b)

为，构成应该符合一定的色彩规律，而不是所有元素偶然组合在一起。形体和色彩应该构建出物体的整体感，而不仅仅是装饰它。这些研究思路对柳·波波娃和亚·维斯宁确定色彩课的目标和训练方法产生了很大的帮助。

1922年，柳·波波娃和亚·维斯宁开始教授各系的公共入门课程——色彩，他们提出了色彩课的新教学任务。在这一时期，他们把教学课程分为两种类型，即在不考虑学生未来专业方向的前提下教授色彩课（最小化课程），以及考虑专业方向后针对性地教授色彩课（最大化课程）。

最小化课程由四个训练组成：平面色彩形态、平面色彩空间、平面色彩材料的比较和空间色彩材料的比较。第一部分主要学习色彩的组成元素和构成方法（沿水平方向、垂直方向、对角线方向和交叉方向等）；第二部分主要学习色彩肌理关系；第三部分主要学习同一构图中不同颜色、肌理和材料之间的相互作用；第四部分主要学习不同色彩材料在空间中的相互作用。

与最小化课程有所不同，最大化课程旨在针对不同专业的学生教授目标不同的色彩课内容。1922—1923年间，绘画系、平面设计系、图案染织系和陶艺系纷纷开设了最大化课程。1923年，柳·波波娃为平面设计系二年级制定了该系具体的入门基础课程和详细的教学任务与学习计划。

柳·波波娃和亚·维斯宁作为工作室的领导者影响着他们的学生，从学生的作品中可以看出柳·波波娃和亚·维斯宁的主要教学思想与创作理念。

平面构成的训练

构成课程主要由亚·罗德钦科的入门课程——平面构成、平面的结构构成组成。

1920年秋天，亚·罗德钦科开始领导绘画创作工作室。最初，绘画系的基础教学设立在八个不同的创作工作室。随后，八个工作室合并成四个工作室。最后，从这些创作工作室中精选出两个工作室，包括亚·罗德钦科工作室、柳·波波娃和亚·维斯宁联合工作室。这两个绘画创作工作室的基础课程作为全校基础教学部的组成部分，为呼捷玛斯所有系的基础教学服务。

1920—1922年间，亚·罗德钦科开始教授构成课程。在这么短的时间里，他完成了新教学法的研究，并尝试将自己作为一名画家和构成研究者所积累的创作经验融入基础教学体系之中。1920年秋，他开始研究静物写生，且更偏爱不规则形体。呼捷玛斯的学生回忆，在静物写生时，亚·罗

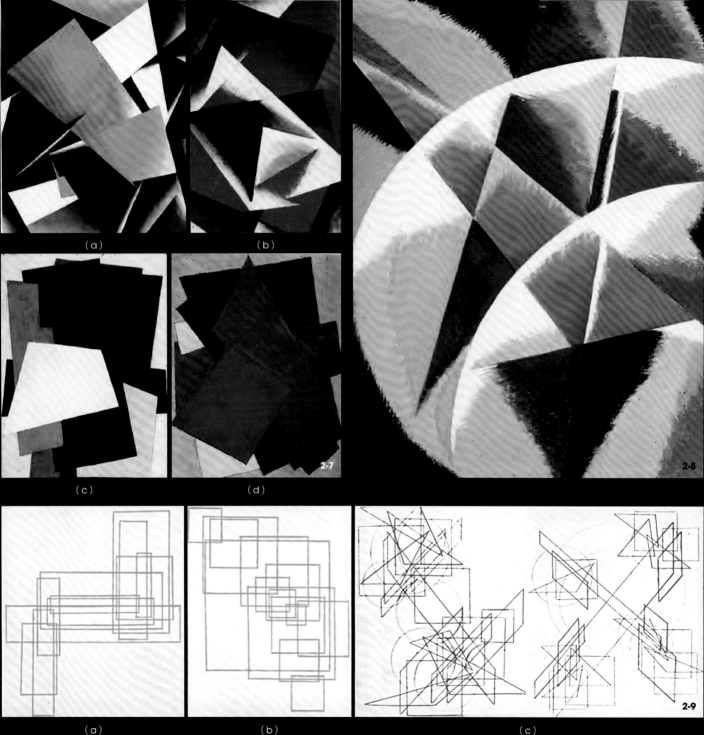

(a)

(b)

(c)

(d)

2-7

2-8

(a)

(b)

(c)

2-9

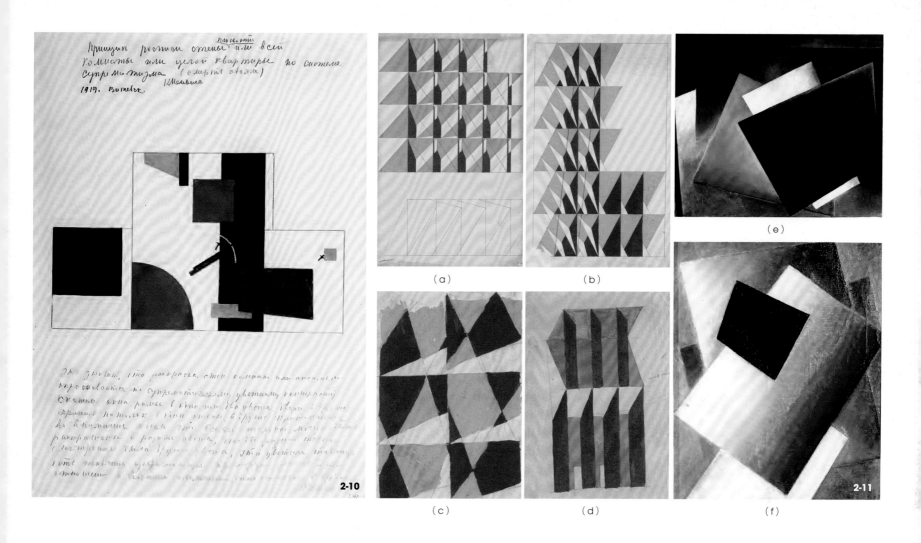

2-10

2-11

(a)　　　　　（b）

（c）　　　　　（d）　　　　　（f）

（e）

德钦科总是要求他们找出物体的中心并了解其结构。亚·罗德钦科为什么喜欢不规则形体呢？因为他认为，不规则物体的静物写生可以打破学生的常规构图思维定式。公共入门课程——构成课的核心是平面构成，平面构成的核心则是一系列彼此联系的抽象作业。平面构成是亚·罗德钦科在1921年提出的。他向学生们传达了这样一种思想，即让他们构建关于线的概念。

第一类抽象作业是指在方形纸上构建简单线性几何图形。比如，沿水平方向、垂直方向、对角线方向和十字交叉方向布置矩形、圆形和三角形等。

第二类抽象作业是指用菱形、三角形、圆形和椭圆形构建简单线性几何图形，这显然要比第一类抽象作业复杂得多。

第三类抽象作业是指用几何图形（圆形、三角形和矩形）在平面上表现空间深度，理论上在表现空间深度时需要加入大量的元素，但实际上只会用一种单一的几何图形（矩形）或者两种图形（矩形和圆形，或者矩形和三角形）。

就构建抽象线性构成的难易程度而言，这三种抽象作业是循序渐进的，使学生可以在循序渐进式、周期性的训练里达到教学的目标（图2-12~图2-20）。这里需要指出，无论是亚·罗德钦科的入门课程教学，还是20世纪20年代初期呼捷玛斯所有其他入门课程的教学，它们都

形成了独一无二的风格与特点，并且成为当代艺术教育基础训练的重要组成部分。

从平面构成课的教学与训练中可以看出，亚·罗德钦科在自己的创作作品中也表现出了构成主义的特点。亚·罗德钦科的设计构图和设计思维趋向构成主义，其教学内容也侧重于构成的训练。平面构成课的构成作业有很强的针对性，即亚·罗德钦科要求学生们只用简单的几何图形进行构成训练，比如用直线和圆弧线，而非复杂的曲线。空间深度也只能通过矩形的轴测图表现。1922年，由于教学工作的需要，亚·罗德钦科转入金属制造系从事教学工作。

2-12

2-13

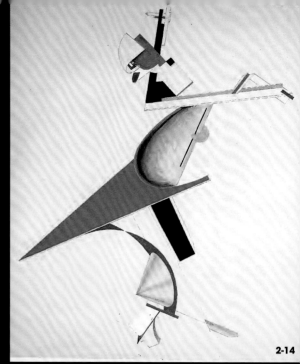

2-14

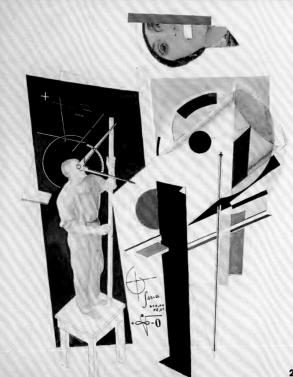

2-15

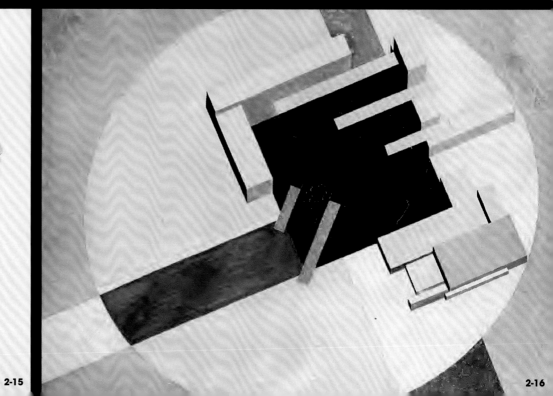

2-16

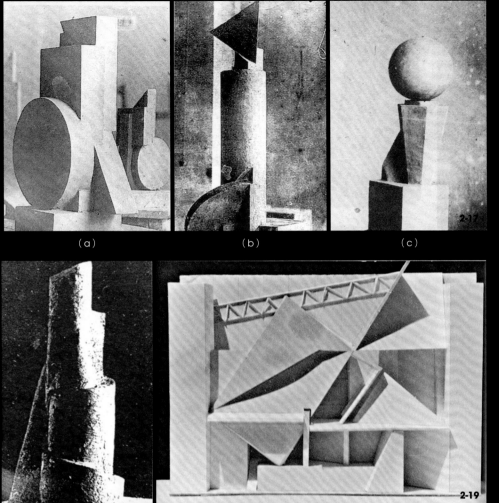

图2-17 学生在阿·巴比切夫的指导下完成的作品，20世纪20年代
　　　初。（a）表现沿对角线运动的动态结构；（b）利用相交和
　　　移动的方法构建的动态垂直结构；（c）由平行六面体、倒
　　　锥体和球体构成，表现沿螺旋线垂直运动的复杂结构

图2-18 人体模特的立体生成，学生作品，叶·谢苗诺夫，1921年

图2-19 表现垂直轴线的动态结构的构建（a、b），20世纪20年代初

图2-20 安·拉温斯基指导制作的乡村别墅模型，1924年

空间构成训练课程

空间构成[2]训练课程的主要教师有：安·拉温斯基、鲍·科罗廖夫和阿·巴比切夫。他们是空间构成课程的三位奠基人。

鲍·科罗廖夫是立体主义雕塑[3]的重要代表人、艺术文化研究所的成员、客观教学法的倡导者之一。他曾计划在艺术文化研究所建立雕塑工作室，主要研究雕塑的客观形式。在教学过程中，鲍·科罗廖夫一直使用客观教学法。

1920年，鲍·科罗廖夫和安·拉温斯基开始共同领导雕塑系的创作工作室。鲍·科罗廖夫是雕塑系主任，而安·拉温斯基是雕塑系基础教学部主任。他们二人共同制定了雕塑入门课程的教学大纲和教学训练方法，这也为各系的公共入门课程——空间课的设立奠定了良好的基础。

安·拉温斯基这一阶段的创作作品倾向于立体主义，雕塑入门课程的教学法自然而然地变成客观教学法和立体主义教学风格的混合体。第一阶段的立体主义教学法具有明显的教学目标，它可以帮助学生摆脱造型思维的定式。

1920年秋天，简单几何图形分析法和安·拉温斯基不规则物体静物写生的立体主义分析法，一同被纳入基础课程教学中，要求学生们把自己所见的东西通过独特的抽象造型表现出来。后来，为与教学大纲保持一致，学生们开始做抽象设计作业。20世纪20年代初期，由于校内基础教学部教学计划的要求，校内其他系包括建筑系、金属制造系和木加工系的学生也学习立体构成课程。学生们需要利用固定的物体或图形在空间构成中体现出某种特点，如在空间中表现出形体比重、动态和物体的嵌入等。人体也成为学生们在做空间构图设计时，会接触到的。学生不仅要用黏土做出女模特的模型，而且还要构建出她的抽象立体构成

形式。

鲍·科罗廖夫和安·拉温斯基虽然共同领导雕塑系的创作工作室，并一起制定了教学大纲，但他们指导的学生在创作风格上却大相径庭。相比之下，安·拉温斯基指导的学生的创作作品上更加几何化但动态感不足，而鲍·科罗廖夫的学生的创作作品更有组织性和动态感。

阿·巴比切夫并不是立体主义的拥护者，他的雕塑入门教学法缺少一些概念上的新思路和新的风格特点。他的学生所创作的作品是纯粹的简单几何图形构成作品。他认为，掌握立体空间造型与构成技巧是一个从易到难的过程，教师应该从一开始就让学生进行纯雕塑的抽象设计训练。在1920—1924年间，阿·巴比切夫不仅在呼捷玛斯雕塑系任教，从1921年开始，他还担任着艺术工农速成中学雕塑工作室的教师工作。作为艺术文化研究所客观分析小组的成员，阿·巴比切夫一直致力于客观教学法的宣传推广工作。

阿·巴比切夫之所以关注雕塑入门知识的教学工作，是因为他在艺术工农速成中学教过的学生考入了呼捷玛斯，并继续上阿·巴比切夫的空间构成课。有些学生曾在艺术工农速成中学学习过基础的雕塑技巧，艺术工农速成中学与呼捷玛斯入门知识教学的衔接至关重要。这是一个艰难的教学任务。在艺术工农速成中学设有专业雕塑工作室，在那里学生们曾学过基础造型知识，进入呼捷玛斯学习的第一年，他们不可能、也不必要重复学习简单几何图形的构图。让艺术工农速成中学的学生过早地学习复杂图形的空间构成也不现实。为使这两所学校的雕塑入门基础知识教学完美衔接，阿·巴比切夫在制定立体几何入门课程的教材时投入了大量精力，对教学内容进行了拆分：使艺术工农速成中学的入门知识基础教学从重复精炼到融合，从普通雕塑技能的提升过渡到熟练掌握立体空间构成的规律。

2.1.2 系统性艺术基础课程的设立和特色鲜明的预科教学（1923—1930年）

从1923年秋到1926年年底，基础教学部一直作为呼捷玛斯的重要教学机构存在着。学生们在这里接受基础艺术预科教育，学习理论知识，也进行一些专业基础科目的学习。在这段时间里，基础教学部是呼捷玛斯最大的教学机构，学校三分之一的学生都在这里学习。1924—1925学年间，呼捷玛斯共有1445名学生，其中463名学生在基础教学部学习；1925—1926学年间，呼捷玛斯共有1281名学生，其中388名学生在基础教学部学习。

基础教学部是最能体现呼捷玛斯这所新型艺术学校特色的地方，也是这所综合艺术学校最重要的组成部分。学生和老师们自由交流，一起上课，并且他们与社会实践生活完美地融合在一起。基础教学部的学生可以接触到各个专业的教师，同时也不会受到这些创新者创作思维局限的影响。在学生间激烈的讨论和与教师的交流之中，不同的艺术形式碰撞在一起并相互作用，这为新艺术形式的诞生提供了良好基础。

基础教学部在呼捷玛斯的学术创作氛围形成的过程中，发挥了巨大的作用，它改变了其他老师对基础教学部教学的态度。基础教学部的基础教学与领导某一个系的生产作坊同样重要。许多系的教师都开始想在基础教学部任教。他们都希望对刚入门的学生产生积极的影响，因为基础教学部的教师是各个学派最具代表性的人物。

1923—1926年间，基础教学部的主任是康·伊斯托明；从1926年起，由呼捷玛斯的毕业生弗·托特继任。随后，主任由建筑师维·巴利欣担任。

呼捷玛斯的校长弗·法沃尔斯基对基础教学部的评价极高。原因有两点：第一，基础教

学部是呼捷玛斯教学体系的重要组成部分；第二，基础教学部可以推动艺术教育改革。基础教学部的公共入门课程受众范围很广，所有学生都必须在基础教学部接受基础教育。基础教学部教授的知识面宽，对呼捷玛斯所有专业的学生都有帮助。呼捷玛斯教学体系对空间艺术创作范围进行了划分与引导，分别为最小化课程和最大化课程，根据艺术专业创作的要素划分，在专业系内按照不同艺术家的专业特点与创作风格进行引导。

总之，预科教育的主要任务是培养学生们新的综合艺术理念。其中最小化课程和最大化课程是一个非常明智的举措。按照最小化课程大纲，不论学生们未来学习什么专业，他们都做同样的设计训练作业；按照最大化课程大纲，他们则做与未来专业方向有关的设计作业。这样，学生可以一边学习艺术预科知识，一边学习专业创作技巧。

校长弗·法沃尔斯基也一直投身于呼捷玛斯的教学实践中，他坚持推行高水平的艺术预科教育。学生们在基础教学部不仅能学到诸多关于艺术构成元素的知识，而且还能掌握一些通用的专业技巧。为此，校长弗·法沃尔斯基亲自授课，专门开设了空间艺术导论和构成理论两门课程。

从1926年秋天开始，基础教学部的学习期被缩短为一年，学生的公共基础最小化课程被分解纳入各专业系的基础教学体系中。即便如此，基础教学部在整个教学过程中的重要地位仍然没有改变，继续扮演着基础艺术培养和专业培养的纽带和承接作用。

基础教学部的艺术课程教学法对专业系的教学结果影响很大，尤其是建筑系的构成课程。在个别系，基础艺术课程（如色彩课程）甚至贯穿学生的所有教学阶段。

在呼捷玛斯存在的十余年里，基础教学部的艺术课程教学体系和教学法改革从未停止过。首先，在与左派和传统艺术流派的斗争

中，入门课程新的概念强调与风格形成促进作用逐渐被强化。到20世纪20年代后期，其他传统的巴黎美院派[4]的入门课程已经丧失了对学生概念形成和风格形成的作用。传统的艺术基础课程，如绘画、素描和雕塑，逐渐被20世纪20年代初期的新兴的入门课程——构成、形体、色彩和空间所取代。20世纪20年代后期，随着苏联工业发展进程加快和对各领域专业人才的需求，各个高校不得不缩短预科教学的时间。呼捷玛斯预科教学的时间从最初的两年缩短到一年，到20世纪20年代末缩短至一个学期。

色彩课程的基础训练

1923—1926年间，平面色彩的圆周式教学引起了弗·法沃尔斯基校长和基础教学部主任康·伊斯托明的注意。"圆周式"是按照几个相对独立的周期来组织教学。他们两位直接参与了圆周式教学大纲的编写工作。对圆周式教学，弗·法沃尔斯基提出了这样的任务："平面色彩知识的圆周式教学不仅应该援引一些具有典型形式特征的平面色彩构成案例，而且还应让学生们直观感受到每一种平面的色彩形式、图案和构成，并且这样的构成都应是独一无二的。"

1924年，康·伊斯托明正式制定了圆周式教学大纲，弗·法沃尔斯基最终确定了基础教学部一年级的色彩课教学大纲。这属于最小化课程，所有学生都必须学习。教学大纲中指出，应该把色彩看作一种绘画和视觉现象，言外之意，这里的色彩不仅是指自然光状态下呈现的自然色彩，而且还是艺术家体现美的一种抽象工具。在绘画课中色彩被看作是一种绘画现象，而在色彩实验课中色彩被看作是一种视觉现象。

基础教学部绘画部分的教学大纲是康·伊斯托明编写的，他为客观教学法在这门艺术基础课程中的推广作出了巨大贡献。当时，绘画系里没有一套成型的教学方法，康·伊斯托明填补了呼捷玛斯教学体系的空白，为绘画专业

创新的教学方法奠定了基础。许多呼捷玛斯的毕业生都对专业创作工作室教师的天赋和才能给予了高度评价，并且多次强调康·伊斯托明是绘画的启蒙者。康·伊斯托明认为，色彩、色调和明暗是绘画的三个基本要素，其中，色彩的作用最为重要，色调和明暗是在色彩的基础上衍生出来的。

1923—1924年间，他提出了"空间色彩和局部色彩"的理论，认为色彩能够影响观察者对物体或环境的视觉认识。空间色彩能赋予平面以动态感，建立起物体与空间的联系，表现出形体的空间感[5]。局部色彩能很好地从视觉和触觉上表现出物体的本质形状和物理特征。当色彩张力较大时，局部色彩就会过渡成一种色调，纯粹的局部色彩与色调的联系比明暗关系更加紧密。

提到色调，不得不提到"进深"[6]的概念。通过明暗关系，"进深"也可以拥有空间构成和色彩表达。肌理与明暗之间有着密切的联系。色彩可以通过明暗关系在形体上有所变化。光亮、阴影和半色调对色彩的属性和特点有很大的影响。"把色彩看作一种视觉现象"，这是色彩课的第二个研究方向，它由理论和实践两部分组成。

其中，色彩知识课的任课教师是物理学家尼·费德洛夫和心理学家谢·克拉夫科夫。尼·费德洛夫教授色彩知识课程，与该课相匹配的色彩导论由谢·克拉夫科夫和艺术家格·克鲁齐斯完成。学生们在这门课上不仅可以学到色彩的历史，而且可以学习色彩的现代理论。学生们不仅可以学习色彩的物理属性[7]，如物体的影响、色彩混合，而且还要掌握人类对色彩认知、色彩对比、色彩色调等多方面心理特点的感应[8]。

此外，格·克鲁齐斯还负责基础教学部一年级和建筑系、金属制造系、平面设计系二年级的色彩实践课。他在研究色彩导论教学法上投入了大量的精力。格·克鲁齐斯一直致力于寻找适合所有专业的色彩导论教学及其训练方法。他认为使用色彩构成[9]的科学数据来授课是十分必要的。

格·克鲁齐斯循序渐进地对基础教学部一年级学生进行专业色彩训练，由浅入深，从使用不同的材料摆设静物来表现颜色的本质，逐步过渡到颜料的光谱分析。这样，学生们就会明白颜料混合和色彩混合的区别，同时掌握确定互补色的技能。最后，让学生们了解亮度、饱和度、色调和色彩张力[10]等多方面的概念，以及色彩和平面的关系等。格·克鲁齐斯要求基础教学部一年级的学生做大量的以"空间中的色彩"为主题的作业，让他们使用色彩构建形体，使用彩色的平面或者交叉的平面表现空间进深（图2-21～图2-23）。

对于建筑系、金属制造系和平面设计系的学生，格·克鲁齐斯先让他们完成相对简单的任务，使入门课程色彩课逐渐过渡成一门与学生未来专业方向相匹配的辅助性课程。1926年秋天，格·克鲁齐斯曾写道："在编写色彩课教学大纲的过程中，我一直在追求把色彩看作实际存在的生产资料来研究，而非审美的附属品。"在金属制造系的二年级，他把色彩课作为一门独立的入门课程来教授。不同材料的肌理构成方法是格·克鲁齐斯的主要授课内容。在金属制造系的高年级，色彩课被看作是协助完成专业设计和毕业设计的重要辅助性课程。他的课堂作业对学生们完成最后的毕业设计有很大的帮助（图2-24～图2-26）。

柳·波波娃和亚·维斯宁在色彩课的教学方法虽然没有应用在1923年基础教学部的平面色彩圆周式教学中，但是其对于解决色彩问题，如研究不同肌理的平面、颜色的属性、形式和色彩的相互关系、在平面上用色彩表现形体和空间关系等方面的教学方法上，产生了很大影响。

素描与绘画课程的基础教学

在20世纪20年代初基础教学成立初期，色彩课程几乎在绘画系基础教学部所有工作室中都有。同时备受关注的还有亚·罗德钦科的创作工作室课程，主要研究画面构成逻辑与抽象的艺术表达。像素描课这类传统的入门课程，逐渐边缘化，并没有受到领导的重视。基础教学部其他工作室的学生完成了一些写生草图，而这些草图大多也是抽象构图或者概念分析构图。只有亚·维斯宁让学生们对着活生生的裸体模特进行构图，在他看来，这才有助于锻炼学生的立体分析能力。

德·谢尔比诺夫斯基是呼捷玛斯素描课学院派教学法的典型教师代表。他在素描课上教授学生们解剖的知识[11]。课堂上，德·谢尔比诺夫斯基教学生们在纸上勾勒出稳定的人体结构，并恰当处理光线和阴影的关系。在推行用明暗法营造图形立体感的过程中，他主张用阴影线和铅笔涂阴影，坚决反对用手指涂阴影和用白色颜料补高光等传统的做法。

在学院里，亚·维斯宁的立体素描和德·谢尔比诺夫斯基的学院派素描是呼捷玛斯素描课教学法的两个极端风格。而其他教师在授课时都尽量采用统一的教学方法与风格。

从20世纪20年代初开始，学院的老师们认为素描课程是传统学院派的教学方法[12]，由于他们激进的改革热情，使得素描课并没有成为一门独立的课程。平面设计课程成为呼捷玛斯研究素描新教学法的中心内容。尽管一直以来，素描课都是学院最重要的一门基础训练课程，弗·法沃尔斯基、帕·帕夫利诺夫教授和列·布鲁尼教授等都曾担任过素描课的任课教师。

1923年弗·法沃尔斯基开始担任呼捷玛斯的校长之后，素描课程恢复了原有的重要地位，原平面设计系的素描课教师帕·帕夫利诺夫的教学法也被列入基础教学部的授课体系中。帕·帕夫利诺夫教学法的理论观点与弗·法沃尔斯基的有许多相似之处。与注重塑造构造并主张用明暗关系表达形体结构的学院派素描不同，帕·帕夫利诺夫更注重培养学生们的理解和分析能力，而非外形临摹能力和简单的素描技法。

除画人体模特素描之外，学生们还做一些帕·帕夫利诺夫教学法中提到的主题设计。学生们在素描课中学会了如何构建形体结构，如何把人体看成一个统一的整体，如何把模特的每个人体部位看作一个固定的几何图形，以及如何理解在特定角度某个因素与其他因素之间的衔接关系。帕·帕夫利诺夫认为，不应该凭印象绘画，应该自觉、积极地看待人体素描，以获得比较全面的印象。因此，帕·帕夫利诺夫的教学法被基础教学部的其他教师广泛采用。

弗·法沃尔斯基是这样教导学生的：当描绘模特的脸庞时不要忘记他的后脑勺，当描绘胸部时不要忘记他的背部。他认为，描绘出的轮廓应该富有立体感和空间感，把看不到的部位描绘出来十分必要。因此，由弗·法沃尔斯基指导的学生作品都给人一种朦胧的感觉，没有统一固定的轮廓界限。

当然，学院派的拥护者不会接受这种没有清晰轮廓和明暗关系混杂的"朦胧感"，就连呼捷玛斯的一些教师也不太认同弗·法沃尔斯基的教学方法。比如，1923年曾在呼捷玛斯任教的彼·米杜里奇，曾激烈抨击弗·法沃尔斯基的教学法。彼·米杜里奇推崇一种虚幻的素描方式，他认为只要在脑海中构建轮廓便可，不一定要将其手绘到纸上。由他指导完成的学生作品，轮廓和线条都是学生们臆造出来的，没有经过修饰的线条，也没有阴影处理。

帕·帕夫利诺夫学生的作品背景很干净（图2-27），而彼·米杜里奇学生的作品背景都是突出形态的细线。为提高学生的绘画技艺，彼·米杜里奇采用高强度的训练方法。学生们有时需要花上2个小时进行快速素描练习，有时要花4个小时，甚至是8个小时。模特每隔5分钟、10分钟或15分钟变换一次姿势，一节课下

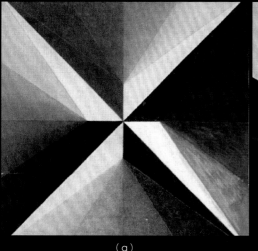
(a)

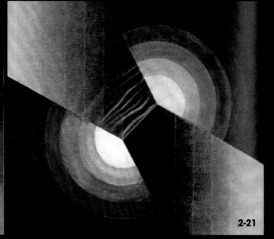
(b)
2-21

2-22

2-23

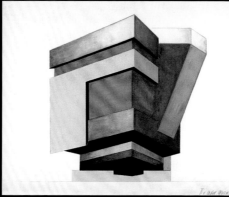
2-24

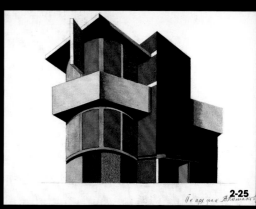
2-25

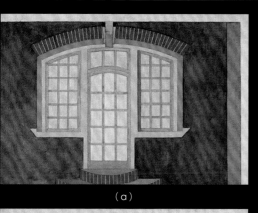
(a)

(a)

(b)

(c)

(d)
2-27

(b)
2-26

图2-21　四种材料的消色分析（a、b），印度墨水、水粉颜料、黑粉笔及石墨，一年级，弗·科尔帕科娃，格·克鲁齐斯的工作室，1926—1927年

图2-22　色彩课的学生作品展览，右图的作品主题是"色彩的变白和闪变"，1926年

图2-23　色彩构成主题的学生作品展示，呼捷玛斯，1926年

图2-24　建筑立面的着色方案（一），二年级，1928—1929年

图2-25　建筑立面的着色方案（二），二年级，1928—1929年

图2-26　墙面的色彩方案（a、b），二年级，弗·科尔帕科娃，格·克鲁齐斯的工作室，1928—1929年

图2-27　分析图：《组织视角》，叶·泰斯，帕·帕夫利诺夫指导，20世纪20年代初。（a）《胖人的心理分析》；（b）《非纸上的结构分析，非最近的平面的结构分析》；（c）《结构绘画入门》；（d）《幻想的开始—明暗分配》，1923年

来学生们能完成多个快速素描作业（图2-28）。学生一般用铅笔、碳笔、钢笔、红粉笔（氧化铁制成）、稀释油墨、干毛刷和水粉进行快速素描练习。

按照统一教学大纲的要求，一方面，教师应该教会学生初步掌握形式、结构、形体和空间组合等元素；另一方面，他们应该分别教会学生理解实物和空间的内涵。实物理解被看作是在一个封闭系统内表达单一的物体各部分之间内在联系和相互关系的过程。而空间理解被看作是把单一的物体放入周边环境中，并作为环境的一部分来表现的过程。

对裸体模特的姿势与周边环境相结合的研究是十分必要的。在帕·帕夫利诺夫课堂上的模特都是非常专业的，他们的姿势与周边摆放的物体和环境能够融为一体，这使他们看上去不那么突兀。

与帕·帕夫利诺夫有所不同，在彼·米杜里奇的模特造型中，他希望通过背景表现人的体态。因此，在彼·米杜里奇学生的作品当中，背景的色调永远比人体的色调暗得多（图2-29~图2-31）。彼·米杜里奇的学生倾向于使用阴影线来作画，而帕·帕夫利诺夫的学生更喜欢涂绘阴影。

帕·帕夫利诺夫和彼·米杜里奇的教学法同时应用于平面设计系基础教学的素描课程中，它们有一个共同的目标，即为学生们进入平面设计系学习专业知识奠定基础。相比之下，对于呼捷玛斯这样的高等综合艺术学府，德·谢尔比诺夫斯基的传统学院派教学法更像一门艺术基础训练课程，而缺乏必要的创新与思想。

后来，弗·法沃尔斯基在基础教学部广泛推行抽象构成[13]课程训练。一方面，他希望通过抽象构成课程让学生了解构成元素及其属性（直线和点）；另一方面，他想教授学生平面线形构成的方法。弗·法沃尔斯基尝试使学生在基础教

学部所学的内容能够满足未来不同的专业设计需求，而艺术基础课程中的素描课作为基础教学部教学大纲的一部分，在专业系里也发挥着重要的作用。

与此同时，与造型课没有联系的系的教师们，开始探寻比素描课更适合未来职业需求的课程。亚·维斯宁提出了针对建筑师的独特素描教学法。亚·罗德钦科在金属制造系和图案染织系等院系开设了技术素描课。学生在课堂上学习工艺技术设备元件的素描方法，课下完成表现机床及其部件工作原理的构成作业。

形体课程的基础教学

1923年，安·拉温斯基退出了基础教学部客观空间小组的客观空间圆周式教学计划。雕刻家鲍·科罗廖夫和罗·约德科成为形体课程的主讲人。形体课的其他任课教师同时还有伊·恰伊科夫、尼·尼斯-戈里德曼和亚·蒂聂卡等。

在1923年之后，形体课逐渐摆脱了立体主义的影响，成为抽象形体入门知识、各系造型知识的连接纽带。所有系的学生都要学习最小化课程，而只有雕塑系、陶艺系、建筑系、木材加工系和金属制造系的学生学习最大化课程。此外，雕塑系和陶艺系的学生还需要学习人体模特雕塑的相关知识。

在形体课中，培养学生们的造型能力是首要任务。课程不仅让学生学到三维图形的构建原理和基本特点，而且还可以培养学生们的发散思维（图2-32）。换言之，形体课不局限于一个封闭的形体本身，还涉及与其他形体，与周围空间的相互关系，以及在形体中找到掌握空间的方法。

1923年后，与早期的入门课程形体课有所不同，抽象形式成为表现构成规律的手段[14]。因此，分析研究过去的设计作品变得意义非凡。在1926年10月基础教学部的学术会议上，

尼·尼斯-戈里德曼曾讲到："分析研究图形需要在重新评估艺术培养方面有所行动。我们拥有丰富的创作宝库，作为晚辈与继承者，我们不仅应该学习前辈在艰苦岁月中积极创作的精神，而且还应掌握不同背景条件下新的图形形体，以及空间特性的形成和发展过程。"

1930年，青年教师伊·恰伊科夫和亚·蒂聂卡共同撰写了一篇文章，文章中认为形体课程应该为发展学生们的创作思维，以及为建立新的构成原则提供教学与训练条件。在课堂上，学生可以学到简单和复杂形体的基本特性，把各种视觉材料重新加工成统一体并变成绘画、建筑、雕塑和其他艺术形式。这是一个基本的方法，应培养学生掌握在复杂的构图中构建复杂图形的能力。

从基础教学部的教学体系上看，形体课与空间课有许多相似之处。这两门课曾经都隶属于同一个圆周式教学计划和实验小组，任课教师之间的交流也颇为频繁。20世纪20年代初两门课程的教学重点都在于尺度和体量，到了20世纪20年代后期，它们在形体课所占据的教学地位要比在空间课上重要得多。

形体课由形体的概念、形体间的相互作用和造型的建筑构成三个部分组成。在做第一部分训练作业时，学生们运用简单的几何体（平面、立方体、圆锥体和球体等）体现深度和比例上的相互关系（图2-33）。他们需要研究三维图形构建（深度）、物体延展性特征、垂线和水平线、比例、表面（造型）等课题。在做第二部分作业时，除简单的几何体之外，学生还需要用简单形状的物体（花瓶、罐子）、框架和平面，以及构建形体的必要元素。他们需要研究尺度和体量、运动轴线和形体平衡等课题（图2-34）。对于第三部分，学生们需要研究三个课题。第一个课题是通过用有机体元素（颅骨、鸟的标本、动物标本）、几何体和简单的日常生活用品，构建组合结构进而掌握有机体的特点。

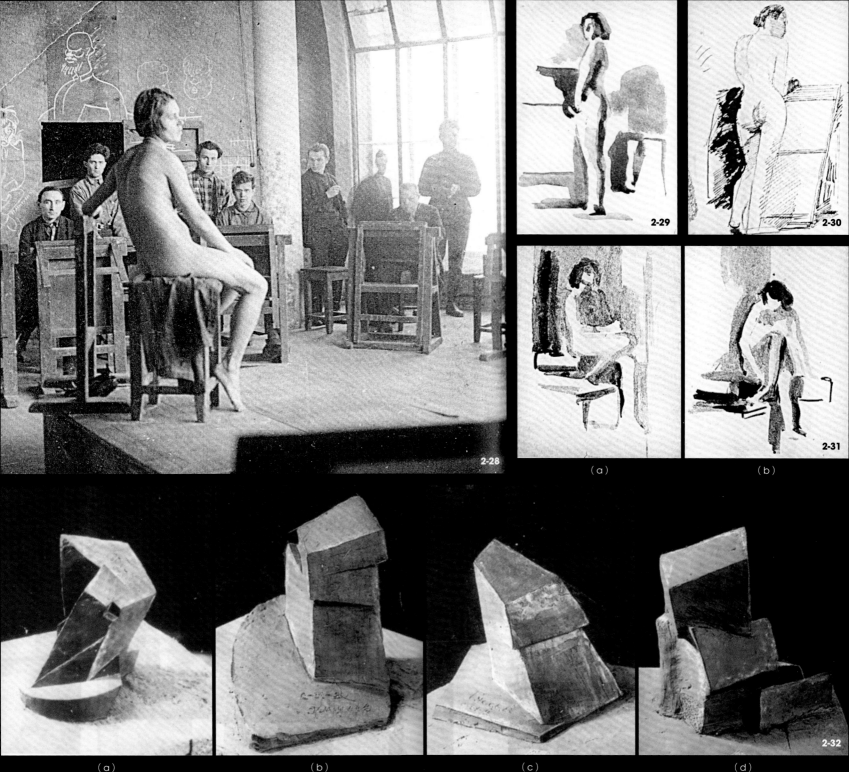

2-28

2-29

2-30

2-31

(a)   (b)

(a)   (b)   (c)   (d)   2-32

（a）　　　　　　　　　（b）　　　　　　　　　（c）

第二个课题是构建人体结构（裸体模特）。第三个课题是人体的机械运动。

形体课培养了学生解读复杂形体结构的能力，学生在教师的指导下完成了许多构成作品。学生们在基础教学部修完形体课程并掌握多种构成方法后，创作了许多经典的形体构成作品。

空间课程的基础训练

对于基础教学部一年级的学生，空间课程的主要内容是训练学生做一些抽象空间构成作业；对于二年级的学生则是根据他们未来的专业方向训练其做一些具体的实践作业（图2-35～图2-39）。伴随着空间课程教学工作的开展，尼·拉多夫斯基的继承者们志在把学生培养成建筑师。这就需要把空间课真正地变成一门综合的艺术基础课程。

起初，左翼工作室联盟的学生训练作业与呼捷玛斯基础教学部一年级的大部分抽象作业是一样的，只有小部分作业是在基础教学部学生作业的基础上深化而来的。但很快，基础教学部的课程提出了自己的作业主题，即以平面为主题的抽象作业。之后，尼·拉多夫斯基的学生也逐步深入了解了基础教学部建筑师班抽象作业的研究计划（图2-40～图2-42）。

1923年12月4日，空间圆周式教学计划小组委员讨论确定了一年级1923—1924年的教学大纲。大纲中指出做抽象作业的目的是表现和改变建筑形态的几何和物质特性，需要从两方面着手研究建筑形式的几何特性，即从建筑形式的基本特性和建筑形式在空间中的关系入手。对于研究建筑形式的物质特性，应该在形体的大小和体量这两个相互关联的方面展开[15]。

之后，空间课抽象作业的研究计划得到逐步深化和明确，课堂作业中出现了一些新的设计主题（图2-43～图2-53）。在1923—1926年间，基础教学部制定了完整的实践作业教学体系。然而，经验告诉我们，用两年时间深入研究抽象和实践作业的全部设计主题是很困难的。因此，一年级和二年级的部分学生拒绝做抽象作业。

图2-33　由简单的几何体和补充元素组合而出的各种形态（a-c），1923年
图2-34　主题为"形体与体量"的学生作业展，1927—1928年`

（a）　　　　　　　　（b）

2-36

（a）　　　　　　　　（b）

根据1926—1927学年的教学计划，一年级学生应该继续做关于平面构成、立体构成、结构构成方法的综合练习；而二年级学生应该做一些其他主题的抽象作业（如结构的韵律、形体的韵律）。

1926年年底，抽象作业的数量和主题有所调整。所有系的一年级新生都要完成四个作业构成（富有表现力的平面，形体大小和体量的表现力，有限空间形态的表现力，某一空间内形式的表现力）。考虑到学生未来的专业方向，二年级学生要完成两个作业，即为建筑师做准备的作业：构建空间中的综合体、建筑结构的表现力。当然，教师在授课过程中也会适当地拓展和深化空间课的教学内容。

1926年秋，基础教学部的学习时间调整为一年，随之授课内容也有了很大的改变。此前，每位任课教师都有自己具体的抽象训练作业教学计划，但到了1927—1928学年，所有教师开始使用相同的教学计划。教学内容由四部分组成，即平面的表现力、形体的表现力、形体的大小和体量及空间的表现力（图2-54～图2-60）。

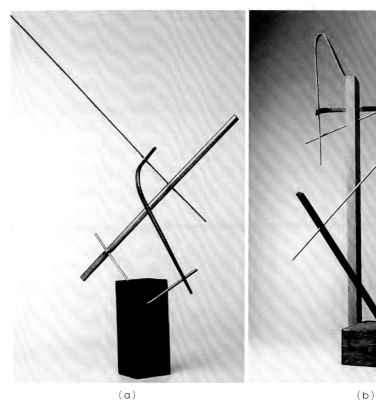

（a）　　　　　　　　（b）

2-37

图2-35　悬挂空间建筑（a、b），亚·罗德钦科，1921年

图2-36　空间结构（a、b），格·斯滕贝格，1921年

图2-37　空间结构（a、b），康·梅杜内茨基，1921年

图2-38 正面空间的构成（一）（a-f），1922年

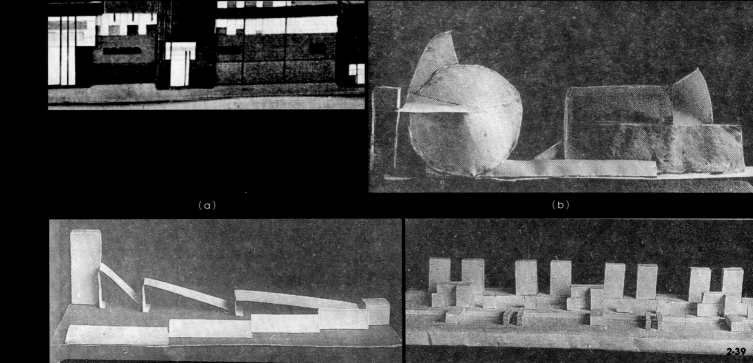

（a）

（b）

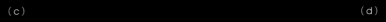

（c）

（d）

2-39

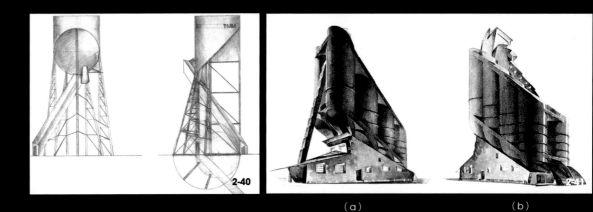

2-40

（a）

（b）

2-41

正面空间的构成（二）（a-d），1922年

谷物输送机的立面，形式的表达（照片），尤·斯帕斯
基、尼·拉多夫斯基的工作室，1922年

谷物输送机形式的表达（a、b），德·维德曼、尼·拉
多夫斯基的工作室，1922年

谷物输送机形式的表达，弗·弗拉基米罗夫、尼·拉多
夫斯基的工作室，1922年

抽象雕塑（a、b），凯瑟琳·科布罗，1924年

2-42

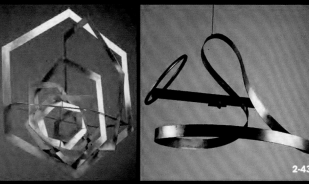

（a）

（b）

2-43

(a)

(b)

(c)

(d)

(e)

(f)

2-44

(a)

(b)

(c)

(d)

(e)

(f)

2-45

(a)

(b)

(c)

(d)

(e)

(f)

2-46

图2-44 基础几何体的表现形式——平行六面体（a-f），1923年

图2-45 利用平面元素，构建体量结构，并体现其空间性（a-f），1923年

图2-46 （a-d）在元素对比和韵律结合的基础上体现和构建体量形态——外形的重
复，从两个不同视角拍摄的照片中可以清楚看出本次作业的性质；（e、f）构
建结构体量（利用物体和空间），1923年

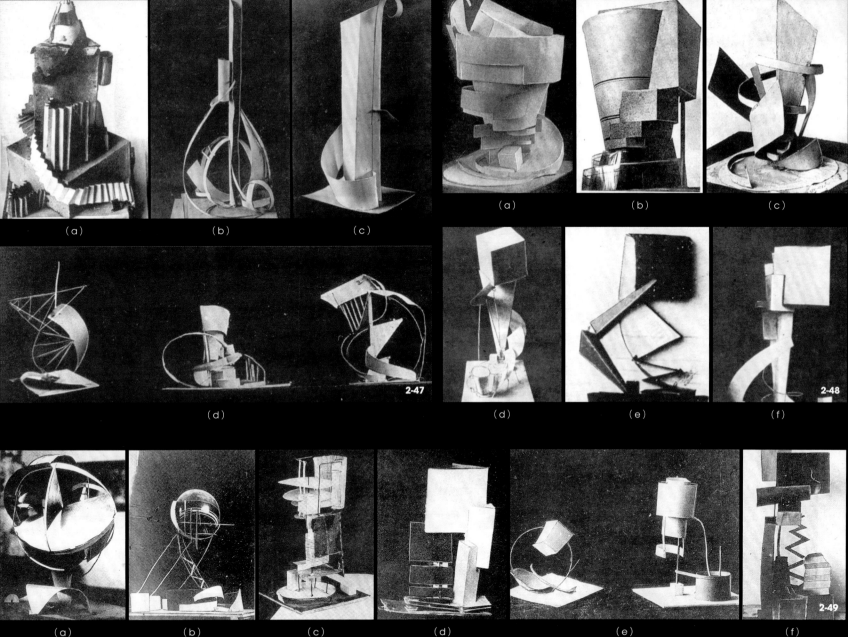

图2-47　构建结构体量（利用物体和空间）（a-d），1923年

图2-48　（a-d）利用附加空间元素，以强调整个体量空间结构的螺旋运动为目的，体现某一固定造型的体量形态；（e、f）以物体和支柱之间的相互关系为基础构建的体量结构，1923年

图2-49　以表现体量形态为主题构建的不同结构示例（a-f），从两个不同视角拍摄的两个设计方案，1923年

（a） （b） （c） （d）

（a） （b） （c） （d）

（a） （b） （c）

（d） （e） （f）

图2-50 （a-b）水平平面上的空间组织
（直角、方形和圆形平面）。总
体上说，这是一个正面空间的解
决方案，即仅从一个角度出发制
定的解决方法。（c、d）为不同
采光条件下拍摄的同一设计方
案，1923年

图2-51 水平平面上的空间组织（直角、
方形和圆形平面）（a-d）。总体
上说，这是一个正面空间的解决
方案，即仅从一个角度出发制定
的解决方法，1923年

图2-52 直角区域的空间组织，构建结
构，表达空间的深度感（a-f），
1924年

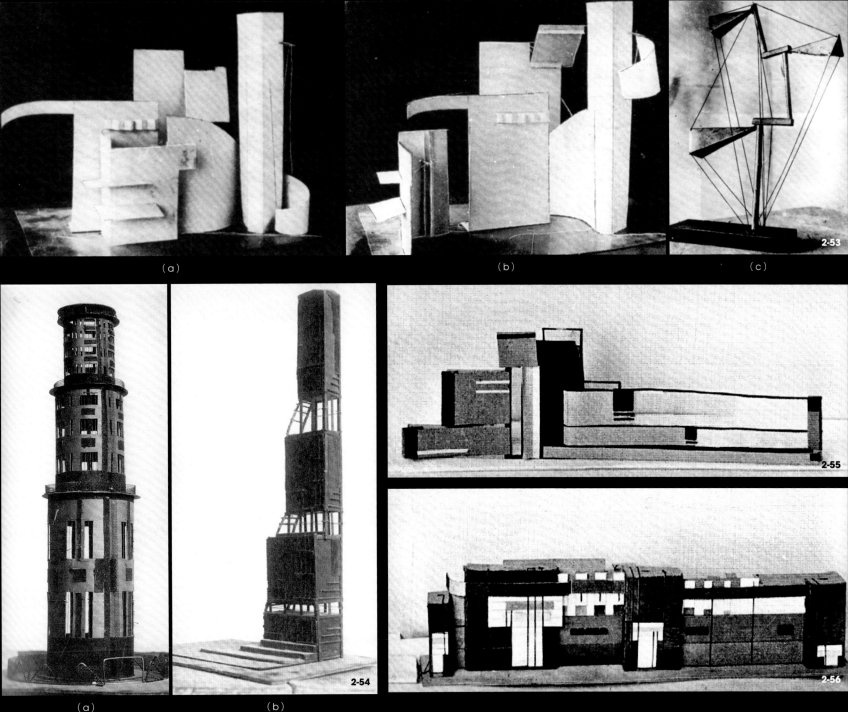

(a)

(b)

2-53

(c)

(a)

(b)

2-54

2-55

2-56

在1929年夏天即将到来之际，以班级为单位的空间课"抽象作业及教学法的研究"顺利结束。研究成果发表在1929年6月基础教学部的统一教学大纲上。大纲指出，应该让学生在研究三种空间形态（视觉的定点——正立面，围绕物体移动——立体形态，向空间的深处移动——有限空间）的综合构成作业的过程中，体会空间构成的原则和方法。这是基础教学部空间课程中的最后一个，也是设计主题数量最少的抽象作业研究计划。

通过对呼捷玛斯入门课程教学大纲的分析研究，我们了解到1923年之后，只有空间课这一门课程是完全独立的科目。原则上讲，只有它成为了一门适合所有空间艺术领域的新基础艺术课程。

对于呼捷玛斯的创作工作室及各类作坊而言，入门课空间课是这些工作室、作坊的艺术构成基础。它不仅帮助刚形成的工艺设计学科摆脱传统艺术的折中主义装饰的束缚，而且还促进了呼捷玛斯在现实环境中的风格形成。1926年，基础教学部的学习时间缩短为一年之后，各个专业系的二年级继续保留了空间课。学生们在建筑师兼学者尼·拉多夫斯基[16]的指导下完成了大量的抽象和实践作业。

无论在基础教学部，还是在各个专业系内部，空间课在师生中享有极高的声誉。从任命该课的任课教师维·巴利欣[17]为基础教学部主任便可以看出学校对空间课的重视。维·巴利欣曾是空间课程抽象作业教学法研究工作的领导者，为把学生培养成建筑师，他认真研究了形式形成的专业问题。二年级学生将进入专业系学习，当时，弗·科林斯基是建筑系的专业入门课教学工作的领导者，而维·巴利欣则继续在基础教学部工作，用最小化课程的教学方式教授空间课，所有学生按照统一的教学大纲进行抽象设计。最后，两种截然不同的授课方式导致了这样一种结果：维·巴利欣把更多精力投入探索形式形成的普遍规律中，而弗·科林斯基则更注重改进建筑学专业的普遍构成规律。

1929年年末，基础教学部被废除，所有入门课程都被揉进各专业系部之中。以维·巴利欣为首的原基础教学部的教师开始奔波于制定对策。他们奋力保住唯一的一个基础艺术课教学法研究中心，希望把所研究的入门课程并入专业系之中。维·巴利欣认为，应找到基础教学部的抽象作业与各系专业入门知识的结合点，并把基础教学部的形式构成理论应用于专业系的艺术设计和构成的教学之中，这是至关重要的。1929年12月，这一观点被建筑系所采用，从当时建筑设计教学大纲中可以找到维·巴利欣的观点。二年级上学期进行了四个方面的抽象作业训练，这四个方面分别是构建正立面、构建形体、构建立面空间和构建三维空间。

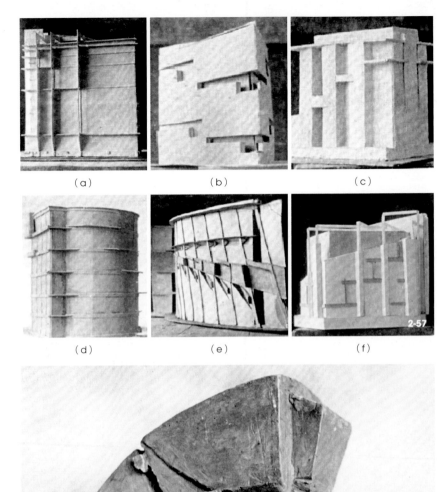

图2-57 厚重体量的立方体的形式表达（模型照片），包括平行六面体、圆柱体以及更复杂的结构（a-f），1927年

图2-58 体量与重量的表达（照片），埃·彼得罗夫，1928年

20世纪20年代末期，入门课程空间课的任课教师在制定教学法的过程中提出了艺术构成理论存在的普遍问题，但这些问题的普遍性只是相对的。维·巴利欣、弗·科林斯基、米·杜尔库斯提出的构成理论均以尼·拉多夫斯基的形式观点为基础，明显带有纯理性主义者的理论色彩。

20世纪30年代初，弗·科林斯基、伊·拉姆措夫、米·杜尔库斯总结了旨在培养建筑师的空间课程的教学经验，并以此为基础编写并出版了教学参考书。直到1968年，这本教学参考书的内容才有所变化。还有一点需要指出，尼·拉多夫斯基的学生和同事在其制定空间课程的过程中发挥了巨大的作用，他们奠定了艺术入门知识的基础训练，即使在教育极具多元化的今天，他们的贡献也具有非常重要的意义。

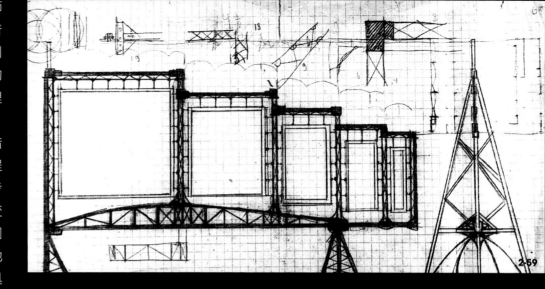

2-59

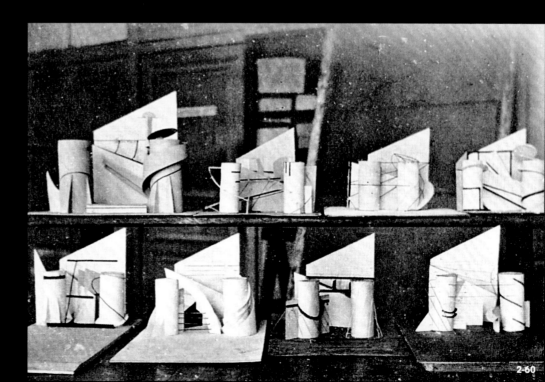

2-60

2.2 呼捷玛斯八个教学系的教学成果

2.2.1 建筑系

1918年，国立自由艺术创作工作室中的大多数教师都是新艺术流派的拥护者，但第一和第二国立自由艺术创作工作室的主导者更多是崇尚传统艺术的建筑师，如尼·拉多夫斯基、阿·舍舍夫、伊·雷利斯基、亚·维斯宁、费·舍赫捷尔、谢·切尔内舍夫等。迫于第二国立自由艺术工作室建筑部激进学生们的压力，1920年秋，呼捷玛斯建筑系里出现了极端激进（左翼）建筑师领导的建筑创作工作室，称为左派联合艺术工作室。于是，两个新的教学流派应运而生（图2-61）。

这两个新的教学流派分别是以尼·拉多夫斯基、尼·多库恰耶夫和弗·科林斯基为首的左翼工作室联盟，以及伊·戈洛索夫和康·美尔尼科夫领导的工作室（不同时期有不同的名称：纪念建筑设计工作室、合成材料制品工作室、实验建筑工作室等）。

传统主义者和左翼创新倡导者之间的博弈都是围绕教学与创作思想而展开的[18]，且争论也是围绕一个纯粹形式上的创新问题拓展开来的。由于尼·拉多夫斯基领导的整个系的课程小组不仅需要确立新教学方法，而且还要明确创作工作室的建筑设计作品的创新发展方向。因此，两个工作室都分别设有单独的课程教学计划。

1921年，建筑系的学术圈子内出现了许多不同的建筑思想和教学观点，不同教学方法的拥护者大致可以分成两个派别：布尔什维克和孟什维克[19]。同时在领导者的范围内也产生了两种观点。埃·诺尔维尔特是建筑系的第一任主任，他大力支持布尔什维克与左翼工作室辩论到底。1922年，孟什维克拥护者阿·鲁赫利亚杰夫接任埃·诺尔维尔特的工作成为了新的建筑系主任，替换系领导的决议进一步恶化了两个教师流派之间的关系。另外，叶·拉夫杰尔表示公开支持创新的教师，并通过1921年11月职业教育管理总局艺术教育部主任格·斯滕贝格的决定，在呼捷玛斯建筑系建立以左翼工作室联盟为基础的、结合呼捷玛斯教学大纲、与建筑系艺术协会具有平等权利的自治部。

1922年秋天，建筑系分成两个部：学术研究部和创作部。大量历史材料证实了这种划分方法的存在。其中，最具说服力的是1923年10月的《建筑系现状分析》，文中指出："把建筑系划分成学术研究部和创作部。每个部在理解问题和教学法上都是完全自主的。"这两个部随之更名为第一部（学术研究部）和第二部（创作部）。这种系部划分的状况一直持续到1926年秋天。

在这一过程中，伊·戈洛索夫和康·美尔尼科夫领导的创作工作室的命运更加多舛。1922年秋天，建筑系的领导层公布了将伊·戈洛索夫和康·美尔尼科夫领导的工作室归入尼·拉多夫斯基小组的决议。这个决定遭到了前者工作室一方的强烈抗议。伊·戈洛索夫和康·美尔尼科夫（1922年10月25日）联合上书，充分论证赋予工作室独立地位的迫切需要。

伊·戈洛索夫和康·美尔尼科夫一直在争取自己在教学方法及体系

图2-61 呼捷玛斯一年级学生合影，1920年

的独立地位，拒绝屈服于学术研究部或被收编，一如既往地坚持自己教学法的原创性。在为独立地位斗争的过程中，伊·戈洛索夫起草了一份工作室宣言，多方面阐述了自己对于建筑学问题的观点。文章中建筑形式与现代社会生活变化的相互关系问题引起了学术界的特别关注。每个时代都应拥有其独特建筑形式的表达，因此，在不毁坏它们合理性和适宜性的基础上复制现代和将来的艺术形式是天方夜谭。若要解决现代建筑学面临的问题，初出茅庐的建筑师只有先通过掌握一系列必修的专业技术及艺术课程，方能了解建筑艺术的构成法则。左翼工作室联盟与伊·戈洛索夫和康·美尔尼科夫领导的工作室，这两个创新小组的创作信念和教学法有着根本的区别。

尼·拉多夫斯基认为空间是建筑学的基本元素，从学生踏入学校起便教授他们组织空间和形体，以及表现形式的几何定义（和其他特性）[20]。他认为，建筑构成方法应该辅助表现出建筑空间（室内和室外）的几何和其他特性，所有疑问都可以通过解决空间问题得以解答。按照他的观点，从认知空间的过程、表现形体的几何定义角度来看，形体是一个有意思的主题，而在理解建筑综合体的形成过程中解决形体问题则属于空间组织问题的范畴。对于解决形式形成问题的方法，尼·拉多夫斯基小组采用的是心理分析法、折中主义和建筑构成主义者秉承的功能方法，而伊·戈洛索夫在形式形成问题上更偏爱形体元素。他认为，对于学生而言，把古典主义建筑作为一致有序的自然法则，进行系统规律的研究是十分必要的。

二者在形式构成问题上的初始原则不同，决定了尼·拉多夫斯基和伊·戈洛索夫在解决许多建筑构成问题上采用的方法亦有所不同。从某种程度上说，这从根本上决定了教学方法的多样性。因此，这成为伊·戈洛索夫和康·美尔尼科夫领导的工作室拥有独立地位的充分实践论据。

1922年11月4日，建筑系认可了伊·戈洛索夫和康·美尔尼科夫领导的工作室作为第三个独立工作室的地位。随后，这里成立了"实验建筑学"课程小组，课程小组成员在会议上不仅解决了教学系统方面的问题，还解决了工作室的组织问题。遗憾的是，此小组最终仍未能成为建筑系第三个重要的部。伊·戈洛索夫和康·美尔尼科夫领导的工作室的课程小组只存在了两个学年（1922—1923学年和1923—1924学年），1925年后该工作室归入了学术研究部（1923—1924学年工作室仅有两名教授和16名学生）。

到了1924年，伊·雷利斯基成为建筑系主任。至此，建筑系内部创新者和传统主义者之间的矛盾有所缓和。尼·拉多夫斯基和许多传统主义流派的教师不再在学校教书。总体说来，教学法的大方向和学生的兴趣越来越多地转向新建筑学。新建筑领域各创作流派之间的相互关系被赋予了更重大的意义。尤其在1925年建筑构成主义的引领者亚·维斯宁领导的工作室在建筑系诞生后，这种现象愈发突出。

由于20世纪中期，建筑系学生们初次与构成主义接触，同时他们对新事物具有敏锐的洞察力，因此，欣然接受了新流派的形式构成原则。亚·维斯宁的工作室很快成为建筑系内最受欢迎和最具实力的工作室。学生们的创作激情被激发，他们试图在建筑形式中体现功能、结构的合理性，构成主义的理论体系得到充分表现。

于是，建筑系内部出现了前所未有的"艺术自由探讨"的繁荣氛围。这就是在当时最权威的建筑创作流派引领者——尼·拉多夫斯基（折中主义）和亚·维斯宁（构成主义）领导的工作室之间的重要学术讨论。这恰恰刺激了工作室不同年级学生的设计水平，使他们的毕业设计水准迅速提升，其中许多设计作品成为苏联前卫建筑史上的不朽杰作。

建筑系两大创新思想之间的创作争论与分歧在1926年变得尤为突出。当时建筑系举行了两场讲座，它们反映了两种创新思想的拥护者对待形式形成问题的不同态度。其中一场讲座的主讲人是尼·拉多夫斯基的支持者尼·多库恰耶夫[21]，另一个则是亚·维斯宁的拥护者莫·金兹堡[22]。

1926年，建筑系再次将两个工作室合并为一体，尼·拉多夫斯基小组的理论体系成为建筑系的基础理论。这一时期，学生们对构成主义产生了极其浓厚的兴趣，尼·拉多夫斯基心理教学法对各个工作室学生的年级设计和毕业设计的影响更为强烈。要知道，学生们早在基础教学部就已经开始学习尼·拉多夫斯基心理教学法的形式形成原则，并以此为基础理论完成了空间课程的各项作业。因此，考虑到功能方法的原理，呼捷玛斯学生设计作品中所体现的构成主义，并没有缺乏某种理应表现出来的冷漠感和逻辑理性。对于呼捷玛斯而言，构成主义学派并不算主流的艺术思想，它只是呼捷玛斯创新思想的美学部分和情感渲染的催化剂[23]。

20世纪20年代末期，个别教师领导的工作室之间不再存有明确的组织隔阂，而且与单独创新流派相关的教学方法也不复存在。工作室仍然按照不同建筑类型进行细分与专业化设计，如住宅建筑、公共建筑、工业建筑、城市规划等。在不同的学习阶段，学生们由不同的教师辅导。一些20世纪末期的毕业生确认自己是某些教师的学徒，如伊·戈洛索夫、尼·拉多夫斯基和亚·维斯宁。

建筑系的师资队伍在这个过程中逐渐发生变化。1923年，尼·拉多夫斯基离开了自己领导的呼捷玛斯的工作室，1924年，阿·舒舍夫和康·美尔尼科夫接任他的工作，而1927年，他又重新回到了呼捷玛斯的创作工作室。在此期间，尼·拉多夫斯基一直在独立经营自己的事务所。

社会中前卫的建筑风格不断呈现，学生们的兴趣及他们对待教师的态度也随之改变。在呼捷玛斯，一些工作室开始受追捧，而另一些则逐渐暗淡。在这些工作室中，只有尼·拉多夫斯基的工作室经久不衰，即便期间发生了多次动荡。尼·拉多夫斯基创立新建筑师联盟的初衷是希望他的学生将来成为引领苏联建筑创新思潮的开拓者，然而事与愿违，他的第一批学生却偏爱空间课程的教学训练和构成理论的深入研究工作。

这一时期，苏联前卫建筑主要创新创作组织的出现也与呼捷玛斯建筑系休戚相关。其中，左翼工作室联盟的教师和学生们是1923年诞生的折中主义者创作团队——新建筑师联盟[24]的骨干。实际上，它的领导权集中掌握在尼·拉多夫斯基手中。1926年，尼·拉多夫斯基和拉·里西茨基共同编辑出版了第一本，也是唯一一本出版物《新建筑师联盟语录》。该杂志由呼捷玛斯印刷厂首次印刷，发行量为1500册。其中，大部分内容是由尼·拉多夫斯基撰写的左翼工作室联盟的心理教学法、组建呼捷玛斯心理技术实验室的必要性的文章，还有学生专业设计作业。

1925年诞生的构成主义建筑创作组织——现代建筑师联盟在很大程度上也依托于建筑系[25]。现代建筑师联盟的代表人物亚·维斯宁和莫·金兹堡均在建筑系授课。同时，他们两位也是构成主义建筑杂志《现代建筑》的主要负责人。这本杂志刊登了许多建筑系和金属加工制造系的设计作品。

以下着重介绍亚·维斯宁在建筑系的工作情况。1927年出色完成毕业答辩的伊·列奥尼多夫，凭借著名的列宁研究院设计方案名扬建筑学界，他是亚·维斯宁最得意的学生。起初伊·列奥尼多夫只是亚·维斯宁工作室的助手，但1929年他独自成立了自己的工作室，许多亚·维斯宁的学生转而投奔了伊·列奥尼多夫。虽然伊·列奥尼多夫的工作室仅在1929—1930年间存在了一年，但他却为建筑系注入了新鲜的活力。在20世纪20年代和30年代之交，伊·列奥尼多夫的设计作品有效阻拦了新建筑学风格模式化的进程。

1927年，《呼捷玛斯建筑》作品集问世，其中收录了建筑系学生的年级和毕业设计作品，以及空间课程的练习作业。1927年夏天，呼捷玛斯举办了首届世界现代建筑展览，这是有史以来全世界第一次介绍现代建筑设计的展览。展览上不仅展示了呼捷玛斯大量建筑系毕业生和学生的设计方案，还展示了德国、法国、荷兰、捷克等西欧国家许多的现代建筑作品。

1928年，尼·拉多夫斯基创立了新的创作小组——建筑与规划师联盟，他的第二批学生和后来的学生们都是新联盟的成员[26]。建筑城市化主义者联盟的作品都刊登在1929年出版的第一本，也是唯一的一本出版物《建筑与呼捷恩》上，尼·拉多夫斯基领导的心理技术实验室的研究成果和建筑系的学生设计作品也刊登在这里。

在呼捷玛斯的早期教学课程中，年轻的建筑师们力图主动解决建筑领域的现实社会需求问题。他们不仅出色完成了符合当时社会需求的年级设计和毕业设计，其中首屈一指的是新型住宅和公共建筑及综合体设计，而且这些作品也常在设计实践竞赛和竞标中获胜[27]。20世纪20年代末，苏联高等学校试行以班级为单位完成实践学习作业的办法。在这种情况下，建筑系的学生在教师的统一领导下设计了大量"学习作业"，而实际上大都是建筑竞赛的作品。

正如上述所说的，20世纪20年代下半期建筑系完完全全走的是新建筑发展的道路。虽然当时学生们对建筑构成主义思想更加感兴趣，但是他们的设计作品更多体现的是受尼·拉多夫斯基心理分析法的影响。在系里的教学设计和空间课程的推动下，尼·拉多夫斯基心理分析法成为建筑系的基础理论体系。当基础教学部二年级的学生纷纷转入各个专业继续学习时，空间课程的重要性才慢慢在学生的作品中凸现出来。在建筑系的学生作品中，构成主义者旨在表现建筑形式与功能结构合理性的愿望，以及探索表达设计方案主要构成艺术理念的方法，两者有机结合在一起。

1929年秋天，基础教学部被废除，其所有教学课程划分到了各个专业系的教学之中。在新的教学大纲中，空间课的教师、建筑师开始思索整个建筑教育体系，而非预科教育的问题。其中，弗·科林斯基作为尼·拉多夫斯基的拥护者，指导着学生的建筑设计课程。在这一阶段，基础教学部主任维·巴利欣将全部注意力集中在向各专业推广预科课程上。1929年12月，学校制定了建筑系建筑设计学科教学大纲，它沿袭了"所有学生在设计方案时以构成为先"的设计理念。这就是尼·拉多夫斯基相继在左翼工作室联盟和后来的呼捷玛斯工作室推崇的设计理念。

建筑系的大部分设计作品资料都曾在当年的刊物上发表过，并且保存在国家和私人档案馆里。然而，遗憾的是，大量的设计原稿已经不复存在，许多修复的作品都是从旧照片和出版物的底片中拷贝出来的。呼捷玛斯建筑系在建筑学界、在整个艺术和社会领域都享有至上的盛誉和绝对的权威。建筑系的毕业生在一些主要建筑师的创作理论、设计实践，乃至当时许多竞赛中，都扮演着举足轻重的角色。

建筑系专业学生设计作品

（图2-62～图2-82）

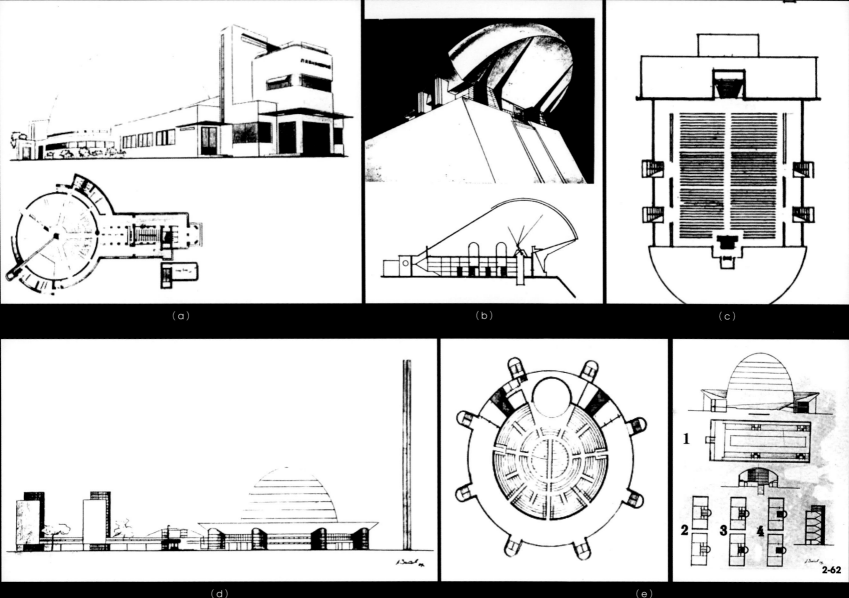

（a）

（b）

（c）

（d）

（e）

2-62

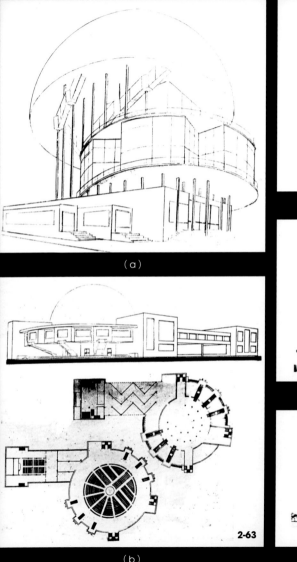

(a)

(b)

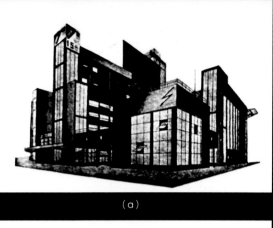

(a)

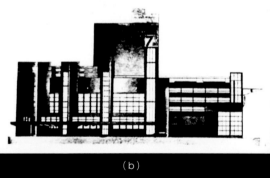

(b)

ЭСКИЗ ТЕАТРА

(c)

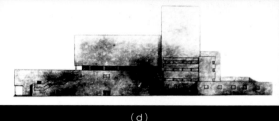

(d)

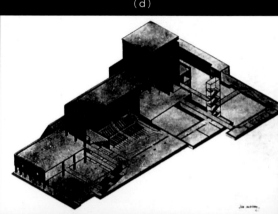

(e)

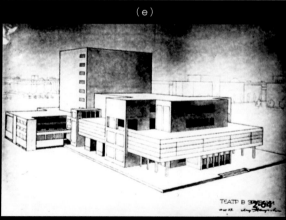

ТЕАТР В З...

(f)

2-63

2-64

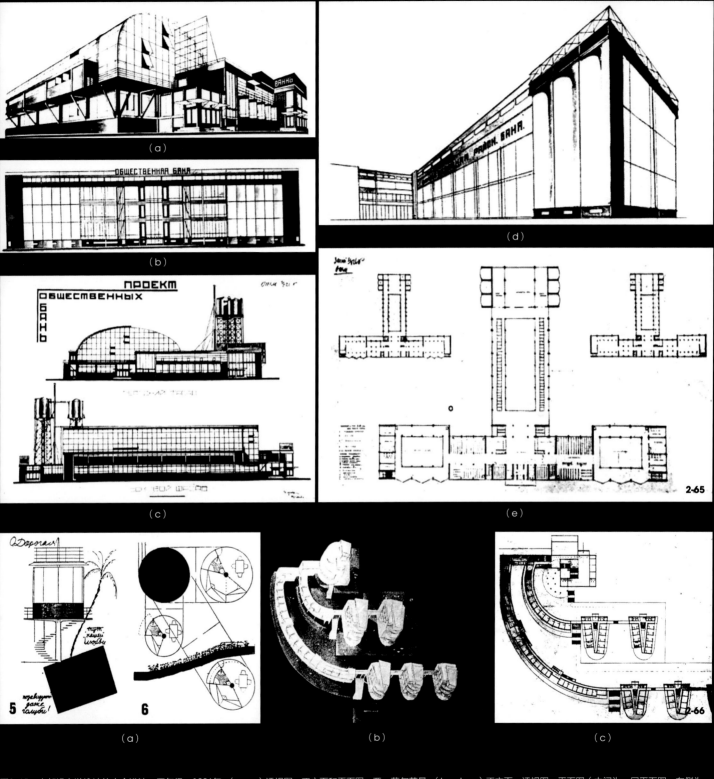

图2-65　内部设有游泳池的大众浴池，四年级，1926年。（a、c）透视图，正立面和平面图，亚·萨尔茨曼；（b、d、e）正立面，透视图，平面图（中间为一层平面图，左侧为一层和三层平面图，右侧为四层平面图），弗·塔特林

图2-66　马采斯塔的度假旅馆，四年级，1928—1929年。（a）脱离地表由中心支柱支撑的私人住宅（亚·维斯宁工作室），透视图，轴测投影图，正立面，平面图，坡度剖面，尼·索科洛夫；（b）透视图，帕·古巴列夫；（c）平面图，列·布加洛娃

(a)

(b)

(c)

2-67

(a)

(b)

(c)

(d)

图2-67 萨拉托夫火车站，四年级，1929年。(a)透视图，谢·坎托罗维奇；(b)透视图，亚·苏沃洛夫；(c)轴测投影图，设计者未知

图2-68 莫斯科报纸印刷厂，实验方案，1925—1926年。(a、c)透视图和正立面，尼·索科洛夫（亚·维斯宁工作室）；(b)透视图，鲍·若尔克维奇（阿·舒舍夫工作室）；(d)在位于罗日杰斯特文斯卡娅大街上的呼捷恩学校大楼楼顶拍摄建筑系学生合照

3

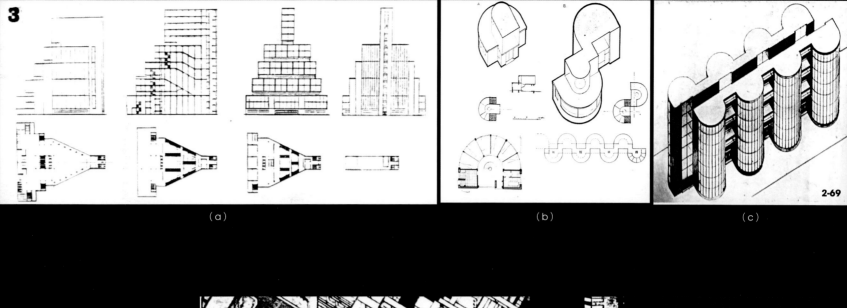

(a) (b) (c)

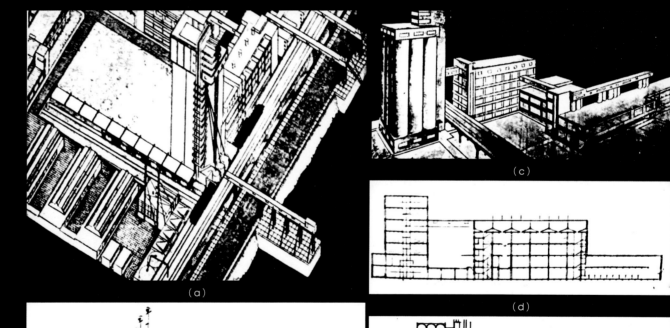

(a) (c)

(d)

(b) (e)

图2-69 坐落在莫斯科某一具体地段的高等艺术学院城，学生实验方案，格·克鲁季科夫，尼·拉多夫斯基工作室，1927年。（a）教学楼，轴测投影图，正立面，剖面图和平面图；（b）艺术家和科研合作者住宅楼——与两套工作人员住宅连在一起，轴测投影图，平面图和剖面图；（c）学生宿舍，轴测投影图，方案示意图，设有六个私人房间的典型住宅单元平面

图2-70 面包加工场，不同届学生历时多年完成的实验方案。（a）轴测投影图，阿·莫斯塔科夫；（b、d）透视图和剖面图，伊·索博列夫，1925年；（c、e）透视图和平面图，费·克列斯京，1928年

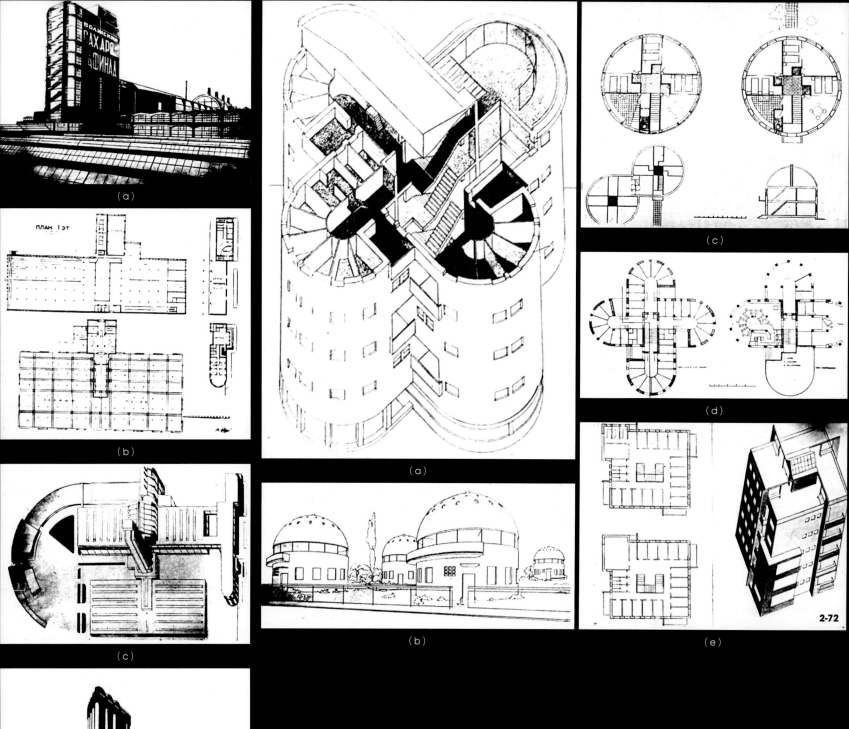

图2-71 制糖厂，实验方案，1927年。(a-c)透视图，轴测投影图和平面图，弗·叶尔绍夫；(d)透视图，未知设计者

图2-72 莫斯科伊斯梅洛夫斯基村庄的规划和建筑方案，实验方案，1928年。(a-c)两层的圆形住宅楼，街区的轴测投影图，透视图，正立面和剖面图，米·马兹马尼扬；(d)住宅楼的平面图，弗·多尔加诺夫；(e)住宅楼的轴测投影图和平面图，弗·巴布罗夫

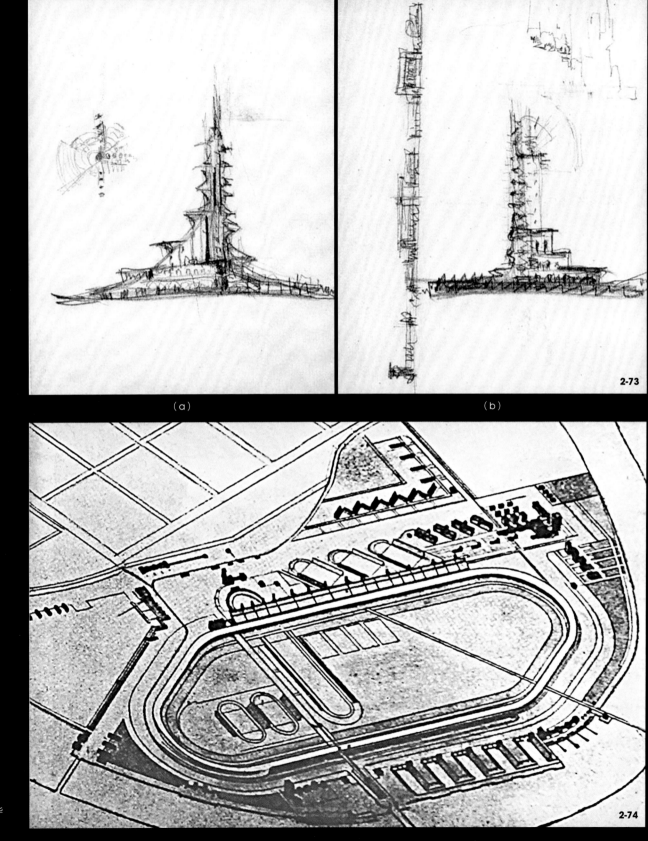

(a)   (b)

2-73

2-74

图2-73 俱乐部餐厅设计毕业作品草图（a、b），
　　　 1927年

图2-74 主题为"莫斯科红色国际体育场"的毕
　　　 业设计，米·科尔舍夫，1926年

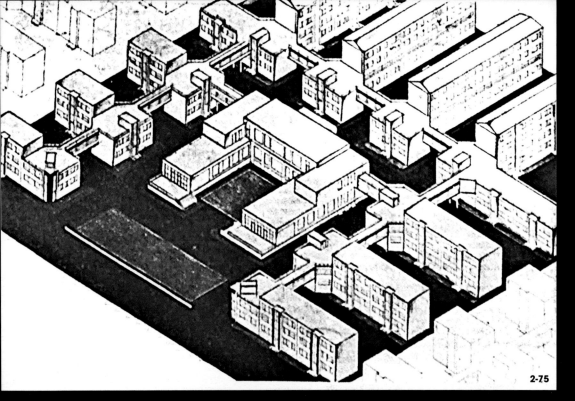

图2-75 主题为"莫斯科哈莫夫地区某一具体地段的城市公社住宅街区"的毕业设计，米·杜尔库斯，1926年。整个综合体的轴测投影图。典型公社住宅楼——地处中间的公共服务中心通过走廊与住宅楼连在一起

图2-76 主题为"莫斯科劳动宫"的毕业设计，谢·科恩，1926年。（a）透视图；（b）劳动宫位置分布与莫斯科中心广场；（c）平面图

图2-77 主题为"莫斯科劳动宫"的毕业设计，伊·索博列夫，1926年。（a）总平面图；（b、c）透视图

图2-78 主题为"代表大会大楼（内部设有容量为10000人的大厅）"的毕业设计，格·格鲁申科，1928年。（a）透视图；（b）大厅一侧楼房的轴测投影剖面图；（c）正立面，轴测投影图；（d、e）大厅一侧楼房的模型

图2-79 主题为"代表大会大楼（内部设有容量为10000人的大厅）"的毕业设计，伊·沃洛季科，1928年。（a）综合体整体外观；（b）小教室一侧楼房的正立面，平面图和剖面图；（c）会议厅的正立面图和平面图

图2-80 主题为"新城"的毕业设计，毕业设计的设计部分，格·克鲁季科夫，1928年。（a）"旅馆"型住宅建筑，正立面，顶部剖面图；（b）移动的住房单元（飞行中的住房单元）——整体外观，展示移动住房单元的综合使用方法的示意图——它可以是住宅建筑的一部分，又可以作为交通工具使用，无论在空中、地上、水上和水下都可以；（c）"飞城"的整体结构—城市居住区位于地下；（d）交通运输工具

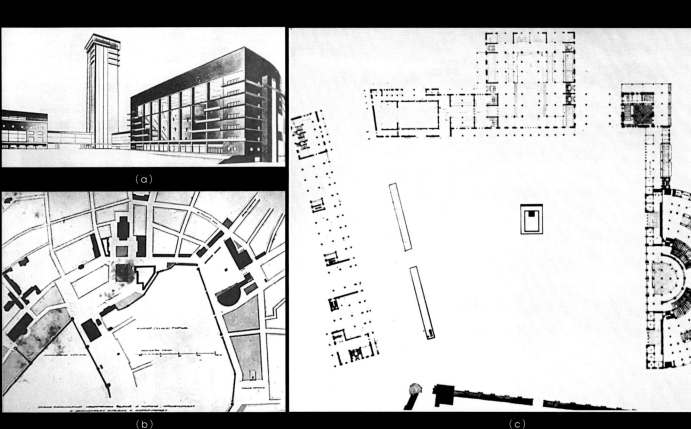

（a）

（b）

（c）

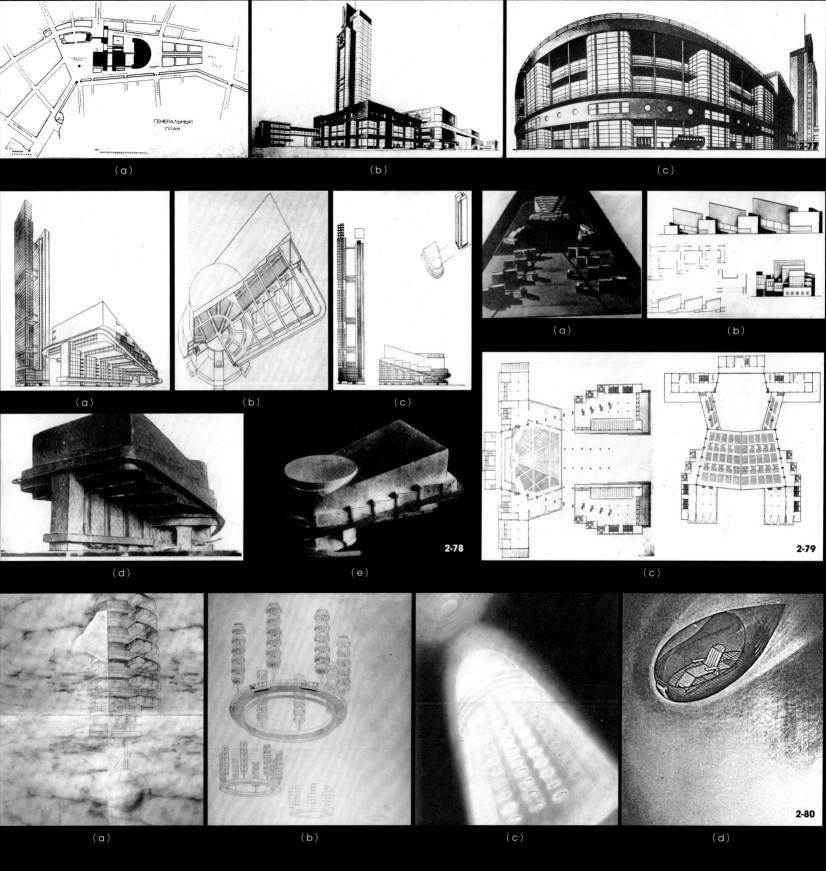

(a)　　　　(b)　　　　(c)

(a)　　　　(b)　　　　(c)

(a)　　　　(b)

(d)　　　　(e)　2-78　　　　(c)　2-79

(a)　　　　(b)　　　　(c)　　　　(d)　2-80

91

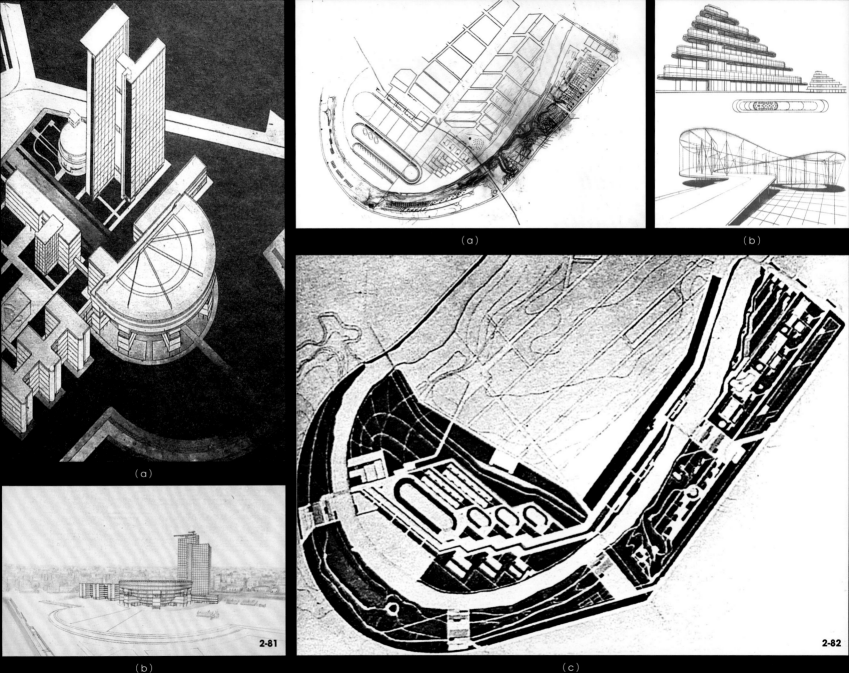

(a)

(b)

(a)

(b)

(c)

2-81

2-82

2.2.2 金属制造系

呼捷玛斯的金属制造系是在斯特罗干诺夫斯基工艺美术学校金属制造工作室的基础上发展而来的。建系之初，培养满足社会生活实际需求的人才，是金属制造系的教学宗旨。1921—1922年间，金属制造系教学工作的重点是素描、造型、模压和搪瓷。金属制造系的学生一边接受艺术基础通识教育，一边学习专业理论课，其中包括机械学、化学、机械零件的相关知识、电气工程、金属工艺技术、金属制造艺术史、金属制造艺术理论等。按照教学大纲的要求，学生需要在锻工、钳工、旋压车床和锻造、模压、刻板、电铸、搪瓷、金银丝蟠花、电铸和金属装饰制造等工作室进行实践活动，并在一些专业工厂顺利实习后才能毕业。

1922年，亚·罗德钦科从绘画系转入金属制造系。转入金属制造系之后，亚·罗德钦科开始致力于金属制造系的转型工作。他希望，金属制造系的教学重点能够从实用装饰过渡为工业产品的艺术设计。此外，他还努力钻研和推广新的教学方法（图2-83）[28]。

1922—1924年，金属制造系的教学计划由亚·罗德钦科制定。按照亚·罗德钦科的教学计划，一年级和二年级的学生主要学习基本的职业技能，之后，学生被分成两部分，一部分人从事金属制品的设计研究，另一部分人从事构成研究。亚·罗德钦科在金属制造系的转型过程中扮演着至关重要的角色。他认为，所有物品可以分为两类：单一功能类和多功能类。他制定的金属制品设计课程的教学大纲规定了完成作业的四种方法，分别是制作自然大小的物品（如汤匙、门把手、锁、剪刀和钟表等），制作迷你模型（如折叠椅、折叠床、报刊亭、橱窗、台灯、书架和办公桌等），图纸设计（汽

车外观、书籍展柜、带广告的路灯、图书馆里的设备、银行里的设备和工人俱乐部里的家具等），以及艺术加工，即在一些物品的表面刻上标记或者符号（如在搪瓷和刻板上刻上题词、工会的标记等）（图2-84）。

在金属制造系实行新教学法的第一年里，该系的教学就发生了方向性的巨大变化，这一点可以从1923年第一届学生作品展览中看出。展出的作品大多是可折叠、可变换、可移动的工业制品，如折叠床、椅床两用椅、六部可折叠的剧院展台作品等。此外，在1925年巴黎展会的作品名册中也可以看到许多金属制造系的学生创作作品。金属制造系的创作工作室都是根据人们实际订购的需求制作物品的。学生当然也可直接参与到物品的实际制作过程中（图2-85~图2-89）。

1928年，在总结前期新型人才培养经验的基础上，亚·罗德钦科制定了新的教学计划。在校学习期间，学生们需要完成九个作业设

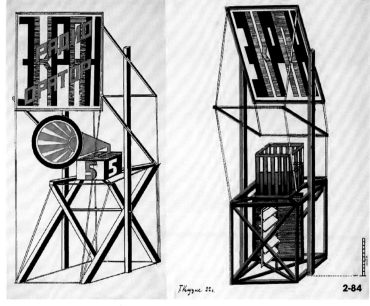

图2-83　在金属制造系工作室，亚·罗德钦科的照片，帕·日古诺夫和兹·贝科夫正在谈论茶具模型，1923年

图2-84　广播演说机设计，格·克鲁齐斯，1922年

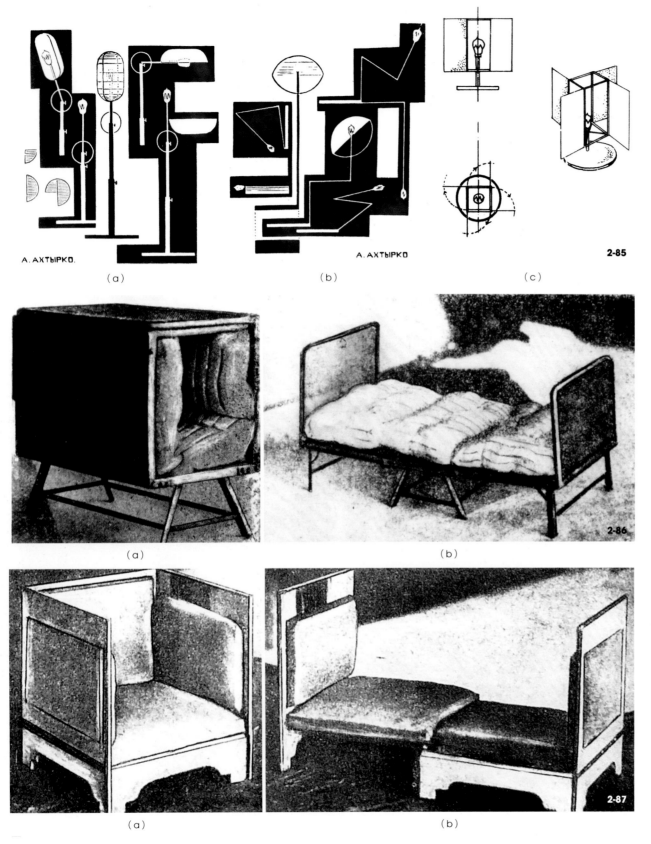

A. AXTЫPKO.

(a)

(b)

A. AXTЫPKO.

(c)

2-85

(a)

(b)

2-86

(a)

(b)

2-87

计，即分析成品、简化成品、成品复杂化、以某个成品为基础研究新型物品、创造新物品、研究组合物品（运用同一个构成原则、同种色彩和肌理、同种材料制作不同物品）、研究组合设备（图2-90～图2-100）。

金属制造系第一批毕业生的论文主题是综合设备，1928年后毕业论文主题拓展到三个，分别是交通组织及设备、基地组织、人流聚集地组织。1929年年初，亚·罗德钦科的八个学生顺利毕业，他们是金属制造系的第一批毕业生。除此之外，还有一批学生在1924—1925年间进入金属制造系学习，1930年完成了毕业设计答辩，这些人都在学校学习了7～8年[29]。亚·罗德钦科一共培养了16名工业艺术设计师。阿·达姆斯基和弗·梅谢林是1930年毕业生中最优秀的两名学生，他们在毕业后继续研究不同类型的工业艺术设计，在20世纪五六十年代，他们在苏联的工业设计领域取得了不菲的成绩[30]。

图2-85 灯具设计，1922年。（a、b）亚·阿赫特尔科作品；（c）亚·米拉·柳波娃作品

图2-86 床：折叠和展开时的样子（a、b），模型，帕·加拉克季奥诺夫，1923年

图2-87 座椅床：座椅的形态和床的形态模型（a、b），伊·索博列夫，1923年

图2-88 剧院书报亭（a-e），专业设计，1923年

图2-89 折叠桌（a、b），伊·莫罗佐夫，1926年

图2-90 用于刑事侦查的专业交通工具（a、b），横剖和纵剖，弗·梅谢林，1928—1929年

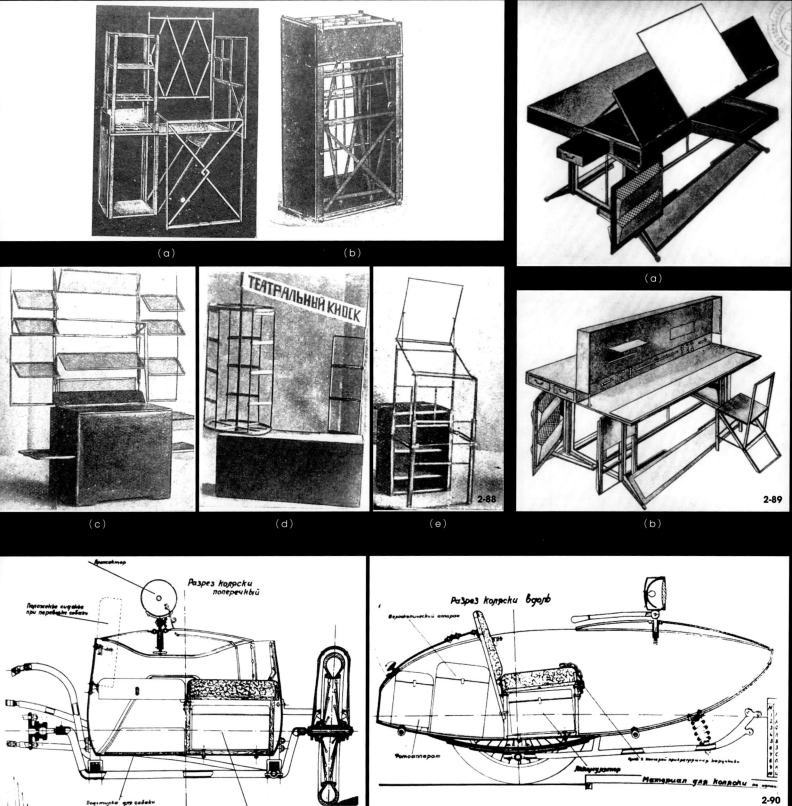

(a)　　　　　(b)

(a)

(c)　　　　　(d)　　　　　(e)　2-88　　　　　(b)　2-89

2-90

(a)　　　　　(b)

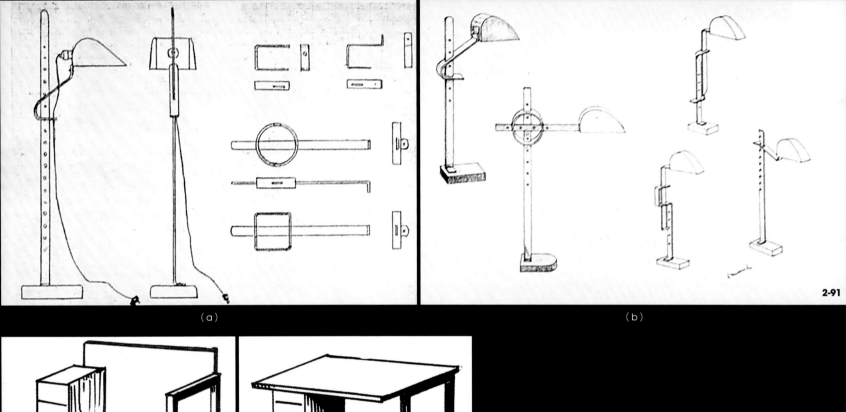

（a）

2-91

（b）

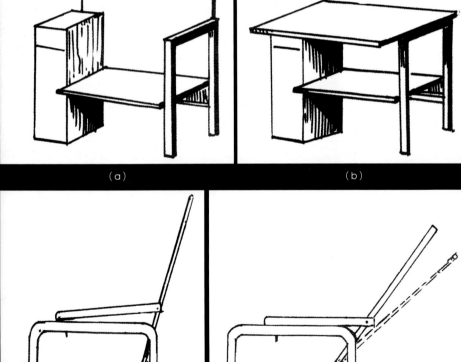

（a）

（b）

（c）

（d）

2-92

图2-91 专业设计，台灯（a、b），阿·达姆斯基，1929年。五个采取不同结构设计的可调节台灯草图，1929年，轴测投影图由设计者于20世纪80年代绘制

图2-92 折叠家具设计。（a、b）沙发-桌（两种变换方式）；（c、d）椅背可折叠的座椅。设计者于1976年复原

图2-93 7人滑行艇，弗·梅谢林，亚·罗德钦科的照片，1929年。（a）手握方向盘的弗·梅谢林；（b-d）把滑行艇转移到水下；（e）水面上的滑行艇

图2-94 毕业设计，1929年，亚·罗德钦科指导完成。（a、b）客机折叠椅，两种状态下的座椅——用于乘坐时和睡觉时，帕·日古诺夫；（c）格·巴甫洛夫

图2-95 毕业设计，伊·莫罗佐夫，1929年。城际公交车站的内部装饰。（a）可安装拆卸的四人沙发；（b）车站的内部装饰局部，轴测投影图

图2-96 水上休养所内的折叠设施，两种折叠沙发-桌的设计方案，弗·佩林斯基，1929年

图2-97 毕业设计，德·藻金，亚·罗德钦科指导完成，1929年。（a）移动电影放映-阅读室：展开的大篷车，透视图；（b、d）双人折叠椅——展开和折叠时的样子；（c）六人折叠椅

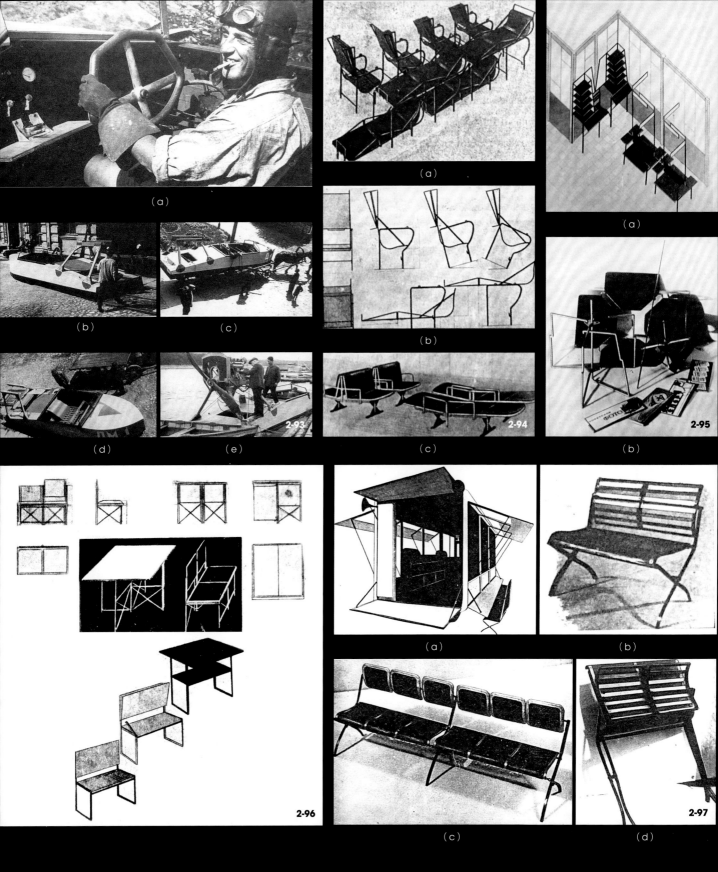

(a)

(b)　(c)

(d)　(e)

2-93

(a)

(b)

(c)

2-94

(a)

(b)

2-95

2-96

(a)

(b)

(c)

(d)

2-97

97

图2-98　毕业设计，帕·加拉克季奥诺夫，1929年。广泛应用于观众厅、会议厅、餐厅、俱乐部的可安装拆卸设施（a、b）

图2-99　毕业设计，安·加拉克季奥诺夫，1929年。应用于巡回展览会、由标准部件组成的可安装拆卸设施，设施局部（a-d）

图2-100　金属制造系毕业生阿·达姆斯基设计的作品。（a）公共场所的照明设备，1930年；（b）"真理"联营公司的照明设备；（c）安装在轮转设备底部的照明设备；（d）两种用在轮转车间的照明设备；（e）由弯曲叶片状乳玻璃制成的天花板照明设备；（f）天花板照明设备—由乳玻璃制成的球体。球体夹在两片透明玻璃的中间，并且每片透明玻璃上均有一个圆洞

2.2.3 木加工系

呼捷玛斯的木加工系是在斯特罗干诺夫斯基工艺美术学校细木加工和雕刻工作室的基础上发展而来的[31]。建校之后，学校聘用了原来在斯特罗干诺夫斯基工艺美术学校工作的教师。木加工系的教学重点转向工业艺术品设计新课程改革（如木艺术品工艺、家具设计、雕刻、木建筑、工作室实习等课程），重新定位了教学的内容[32]。

为满足大规模机器生产廉价生活家具的社会新需求，木加工系整合了工程和工艺技术部分的教学内容。新的课程改革吸引了一批高水平的工艺师来到呼捷玛斯的木加工系工作，他们带来了新技术课程[33]。在当时的社会背景下，制定一套新的综合各专业的创新教学大纲是十分必要的，因为旧的课程内容根本无法实现建系时的初衷，无法培养出实用艺术家。支持旧教学计划的教师纷纷离开了呼捷玛斯木加工系[34]。

当时，呼捷玛斯基础教学部的任课教师多半是艺术创作者和构成主义的拥护者，他们成为了木加工系艺术创作课的新任教师。起初，艺术创作课的教师是曾与亚·罗德钦科一同教授构成课程的弗·利罗廖夫（1922年）与安·拉温斯基（1923年）。

呼捷玛斯木加工系的第三个学年（1922—1923年）是该系向工业艺术设计过渡的开始。刚刚上任的弗·利罗廖夫做出了新型人才定义的科学概念、制定新教学计划、组织新教师队伍。新教学计划把课程内容分为四类，分别是科学技术类（材料工艺、材料学、机械学、生产技术），生产类（现代化大规模生产的原则、木材在最新结构中的应用、普通家具和设备造型的科学理论、家具和设备设计、组织与设计完成），经济类（工业经济、工厂管理、劳动力组织、预算和决算），历史类（艺术学、社会生活史、风格发展史、风格建构）。

虽然新教学大纲中保留了典型的斯特罗干诺夫斯基工艺美术学校的装饰主义[35]和风格化[36]元素，但是不能否认工业艺术设计的萌芽已开始孕育，尤其是在圆周式课程的教学计划之中。

1922—1923学年，维·基谢廖夫在木加工系教授基础艺术创作课程——家具设计，安·拉温斯基在接下来的两个学年（1923—1925年）取代了维·基谢廖夫，成为家具设计课的任课教师。1925—1926学年，拉·里西茨基又取代了安·拉温斯基教授家具设计课。作为一名与建筑系教师骨干（尼·拉多夫斯基、亚·维斯宁和莫·金兹堡等）密切来往的建筑师，拉·里西茨基志在把木加工系变为建筑系的附属系——室内设计系。他比较注重新型住宅中的家具设施与日常生活相互联系的问题。（图2-101～图2-103）

1926年初，拉·里西茨基建议木加工系的学生研究双人房间的布置问题。除此之外，他还主张研究现实中大户型及试验型住宅中的设施问题。1929年，拉·里西茨基和学生们共同完成了试点住宅的设施设计。可变形的设施是由拉·里西茨基指导完成的。

1927年，联合金属制造系的木加工系培养出了第一批工业艺术设计师，这批毕业生仅仅有三个人，他们的毕业设计主题都是农村图书馆阅览室综合设计。

1928年3月30日和4月5日，九名木加工系的学生参加了六个毕业设计的答辩。其中，两个毕业设计是由多人共同完成的。这六个毕业设计的主题分别是冷藏船休息室与船员食堂的设备设计、冷藏船吸烟室以及软座椅休息室的设备设计、国家进出口管理局的室内设计、冷藏船专用席和妇婴席休息室的家具设计、地铁站点的室内设计、工人俱乐部的室内设计（图2-104～图2-106）。这六个毕业设计的内容综合性强、覆盖面广，大到各个房间室内设计，小到单个制品的设计。遗憾的是，大部分设计方案的资料都已经丢失。

图2-101　工人俱乐部设施的样板设计，柜式橱窗，伊·洛博夫（木加工系），1926年

图2-102　工人俱乐部设施的样板设计，相框墙，鲍·泽姆利亚尼岑（木加工系）

99

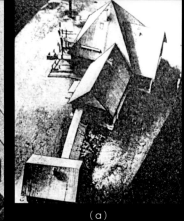

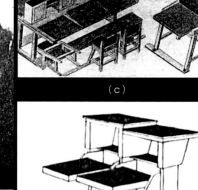

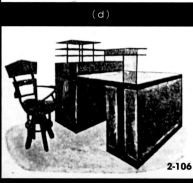

图2-103 毕业设计：住宅样板间内的设施。轴测投影图，1926年

图2-104 书报亭专业设计方案，透视图，1928年

图2-105 专业设计—折叠设施：（a）宿舍壁橱–桌，1928年；（b）沙发–桌，亚·科科列夫

图2-106 毕业设计，指导教师：拉·里西茨基。（a）模型。（农村教育点）农村阅览室：建筑及设施。合作设计方案，叶·阿尔达莫诺夫、弗·季莫诺夫和米·奥列舍夫，1927年；（b）毕业设计局部—舱室折叠椅，鲍·泽姆利亚尼岑，1928年；（c、d）俱乐部阅览室的内部设施，带写字台的、椅座可以折叠的椅子，奥·基谢廖夫和瓦·库利加诺夫合作设计，1928年；（e）办公桌椅，模型，伊·洛博夫和亚·科科列夫合作设计，1928年

图2-107 餐厅和厨房之间带有交接窗，且带有间壁的镶嵌式橱柜专业设计方案，1929年

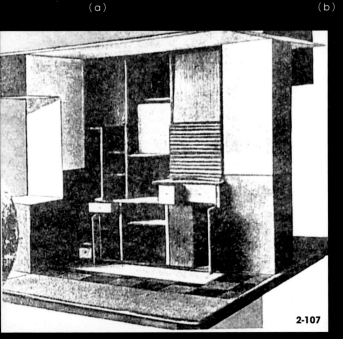

　　1929—1930学年，木加工系又成功培养出19名工程师和艺术家。他们毕业设计的主题都与当时的工业需求相关，如配电工厂的家具设计，幼儿园的家具设计、图书馆和俱乐部的室内设施设计等（图2-107）。

　　综上所述，木加工系共有31名毕业生。在呼捷恩时期，16名高年级学生接受了拉·里西茨基和弗·塔特林的工业艺术设计培养。

2.2.4 图案染织系

呼捷玛斯的图案染织系是在斯特罗干诺夫斯基工艺美术学校的纺织、印花和绣花三个工作室的基础上建立的[37]。斯特罗干诺夫斯基工艺美术学校的教学宗旨是为纺织厂和绣花厂培养图案设计师。在校学习期间，学生可以有偿为工作室提供设计服务。比如，在绣花工作室用丝绸、金线、小花玻璃珠、珍珠等在白布或金属片上绣花，制作一些装饰品等。

呼捷玛斯建立之初，图案染织系设有印花部、纺织部和绣花部。呼捷玛斯聘用了原来在斯特罗干诺夫斯基工艺美术学校工作的教师，并把原来收集的图案样本留为己用[38]。与之前一样，学生们继续在工作室按照不同的制作要求进行实践操作。

与呼捷玛斯其他生产系一样，建系之初，图案染织系便开始致力于摆脱斯特罗干诺夫斯基工艺美术学校学院派艺术的束缚，大力推崇技术教学与设计创新[39]。他们希望图案染织系培养出的不仅是图案设计师或者绣花工艺师，而且是纺织厂里的艺术家和工艺师。

然而，20世纪20年代中期绣花部被废止，校方认为，绣花部并没有秉承图案染织系培养艺术家和工艺师的人才教育理念。好在学校成立了喷雾染色工作室，学生在弗·马雅可夫斯基的指导下，掌握了在纺织品上机械喷绘图案的方法。

当时，呼捷玛斯图案染织系工作室里的设备都是陈旧过时的。打个比方说，纺织工作室里的织布机只能编织最简单的条纹和格子图案的布匹，而只有先进的工厂里才有提花机。因此，学生们都千方百计争取去工厂实习。在那里，他们能把自己设计的图案用布匹提花机织出来。图案染织系与实际生产的频繁互动，促使许多系里的教师在教课的同时也去工厂工作。

在两个原本没有诸多关联的课程中推广新技术课程和推广新艺术课程，艺术生产理念在图案染织系得到逐步推广。

印花部的两门主要课程是机械印花和手工印花。教师奥·格留恩在教学生们机械印花的图案组成时，比较注重机械编织装饰图案的手法。他对学生非常严格，奥·格留恩希望学生能够将所有的装饰点排列在正确的位置上，使每一个完整的花纹组织协调分布在布的两面。教师尼·索伯廖夫是俄罗斯实用艺术和印花技术的专家，他是织物艺术学的任课教师。

十月革命前纺织厂的工作分配是这样的，织物上的装饰图案大多是由国外艺术家绘制的，或者直接照搬外国装饰图案图册中的样式，然后图案设计师把这些艺术构想变为一组栩栩如生且完整的花纹图案，之后再进行印刷。针对此工艺的特点，呼捷玛斯图案染织系制定了"培养既有创造性又熟知工艺技术的图案设计师"的教学任务。这样，学生在学习的过程中不仅可以掌握机械印花和手工印花的技术工艺，而且还要进行艺术创作。于是新的问题产生了，如何培养符合社会技术与艺术设计新需求的复合型人才呢？20世纪20年代初期，图案染织系教师在培养新型人才上发挥了至关重要的作用，而20世纪20年代后期学生自己主动扮演着重要的角色。

图案染织系与呼捷玛斯其他的系一样，在培养新型人才的过程中经历了漫长的岁月。在斯特罗干诺夫斯基工艺美术学校完成基础教育并在20世纪20年代初完成职业教育的学生，自然而然成为"旧型人才"，而同时期进入呼捷玛斯学习，后来从绘画系或者其他系转入图案染织系，经历了图案染织系的重组过程并在20世纪20年代末期毕业的学生，被称为"新型的工艺技术艺术家"。

对于图案染织系的学生而言，艺术基础课程的教育具有重大意义。学生在接受基础教学部的预科教育之后，继续学习素描、色彩和绘画等课程。不过，在培养新型工艺技术艺术家的过程中，构成艺术课发挥了极为重要的作用。学生们只有学习了这门课程，才能真正开启成为新型工艺技术艺术家的职业之旅。

从1927年开始，亚·库普林[40]成为图案染织系构成艺术课的任课教师。工作之初，亚·库普林便制定了一套详尽的培养工艺技术艺术家的教学计划。亚·库普林注重培养学生的色彩感和尺度感，他要求学生做的作业都是比较抽象的，并喜欢用循序渐进的教学方法引导学生掌握专业知识。起初，他布置的作业十分简单，随着时间的推移，亚·库普林开始要求学生做一些逐渐复杂的作业，比如根据花纹组织的特点设计抽象装饰图案。从本质上讲，这些深化过的作业仍然具有抽象意义，亚·库普林的构成艺术课的确是一门独一无二的专业艺术构成入门课程。

总而言之，20世纪20年代初进入图案染织系学习的学生，接受了较好的职业工艺技术、构成艺术和概念创新的预科教育。许多学生毕业后继续深造，并积极参与了向生产中推广抽象设计主题图案的工作，这大大提高了苏联织物装饰图案的艺术水平。正是图案染织系的学生和毕业生的辛勤耕耘，主题图案设计方才成为20世纪20年代末到30年代初苏联艺术史上的一个亮点[41]。主题图案设计的独特之处在于装饰图案的规律性、现实可行性和工艺可行性（图2-108～图2-115）。

1927—1930年间，图案染织系的纺织部和印花部培养了大量的新型工艺技术人才。1929—1930学年，学校开始组建第三个部——针织品部。这个时期的针织品系拥有自己独特的实验室和工作室。20世纪20年代末，基础教学部的学习时间缩短为一年。图案染织系印花部的学生在三年的专业深造中仍然需要学习一系列艺术课和专业技术课，如素描、色彩、绘画、艺术构成[42]、织物艺术学[43]、机械印花构成、手工印花构成、纤维织物的化学工艺技术、染色实验、服装发展史、构成理论、纺织工业经

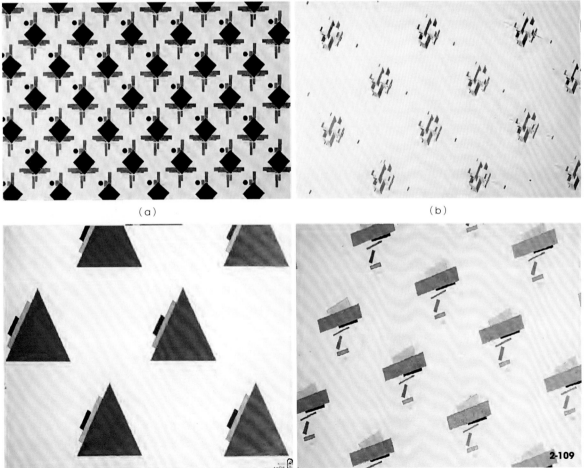

济学、喷雾染色等。当然，印花部也有自己的专业课，如机织工艺技术、编织法和织物分析等。

20世纪20年代后期，呼捷玛斯的图案染织系成为苏联纺织品的艺术设计创作中心。图案染织系成为学生们发挥最大独立创作性的殿堂。如果说尼·拉多夫斯基、亚·维斯宁、亚·罗德钦科、拉·里西茨基、弗·法沃尔斯基等骨干领导的建筑系、金属制造系、木加工系和平面设计系的教学宗旨是全面提高学生的专业技能和创作水平，那么在没有骨干教师的情况下，图案染织系则形成了自己独特的主题图案创作流派。

虽然在很大程度上高素质的教师队伍可以带动整个系的专业水平和艺术创作水平，但是图案染织系仅凭借学生们自己的创作氛围，凭借与实践的结合，也可以造就新的创作流派。20世纪20年代末，图案染织系的学生组织了自己的创作小组，如革命俄罗斯艺术家协会[44]和十月组织。图案染织系的学生们积极参加这两个学生组织举办的展览会和学术讨论，其中，1929年"第一届苏联革命艺术家协会青年分会展览会"上展出的图案染织系的学生作品获得了极高的声誉。

在苏联纺织品设计发展史中，1927—1933年间的主题图案设计被看作是一个单独的创作流派。遗憾的是，从20世纪30年代中期开始，它在一片剧烈批判的浪潮中逐渐黯淡下去。因此，在研究这支创作流派时，我们必须把它作为一个空前绝后的特例单独分析。

图2-108 图案染织系师生，1928—1929学年
图2-109 纺织品设计（a-d），尼·苏丁，1924年

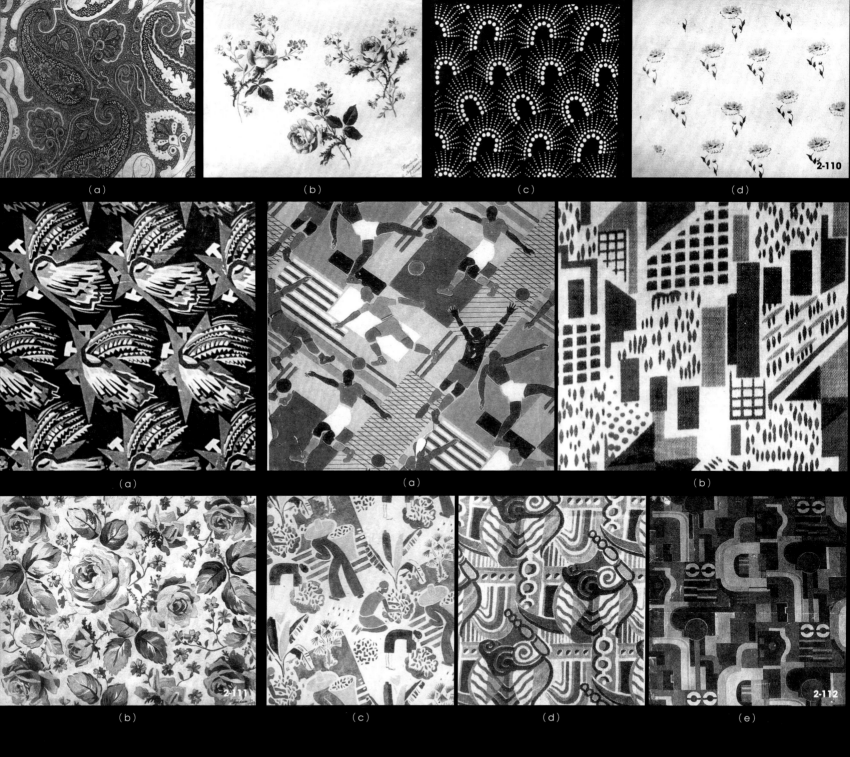

图2-110　学生作品，米·舒伊金娜（1923年开始在呼捷玛斯学校读书，起初在基础教学部学习，1925年转入纺织系印花部，1929年毕业后在莫斯科三山联营公司工作）。（a）纺织物拷贝品，水粉画；（b）纺织物拷贝品，水粉画；（c）专业设计——纺织物花纹，彩纸，1926年1月；（d）专业设计——纺织物花纹，水粉画，1925—1926学年

图2-111　1929—1931年间米·舒伊金娜在莫斯科三山联营公司设计的作品。（a）罩衫纺织物素描，图案是苏联的标志物——庄稼，水粉画；（b）农村毛毯纺织物素描，水粉画，1929年6月

图2-112　费·安东诺夫（1922年开始在呼捷玛斯学校读书，1924年从绘画系转入图案染织系——印花部，1929年毕业设计）。（a）"体育"——墙纸；（b）"建设"——印花布素描，水粉画，1930年；（c）"采茶"——纺织物素描，水粉画，1930年；（d）装饰用印花纺织物；（e）手工装饰用纺织物素描

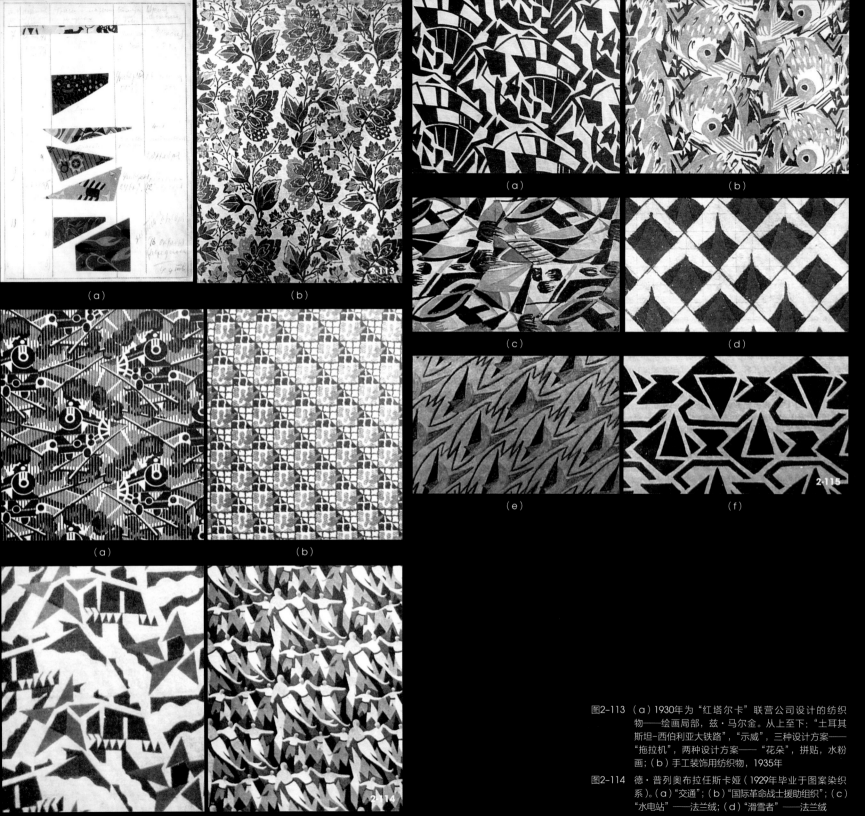

图2-113 （a）1930年为"红塔尔卡"联营公司设计的纺织物——绘画局部，兹·马尔金。从上至下："土耳其斯坦-西伯利亚大铁路"，"示威"，三种设计方案——"拖拉机"，两种设计方案——"花朵"，拼贴，水粉画；（b）手工装饰用纺织物，1935年

图2-114 德·普列奥布拉任斯卡娅（1929年毕业于图案染织系）。（a）"交通"；（b）"国际革命战士援助组织"；（c）"水电站"——法兰绒；（d）"滑雪者"——法兰绒

图2-115 纺织物绘画素描（a-f），尼·基谢廖娃，1930年

2.2.5 陶艺系

1920年8月，第一国立自由艺术创作工作室的陶艺设计教授亚·菲利波夫拜见了苏联人民教育委员会[45]委员叶·拉夫杰尔。他建议叶·拉夫杰里在刚刚组建的呼捷玛斯设立陶艺系。经历一番长谈后，叶·拉夫杰尔接受了亚·菲利波夫的意见，委托其在国立自由艺术创作工作室陶艺工作室的基础上建立陶艺系[46]。1920年8月15日，亚·菲利波夫担任系主任一职，他在极短的时间内为陶艺系引进了一批高素质的优秀教师[47]。他认为，陶艺系要培养高水平的陶器、赤土陶器、瓷砖和水晶玻璃生产专家，而非陶瓷工。若想培养高水平的人才，高素质的教师是不可或缺的。1920年秋季，学生们开始上课。亚·菲利波夫制定了陶艺系的第一个教学大纲和完整的教学体系，他计划成立制瓷部和玻璃部。1920年10月，陶艺系接收了27名一年级新生。

亚·菲利波夫非常注重理论与实践的紧密结合。从20世纪20年代前期陶艺系的学生作品中，可以清楚地看出当时的创作流派和创作探索对其教学产生的影响。在表现形式上，可以在学生的作品中找到立体主义和未来主义的痕迹。学生在绘画方面的探索和涉及范围更加广泛，从复杂的植物图案装饰到简单的几何图形，图案训练内容无所不包。

学生在亚·菲利波夫的指导下，从生产工艺技术、构成方法、比例、尺度等专业角度，以及消费合理性等不同方面，分析了陶瓷器皿的形状，并以此为基础设计了新型陶艺制品茶杯、碗和不易碎的陶瓷器皿的盖子等。由亚·菲利波夫指导设计的餐具器皿的确与传统的区别很大。纯理性主义简化是学生创作作品的最大特点。纵观亚·菲利波夫的一生，他把绝大部分的时间都用来推广纯理性主义在陶艺中的新形式和制作方法上。

陶艺系曾是产品生产系，同时也是艺术造型系。教师不仅教授学生构建器皿的形状和装饰图案的理论和方法，而且还传授他们造型、绘画和制造大型乌釉陶器结构的技巧。学生既要完成实践作业，又需完成艺术造型训练作业，同时也协助教授完成了大量的实践创作工作（图2-116～图2-125）。

除工艺技术课程外，陶艺系十分重视绘画、雕塑和素描课的教学工作。著名艺术家帕·库兹涅佐夫、亚·库普林、弗·法沃尔斯基、达·施捷连贝格，雕塑家伊·叶菲莫夫、伊·恰伊科夫和伊·穆欣娜都在这里工作过。

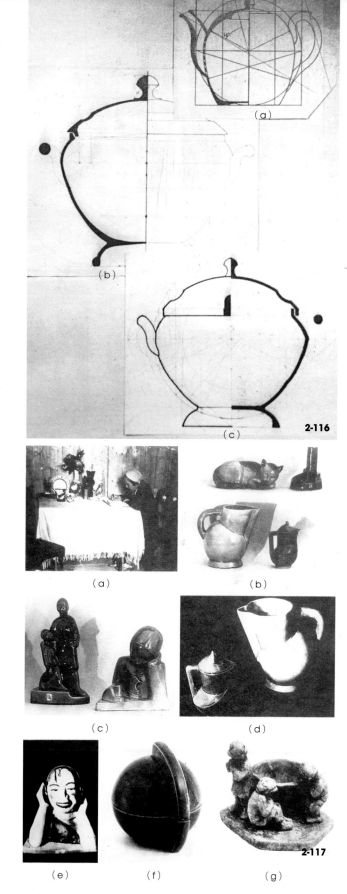

图2-116 陶瓷餐具合理外形的探寻，亚·菲利波夫指导，1927年。（a）茶壶，塔捷沃相；（b）汤碗，亚·阿列克谢耶夫；（c）汤碗，伊·罗日杰特文斯卡娅

图2-117 专业设计，立体派未来主义和至上主义对外形探寻和图案设计的影响，谢·普列斯曼。（a）谢·普列斯曼和自己的专业设计作品；（b）猫带笔筒的削铅笔刀，盛牛奶的罐子；（c）基本知识讲座；（d）盛干酪的罐子；（e）象棋；（f）"行星"油壶；（g）流浪者在沥青锅炉旁取暖，20世纪20年代中期，原物是彩色的陶瓷材质的，20世纪70年代设计者根据记忆复原

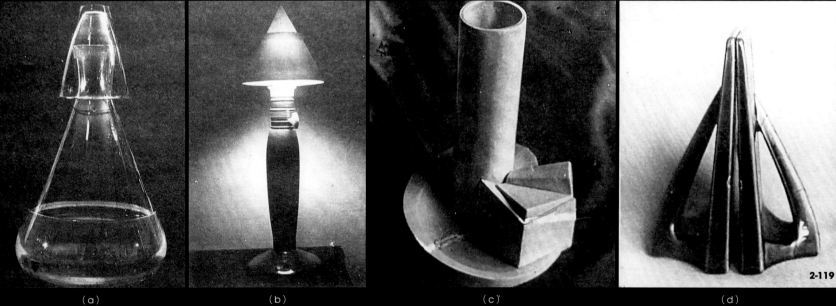

图2-118　立体雕塑。(a、b)小雕像——"用枪托打伤皇权的象征—鹰的红军士兵",安·霍洛德娜娅;(c)小雕像——"巩固苏联的军事防御",弗·科瓦利斯基,1929年

图2-119　专业设计——日常生活用品,弗·科瓦利斯基。(a)盛水的长颈玻璃瓶,玻璃杯,1929年;(b)台灯,彩陶,玻璃灯罩,1929年;(c)陶瓷"锤子和镰刀"切割工具,彩陶,1928年;(d)书籍支架,彩陶

图2-120　专业设计,弗·科瓦利斯基。(a)烟灰缸,细瓷,1929年;(b)花瓶,彩陶,1928年

图2-121　餐具上的主题宣传画。(a)"克里姆林宫上空的飞艇"装饰用的盘子,彩陶,弗·科瓦利斯基,1929年;(b)主题为"五周年"的花瓶图案素描,伊·罗日杰斯特文斯卡娅;(c-e)杯子,细瓷,弗·科瓦利斯基,1929—1931年。"支援革命战士"(c),"面朝集体农庄"(d),"一切尽在奥索维阿希姆"(e);(f)"КИМ十周年纪念"和"穗"装饰用的盘子,弗·科瓦利斯基,1929—1930年;(g)"大众饮食——通往新生活的唯一途径"洗盆,细瓷,弗·科瓦利斯基,1929—1931年

（a）　　　　　　　　　　（b）

2-120

（a）　　　　　　　　　　（b）

（a）

（b）

（c）　　　　　　（d）　　　　　　（e）

（f）　　　　　　　　　　　　（g）

2-121

2-122

图2-122　呼捷恩学校的毕业生——叶·列涅娃的作品（毕业于绘画系。30
年代初在杜列夫斯基细瓷制造厂以青年艺术家的身份推崇大众餐
具上的主题画）。（a）以"石油"为主题的杯子，以"加快速度"
为主题的杯子，以"巩固防御"为主题的杯子，以"钢铁"为主
题的杯子；（b）以"为技术而战"和"反宗教"为主题的杯子

图2-123　呼捷恩学校陶艺系（1930—1931学年呼捷恩学校解散后成立
了硅制品学院）的学生作品（这一批陶艺系的学生是按照呼
捷恩学校的教学大纲结业的）。在弗·塔特林的指导和他的成
形理论的影响下探寻新形式。（a）"胚胎形"胡椒瓶，细瓷，
弗·博尔金，1930年；（b）胡椒瓶和方便刮脸刀剃须的器具，
细瓷，弗·博尔金，1930年。设计者于1966年复原；（c-e）
"新生活"餐具系列，"鸡蛋"芥末罐和茶杯，帕·柯日恩，
1930年；（f-h）花瓶，细瓷，叶·金斯林，1931年

（a）

（b）　　　　　　　　（c）　　　　　　　　　　（e）　　　　　　（f）

（d）　　　　　　　　（g）　　　　（h）

2-123

在加强陶艺系的生产实用性的问题上，装饰图案和制品形状的相互关系一直是备受争议的焦点。大部分人认为，形体形状比装饰图案重要得多，这里的装饰图案是指传统的绘画图案，只有改变制品的形状才能满足消费者的新需求。20世纪20年代后期，在陶瓷器皿上绘制新的主题图案开始流行起来。

20世纪20年代末至30年代初期，在制瓷厂工作的青年艺术家经过仔细比较，最终把主题图案大规模应用于日常生活器皿之中，而放弃了传统装饰图案。改革后期，由于主题图案过于华丽，它未能逃脱被淘汰的命运。20世纪20年代末，在设计新主题图案的同时，陶艺系的学生也在积极探索新形状。弗·塔特林是一名别具魅力的教师。他那惊人的黏土制品造型能力和独具匠心的形式构成理论吸引了大量学生。弗·塔特林在探索新形式的过程中，发现了手工对陶瓷制品新形式的推动作用。他教导学生以材料文化课为理论基础进行创作，亚·罗德钦科也将为呼捷玛斯设计的标志烧制成了陶瓷校牌。

1928年，陶艺系的第一批毕业生为五人。学生在校学习期间学习艺术和科技两类课程。艺术课程包括陶瓷艺术理论、陶瓷史、色彩、绘画、雕塑、素描和构成课等。科技课包括陶瓷工艺技术、机械学、制瓷厂设备、陶瓷生产组织、物理、普通化学、胶体和硅酸盐化学、制瓷原材料研究及无机物生产工艺课等。陶艺系共有三个研究室，分别是设计研究室、工艺技术研究室和艺术构成研究室。

20世纪20年代末期，在第一批毕业生成功进入社会工作并获得良好的赞誉之后，陶艺系扩招，旨在培养更多的彩瓷、细瓷、玻璃、大型陶瓷品和建筑用陶瓷制品等制造领域的优秀人才。

（a）

（b）

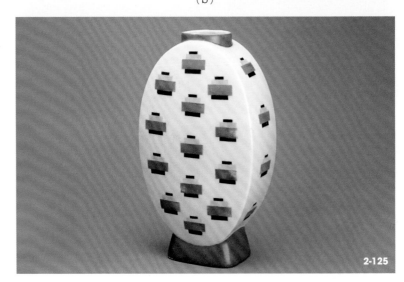

图2-124（a、b）至上主义的茶具设计，尼·苏丁，1923年

图2-125 至上主义的花瓶设计，尼·苏丁，1932—1935年

2.2.6 平面设计系

1903年，呼捷玛斯的平面设计系在谢·戈洛乌舍夫组建的斯特罗干诺夫斯基工艺美术学校印刷工作室的基础上建立。成立印刷工作室的初衷是培养版画艺术家和铜版画艺术家。这个创作工作室在学生中享有极高的声誉，许多著名的艺术家都在这里完成了自己的旷世之作，这对创作氛围的形成起到了很大的推动作用。1909—1912年间，谢·戈洛乌舍夫借助推广现代印刷技术的机会，扩大了印刷工作室的规模，并邀请了米·列昂季耶夫和亚·菲利波夫两位艺术家加入。印刷工作室先后被纳入第一国立自由艺术创作工作室和呼捷玛斯中。1918年，谢·戈洛乌舍夫逝世后，工作室的创作热情跌入低谷。1918—1920年间，瓦·法利列耶夫指导第一国立自由艺术创作工作室的印刷工作室工作。

20世纪20年代初期，呼捷玛斯改组斯特罗干诺夫斯基工艺美术学校的印刷工作室为平面设计系。教师有瓦·法利列耶夫、帕·帕夫利诺夫、弗·法沃尔斯基、伊·尼温斯基、尼·舍维尔佳耶夫、彼·米杜里奇、列·布鲁尼等。

1922年，呼捷玛斯平面设计系开始深化教学计划和单个科目的教学大纲，从此迈入并成为苏联高等平面印刷的最高创作研究教学机构。

区别于呼捷玛斯的其他系，平面设计系的教师极力避免与各种创新流派接轨。这最终导致平面设计系没能成为20世纪20年代艺术领域最具影响力的中心，也没能将平面构成主义推广到印刷品的实践生产活动中。虽远离构成主义新艺术的发展中心，但平面设计系也没有完全免于构成主义的影响，这可以从学生作品和个别教师的作品中看出。

平面设计系注重理论性较强的艺术构成课和艺术基础课，同时注重学生在工作室和印刷厂的实践工作[48]。平面设计系的基本任务是培养学生们掌握书籍构成设计（整本书的结构、封面、页码、扉页和字体排版等）的基本原则和组织印刷设计的能力。

在平面设计系授课期间，弗·法沃尔斯基大力推广自己的书籍构成艺术理论。他认为，一本书就是一个有机的整体，艺术家需要解决的主要问题是材料的空间和时间组织问题。人们通过一定时间的阅读和浏览一本书的结构，如封面、环衬、扉页、书眉装饰、折页和封底等熟悉一本书并掌握它的构成元素。因此，书籍内容和艺术装帧是从空间到时间的统一。弗·法沃尔斯基一方面试图摆脱传统流派的书籍构成方法的束缚，另一方面极力避免引入纯造型理念的消极构成主义。他一直在探索能够使书籍的功能和艺术兼得的方法。弗·法沃尔斯基不断向书籍印刷—木刻版印刷部的学生们灌输自己的理念，因此在呼捷玛斯存在的十多年间形成了苏联自己的"木刻版印刷学派"。

1926年秋季，平面设计系举行了学术研讨会，会上邀请了许多印刷工业的代表机构。研讨会上确定了平面设计系的教学计划和教师所授知识的范围。

平面设计系设有五个专业，五个专业隶属于三个部，即书籍印刷—木刻版印刷部、照相机械部和石板印刷部。

学生接受基础教学部为期一年的入门教育之后开始在各工作室学习专业知识。二年级时，每个学生要在所有五个专业工作室学习一遍，在每个专业工作室学习六周的时间。这是平面设计系独有的系内专业入门教学。学生在接受普通基础教育的同时，还有机会自主选择专业。三年级和四年级时，学生在三个部中的一个部学习。在这两年里，学生选择在两个专业学习。五年级时，学生选择在一个最终的专业工作，然后做相关专业的毕业设计。

书籍印刷—木刻版印刷部的主要教师是弗·法沃尔斯基、帕·帕夫利诺夫和尼·皮斯卡列夫。

弗·法沃尔斯基领导的木刻版印刷专业是平面设计系最受欢迎的专业。木刻版印刷专业的课程有素描、木刻版印刷、铅字印刷等。此外，学生在课堂上使用木刻版印刷技术做一些练习。弗·法沃尔斯基针对木刻版印刷专业制定了一套独特的教学法。尼·皮斯卡列夫主管书籍印刷—木刻版印刷部的书籍印刷教学工作，他独爱铅字印刷。虽然它是一个单独的专业，但是实际上弗·法沃尔斯基指导铅字印刷专业的学生的入门教学工作。

在课堂上，学生可以学到各种印刷技术，可以在印刷机旁进行实际操作，但最重要的不是操作速度，而是解决艺术构成问题的能力。

伊·尼温斯基和尼·舍维尔佳耶夫在照相机械部教授蚀刻印刷、金属木刻版印刷和照相机械等课程。

二年级时，学生也要在蚀刻印刷专业学习六周，初步了解蚀刻印刷技术。三年级时，选择蚀刻印刷专业的学生开始学习不同种类刻线的知识，凹版腐蚀制版技术、车刀木刻版印刷技术。

照相机械专业的学生主要学习铅字版印刷技术，了解十字线印刷的知识。

可以说，20世纪20年代后期，尼·库普列亚诺夫确定了石板印刷部的创作方向。与其他平面设计系的教师有所不同，他再三斟酌了印刷艺术领域的新发展趋势，经过缜密思考敲定了该部的发展方向。他与构成主义者交往甚密。

尼·库普列亚诺夫对待平面印刷艺术领域创新探索的开放态度对他的艺术创作和石板印刷部学生的创作产生了深远的影响。无论是手工石板印刷，还是机械石板印刷，学生都可以在部里学习到相关的知识与实践。

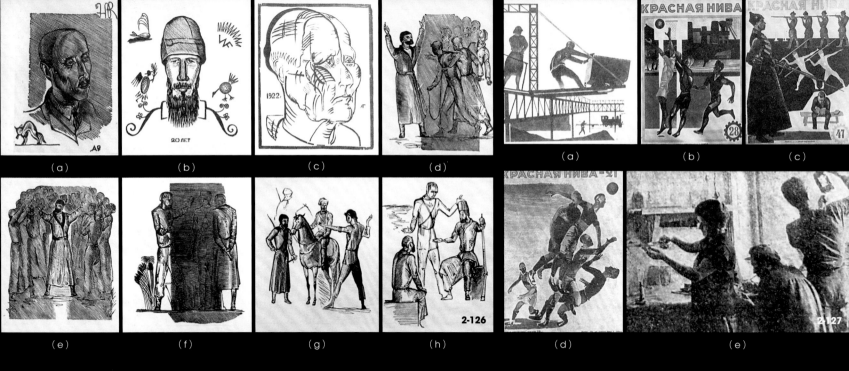

实践课占用了平面设计系学生44%的时间，基础艺术课素描占用了学生28%的时间，理论课占用了剩余的时间。学生生产实践的大部分时间是在印刷厂度过的。

如今，在一些私人档案馆收藏着许多平面设计系学生的作品。尤其是弗·法沃尔斯基的学生，他们都完好保存着自己的专业设计和毕业设计。这很大程度上与平面设计系的自身特点密切相关。学生的专业课程设计和毕业设计的印刷数量都至少在1000份以上。因此就可以在档案馆或同学们的收藏中很容易地找到平面设计系学生的作品（图2-126～图2-135）。

图2-126 亚·甘恰洛夫。（a）尼·库普列亚诺夫的肖像，木版画，1927年；（b）弗·法沃尔斯基的漫画形象，用水粉稍微染色的木版画，1927年；（c）老妪的头像，木版画，1922年；（d-h）毕业设计——谢·叶赛宁的诗歌《普加乔夫》的插图，木版画，1926—1927年

图2-127 亚·蒂聂卡（曾就读于书籍印刷—木刻版印刷部弗·法沃尔斯基工作室。曾向伊·尼温斯基学习蚀刻画，1925年毕业。1928—1934年在呼捷恩学校的平面设计系教书。呼捷恩学校解散后平面设计系改制成印刷学院）。（a）在顿巴斯，《机床旁》杂志的插图，1925年，水墨画；（b、c）杂志《红色的麦田》的封面，1926年；（d）杂志《红色的麦田》的封面，1928年；（e）平面设计系学生的教学实践，1927年。在呼捷恩学校的印刷厂

图2-128 亚·蒂聂卡。（a）张贴画——机械化的顿巴斯，1930年；（b）《帮助》杂志的广告张贴画；（c）《帮助》杂志的封面，1929年

图2-129 米·塔尔哈诺夫（曾就读于书籍印刷——木刻版印刷部弗·法沃尔斯基工作室，1927年毕业）。（a、b）格·格鲁吉诺夫《公牛的死刑》一书的封面和扉页，莫斯科，1921年；（c）男人的头像，木版画；（d）关于字体设置的专业设计，1924年；（e、f、g）关于字体设置的专业设计，1924年；（h）巴什基尔的蒙古包，木版画；（i）米·塔尔哈诺夫《卷首及卷尾的空页》一书的扉页，莫斯科，1929年

（a）　　　　　　（b）　　　　　　（c）　　　　　　（d）　　　　　　（e）

（f）　　　　　　（g）　　　　　　（h）　　　　　　（i）

（a）　　　　　　（b）　　　　　　（c）　　　　　　（d）　　　　　　（e）

图2-130　格·叶切伊斯托夫（起初就读于斯特罗干诺夫斯基工艺美术学校的木材加工部，而后转入国立自由艺术创作工作室的书籍印刷–木刻版画印刷部瓦·法利列耶夫工作室，以及呼捷玛斯学校平面设计系书籍印刷——木刻版部弗·法沃尔斯基工作室学习，1926年毕业）。（a、b）伊·阿克肖诺夫《维堡区颂歌》一书的几种封面设计方案，彩色木版画，1922年；（c）格·格鲁吉诺夫《谢拉菲的吊坠》一书的封面；（d）哈比阿斯·科马罗夫《斯基赫特》诗集的封面，1922年；（e）伊利·爱伦堡《现代诗人的肖像》一书的封面，1923年；（f）埃德加《史诗和诗歌》一书的封面，1923年；（g）弗·伊琳娜《带翅膀的养女》一书的封面，1923年；（h）帕·阿库里申《小女孩玛利亚的故事》一书的封面，集体专业设计，1926年；（i）弗·科瓦廖夫《匈牙利的吉卜赛人》一书的封面和扉页，亚麻油毡凸雕，1922年

图2-131　格·叶切伊斯托夫作品。（a）男人的头像，木版画；（b）毕业设计——石印画，1921年；（c）弗·法沃尔斯基的藏书票，木版画；（d）"照明"出版社的商标，木版画；（e）工业艺术教育纪念一百周年的请帖，木版画，1925年；（f）尼·弗雷格尔的藏书票，木版画；（g）莫斯科农业和手工工业展览会的入口拱门建设，木版画，1923年；（h）静物写生，木版画，水彩画；（i）出版社商标，1923年，木版画

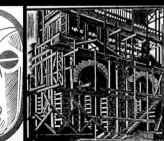

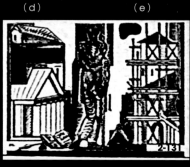

（f）　　　　　　（g）　　　　　　（h）　　　　　　（i）

（a）　　　　　　　　　（b）

（c）　　　　　　　　　（d）

（a）　　　　　　　　（b）　　　　　　　　（c）

（d）　　　　　　　（e）　　　　　　　　　（f）

图2-132　结构"恰尔利斯通二号"，水墨画，立体派贴贴画，亚·科扎克

图2-133　（a）毕业设计——张贴画"拖拉机"，石印画（三种颜色），伊·弗拉姆，1929—1930学年；（b）张贴画素描"执行1923年铁路交通的控制数字为在四年的时间里顺利完成五年计划奠定了胜利的基础"，水墨画，印刷学院，尼·吉皮乌斯，1931年；（c）张贴画素描"爱护鸟儿，保护土地"，水墨画，伊·扎瓦茨卡娅，1929—1930年；（d）结构"太阳"。亚麻油毡凸雕，格·切切伊斯托夫

图2-134　呼捷恩学校平面设计系的板报"毕业前夕"，局部，剪辑、立体派粘贴画，1930年

图2-135　平面设计系毕业生和教师联合设计的作品，《莫斯科革命大剧院》一书，1933年。（a）安·波格丹诺娃和塔·索洛维约夫在戏剧《自家人好算账》中分别扮演维什涅夫斯卡娅和扎多夫的角色，帕·帕夫利诺夫；（b）尤·格利泽尔和塔·马利亚尔在戏剧《欢乐街》中扮演托乌戈尔夫妇的角色，亚·甘恰洛夫；（c）弗·别洛库罗夫在戏剧《自家人好算账》中扮演别洛库罗夫的角色，鲍·格罗捷夫斯基；（d）米·巴巴诺娃在戏剧《自家人好算账》中扮演波利尼卡的角色，米·皮科夫；（e）米·巴巴诺娃在戏剧《带着肖像的人》中扮演戈吉的角色，弗·法沃斯基；（f）卷首和卷尾的空页，鲍·格罗捷夫斯基

2.2.7 绘画系

在呼捷玛斯存在的十余年间，绘画系始终是这所高等艺术学府各个创新流派交锋最激烈的阵营[49]。国立自由艺术工作室建立之初，平等代表权问题便成为不同创新流派拥护者讨论的话题。可以说，第一和第二国立自由艺术创作工作室的绘画工作室是一个汇集不同创作理念（从传统古典派到无对象主义）的巨大集成地。国立自由艺术创作工作室的每一位教师都制定了自己的艺术入门课程的教学大纲，即便在呼捷玛斯建立后，绘画系各专业工作室依然沿袭了这种各自创新的传统。

当绘画系某一创新流派提出的教学方法与呼捷玛斯素描课教学传统相吻合时，这一流派便会以压倒性的优势凌驾于其他创新流派之上。从此，它便可以给自己贴上"呼捷玛斯"的标签，并在造型艺术领域中争得一席之地。胜出的创新流派会用自己的教学方法进行画家的职业基础教育。总体上说，呼捷玛斯绘画系有一套独特的教学方法。教师们不教学生们通过明暗体现形式和空间的方法，而是让他们研究一些本应该极力回避的复杂元素。对轴测图和剖面图的重视致使许多呼捷玛斯人的绘画创作作品中具有原始主义的色彩。后来，据许多呼捷玛斯的学生和老师回忆，对他们影响最大的并非大部分教师的授课方法，而是一些教师各自独特的绘画创作，以及他们对色彩深层次的理解（图2-136）。

与架上绘画艺术的论战和为架上绘画艺术而斗争，始终贯穿于整个呼捷玛斯绘画系的发展过程。呼捷玛斯建立初期，人们就对架上绘画艺术到底是不是一门单独的艺术争论不休。当时，许多人强烈反对架上绘画艺术自立门

图2-136　绘画系，1930年的毕业生

户。后来，一部分架上绘画艺术的支持者抛弃了自己热爱的艺术领域，转而投入其他艺术表现形式的怀抱，那些留在呼捷玛斯绘画系的教师们则为捍卫架上绘画艺术继续奋斗着。历届绘画系主任都是架上绘画艺术的忠实拥护者，如1922—1925年在职的系主任阿·舍夫琴科，1925—1927年在职的系主任罗·法尔克，1927年之后的系主任谢·格拉西莫夫。

如果说在绘画系担任构成理论课和素描课任课教师的呼捷玛斯校长弗·法沃尔斯基是架上绘画艺术的支持者，那么新校长帕·诺维茨基则对架上绘画艺术持批判的态度。他不做猛烈抨击，但总是强调应该改变架上绘画艺术的存在形式。架上绘画艺术的拥护者，一直把帕·诺维茨基对其他艺术创作形式发展的推动作用，以此作为保留架上绘画艺术的依据。对此，1928年绘画系教师达·施捷连贝格在呼捷恩的一本杂志上发表了这样的看法：绘画的成就对建筑学、印刷艺术、照相机械学、摄影和剧院，乃至工业艺术和文学都将产生积极的影响。

这就是呼捷玛斯的绘画系——一个不同创作理念激烈碰撞却又相互影响、相互并存的创作中心。没有哪一所学校像呼捷玛斯这样重视空间艺术教育，也没有哪一个院系像绘画系一样

聚集着如此多的教育与艺术创作的精英。

20世纪20年代中后期绘色系的毕业生亚·德列温、德·卡尔多夫斯基、伊·马什科夫、罗·法尔克、阿·舍夫琴科和达·施捷连贝格等组建的创新流派，最终确定了架上绘画艺术的风格与面貌。

1917年十月革命后，纪念建筑的设计成为国家、广大群众和艺术家谈论的焦点。列宁号召全国人民建造纪念物、纪念碑，安装壁画以及雕刻墙体标语。因此，在很长时间里，纪念建筑物的绘画拥有稳定的社会市场。苏联成立之初，为庆祝各种节日，艺术家们设计绘制了许多墙面装饰画，遗憾的是，所有设计作品都是临时的装饰，没能保留下来，只留下了一些照片、电影等影像资料。

装饰壁画是斯特罗干诺夫斯基工艺美术学校纪念建筑物专业学生毕业设计的主题之一。第一国立自由艺术创作工作室的帕·库兹涅佐夫工作室延续了斯特罗干诺夫斯基工艺美术学校这一传统。后来，呼捷玛斯的绘画系也开设了纪念建筑设计部。伊·马什科夫是该部的第一个领导者，而后是帕·库兹涅佐夫、墙体绘画技术课的教师尼·切尔内舍夫。实际上，帕·库兹涅佐夫和尼·切尔内舍夫培养了苏联第一批纪念建筑的装饰艺术家。同时，弗·法沃尔斯基、康·伊斯托明、列·布鲁尼、帕·弗洛连斯基和建筑师尼·多库恰耶夫也在培养新型壁画装饰艺术人才方面发挥了重要的作用。

尼·切尔内舍夫在制定纪念建筑艺术课程的教学方法上作出了巨大的贡献。学生在他的领导下不仅掌握了扎实的理论知识，而且还学会了许多具体的制作技术。比如，雕填工艺、用油质颜料和胶质颜料做壁画等。遗憾的是，学生在完成专业课程设计一段时间后把自己的作品从墙上擦除，腾出空间，以便其他同学做作业。因此，几乎没有纪念建筑设计部学生的作品保留下来。

如今，只能找到一些壁画的草图和残存的一些照片，能看出当时的教学工作。

每年，纪念建筑设计部的学生在教师的陪同下前往俄罗斯的古城镇——雅拉斯拉夫[50]、普斯科夫[51]、诺夫哥罗德[52]和弗拉基米尔[53]进行实践学习。这些古城镇里有许多建筑物遗产，在这些建筑里保存着宏伟的壁画。尼·切尔内舍夫非常喜欢古俄罗斯绘画，他希望自己的学生也能喜欢它们，并希望学生们能够用传统手法完成现代纪念建筑的壁画绘制。

纪念建筑设计部的毕业生不仅为莫斯科无产阶级俱乐部（1930年）设计制作了一幅巨大的主题壁画，也为莫斯科第二十印刷厂俱乐部设计制作了一幅壁画。除此之外，很少有学生的设计作品被保留下来。

绘画系剧院舞台美术部的形成过程，也充满了荆棘和坎坷。第一国立自由艺术创作工作室剧院舞台美术工作室的领导者阿·列杜洛夫是成立绘画系剧院舞台美术部的倡导者。1923年，阿·列杜洛夫离开了呼捷玛斯，在之后的很长时间里都没能找到领导剧院舞台美术部的合适人选。在这一空白时期，亚·库普林、

阿·舍夫琴科和费·孔德拉季耶夫暂时领导剧院舞台美术部。直到呼捷玛斯的最后阶段，著名剧院装饰艺术家伊·拉宾诺维奇也没能成为剧院舞台美术部的领导。

20世纪20年代末期，剧院舞台美术部更名为剧院装饰设计部。随后，其人才培养计划也发生了变化，培养复合型人才成为装饰设计部的教学宗旨。装饰设计部不仅要培养剧院和电影舞台装饰设计人才，而且要培养公众活动、俱乐部、商店和展览会的装饰设计专家。

1929年，剧院装饰设计部的学生在伊·拉宾诺维奇的领导下完成了莫斯科中央文化娱乐公园开幕式大型联欢会的布景装饰工作。他们制作了多个巨大的人物模型，分别摆放在54辆汽车上，这次装饰设计取得了巨大的成功。许多参加联欢会装饰设计的学生毕业之后都在中央文化娱乐公园，从事大型活动的艺术装饰设计工作。

总体上，从事剧院装饰设计的毕业生寥寥无几，大部分学生毕业后都从事大型活动的艺术装饰工作。在呼捷玛斯存在的十余年间，绘画系为社会培养了500余名优秀的设计人才。这

对苏联社会现实阶层造型艺术的发展，提供了一个极其重要的人才基础。

为应对艺术创作领域的时代变化，满足社会对专业人才日益增长的新需求，1926年绘画系扩充了原有的教学内容，改变了艺术家的培养目标和教学大纲。为达到培养新型人才的目标，呼捷玛斯的领导层呼吁并鼓励教师在授课过程中，做到理论与实际相结合。

1933年呼捷玛斯解体之后，绘画系并入列宁格勒艺术学院。部分学生没有同绘画系一同迁往列宁格勒。那些迁往列宁格勒的学生开始在另一个全新的艺术创作氛围中发光发热。

绘画系留给世人的最大遗憾是几乎没有保留下纪念建筑设计部和剧院装饰设计部的学生作品，后人只能找到几张照片和草图。相比之下，架上绘画艺术部学生的专业作业和毕业设计要幸运得多，它们静静地沉睡在私人收藏室里。后来，这些作品的设计者（或他的继承人）把绝大多数作品卖给不同的博物馆，以至于现在很难收集起当时架上绘画艺术创作作品的原作（图2-137～图2-147）。

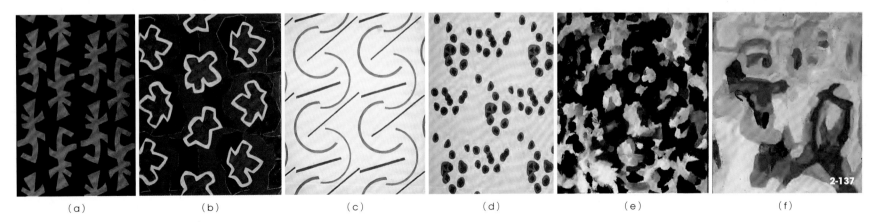

| (a) | (b) | (c) | (d) | (e) | (f) |

图2-137　装饰设计（a-f），玛·恩德，1924—1926年

图2-138　联合的世界，布面油画，谢·卢西金，1923年

图2-139　无产阶级的形式作品（一），帕·菲洛诺夫，1920—1921年

图2-140　无产阶级的形式作品（二），帕·菲洛诺夫，1925年

图2-141　叶·布加洛娃（1922—1924年在绘画系学习。起初在亚·奥西梅尔金工作室，休学一年后转入平面设计系学习）。（a）在农村，20世纪20年代；（b）亚乌扎河洪水，1924年；（c）郊区，1922年；（d）在莫斯科"锤子和镰刀"工厂的风景素描，1923年

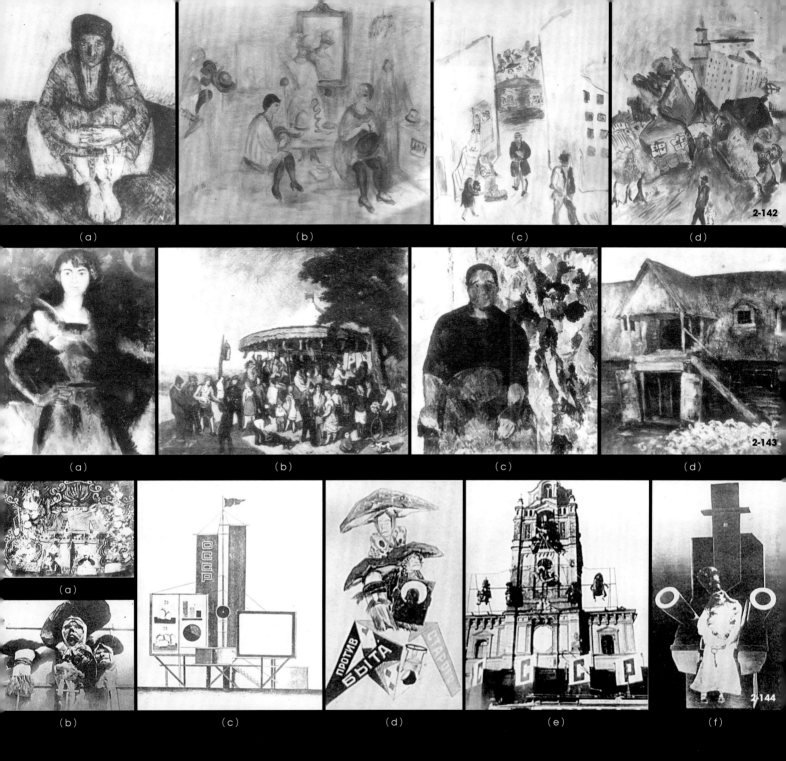

图2-142 帕·拉比诺维奇（曾在罗·法尔克工作室学习，1924年毕业）。（a）毕业设计作品集中的一幅肖像画，爱索尔卡，1923年；（b）女帽，1930年；（c、d）古维捷布斯克，1928—1929年

身着绿色羊毛衫的妇女，1922年；（d）牲口棚，弗·波奇塔罗夫（曾在阿·舍夫琴科工作室学习），1925年

图2-143 （a）自画像，叶·焦尔诺娃（曾在阿·舍夫琴科工作室学习，1924年毕业），1924年；（b）旋转木马，弗·阿尔费耶夫（起初在伊·马什科夫工作室学习，而后转入达·施捷连贝格工作室），1928年；（c）弗·法沃尔斯卡娅（曾在罗·法尔克工作室学习）

图2-144 （a）剧院的台幕，尤·休金，1928年；（b、d）剧组成员，素描，1930年；（c）为庆祝"农村十月革命胜利日"的舞台设计方案，尤·休金，1929年；（e）1930年五一劳动节前夕的莫斯科，尤·休金；（f）为莫斯科中心文娱公园狂欢节设计的"宗教与技术"造型的设计草图，尤·休金，1930年

图2-145　绘画和草图作品，尤·休金。（a）在旧货市场，1932年；（b）布里亚特人，1931年；
　　　　（c）静物写生和篮子，1935年；（d）戏剧人物

图2-146　（a、b、c、e、f）毕业设计——壁画，《从西方来的陌生人》一书版式设计中的插图，
　　　　尼·科罗特科夫（1924—1930年在呼捷玛斯学校读书），1927年；（d）最近一场街垒

图2-147　（a）英雄的葬礼，毕业设计——壁画，安·马尔科夫，1927年；（b）被杀死的同志，专
　　　　业设计——油画素描，费·马拉耶夫，1927—1928学年；（c）杂志《为无产阶级文化而
　　　　战》的封面，亚·涅莫夫，1930年；（d）步行者，胶画，安·伊万诺夫

2.2.8 雕塑系

与呼捷玛斯的建筑系、绘画系和平面设计系相比，雕塑系师生的数量是最少的（图2-148、图2-149）[54]。到1924年1月，雕塑系师生一共有72人，这个数字仅为绘画系的五分之一、建筑系的五分之二、平面设计系的二分之一。

呼捷玛斯成立之初，雕塑系的主任是谢·科年科夫，学术秘书是安·拉温斯基。20世纪20年代初期是雕塑系的基础教学实验中新事物不断涌现的时期。在这一重要时期，阿·巴比切夫、鲍·科罗廖夫和安·拉温斯基接管雕塑系的教学工作。与此同时，在雕塑系形成了以鲍·科罗廖夫和安·拉温斯基为首的两个学生创作研究中心[55]。

起初，雕塑系在与传统流派斗争中，在推行左派艺术创作手法的过程中，鲍·科罗廖夫和安·拉温斯基站在同一战线。后来，安·拉温斯基明确表现出向构成主义和前卫建筑设计倾斜的态度，他鼓励雕塑系的学生转入其他系学习。这导致安·拉温斯基和鲍·科罗廖夫及其他雕塑系教师之间矛盾冲突的加剧[56]。

安·拉温斯基从1922年开始逐渐脱离雕塑系的学生教学工作。1923年，雕塑系领导层决定开除构成主义拥护者安·拉温斯基，同年9月，他转入木加工系。然而，摆脱安·拉温斯基领导的鲍·科罗廖夫没能撑起雕塑系，教学内容再无新意。

鲍·科罗廖夫是立体主义[57]的代表人物之一。他在1910—1920年间作品的典型特点是广泛使用几何图形和材料对比（黏土和金属）。20世纪20年代初，他与安·拉温斯基携手进行雕塑系教学改革工作。与其他经验丰富的教师不同，鲍·科罗廖夫认为，学生是艺术创作方向的鲜明代表。在一些天才雕塑家，如谢·科年科夫、阿·巴比切夫、伊·穆欣娜相继离开呼捷玛斯之后，鲍·科罗廖夫在雕塑系的地位迅速提高。

1923年，雕塑系来了一位名为伊·恰伊科夫的新教师。后来，他成为雕塑系的主任，而鲍·科罗廖夫退居二线，随后很快离开了呼捷玛斯（1924年）。从这一点可以看出呼捷玛斯校长弗·法沃尔斯基对待伊·恰伊科夫和鲍·科罗廖夫不同的态度。弗·法沃尔斯基任职期间，伊·恰伊科夫像领军人物一样指引着雕塑系的前进方向。

在教育经历上，伊·恰伊科夫与鲍·科罗廖夫有许多相似之处。伊·恰伊科夫曾在巴黎学习过，在基辅工作过，1922—1923年间在柏林居住过，在那里他与拉·里西茨基参加了德国青年艺术家展览会。伊·恰伊科夫早期创作作品就表现出其对纪念性建筑物的偏爱。20世纪20年代初期，伊·恰伊科夫对造型形式的工业化产生了浓厚的兴趣。他试图用立体主义方法把构成主义元素组合成一个复杂的系统。

20世纪20年代末期，雕塑系的教学体系是最为完整的。课程教学围绕整体雕塑原则、浮雕构成特点、肖像造型原则和纪念性建筑雕塑创作四个主题展开。这一时期毕业的学生专业知识水平和职业技能水平是最高的（图2-150~图2-156）。

如果说安·拉温斯基和鲍·科罗廖夫教学改革的核心是改变雕塑形式，那么伊·恰伊科夫教学改革的核心则是深入了解雕塑对象和提高造型能力。伊·恰伊科夫一直致力于探索"内涵的构成表达"工作。他认为，解决形态问题的外在方法与挖掘其潜在的造型能力同样重要。在肖像雕塑教学阶段，表现模特的个性特点也是十分必要的。

20世纪20年代末，伊·穆欣娜（二年级）、伊·叶菲莫夫（三年级）和伊·恰伊科夫（四年级）是雕塑系的基础专业课任课教师。五年级

图2-148 雕塑系工作室，1923年

时，学生开始做毕业设计。这一时期雕塑系重要的课程及教师是：构成理论课（弗·法沃尔斯基）、素描课（帕·帕夫利诺夫和米·罗季奥诺夫）、建筑造型的形式原则课（尼·多库恰耶夫）。

同一时期，年轻教师米·别洛绍夫、米·利斯托帕特和亚·蒂聂卡的加入为雕塑系注入了新力量，他们都是雕塑系的毕业生。

20世纪30年代初，建筑系、雕塑系和绘画系的毕业生以设计团队的名义参加了许多建筑设计竞赛。而后随着艺术家社会地位的提高，实践工作的大量增加，呼捷玛斯毕业的雕塑家、建筑师和画家们在艺术形式探索与城市建设方面都作出了突出贡献。

（a）　　　　　（b）　　　　　（a）　　　　　（b）

图2-149　雕塑系学生和教师，四年级，1923—1924年。中间一排从左到右坐着的是伊·叶菲莫夫、鲍·科罗廖夫、未知设计者、伊·恰伊科夫

图2-150　奥·索莫夫设计作品。专业设计——"女共产党"，1926年

图2-151　塔·斯莫特罗娃。毕业设计——"母亲"，1926年

图2-152　尼·扎米亚吉娜（1926年1月开始在呼捷玛斯学校读书。二年级在雕塑系学习了一个学期，在伊·叶菲莫夫的指导下，她创作了许多专业设计作品。后来，转入陶艺系）。（a）女性的头；（b）站着的男人

图2-153　弗·马祖林（1921—1928年就读于呼捷玛斯学校。三年级专业设计由伊·叶菲莫夫指导完成，四年级专业设计由伊·恰伊科夫指导完成）。（a）红军战士（陶瓷裸体人物造型），三年级，1924—1925学年；（b）双人人物造型（男人和小男孩），四年级，1925—1926年

图2-154　网球男运动员，专业设计，被"维尔比尔卡"工厂制作成细瓷塑像，弗·舍罗诺娃，1930年（1926年进入呼捷玛斯—呼捷恩学校学习，毕业于列宁格勒艺术科学院呼捷恩学校解散后的雕塑系）

图2-155　女孩和猫头鹰，彩陶制品，亚·泽连斯基，1920年代末就读于呼捷玛斯学校

图2-156　呼捷恩学校毕业生联合设计的作品，莫斯科中心文娱公园突击手林荫路上的"突击队面孔"人物造型，1928年

2.3 呼捷玛斯实验性前卫设计成果展览

从20世纪60年代开始，国立特列季雅科夫美术馆和国家建筑科学研究院博物馆着手收藏关于20世纪20年代呼捷玛斯及当时苏联杰出建筑师的原始资料，其中包括他们的教学作品。其中的许多设计作品都曾在国外展览会上展出过。直到20世纪下半叶，俄罗斯建筑学界才开始关注苏联前卫建筑整体发展的历史。呼捷玛斯的教学作品与当时建筑大师的设计作品具有等同的研究价值。正是因为呼捷玛斯创作遗产的存在，1981年的"莫斯科—巴黎"和1996年的"莫斯科—柏林"展览会得以圆满举行。这两个展览在20世纪后期，最早将苏联前卫艺术的成就在巴黎和柏林展出，引起了极大的轰动。

1980年，为了纪念呼捷玛斯创立60周年，莫斯科建筑学院举办了一次盛大的"呼捷玛斯—莫斯科建筑学院，传统与创新"的图片展览。这次展会上展出了大量建筑系和基础教学部的设计作品。许多当时毕业的学生都参加了展览会开幕式，如伊·拉姆措夫、列·帕夫洛夫、帕·列维亚金和基·阿法纳西耶夫等。图片展览会和学术会议上发表的资料被结集成册并出版（1986年）。1995年11月，为庆祝呼捷玛斯诞生75周年，莫斯科建筑学院第一次举办了"呼捷玛斯空间构成"展览。为确保展会顺利进行，莫斯科建筑学院提供了丰富的历史素材资料，此外，国家建筑科研博物馆、国立特列季雅科夫美术馆和一些私人收藏家也倾囊相助。展会上不仅展出了呼捷玛斯所有系别的教学工作资料、文件和教学大纲的原件，而且展出了莫斯科建筑学院的学生根据遗留下的旧照片复原的模型。这次展览成为莫斯科建筑文化与艺术生活中的一次重要事件。

2.3.1 呼捷玛斯学生作品成果展览

过去，呼捷玛斯—呼捷恩经常在学生们递交年级作品后，举办学生教学和评图展览。1922—1923年间，学校在基础教学部的所在地罗日杰斯特文斯卡娅大街举办了左翼工作室联盟的学生设计作品展览。1929年，在米亚斯尼茨基的展厅中举办了呼捷恩基础教学部评图展览。

早在20世纪20年代，呼捷玛斯的影响就已经远远跨出了苏联。1925年，呼捷玛斯的学生与他们的老师康·美尔尼科夫和亚·罗德钦科一起参加了在巴黎举行的"现代国际装饰艺术博览会"[58]。参加具有国际水准的展览会是呼捷玛斯被世界认可的一个重要标志。其中，在巴黎举行的现代国际装饰艺术博览会上，尼·拉多夫斯基指导的学生作品引起了建筑界的广泛关注，并荣获多项殊荣。呼捷玛斯强调艺术与技术的科学结合，它的创立呈现出一种在应用艺术上从美术转向工业和制造业的希望。激进的功能主义者、新的造型主义探索者开始了在住房建设和城市规划中的创作实践。

1998年，呼捷玛斯的学生作品展览在莫斯科舒舍夫国家建筑博物馆举办。这些作品是由1920—1933年间莫斯科工作坊的学生和老师创作的。展览包括呼捷玛斯中木加工、金属制造、图案染织、平面设计、陶艺和艺术工作室（绘画、雕塑、建筑）等八个系的作品。展出的作品包括素描、绘画、照片和模型，主要是建筑设计领域的作品。呼捷玛斯13年间共培养了数千名学生，他们在5~8年的学校生活中接受完全新颖的艺术和科学课程的学习。这些创新的教育模式都为培养学生们无穷的艺术创造力奠定了坚实的基础。

呼捷玛斯的学生作品展包括住宅建筑、剧院、售货亭、游泳池、运动场、工人俱乐部和城市规划等设计，同时包含了学生作品中对"轻和重""色彩与空间"等空间几何属性的探讨。所有的设计（甚至是大胆而又理想化的）包括：复杂的城市规划草图、被自然环境所包围的休闲疗养中心、轻巧的建筑、充满活力的曲线、结构美学和工业建筑造型，所有这些都表明了呼捷玛斯激进的现代主义风格的实验性和多样性（图2-157~图2-190）。

展览的目的是利用艺术和建筑的宣传来革命性地更新艺术与社会之间的关系。尽管在呼捷玛斯学校的教学史上，建筑学作为"综合艺术"起着关键性作用，但传统与创新课程在建筑教学中也引发了激烈争论。即便如此，在展览学位论文和实验性的研究项目中，这些作品还是显示出巨大的乌托邦热情和建筑创新的潜力。

图2-157 呼捷玛斯学生，1922年

图2-158 呼捷玛斯学生作品展览，1922年

图2-159 呼捷玛斯学生毕业照，1928年

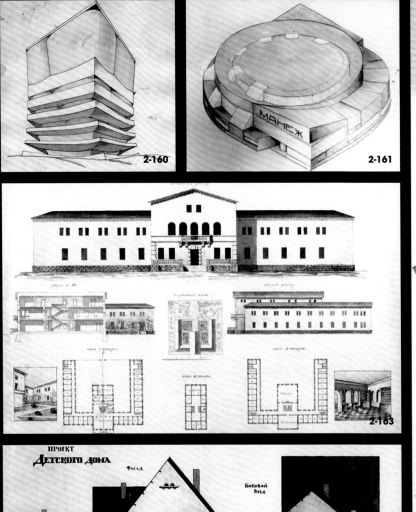

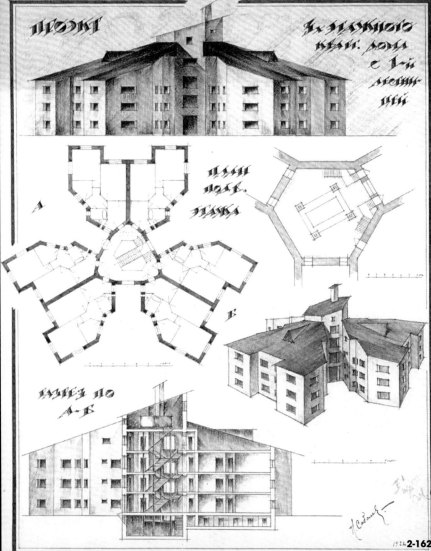

图2-160　驯马场设计，二年级，1927—1928年

图2-161　呼捷玛斯学生立体构成作品，1922年

图2-162　公寓设计，三年级，1923年

图2-163　宾馆设计，1921年

图2-164　孤儿院，1922年

图2-165　马戏团，1923年

图2-166　剧院，1922年

图2-167　中央火车站，1923年

图2-168　山上的游客中心，三年级，1928—1929年

图2-169　电影工厂级作业，黑海海滨的电影城设计，亚·热尔特斯曼，1927年

图2-170　村委会办公室，模型，1924年

图2-171　公共形式的住宅，1927年

图2-172　夏季苏维埃贸易展览馆（一），二年级，1928—1929年

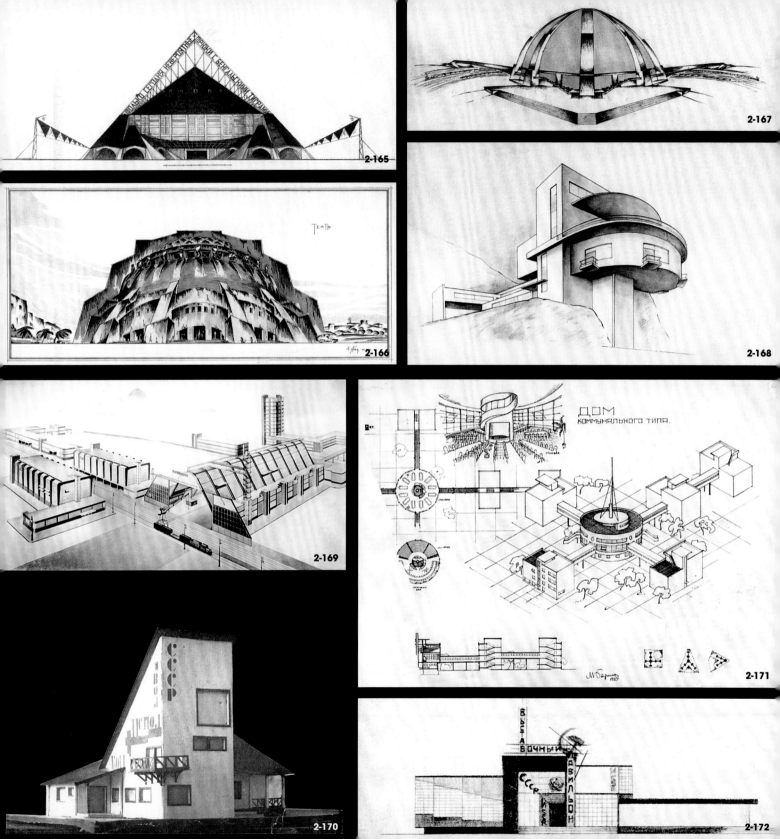

2-165

2-166

2-167

2-168

2-169

2-170

2-171

2-172

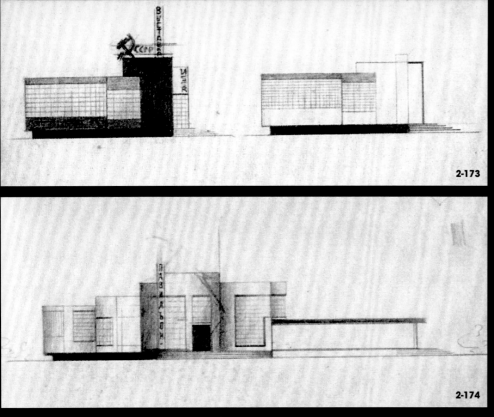

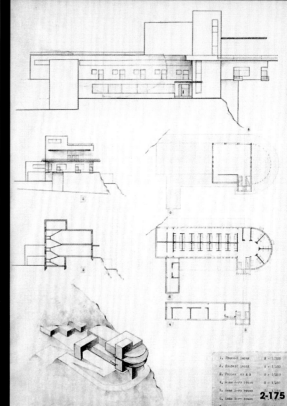

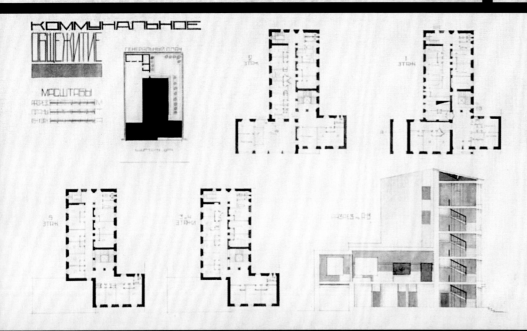

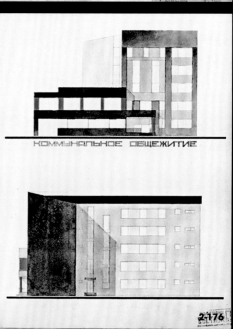

（a）　　　　　　　　　　　　　　　　　　　　　　（b）

图2-173　夏季苏维埃贸易展览馆（二），二年级，1928—1929年　　　　图2-177　有屋顶的食品超市设计作业（a-c），四年级，1926年

图2-174　夏季苏维埃贸易展览馆（三），二年级，1928—1929年　　　　图2-178　苏联青年共产党员联盟俱乐部，三年级，1925年

图2-175　集合住宅，三年级，1928—1929年　　　　　　　　　　　　　图2-179　制糖厂俱乐部设计，1927年

图2-176　青年旅馆设计作业（a、b），1925年　　　　　　　　　　　　图2-180　办公建筑设计（a、b），20世纪20年代末

(a)

(b)

2-178

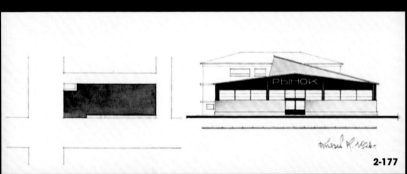

(c)

2-177

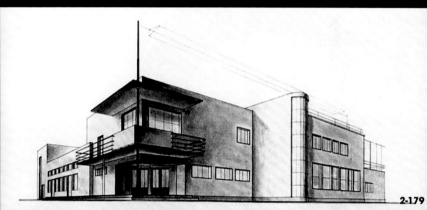

2-179

(a)

(b)

2-180
1927

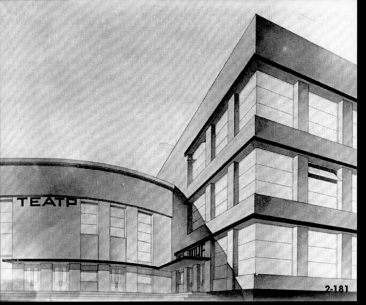

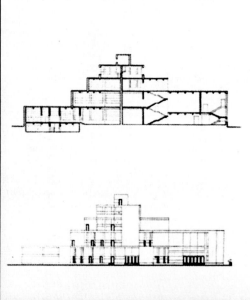

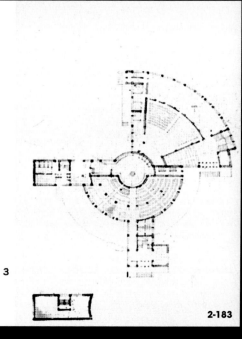

（a）

（b）

图2-181 城镇俱乐部设计，一等奖，1926年

图2-182 城镇俱乐部设计，二等奖，1926年

图2-185 工人殿堂，剧院和图书馆草图，1928年

图2-186 火车站，模型，1929年

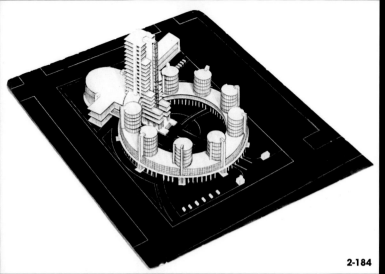

2-184

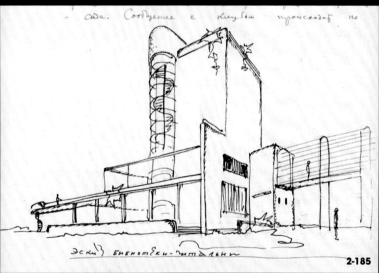

са́да. Сообще́ние с кулубом происходит по

Эскиз библиотеки-читальни

2-185

2-186

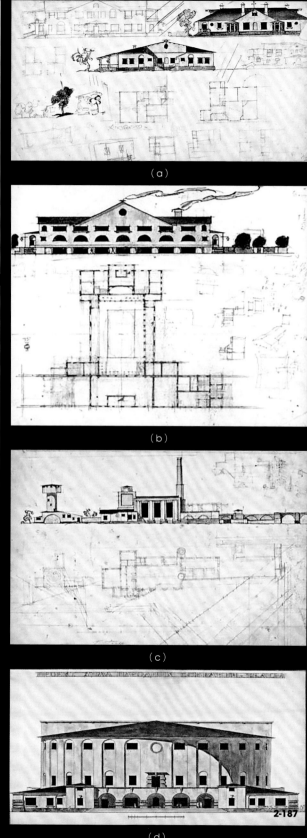

(a)

(b)

(c)

(d)

2-187

127

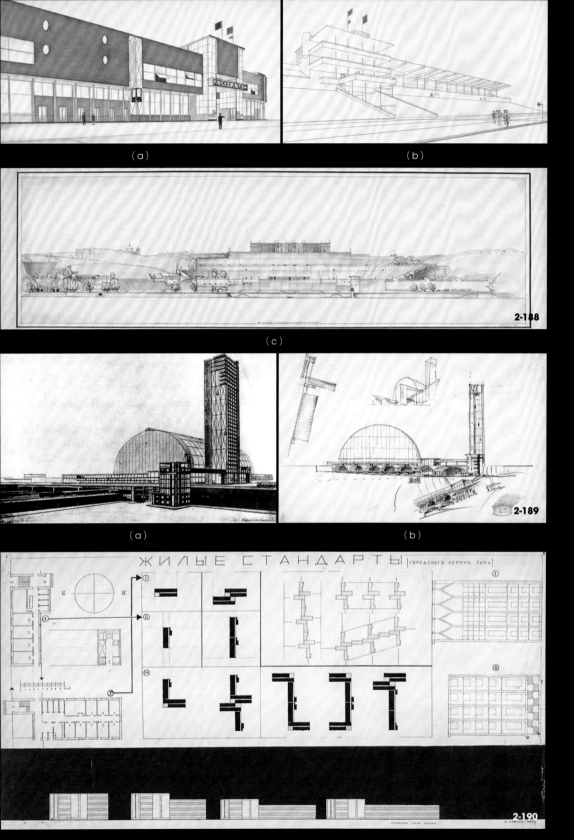

图2-188 主题为"麻雀山体育场"的毕业
年。（a、b）综合体局部（主体
存衣间，看台，运动员宿舍）；
正立面

图2-189 主题为"莫斯科中心火车站"
安·布罗夫，1925年

图2-190 呼捷玛斯学生毕业设计，莫斯科

2.3.2 首届世界现代建筑展览

这个展览中所有富有生命力的建筑，都与感性有着某种联系。它们本身具有的可实现性，以及与即将产生的技术和社会实践的含义，体现着我们变革的时代。

——帕·诺维茨基

世界上第一个现代建筑展览是由呼捷玛斯举办的，于1927年6月18日在呼捷玛斯教学大楼内开幕，并一直持续到8月15日。展览的组织者为呼捷玛斯的第三任校长帕·诺维茨基，总负责的领导部门是苏联人民教育委员会和现代建筑联合会。

早在1926年第4期《现代建筑》杂志（CA）中，现代建筑师联盟公布将于1927年组织一次盛大的全世界范围的建筑设计展览（图2-191~图2-193）。实际上，这个想法由帕·诺维茨基提出，他建议组织一场苏联政权十年及当时欧洲现代建筑展览。他本人是构成主义和实用艺术[59]的坚定支持者，同时他委托了现代建筑师联盟来组织这场展览。接受了这项任务后，现代建筑师联盟与帕·诺维茨基达成共识，开始筹备展览。展览的内容不仅展示了苏联前十年在建筑中做的新改变，而且也对建筑师创新探索做了回顾，这是对苏联前卫建筑创新成就的一次展示。展览组织者只邀请了新建筑师联盟作为参展的创新型建筑师组织。而社会中其他建筑组织，例如莫斯科建筑协会、列宁格勒建筑师协会、建筑师和艺术家协会均没有被邀请参加展览。在建筑院校中，只有那些已经属于前卫创新的师生团体的现代建筑作品才被邀请。

展览委员会主席团成员包括亚·维斯宁和莫·金兹堡，委员会秘书是伊·戈洛索夫。在1927年3月的讲话中，亚·维斯宁指出了首届世界现代建筑展览的目标："本次展览的目标是为满足现代生活要求的新型建筑方法而奋斗，由于建筑师与公众之间有着不可分割的联系，因此展览的主要目的不仅是对建筑师，也要在公众中广泛推广现代建筑的理念。"展览旨在解决两个主要问题：第一个是将无原则的折中主义与正在盛行的前卫现代建筑进行对比，巩固现代主义的风格与地位；第二个是总结所取得的成就，清楚地发现现代建筑存在的缺点，并勾勒出明确的未来发展道路。

展览开幕前几天，著名艺术评论家图根德在《消息报》[60]上写了有关这次展览的介绍："近年来，我们目睹了一种新建筑的出现，越来越多地从模仿旧风格转向努力发展满足现代需求的简洁且合适的新形式。适应性是这一运动的口号，在诸如建筑这样的保守艺术中，标志着自身的一种整体革命。这项新的建筑和工程技术运动为许多年轻建筑师带来了建筑思维的新方法，他们热衷于将新建筑作为一种'社会秩序'理念，来寻找最符合经济和实用性的原则，以实现苏联现代化的建筑任务，满足国家工业化的需求，如在公共建筑和住宅建筑等设计方

图2-191 首届世界现代建筑展览
举办地，1927年

面。同时，尽管建筑设计在苏联的现代化建设中应发挥巨大的社会作用，但我们的苏联公众对建筑设计仍然兴趣不大，并没有意识到我们建筑师当前正在努力应对的趋势。这就是现代建筑的第一个展览举办的原因。"

首届世界现代建筑展览的举办恰逢十月革命后的十年，它使现代建筑师联盟成员有机会分析前卫建筑、构成主义等理论的发展。展览中亚·维斯宁兄弟凭借莫斯科劳动宫（1923年）设计方案[61]荣获一等奖，伊·列奥尼多夫凭借呼捷玛斯的列宁学院设计方案（1927年）[62]荣获二等奖。正如莫·金兹堡在其《结果与前景》一文中所指出的构成主义五年发展过程中的两部重要作品，他称之为"标志性里程碑"。第一个是亚·维斯宁兄弟劳动宫（1923年）的竞赛方案，第二个是伊·列奥尼多夫的列宁学院（1927年）的毕业设计。第一个项目在1923—1927年对构成主义的发展起了决定性的引导作用，第二个项目则是开启了未来。正如莫·金兹堡预见的那样，该项目在1928—1932年对构成主义的创造性发展起了非常重要的作用。

这次展览在各种报刊上得到了广泛的反响。展览报道广泛地发表在艺术杂志、普通报纸，包括国家政府的机关报纸上，其中评论的内容涵盖了建筑设计、现代建筑理论、莫斯科的建筑设计等。这次的展览也展示了一批当时欧洲著名建筑师的现代建筑作品，来自莫斯科、列宁格勒、基辅、托木斯克和奥杰赛的本土建筑流派也都纷纷展示了自己的现代建筑创作作品。

例如来自德国的著名建筑师瓦尔特·格罗皮乌斯、荷兰的格里特·里特韦尔德，展示了包豪斯校舍、乌特勒支住宅等；来自瑞士的哈恩·梅伊耶尔、汉斯·维特韦尔，带来了日内瓦民族联盟宫大厦的设计；来自法国的安德烈·柳尔莎展示了他设计的法国维尔涅夫市圣·若尔治的工人住宅；还有法国前卫建筑师马列耶·史蒂文斯设

计的法国巴黎艺术书店，以及他设计的布洛尼市圣涅住宅楼；捷克斯洛伐克建筑师亚罗米尔·克赖策尔设计的门槛别墅。

可以认为现代建筑的统一战线已经形成，展览委员会的工作巩固了莫斯科、列宁格勒、基辅和苏联其他城市主要建筑师之间的密切关系。他们发现了一个令人鼓舞的事实，那就是联盟所有角落，即使教育环境极端恶劣，但是前卫建筑师们依旧热忱捍卫真正的现代建筑价值观。展览表明一个态度，即处境相对宽松的莫斯科建筑师们应努力帮助和支持来自其他城市的联盟同志。此外，展览表明，现代建筑的先进思想具有更强大的影响力，无论是欧洲国家，还是其他国家的创新建筑师群体均支持现代建筑的新思想。当然，这些欧洲建筑师代表最进步的阶层，他们对苏联，特别是对其建筑领域的设计作品表现出了极大的兴趣和热情。通过这场展览，现代建筑的统一战线从巴黎、德绍和柏林、布拉格和布鲁塞尔延伸至莫斯科、列宁格勒、基辅和托木斯克。

苏联俄罗斯展区的参展人员（图2-194~图2-219）：

安·奥利、阿·尼科利斯基、亚·维斯宁和维·维斯宁、亚·科恩菲尔德、亚·富法耶夫、亚·帕斯特纳克、阿·加恩、格·韦格曼、伊·戈洛索夫、伊·索博列夫、莫·金兹堡、阿·舒舍夫、安·布罗夫、格·巴尔欣、伊·列奥尼多夫。

欧洲展区的参展人员（图2-220~图2-230）：

瓦尔特·格罗皮乌斯、玛尔谢利·别乌埃尔、哈恩·梅伊耶尔、汉斯·维特韦尔、安德烈·柳尔莎、马列耶·史蒂文斯、阿乌德、亚罗米尔·克赖策尔、格里特·里特韦尔德。

院校展区的参展人员（图2-231~图2-245）：

亚·富法耶夫、安·布罗夫、米·西尼亚夫斯基、谢·科佐、亚·奇日科夫、亚·菲先科、阿格耶夫、米·格列钦娜、尼·马洛泽莫夫、格·希德克尔、尤·拉夫里诺维奇。

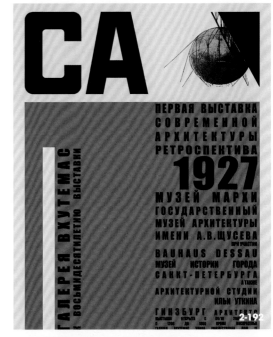

图2-192　首届世界现代建筑展览海报，1927年

图2-193　首届世界现代建筑展览招贴画，阿·加恩，1927年

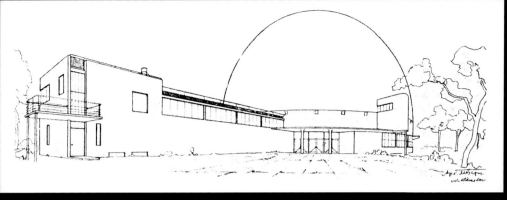

(a)

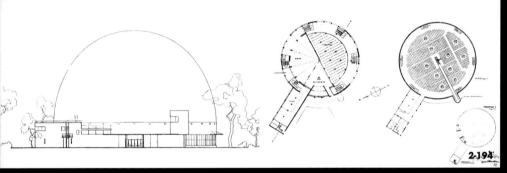

(b)

(c)

2-194

2-195

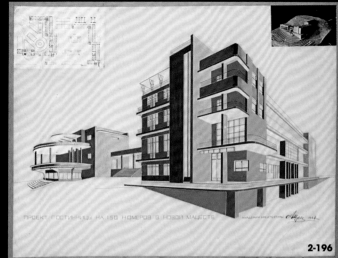

ПРОЕКТ ГОСТИНИЦЫ НА 150 НОМЕРОВ В НОВОЙ МАЦЕСТЕ

2-196

2-197

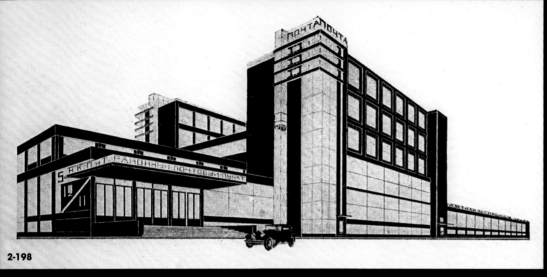

2-198

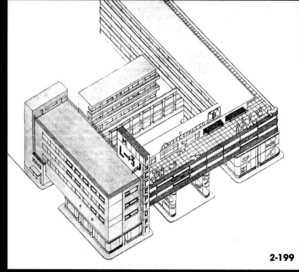

2-199

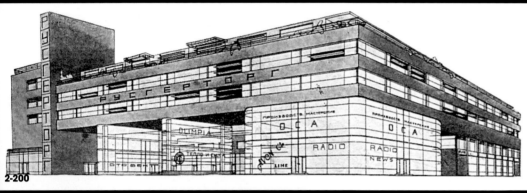

2-200

（a）

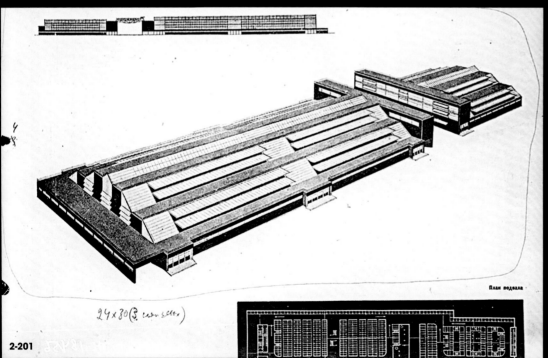

2-201

（b）

图2-198　邮政中心大楼设计，乌克兰州首府哈尔科夫，伊·戈洛索夫

图2-199　莫·金兹堡、弗·弗拉基米罗夫、亚·帕斯特纳克共同设计的俄罗斯格尔托尔哥建筑物

图2-200　莫·金兹堡、弗·弗拉基米罗夫、亚·帕斯特纳克共同设计的俄罗斯格尔托尔哥建筑，鸟瞰

图2-201　有顶棚市场的设计，莫·金兹堡

图2-202　500～1000人的公共集会大厅（a、b），阿·尼科利斯基

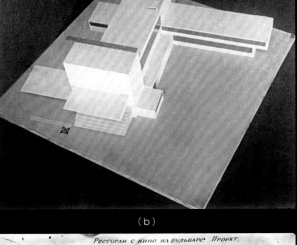

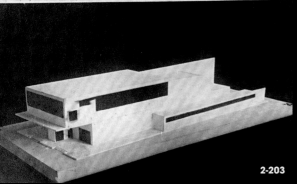

(a)

(b)

Ресторан с кино на бульваре. Проект.

(c)

2-203

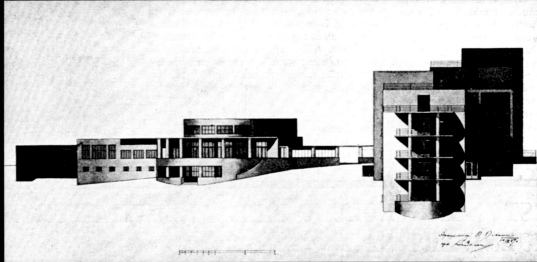

(a)

(b)

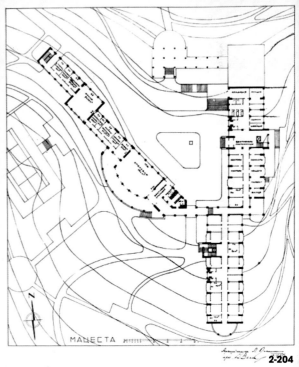

МАЦЕСТА

2-204

(c)

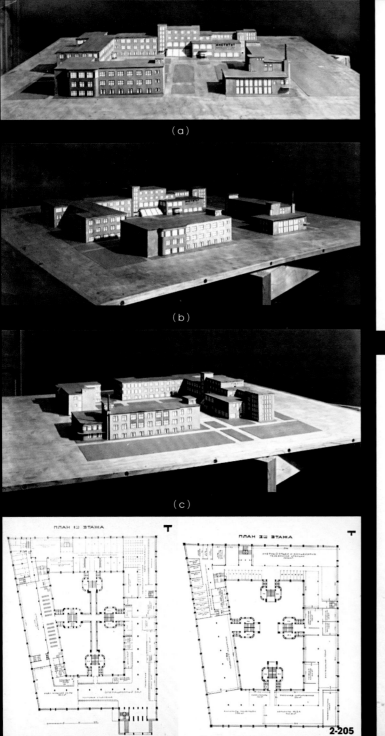

(a)

(b)

(c)

(d)

(e)

ТЕЛЕГРАФ

(a)

ТЕЛЕГРАФ

(b)

2-207

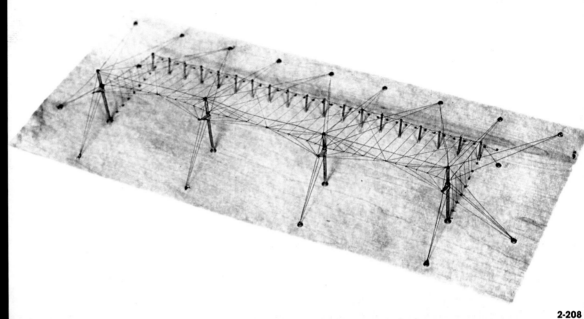

2-208

ЭСКИЗНЫЙ ПРОЕКТ
БЕЛОГОРОДСКОГО
ПОСЕЛКА ДЛЯ РАБОЧИХ
„АЗНЕФТИ"

МАСШТАБ 50 с в 1и

2-209

2-210

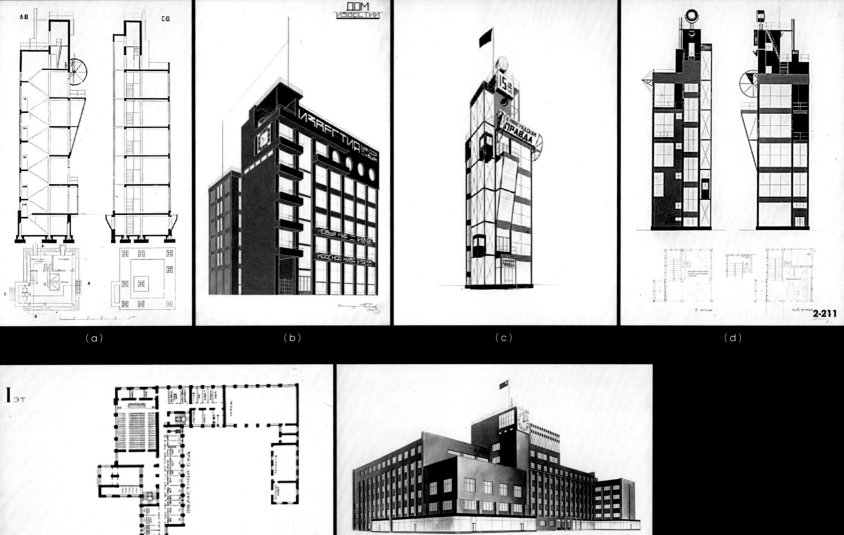

(a)　　　　　　　(b)　　　　　　　(c)　　　　　　　(d)

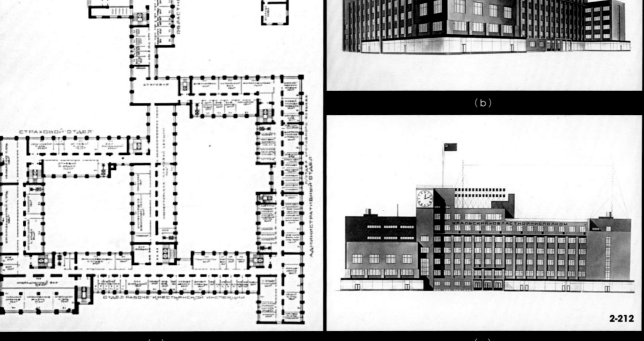

(a)　　　　　　　(b)

(c)

图2-211 《列宁格勒的真理报》报社大楼
（a-d），维·维斯宁和亚·维
斯宁

图2-212 阿尔克斯（APKOC）社会股
份办公楼（a-c），维·维斯宁
和亚·维斯宁

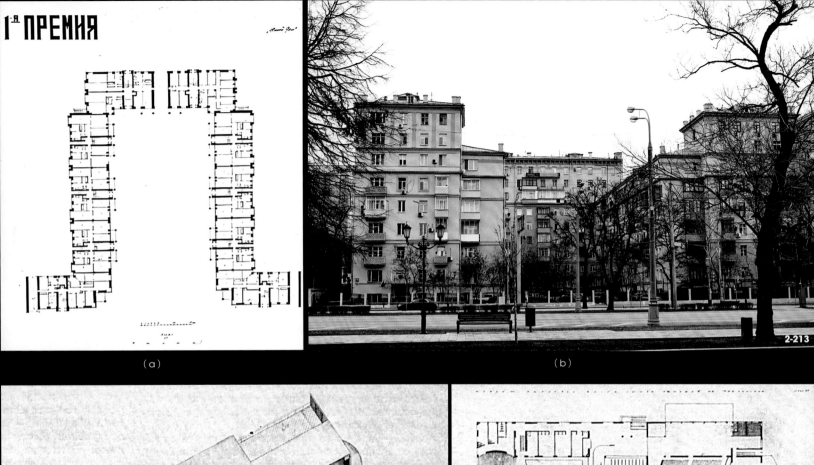

(a)

(b)

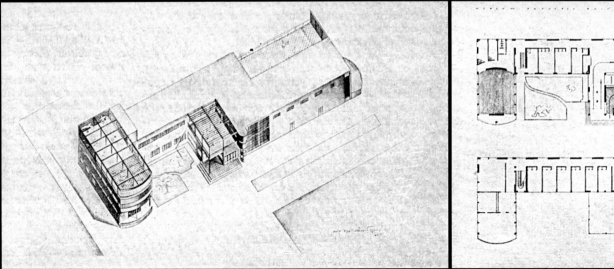

(a)

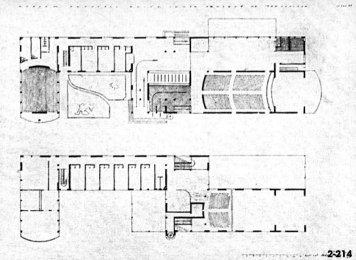

(b)

图2-215　机车城中心发电站设计，基辅，安·布罗夫

图2-216　发电站（a-c）　奥列霍夫—祖耶沃市　亚·科恩菲尔德

图2-217　人民大厦，顿河上罗斯托夫市，格·韦格曼

图2-218　荣获首届世界现代建筑展览二等奖作品（a，b）　列宁学院　伊·列奥尼多夫

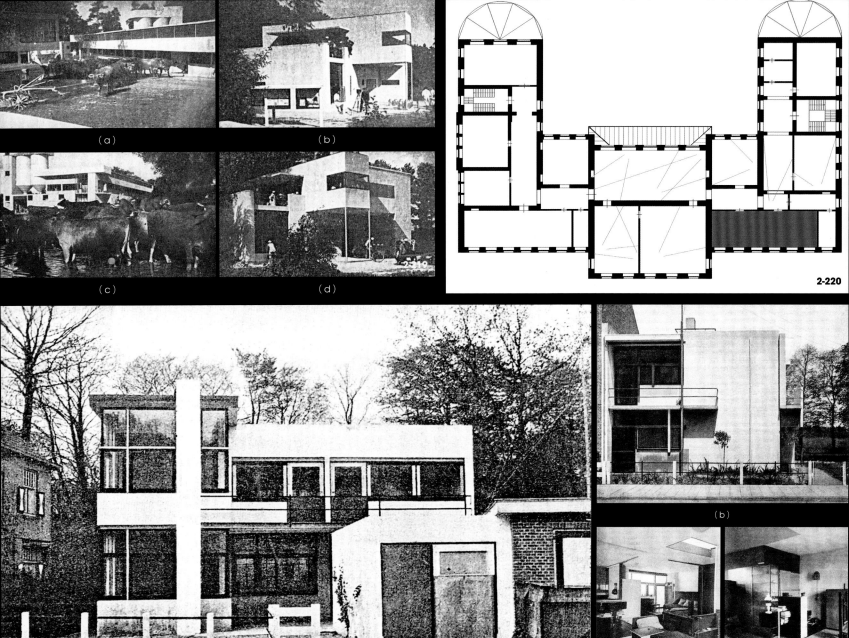

(a)

(b)

(c)

(d)

2-220

(a)

(b)

(c)

(d)

2-221

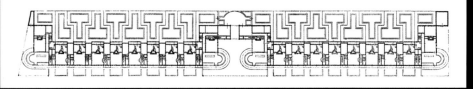

(a)

(b)

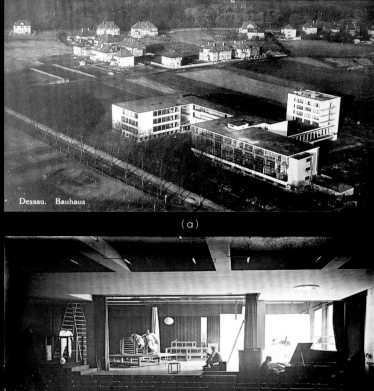

Dessau. Bauhaus

(a)

(b)

2-223

2-222

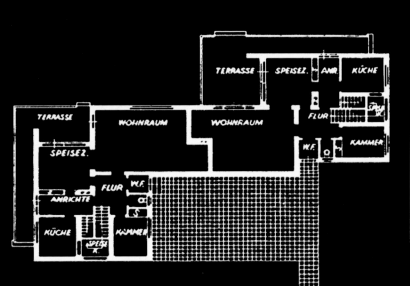

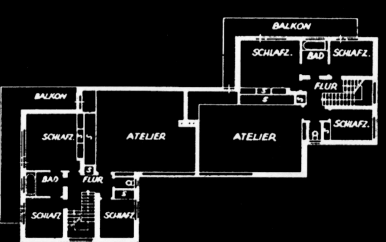

2-224

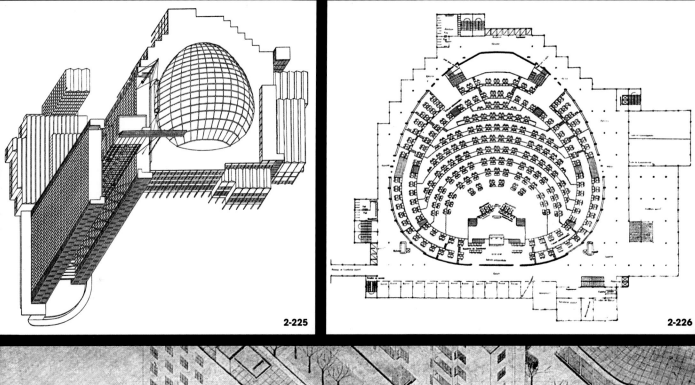

图2-225　民族联盟宫，透视图，瑞士，哈恩·梅伊尔与汉斯·维特韦尔

图2-226　民族联盟宫，平面图，瑞士，哈恩·梅伊尔与汉斯·维特韦尔

2-228

2-229

(a)

2-230

(b)

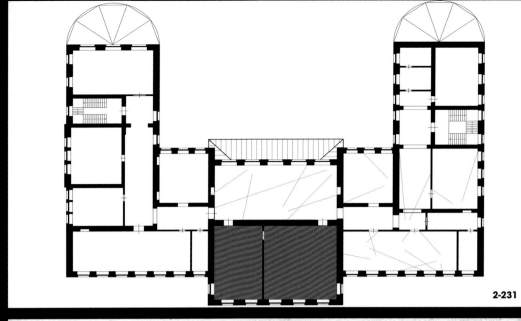

2-231

（a）

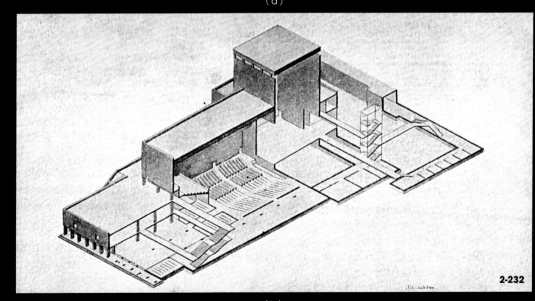

2-232

（b）

图2-231　首届世界现代建筑展览布置图——院校作品展览区

图2-232　呼捷玛斯的学生作品（a、b），埃里瓦尼，米·马兹马尼扬

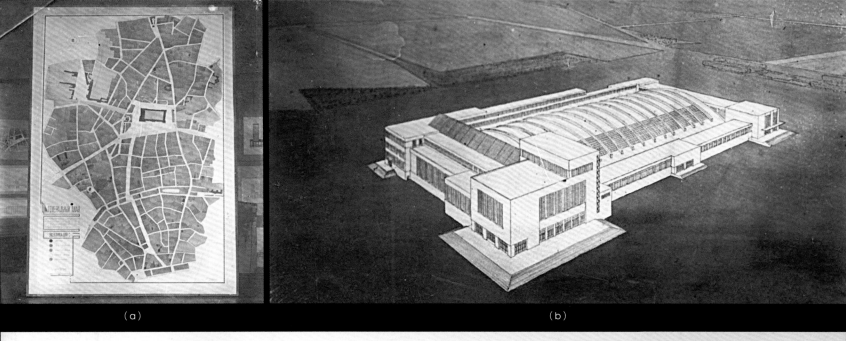

(a)　　　　　　　　　　　　　　　　　　(b)

2-233

(c)

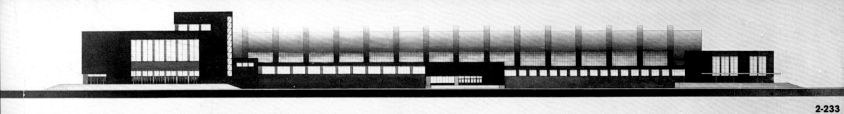

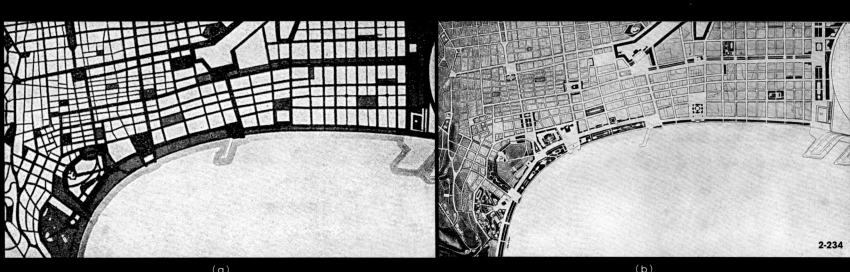

(a)　　　　　　　　　　　　　　　　　　　　　　　　(b)

图2-233　中心火车站（a-c），呼捷玛斯的获奖作品，莫斯科，亚·富法耶夫　　　图2-237　艺术家之家，米·格列钦娜（基辅艺术研究所）

图2-234　巴库市重新规划的沿海区域（a、b），亚·奇日科夫（姆维图工程建筑系）　　图2-238　首届世界现代建筑展览布置图——住宅设计展区

图2-235　影院，弗·阿格耶夫（西伯利亚工艺研究所）　　　　　　　　　　　　图2-239　城市公共楼房（a、b），透视图，莫·金兹堡

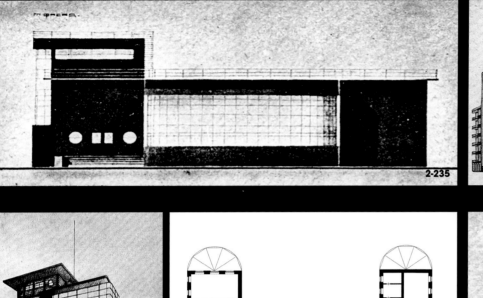

2-235

2-236

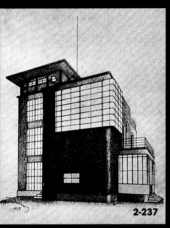

2-237

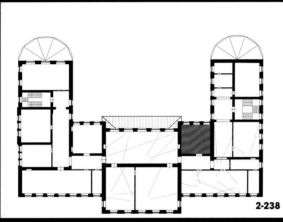

2-238

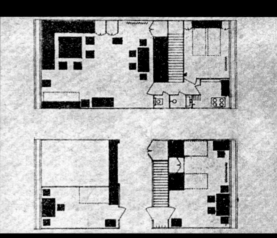

(a)

(a)

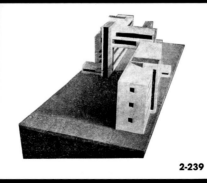

(b)

2-239

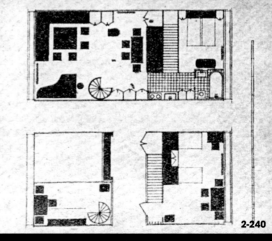

(b)

2-240

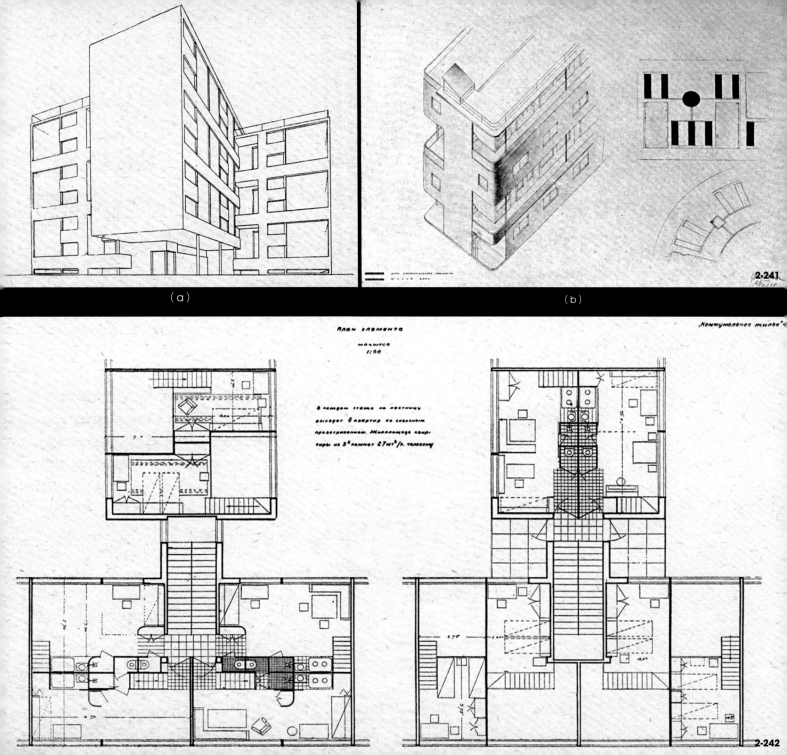

(a)

(b)

(2-241)

План элемента
масштаб
1:50

«Коммунальное жилье»

В каждом этаже на лестницу
выходят 6 квартир с верхним
пространством. Жилплощадь квар-
тиры из 3-х комнат 27 м²/в человеку

2-242

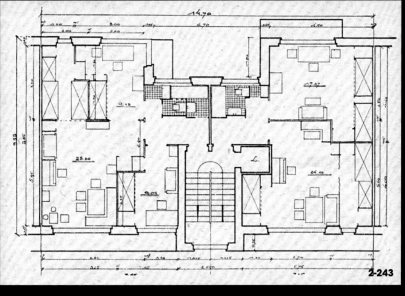

2-243

(a)

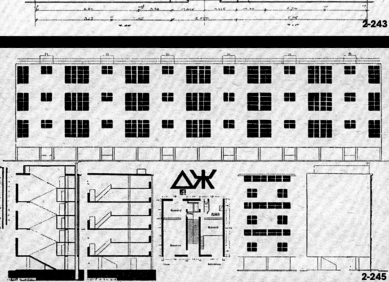

ДЖ

2-245

2-244

(b)

2.4 呼捷玛斯与世界现代造型教育

呼捷玛斯作为一个全新的现代造型艺术教育基地，在20世纪20年代创立了独树一帜的教育体系。这种自成体例的教学体系创造了世界造型独特的现代造型语言，影响深远。呼捷玛斯的教育，既讲究传统的继承又开创了新风格的探索，而这两者的结合取得了惊人的成就。艺术教育传统的继承，与传统共存及相互影响，可以被看作是这所学校最重要的遗产。

——汉·马格尼多夫

2.4.1 "客观"的教学方法

在呼捷玛斯的教学研究与探索中，新的造型艺术语言这种空间构成语言是建立在客观空间组成的心理分析基础上的[63]。了解并掌握这种心理状态，现代建筑艺术构成中"空间"的作用以及各种形式元素的分析组成与新的"构成"方式，构成了呼捷玛斯"客观"教学方法的核心。

解释建筑职业语言构成的思想基础本身并不是一个新的课题，如维特鲁威、巴拉齐奥、维尼拉等建筑大师把自己的准则同建筑构成元素相结合。但这种原则是非常严格的，每种柱式都有自己严格的建筑形制及准确的数据标准。

尼·拉多夫斯基、弗·科林斯基及伊·戈洛索夫走出了另外一条研究现代建筑造型规则的道路，达到了另外一种境界。这种规则成为今天现代建筑及现代造型艺术构成的基本评价体系。如同语言修辞学一样，他们建议的不是句子（如同传统的建筑先辈所倡导的），而是字母。他们在简单的几何图形中开辟出了构成训练的基本道路。重要的不是元素本身，而是元素在空间中的位置，必须不断地研究元素外部的样式，就像要把大家的注意力及视线集中在构成思维的主要本质上一样。以上三位现代建筑教育大师思想及其理论与方法集中体现在这一点上。

这种教学方法的主要目的是教授学生在建筑构筑与营造创新的过程中，学会独立地构筑新的造型语言，包括最复杂与最难的部分。理解了这一点，我们就可以看出当时呼捷玛斯的许多作品探讨新结构、新功能、新形式等问题的原因。

呼捷玛斯现代建筑造型艺术的基本概念是由尼·拉多夫斯基（左翼联合创作工作室的开创者）教授所创立的。这是一种新的建筑构成艺术的组织概念，它的教学体系是整个呼捷玛斯基础入门课的核心。

尼·拉多夫斯基教学体系的第一项任务是要弄清几何形体。例如，给出一个长方形六面体：底面20m×20m，高30m，设计时需对这个长方形六面体进行加工，最终让观者从任何一个透视图中都能准确地明白，他面前的这个物体作为立方形的体量。从这个题目的解读中可以理解尼·拉多夫斯基的心理分析方法和其系统性对"空间"结构形式的基础训练。

尼·拉多夫斯基与学生们在一起一个一个地研究建筑艺术"元素"，首先是抽象的题目，而后是具体的实践（所以被称为生产性的）。在他这个教学大纲中，还涉及传统的教学方法——研究柱形，并将其用于具体的实物建筑设计。但其结果完全是另外一种情况：传统的教学方法在呼捷玛斯——国立高等艺术与技术创作工作室的基础上得以发扬，教学风格及其不同领域的探索数量激增，而尼·拉多夫斯基的方法引起了建筑师职业教学方法和新的建筑造型艺术方法的振荡。

尼·拉多夫斯基在创作方法中研究出了基础课程，它们明显地受描写艺术分析方法影响（立体派、立体未来主义派、至上主义派）并很快运用到各个系学生的基础训练阶段。

2.4.2 不同艺术专业基础教学的通识

呼捷玛斯是在斯特罗干诺夫斯基工艺美术学校、莫斯科绘画雕塑与建筑学校两所学校合并的基础上产生的，因此呼捷玛斯从成立之初就具有综合性艺术学校的特色。学生们在这里可以学习绘画、雕塑、建筑，也可以学习金属制造、木加工、制陶、印刷、平面设计等操作技术类的艺术。生产技术制作与设计造型是相融合的，是全面综合性的造型艺术训练。这种学科的设置方式造就了呼捷玛斯综合的艺术教育特色。

在呼捷玛斯，学生可以全面接触到造型艺术的各个领域，可以系统地接受综合性的艺术训练。这一过程使现代造型艺术语言出现在呼捷玛斯基础教学的空间课、构成课、色彩课中。也正是这种一流与全方位的造型艺术教学与训练，成就了呼捷玛斯在现代造型艺术思想及教育中的领先地位。

在20世纪20年代初的苏联，特别是在呼捷玛斯学校内，聚集了当时苏联造型艺术界几乎全部的精英，包括画家、雕塑家、建筑师、工艺美术师。他们的融合，他们思想与作品的碰撞，为呼捷玛斯的发展注入了无限的活力，如当时鼎鼎大名的建筑师莫·金兹堡、伊·列奥尼多夫、拉·里西茨基、康·美尔尼科夫、勒·柯布西耶，以及1923年去了包豪斯的画家瓦·康定斯基、列·布鲁尼、谢·格拉西莫夫、亚·德列温、亚·库普林、彼·米杜里奇，雕塑家阿·格鲁布金、伊·穆欣娜、伊·恰伊科夫等不胜枚举。

正是这些各领域的造型艺术大师，正是他们的思想与创造力，为呼捷玛斯的学生树立了良好的学术榜样。而在当时的苏联，各艺术流派之间的学术争鸣也是空前的繁荣。这些学术争鸣对学生们的思辨性学习起到了良好的效果，使学生们的艺术追求有了明确的方向。这也就是学术争鸣的意义所在。

在呼捷玛斯的创作工作室内，教师的数量并不充足。而课程的教学时间也并不长，只在很短的交流过程中便结束了。建筑系及各个系的许多学生都在这些德高望重的个人创作工作室中学习工作，并受熏陶，师生间相互影响、教学相长。

呼捷玛斯三年级的学生，可以选择任何一个创作实践工作室来学习。呼捷玛斯的教授团体是最有影响力的。虽然说每个老师都重新定位了艺术领域的所有遗产和传统，但在建筑造型艺术方面曾有这样一个口号——"为艺术而死"。甚至最著名的列宁墓的建筑设计者阿·舒

夫也同他丰富的创作实践一同屈服于新的流派，而他也总是对着年轻的学生喊道："你们是鲁滨逊式的人物。"

学生在校学习过程中，都非常愿意去阿·舒舍夫的创作工作室。他是最年长，也是最有名的建筑师，他上的课被学生认为是最有意思的。排在第二位的是亚·维斯宁工作室，他是最始终如一且最明确地表达构成和功能原则的人，是构成形式创作的发起者与构成主义理论重要的实践者。

阿·舒舍夫[64]也是一个构成主义者，他用结构主义的形式讲话。既不像阿·舒舍夫，也不像亚·维斯宁的是伊·戈洛索夫，他赋予自己的作品以某种雄伟、某种勇气，甚至预言了建筑的构成主义，"构成主义不是风格，而是方法"。呼捷玛斯，正是这样一所特殊的学校，以前卫的构成主义形式存在于其发展的历程中，是世界现代建筑研究与实践的发源地。

这句话也可以确定谢·切尔内舍夫独特的结构主义观点。谢·切尔内舍夫是一个非常细致的建筑设计大师，时代的巨匠。他在特维尔大街建造的列宁学校，也具有列宁墓的设计特点。两个特征在本质上构成了一个整体，古典风格很明显，并且绝对没有任何风格上的装饰，而是纯净的构成主义。

尼·拉多夫斯基和尼·多库恰耶夫的创作工作室没有取得构成主义者们那样辉煌的成就。去那里的都是具有抽象思维能力的学生，他们研究大量理论、历史和教学法。伊·拉姆措夫、米·科尔舍夫、米·杜尔库斯、弗·彼得洛夫在大学还没有毕业的时候就成了尼·拉多夫斯基和弗·科林斯基创作工作室的助教。

呼捷玛斯的学生们还拥有一个老师：勒·柯布西耶。学生们很喜欢他的工作，并且很多人都喜欢他、支持他。勒·柯布西耶

在米亚斯尼大街修建了莫斯科中央消费合作社总部大楼，他用自己非凡的创作吸引了苏联构成主义者的注意，引起了学生们的赞叹，甚至是崇拜。

2.4.3 造型艺术教育与工业生产的结合

工业生产迅速发展，人们的日常生活对工业产品的需求也日渐密切，新型工业社会需要一代新人。

呼捷玛斯就是一个"炼造新人的中心"。那时它已在生产方面、教育方面积累了不少经验，呼捷玛斯深知，在炼造人才方面没有什么比让学生们"做什么"和"怎样做"更加有效的了。这些指令可以应用在不同形式中：学生个体及其创作等。这样的方法在所有的教育环境中都通用。它在建筑教育中产生，又促成学生理解并"生产"建筑艺术。人不能以个体而存在，而是与外部环境共生的。有意思的是，谁也不能预想自己是什么样的，怎样理解和处理工业社会的建筑艺术，和怎样教学生。当时有许多关于艺术本质的讨论，关于教授建筑艺术内容与本质的讨论，而主持讨论的正是建筑师及教师本人。

把建筑艺术内容改编成教材是建筑师与教师的基本任务之一。正是在这一过程中，呼捷玛斯出现了许多不同的建筑艺术流派：已经形成的有"学院派""功能派""构成主义派"等。教师们把自己确信的观点教授给学生。

在这种多元的观点环境中，出现了工业社会可以接受的建筑设计方案，这些方案作为一种创新成果，得到了教师们的认可。

当时的社会已经从行政集权走向行政民

主。这样的社会现实要求人拥有相应的教育，包括建筑艺术教育。这就是呼捷玛斯对当时社会工业的态度。

呼捷玛斯的第一个教学计划实际上是在自行教育、自行组织中产生的。当时并没有教师的参与，学生是学习过程中的主体。学生有可能成为今后建筑设计师，成为自己理论创造的实践者，会为建筑师带来社会地位。教师在学生的个人发展中只能起到辅助作用。

金属制造系与木加工系的发展虽然历经许多波折，但在呼捷玛斯的所有系中是第一个形成"新职业的预科基础教育"体系的。特别是这一过程产生在呼捷玛斯人数最少的系——金属制造系，在这里，由亚·罗德钦科领导创立了经呼捷玛斯大多数创新派认可的艺术课程。到了1922年初，亚·罗德钦科开始有目的地研究新的教学方法。

亚·罗德钦科全面研究并回顾了当时呼捷玛斯各个专业学生的设计训练过程，像研究周围所有创作环境中的设计一样。金属制造系学生的训练范围广泛：包括日常生活用品，教育机构的用品，街道的装饰，各种交通设施的装饰等。在金属制造系还有另外一种复杂的情况，许多学生从事的是具体的工程设计实践活动，而不仅仅是艺术研究活动。

1923年，安·拉温斯基来到了金属制造系与木加工系，成功地奠定了学生们的基础设计课程。家具设计与制作（家具制作）课是核心课程，安·拉温斯基教授教了两年，其课程成果在1925年巴黎国际装饰艺术及工业展览会中展出，这在苏联及国外引起了巨大的轰动。

1926年5月，呼捷玛斯选举产生了新校长帕·诺维茨基[65]，他是个艺术评论家和社会活动家。他努力厘清了呼捷玛斯存在的前六年中实现了哪些由校长提出的目标，结果发现，为工业化大生产培养高等技术人才，即"艺术家和工艺技师"的目标并没有实现。

在生产性和非生产性课程设置之间出现了这样的情况，帕·诺维茨基取消了一系列生产系，首先取消的是工业生产系——金属制造系和木加工系。在1926年的秋天，金属制造系和木加工系合并成木制品金属制造系，系里有两个分部，课程是自行设置的，亚·罗德钦科上金属课，而拉·里西茨基上木艺课。

弗·塔特林是1927年来到木制品金属制造系的，他研究了材料艺术的所有课程。在亚·罗德钦科、拉·里西茨基和弗·塔特林的造型思想及其教学思路的相互影响下，成立了培养新型专业人才的创作工作室——工程艺术师（有证书的工业产品设计师）。

适应社会进步需要的建筑系，在工业生产系和绘画系之间占中间地位的建筑系在呼捷玛斯学校的教学与创作中起了重要作用。所有的校长都清楚地定义了建筑系的意义。在呼捷玛斯建筑系险些被取消的时候，弗·法沃尔斯基积极地支持建筑系。帕·诺维茨基在建筑系看见了与其他系类似的模型造型训练。呼捷玛斯形成了以建筑系为中心，同社会需求相联系，目标是围绕现代科学和技术的教学模式改革。

为了学术生存而进行的争论促进了不同流派教师之间的团结，在反对左派和学院派的过程中形成了两个最有威信且最先进的现代建筑造型流派：纯理性主义和构成主义。其学术领导人——尼·拉多夫斯基和亚·维斯宁聚焦了所有的注意力。

建筑系经努力进入了呼捷玛斯的"主流"。在这里任教的建筑艺术大师，是前卫先锋建筑中"前十名"的领军人物。这些创作风格潮流在学生的设计作品中得以显现。学生们的年级作业和毕业设计刊登在专业报刊，甚至更广泛的国内和国外刊物上，并在1925年巴黎国际装饰艺术博览会上成功展出。1926年的毕业设计无论是在选题上还是创作手法上，都引起了更

多的世界关注。

教师的创作精神鼓励学生们尽最大努力进行创作，几十幅学生作品成为独特的建筑艺术先锋作品。

2.4.4 特色鲜明的预科基础教育

呼捷玛斯对于现代造型艺术教育特别是现代建筑教育的特殊贡献还在于它独特的预科基础教育（图2-246）。

这种预科基础教育传统在俄罗斯一直延续至今，而呼捷玛斯预科基础教育部的产生是有一定的历史原因的。众所周知，呼捷玛斯存在的1920—1933年间，正是苏联政权成立最初的十多年间。政府为了培养更多人才，大学中招收了不同成分来源的学生，包括工农速成学校的学生、复员的红军战士和普通学生，学生年龄16～30岁都有。当时学生们的生活极其贫困，常处于饥饿状态，衣服破旧，住处没有供暖设备，但这一切都不是难以克服的困难。

呼捷玛斯的一个学生基·阿法纳西耶夫写道："后来，我再也没有遇到对掌握创作技能有如此的热情、执着和团结的学生。正是由于学生成分的复杂性，使基础预科教学兼容性强，并且具有不同的特色。依我看，这是理想的教育。从战场上退役的经验丰富的战士与受过教育的学生，可以讨论各方面的问题，这也产生了真正的创作友谊。更有意思的是，学生们从来不酗酒、打架，单纯正直。"

因学生水平的不一致，呼捷玛斯成立了预科基础班，之后演变为基础知识创作部。各专业的学生在此教学部，一同学习预科的艺术基础知识。这一切都有完善的计划，它是在一个共同的艺术基础、专业初步知识准备的有机综

合体中实现的，在基础教学部除了绘画和素描课外，还有三门重要的艺术基础课——空间、构成、色彩。

这三门课几乎可以称作是现代造型艺术共通的基础。有了扎实的基础训练之后，再经过两年专业基础知识的深入学习与职业预备，学生们就可以进入其他专业系，开始建筑、绘画、雕塑、金属制造、木加工、印刷、平面设计、舞台美术等不同艺术专业的学习了。

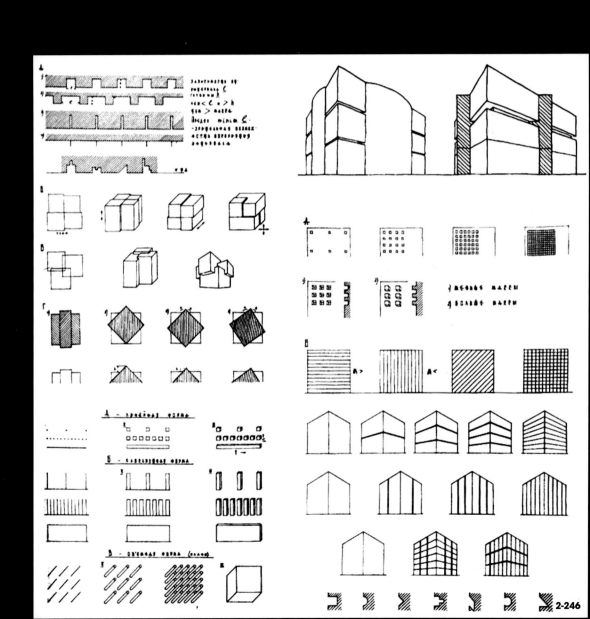

图2-246　呼捷玛斯基础预科教学的形态分析训练

2-246

注释

1. 客观教学法，一般指在以师生为主客体的教学前提下，进一步对教学内容进行科学的解释，以及全面、理性的分析，借鉴其他学科的相关研究成果，增强教学的科学性。

2. 空间构成，空间构成也称为立体构成。立体构成是由二维平面形象进入三维立体空间的构成表现，是现代艺术设计的基础构成之一。"构成"的源流来自20世纪初在苏联的构成主义运动。

3. 立体主义雕塑（Cubist sculpture）与立体主义绘画（Cubist painting）并行发展，1909年左右在巴黎开始了它的原始立体主义阶段，并一直发展到20世纪20年代初。就像立体主义绘画一样，立体主义雕塑植根于保罗·塞尚将绘画对象还原为构成平面和几何实体——立方体、球体、圆柱体和圆锥体。呈现对象的片段和切面可以用不同的方式进行视觉上的解释，其效果是"揭示了对象的结构"。立体主义雕塑本质上是用非欧几里得几何的语言，通过改变球形、平面和双曲曲面的体积或质量的观点，动态地呈现三维物体。

4. 美术建筑（Beaux-Arts architecture）是巴黎高等美术学院教授的学术建筑风格，特别是从19世纪30年代到19世纪末较为突出。它吸收了法国新古典主义的原则，融合了哥特式和文艺复兴元素，并使用了现代材料，如铁和玻璃。直到19世纪末，它在法国才是一种重要的风格。美术风格在1880—1920年期间严重影响了美国的建筑风格。相比之下，1860—1914年间法国以外的许多欧洲建筑师都偏离了美术学院，并且偏向于他们自己的国家学术中心。

5. 艺术家们曾观察一个人对一系列不同大小房间的看法及其变化，这些房间被漆成棕色、红色、深红色、赭色等不同的颜色。观察者对空间尺寸会有不同的印象。例如将房间涂成白色时，他们会感觉到房间比之前要大得多，其他颜色会使房间在视觉感觉上缩小。因此，在这种情况下，颜色会影响人对空间感觉上的变化。

6. 进深，一般指建筑物纵深各间的长度。即位于同一直线上相邻两柱中心线间的水平距离。各间进深总和称通进深。这里指在平面上空间深度的表现方式。

7. 色彩的基本性质包括色彩的三要素：色相、纯度和明度，以及面积、形状、位置、肌理等。

8. 心理学家认为，人的第一感觉就是视觉，而对视觉影响最大的则是色彩。人的行为之所以受到色彩的影响，是因人的行为很多时候容易受情绪的支配。色彩的直接性心理效应来自色彩的物理光刺激对人生理的直接影响。心理学家曾做过许多实验，他们发现在不同颜色的环境中，人的脉搏、血压、情绪会随之变化。有的科学家发现，颜色能影响脑电波，这些试验都明确肯定了色彩对人心理的影响。

9. 色彩构成（Interaction of Color），即色彩的相互作用，是从人对色彩的知觉和心理效果出发，用科学分析的方法，把复杂的色彩现象还原为基本要素，利用色彩在空间、量与质上的可变幻性，按照一定的规律去组合各构成之间的相互关系，再创造出新的色彩效果。色彩构成是艺术设计的基础理论之一，它与平面构成及立体构成有着不可分割的关系，色彩不能脱离形体、空间、位置、面积、肌理等而独立存在。

10. 色彩张力是由颜色的饱和度所形成的画面感染力，主要在颜色对比和调配中显现。纯色是相对稳定的色彩，但将不同的纯色合理安排，可带来一种颜色的影响。

11. 艺术解剖研究休息或运动中人体的外部形态，并结合对骨骼结构（骨学）和肌肉（肌学）的系统分析。一方面，艺术解剖反映了现实主义的要求——尽量精确地重现真实形态；另一方面，它也体现了拉开距离、舍去模特，仍能创造鲜活的、更加完美的生命的心智创造。19世纪开始，解剖成为美术教学的基础课程。

12. 素描是写实绘画的重要基础，也是最需要理智来协助完成的艺术。素描的起源普遍认为是从文艺复兴开始，而事实上希腊的瓶绘、雕塑都反映出创作者良好的素描基础。其对造型准确的重视使得这种绘画风格更接近于古典绘画，与苏联当时的改革大环境格格不入。

13. 从构成要素的外形与自然对象的相似程度看，构成可分为具象构成、抽象构成两种形式。具象构成指艺术形象与自然对象基本或完全相似的表现形式，造型手段为模仿自然形态，具备明显的可识别性。抽象构成是指艺术形象大幅度偏离或完全抛弃自然对象外观的艺术。它是创作者情绪或感觉的体现，以直觉或想象力作为创作原点，对物像进行认识、理解、提炼、升华的创造表现。

14. 抽象艺术是指任何对真实自然物象的描绘予以简化或完全抽离的艺术，它的美感内容借由形体、线条、色彩的形式组合或结构来表现。瓦·康定斯基率先使用了这个词语，他创作于1910年的一张水彩画被某些权威学者认定为第一件属于完全意义上的抽象绘画作品。

15. 建筑功能、结构和材料、建筑形式三者形成有机整体，是西方传统建筑美学的普遍共识。古典形式主义美学认为，美是自然秘密规律的显现，最美的比例可以来源于纯粹的数理关系。到了现代主义时期，建筑强调的基本原则是"表里如一"，即建筑形式要真实地反映和表现其特定的功能和结构，符合自然和逻辑。

16. 尼·拉多夫斯基的理性建构是基于对形式感知的客观分析和心理学，并开发了一种建筑教学上的精神分析方法。该方法是拉多夫斯基在呼捷玛斯的左翼工作室联盟（OBMAS）任教过程中开发的。这种方法从零开始拓展了学生的体积空间想象力，并揭示了他们的创造潜力，主张项目的工作从草图和原型设计开始，然后才制作传统图纸（平面图、剖面图、立面图）。

17. 维·巴利欣（1893—1953），1924年毕业于呼捷玛斯，自1923年呼捷玛斯的主要教学部门成立以来，维·巴利欣成为宣传学科"空间"的教师之一。在与"空间"学科的其他年轻教师的合作中，在20世纪20年代中期，维·巴利欣发展了一种理性主义的建筑构成理论。

18. 当时的建筑系分为三个派系：学术工作室（伊·若尔托夫斯基）、左翼工作室联盟（尼·拉多夫斯基、尼·多库恰耶夫和弗·科林斯基），以及康·美尔尼科夫和伊·戈洛索夫的工作室。而美尔尼科夫和戈洛索夫抵制学术和左翼阵营。

19. 布尔什维克和孟什维克是20世纪初俄罗斯社会主义运动中的两个主要派系。在俄语中，"布尔什维克"一词的字面意思是"多数"，而"孟什维克"则意为"少数"。

20. 1927年，尼·拉多夫斯基建立了一个实验室，使用他自己设计的工具测试空间感知（角度、体积、线性度等），鼓励学生发展他们的思想和想象力，不受任何给定风格的限制。他们对空间和形状的感知和控制在他们研究特定风格之前就已经发展起来了。

21. 尼·多库恰耶夫（1891—1944），苏联建筑师、教师、理论家，新建筑师联盟的创始人和领导者之一，联盟主要思想的宣传者。1926年在一篇关于"建筑艺术基础"课程的方法论文章中，表达了以下论点：结构的性质和对它的要求预先决定了艺术原则对技术原则的参与程度和支配程度，但它们之间需要协调、相互商定和解决问题。建筑的主要问题是：建筑形式、结构和空间。

22. 莫·金兹堡在他的文章《建筑思维的新方法》（Новые методы архитектурного мышления，1926年）中，谈到了首先需要结合现代社会条件，关注创造新的理性结构类型的问题。

23. 呼捷玛斯的目的是"培养具有最高工业资格的大师级艺术家，以及专业技术教育的建设者和管理人员"，包括画家、雕塑家和平面艺术家、建筑师和戏剧艺术家、陶艺家、纺织工人和印刷商、住宅和公共建筑的家具和室内设备设计师。在工作坊中，教师和学生通过使用强调空间的精确几何改变了对艺术和现实的看法，而构成主义只是其中一小部分。

24. 新建筑师联盟，全称Ассоциация Новых Архитекторов，由尼·拉多夫斯基于1923年创立，活跃于20世纪20年代和30年代初。该小组专注于用建筑创造"心理组织"效应，而新生的现代建筑师联盟指责其"形式主义"。

25. 与新建筑师联盟组织一样，现代建筑师联盟从莫斯科呼捷玛斯的前卫派中发展而来。与早期的协会不同，现代建筑师联盟声称自己被称为构成主义者，因为它们更关注功能而不是形式，以及关注构成主义的实验建筑。

26. 该小组由呼捷玛斯1928—1930年的毕业生组成，简称APУ（Объедие архитекторов урбанистов）。该小组专注于城市规划，以实现爆炸性增长城市的可持续发展。尼·拉多夫斯基亲自制定了一系列城市增长计划，试图打破传统的单中心同心圆发展模式。

27. 包括赢得1924年莫斯科麻雀山国际红色体育场的比赛（首席设计师：弗·克林斯基），康·美尔尼科夫和尼·拉多夫斯基在1925年巴黎展览会的苏联馆竞赛中分别获得第一名和第二名等。

28. 亚·罗德钦科1922年2月被任命。该系的学习内容比其名称含义要广泛得多，专注于产品设计与生产实践。在1923年给校长的一份报告中，罗德钦科列出了以下科目：高等数学、几何、理论力学、物理学、艺术史和政治。理论任务包括平面设计和"体积和空间学科"；同时在铸造、造币、雕刻等方面进行了实践。

29. 1926年，木加工和金属制造系合并，在1927—1930年的几年工作期间，从该学院毕业的50名工程师和艺术家从事木材和金属加工。

30. 20世纪50年代，第二次世界大战后苏联最重要的任务是实现工业生产的现代化。设计师必须考虑以快速且具有成本效益的方式来生产消费品，同时考虑可用的生产能力，而不是人们的需求。这一时期是苏联设计史的一个重要时期，苏联的科学家、艺术家、建筑师等进行了无数次的艺术探索，诞生了诸多走在时代前沿的作品，包括轻工业产品、汽车、建筑等。

31. 1920—1926年间作为独立系，木加工系主任包括：格·雷奇科夫（1920—1922）、维·基谢廖夫（1922—1924）、鲍·汤姆森（1923—1924）、弗·彼得罗夫（1924—1925）、雅·米洛斯拉夫斯基（1926）。

32. 继斯特罗干诺夫斯基工艺美术学校的发展路线，该学院从事家具设计和木材装饰加工，这成为木加工系的主要方向。1922年，随着主要教师的过渡，该系开始引入构成主义教学原则。

33. 随着1926年拉·里西茨基的到来和1927年弗·塔特林的到来，学院开始了新的复兴。拉·里西茨基在他的课程和作业中巧妙地结合了形式的实践和艺术功能。弗·塔特林开发了"材料文化"课程，该课程培养了材料本身的具象表达，而不是构成主义者的抽象几何主义。

34. 不同时期的教师有：伊·瓦伦佐夫、维·基谢廖夫、尼·库尔朱诺夫、安·拉温斯基、弗·彼得罗夫等。

35. 装饰主义（ArtDeco），是20世纪二三十年代出现的艺术风格，来自1925年在巴黎举办的国际现代装饰和工业艺术展。装饰主义运动力图采用新的装饰形式装饰批量生产的机械产品，在现代主义设计和"工艺美术"以及"新艺术"运动中寻找一种折中的设计艺术形式，满足人们对于产品形式美感的需求。涉及的领域包括建筑、家具、陶瓷、玻璃、纺织、服装、首饰等。

36. 风格化与写实相对，指艺术创作者在描述阐释一件事或物时，采用偏离原始印象的手法。它是艺术创作千差万别的具体表现。在绘画，特别是现代插画中，画家采取了模仿或者原创的方法，使自己的画具有特殊的风格，与众不同。

37. 历任系主任包括：谢·莫尔恰诺夫（1920—1928）、帕·维克多罗夫（1928—1930）。教师有：伊·阿维林采夫、帕·维克多罗夫、奥·格留恩、柳·马雅科夫斯卡娅、谢·莫尔恰诺夫、尼·波列克托娃、尼·索博列夫、米·季霍米罗夫等。

38. 当时系内的教师主要是纺织从业者，他们试图将纺织品生产提升到一个新的水平，并为学生提供理论和历史知识。

39. 教师队伍的发展是沿着消除手工劳动和过渡到机器生产技术培训学生的路线进行的。喷枪等新技术已经出现，它被广泛用于工厂中。该学院的目的是培养艺术家同时也是技术人员，精通艺术和创作原则以及生产流程。

40. 亚·库普林（1880—1960），苏联教育家、图形艺术家、画家。曾在呼捷玛斯（1922—1930）、莫斯科纺织学院（1931—1939）、莫斯科高等艺术和工业学校（1946—1952）担任教师。他最有代表性的作品是各种风景和静物。他是一位纯正的塞尚主义者，静物具有丰富的色彩和可塑性的力量。

41. 在此之前，苏联装饰艺术的典型审美，是17世纪出现于伏尔加河畔下诺夫哥罗德州的霍赫洛马装饰画。这种装饰画常见于各种木制餐具和家具，以红色、黑色和绿色为主色调，以金色为背景色，有时还会用到银色的锡粉。它所描绘的一般都是花朵、浆果、枝叶、禽鸟小动物。这种装饰风格在19世纪末期曾经风靡欧洲，在苏联时期继续受到欢迎。

42. 艺术构成，指艺术作品的题材、主题、细节、情节、情感等要素的总和。首先，艺术作品必须是艺术家刻意创造的作品，它看上去必须具有审美性或审艺性。其次，艺术作品必须是表现了艺术学科部分元素或艺术模糊元素的艺术家刻意转换的作品。最后，艺术作品必须是陈述表现了独创性或首创性艺术内涵或艺术边界拓展的独特性和个性化作品。

43. 纤维艺术起源西方古老的壁毯艺术，它在发展过程中又融合了世界各国优秀的传统纺织文化，吸纳了现代艺术观念、现代纺织科技的最新成果，因而也有学者称它为既古老又年轻的艺术形式。现代纤维艺术孕育于德国包豪斯设计学院，主要发展于美国和欧洲。无论是传统的平面作品还是带有前卫观念的装置作品都是将材料作为基本的元素，使用不同的技法来表达观念和思想的。

44. 革命俄罗斯艺术家协会，在20世纪20年代，关于现实主义艺术的一场公开辩论推动了该艺术团体诞生。这个新成立的协会有一个响亮的宗旨："描绘出澎湃着革命激情的伟大时刻。"该协会的成员们为了取材，与工人和士兵们生活在一起，深入观察工人和士兵们的生活。他们关注红军、工人的生活，也关注革命领袖以及全民建设社会主义国家的景象，这些都是其创作的源泉。

45. 苏联人民教育委员会成立于1917年11月，最初不仅领导各级各类学校教育的改革，且主管文学、艺术和科学机构，领导文化宣传工作，设社会教育司、职业教育司、政治教育总委员会、科学与博物馆管理委员会、文学艺术事务委员会、文学与出版事务委员会、俄罗斯联邦国家出版局、少数民族教育委员会、国家学术委员会等机构，分管相应工作。1928—1929年，高等和中等技术学校转交最高国民经济委员会和有关工业人民委员部领导，农业院校转交农业人民委员部领导。1936年起，高等和中等专业教育的发展转由苏联人民教育委员会的高等学校事务委员会主管，科研机构在此之前亦转由苏联中央执行委员会的专门机构和科学院管辖。

46. 历任系主任包括：亚·菲利波夫（1920—1923），亚·卡赞采夫（1923—1926），伊·恰伊科夫（1926—1927），谢·图马诺夫（1929—1930）。

47. 在不同时期，妮·加藤贝格、米·叶戈罗夫、伊·叶菲莫夫、亚·卡赞采夫、帕·库兹涅佐夫、亚·库普林、伊·穆欣娜、尼·尼斯-戈里德曼、弗·塔特林、谢·图马诺夫、亚·菲利波夫、伊·恰伊科夫、达·施捷连贝格等人在陶艺系任教。

48. 从最初开始，教师就认为设计和生产应是连贯的。早在1921年，他们就已经接受了为共产国际第三次代表大会代表印刷礼品的任务。后来，在该系的课程中，实践培训与其他院系相比占据了很多时间，在自己的印刷厂进行。

49. 在绘画系，大学的主要问题（为客观教学方法而斗争，为大众创作或艺术的斗争，以及其他问题）变成了支持或反对架上艺术的斗争。1922—1923年，客观性方法成为教师与主要部门联系的纽带。同时为绘画系所有部门开设的"作曲理论"课程发挥了重要的统一作用。学生准备通过戏剧设计、纪念性艺术和设计作品与大众进行交流。

50. 雅罗斯拉夫（Ярославль）位于莫斯科州的东北部，伏尔加河上游。城市建筑极具自己的特色。13世纪，此地的教堂、寺院、官邸等都用石块砌成，部分流传至今。从17世纪中叶起，这里出现了多座享有盛名的建筑群、众多式样各异的教堂。17世纪中叶，工商业繁荣带动了建筑艺术的发展，大批教堂陆续被兴建。它们均绘有宗教典故的壁画，线条严谨、构思奔放、生动传神，在俄罗斯建筑艺术史上占有重要的地位。

51. 普斯科夫（Псков）是俄罗斯最古老的城市之一，位于圣彼得堡西南约250公里处，是普斯科夫州的首府。15世纪这里的圣像画非常有名，16世纪普斯科夫成为一个主教的驻地，到19世纪这里一直是宗教中心。位于普斯科夫城东南110公里处有个著名的米哈伊洛夫斯克村，那里是伟大诗人、俄罗斯近代文学的奠基人普希金的故乡。

52. 诺夫哥罗德（Новгород）是俄罗斯的一个城市，建于859年，是诺夫哥罗德州的首府，俄罗斯西北部历史名城。这里也是杰出的文化中心，是俄罗斯石制民族建筑的发源地和最早的国家绘画学院所在地，对中世纪俄罗斯的艺术发展产生了深远的影响。它是中世纪及稍晚时期（11—19世纪）俄罗斯建筑遗产的保留地，也是俄罗斯文化宗教的主要中心之一。

53. 弗拉基米尔（Владимир）在俄罗斯西部，弗拉基米尔州首府。建于12世纪初，曾为弗拉基米尔-苏兹达尔公国首都。这里是铁路和公路的枢纽，而工业以拖拉机、精密机床、自动仪表和电机制造为主。次为化工业（合成树脂、塑料等），建有工学院、师范学院。古迹以圣母升天教堂、德米特罗夫教堂、金门等12世纪建筑闻名。

54. 历任系主任有：鲍·科罗廖夫（1920—1923）、伊·恰伊科夫（1923—1929）、米·别拉绍夫（1930）。1926年，雕塑系与陶艺系合并，但一年后它们再次分裂。

55. 创新型教师在雕塑系发挥了积极作用。该学院的主要思想家和方法论者是鲍·科罗廖夫。科罗廖夫主张将形式原则应用于比喻形式，他的课程构成了教师活动的基础。在他离开呼捷玛斯之后，这些想法在很大程度上被伊·恰伊科夫延续了。

56. 雕塑系教师包括：阿·巴比切夫、米·别拉绍夫、谢·布拉科夫斯基、谢·沃尔努欣、安·戈卢布金娜、伊·叶菲莫夫、亚·日尔特克维奇、谢·科年科夫、鲍·科罗廖夫、安·拉温斯基、伊·穆欣娜、叶·拉夫杰尔、和亚·蒂聂卡、伊·恰伊科夫、尼·亚西诺夫斯基等。

57. 立体主义，又称立方主义，1908年始于法国。该流派相对来说摒弃了对画面协调性上的过分关注，主要以冲突和扭曲的画面来形成一种图像语言。1912年前后，立体主义艺术声名远扬，传播至全世界，它的创新技法推动了其他艺术流派和艺术运动的发展，包括表现主义、未来主义、构成主义、达达主义、超现实主义和精确主义。雕塑、建筑、应用美术领域的艺术家们也很快接受了立体主义画家提出的艺术主张，尝试进行了类似的创作。

58. 1925年巴黎现代国际装饰艺术博览会，全称"巴黎国际装饰艺术与现代工业博览会"（Exposition International des Arts Decoratifs et Industriels Modernes）。对于艺术史来讲，其具有三个重要的作用：第一，提出了法国官方的现代艺术风格，这种风格在20世纪60年代被英国艺术史家毕维斯·希利尔命名为装饰风格（Art Deco）。第二，通过康·美尔尼科夫设计的苏联馆以及勒·柯布西耶的新精神馆，人们发现一个更加具有构成性、功能性的现代设计理念正冉冉升起。第三，通过全球商业传播，不管是装饰艺术风格，还是现代功能主义理念，最终都成为一种具有全球化影响的国际风格，并对时代产生了持久的影响。

59. 实用艺术是艺术的一大门类，指实用性与审美性紧密地结合在一起的艺术。它具有物质生产与艺术创作相统一的特征，实用的、材料的、结构的特点与装饰的、美化的、观赏的特点交融在一起，既具有物质的实用功能，又具有精神的愉悦功能。实用艺术不同于美术作品。美术作品是具有审美意义的平面或者立体的造型艺术作品，并没有限制这种造型艺术作品只能是为了观赏而存在，不能具有某种使用价值。美术作品应当包括纯美术作品和实用美术作品，其中实用美术作品是实用艺术作品与美术作品的交集。

60.《消息报》（Известия）是苏联苏维埃机关报。1917年3月创刊于彼得格勒，当时称《彼得格勒工人代表苏维埃消息报》，是孟什维克和社会革命党人管理的报纸。十月革命后归布尔什维克领导，后迁到莫斯科出版。该报在苏联国内建有完备的通讯网，并在国内42个城市同时印刷。

61. 莫斯科劳动宫的设计方案是打响构成主义革命运动的第一枪。在1922年，苏联政府举办了莫斯科劳动宫设计竞赛，这也是苏联成立以来的第一次大型建筑设计竞赛，得到了业内人士的广泛重视。维斯宁兄弟此次作品的名称为《天线》，旨在为构成主义的建筑师们指明方向。他们设计的莫斯科劳动宫与周边的历史环境形成了强烈的对比，但又在某种程度上保持了整体的协调。该建筑一反周边古典主义建筑的形象，表现出强烈的创新倾向。

62. 列宁学院设计方案，不仅被视为伊·列奥尼多夫的第一部真正独立的作品，而且具有他的独特建筑风格。它于1927年在莫斯科举行的首届现代建筑展览会上公开展出，被认为是一个全新的建筑方向的开端。与1919年的弗·塔特林第三国际纪念碑和1925年的康·美尔尼科夫巴黎馆一样，列宁学院设计方案至今仍然是苏联建筑第一个十年革命性，创新精神的伟大象征之一。

63. 建筑的形态尺度、材质表达、光影效果等都会对人的心理产生影响。如过于狭隘逼仄的空间使人感到恐慌和不安，而宽敞明亮的空间使人感到快乐和舒适；植物性材料，如竹、麻、藤、草、棉等对于人类来说具有自身的亲和性，因为它们给人类提供了温暖舒适的心理感受；光常用于营造空间的意境和空间的特性，不同尺度下渗入的光带给人的感受也是不一样的。

64. 阿·舒舍夫的作品可以被视为连接俄罗斯帝国复兴主义建筑和斯大林帝国风格的桥梁。1920—1924年，舒舍夫在呼捷玛斯任教。

65. 帕·诺维茨基，1926年5月初继任，从他领导之初，诺维茨基就依赖于建筑系，即为最发达的艺术创造力领域培训专家的地方。诺维茨基在他的演讲、报告和文章中表现出是工业艺术和构成主义的积极支持者，这也体现在他与建筑系教师的关系中——构成主义者与他最亲近。在诺维茨基担任校长期间，在绘画、雕塑方面，也是从培养新型艺术家的角度考虑的。他们必须首先培养"社会主义文化建设"的专家，不是培养一般的艺术家，而是培养能够从事生产性质的、具体作品的专业艺术家。

3

第 3 章

呼捷玛斯创作思想的
传播及其教育体系的传承

呼捷玛斯是20世纪20年代苏联先锋派艺术运动最重要的研究创新中心，它的前卫艺术创作思想不仅在苏联的大地上处处开花，而且在当时较为发达的欧洲国家也掀起了一阵热潮。瓦·康定斯基、拉·里西茨基等大师更是将呼捷玛斯的创作思想和教学体系带到了德国包豪斯，促生了呼捷玛斯与包豪斯之间的现代建筑教育理念的相互融合。1933年，呼捷玛斯被迫关闭后，虽历经波折，但其独一无二的创作思想和教学体系最终被莫斯科建筑学院传承下来，滋养着俄罗斯一代代建筑人。即使在现代，其创作思想也对以雷姆·库哈斯和扎哈·哈迪德为首的世界杰出建筑大师的创作生涯产生了不可磨灭的影响。

3.1 莫斯科建筑学院对呼捷玛斯遗产的继承与发展

3.1.1 尼·拉多夫斯基的建筑教学体系及其发展体系

尼·拉多夫斯基（图3-1）作为前卫建筑师、教育家，在20世纪二三十年代，积极地在呼捷玛斯开展教学实践活动，形成了一套全新的建筑教育体系。他在现代建筑教育方法、空间构成理论方面的研究影响了整整一代苏联建筑师，并延续至今。尼·拉多夫斯基走出了一条现代建筑教育的道路，他的教育思想成为现代建筑及现代造型艺术教育体系的基石。

尼·拉多夫斯基简介

尼·拉多夫斯基1881年出生于莫斯科，1941年逝世。从20世纪20年代起，他领导了苏联的理性主义建筑运动，是理性主义建筑思潮的代表人物。同时，他在呼捷玛斯积极地开展教学实践活动，形成了一套全新的建筑教育体系。他的教育方法极具创造性，影响了整整一代苏联建筑师，被称为现代苏联建筑教育理论的创始人。今天的莫斯科建筑学院便继承并发展了他的教学体系。

1914—1917年间，尼·拉多夫斯基就读于莫斯科绘画雕塑与建筑学院。1914年，33岁的尼·拉多夫斯基向学校提交入学申请，并声称自己从事建筑行业工作已有16年。他曾在铸造厂工作4年，参与实际的建造活动。1907—1914年间在圣彼得堡担任建筑设计与施工管理工作，并且在此期间在3次公共建筑方案竞赛中获专业奖项，虽这些方案均未实施。

1915年，也就是十月革命爆发的前两年，尼·拉多夫斯基代表学生向校方提出建议调整训练课程，要求前卫建筑艺术运动的建筑师如伊·若尔托夫斯基[1]、阿·舒舍夫[2]等人为学生们授课，而不再继续教授腐朽过时的新艺术风格。1917年，尼·拉多夫斯基毕业。

1917年俄国十月革命爆发，世界上第一个社会主义国家诞生。这时，尼·拉多夫斯基跟随老师伊·若尔托夫斯基接受了布尔什维克党的邀请，在莫斯科市议会的建筑部主要负责市政道路修缮工作和政府主导的宣传设计工作。随着苏联社会主义制度的推行，以及社会主义制度对工业的需求，尼·拉多夫斯基敏感地意识到历史主义风格已经不能适应社会制度的需要，便开始探索先锋建筑的道路。1919年5—11月间，尼·拉多夫斯基联合弗·科林斯基、阿·鲁赫利亚杰夫等人，邀请亚·罗德钦科加入共同组建绘画雕塑建筑综合委员会。受到委员会学术交流和开展活动的影响，尼·拉多夫斯基逐渐形成了对艺术审美、对建筑造型的理解。1920年，随着这些学术主张的发表，以及绘画雕塑建筑综合委员会一系列展览的举办，尼·拉多夫斯基的现代造型思想快速地被人们

知晓并逐渐接受，因此，尼·拉多夫斯基迅速成为前卫建筑学派的领袖人物。

1920年12月，尼·拉多夫斯基成为艺术文化研究所的负责人。在艺术文化研究所的建筑师论坛讨论过程中，尼·拉多夫斯基的"理性主义"建筑理论体系逐渐成熟。他所认为的"理性主义"是一种强调通过知觉来感受空间与形状的方法，它将现代建筑造型艺术凌驾于纯粹的工程设计之上。

在1920—1930年间，尼·拉多夫斯基在呼捷玛斯任教，他基于其理性主义思想积极地发展了建筑空间造型的教育体系。1931年，尼·拉多夫斯基参与了苏维埃宫设计竞赛（图3-2）。1932年，他接受委任，主持莫斯科市议会的建筑部第五规划工作室工作，负责重新规划莫斯科河畔区与莫斯科区。1933年，他参加了不少规模较小的建筑设计竞赛。遗憾的是，除了莫斯科卢比扬卡地铁站外（图3-3、图3-4），其他项目都没有中标。

竣工于1935年的莫斯科卢比扬卡地铁站，以及同年7月正式发表于《莫斯科建筑》的莫斯科河畔区规划设计，成为尼·拉多夫斯基最终的学术研究及建筑作品。尼·拉多夫斯基的声音自此消失在苏联及建筑艺术史中。

尼·拉多夫斯基的理性主义建筑思想

从20世纪20年代起，尼·拉多夫斯基领导了苏联的理性主义建筑运动，是新建筑师联盟和建筑—规划师联盟的代表人物。尼·拉多夫斯基用最简单、纯粹的几何形体去表达空间的秩序感，并通过它们之间不同的组合来创造

图3-1 尼·拉多夫斯基

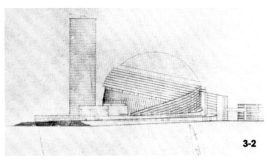
图3-2 苏维埃宫竞赛设计方案

图3-3 莫斯科地铁的卢比扬卡车站（重建）

图3-4 莫斯科地铁的卢比扬卡车站现状外观

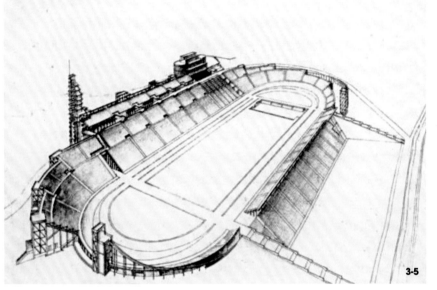
图3-5 新建筑师联盟莫斯科麻雀山国际红十字体育场竞赛作品

图3-6 伊万诺沃新型住宅楼，1925年

图3-7 《新建筑师联盟语录》杂志内页

动态、充满张力、富有韵律且复杂均衡的建筑空间造型。可以说，尼·拉多夫斯基的"理性主义"是符合现代工业发展背景下建筑造型规律的。

（1）新建筑师联盟和建筑—规划师联盟的发展

新建筑师联盟于1923年由尼·拉多夫斯基领导成立，是苏联前卫建筑时代建立的第一个创作团体。其反对新古典主义和折中主义的建筑思想，坚持理性主义的设计理念。新建筑师联盟的成员大多由呼捷玛斯的老师、艺术文化研究所的成员，以及前卫建筑师弗·科林斯基组成。新建筑师联盟在1920—1930年间，参与了许多设计竞赛与实际项目的实践，积极表

达了理性的建筑设计思考，在当时被称为"理性主义者"。1924年，尼·拉多夫斯基带领成员主持设计了莫斯科麻雀山国际红十字体育场（简称MKC）竞赛方案，并在竞赛中获胜（图3-5）。这次竞赛使尼·拉多夫斯基和他的理性主义设计创作得到了社会的肯定。1925年，成员康·美尔尼科夫和尼·拉多夫斯基在巴黎展览的苏联馆比赛中分别获得第一名和第二名。1925年，尼·拉多夫斯基和拉·里西茨基[3]合作，在伊万诺沃设计建造了一座现代化的新型住宅楼（图3-6）。他们将住宅平面设计为整齐排列的锯齿形或星形，建筑的角度呈120°，这种设计方式大大节省了公共楼梯、通风和管道的建造成本。由于项目的成功，而后尼·拉

多夫斯基按照同样的方式，在莫斯科卡莫文尼基区建成了一座由12段星形或锯齿形相互连接组成的公寓楼。在这之后，联盟成员虽然在竞赛设计和图纸表达中表现优异，但这些建筑设计作品最终很少被建造。之后他们开始将大部分时间致力于呼捷玛斯的空间教学模式研究。1926年，联盟出版了唯一一本出版物《新建筑师联盟语录》（图3-7）。其中，尼·拉多夫斯基撰写的左翼工作室联盟的心理分析教学法、组建呼捷玛斯心理技术实验室的必要性的文章，以及学生专业设计作品，占据了出版物的主要篇幅。1928年，新建筑师联盟宣布解散。

在新建筑师联盟解散的同时，尼·拉多

160

夫斯基成立了建筑—规划师联盟，该联盟由1928—1930年间呼捷玛斯的毕业生组成。该联盟聚焦工业化极速发展的社会背景，意在为爆炸性增长的城市做可持续发展的建筑设计方案。尼·拉多夫斯基同联盟成员设计出一系列的城市生长方案，其中包括最著名的"抛物线城市"模式。"抛物线城市"突破了传统的单中心同心发展模式，环状布局的住宅和工业区以类似马蹄形的方式发展，有助于减少对市区高层建筑的需求并缓解交通拥堵。该理念在1931年"莫斯科城市规划"提案会议中震惊四座，得到了当局的肯定。然而令人遗憾的是，由于苏联局势的变动，"抛物线城市"的提案太具前卫性，可实施难度大，因而方案仅仅是昙花一现。1929年，建筑—规划师联盟出版了书籍《建筑与呼捷恩》。该书呈现了联盟在城市规划方面的实践作品、心理技术实验室的研究成果，以及呼捷玛斯学生的设计作品。

（2）尼·拉多夫斯基理性主义思想

总的来说，尼·拉多夫斯基在两个联盟中的艺术创作更倾向于一种塑造空间，以空间为语言去创造建筑的形式美。建筑结构与空间造型虽然有千丝万缕的联系，但是空间不能被束缚。其实早在1919年，尼·拉多夫斯基曾称理性主义的建筑思想为"使建筑空间感知和功能相契合的精神，而不是建筑建造技术的理性主义"。他一直追求在建筑中表达理性和客观，试图用条理清晰的科学建造方式将建筑中的构造元素组织起来。

从尼·拉多夫斯基的观点中，可以看出他的思想理论不仅在当时极富创造性、现代性与前卫性，今天看来仍符合现代主义思潮发展的基本方向。由于他纯粹地从建筑空间构成的角度去思考，当时的建造手段和生产力远远达不到他所创造的空间技术要求，所以，他的作品很少被建造。古典学派与尼·拉多夫斯基学派的教育方式对比见表3-1。

表3-1 古典学派与尼·拉多夫斯基学派教育方式对比

项目	古典学派	尼·拉多夫斯基学派
课程目的	学生们通过学习经典的柱式——这种最完整、最有帮助的建筑体系，了解建筑的逻辑。以训练为目的，让学生对古典艺术作品进行模仿或略加改变	传统的教学体系已经被放弃，尼·拉多夫斯基主张学生们应该自己去创造新生艺术元素。课程目的是学生的课程作品可以在现实世界创造出来
学生的选拔	考核学生的二维图形创作，与建筑没有必然联系	学生的选拔取决于学生的视觉空间协调能力。1927年，尼·拉多夫斯基建立了一个"黑房间"实验室。运用他自己设计的工具来测试空间知觉（如角度、体积、线性等）
课程内容	首先，学生学习古典柱式的基本元素；其次，他们以这些元素为基础进行组合练习；最终，新作品总是遵循传统的体系	首先，开发学生们的思想和想象力，不受任何既定风格的限制；其次，等他们的感知能力以及把握空间与形状的能力发展之后，才开始固定风格
成果	精心绘制的二维图纸	三维实物模型

尼·拉多夫斯基基于空间感知的新教学模式

自1921年起，尼·拉多夫斯基开始在呼捷玛斯任教。在这里，尼·拉多夫斯基通过一系列空间感知实验的设计将其成果运用到呼捷玛斯的教学中，从而逐渐形成了一套科学、有效的建筑空间造型体系（图3-8~图3-10）。尼·拉多夫斯基新的教学模式彻底推

图3-8 弗·克林斯基在呼捷玛斯讲授课程，1921年

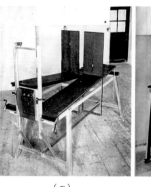

（a） （b）

图3-9 尼·拉多夫斯基"心理"实验室的装备（a、b），1927年

（a） （b）

图3-10 尼·拉多夫斯基的"空间"课程（a、b）

翻了古典学派那种因循守旧的教育体系，引起了专业教学方法和新建筑造型方法的震荡，可见其思想的前瞻性与创造性。

（1）基于空间感知的新教学模式发展

1917年，十月革命成功。1921年，苏联逐渐实行新经济政策，开始走大规模工业化发展的道路。这时国内思想领域也出现相应变化，艺术家渴望新的建筑形式，同时建筑师吸收了欧洲大陆先进的技术思想，创作激情被唤醒，苏联前卫艺术运动掀起一阵热潮，各种新艺术风格在苏联自由的文化土壤中孕育，竞相表现出新的风格。同时呼捷玛斯学生们表现出对前卫艺术的渴望，并开始对他们进行探索。就在这时，尼·拉多夫斯基也由于其前卫的设计思想得到学院及学生的支持，投身到了前卫艺术运动的潮流中。尼·拉多夫斯基由于这次契机，成功地将自己的空间构成训练加入建筑系的课程中。

1922年秋季，学院建筑系分成两个部分：学术部和创新部。每个部门在教学方法和思想上完全独立，因此，在这期间，尼·拉多夫斯基与同事弗·科林斯基以及尼·多库恰耶夫获得了充分的自由。他们联合成立了左翼工作室联盟，在这里，尼·拉多夫斯基摆脱了古典主义课程的限制，开展了具有创新性的空间课程以培养学生的空间感知能力。他主张学生们通过统一训练，掌握感知空间的能力，自己创造新生艺术的元素。

1923—1924学年，呼捷玛斯创建了一个崭新的学部，为全体学生提供两年的基础入门课程。在该课程安排中，空间课程成为计划的核心内容之一，旨在教授学生学会独立地构筑新的造型语言。在此期间，尼·拉多夫斯基也试图通过写作系统地阐述空间、形状和颜色的客观状态以及人的感受规律。

1926年，尼·拉多夫斯基根据雨果·明斯特伯格[4]的工业心理学理论建立了一个空间感知实验室。他在理论研究中，对最基本的几何形体（立方体、球体、圆柱体、圆锥体等）的艺术表现力进行了不同的感知实验，从中总结出人对构图的感知规律。尼·拉多夫斯基通过心理试验的设计，深化心理分析法，研究建筑造型对人的影响及心理感知。他将这些研究成果不仅仅运用于辅助建筑设计中，更多的是运用到呼捷玛斯建筑空间造型的教学课程中。同年，呼捷玛斯将建筑系的两个部门合二为一，尼·拉多夫斯基联合工作室的建筑造型体系开始成为建筑系核心教学方法。虽然在此期间构成主义占据了思潮的主流，但学生们早在基础入门时就开始接受尼·拉多夫斯基心理教学方法的训练，因此尼·拉多夫斯基教学方法对各个工作室的学生都产生了很大的影响（图3-11～图3-13）。

直到1929年12月，学校最终制定了建筑学学科教学大纲，所有学生的设计中遵循"形式结构第一"的设计理念。这也是尼·拉多夫斯基左翼工作室联盟和后来在呼捷玛斯工作室中提倡的设计理念。

（2）尼·拉多夫斯基的教学理念

尼·拉多夫斯基认为空间造型能力是建筑学的基本素养，从学生的入门教育起，开始培养学生组织空间和形体的意识，以及对特定形式几何空间的感知，学生要对几何形体有严谨、清晰的认识。尼·拉多夫斯基和学生们在一起逐个研究建筑造型的"元素"，再从抽象题目过渡到具体实践工程中，在长时间的训练过程中，学生可以逐渐掌握客观的分析方法，掌握建筑语言的构图规律，进而自行创作。

尼·拉多夫斯基的教育体系培养了学生对空间形式的感知、构成能力，因此，空间课程可以被认为是"理性"教学方法的核心。尼·拉多夫斯基认为，建筑造型应有助于表达空间的特征，问题可以通过空间构成方式来解决。这种教学方法的主要目的是教授学生在建筑构筑与营造过程中，学会独立构筑新的造型语言，这也是教学中最复杂的一部分。

1927年，收录建筑学院建筑系毕业设计作品及空间课程作业的《呼捷玛斯建筑集》出版。同年夏天，呼捷玛斯举办了"首届世界现代建筑展览"，展示了大量建筑系毕业生和在校学生的设计方案。这场展会上展出的前卫建筑设计作品和对现代艺术的理解对此后的建筑师乃至包豪斯都产生了深远影响。从这些学生作品中，我们可以看出或许当时呼捷玛斯的许多作品是忽视结构、功能等问题的，但是它们却敲开了现代建筑的大门，大跨步地走在了时代的前沿。我们甚至可以说，正是前人在建筑上敢于做出新建筑的尝试，才带动甚至是引领了现代建筑的发展。

（3）尼·拉多夫斯基教育思想的发展与传承

20世纪30年代以后，前卫的空间构成发展受阻，尼·拉多夫斯基的实践，教育基地呼捷玛斯于1930年解体。呼捷玛斯同莫斯科工程学院的建筑系合并，成立了高等建筑工程学院，1933年，改名为莫斯科建筑学院。在1930—1933年内，学院内以空间构成、元素创造为主的现代建筑教育思想一直在低调延续着。然而，1934年，政府开始掌控建筑行业的发展并强制践行古典主义风格的建筑，1934—1962年，在莫斯科建筑学院内，古典主义学派被奉为准则，以空间构成、艺术造型为目的的教育模式几乎被全部抛弃。这个时期建筑忽略了建筑的社会、经济和功能方面的需求，几乎被演绎成雕塑，形成了纯粹的艺术思潮，建筑的发展开始在历史中倒退。

到了20世纪50年代至60年代，苏联社会进入了一个思想相对开放和言论相对自由的时期。在此期间，曾担任过尼·拉多夫斯基空间课程讲师的弗·科林斯基教授发表观点，极力主张恢复在呼捷玛斯践行的建筑学教育课程。在弗·科林斯基的高度支持下，莫斯科建筑学院逐渐开始使用尼·拉多夫斯基建筑基础教育的课程。在学院教学中，弗·科林斯基以尼·拉多夫斯基的教学方法为基础，在建筑形体、空间、色彩、表现手法等方面进行了大

(a)　　　　　　　　　　　　　(b)　　　　　　　　　　　　　(c)　　　　　　　　　(d)

(a)　　　(b)　　　(c)

(d)　　　(e)　　　(f)

3-12

(a)

(b)

3-13

(c)

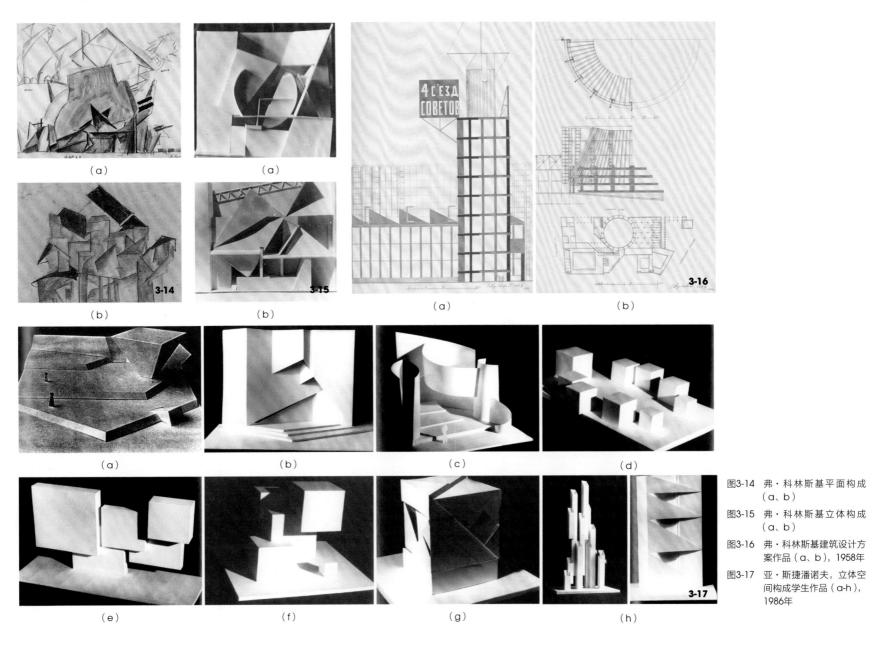

图3-14　弗·科林斯基平面构成
（a、b）

图3-15　弗·科林斯基立体构成
（a、b）

图3-16　弗·科林斯基建筑设计方
案作品（a、b），1958年

图3-17　亚·斯捷潘诺夫，立体空
间构成学生作品（a-h），
1986年

量的实践和探索，最终总结出了一套利于发展学生空间想象力的实验教学法，学院的建筑教育体系日趋成熟（图3-14~图3-16）。至此，尼·拉多夫斯基的教育方法得到了改进和发展。

到了20世纪60年代，苏联政局稳定，人民生活相对富足，东西方时局对抗趋于缓和，这一时期正是苏联社会主义建设发展的高潮时期。经过十年间建筑教育的发展，苏联建筑教育在20世纪70年代达到鼎盛期，莫斯科建筑学院的教

育体系趋于完善，学院最终确定了艺术和技术紧密结合的教学法原则。由于其课程设计具有传统实践经验的背景和现代技术的要求，创造性建筑设计成了教学的基础，课程设置分为基础教育和专业化教育两部分。这个时期的基础教育包括建筑制图、立体-空间构成两门课程，其中立体-空间构成课程，是尼·拉多夫斯基建筑教育理论和实践的特有结合，由亚·斯捷潘诺夫教授担任。在立体-空间构成课程中，亚·斯捷潘诺夫

教授做了许多教学尝试，把尼·拉多夫斯基的空间教学思想传承下来。亚·斯捷潘诺夫组织学生进行基本构图形式的练习，创作出具有指定特征的情感表达构图空间。构图作业分三种：平面、立体和深空间。例如，第一个作业是平面构成，要求学生应用有限的平面直角元素，解决平面构图，并按建筑绘画的要求，在图纸里表现出布置投影的能力。亚·斯捷潘诺夫教授的这些训练，在弗·科林斯基的课程设计基础上做了由简入繁

164

的训练，并且将作业的选题同建筑设计作业相配合，使创作原则和实践作业结合起来，帮助学生一步步掌握建筑构图的一般方法和特点，比如韵律、和谐等（图3-17）。在这个时期的教育中，学生大多探讨独特且具有创造性的空间和思想，这尤其反映在莫斯科建筑学院创造性的毕业设计上，他们大多被称为"纸上建筑"。值得肯定得是，亚·斯捷潘诺夫教授在立体–空间构成课程中的探索和实践，使基于尼·拉多夫斯基的空间教学方法得到传承和完善。

20世纪90年代初，苏联解体，整个社会的政治和经济生活进入转型时期。由于苏联教育界的发展依靠政府大力支持，经济危机首先蔓延到教育部门，教育资金急剧下降。然而在这个时期，学校的大多数教职员工，特别是许多老教授和老教师，仍然坚持不懈地追求教育，把建筑教育的思想传承下来。同时在这个时期，社会环境相对开放，西方信息大量涌入，建筑师们开始对西方的建筑艺术思潮有了认识。莫斯科建筑学院开始对教学大纲、教学方法、实践应用等新技术进行改革，吸收借鉴国内外有益的教学体系，其教育方法和体系得到了改进和完善。在20世纪90年代的教学实践中，弗·普利什肯和耶·普鲁宁作为莫斯科建筑学院的教授，一直强调空间模型教学在建筑设计教学中的重要意义（图3-18、图3-19）。他们在接收了西

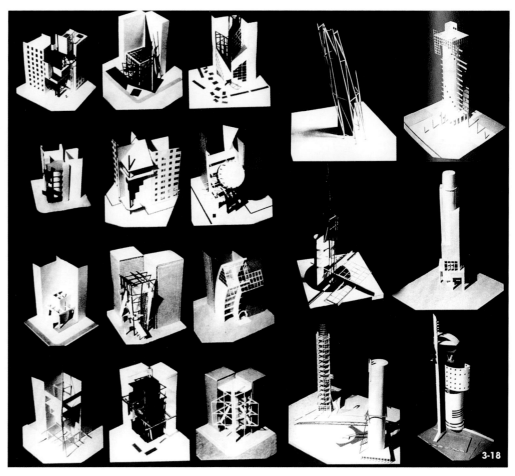

图3-18 弗·普利什肯——模型教学，1998年

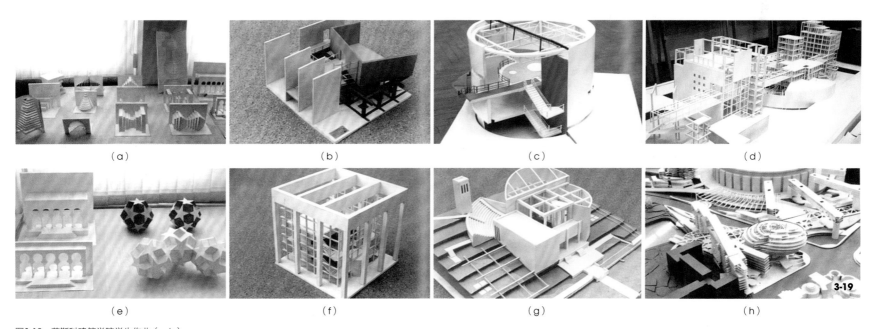

| (a) | (b) | (c) | (d) |
| (e) | (f) | (g) | (h) |

图3-19 莫斯科建筑学院学生作业（a-h）

图3-20 莫斯科建筑学院学生作品（a-h），2003年

方现代建筑思潮后，研究西方建筑的建筑教育创作方法，发现西方教学思想与尼·拉多夫斯基在呼捷玛斯的教学实践是一脉相承的，西方建筑实践为呼捷玛斯早期教学思想找到了现实的注解。在课程改革过程中，他们对专业化课程的教学方法进行了改动，强化了模型教学的概念。模型教学要求从建筑教学的第一天起，就要训练学生形成空间思维、形象概念及建筑造型手法。在教学计划中，"构图"素质的培养贯穿于建筑学教育全过程及设计的各阶段，不仅贯穿在"空间—形体构图"课程中，同时与具体的建筑课程设计相结合，在建筑设计的不同过程中采用不同的模型教学。学生到高年级之后，针对构成的专门训练停止，构图集中在对建筑课程设计的模型化上。采用模型教学，推敲空间组织的最佳方案，激发学生们积极的创作活动。学生们通过模型来研究空间形体的性质与规模，发展自己的空间构图能力、想象力，最终制作成富有表现力、可塑性的模型。

模型教学是两位教授在尼·拉多夫斯基教育理念的基础上，吸收早期实践者和西方建筑实践的经验，把尼·拉多夫斯基的空间教学思想传承下来，强化了模型教学的指导方法。其中，他们对空间构图课程的修改使尼·拉多夫斯基的教学方法更加完善。1994年秋，莫斯科建筑学院通过了长达半年之久的英国皇家建筑师协会（RIBA）的教育资质评审，获教学优秀等级证书。

1996年，依靠国家划拨教育经费、保护政策外以及招收外籍学生，莫斯科建筑学院基本解决了经费问题。莫斯科建筑学院开始了新的教学阶段。尼·拉多夫斯基"空间构图"的教育方法经过五代人、半个多世纪的传承和发展，总结了之前无数实践者的教学经验，形成了完善、严谨的建筑设计教学理论及训练方法（图3-20）。

从训练方法来看，莫斯科建筑学院继承了大部分尼·拉多夫斯基的教学实践，这种训练方法是建立在对建筑本质的理解，以及对教育心理学体系研究的基础之上的。由于这种教育体系的科学性及创造性，继弗·普利什肯和耶·普鲁宁之后，莫斯科建筑学院的老师们，如弗·阿乌罗夫、亚·涅克拉索夫、尼·萨普雷基娜等，热忱地传承着前辈们无数次实践、改进后严谨的设计教学理论及训练方法，而这种教学体系将会影响一代代建筑学子们。

尼·拉多夫斯基的教学体系的创立在现代建筑教育中具有重要意义。他对现代建筑思想的贡献、对现代建筑教育方法、对建筑空间构成理论的发展都为后人留下了一笔学术财富。他走出了一条现代建筑研究的道路，达到了振聋发聩的效果。由于他所提出的"空间–形体构成"理论的前卫性、前瞻性，他的教育理念在呼捷玛斯得到了充分的完善与发展，从呼捷玛斯到莫斯科建筑学院被坎坷地继承下来，时至今日，还依旧适用。

3.1.2 莫斯科建筑学院现代建筑造型的基础教育

时至今日，百年历史的呼捷玛斯教学楼仍然发挥着巨大的作用，并沿袭当时的教学传统，用厚重的历史积淀和师生的共同努力营造出浓厚的学术氛围和艺术氛围。莫斯科建筑学院继承保留了呼捷玛斯造型艺术教学体系并将其发扬光大，直到现在仍然起着巨大的教学根基作用。在建筑学教育上，呼捷玛斯非常注重建筑构成基础能力的培养，其中尼·拉多夫斯基教授建立了适应造型艺术心理感知的建筑构成艺术的组织概念和教学方法，这就是形态构成、空间构成和色彩构成训练。需要指出的是，该教学体系对于形式的探索是通过对实际的建筑体型研究而来的，每个环节的训练都与建筑设计紧密关联，相较于包豪斯体系针对所有设计类专业的构成教学，学生能够更加直观地体会构成在建筑设计中的应用，从而更有针对性地学习。

莫斯科建筑学院建筑造型基础教学的思路是将造型训练分为形态构成训练、空间构成训练和色彩构成训练三大部分，在符合造型艺术心理认知的规律下，从简单的造型元素入手，逐步到元素的组合和体系架构，而后生成作品。通过系统的造型语言字词句式的训练，培养学生对空间的感知能力以及抽象能力和创造力，最终，学生学会从形态、空间和色彩等角度去分析解读建筑大师作品，为今后的建筑设计积累语言。以下分别就各部分教学内容和训练步骤做详细介绍。

形态构成训练

耶·普鲁宁和弗·普利什肯教授20世纪90年代以来的基础教学主要是通过形态构成训练50多道练习题进行的。每道练习题要求学生提供三个以上的解答方案，教学思路是先训练学生对于基本几何图形的感知和构成，然后过渡到建筑中，把建筑平面、立面抽象分解成几何图形，再进行构成设计，并加入建筑的功能、材料等属性，以此来建立形态构成与建筑设计之间的关系，加深对大师建筑作品形态设计的理解。具体的教学训练步骤归纳如下。

第一，构成基础训练：简单几何图形的构成。训练首先要建立学生对构成概念的认知，以常见的方形、圆形和三角形等基本几何形为例，先给出一种固定组合形式，学生可以在此基础上改变基本几何形的形态、大小、位置、数量以及材质肌理等属性，对其进行重新组合，要求新的构图要满足图形间和谐统一的形式美原则，且至少完成三种以上构图。通过重构的过程使学生体会和掌握几何形的构成技巧，并打破其固有的"标准答案唯一解"思维，为之后的建筑构成做准备（图3-21）。

第二，抽象基础训练：对于实体的提炼和简化。在对几何图形进行构成训练之后，让学生对实际生活中的实体比如熟悉的自然事物或建筑构件等进行观察，并将其抽象成常见的基本几何形态。这一训练是要让学生摆脱传统的具象思维，摒弃事物的细枝末节，培养他们对复杂事物的提炼和概括能力，以帮助他们接下来能够对更复杂的建筑进行抽象。这个过程有助于建立与建筑设计的直观联系，同时也是积累设计素材的过程（图3-22）。

第三，与实际建筑结合的抽象训练：建筑平、立面的抽象。在对实体进行抽象训练之后，这一环节开始对建筑的平面和立面进行分析和抽象，与简化实体稍有不同的是在简化平、立面时需要考虑其内在的逻辑组织，如内部功能或立面划分等，逐步简化的过程反推过来其实也正是建筑平面或立面生成的过程，所以，学生通过对平、立面的简化和概括，除了强化抽象能力，还可以体会和分析建筑作品在设计构思时所使用的几何元素和构成手法，加

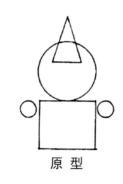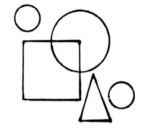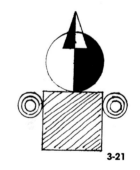

原型

图3-21 简单几何图形的构成

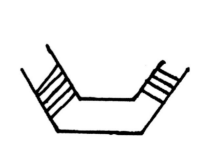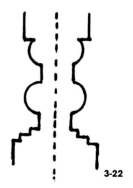

图3-22 对具象物体的抽象概括（河流、楼梯、栏杆）

深他们对建筑生成的认知（图3-23～图3-26）。

第四，建筑与构成的结合训练：建筑平、立面的构成。在掌握了构成的技巧和抽象能力之后，便可以用现有建筑平、立面图为原型，尝试在不改变其外轮廓的情况下，通过改变其中某些元素的位置和方向等方式，使其产生不同的形态，探索在同一个平面或立面下，更多不同的可能性。如将一展示大厅平面中用于分隔展览空间的墙体进行位置的变换，形成新的展示大厅平面布局，或在同一立面情况下，通过改变门、窗等构件的形态去组织新的立面构图，这个过程有助于提升学生对于创造所产生的兴趣，同时也能够开拓思维方向，激发设计方面的灵感。

第五，综合的构成运用训练：与建筑结合的各式构成。除了建筑平、立面的设计之外，建筑的群体布局和细部设计等方面也是建筑设计中非常重要的部分。因此，形态构成的思路应当运用到建筑的各个方面，大到建筑院落布局，小到建筑转角、外廊等细部构成，应展开多角度的针对性练习。如以指定高层建筑案例为原型，通过观察其立面构图、整体形态和细部、材质上的设计，运用其中的构图元素和处理手法，在基本立方体的基础上创造出新的高层建筑形态设计，需要关注的有建筑转角、建筑细部、立面设计以及局部与整体的统一等方面。这个过程可以培养学生的发散性思维和创造力，同时可以建立起形态构成与建筑设计之间的整体联系，为今后学生学习建筑设计提供有利帮助。

空间构成训练

空间构成训练的目标是培养学生对于空间的感知，包括构图、光影、明暗和空间维度等属性，这些也是建筑设计中需要重点关注的课题。训练本着循序渐进的思路，从平面逐步过渡到空间，从半立体构成开始，到空间转角，再到整个空间形态，以及通过对空间体的表面处理和场所的把握，让学生感受空间构成与实际建筑造型手法中所相通、交叠的部分，从而进一步提升空间感知能力与建筑造型能力。

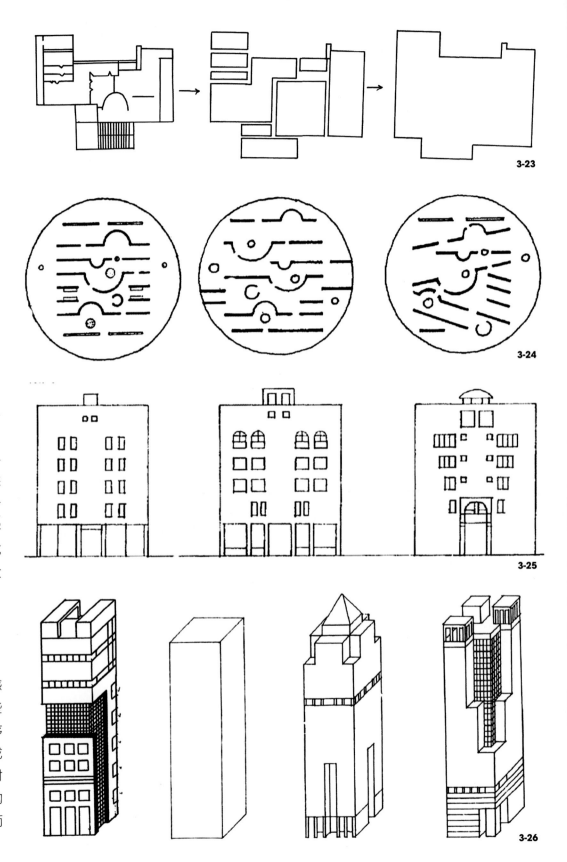

3-23

3-24

3-25

3-26

具体教学训练步骤和内容归纳如下。

第一，感知空间中的基本形体。与形态构成训练一样，首先要让学生熟悉基本的空间造型元素，学生需动手绘制出各种基本几何体的展开图（图3-27），再制作出几何形体（图3-28）。这个过程有助于学生空间思维的养成，也培养他们之后能够将复杂建筑形体简化为基本几何体的能力，利用制作好的几何体做出不同的组合方式，可以帮助学生分析体块组合的空间关系，把握均衡稳定的空间感，进一步强化空间感知。

第二，由浅浮雕开始初探空间。半立体构成也称浅浮雕，是从平面转化为立体的最基本的构成训练。使用便于加工的纸张作为基本材料，通过切割、折叠等手法对其进行立体化加工，在二维纸面上呈现出凹凸变化的立体感和艺术感。浅浮雕训练包括直线浅浮雕（图3-29）、曲线浅浮雕（图3-30）、镂空浅浮雕（图3-31）和字体抽象浅浮雕（图3-32）等。这个训练可以很好地把平面图形设计和立体思维结合起来，帮助学生提高空间造型能力和个人审美能力，动手制作的过程也可以引发其对材料性能的关注和探索。

第三，转折中的空间构成。转折的空间构成是指在90°折角的空间内进行形体的变化，它是平面立体化与空间形体之间联系的桥梁。训练包括字体造型折角构成、具体建筑折角构成和抽象建筑折角构成等，从具象到抽象的训练过程循序渐进，引申到建筑设计的本质，是告诉学生如何在三维空间的视角下设计建筑立面，这和通常从平面角度设计立面的思路完全不同，并且在空间的表现力上更胜一筹。由此来提高学生对建筑立面的处理能力以及空间审美水平，也为下一步进行空间转角训练打好基础。

第四，空间转角上的造型。空间转角的训练要求学生以正立方体为操作对象，从一个转角的造型设计逐步过渡到三个转角的造型设计，训练本质是在打破原始完整形态后依旧要保持符合主观美感的造型特征。引申到建筑设计中，是教授学生如何良好地处理建筑转角，使其完美地嵌入建筑中而不影响建筑体块的整体形态，多个转角的练习更是训练学生在创造独特变化的同时如何把握整体风格的统一，从而更理性地对建筑体量进行分析和把握。

第五，空间"体"的造型感知。在对三个空

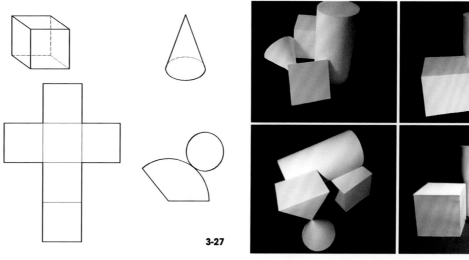

3-27

3-28

3-29

3-30

3-31

3-32

间转角的造型设计有较好的把握后，下一步就要把研究范围扩展到整个空间体上。顾名思义，空间"体"的处理要考虑到每个转角各个维度的美学处理并使其成为统一的整体，所以要求学生在制作之前要从整个体量出发思考问题。依然以正立方体为载体，学生可运用加法和减法等处理手法对其进行加工，力求表现立方体各个角度的美学特质和整体的体积感，同时以建筑为暗示，引导学生对建筑的转角形态、材料和肌理以及局部和整体有更一步地把握，培养学生较好的空间想象能力和整体协调能力。

第六，空间体块的表面处理（图3-33～图3-44）。这一训练要求学生对基本几何形体的各个表面进行切割、镂空等处理。这种表面处理更趋向于建筑立面所展示的抽象美学训练，使学生掌握在建筑立面造型设计中对开窗、开洞等造型手法的运用。该训练与之前空间体的转角训练相结合，可以将整个体块造型设计得更加完善，提高学生在建筑体量造型上的良好审美水平。

第七，广场空间的抽象感知。这一训练将研究范围扩大到更大尺度的城市开放空间，要求以人体尺度为参照，结合对图形关系的理解，通过折纸的方式设计出一定风格化的抽象广场造型。这个训练需要学生从城市感的空间角度进行思考设计，广场内的所有构成元素要主次有别、风格统一。此训练可以帮助学生从宏观的角度构建建筑模型，增强学生的尺度感。

色彩构成训练

色彩构成训练的逻辑是通过对当代大师绘画作品的分析和色彩空间的抽象，理解绘画空间色彩的实质，并以此将表面的二维空间图像衍生出三维的实质空间模型，来建立抽象绘画与空间构成和现代建筑设计的关系，培养学生对色彩的空间感认知和创新思维，并通过对建筑大师作品中色彩、材料和形态语言的分析，体会其中色彩所体现的创作手法和创作意图。

色彩构成训练大致分为以下几个步骤。

第一，色彩的基础训练：色彩的感知、分析、重构、位移与创新。

色彩的基础训练目的是为了加深对大师画作中色彩运用的理解和对色彩的整体感知，主要包括：首先是对大师的绘画作品进行临摹，在临摹的过程中观察画作中色相、纯度和明度的对比，色块的面积、形式及其组合关系，以此来感知大师的色彩运用；在初步感知的基础上，对绘画中所采用的色彩进行提取与归纳，并按照一定规律将其排列出来，从中找出色彩的色相、明度和纯度方面的差异和联系，培养学生对色彩构成中色块组织的掌控能力。

接下来是色彩的重构，学生在掌握色彩原理的基础上，可发挥自身想象力和主观能动创造力，改变原有色彩的色相、明度和纯度等固有属性，对画作进行色彩重构练习，初步把握对色彩的运用，同时在此基础上学会运用单一的黑白灰色调对其进行明暗关系的填充。这个训练十分必要，可以帮助学生理解色彩的色相、明度等属性对画面明暗深浅的作用，对之后的色彩空间创造有直接指导作用。

色彩的位移是指根据大师绘画作品中色彩的组织规律，保持画面色彩的形态不变，应用其原有色彩，在新的画面上进行错位填充，来组织新的构图。色彩的组合方案有诸多可能，可鼓励学生尝试多种色彩的排列，并在这个过程中培养他们灵活运用色彩以及对色彩搭配的感知。

在对色彩有了良好认知之后，可引导学生从自身的主观感受出发，运用自己喜欢的色彩在原作图形基础上进行色彩的创新填充（图3-45）。主观重构的过程是学生对于色彩认知最直接的反映，这个过程可以增强学生主观色彩的意识和驾驭色彩的能力，使学生在色彩认知上的积累和色彩修养得到质的飞跃。

第二，色彩的几何提成训练：图形抽象与感知能力的培养。

色彩的几何提成训练是运用色彩原理对抽象绘画作品进行的一种色块提取抽象训练，主要操作是将绘画作品中一些具象的元素和细枝末节的部分进行舍弃简化，提炼和归纳出画作中有特点的形态和代表性造型，并将色块的边线进行几何图形化处理，用色块归纳的形式进行色彩提取，把非本质的、次要的色彩做大胆的概括化处理，只表现局部特征突出的色彩，再加上自身的主观感受和创造力，将其进行重新组合搭配，"改造"为全新的由几何图形和色块构成的画面（图3-46、图3-47）。这个训练不仅能够强化学生对形态和色彩的抽象能力，还能够锻炼学生对于色彩与空间之间关系的认识。

第三，色彩的空间转化训练：平面构图的三维空间生成。

色彩的空间转化原理来源于色彩心理学的范畴，色彩的色相、明度和纯度等属性都会影响色彩本身给人的空间距离感。一般来说，明度和纯度较高、较亮的色彩容易给人较近较浅的空间感，反之则会产生较远较深的空间感。根据这个原理，我们对绘画作品中的色彩进行属性的分析，再对抽象后的平面形态进行建模，使平面画作衍生出实体的三维概念模型，以此来实现由平面到空间的转换，从而加强学生对于空间感知、时空概念和空间构成等方面的基础认识。

在这个过程中，我们可以借助色彩的单色重构将画作进行"黑白灰"的处理，用黑白明度的感知对其进行空间分析，将模型立体化，并尝试在此基础上完成图底关系的互换，进而把图底关系分析的方法延伸至建筑设计中，如分析建筑与城市空间的关系、公共空间和私密空间的图底关系等。

以上三个构成训练互相联系、相辅相成，综合培养学生对于形态、空间和色彩的感知。每个训练最终都回归到对建筑的针对性分析上，意在结合所学知识，帮助学生理解建筑师对不同尺度、不同时代和不同类型建筑作品的设计意图和创作手法，切身感受形态、空间和色彩在建筑设计中的应用，并具备基本的分析、造型与构成能力，为今后学习建筑设计打下坚实基础。

莫斯科建筑学院的建筑造型基础教学延续了呼捷玛斯的教学传统，可以为世界各国的建筑基础教育提供诸多启示和思考：一是要注重培养学生的造型能力，提高造型艺术在建筑基础教育中的比重，逐步减弱传统技法的训练，避免学生对建筑设计的学习局限在建筑的功能和技术中，同时还将造型艺术与建筑设计有机结合；二是要注重培养学生的创造力，多引导学生发挥自己的主观意识和能动性，这有利于学生建立学习的自主性和积极性，而不是在老师的指导下"迷失自我"；三是要注重培养学生的抽象能力，使其逐步摆脱具象思维，学会对复杂事物进行提炼和概括，摒弃事物的细枝末节，这更有利于建筑设计的学习；四是要注重培养学生多方案创作的能力，引导其进行多角度的思考和分析，提供更多解决问题的方案，在不断思考甚至是不断自我推翻的过程中真正激发学生的设计能力（图3-48～图3-55）。

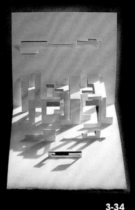

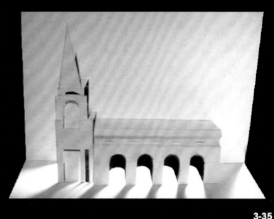

3-33   3-34   3-35

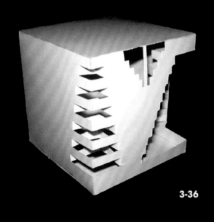

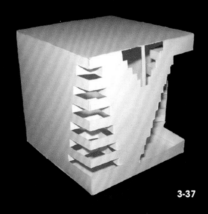

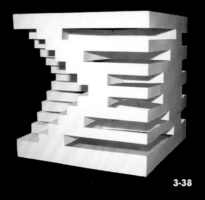

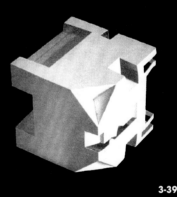

3-36   3-37   3-38   3-39

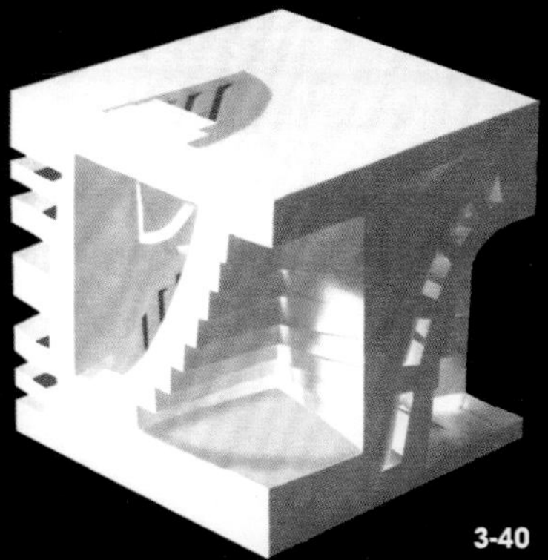

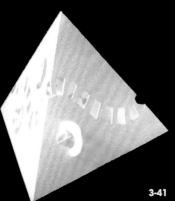

3-40   3-41   3-42

图3-33　字体造型的折角构成
图3-34　抽象建筑的折角构成
图3-35　具体建筑的折角构成
图3-36　立方体一个转角的空间构成
图3-37　立方体两个转角的空间构成
图3-38　立方体三个转角的空间构成
图3-39　立方体的空间构成（一）
图3-40　立方体的空间构成（二）
图3-41　三棱锥的表面处理
图3-42　立方体的表面处理

171

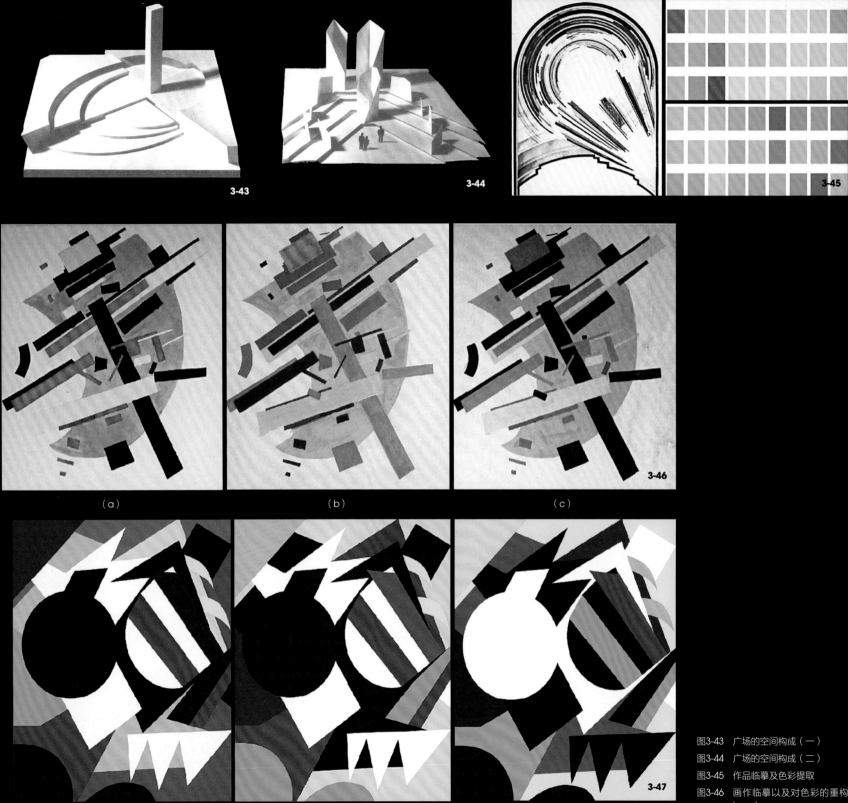

图3-43　广场的空间构成（一）

图3-44　广场的空间构成（二）

图3-45　作品临摹及色彩提取

图3-46　画作临摹以及对色彩的重构

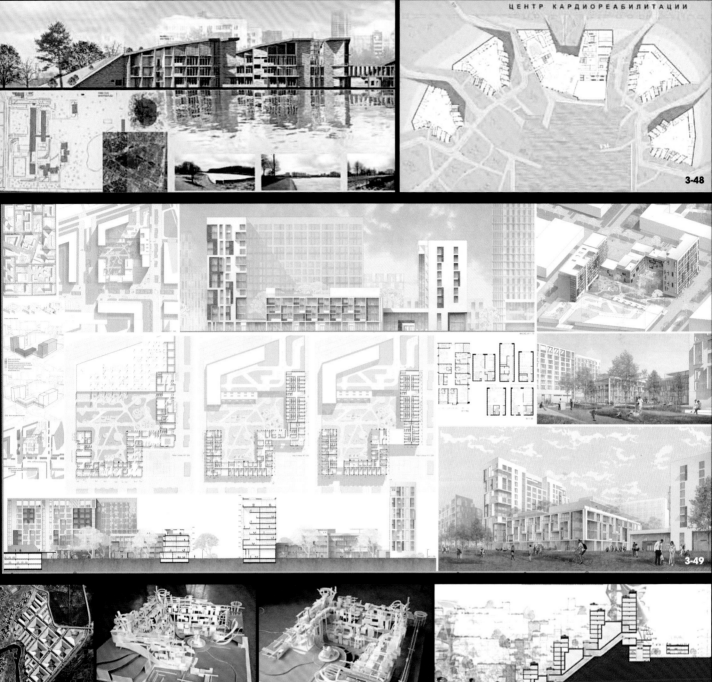

图3-48　2008年莫斯科建筑学院学生毕业设计（一）——一等奖设计作品：莫斯科维什尼扬卡区心脏康复中心设计，作者：叶·韦利科列波娃。弗·阿乌洛夫教授、亚·多巴列夫副教授和尤·比切夫讲师共同指导

图3-49　2008年莫斯科建筑学院学生毕业设计（二）——优秀作品：适合全年龄层的多功能住宅综合体设计，作者：塔·切尔卡索娃。塔·那波克娃教授、亚·沃伦措夫教授，建筑师米·特洛扬等共同指导

图3-50　2008年莫斯科建筑学院学生毕业设计（三）——一等奖设计作品：莫斯科卡波特尼亚区火山建筑设计，作者：德·科洛奇科娃。米·舒边科夫教授指导

图3-51 2008年莫斯科建筑学院学生毕业设计（四）——优秀作品：萨罗夫市朝圣中心设计，作者：叶·季文卡。伊·亚斯特列波娃教授、建筑师塔·洛戈茨卡、建筑师叶·伊斯托明娜和弗·沃罗比约夫教授等共同指导

图3-52 2008年莫斯科建筑学院学生毕业设计（五）——一等奖设计作品：尤尔马里的旅游休闲娱乐综合体设计，作者：安·祖耶娃。奥·勃列斯拉夫采夫教授、米·科列娃教授和弗·诺切夫金娜教授共同指导

图3-53 2008年莫斯科建筑学院学生毕业设计（六）——优秀作品：雷宾斯克市城市修复方案中城市建筑传统的复兴，作者：阿·卡普斯京。阿·马利诺夫教授、鲍·甘杰里斯曼教授和叶·马拉亚副教授共同指导

图3-54 2008年莫斯科建筑学院学生毕业设计（七）——优秀作品：建筑景观综合体"回归原始"，作者：达·赫列诺娃、扬·米塔索娃。叶·斯捷格诺娃教授和柳·蒙恰克教授共同指导

图3-55 2008年莫斯科建筑学院学生毕业设计（八）——优秀作品：安德列耶夫大桥多功能综合体之水上公园，作者：安娜·西比李扬科娃、维·科尔西教授和纳·科尔西西教授等共同指导

3.1.3 莫斯科建筑学院对呼捷玛斯教育思想的传承

呼捷玛斯在机构调整后不再存在了，苏联造型艺术与建筑设计走上了复古主义之路。1945年第二次世界大战胜利后的英雄主义[5]，曾有力推动过造型艺术的古典主义，直到20世纪50年代中后期，由于复古主义建筑造价成本高昂，建设速度缓慢，不能满足快速发展的社会需求，因此在赫鲁晓夫时期，现代主义建筑以其实用、简洁、便于工业化大生产、容易普及、建造速度快等原因迅速在苏联普及起来。当然这种普及完全是建立在功能与功利双重需求之下的。

这种情况一直延续到20世纪50年代。1953年现代主义建筑又以其功能性、简洁化、工业化大生产、容易被普及、建造速度较快等原因迅速在苏联普及。苏联社会步入相对开放、思想言论相对活跃的时期。20世纪60年代以后，苏联的建筑教育也摆脱了专业外的干扰，逐渐走上了新的发展之路。为适应社会经济的发展，呼捷玛斯的继承者——莫斯科建筑学院相继成立了工业建筑系、农村建筑系及居住建筑与公共建筑系等专业化教育系。可以说建筑业的进步和思想发展与现代化的教育体系是密切相关的。在这段时期内，建筑设计在城镇规划、住宅建设、公共建筑、工农业建筑、建筑工业化、历史建筑的保护、城市更新、生活环境改善等各个方面取得了长足的进步。

经过十年建筑教育风格的正常化，苏联时代建筑教育的直接成果体现在20世纪七八十年代，特别是在80年代，苏联的建筑创作达到了鼎盛期。80年代前半期是苏联社会主义建设发展的一个高潮期，政局稳定，人民生活富足，东西方对抗趋于缓和。苏联工业大发展在造型艺术及建筑领域方面，呼捷玛斯思想得到了进一步发展。在这时，强调了现代建筑构成方式、建筑遗产与城市文脉的联系，强调了人对现代建筑理性的感受与人文主义的衔接。苏联现代建筑在世界建筑中形成了自己独特的风格。这一时期，建筑学院的毕业生在实际工作岗位上也有突出的表现。可以说，建筑学院内的基础教育和专业化教育以及现代化的教育思想为社会输出设计人才提供了强大助力。80年代苏联建筑在建筑形象的追求、民族性与地方性、古城保护与更新、建筑与自然环境，以及与历史环境的适应性等方面的成果显著。

呼捷玛斯的真实影响在1970年后终于显露于人们面前。其中，弗·普利什肯作为莫斯科建筑学院的教授，一直强调模型教学在建筑设计教学中的重要意义，传承了尼·拉多夫斯基在呼捷玛斯的教学实践。从建筑教学的第一天起，就开始训练学生空间思维的形成、形象概念以及建筑造型手法。在教学计划中，他强调"空间—形体构图"教学，学生们通过模型来研究空间形体的性质与规模，发展自己的空间构图能力、想象力，最终制作成富有表现力、可塑性的模型。同时，在"立体—空间构成"课程中，亚·斯捷潘诺夫教授也做了许多教学尝试，把尼·拉多夫斯基的空间教学思想传承下来。

总的来说，呼捷玛斯的教学及思想传统在莫斯科建筑学院艰难地得以延续，最终在20世纪80年代，呼捷玛斯的教学经验被莫斯科建筑学院全面地吸收了。

从训练方法来看，莫斯科建筑学院继承了大部分呼捷玛斯的教学方法，并且总结了前任无数实践者的教学经验，形成了完善、严谨的建筑设计教学理论及训练方法。这种训练方法是建立在对建筑本质的理解，以及对教育心理系统研究的基础之上。学院里把建筑学教育系统地分为学前教育、初步教育、基础教育、专业教育和研究生教育。学生们分阶段、有目标地学习各项课程，最终形成自己的设计风格。这种训练方法历经时间的锤炼，受到当时苏联建筑教育界的一致认同，并影响着世界其他地区。

3.2 呼捷玛斯对当代建筑大师作品与理论的影响

3.2.1 雷姆·库哈斯与苏联前卫艺术的关联性

在建筑学这门学科的发展历史进程中，苏联的建筑艺术设计理论和实践成果影响深远。当代很多著名的建筑大师都曾深受其影响，这些影响从他们的建筑作品中可以看出。这里介绍雷姆·库哈斯与扎哈·哈迪德两位建筑大师，论述其建筑设计作品与苏联和呼捷玛斯的微妙关系。

20世纪30年代，呼捷玛斯的前卫艺术实践和"社会凝结器"理论在古典主义思潮涌起中几乎销声匿迹。20世纪60年代，二十岁出头的雷姆·库哈斯通过苏联前卫建筑师伊·列奥尼多夫的先锋作品与苏联前卫艺术偶然相识。在苏联前卫建筑师们所构建的乌托邦式的社会理想里，雷姆·库哈斯与其产生了共鸣，从此改变了他的职业生涯，开始了建筑设计的追求。雷姆·库哈斯通过研究苏联前卫艺术与社会运动，不断充盈着自己的精神世界。

探究苏联前卫艺术与雷姆·库哈斯建筑师生涯的关系，剖析苏联前卫艺术对他在构建其建筑世界和社会理想时产生的深刻影响，与它们之间藕断丝连的关系，这些研究是对当今现代主义建筑发展的另一种解读，也许会给我们不一样的启示。1965年至今，雷姆·库哈斯用其建筑的探索与追求与苏联前卫建筑艺术开始了一场半个世纪的"恋情"。

苏联前卫艺术在沉寂多年后，终于被世界重新关注，也在近半个世纪里被西方的建筑艺术家们逐渐认识、继承并发展。

1917年前后，苏联前卫运动在十月革命的激发与感召下，蓬勃发展，取得了世界现代艺术创作的思想与实践的巨大成就。这一阶段的建筑理论和作品极富生命力和冲击力，影响深远。第二次世界大战后，西方现代主义建筑在功能与技术的追求中，逐渐走上了死胡同。单方面的固执己见导致建筑与现代艺术运动碰到了发展瓶颈，苏联前卫建筑思想开始在西方得到重视，继续在当代延续与演变，深刻地影响着今天的建筑师与艺术家们。

前卫艺术和前卫建筑密不可分，构成主义建筑是前卫建筑领域中最具代表性、影响最深远的建筑流派。雷姆·库哈斯在不同场合多次表达苏联构成主义对其的深远影响。20世纪60年代，身为记者的雷姆·库哈斯多次去苏联，正是在那里，他了解到构成主义建筑师伊·列奥尼多夫的思想观念，于是下决心转行学习建筑。伊·列奥尼多夫用他成熟的、充满力量的前卫建筑设计，将此时在建筑领域尚且懵懂的雷姆·库哈斯深深吸引。

伊·列奥尼多夫作品中一些共产主义的理想，使雷姆·库哈斯在思想和建筑造型艺术上受到极大冲击。不同的建筑艺术思想原来是可以相互交流和相互借鉴的。

苏联前卫艺术十分独特，雷姆·库哈斯的建筑理论和建筑设计也是如此。在雷姆·库哈斯的建筑实践中，他试图建立艺术与社会的联系，实现他的建筑社会学的理想。解读雷姆·库哈斯的建筑师生涯，无论是他在英国建筑联盟学院（AA）[6]的学生时代，还是在其《癫狂的纽约》[7]一书中，抑或是他在俄罗斯的建筑设计作品（车库现代艺术博物馆）中，始终能感受到他的苏联情怀，他的社会理想、造型理想与改造世界、创新未来的理想，都与苏联前卫艺术有着紧密联系。

雷姆·库哈斯对苏联前卫艺术产生兴趣的起点

1944年出生于荷兰的雷姆·库哈斯，几乎一生都在追寻和实践自己的社会理想，用作品为理论发声。如今他已成为享誉世界的建筑师，所率领的大都会建筑事务所（OMA）以其独特的设计成就在国际建筑舞台上扮演着越来越重要的角色。

1965年，雷姆·库哈斯与苏联前卫艺术结缘。当时还是新闻记者兼编剧的他参加了一次构成主义建筑艺术展览会。在众多热情的前卫艺术创作作品里，伊·列奥尼多夫作品中直线条的、集中的、具有强烈的生命力的元素，以及对社会环境的规划和关注，吸引了雷姆·库哈斯的目光。出于新闻记者的敏锐，透过伊·列奥尼多夫的作品，雷姆·库哈斯感受到了共产主义理想的冲击感，这种冲击感使他触动很大。他意识到了建筑设计与写电影剧本有很多共同之处，建筑设计与理念之间的联系，无疑是一种促进社会进步的物质条件，并可以作为实现社会目标的手段和桥梁。二十岁出头的雷姆·库哈斯被苏联前卫艺术深深吸引。

20世纪六七十年代，雷姆·库哈斯多次前往莫斯科和西伯利亚研究伊·列奥尼多夫的生平和他创作的前后过程。在他的作品中始终存在同历史相关联的逻辑体系，建筑不仅仅只是个容器，也是无数事件交互碰撞的集合体，伊·列奥尼多夫的建筑使他着迷。

"可以说，在我来到俄罗斯后，我第一次明白了做建筑不是为了塑造形状，甚至不是为了建造建筑物，而是一种能够定义社会内容、能够参与社会发展的职业。"在2018年莫斯科城市论坛上，雷姆·库哈斯对建筑学进行了一种诠释："当我看到20世纪二三十年代俄罗斯建筑师的作品时，我明白这才是建筑的本质：建筑学是一种剧本创作，但用的是建筑物而不是文字。"

1992年古根海姆博物馆苏联前卫艺术展览

1992年"俄罗斯和苏联的前卫艺术"（1915—1932）展览在古根海姆博物馆举办，俄罗斯第一次向世界展示苏联的前卫艺术世界。展览向人们表明，在建筑、城市与社会生活的各领域，在保证自由的前提下，理想的城市形态与社区是可能存在的。前卫建筑设计与艺术创作项目，体现了激进观点之间的紧张关系，以及对艺术自主性的强烈肯定与通过设计将美学关注点投射到日常生活之间的张力。该展览试图通过强调前卫作品的社会理想与追求，以及社会思想基础，将风格问题与社会背景联系起来。

"俄罗斯和苏联的前卫艺术（1915—1932）"展览是当时在古根海姆博物馆中规模最大的展览，来自德国、英国、俄罗斯和美国的21位杰出学者在论文中共同探索了俄国和苏联先锋派活动的多样性和复杂性。代表着社会主义与无产阶级力量的艺术思想，终于在经历了半个世纪之后的沉寂中复苏了。苏联前卫建筑多姿的风采、梦幻的理想成为20世纪90年代国际主义风格建筑的救命稻草，许多前卫的西方建筑师开始迷恋上了前卫建筑这朵半世纪前的美丽多刺的"野玫瑰"。

俄罗斯对雷姆·库哈斯的影响

1991年苏联解体后，随着俄罗斯经济的发展，宽松的创作条件和多样化的资金来源使艺术和建筑的发展得以逐渐摆脱某些外部影响，前卫建筑思想继续在当代俄罗斯延续和演变。一方面，国内前卫建筑的思想虽然一度遭受不公平的对待，但始终在艰难地传承着，不曾断绝。另一方面，20世纪10年代苏联前卫建筑的观念和思想传播到西方，极大地影响了现代建筑的发展，在经过几十年的发展后，与西方其他建筑思想一起，重回俄罗斯国内。作为苏联前卫艺术和构成主义的拥趸，雷姆·库哈斯自然受到了俄罗斯的关注。随着俄罗斯建筑市场的开放，雷姆·库哈斯也在俄罗斯留下了自己的建筑作品。

2000年，雷姆·库哈斯获得第二十二届普利兹克奖，2002年2月9日至11日，他重访莫斯科，应邀参加"伊·列奥尼多夫"作品展的开幕式。

勒·柯布西耶曾说过："最让我佩服和嫉妒的建筑师就是伊·列奥尼多夫，他是苏联构成主义的诗人与希望，是建筑的天才。"对于整个前卫运动而言，伊·列奥尼多夫并不十分引人注目，而作为构成主义建筑的领袖，他创造的许多构成主义建筑作品在政治和艺术领域中均产生了巨大影响。但在雷姆·库哈斯之前，很少有人对伊·列奥尼多夫进行系统全面的研究。

从建筑的"业余爱好者"到千禧年的"普利兹克奖"得主，现已七十多岁的雷姆·库哈斯没有忘记第一次看到伊·列奥尼多夫时眼神的驻留。雷姆·库哈斯一直着迷于社会主义社会的文化与艺术创造，这种着迷也是他对大众文化理解的一部分。作为一位曾经在英国生活的荷兰人，他对欧洲文化理解得很透彻。而他的人生经历几近巧合地成为对于他的理解和预测的能力的一种历练，在美国的多年生活使雷姆·库哈斯对大众消费主义[8]文化，有自己独特的认知。

雷姆·库哈斯在苏联寻找革命性建筑，是在寻求某种传统思维之外的事物。他所讲述的关于建筑与艺术的故事，会让我们对所生存的世界产生新的想法。他在对俄罗斯和其他国家的研究中，显现出一些新的内容，如关于社会本身的关联、塑造社会的规则、经济的驱动力以及改造的欲望等。

雷姆·库哈斯与俄罗斯相互吸引的缘由

20世纪初苏联的社会主义运动极大地激发了人们的思想，提升了人们的创作欲，前卫艺术运动之所以诞生于这个时期，是因为艺术家们积极适应新社会，反思传统与古典，强调精神世界及内心的真实体验。艺术和哲学作为先行者及激进的领域首当其冲，建筑设计也受到深深的影响。这一时期出现了许多新的建筑设计创新流派，短短一二十年里，苏联前卫建筑运动从孕育、兴起、发展再到高潮。构成主义风格建筑是前卫建筑设计领域中声势最大、最具代表性、影响最深远的建筑流派。1920年呼捷玛斯的成立，标志着苏联构成主义建筑风格发展中开始了正规的学术研究。前卫艺术运动使苏联艺术从传统写实全面转向现代抽象。艺术作品已经有了一种超于题材对象本身的力量，具有了独立的新生命。这些作品所传达的与其说是现代美学，不如说是社会进步的现代哲学。

早期的构成主义建筑设计在与前卫艺术相互影响，相互促进、相互启发的同时，也被其中的某些二维空间思维的定式所束缚着。艺术的本质缺失了对当代技术与功能的追求，浮于构图与造型的建筑设计也只能算作空想的构成主义。建筑师们在力求摆脱古典建筑华丽装饰风格的同时，迫切地希望建筑造型与建筑功能相适应，注重作品对功能与技术内容的合理表达，关注社会进步与人类新追求。从实际的条件和技术手段出发，运用新材料和新技术，满足时代与社会对新建筑功能的需求，从而创作出新的建筑形象。这使新建筑拥有构成主义的外表与社会发展的精神内涵。作为一种实现共产主义、社会主义理想的手段，前卫建筑师们不断地实验与实践着。

1952年，8岁的雷姆·库哈斯随父亲离开荷兰，迁居印度尼西亚雅加达，他在战后贫瘠的土地和渴望重建的环境中成长，那时正值印度尼西亚刚独立的时刻。他的父亲支持印度尼西亚的民族独立运动，而雷姆·库哈斯甚至加入了童子军，接受了独立运动以及亚洲文化。12岁时他回到荷兰，此时荷兰已经在战后的重建中整饰一新。19岁起他在荷兰的一家报纸担任记者，并从事电影剧本创作，后来回到伦敦学习，之后又去了美国工作。

虽然"流浪者"般的童年使雷姆·库哈斯接触了多元的文化，也对他感知并理解周围环境产生了很大的影响，但他的世界观却深深植根于荷兰的土地上。从理论到实践，荷兰式的实用主义都是他观念的重要部分，这是他挑战传统、创造出更有生命力和精神力量的建筑源泉，也是其建筑思想的"危险性"所在。他是自恋而叛逆的，不追求某种绝对标准，而是不断地打破规则，寻求新的可能性。在荷兰这样一个没有什么"正统"概念的国家，不存在占据主导地位的事物——新生事物不会受到压制，老事物不会受到挑战——只要是可能的，就是可以的。

雷姆·库哈斯作为当代建筑大师，闻名于其解构主义哲学影响下的独特建筑构成与造型。而对于建筑社会属性的创新运用，体现在其营造的空间公共性或建筑造型的表现力上。他在这个过程中对社会背景、项目本身以及历史问题的思考，使得其建筑作品从宏观（建筑的社会意义）到中观（建筑造型的视觉冲击）到微观（材料的细节处理）都表达着深刻的时代主题。

从事记者和编剧的经历，使雷姆·库哈斯面对纷杂的现实，也能够关注事实背后的问题。他的作品有很强的叙事性，而非艰深的理论。可以说他是一个转换器，借由存在的现实重新构建系统，用超现实手法指向新的未来，并用传统的形式攻击传统的形式。他的前卫艺术世界是有秩序且丰富的，有着理性系统内部的复杂性，"拥塞文化"[9]中诞生的多样性。

雷姆·库哈斯的童年曾有在印度尼西亚的经历——父母都是印度尼西亚民族解放运动的坚定支持者。其父亲曾作为印度尼西亚为数不多的荷兰代表，参加了印度尼西亚的独立庆祝典礼，这些为了人类理想而奋斗的知识分子的举动，曾深深影响了儿时的雷姆·库哈斯。而公众平等精神也造就了库哈斯的社会理想。20世纪60年代，现代主义建筑发展，经济、功能、效率体现了现代主义建筑强大的生命力，从根本上满足了第二次世界大战后快速建设的需求，但现代主义建筑的标准化、技术化、模式化导致了现代主义的平庸泛化，国际主义标准模式使第二次世界大战后的20年，现代主义陷入发展的瓶颈。这些因素使20世纪60年代西方艺术家对现代主义建筑提出了质疑，也成为年轻时雷姆·库哈斯的困惑。1965年，当他看到20世纪20年代苏联前卫主义建筑师的空间社会理想，多种途径的建筑解决方案，奇特大胆的建筑造型，点燃了他幼年心中的理想，曾经的困惑与疑问好像有了答案。

"建筑作为一个独立体的过程在都市化中结束了。一所房子可以看成一个小型的城市，一个城市也可以看成一所巨大的房子。这种观察建筑的方式是意识化的，建筑的政治意义涵盖了从社会主义到共产主义以及两者之间的所有形态。因此形成了并非出于单个建筑师大脑想象的、超乎建筑体之外的建筑概念。"

雷姆·库哈斯对社会的敏感认知，使他通常以一种跨学科的思维进行创作，以社会学的视角去研究城市和建筑，打破了学科间的壁垒。他创作的目的不仅仅是建筑视觉的创新，内容与形式并重，精神的体现才是雷姆·库哈斯更看重的。如同运用"通感"的手法，他在描述客观事物时，将建筑作为容器，使差异性事件相互叠置，互相沟通、交错，彼此挪移转换，令人们感受到建筑背后的思考。

苏联前卫艺术也是如此，一开始就将情感的表达作为首要内容，带给人更多的是一种心灵体验。艺术家们追求普遍存在的形式与意识形态的结合，以表达艺术家内心精神世界所带给人们的震撼。

此外，通过对苏联前卫建筑的研究，雷姆·库哈斯认为曼哈顿的网格和摩天楼，其实是在某种程度上实现了苏联前卫建筑师在20年代的理想，即实现建筑设计和社会民众需求的结合，实现文化产品与大众消费整体文化提升与相互的结合。

苏联或是曼哈顿，无论是有意识聚集还是无意识聚集，在库哈斯和苏联前卫艺术家们的眼中，建筑和城市无疑都具有这种聚集的意义，而且这种聚集是具体的、物质，也是一种社会的改造工具。

雷姆·库哈斯对苏联前卫艺术的吸收与升华

20世纪20年代后期，苏联构成主义理论大师莫·金兹堡首次提出了"社会凝结器"的构想，这是当时苏联建筑前卫派首要的、最广泛的建筑设计理论概念。"社会凝结器"理论提出将建筑作为一种打造全新社会类型的方式，是具有非凡影响力的建筑概念。它包括对现代城市主义的美好畅想：集体生活、共同生产、劳动智慧集约化以及创造热情的集约化。在它的形成过程中，包含了社会经济和物质基础与建筑理想主义的紧密联合与具体建筑空间的实现，甚至包括日常生活中平凡的细节，以及很多方面超越了人们的很多想象。如苏联的一些工厂里，甚至设置了哺乳专用室，为女工经期休息的专用休息室。至关重要的是，它代表了整个苏联建筑领域的努力方向：住宅、工人俱乐部、公共空间、城市微社区规划、空间中的人文主义关怀等，包括一切不同尺度的空间尝试。

社会主义现实主义时期，前卫艺术、呼捷玛斯的前卫实践和"社会凝结器"理论几乎停止发展，苏联前卫建筑也几乎销声匿迹。前卫艺术在苏联陷入低迷。呼捷玛斯的前卫实践和"社会凝结器"理论相继夭折，苏联前卫建筑几乎销声匿迹。研究并吸取20世纪20年代苏联前卫理想的雷姆·库哈斯则羽翼渐丰。如今，"社会凝结器"这个概念在西方许多项目和论文中被大量引用，其中大多数建筑学本科生或研究生似乎更相信是雷姆·库哈斯本人首先提出了"社会凝结器"的想法。这在某种程度上可能与阿纳尔多·科普在1968年5月将"社会凝结器"翻译并引入西方对政治话语权的宣传有关。

雷姆·库哈斯对苏联前卫建筑的重要理念"社会凝聚器"进行了另类的解读。雷姆·库哈斯对纽约这种"拥塞文化"感到惊叹，他在街道上、大马路上、办公大楼里、百货公司、戏院、地铁等地所看到的，使他坚信拥塞与密度自身的价值，这些必定会对建筑产生作用：超高层大楼作为一种潜在的建筑类型，皆展现在"拥塞文化"上，即一个在曼哈顿具体化的构成

主义式的"社会凝聚器"。值得一提的是，苏联的构成主义者谈论过很多有关"社会凝聚器"的理论与实践方式，即具备可以激发人们强烈及正面反应的社会理想建筑物。但是，其根本理念是与雷姆·库哈斯的"社会凝聚器"完全不同的，这或许是孕育的土壤不同，但不可否认，这种思想最初还是诞生在20世纪20年代的苏联前卫艺术与社会运动之中。

伊·列奥尼多夫是继亚·维斯宁和莫·金兹堡之后，构成主义建筑的第二代精神领袖。1921年他进入呼捷玛斯学习绘画，后转入建筑系，进入亚·维斯宁的工作室。伊·列奥尼多夫的作品中充满了革新意识的形象构成和简洁的现代建筑语言，由于他最初开始系统学习建筑就是在呼捷玛斯——前卫建筑运动发展的大本营，所以古典主义风格没有过多地参与其前卫思想的形成。

1927年伊·列奥尼多夫的毕业设计作品"列宁山上的列宁学院"由三个建筑结构形体组成。它们分别是：沿着莫斯科河河岸在列宁山上横向展开的狭长的办公楼、垂直于莫斯科河方向的体型稍宽的研究楼和横跨莫斯科河的高架桥，以及一座高瘦形体的藏书楼。

列宁学院的平面就是一幅完整的构成主义画作，简洁有力；建筑造型充满了力量和构图的美感，虽由几个简单的几何形体组成，但是巧妙的布局和空间的交融却带来了强烈的艺术感染力。更重要的是在列宁学院的设计中，伊·列奥尼多夫用功能巧妙地结合构成主义造型，打破了当时"空想性"的构成主义建筑创作。这一设计也是苏联构成主义建筑创作的新起点。

雷姆·库哈斯接收了伊·列奥尼多夫构成主义的设计思想。作为当代建筑大师，他闻名于其解构主义哲学思潮之下独特的建筑设计与造型语言（图3-56~图3-63）。1988年10月，他参加纽约现代艺术馆推出的"解构七人展"，就

是最好的证明。

事实上，解构主义建筑很重要的一个思想来源就是苏联前卫建筑的空间形体表现，特别是构成主义流派的造型手法。构成主义将建筑的空间造型与结构作为创作的出发点之一，在建筑设计中体现空间结构的力量和造型美学。解构主义则是将结构与造型异化，形成多向度不规则的建筑形式，让建筑学远离现代主义横平竖直，尊重屈从于地心引力的技术规范的束缚，形式不必追随功能，建筑造型更多地表达挑战的情感和虚荣的内心，实现所谓建筑意义的真实表达，重构一种新型的建筑语言形式。正如万书元[10]在《解构主义建筑美学初论》一文中所界定的："……在解构主义建筑中，建筑师比建筑重要，思想比形式重要。"这种"唯心"的设计，如西雅图图书馆，创作来源于雷姆·库哈斯对图书馆及其一系列相关概念的反思。雷姆·库哈斯为这座图书馆设定特定的时空条件，由功能生成造型，最终形成"5个平台模式"，分别是：办公、书籍及相关资料、交互交流区、商业区、公园地带，各自服务于自己专门的组群。这5个平台从上到下依次排布，形成一个综合体。平台之间的空间就像交易区，"不同的平台交互界面组织在一起，这些空间或用于工作，或用于交流，或用于阅读"，有一种特别的空间交融感。

雷姆·库哈斯曾仔细研究过苏联的前卫主义建筑设计及其理论，理解苏联所追求的乌托邦，因为他们的目标是社会的、是艺术的，是工业社会现代的表达。他清晰地定义了这些理论，它们是苏联人写下的宣言并带领他完成了那些创新的作品，然而苏联前卫派这些伟大的作品后来在20世纪30年代中期，不幸被遗忘了。美国人也接受大众消费主义文化与审美，因此在研究曼哈顿的建造过程中，雷姆·库哈斯试图将缺点转换成优点，他学着将理想主义与纽约的现状批判地结合。在他的作品中可以

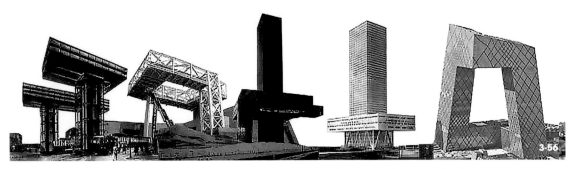

图3-56　雷姆·库哈斯建筑与苏联构成主义建筑之间的联系，拉·里西茨基"云撑"和雷姆·库哈斯CCTV大楼对比

图3-57　雷姆·库哈斯的深圳证券大厦与苏联构成主义建筑

找到关于苏联前卫建筑师的隐喻，还不时显现他受过的现代主义建筑教育影响的痕迹，同时也深入理解了两次世界大战对于美国建筑师直接的影响。雷姆·库哈斯向来很清楚而且很明白地展现自己的喜好，即使他比较受美国实证主义[11]的吸引，他对苏联前卫主义作品的崇拜也仍然在他的建筑中体现。虽然，在他的作品中同时存在多样的形式，但他的建造过程是商业性的、通俗的、自发性的，且通常一般建筑都会使用的。他曾在访谈中这样说道："我的作品是刻意地不要乌托邦，它有意识地设法在普遍性的状态下进行，在其中没有痛苦、不去争论，也没有任何可能会有的自我中心，所有那些可能都只是一连串的复杂托词而已，以辩驳那些必然的内在缺失。因此，它绝对是所谓的

具有批判性的'乌托邦式的现代主义'。但是，它仍然与现代化力量，以及受这三百年来影响而产生的不可避免的转变属于同一个阵线。换句话说，对我而言，重要的是去参与并找出一种可以清晰表达这些影响力的做法，却不具乌托邦式的纯粹性。这么看来，我的作品确实是现代主义的，是作为一种艺术运动，带有批判性现代主义的特性。"20世纪60年代欧美现代主义建筑超于国际式标准化的平泛性，给雷姆·库哈斯带来的疑问似乎有了答案。

苏联前卫建筑师的理想主义，在当今技术进步的条件下，被雷姆·库哈斯演绎，有了实现的可能性。空间的障碍正在迅速地被摧毁，资产与无产、语言与实干、精英与世俗等一系列曾经被忽略的问题被再一次提及。雷姆·库

哈斯清楚地看到，建筑师的愿望和社会愿望之间存在着一种分歧。这种由于建筑师的"自恋"导致的分歧，使我们离现实社会越来越远。而伊·列奥尼多夫在他的作品中，将共产主义理念转译成了工业化的理想主义。个人的理想与社会现实相互结合，创造出大众新型的社会与空间形态。

伊·列奥尼多夫对雷姆·库哈斯的影响是巨大且持续的。资本主义体制下出身的雷姆·库哈斯对苏联前卫艺术的兴趣，其实是通过建筑与公众社会之间的联系而产生的，伊·列奥尼多夫的作品使他意识到建筑与社会意识之间的联系，以及建筑作为实现社会目标的手段和桥梁作用。苏联社会主义建筑设计追求使人们适应集体的生活，雷姆·库哈斯感受到了建筑改造社会适应社会的创新力量。

雷姆·库哈斯的作品中充满着对未来社会的美好设想，像苏联前卫艺术家们一样，将自己的精神与理想转译成了建筑。对社会发展的敏感和建筑师的素养使他系统地将对社会问题的关注和建筑交融在一起，并以一个超脱于建筑师的身份来观察和创造建筑。他的建筑更广泛地关怀着人和社会的进展，这种关怀甚至超越对于建筑本身的设计追求。

雷姆·库哈斯研究和创造的"拥挤文化"与20世纪20年代苏联的社会主义文化有微妙的不同。他反对现代主义的单薄和精英文化，希望创造大众性、象征性的，能够满足多数人使用的建筑。

雷姆·库哈斯不同时期的追求

30岁以前的雷姆·库哈斯是一位新闻记者兼编剧，拍过几部电影，但在1965年，当他接触到苏联前卫建筑，特别是伊·列奥尼多夫的作品后，他选择从记者和编剧转变为建筑师。

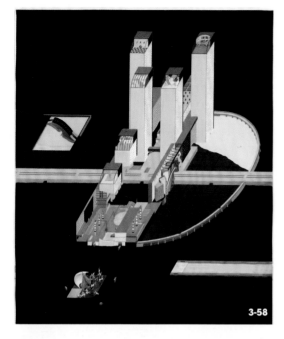

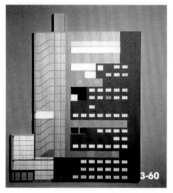

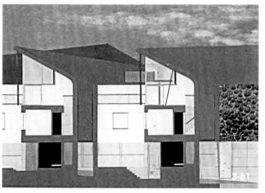

图3-58 福利宫饭店，雷姆·库哈斯，1975年

图3-59 苏联人民委员会重工业部大厦竞赛方案，伊·列奥尼多夫，1934年

图3-60 都市计划参赛作品，法国，1987年

图3-61 放逐（又名"囚禁的城市"），1972年

图3-62 ZKM艺术媒体科技中心，德国科尔斯鲁尔，1989年

图3-63 世界博览会的构思，法国巴黎，1983年

他在重访莫斯科接受记者采访时亲口表述道，伊·列奥尼多夫的遗作促使他做出这一决定，他的作品让雷姆·库哈斯意识到建筑也是前卫艺术的一种表达方式，他在意的重点是苏联前卫建筑在日常生活中的地位。伊·列奥尼多夫是20世纪二三十年代苏联著名的构成主义流派建筑大师，一生坚持构成主义建筑的基本观点，是呼捷玛斯重要的教育家之一。雷姆·库哈斯提到他还是一名编剧时，可以用编剧的眼光来看待建筑。他暗示了整个建筑场景都是可以进行描述的，或者说其中的关系是可以描述的，就像是戏剧中的转场。

雷姆·库哈斯于1965年首次前往莫斯科。当时，他是一名记者，他参观了舒舍夫国家建筑博物馆，在那里看到了构成主义者伊·列奥尼多夫的作品。雷姆·库哈斯在苏联城市与建筑研究所访问期间，对苏联20世纪20年代的构成主义建筑师伊·列奥尼多夫产生了很大兴趣。1968—1972年间，雷姆·库哈斯与朋友多次访问莫斯科，研究了伊·列奥尼多夫的生平和他创作思想的前后发展过程。在伊·列奥尼多夫亲人的帮助下，整理了大量相关资料。从中可以看出雷姆·库哈斯新现代主义建筑理论的最初影响与呼捷玛斯的联系。受此影响，1975年，雷姆·库哈斯与马德隆·弗里森多姆、埃利亚·增西利斯和佐伊·增西利斯一起在伦敦成立了大都会建筑事务所，开始了自己的建筑设计创作。

1968—1972年间，雷姆·库哈斯就读于英国建筑联盟学院，在当时伦敦压抑萧条的社会背景下，他与大多数知识分子和青年学生一样，热衷马克思主义理论，谙熟通俗艺术，如美国的波普艺术家劳申勃[12]的作品和甲壳虫、滚石乐队的摇滚音乐。他对消费时代愈发趋同的建筑学困境有着清醒的认识，并且试图从社会、文化、艺术等更广泛且综合的角度中，寻求解决问题的答案。在这一时期，雷姆·库哈斯完成了两件主要作品：对柏林墙新闻报道式的发掘和研究；题为"逃亡，或建筑的自愿囚徒"的寓言式的竞赛方案。

在雷姆·库哈斯的毕业设计"逃亡，或建筑的自愿囚徒"中，他用一道贯穿城市的巨大"柏林墙"，开启了他对城市的宣言。这个项目参照了伊·列奥尼多夫在1930年提出的线性基础设施城市的方案，试图开发出一种"像伦敦这样的线性城市"的替代品。

1970年，雷姆·库哈斯以记者特有的敏感选取了柏林墙这个充满了政治色彩和代表冷战意识形态的人工构筑物为研究对象，他用新闻记者的表达手法，拼贴再现了柏林墙当时的状态，以及墙两边人们不同的生活。这个切入点完全超脱了从美学和技术角度看待建筑的传统视角。

1972年，雷姆·库哈斯与同伴埃利亚·增西利斯、马德隆·弗里森多姆、佐伊·增西利斯共同参加了意大利《卡萨贝拉》杂志举办的题为"有意义的环境"设计竞赛。他们用了一星期的时间完成了一份名为"逃亡，或建筑的自愿囚徒"的设计方案。这个寓言式的方案实际上可看作是雷姆·库哈斯对柏林墙调查的延续，只不过把地点由柏林移到了假设中的伦敦。在此方案中，他们假设伦敦被分成了"好的一半"和"坏的一半"。如同在东、西柏林之间发生的故事一样，位于"坏的一半"的居民开始向"好的一半"逃亡。最终这些逃亡者却发觉，他们自愿选择成为"好的一半"的囚徒。

雷姆·库哈斯团队的设计由强加在旧城之上的连续方格状的巨大街坊组成。每个格子内都安排了不同的活动和内容，如接待区、中心区、庆典广场、敌对公园等。他们用寓言式的笔法描绘了这些区域内的不同场景和由"坏的一半"而来的居民抵达"好的一半"之后的命运。

与伊·列奥尼多夫所构建的富有集体主义色彩的方格网系统不同，雷姆·库哈斯设计的世界黑暗压抑，绝非大同世界的乌托邦。在这个方案中创造出资本主义社会与社会主义社会之间的地带，是一个名副其实的乌托邦。雷姆·库哈斯表达了前卫派建筑实验中对新形式的过分追求和对乌托邦幻觉的怀疑，并且试图表明建筑并不一定像这些先锋派所认为的那样是一个积极改造人类生活的工具，也有可能成为像柏林墙那样制造隔离和压制自由的东西。

在他们看来，现代主义建筑在欧美国家战后城市建设中所遭遇的危机证明了机器时代建筑学原则的缺陷，也就是现代主义信奉的理性主义、功能主义无法应对新的社会状况。要形成新的批判的文化语言和主题，必须像波普艺术家那样面对现实，从庸俗的大众文化和生产、消费的逻辑中汲取灵感和力量，重新塑造建筑学的价值体系。

1972年，雷姆·库哈斯奔赴大洋彼岸的美国进修。纽约的都市文化，尤其是曼哈顿这座由摩天大楼和矩形网格街区构成的拥挤、稠密的大都市，又一次对他的思想产生了冲击。大都市中"各行其是"的思想产生了另一种场域——冷漠的丰富。于是他开始着力研究都市文化对建筑的影响力，并在1978年出版了《癫狂的纽约：曼哈顿的回溯宣言》（下称《癫狂的纽约》）一书。

在某种意义上，这本书不仅是他青年时代的代表作，也奠定了他迄今为止关于建筑与城市的主要观点。书中有一个潜在的主题就是资本主义和社会主义在意识形态的对抗。早在1974年雷姆·库哈斯在城市与建筑研究所的期刊《反对》第2期上，发表了关于伊·列奥尼多夫的一篇文章《伊·列奥尼多夫的莫斯科纳卡姆泰兹普罗姆大教堂》。虽然在《癫狂的纽约》的主要篇幅里，雷姆·库哈斯都在谈纽约和那里光怪陆离的商业文化、城市现象，但在他的眼里，在20世纪的大部分时间里，社会主义和资本主义这两种相互对抗的社会结构和政治力量却以某种暗藏的方式纠缠联结在一起。

正是纽约的大众文化和曼哈顿的网格和摩天大楼的现状，让苏联前卫派在20世纪20年代的理想—实现文化产品与大众消费的结合可以在那个年代得以实现。雷姆·库哈斯也在《癫狂的纽约》这本书最后描写20世纪20年代苏联构成主义者漂浮的游泳池最终驶向纽约这一寓言故事的寓意所在。

雷姆·库哈斯称《癫狂的纽约》是曼哈顿的回顾性宣言，换个角度理解，即他把建筑作为意识形态的一种宣言。他认为曼哈顿是西方文明的终极舞台。所以他接受这个现实，站在大都市"拥挤的文化"这一边，为这段已经发生的历史写一篇回顾的宣言，也就是回溯的宣言。

从1850年起，曼哈顿通过人口密度爆炸和技术的创新，成为发明和实验革命性生活方式的秘密实验室。它记录了突变的大都市文化和其独特建筑之间的关系，用存在证明了建筑是表达文化的工具。曼哈顿是一个由大量的实践和具体实例造就的城市，没有任何理论规划和宣言。反观20世纪现代主义先锋派曾提出的各种各样的宣言，在实施后很难保证不会变成一场灾难。

"回溯宣言"是一个有趣的概念。一般讲，宣言总是一套行动纲领或针对未来的设想，它们往往代表了某种意识形态的诉求和对未来的预期。正因如此，雷姆·库哈斯认为宣言总暗含着一个致命缺陷——缺乏足够的依据。

《癫狂的纽约》中大部分篇幅都在谈论纽约和它光怪陆离的消费主义商业文化及城市现象，但是在结尾却描写20世纪20年代苏联的构成主义，跳入了一个现代主义风格的游泳池，逃离了苏联，最终漂浮到纽约。这是一个寓言性的故事，主角是一个设计在莫斯科的飘浮游泳池，建于构成主义之后的年代，形状如同一个曼哈顿的街区，就是在莫斯科建设的苏维埃宫的基础部分，后来改造成欧洲最大的室外露天游泳池。它历经40年漂洋过海来到曼哈顿，由于反作用力的关系，船上的人们必须不停地在游泳池中游向他们的出发点以离开它，或者向他们要去往地方的反方向游动。

通过对苏联前卫建筑和纽约都市文化的深刻研究，在雷姆·库哈斯眼中，20世纪的大部分时间里，资本主义和社会主义这两种意识形态相互对抗，又通过社会结构和政治力量以某种暗藏的方式纠结在一起。在"游泳池的故事"中，他潜在表明了一种观点，认为曼哈顿的网格和摩天大楼在某种程度上实现了苏联前卫建筑师在20世纪20年代的理想，即实现建筑设计和社会需求的结合，实现文化产品与大众消费的结合。

雷姆·库哈斯在俄罗斯的实践

雷姆·库哈斯的心中始终存有深深的苏联情节，苏联前卫派建筑设计吸引着他的注意力。2015年6月，他带领大都会建筑事务所在莫斯科一座20世纪60年代建成的现代主义风格餐厅的原址上进行了一次改建。

改建后的建筑为车库现代艺术博物馆，位于高尔基公园，是一座被遗弃了20多年的混凝土建筑。经过大都会建筑事务所的改造，保留下来的两层建筑结构失去了外墙，原有餐厅内还保留了一些苏联时期风格强烈的艺术作品。其转变成了一个5400平方米的车库现代艺术博物馆，同时馆内还设有商店、咖啡厅、礼堂、儿童中心等附加功能，恢复了往日的活力。美术馆空间保留了这座苏联建筑"残骸碎片、尺度和公众开放性"，避免了"从乡愁出发"的改造。雷姆·库哈斯并不打算回到过去，他认为："建筑学最有趣的东西在于抵达新世界而非返回到旧世界。"雷姆·库哈斯充分尊重了自然干预下建筑自身的故事性，使其成为苏联时代社会权力和历史转换的图解。

在面临过去与现在的难题中，雷姆·库哈斯选择了现代造型手法烘托传统的做法，保留了工业建筑的空间特质，延续了当初的空间氛围。这也证实了他关于现代与传统问题的回答——"降低建筑师本身的自负"。他坚定地把新美术馆置于莫斯科城市建设历史的语境之中，发现这个新建筑"精妙却不破坏"的设计反映了高尔基公园本身的历史。车库现代艺术博物馆不同于莫斯科的任何大型建筑，无论是斯大林塔还是苏联的现代建筑，看上去都既不浮夸或永恒，也不随意或临时，而是透过苏联建筑遗产的精神为当代俄罗斯寻找到全新的公共空间表达。

莫斯科市历史中心的核心地位不仅表现在城市规划的中心位置上，也表现在社会活动对城市中心区域的依赖性上。莫斯科市已经意识到激情高涨的土地建设所带来的社会空间问题。为更正大规模城市建设中的错误而制定的新版城市总体规划，以构建有利于人类生命活动的城市环境为主题。这不仅是为了发展城市规模和完善城市机能，而且希望整个社会和全体居民都成为切实受益者，从城市格局、社会基础设施、住宅建设、道路与公共交通、历史文物建筑、生态环境等方面进行全面的调整和深入完善的规划设计。

3.2.2 呼捷玛斯与扎哈·哈迪德作品的关联性

著名的非线性建筑流派的先驱代表人物扎哈·哈迪德是2004年普利兹克奖获得者。若把卡·马列维奇说成是她建筑学领域的启蒙性导师并不为过。扎哈·哈迪德在接受媒体采访时曾说："我从孩提时起就经常去博物馆，尤其喜欢现代画家的作品，后来迷上了苏联构成主义作品。"她本人也曾言，她利用卡·马列维奇的画作来激发自己对新空间形式的创作，并且学习卡·马列维奇思想将抽象作为一种调查原则。她曾举办多个绘画与建筑相关类型的展览，都与卡·马列维奇有关。她研究了至上主义和构成主义的绘画作品，其非线性及解构的设计思想正是来源于苏联前卫艺术的影响。从扎哈·哈迪德的绘画作品中可以发现她的绘画构成特点与苏联构成主义的相似之处。

从扎哈·哈迪德学生时代的作品中，便可以看到她创作思想的形成过程。众所周知，她曾在英国建筑联盟学院完成她的建筑学习之旅。她在四年级时完成过一幅作品，名为《马列维奇的建构》（图3-64、图3-65）。她将卡·马列维奇1923年创作的雕塑作品《阿尔法建构》（Alpha Architecton）（图3-66）转化为2D渲染画作，卡·马列维奇运用自己的平面抽象绘画作品构图理念，在作品中注入自己的思维与想象，将作品变为一个3D建筑——一个位于泰晤士河对岸的14层酒店。从图中我们可以看到，酒店部分轴测图表达的建筑体量关系与卡·马列维奇的作品画面如出一辙，她改变了部分色彩与体量，将前辈的思想与自己的创造力相叠加，用抽象的艺术手法深究"层化"的概念，最终将这幅画定位为"沉船"式的构造，其中酒店在建筑的最上方，往下是公寓，接着是停车场等其他功能。扎哈·哈迪德十分倾心于至上主义，这幅作品并非重在考虑传统的建筑设计要素，而是运用纯粹的色块与几何元素。完成作品之后，她一举获得了当年的学院奖。这幅作品创作于1976年，而她本人也将这一年"命名"为她在建筑学领域崭露头角的起点，这正是在卡·马列维奇的思想影响下设计创作出来的作品。

图3-67、图3-68为扎哈·哈迪德五年级的设计作品《19世纪博物馆》。它不像《马列维奇的建构》那般出名，图面上有数个简单狭长的几何体斜插造型，乍一看有卡·马列维奇的影子却并未模仿马列维奇式的建筑体量，而是略微带有一点构成主义的色彩。它不再像是一艘沉船，而是像一辆脱轨的火车，从查令十字街开始，顺着亨格福德桥，一直延伸到皇家节日大厅。而对于建筑设计本身，扎哈·哈迪德仍然用其惯用的"层化"概念一层层剖析出建筑的具体功能，而通过图的平面构成我们可以发现其与至上主义绘画构图有众多相似点，功能

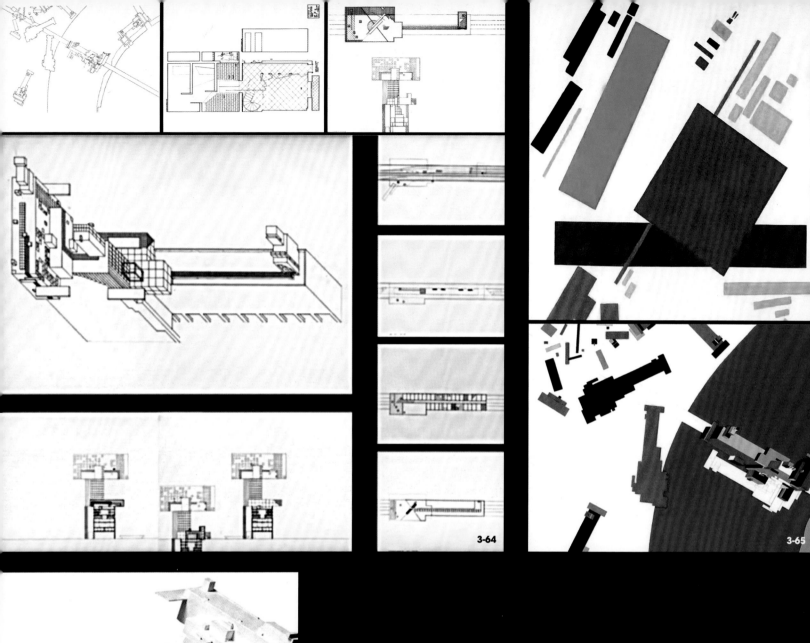

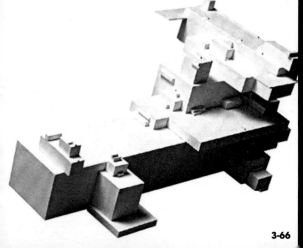

图3-64　对马列维奇的建构手稿的建筑研究，扎哈·哈迪德，1976年

图3-65　扎哈·哈迪德的毕业设计作品与"马列维奇的建构"，1976年

图3-66　阿尔法建构，卡·马列维奇，1923年

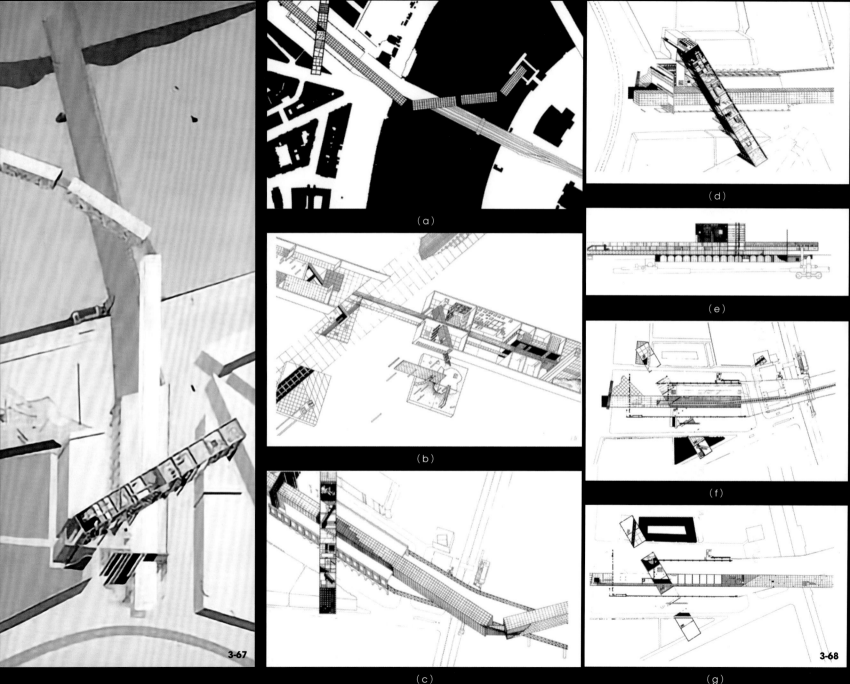

3-67

(a)

(b)

(c)

(d)

(e)

(f)

3-68

(g)

空间被排列为长条形，用黑色的方框代表支撑结构的墙体，整幅图面的图底关系极富层次变化，单从平面构图而言，我们仍可以认为这幅作品是扎哈·哈迪德对于卡·马列维奇思想的延伸。

同年，完成学业的扎哈·哈迪德正式成为英国建筑联盟学院的一名助教。在那一年的教学大纲里，她说："要重现所谓的现代主义的争论和实际的意图——从至上主义、构成主义、表现主义[13]到超现实主义[14]——它们现在处于危险的境地，被误读和讽刺，以至于完全忘却。"扎哈·哈迪德肯定了现代主义抽象绘画的地位，号召学生们要重视起来，试图将抽象绘画艺术的魅力传承下去。就连扎哈·哈迪德的伙伴埃利亚·增西利斯（OMA创始人之一）都说，卡·马列维奇是扎哈·哈迪德的学术导师，是他开启了扎哈·哈迪德对于抽象绘画艺术的研究，并不断将其发展，这样也正是应了评论家约瑟夫·乔瓦尼尼[15]的那句话：扎哈·哈迪德正在进行卡·马列维奇未完成的至上主义革命。除了在传统空间构成方面的建树，卡·马列维奇突破了艺术的界限，把所有艺术内在的能量都汇总起来并趋向于极致。至上主义的终极思想便是对不受束缚的追求，抛弃重力，寻求漂浮的状态，打破一切常规标准，拥有特立独行的风格。而在这一点上，扎哈·哈迪德与卡·马列维奇极其相似。

从英国建筑联盟学院毕业之后，扎哈·哈迪德对于此类反重力的设计风格极其感兴趣。她在1978—1981年间先后创作出了《海牙国会大厦》（图3-69）、《爱尔兰首相官邸》（图3-70）、《伊顿59号改建》（图3-71）等作品。

在这个方案中，所有的室内元素都被分解了，这样漂浮、破碎的元素在她此后的作品中也屡次出现。在扎哈·哈迪德提供的手稿里，我们可以看见她以破碎、反重力、漂浮的元素

反复拼贴，将建筑元素看作是拼贴画式的形式不断玩弄"几何构成"。在1982年，她参与了香港山顶休闲俱乐部的设计竞赛，与卡·马列维奇作品《航行中的飞机》（图3-72）一样，追求漂浮的体量形式动态的图面氛围。她在竞赛中力求"突变"这一主题，用看似随意的构成手法，类似于至上主义的图面效果来探索城市对独特建筑构造和新型文脉的需求。

扎哈·哈迪德在1982年的香港山顶休闲俱乐部建筑设计竞赛中获胜（图3-73）。她用抽象的绘画描绘了山体与建筑物。在画作里，建筑物和地貌被合并成同一地质形成的变化线，充满活力的平面和闪闪发光的颜色搭配。同时画里有形和无形地注入了立体派、未来主义者和表现主义者。画中她设计的一家俱乐部几乎看不见，图像大多由相互重叠、旋转和滑动的三根长棱柱组成，仿佛从太空降落，在切入山坡的梯田上短暂盘旋。这些图像在世界现代建筑中激起了阵阵兴奋的涟漪。扎哈·哈迪德已经融合了俄罗斯构成主义的大部分艺术思想，并将其革命性的英雄主义注入了现代建筑中，可以说，她心中点燃了现代主义的火焰。

1992年，扎哈·哈迪德参与设计了纽约古根海姆博物馆展览，主题为"伟大的乌托邦"（图3-74）。展览展出的都是俄罗斯和苏联前卫艺术家们1915—1932年的作品，以瓦·康定斯基和卡·马列维奇两位大师的作品为主，其中也包括了扎哈·哈迪德致敬抽象主义大师的一些画作。

在一个展厅里，展品漂浮于拱形或者半球形的曲面上，这种使展品失重的设计表现在某种程度上是对卡·马列维奇反重力抽象构成的一种致敬。

随着时间推移，到2006年，那时扎哈·哈迪德刚获得普利兹克奖不久，成了建筑圈中炙手可热的明星设计师。她创办了"扎哈建筑30周年"纪念展，里面包含有大量卡·马列维奇

的作品（图3-75）。而将这位大师的个人作品大量陈列于她自己的展览中，也突显出卡·马列维奇对扎哈的重大影响。

之后在2010年，扎哈·哈迪德在瑞士的GMURZYNSKA画廊里举办了"扎哈·哈迪德与至上主义"作品展（图3-76）。到2014年伦敦泰特艺术博物馆"马列维奇–俄罗斯前卫艺术革命"展览时，扎哈·哈迪德又以研究者与讲述者的身份参与其中（图3-77）。

在扎哈·哈迪德生平的最后一次策展中，她将自己学生时代致敬卡·马列维奇至上主义的作品作为展览封面，并且展出大量模仿至上主义构图的以建筑视角绘画的所谓"平面作品"。评论家约瑟夫·乔瓦尼尼曾直言道："扎哈·哈迪德支持着至上主义者未完成的工作，她重新将其组织并着手建立起属于至上主义的革命。"

通过这些展览，我们不难看出卡·马列维奇的影响贯穿了扎哈·哈迪德建筑生涯的始终。她在大多数展览中运用了卡·马列维奇及其至上主义的相关元素，并在媒体及新闻的采访中大谈卡·马列维奇的思想与建筑的相关性。

扎哈·哈迪德延续了卡·马列维奇独创的抽象思维方式，并将其思路不断深入发展至建筑学领域。在她的画面中，没有重力、结构等传统标准化的建筑要素，建筑像是一个个破碎的体块，或是没有重量的几何形体，仿佛漂浮于空中，不受条条框框的束缚。这些画面都让人耳目一新，颠覆了对于建筑的传统造型概念。扎哈·哈迪德也曾自信地认为，她不用遵循既定的规则，建筑的多元化表达手法不止一种答案，或者说她只遵循自己的规则。在此之后，扎哈·哈迪德接连设计了特拉法加广场大厦、杜塞尔多夫艺术媒体中心、维多利亚城区，并进行了建筑系列研究的抽象绘画。建筑空间像是扎哈·哈迪德手里的橡皮泥，可以随

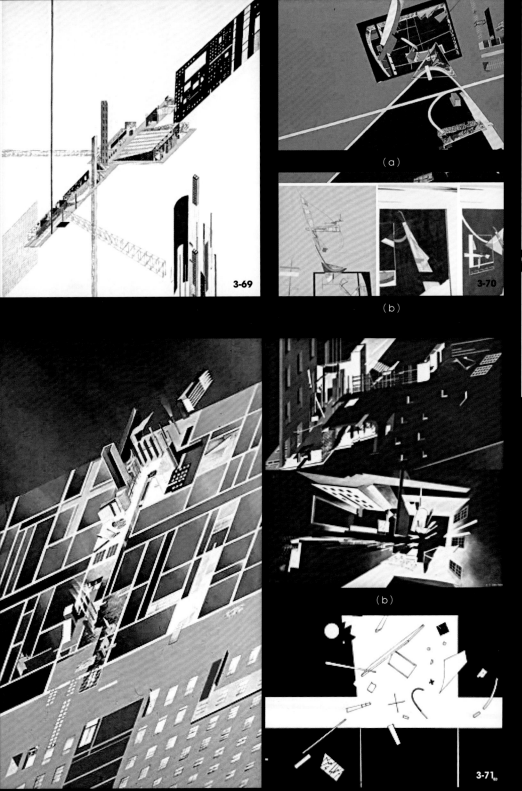

图3-69　海牙国会大厦，扎哈·哈迪德＆大都会建筑事务所，1978年

图3-70　爱尔兰首相官邸成图及草图，扎哈·哈迪德，1980年（a、b）

图3-71　伊顿59号改建，扎哈·哈迪德，1981年（a-c）

图3-72　航行中的飞机，卡·马列维奇

（a）

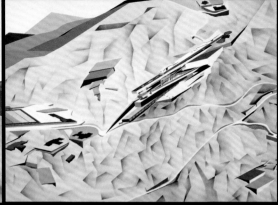

（b）

3-73

（c）

3-74

ZAHA HADID

3-75

3-76

（a）

3-77

（b）

意揉捏、无所定形，却又充满了新奇。

通过对扎哈·哈迪德作品的观察，我们可以发现她首先是运用抽象思维，跳出建筑形体固有方盒子印象的怪圈，将其打破成零散的构件，并用抽象绘画艺术的平面构成思路将其不断组合、重构。她以此方式让画面看上去像一个个精致的艺术抽象绘画作品，让人第一眼看上去很难将其与建筑设计联系，却又以超于常规的视角给予建筑另外一种生命。扎哈·哈迪德曾言："也许终有一天，建筑不再需要重力，而仅仅在空中悬浮。那时它们一定来自其他星系或世界，这真的令我感到兴奋。"

这种虚无缥缈平面幻想中的空间处理设计手法显然不适用于实体落地的建筑设计项目，扎哈·哈迪德也因此经历了长达11年的职业空窗期。在此期间她没有任何建筑项目建成，且一直忠于对建筑造型设计的概念性影响研究。

但扎哈·哈迪德仍然运用这种天马行空、我行我素的自由思想去竭力实现她的建筑梦想，她以鲜明的建筑绘画风格渐渐在建筑界声名大噪，但她仍需要一座落地项目去证明自己方案的可行性。1991年，她收到了来自维特拉消防站的设计委托；1993年，她的第一个落地项目正式建成。

维特拉消防站设计贯穿着扎哈·哈迪德独特的空间构成思想，创造出连续性的空间体验。扎哈·哈迪德将建筑空间打破，分割为一个个小的、零碎的空间，再将其拼贴；将各个分离的独立个体空间相互重叠，打破了常规边界的定义，在空间的相互渗透中传达其透明性。同时，这使空间交叠之间的界限变得模糊，而空间的功能却依旧独立、完善。

扎哈·哈迪德将消防站的休息空间和更衣室分离成两个独立空间，又将其体块融入其中，运用了抽象艺术的构成手法，打破了原有的边界，使空间的内部保持连贯，满足了人的视野和步伐的流动性。

在维特拉消防站设计之后，扎哈·哈迪德仍步履不停，依旧用其擅长的空间拼贴及破碎处理建筑造型的表达。研究其建筑本身的平面构造，用于几何平面构成的视角去观察，基于图像表现本身的丰富性、连贯性，加之以三维的表现形式，逐渐演化成一个个建筑（图3-78）。

这些建筑基于扎哈·哈迪德的抽象绘画图面而生，却又由她扎实的建筑学基础及独特的空间分离、拼贴的设计手法而起，配合以钢筋混凝土等实际建筑材料。这些看似虚无漂浮的图面也被赋予了体量感，成了真实可见的建筑。她向建筑方盒子界的宣战，似乎也正式打响。

随着她对于建筑理解的日益加深，以及对"解构主义"的理解，扎哈·哈迪德将抽象主义绘画的精神融会贯通，不再单纯使用规则线条的她对建筑曲线的运用越来越娴熟，漂浮、反重力、飞跃、轻盈逐渐成为她笔下建筑的代名词，而随着现代化计算机科学技术的日益更新以及建筑材料技术的不断进步，这些飞扬、自由的建筑，一个个都变成了现实。

扎哈·哈迪德本人也因此成了国际知名的建筑师，并且拓展了建筑学的新领域，开拓了非线性建筑时代并将参数化主义不断发展。她创造了至上主义未完成的新的革命。

拉·里西茨基的确说得非常正确，"不管从平面的构图抑或是赋予建筑漂浮、轻盈的体态"，卡·马列维奇至上主义思想的精髓的确贯穿了扎哈·哈迪德对于建筑设计的一生。直到她生命的终点，她依然认为卡·马列维奇的思想仍然受用，建筑造型的设计手法仍然应该向不同的领域汲取经验，抽象绘画艺术仍然是一块巨大的宝藏。

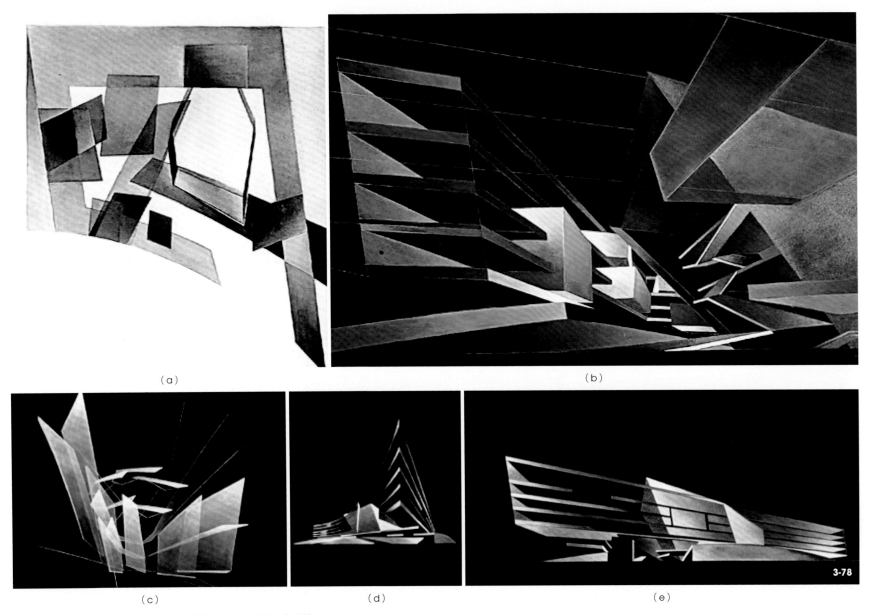

（a）

（b）

（c）

（d）

（e）

3-78

图3-78　卡迪夫湾剧场方案（a-e），扎哈·哈迪德，1994—1996年（未建）

3.3 呼捷玛斯对鲁迅的影响

苏联以呼捷玛斯作为前卫艺术运动探索研究阵地的中心，创造出影响世界至今的前卫艺术，与著名的德国包豪斯共同成为人类历史上20世纪20年代现代艺术研究的两个中心，惠及后世。在平面设计艺术领域，呼捷玛斯通过宣传画、海报、民间绘画彻底改变了苏联的平面设计艺术。虽然它存在时间很短，但是那曾经熠熠生辉的思想光芒一直影响着苏联、西欧、中国等世界各国。

出于改造国民性的需求，鲁迅选择了苏联的前卫艺术作为激活发展中国新兴艺术的媒介，并且在他改造国民性的武器——文艺，特别是在风格独特的文字构成方面以及书刊设计上，都对苏联前卫艺术运动的成果有所学习和借鉴。从鲁迅的自身作品中，我们可以看出他对于苏联前卫艺术的接收与妙用。

鲁迅不仅仅是位单纯的艺术欣赏者、爱好者，更是一位精神上的革命家。在苏联前卫艺术运动中，鲁迅唯独对构成主义加以青睐："构成主义上并无永久不变的法则，依着其时的环境而将各个新课题，重新加以解决，便是它的本领。既是现代人，便当以现代的产业事业为光荣，所以产业上的创造，便是近代天才者的表现……于是构成派画家遂往往不描物形，但作为几何学底图案，比立体派更进一层了。"

文艺和设计，从来不应脱离精神和生活的追求。苏联的前卫性设计和鲁迅先生的文章为何至今充满现代性，为何任何时段欣赏都不觉得过时，其中的精神情怀与境界或许就是答案。鲁迅先生《论睁了眼看》中说："文艺是国民精神所发的火光，同时也是引导国民精神前途的灯火。这是互为因果的，正如麻油从芝麻榨出，但以浸芝麻，就使它更油。"通过研究呼捷玛斯，深入研究鲁迅文字构成及平面设计造型的苏联影响，意在挖掘二者精神上的共通性，并秉承鲁迅先生和前卫艺术家的精神，继承鲁迅先生"洋为中用，古为今用"的思想，为中国未来的艺术与文学的发展，注入新的灵魂。

3.3.1 呼捷玛斯的平面设计作品分析及其对鲁迅的影响

呼捷玛斯对苏联前卫艺术界的重要贡献不仅是造型经验的提炼和新教学方法的实施，而是能够把多种复杂的造型语言重新建构，有机糅合多种思想和抽象的造型原则。这使艺术家能脱离简单的职业临摹，不断创造。构成主义和至上主义两种造型思想在呼捷玛斯孕育发展，精神上处于相互对立的艺术，以多个领域和机构作为实验场所激烈碰撞，不断产生新的不同造型方式，共同构成了苏联整体的现代艺术全景画面。

从罗斯塔之窗到宣传画

第一个阵地是罗斯塔之窗。在苏联内战时期，苏联未来主义创始者弗·马雅可夫斯基与出身于第二工作室的画家米·切列姆内赫共同负责主持"罗斯塔之窗"的宣传活动。

"罗斯塔之窗"是俄国电讯社（POCTA，塔斯社的前身）的一个宣传机构。其根据通讯社的电讯稿，在短时间内把内容转化为色彩鲜明的宣传画，然后把宣传画张贴在大街小巷的商店橱窗中（图3-79、图3-80）。

1920—1921年，至上主义和构成主义极大地影响了俄罗斯电讯社的革命宣传画。更多的艺术家加入创作宣传画中。从部分作品的表达中我们可以看出，构成主义者将不同元素在画面上进行有机组织，通过元素间的遮挡关系和元素比例的调整制造空间感而产生冲击力，此外还有至上主义对色彩的控制和抽象图形的使用中民间艺术木刻和漫画对人物的塑造。这种搭配口号和诗歌的小漫画形式的宣传画简单易懂，在苏联内战中起到了非常重要的思想宣传和战报信息传递的作用，以革命战争为题材的诗歌和宣传画被广泛传播。

罗斯塔之窗的影响范围甚广，即使战争结束，宣传画也没有退出大众的视野。它作为前卫艺术家的宣传和表达阵地，持续地活跃着，遍布苏联的大街小巷。

前卫的电影海报及其构成艺术

与宣传画平行的另一类艺术形式是电影海报，它是先锋艺术家进行平面艺术创作的又一大阵地。电影既是新艺术的舞台，又是教化群众有利的工具，政府和前卫艺术家都没有放过这个高效的宣传途径。而支撑电影艺术的摄影技术属于工业革命后诞生的艺术，相比于其他形式，它具有最贴合工业时代的特点——可复制、重复。对于一直试图回应新时代的先锋艺术家而言，它具备极大的吸引力。拉·里西茨基曾宣称："绘画已经与创造它的旧世界一起崩

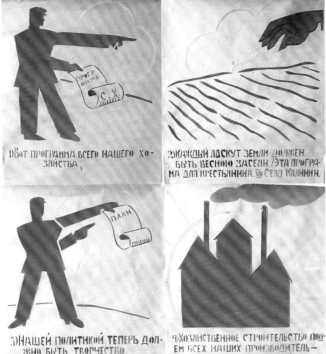

溃瓦解了，新的世界不需要小图画。如果需要一面镜子，那必将是照片和电影。"

　　20世纪20年代中期，许多艺术家把电影视为工业时代的文化来探索。电影的发展直接带动了电影海报的发展，于是海报也成前卫艺术家，尤其是构成主义者实践中的又一个巨大舞台。不仅仅是平面设计师，许多画家、建筑师、雕塑家都积极地参与进来，为平面设计领域带来了新思路与新技术手段。

　　受到立体主义和构成主义对"空间"表达方式的影响，电影和平面设计的先锋探索者尝试将不相关的图像叠放在一起来表达一个主题，以此唤起人们的联想，激起人们更大的情绪波动。比如拉·里西茨基的"绘画摄影"作品《记录》（图3-81）和亚·罗德钦科的《大地》（图3-82），都是拼凑叠加多幅图像而成。而这种方式之后也被运用在电影剪辑上，称为"蒙太奇"[16]。

　　从绘画转向摄影艺术的著名构成主义艺术家有亚·罗德钦科。他会用不寻常的角度捕捉镜头（图3-83），并以拍摄的照片为材料进行构成实验，而这些镜头带来的新颖的体验和构图被他用在了宣传海报的设计上。他参加了左翼艺术杂志《新秃鹫》的封面设计，利用构成主义和摄影艺术通过构图形式完成极具冲击力的画面。这是具象摄影和构成主义结合的成功探索，这些构图后来被广泛地学习和借鉴，并运用到平面艺术（包括海报和书刊）的设计上。

　　苏联前卫海报设计以格·斯滕贝格与弗·斯滕贝格兄弟为代表。在海报设计上，作为构成主义大师，他们擅长使用调整比例、拼贴图像和文字图像化处理的方式来设计海报。"我们的前提是自由的……无视实际比例……或者将数字颠倒过来；简而言之，只要是能让路人驻足的设计，就是我们的追求。"

前卫派的平面设计艺术

　　前锋艺术家在多个平台进行实验、创作、碰撞、交流，最终发展出一些代表性的平面设计法则。

　　首先是至上主义和构成主义艺术家的艺术表达手法，以及构图和色彩的运用。就手法而言，至上主义艺术家用基本的几何图形和纯粹的色彩去表达感受；而构成主义艺术家则采用拼贴图像，组合并置多种元素的方式，使用独特视角的构图，形成具有视觉冲击力的画面。二者都来源于注重"构成"的立体主义，相同的是，他们都不约而同地采用了极具视觉冲击力且纯粹的色彩。

　　至上主义的运用实例是卡·马列维奇和拉·里西茨基设计的宣传海报和书籍封面。拉·里西茨基本来师从卡·马列维奇，后来又接受了构成主义关于"实用主义"以及回应社会的观点，所以他大胆地把至上主义的手法运用到了平面设计中。构成主

图3-79　罗斯塔之窗的部分宣传画（一）
图3-80　罗斯塔之窗的部分宣传画（二）

义的经典运用实例则是斯滕贝格兄弟设计的电影海报。海报具有非常强烈的拼贴感，大胆地通过人物图像比例的调整和强烈的色彩对比来区分不同的元素，但在整体主题的表达上是统一的（图3-84）。

其次是把字体作为一种符号或者图像来进行设计。构成主义封面设计的另一个特点是不同大小、不同字体的组合，字体的设计和排版成为艺术构成的重要部分。海报通过字体的形状、大小的变化，传递给人不同的感觉。除了字体本身的含义之外，它的形式也具有可读性：一个单词或者句子也可能会由不同大小和形状的字体组成，如亚·罗德钦科设计的橡胶公司广告牌上不同内容、不同字体的表达（图3-85）。这种对字体的重视之后也成为现代主义封面视觉设计的一种风格代表。

苏联民间版画及其影响

前卫艺术家的探索不仅仅影响到了平面设计，还极大地影响到了民间绘画艺术——苏联版画。早在罗斯塔之窗时期，因为革命宣传、装饰和普及的需要，版画——木刻、石版画、插画、装裱画、蚀铜版画就已经非常发达了。左翼作家中一些不甘离开纯美术者，也多转入版画创作。而构成主义关于"拼贴"的尝试、摄影艺术中大胆的构图试验，都潜移默化地影响着求学或临时短期就读于呼捷玛斯的前卫版画家对平面艺术的理解和创作。

鲁迅先生曾极为欣赏苏联的木刻作品，并且收集自费刊印了《近代木刻选集（一）、（二）》《新俄画选》《引玉集》和《苏联版画集》共四本画集。画集中苏联著名版画家弗·法沃尔斯基[17]、亚·克拉甫钦珂、列·希任斯基、尼·亚历克舍夫的作品深刻地影响

图3-81 《记录》，拉·里西茨基，1926年
图3-82 《大地》，亚·罗德钦科，1930年
图3-83 摄影作品，亚·罗德钦科
图3-84 电影海报，格·斯滕贝格

193

图3-85　橡胶公司的广告牌，亚·罗德钦科

到后一辈的中国青年木刻者。

从列·希任斯基的绘画中我们可以观察到构成主义的常用设计手法，伊·巴甫洛夫的《集体农庄的庄员们》表达重点放在人物上，场景的描绘由抽象的体块构成。

3.3.2　鲁迅与苏联前卫艺术运动之间的联系

鲁迅对于中国美术启蒙所做的贡献，包括自费出版画集、托人收集外国版画、指导青年人创造、办展览和讲习班等，其他相关研究都考察列举得非常详尽，在此不多加赘述。笔者想要探讨的是鲁迅自身作品中对于苏联前卫艺术的接收与妙用。

对于西方艺术，鲁迅先生信奉的是"拿来主义"，以外国的东西作为养料，但必须发展中国本土的艺术。他曾说："依傍和模仿，绝不能产生真艺术。"他非常强调"中国"的艺术；对于版画的中国学徒，他也谆谆教诲："采取新法，加以中国旧日之所长，还有开出一条新的路径来的希望""采用外国的良规，加以发挥，使我们的作品更加丰满是一条路""择取中国的遗产，融合新机，使将来的作品别开生面也是一条路"。

苏联前卫艺术对鲁迅的影响

鲁迅先生虽然没有和呼捷玛斯发生直接的联系，但是呼捷玛斯作为苏联前卫派艺术运动中心为鲁迅的思想和作品提供了新的内容（图3-86～图3-94）。呼捷玛斯成立之时几乎积聚了当时国内所有造型艺术的全部精英，他们建立的空间、形体构成、色彩三门课程是现代造型艺术共同的基础，它令建筑、雕塑、绘画等多门不同专业的学生可以用某种共通的方法和原则组合出新的造型方式。而不同门派、不同思想的造型大师及不同的艺术领域，都把呼捷玛斯变成了新的艺术流派诞生与发展的沃土。由于构成主义的"通用"艺术观念，当时几乎所有优秀的造型艺术家都受到了呼捷玛斯里的大师和新的思潮不同程度的影响，其中就包括鲁迅欣赏的"构成主义"。这其中包括鲁迅在《奔流》中点评到的亚·罗德钦科和弗·塔特林[18]，被鲁迅收录在苏联版画集《引玉集》中的版画家德·密德罗辛等。

由于苏联的社会背景和中国相似，鲁迅敏锐地察觉到苏联艺术的功用，理解苏联艺术家尤其是构成主义艺术家的精神并与之产生共鸣。虽然日后被证实他对苏联的有些认识是不全面的，但并不妨碍他当时对苏联艺术的欣赏、推崇与引进。在此过程中，鲁迅不可避免地受到呼捷玛斯直接或间接的影响。这些影响在鲁迅的文字和平面设计作品中，我们都可以寻觅到呼捷玛斯基础造型艺术课程内容和相关思想的痕迹。

3-86

3-87

3-88

3-89

3-90

3-91

3-92

3-93

3-94

注释

1. 伊·若尔托夫斯基主要为莫斯科富人设计乡村别墅和联排别墅。在苏联时期，他与阿·舒舍夫合作过大型新古典主义建筑项目。例如，他们设计了俄国最古老的热电厂（这些电厂仍然在为克里姆林宫发电），重建莫斯科竞技场，在克里米亚设计了几座疗养院，在索契设计了里维埃拉大桥和许多党务工作者的公寓楼。

2. 阿·舒舍夫因在红场设计建造列宁墓（1926—1930）而声名鹊起。他还是莫斯科共青团地铁站、康尚斯基火车站、莫斯科大桥、莫斯科酒店的设计师。他的作品风格多种多样，包括新艺术运动、装饰艺术和构成主义。

3. 拉·里西茨基（1890—1941）是俄罗斯先锋派的重要人物，与他的导师卡·马列维奇协助发展至上主义，为苏联设计无数展览品和宣传品，他的作品大大影响包豪斯和构成主义运动。

4. 雨果·明斯特伯格（Hugo Munsterberg，1863—1916）是工业心理学的主要创始人，被尊称为"工业心理学之父"。他出生于德国，师从现代科学心理学的创始人、德国著名心理学家威廉·冯特（W. Wundt），后来移居美国，在那里进行了大量的工业问题研究，其中最著名的一项研究是探明安全驾驶的无轨电车司机应具备的特征。后来他因为第一次世界大战支持德国的立场引起争议，他也是美国心理学界中因政治事件引起争议的人物之一。

5. 英雄主义是指为完成具有重大意义的历史任务而表现出来的英勇、坚强、开创和自我牺牲的精神和行为。其特点是：反映当时的历史潮流和社会正义，敢于克服超出通常程度的困难，主动承担比通常情况下更大的责任，敢于向社会上的反动、黑暗势力以及自然界进行坚强不屈的斗争，产生于表现人类与自然斗争的古代神话传说，其中的英雄具有超人的力量并为人类建立了功勋。

6. 建筑联盟学院（AA），是全世界最具声望与影响力的建筑学院之一，也是全球最"激进"的建筑学院，充斥着赞誉与争议，是英国最老的独立建筑院校，在170多年的风雨历程中培养了一批建筑规划、景观设计领域的国际级顶尖人物。该校极具特色的课程和广泛开展的项目与研究使其成为全球建筑创新的中心和乐土，也确立了其在当代全球建筑文化讨论与发展的先锋地位。

7. 《癫狂的纽约》（Delirious New York）由雷姆·库哈斯所著，库哈斯在书中认为"曼哈顿的建筑是一种拥塞的开拓之范型，曼哈顿已产生自己的大都会都市主义——拥塞文化"，并提出了拥塞文化的三个定理：格子（Grid）、脑前叶切开术（Lobotomy）、分裂（Schism）。

8. 消费主义是当今西方资产阶级道德的重要组成部分，被视为是一种获得愉悦的活动形式。消费主义是指人们毫无顾忌、毫无节制消耗物质财富和自然资源，并把消费看作是人生最高目的的一种消费观和价值观。"消费主义表现在"对物质产品毫无必要的更新换代，大量占有和消耗各种能源和资源，抛弃仍然具有使用价值的产品，采用"难以承受的生活方式等"，在这种界定之下，消费主义的实质上是拜物主义。

9. 拥塞文化作为雷姆·库哈斯的主要理论之一，在其作品中，尤其是大型城市建筑作品中均有所反映，并在多数情况下充当着其思考背景与基础思想的角色，与库哈斯其他的理论共同影响着他的创作，摩天大楼内部中各项功能具备不确定性，可根据未来需求的变化进行相应的调整更新。库哈斯将这一类内容丰富、功能复杂的摩天大楼比作"社会凝结器"，即"产生和强化人类交往理想形式的机器"。多元化、不确定的事件在此比比皆是，拥塞文化应运而生，摩天大楼成为容纳多种事件的最好容器。

10. 万书元，1956年出生，湖北仙桃人。教授、博士生导师。1982年毕业于荆州师范学院中文系、1988年毕业于南京大学中文系（硕士）、2000年毕业于东南大学建筑系（博士）。曾先后任教于东南大学艺术学系、同济大学人文学院，现任同济大学美学与艺术批评研究所所长，同济大学人文学院副院长。中国普通高校美育研究会常委，全国艺术硕士（MFA）专业学位教育指导委员会委员。

11. 美国实证主义讲求实用，不喜欢高度抽象和思辨的概念，在解决实际问题中学习，鼓吹个人主义，强调个人价值，以及从宏观的社会结构到微观的个人行为和个体间的互动、乐观的思想，并对社会改革和进步充满信心，关注都市问题，犯罪率、失业、住房等十分具体的东西。

12. 劳申勃（1925—2008），生于得克萨斯的阿瑟港，卒于佛罗里达，20世纪50年代初期在黑山学院等艺术院校学画。受凯奇"艺术与生活统一"的思想启发，他在50年代中期开始脱离支配美国画坛的抽象表现主义的影响，把三维实物引入合成绘画，在枕头、被单、布片、轮胎、纸箱、电风扇、收音机等日用消费品上泼溅油画颜料，因而被誉为波普艺术的先驱之一。

13. 表现主义（Expressionism），现代重要艺术流派之一，20世纪初流行于德国、法国、奥地利、北欧和俄罗斯的文学艺术流派。表现主义是艺术家通过作品着重表现内心的情感，而忽视对描写对象形式的摹写，因此往往表现为对现实的扭曲和抽象化，这个做法尤其用来表达恐惧的情感，因此，主题欢快的表现主义作品很少见。

14. 超现实主义是第一次世界大战以后在法国兴起的社会思潮和文艺运动，影响波及欧洲各国。涉及文学、美术、戏剧、音乐等各个领域。它从达达主义中吸收了反传统和自动性创作的观念，但克服了达达主义否定一切的弱点，有比较肯定的信念和纲领，作为美术运动，在两次世界大战期间传播最广。

15. 建筑评论家约瑟夫·乔瓦尼尼（Joseph Giovannini）曾担任纽约杂志和洛杉矶先驱审查员的建筑评论家，美国建筑界的杰出人物，且一直是一位激进的批评家，曾为主要主流出版物和专业期刊发掘新兴人才。他首先创造了"解构主义"一词，后来这一词被菲利普·约翰逊用于1988年在现代艺术博物馆（MoMA）举办的开创性解构主义建筑展览。

16. "蒙太奇"原为建筑学术语，意为构成、装配，电影发明后又在法语中引申为"剪辑"。1923年，谢·爱森斯坦在杂志《左翼艺术阵线》上发表文章《吸引力蒙太奇》（旧译《杂耍蒙太奇》），率先将蒙太奇作为一种特殊手法引申到戏剧中，后在其电影创作实践中，又被延伸到电影艺术中，开创了电影蒙太奇理论与苏联蒙太奇学派。

17. 弗·法沃尔斯基（1886—1964）被苏联美术界推崇为一代宗师。苏联书籍装帧、木刻创作和插图艺术的发展都和他的成就分不开。他借鉴了德国古典木刻艺术，为苏联木刻事业奠定了坚实的基础。

18. 弗·塔特林（1885—1953），构成主义运动的主要发起者。弗·塔特林是俄罗斯构成主义流派的中坚人物，他出身于工程技术家庭，很早就在社会上独立谋生，当过水兵、画家助手、剧院美工等，1902—1910年间，弗·塔特林先后就读于莫斯科等地的艺术学校并获得风景写生画家的职业证书。由舞台美术工作开始，他尝试进行绘画与雕塑相互转化的实践。他的早期设计大多是借助于自然的类比。

4

第 4 章

呼捷玛斯代表人物的
建筑理论及设计实践

呼捷玛斯可谓人杰地灵、人才辈出，几乎集结了当时苏联各个艺术专业领域的权威人物，提出了即便是现在也无出其右的独特建筑理念。代表性人物及其建筑理论主要有：莫·金兹堡及其"社会凝结器"理论、卡·马列维奇及其至上主义理念、尼·米柳金及其社会主义城市理论等。弗·塔特林、康·美尔尼科夫、拉·里西茨基、尼·拉多夫斯基、维斯宁三兄弟、亚·切尔尼霍夫、伊·戈洛索夫、伊·列奥尼多夫、阿·舒舍夫和亚·罗德钦科等苏联著名建筑师通过自己的贡献，使呼捷玛斯成为构成主义创新力量的阵地。

4.1 莫·金兹堡的"社会凝结器"理论

人类历史上的重要里程碑，从民主的诞生到福利社会的形成，都是由乌托邦式的思考促成的。这种思考是对社会关系的积极反应，从而刺激产生了另一种设想。在这些历史时刻，乌托邦的思想和建筑类型的发展往往是相互促进的。"社会凝结器"是20世纪20年代苏联建筑先锋派首要且最广泛的建筑设计理论概念（图4-1）。20世纪20年代后期，苏联构成主义的理论大师莫·金兹堡首次提出了"社会凝结器"的构想。它被认为是响应1917年十月革命而出现的最重要的建筑理念。

4.1.1 "社会凝结器"理论诞生的社会背景及其建筑缘起

十月革命前建筑领域内充斥着对古典主义的复兴以及无原则的折中主义。面对社会中这样的情况，一小群先锋派知识分子参加了革命，明确表示了他们在美学上的反叛：对资产阶级冷漠世界的不满。他们要创造一个新的世界，这个世界能解放大众，消除一切苦难的人与人之间的差别疏远。在这个被解放的世界里，个人的思想、活力将得到解放并融入共同的自由。这时的前卫建筑师们希望创造一个具有促进社会革命意义的激进建筑概念。

十月革命的成功，对苏联的先锋派建筑文化来说，使他们的建筑幻想成为可能实现的作品（图4-2）。梦想走入了现实，进入了历史，并作为积极因素加入了争取共同解放的运动。

十月革命给社会带来了全面的新生，随着提倡艺术体验回归大众生活，主观的创作开始走向了"社会化"。激进的建筑实践者们将个人发展的人文价值与科学技术的新进步结合起来，创造一种全新的住房类型，为民众带来更高的社会生活水平。

1927年，著名的构成主义杂志《现代建筑》的作者和编辑们在学术杂志中勾勒出"社会凝结器"的概念。可以说，莫·金兹堡第一次在建筑领域提出了这个概念。他指出，"社会凝结器"是"塑造并结晶一种新的社会主义生活方式"的建筑类型，是"我们时代的社会凝聚力量"。建筑师能够创造新型的居住建筑、公共建筑、工业建筑和建筑综合体的形式和新的发展方向，这使建筑能够根据新的社会制度实现其基本目标，逐步从根本上改变人类对生活、生产的最初社会属性。建筑师可以帮助塑造一个新的社会和"新"的社会关系，从而使民众成为社会主义的真正"建设者"。他认为在"社会凝结器"中应该培养一种新的行为、规范和习惯守则，以提高人们的意识并确保人类的进步。这是莫·金兹堡对于人类互动与合作的想象，是一种乌托邦式的大胆愿景。

"社会凝结器"是关于建筑的一种建议，用以表达后革命时期的"新型"建筑将由什么组成？以及它的社会功能是什么？在莫·金兹堡的各种表述中，建筑将作为一种工具，构建激进的新型人类社区，例如集体居住、工作和公共文化宫等。在这种文化中，社区是平等和充满同情心的，社区中将不再存在旧的阶级和性别等等级制度，资产阶级或农民生活的异化和私有化也将不再存在。

对于构成主义者来说，"社会凝结器"就是用一种革命性的政治力量来贯彻新的建筑类型。正如其理论、设计和建造方式那样，"社会冷凝器"将是一种社会化的建筑装置，用来将人们的生活变为共产主义的生活方式。"社会凝结器"鼓励集体意识，并将为居民而做的建筑设计提升到一门科学。"社会凝结器"的理论内容涵盖了批评、科学、艺术方法、意识形态、心理学，以及与建筑理论和实践有关的方面。这无疑是苏联前卫建筑师们为响应十月革命而创造的具有革命性的建筑理念。

正如《现代建筑》所说，这是"建设中的社会主义时代"。对于建筑师来说，"社会凝结器"将是实现社会主义理想的主要建筑手段。这是一个高度理论化的畅想，是模糊且概念变化后的现实，同时也是一个充满时代性的乌托邦幻想。

从1928年苏联最重要的建筑协会——现代建筑师联盟通过的一项决议可以看出：一种新型的公共住房、工人俱乐部、劳动宫、行政建筑、新工厂等，将成为社会主义文化的典范和聚集地。

正如20世纪50年代法国建筑师和历史学家阿纳托尔·科普的研究所说：城市规划师和建筑师也在建筑设计领域进行着实验性的乌托邦建筑畅想。前卫的建筑师迫切地向工业化迅速发展的西方寻求答案，特别是向经验丰富、技术先进的西方前卫建筑师学习。在法国建筑师勒·柯布西耶"建筑是居住的机器"的思想理念启发下，他们意识到重新进行城市规划对交通机械化和城市基础建设扩大的必要性。这使得现代建筑师联盟呼吁通过更宽阔的林荫大

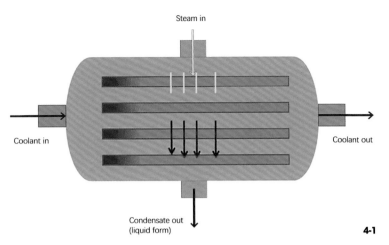

Steam in

Coolant in

Coolant out

Condensate out
(liquid form)

4-1

4-2

М. Я. ГИНЗБУРГ

СТИЛЬ И ЭПОХА

МОСКВА 1924

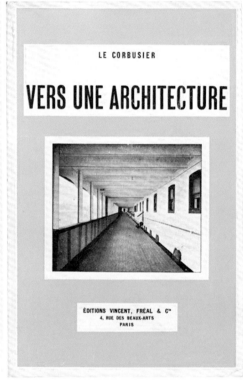

LE CORBUSIER

VERS UNE ARCHITECTURE

ÉDITIONS VINCENT, FRÉAL & Cⁱᵉ
4, RUE DES BEAUX-ARTS
PARIS

（a）

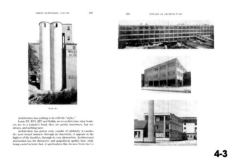

4-3

（b）

道、更宽阔的道路、更多的树木和新鲜空气来改造这座城市，以追求更加复杂的"新生活"。

在20世纪20年代初期，勒·柯布西耶与苏联的前卫建筑师们进行了多次的交流。可以说，勒·柯布西耶在苏联的建筑活动也包括他所传播的纯粹主义和机器主义思想。这些思想对苏联建筑界产生了较大的影响，同时来自苏联的未来主义和构成主义也印刻在勒·柯布西耶的思想中。莫·金兹堡可以说是对勒·柯布西耶影响较大的建筑师之一。莫·金兹堡曾在1924年发表了他的重要著作《风格与时代》，而勒·柯布西耶在1923年发表了《走向新建筑》一书（图4-3）。从两本书的封面，以及书中大多关于对机械美学与建立为新社会服务的形式语言的内容描述，我们可以看出莫·金兹堡的思想理念非常类似于勒·柯布西耶20世纪30年代之后的建筑思想。甚至"社会凝结器"的构想被认为是勒·柯布西耶一直追求和推崇的"光辉城市"[1]的理论基础。勒·柯布西耶在1928年设计的莫斯科中央消费合作社总部大楼就是他表述"光辉城市"的思想之前的尝试。例如其中建筑单体作为办公楼部分，是表达光辉城市理论必不可少的功能之一，而该设计又与"社会凝结器"有千丝万缕的联系。

图4-1 "社会凝结器"的物质起源
图4-2 海报设计，题为《整个国家的电气化》，格·克鲁齐斯，
1920年
图4-3 封面与内页对比。（a）《风格与时代》；（b）《走向新建筑》

因此，《现代建筑》上发表"社会凝结器"的相关文章，被称为是一场建筑界的革命。它循序了社会中认为可能推翻沙皇俄国的等级社会秩序，并按照集体路线重新设计社会的思想。它把"日常生活的问题"作为建设社会主义的中心场所。这是一场拒绝继承、不容置疑的生活方式革命，就像所有崇高的乌托邦建筑愿景一样，"社会凝结器"投射出对未来生活的渴望。它源于民众对现状的不满（图4-4），这种类型的建筑提供了一个独特的机会来集中反映当时的愿景——娱乐和展示新的思维与生活方式。建筑汲取了时代的精神，使思想具体化，将思想转化为建筑的物化。

"社会凝结器"概念下的社会主义的建筑应反映和促进合作与平等。它主张为社会目的服务，通过鼓励人类互动、相互依存和集体意识的空间设计，来促进共产主义生活。"社会凝结器"还意在将功能性方法扩展到日常生活中，它是建立在"科学管理"时尚观念的基础上的。正如苏联构成主义者伊·列奥尼多夫解释的那样，"必须将建筑转变为一门科学技术，工厂、住宅、俱乐部和公共场所应科学地布置"。不以民众生活为中心的建筑物已不再被接受，生活的设计成为一门科学。在建筑形式和功能上，"社会凝结器"成为现代社会主义建设的引导者与见证者。

4.1.2 "社会凝结器"理论及相关的实际建筑项目

为了了解什么是过渡性住房建筑群与如何看待"社会凝结器"，以及整个时代如何看待这个建筑理念，下面将详细研究最具有代表性的建筑项目。建筑作为实现"社会凝结器"理论的载体，对公共单元住房和工人俱乐部有着重

要的作用。在认识到这一理念的重要性之后，社会领导者与建筑师做了大量的努力来促成它的实现。这种理论在建筑、社会和文化中如何实现，都不可避免地受到政治的影响。

公共住宅和与工厂连接在一起的俱乐部都与主要的政治领导者直接相关，这两者都是革命的主要参与者，并以一种反射性的方式成为革命后的工具。换句话说，它具有双重重要性：作为一种因果关系和结果性因素，它定义了一个新的社会学层面，这个层面是过去、现在和未来的基础。因此，无产阶级有了这样的生命力，它的生活方式在各方面都必须加以重视。

纳康芬住宅

莫·金兹堡的纳康芬住宅（图4-5）可以说是有史以来最著名的"社会凝结器"作品。纳康芬住宅是由莫·金兹堡、伊·米利尼斯与工程师谢·普罗霍罗夫在1928—1930年间于莫斯科完成的。可以说，这是世界上第一个实验性住房项目，是一个包含了部分集体生活，如烹饪、浴室、活动室等的过渡性建筑空间。建筑内的功能不是强制性的，而是向新社会结构转化的一种软过渡方式。

纳康芬住宅不应仅作为第一个"社会凝结器"的重要指导性项目而存在。它的住房单元及其建造地点似乎有其独特的使命，见证着十月革命后的社会阶层和错综复杂的变革时代。此外，它不仅经历了社会变革，也在建筑设计上很有创新。

在展开社会学审视之前，有必要从纳康芬住宅的建筑功能上理解该建筑。该建筑包括F型单元和K型单元。F型单元是为小型家庭或无子女夫妇设计的，而K型单元则由两层的三个房间组成。F型单元只有一个小厨房设置在凹室内，而K型单元的厨房大约4m²。由于这种过渡型房屋的设计目的是鼓励人们集体生活并为此做准

备，因此使用这些建筑物中的公共设施是顺理成章的。尽管在后来的公共建筑中，这些设施完全消失了。为了鼓励人们集体生活，纳康芬住宅为居民提供了许多集体设施，其中包括公用厨房和饭厅、洗衣房、清洁服务、幼儿园、体育馆、图书馆和用于工作的房间，以及屋顶上的夏季饭厅。所有公共设施都位于另一栋建筑中，该建筑与第一层建筑相连，并在第二层与有屋顶遮盖的画廊相连。

从建筑设计的视角来看，纳康芬住宅是构成主义者功能主义建筑体现的一个很好例子，是苏联"住宅公社"的重要代表作品。它通过建筑形式上的相通性，通过满足人类需求的方式，将构成主义与现代主义联系起来。它还展示了现代建筑的所有常见元素：带状窗户、独立式立柱、屋顶露台等。它与西方所有现代建筑师一样，为居民提供了构成主义者一致认为的必不可少的环境：空气、阳光和绿色植物。

纳康芬住宅旨在转变"家庭性"的概念。这一变化的基础是重新定义人在社会中扮演的角色，它是以最简单、最自然的方式存在，而不以自我为导向，性别被定义化。解放妇女的家务劳动，使她们进入社会劳动的领域，与男子类似。提及居家和性别这两个要点，是为了指出社会领域的变化，甚至包括对最小尺度概念的感知。有证据表明，在1928年颁布了"建筑房屋责任制"政策，公开了想要入住公共房屋的居民所必备的条件。

在1999年维克多·布赫利提到的有关"现代性"的研究中提到，纳康芬住宅是苏联的基础项目，也是对欧洲"现代性"最全面的实现。然而时间证明，把旧的个人生活方式转变成一种集体化和人性化的生活方式，已经在某种程度上削弱了社会生活。维克多·布赫利提出了一个重要的观点："住宅公社曾是理想革命世界的一个缩影，而公共公寓则是一个真实的苏联

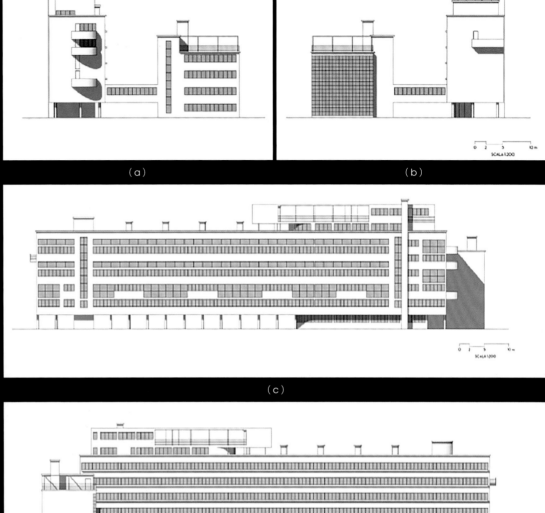

（a）　　　　　　　　　　（b）

（c）

（d）

缩影，一个非理想化的苏联社会缩影。"

为了使工人的生活方式集体化，人们建造
了公社住宅。住房单元的设计最多只能容纳一
到两个人。应该有一个睡觉的地方，还有一些
从事休闲活动和脑力劳动的地方……为儿童保
留的空间应该有足够的空间供他们永久居住。
住在公共住宅里的人还会在他们的车间、工厂
和其他工作场所宣传邻近建筑物的集体化。

——《现代建筑》杂志，1927年

俱乐部作为工人娱乐和教育的场所，也是
工人们社会生活的重要一部分。20世纪20年
代，工人俱乐部和文化宫被看作是马克思主义
革命新文化的实现方式，即通过辩证唯物主义
所体现的科学原理来改造个人，同时混凝土和
玻璃结构成为最新创新技术在建造中使用。

图4-4　建筑工人为主张采用现代住宅的游行，莫斯科，1931年
图4-5　纳康芬住宅立面图（a-d），莫·金兹堡，1928—1930年

工人俱乐部

20世纪二三十年代，莫斯科的工人俱乐部成了苏联新社会的文化宫殿，许多都是由著名的构成主义建筑大师设计的，其中包括维斯宁兄弟和康·美尔尼科夫。当局通过公共住宅定义了新的生活习惯、新的生活方式和家庭生活的概念，关于一个社会成员如何工作、生活和娱乐的全部规定。从字里行间可以看出，关于社会项目还有另外一点：定义个人的每一个时刻，尽量减少他休息的时间，即所谓的"资产阶级"时间。著名苏联前卫建筑研究学者康·美尔尼科夫指出苏联的十二次代表大会强调的一点，即"俱乐部必须成为工人阶级的大众宣传和创造力发展的中心"。

新建筑师联盟的创始人之一拉·里西茨基同样宣称这些建筑是"改造人类的工厂"。他直截了当地声明了工人俱乐部的含义：在室内工作的所有老年人都应该在一天的工作之后得到休息，并在那里获得新的能量。儿童、青少年、成年人和老年人应该感到他们属于一个社区。在这里，他们的精神利益应该得到扩大。

俱乐部是两个最重要的社会改造元素之一，是一个新的社会结构的代表。他们与古典风格的教堂、私人住宅、老剧院等是格格不入的。因此它们必须由一个新时代的建筑理念来设计，有新的视野和适当的当代风格，以便与属于"资产阶级"社会的一切东西隔离。一般来说，一个工人俱乐部通常至少有一个用于文化或政治活动的礼堂，一个体育馆或户外运动设施，几个用于室内艺术和教育目的的空间：阅览室、图书馆、教室和演讲室。

莫斯科的祖耶夫工人俱乐部（图4-6），是一件杰出的建筑作品。它是新建筑师联盟构成主义建筑的典范，由伊·戈洛索夫在1926年设计，1928年完工。它是为莫斯科的工人建造的，目的是提供各种公用设施，提供教育和娱

图4-6　祖耶夫工人俱乐部，促进无产阶级文化的活动场所

乐，符合社会主义的革命精神。该建筑设计了一个可容纳850人的矩形礼堂，用于戏剧表演和集会。

拉·里西茨基说，俱乐部设计的空间不是被动的娱乐消费形式，而是让大众能够直接参与其中，用社交使民众与社会发生关系。他们的设计理念与现代建筑师联盟的理念是同宗同源的。只不过现代建筑师联盟的建筑师在设计时考虑了建筑的功能，并通过建筑本身积极塑造社会互动，而新建筑师联盟则更注重设计产生的情感效果，尤其是建筑外立面带给观众的情感寄托。因此，祖耶夫工人俱乐部间接地激发了民众的情感，而纳康芬住宅则直接充当了社会的凝聚者，塑造了居民行动和互动的空间。

勒·柯布西耶在莫斯科设计的办公建筑——莫斯科中央消费合作社总部大楼

20世纪初构成主义在苏联迅速崛起，这场前卫的建筑思潮使得苏联主流审美观恰好与勒·柯布西耶追求以墙体围合空间、空间明示功能的建筑建构性思想不谋而合。苏联构成主义的兴起与十月革命诞生的社会理想，为勒·柯布西耶建构性建筑设计理念的表达提供了契机。他积极地投身苏联的城市建设中，这时的苏联成了勒·柯布西耶实现建筑理想的最佳平台。

1928年8月，莫斯科中央消费合作社总部大楼建筑竞赛中标为勒·柯布西耶建构性的建筑思想与实践在俄罗斯的尝试提供了新起点。在该项目中，勒·柯布西耶表达了他对"社会凝结器"思想的建筑理解，其中莫·金兹堡的纳康芬住宅区建造对他产生的直接影响也表现了出来。在勒·柯布西耶后期的项目中，他运用了类似乌托邦式的建筑思想，设计了多个住宅综合体项目，并大获成功，成为世界住宅建筑的楷模。同时奠定了著名的"建筑是居住的机器"理论，对后世的影响极其深远，直至今日。其中包括著名的马赛公寓（1952年）、柏林联合住宅（1957年）、布里埃联合住宅（1963年）等。

莫斯科中央消费合作社总部大楼（图4-7）重点是如何进入动线导引，以到达所去的空间。大尺度的螺旋斜坡，成为快速疏散人流的空间元素，体量由独立柱支撑，车辆与行人可以自由在地面穿梭。具有特殊造型的建筑内部空间，办公空间呈H形，可提供2500人同时办公，建筑包括餐厅、会议室、剧场，俱乐部与文化设施，可以说是将工作与娱乐结合在一起的现代化办公空间的典范。

勒·柯布西耶对于莫斯科中央消费合作社总部大楼这个项目怀有的伟大构想，在其1930年出版的《勒·柯布西耶全集》中有详细的表述。他在书中宣称自己的目标是"莫斯科中央消费合作社总部大楼是基于现代科学建立的一种当代建筑的真正示范"。

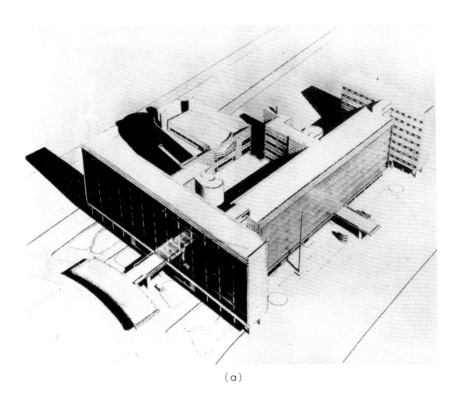

（a）

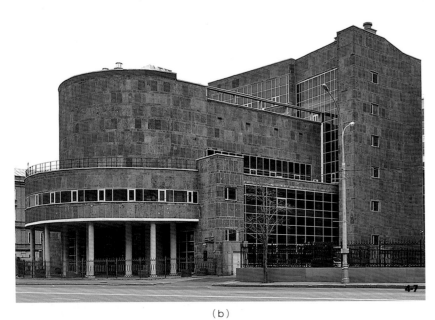

（b）

图4-7 中央消费合作社总部大楼（a、b），勒·柯布西耶，1928年

"社会凝结器"的确切意义难以定论。在20世纪20年代俄罗斯构成主义的文献中，这个词被广泛地使用，通常被认为是革命后过渡时期的新"类型"的术语。1928年后，"社会凝结器"一词在苏联逐渐被抛弃，尽管在古典主义风格时期，许多建筑、规划和社会工程的假设还继续充斥在"社会凝结器"的社会思想中。

围绕"社会凝结器"的争论使苏联社会学家形成了很多新的观念和假设，几十年过后建筑艺术学界才发现它们的价值。早期苏联现代的美学形态和美学思想不仅在一定时期的苏联存在，而且在20世纪60年代的西方世界中也被重新发现。这要感谢阿纳托尔·科普和汉·马格尼多夫等西方和苏联历史学家的研究工作，他们使"社会凝结器"一词重新进入了世界各地建筑师、艺术家和思想家的词典。

20世纪中期，苏联接受现代主义建筑师勒·柯布西耶的设计思想，以此来改变日常生活，其中最著名的是"微社区"中的住宅建筑模式（图4-8、图4-9）。这些是典型的社区设计，通常包括公共花园和公共服务设施（有学校、托儿所、洗衣房、体育设施和食品店）。从理论上讲，这种私人公寓可以让人在下班后休息和放松。每个住宿区都成为建筑群中有机的组成部分，从而营造一种社区的亲切感。在当时的大规模住房计划中，"微社区"已成功地进入了家庭和社会的理想视野。

在《未来之屋》（House of the future，1962年出版）一书中，苏联建筑师亚·佩雷米斯洛夫畅想了一个更加宏伟的"微社区"建筑群，其中包括游泳池和公共体育场。现代的便利设施和消费服务使生活变得更加现代，而且理想社会的意味十足。建筑再次具有实用性和功能性，这是一个不太遥远的共产主义的缩影。苏联新闻界以一种新的革命乐观主义精神，公开庆祝并重现曾经的集体主义精神。在这些偶然的"微社区"中，艺术与功能相结合体现在社会主义和苏联城市与建筑中。

"微社区"从未与20世纪20年代后期的社会聚集区公开地联系在一起，但它们在某些方面相互呼应，表现了许多相同的影响和社会理想。当时，随着航天事业的发展，以及公共自动售货机和技术功能便利服务的发展，建筑环境被视为体现了社会价值观和现代生活工作习惯的方式。20世纪60年代技术的普遍发展似乎使"新生活方式"更加涌出。在生活中重新渗透文化的建筑设计再一次成为一种乌托邦式的愿景，重新恢复了革命的想象力。至20世纪60年代中期，这种创造力的高峰落幕。

图4-8 巴黎提议，勒·柯布西耶
图4-9 集体公社可为500多人提供私人住宅，包括公用厨房和其他公共服务设施

阿纳托尔·科普的研究与普及

　　"社会凝结器"的重生不仅发生在苏联，而且也发生在了资本主义的法国。在构成主义者的作品中，在20世纪末学者的研究，主要包括凯瑟琳·库克、雷姆·库哈斯[2]和阿纳托尔·科普，以及东西方对构成主义重新探索的工作中，曾多次强调过这一术语的重要价值，以及其建筑理论和实践的中心地位。

　　俄罗斯出生的法国理想主义建筑师阿纳托尔·科普对"社会凝结器"进行了广泛、详尽的调查研究。他的《城镇与革命》一书于1967年苏联十月革命50周年纪念日出版，书中把"社会凝结器"作为构成主义建筑的指导理念。十月革命五十周年纪念在巴黎以独特的方式再次彰显了社会凝聚力，再次作为推动社会革命进步的力量。阿纳托尔·科普的著作引导亨利·勒费弗尔、凯瑟琳·库克提出并重新

思考了这个概念，促使他们在20世纪末至21世纪初的这段时期形成了丰硕的研究成果。建筑理论家、实践家雷姆·库哈斯也对其进行了重新思考，并试图将此理论用于自己的建筑设计作品中。

　　阿纳托尔·科普的研究成果《维勒与革命》以社会凝聚力指导为主题，发表于1967年。值得注意的是，当时正值西欧建筑思潮动荡的前夕。正如历史学家奥·阿库申科所指出的那样，阿纳托尔·科普的意图是在过去与现在之间建立起直接联系。以建筑实践为着力点，重新设计构成主义，以此"解决20世纪60年代法国建筑与社会矛盾结构化的危机"。

　　正如在"建设中的社会主义时代"所想象的那样，"社会凝结器"是一个时间的产物，它为如何调和人们和社会之间的矛盾进行了探索。尽管当时的许多答案在之后可能显得幼稚又天真，但社会凝聚力背后所赋予的内涵却启

发了无数的革命者。例如19世纪空想社会主义者所设想的居住社区，克劳德·亨利·圣西蒙[3]、查尔斯·傅里叶[4]和罗伯特·欧文[5]的社会聚居方案，目标都是为了解决那个时代未解决的社会弊端。同埃比尼泽·霍华德[6]的"花园城市"[7]计划一样，它是为了检验人们对生活中自然事物的假设，是对传统观念的有力突破。

　　尽管"社会凝结器"诞生于特定的环境，但它的概念并未受到约束。例如，在1968年法国"五月风暴"[8]前夕，当各种假设和规范受到质疑时，"社会凝结器"又出现了。建筑历史学家阿纳托尔·科普提醒全世界建筑师应关注现代建筑的起源与根本。随后，法国知识分子、他的朋友亨利·勒费弗尔受到启发，扩展了这一概念，解释空间结构和社会观念是如何相交的，最终如何有助于引发空间需求的转变，从而改变了许多建筑师的研究方式。城市理论和人文地理研究者的视角更加关注社会凝聚力，

使这些具象的空间成为某些社会学问题关注的焦点。

雷姆·库哈斯的编译与占有

今天，"社会凝结器"这个概念在西方许多项目和论文中被大量引用，其中大多数建筑学本科生或研究生似乎更相信是雷姆·库哈斯本人首先提出了"社会凝结器"的想法。这在某种程度上可能与1968年5月阿纳尔多·科普将"社会凝结器"翻译并引入西方，以及政治话语权的宣传有关。

雷姆·库哈斯在20世纪70年代末和80年代初首次通过科普或亨利·勒费弗尔了解到"社会凝结器"这个概念。在他的建筑设计——巴黎拉维莱特公园[9]（图4-10，1976年和1982年）的竞标方案中，他运用了这个理念，尽管竞标最终由伯纳德·屈米[10]赢得并实施建设。

雷姆·库哈斯拉维莱特公园项目的灵感是来源于由莫·金兹堡和"都市主义者"米·巴尔希1930年参加莫斯科文化休闲中央公园比赛（后来被命名为高尔基公园，图4-11）却是不争的事实。但雷姆·库哈斯将"社会凝结器"定义为一种"在空置地形上进行规划分层，以鼓励动态共存的建筑方式，人的活动可以通过建筑界面产生丰富的可能性。"这是"社会凝结器"在社会中逐渐成为引用最多的概念和定义，许多没有研究过这段历史的人误以为这一理论是雷姆·库哈斯提出的。

令人不解的是，这一定义的最初发表不是在与公园竞争有关的建筑设计文件中，而是在雷姆·库哈斯2004年出版的《容纳》（Content）一书中。书中雷姆·库哈斯声称"社会凝结器"是他自己的知识产权。书中他对"社会凝结器"的观点进行了多重扭曲，雷姆·库哈斯不仅从莫·金兹堡那里挪用了这个

理念，他还声称对它的所有权是永久性的。此外，在知识产权的层面上，雷姆·库哈斯通过专利注册这一行为使"社会凝结器"私有化。这也与"社会凝结器"这一理想的追求、社会化理念的初衷相背，甚至是大相径庭。

1978年，雷姆·库哈斯在《癫狂的纽约》一书中，还提到了曼哈顿中心田径俱乐部。该俱乐部于1931年对外开放，作为一座摩天大楼，它是典型的构成主义"社会凝结器"的案例。在他的评论中，田径俱乐部是一个精英化、著述与女性歧视的、私人的、按社会阶层分布活动的摩天大楼。随着城市的进一步发展，美国生活方式的优化、美国社会凝结器的建筑形式最终超越了20世纪初欧洲苏联先锋派的理论及其倡导的生活方式。雷姆·库哈斯认为，田径俱乐部成功的秘诀在于它拥抱拥挤、随机和不可预测的都市生活特征。这种建筑本身就是"规划"与"设计"生命的一种典型案

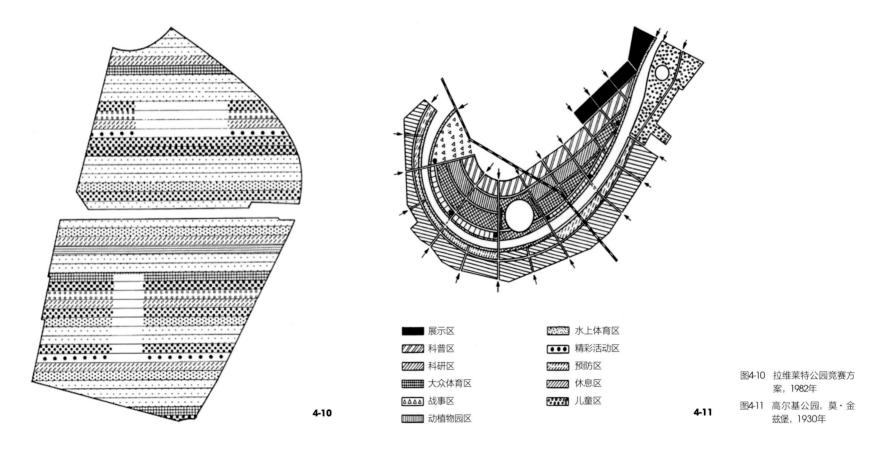

图例：
- 展示区
- 科普区
- 科研区
- 大众体育区
- 战事区
- 动植物园区
- 水上体育区
- 精彩活动区
- 预防区
- 休息区
- 儿童区

4-10

4-11

图4-10 拉维莱特公园竞赛方案，1982年

图4-11 高尔基公园，莫·金兹堡，1930年

例，是颂扬生命完全屈服于大都市生活的阴谋。他对阿纳托尔·科普或亨利·勒费弗尔意译不正当的理解，使得"社会凝结器"成为"艺术批判"现象的典范。

北京福绥境大楼："社会凝结器"的中国样本

1958年，在《人民公社若干问题的决议》中提到"城市中的人民公社，将来也会以适合城市特点的形式，成为改造旧城市和建设社会主义新城市的工具，成为生产、交换、分配和人民生活福利的统一组织者，成为工农商学兵相结合和政社合一的社会组织。"

《北京志市政卷房地产志》中记载："在城市人民公社化运动的号召下，北京南城的白纸坊和广渠门、东城的北官厅、西城的福绥境等地建起了人民公社化的住宅大楼。"其中3栋建成——西城区的福绥境大楼、东城区的北官厅大楼（现已被爆破拆除）和南城的安化楼。它们同样有大空间用作公共食堂并且楼内每层都配备公共水房和厕所。

福绥境大楼（图4-12），原名鲁迅馆北住宅，又称"人民公社大楼"，也叫"共产主义大厦"，正是在上述背景下设计建成的。1958年12月福绥境大楼建成，承载着人们对共产主义社会的向往和改造社会的理想，它也是时代留给我们的珍贵样本和实证资料。可以说，福绥境大楼就是"社会凝结器"这一理想典型的中国样本。

福绥境大楼主体为南北朝向，东、西两段为东西朝向，总平面呈Z字形（图4-13）。大楼总建筑面积约为25000m²，其中地下2800m²、地上22200m²，大楼内原有居民364户，总计993人。作为周边地段唯一的高层建筑，大楼体量宏大，与周边胡同群形成鲜明对比，在胡同群落的任何角度，都难窥其全貌。大楼分为西段、中段、东段3个部分。西段为幼儿园及附属宿舍；中段首层为大量公共服务用房和少量居室，二层及以上主要为居住单元；东段地下一层为厨房，一层为公共食堂，标准层为居室，包含189个居住单元和101间单身宿舍，户型包括单身宿舍、二居室、三居室，以满足不同人口家庭的需求。

地下一层为餐厅厨房，面积约548.02m²，包括主食厨房、副食厨房、主食库、副食库、杂货库、粗加工室、冷藏间、机器间、备餐房，以及宿舍两间。一层为餐厅，面积约522.28m²，是为住户提供"大锅饭"的餐厅。标准层每层有公共厨房以备不时之需，标准单元内未设厨房。西段地下室为幼儿园厨房，首层至3层为幼儿园，包括办公室、收容室、活动室、卧室、厕浴室、隔离室、医务室、储存室等。标准层（4~8层）为宿舍，每层有宿舍15间，以及公共厕所、浴室、储藏室和开水间。

关于其他公共服务设施，当时社会制度下，人民公社生活以集体化为目标，楼内每层有服务用房，首层有各种服务用房，楼内可以满足住户所有生活需求。福绥境大楼是"社会凝结器"的典型案例。老北京人认为电梯就是"一部会发光的梯子"，这种从未在北京居民楼中使用过的乘载工具第一次运用在福绥境大楼中，带来了社会主义、共产主义理想物质化的现实建筑，成为当时中国社会主义理想追求的建筑纪念碑。

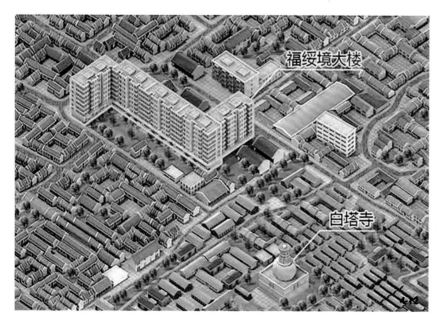

图4-12 福绥境大楼地理位置

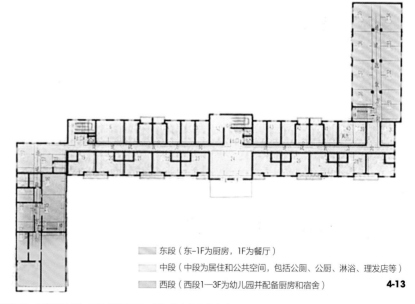

东段（东-1F为厨房，1F为餐厅）
中段（中段为居住和公共空间，包括公厕、公厨、淋浴、理发店等）
西段（西段1—3F为幼儿园并配备厨房和宿舍）

图4-13 福绥境大楼一层功能布局图，福绥境大楼主体为南北朝向

其他作品的"社会凝结器"思想

华沙文化宫（图4-14）是苏联政府帮助波兰建造的，是一座多功能的、具有时代特征的摩天大楼。它是战后波兰人民共和国受苏联当时的建筑美学思想影响所建造的建筑，体现了社会主义现实主义美学。华沙文化宫建于1955年，容纳了多种公共功能和文化功能，如电影院、剧院、图书馆、体育俱乐部、教育学院等。其中最大的建筑空间是一个可容纳2897个席位的礼堂，用于举办大型活动，曾被称为"友谊社区"（波兰文：Osiedle Przyjaźni）。从社会主义者的角度看，华沙文化宫依旧在使用，今天它可以说是在新的21世纪"狂野的资本主义"城市的"社会凝结器"的延续。

"社会凝结器"在20世纪六七十年代在西方国家有一次短暂的复苏，它是由英国马克思主义新左派领导的。由于此次复苏的时间较短，西方社会中存在为数不多的建筑空间实例，这其中包括伦敦的党派咖啡馆和肯宁顿现代中学。伦敦的党派咖啡馆（图4-15），在20世纪50年代的SOHO场所，孕育了英国许多主要的左翼运动和运动团体。党派咖啡馆是一个由新左派所创立的精神家园，它帮助培育了一种新的、与众不同的文化，充当着"进行广泛辩论和讨论的空间"。它是新左派的理想家们对于乌托邦式空间畅想的阵地。

英国的罗汉普顿的奥尔顿庄园住宅群（图4-16），可以说是英国20世纪现代主义最重要的建筑群。1958年竣工之时，奥尔顿庄园住宅群被许多英国建筑师认为是第二次世界大战后社会住房的最高成就。项目的规划与住宅设计大部分受到勒·柯布西耶的现代住宅和"社会凝结器"理论的影响。

该项目用浅色混凝土建造，灵感直接来自勒·柯布西耶的"莫斯科中央消费合作社总部大楼"设计原则。它包括11个"板式"街区楼板块和12个低层公寓。现在有超过13000人居住，可以说是一个现代主义建筑在西方资本主义国家的"社会凝结器"地标。

（a）

（b）

图4-14　华沙文化宫的建设及现状（a、b），1953年

4-15

4-16

新艺术肯定者协会有不同的身份标识，包括：一个学术研究团体、一个集体、一个学校、一个公社、一个组织，甚至是一个社会系统。它在早期苏联前卫先锋派艺术的历史上是一个无与伦比的现象存在。从其起源和日常存在的活动方面来看，新艺术肯定者协会背叛了一种特殊的宗教兄弟会或各种共济会的特征。新艺术肯定者协会名字本身采用了那个时代全新的革命性术语，更喜欢被描述为一个"艺术党派"。因此，其成员认为，这个艺术先锋派的"政党"必须通过理论和实践来建设，确保通过艺术新体系的孕育与发展，从而才能产生出现新的艺术生命形式。其在卡·马列维奇出色的领导下，通过广泛而多样的努力，产生了全面而深刻的艺术影响力，取得了非凡的成就。这确实使人们可以将新艺术肯定者协会描绘成一种独特的，并且在很大程度上已经实现的乌托邦模式。这无疑深深地植根于19世纪90年代俄罗斯的文化观念中。其结果是产生了苏联20世纪"艺术融入生活"的伟大理念，从而使艺术深入家家户户。

4.2.1 新艺术肯定者协会的创建与发展历程回顾

卡·马列维奇与新艺术肯定者协会

卡·马列维奇是新艺术肯定者协会重要的推动者和著名的建筑大师。与俄罗斯前卫先锋派的其他领军人物，如米·拉里奥诺夫、米·马蒂乌申和达·伯留克一样，卡·马列维奇具有强大的影响力，以及出色的理论创建与团队组织能力。发自内心不可抗拒地建立艺术联盟的冲动从一开始就标志着他职业生涯的辉煌。例如，在19世纪末期，他在库尔斯克成立了自己的创作工作室。该工作室以巴黎美院的设计风格为范本，是具有共同兴趣爱好的艺术家快乐聚会的场所。在欧洲艺术中，个人成功的标志是自己的名字被社会认知，拥有自己的理论和众多追随者，并且是多种艺术运动的创立与推动者，这成为当时先锋艺术家自我肯定的顶峰。当时卡·马列维奇就达到了这样的顶峰，这也为卡·马列维奇学术团体创建与组织工作增添了动力。在19世纪90年代中期，他早期在纯粹主义理念的影响下开创了绘画运动，召集了大约十多位艺术家，在1915年成立了先锋的组织。该组织自称为至上主义，只有第一次世界大战这种大事件才能阻止组织的成立及全部理想与承诺的实现。

之后，卡·马列维奇又孕育了一个建立更权威的先锋艺术中心的想法，设想该中心将在人类世界未来许多年中履行多种职能。1917年，在列宁格勒创建艺术文化研究所的计划最终得以实现。同年9月，卡·马列维奇当选为莫斯科革命士兵理事会艺术部主席。艺术家代表们急切地盼望成立自己的学术研究组织，并且构思了许多实施项目。这些组建自己组织的想法受到了热烈欢迎，当时，莫斯科组建了第一自由艺术创作工作室。很快，俄罗斯的几个大城市都建立并开设了几个小型研究部门，在莫斯科和彼得格勒举办的国家自由艺术研讨会上，革命思想导师列宁的讲话是对卡·马列维奇雄心勃勃全面计划的一个额外刺激。因此创建于1889年的维捷布斯克大众艺术学校发挥了特殊的作用，尤其是在1917—1918年，在卡·马列维奇前一年半的任期中，为他思想的发展提供了理想的艺术实验室。

1919年11月2日，卡·马列维奇在拉·里西茨基的陪同下，从莫斯科抵达维捷布斯克，并被任命为维捷布斯克大众艺术学校的教师。这是一所由白俄罗斯、法国艺术家马克·夏加尔[11]创立和领导的高等艺术教育机构。当时，学校由艺术家维·叶尔莫拉耶娃、尼·科甘、拉·里西茨基、尤·边、亚·罗姆、马克·夏加尔和雕塑家达·雅科尔松主持。学生包括米·韦克斯勒、伊·加弗里斯、叶·马加利尔、乔·格奥尔、基米·诺斯科夫、尼·苏叶廷、拉·希德克尔、列·齐佩尔松、伊·切尔温科和列·尤金。

卡·马列维奇的个人魅力如此强烈，伊·查什尼克当时也紧随其来到在维捷布斯克大众艺术学校就读。他在1919年秋天开始就读于莫斯科的国立自由艺术创作工作室的卡·马列维奇创作工作室，随后在同年冬日的大雪中，追随他的精神导师卡·马列维奇也来到了维捷布斯克。

卡·马列维奇一回来立即被许多学术活动所包围。他回到维捷布斯克一周后，首届国家和莫斯科艺术家绘画展开展。其中包括马克·夏加尔、卡·马列维奇、瓦·康定斯基、奥·罗扎诺娃[12]、罗·法尔克等的作品。展览同时举行了讲座和公开的学术讨论会议，卡·马列维奇的出现吸引了大批观众。出版于1919年夏天的理论著作《关于新艺术系统》，也是卡·马列维奇前往维捷布斯克的目的之一。现在，这套复杂的论文为他的演讲和采访奠定了基础，并在1919年11月15日撰写的《规约A》中得到了补充。卡·马列维奇在这篇文章新的附录中对介绍给学生的内容进行了仔细梳理与严谨的文字编纂。

拉·里西茨基和他的学生们一起在他的图形创作工作室中，按照卡·马列维奇的要求，以平版印刷的形式印刷了《关于新艺术系统》一书，共印刷了1000册。《关于新艺术系统》后来也成了拉·里西茨基平面设计构成思想"视觉书"理论的雏形。对于卡·马列维奇的追随者和学生们来说，这本小册子也是绘画在客观表现方面的"独立宣言"，宣告了"新约"的诫命，其中最重要的是将艺术引入"第五维度或经济"。

卡·马列维奇至上主义艺术思想的魅力与新艺术肯定者协会

卡·马列维奇的演讲充满热情和思想的魅力，他实现了预想，尤其在广泛的听众中，产生了许多积极的影响。大家努力理解从具象的主观表现性艺术到令人眩晕的非客观艺术的过渡。拉·里西茨基、维·叶尔莫拉耶娃和尼·科甘是卡·马列维奇最早的支持者，也在一定程度上是他最终理想的忠实实践者。几乎在几天之内，拉·里西茨基就开始了变化。当时受过专业训练并在马克·夏加尔的影响下接受培训的建筑师拉·里西茨基，抛弃了其早期作品的比喻和错综复杂的装饰性。犹太文化的传统给新艺术表现的色彩和色彩造型带来了强烈的负面影响，新艺术形式随着传统创作活动的影响而活力大减。拉·里西茨基敏感的洞察力和强烈感知的热情，使他很快就融入非客观

的艺术创作实践中。在他的一生中，对至上主义及其创造者风雨如磐的"浪漫"痕迹留在了拉·里西茨基自己的《关于新艺术系统》一书中。U-el-el'-ulelte是俄文的"过渡性"之词，"-ka"也成为新艺术肯定者协会的一种宣称或座右铭的代称，成为拉·里西茨基的名字的灵感来源。首先是埃尔，后来还有埃利、拉·里西茨基正式将自己的名字改为革命性的埃尔·里西茨基（本名为拉·里西茨基）。

维·叶尔莫拉耶娃和尼·科甘从彼得格勒也来到了维捷布斯克，他们的使命始于城市博物馆的筹建。这是苏联人民教育委员会美术部对维捷布斯克的任务之一。早期市立博物馆的筹建就是市政府出面的，是具有象征意义的艺术活动与政治宣传事件。它们将装饰性的前卫装置用于装饰艺术。在维捷布斯克大众艺术学校，拉·里西茨基、维·叶尔莫拉耶娃和尼·科甘推广了卡·马列维奇的理论，并且在他们之间形成了一群"长者立体派"。

新的艺术"流派"以惊人的速度发展。就像童话故事中的情节一样，发生时不用几天，而只需几个小时。这种节奏的加快，是从1919年11月收到重要且规模可观的佣金及制作经费开始的。其设计是为维捷布斯克抗失业委员会周年纪念日做的装饰。宣传装饰品必须在周年纪念日12月17日完成，只有不到一个月的时间。卡·马列维奇和拉·里西茨基设计了初步草图和详细的实施计划，其他老师和学生则分工合作对计划进行了具体的执行。需要大量的体力和脑力劳动才能制作出大量至上主义装饰绘画，用来装饰委员会的建筑，同时为节日活动制作出大量的横幅、标语和舞台装饰。这种实际应用从一开始就是对至上主义者们最大的吸引力，并立即赢得了维捷布斯克大众艺术学校大多数老师学生的青睐。至上主义进入"实用世界"是新艺术的肯定者：新艺术肯定者协会发展的重要基石。

维捷布斯克大众艺术学校的学生和老师前往莫斯科观看卡·马列维奇的第一场个人展览后，卡·马列维奇和他的个人作品所沐浴的光环增长了几十倍甚至更多。该展览于1919年年底至1920年年初在第十六届国家展览会上展出。维捷布斯克大众艺术学校建筑系的学生莫·列尔曼描述了这次旅行和展览，以及他在展览上见到著名的前卫派诗人弗·马雅可夫斯基[13]的模糊回忆。他们的新精神领袖人物卡·马列维奇有革命性的创新作品，有经过深思熟虑的理论，面朝的方向崭新且清晰，同时有卓越的艺术新世界，以及先进成果的前瞻性等。

新艺术肯定者协会、新艺术的年轻追随者协会与新艺术的追随者协会

1920年1月19日，维捷布斯克大众艺术学校的学生建立了自己的组织：新艺术的年轻追随者协会。9天后，他们与老师的学术研究组织"长者立体派"联手，成立了新艺术的追随者协会，继承并改组了这个最初的学生组织。

新艺术的追随者协会的成员决心将新的艺术形式引入所有类型创意活动的创作中，1920年的庆典活动为他们提供了很好的尝试机会。他们决定在庆典活动的第一天——2月6日演出传奇歌剧：战胜太阳。此演出的舞台和服装设计是由维·叶尔莫拉耶娃在卡·马列维奇的总体指导下完成的。尼·科甘贡献了世界上第一个"至上主义芭蕾"。这是一个好奇心引导的又未被重视的新艺术领域的冒险，其大胆的构想令人无比惊讶。科根提议展示"运动形式本身的连续展开"，并冠以"黑色正方块的至高无上"。应该指出的是，卡·马列维奇后来提出的"非客观摄影"的想法在某种程度上是科根芭蕾舞团所预想的。米·诺斯科夫就新艺术作了令人振奋和心动的公开演讲。当时他和他的兄

弟乔·格奥尔基一起在维捷布斯克大众艺术学校就读，新艺术的追随者协会在和后来的新艺术肯定者协会发挥了重要作用。不幸的是，在1922年之后，两位兄弟的所有踪迹都消失了，不知原因、无影无踪。

有了这些成功，新艺术的追随者协会从前卫艺术创造的成员开始对自己的力量充满信心，并决心自此以后代表自己的不仅是新艺术的追随者，而且完全是其肯定者。新艺术肯定者协会终于于1920年2月14日诞生了。这个名字的首字母缩写与当时对新词语的语言速记和造词保持了一致，这在卡·马列维奇的个人喜好中得到了很大的体现。他以新艺术肯定者协会的名字命名女儿的名字为乌娜。新单词催生了其他词：УНОВИСets（УНОВИСt），УНОВИСskii（УНОВИСtic）和УНОВИЗМ（УНОВИСm）。新艺术肯定者协会催生的新俄语单词是对一种现象的现实性和生命力的承认，这种现象没有其他更好的词来替代。

非常有趣的现象是，在最近几年西方学者的最新研究成果中，弗里德曼·马尔希将新艺术肯定者协会的英译文译成"Champions of the New Art"，即新艺术的冠军们或新艺术的首创者们，与以前的俄文音译完全不同。这一译法从艺术历史的发展进程中，对新艺术肯定者协会的地位与贡献做出了完全的肯定，以及极高的评价。这与新艺术肯定者协会人类创造性的前卫艺术遗产是完全呼应的，与其思想的影响力是全面一致的。

从1919年11月到1920年5月的几个月是新艺术肯定者协会思想建立的时期。协会所思考的艺术与哲学问题，新艺术表达所需要的工作条件及其新艺术生产的社会性质，被详细记录在1920年6月完成的《新艺术肯定者协会年鉴（一）》里（图4-17）。当时卡·马列维奇大量艺术思考全部被收录在这部年鉴中。

4-17

图4-17 《新艺术肯定者协会年鉴（一）》封面原稿。铅笔，印度墨水，纸上的水粉，35.5cm×25.5cm。莫斯科国家特雷特亚科夫画廊手稿部收藏

4.2.2 新艺术肯定者协会的"党派性"

新艺术肯定者协会集体主义的理想

卡·马列维奇本人的重要理论当然也出现在年鉴中，在那里他为研究"集体创作"概念投入了大量的时间。正是当时苏联社会中"集体创造工作"的可能性，使卡·马列维奇留在了维捷布斯克。在两年半的时间中，卡·马列维奇在他的文章"论自我与集体"中，表示新艺术肯定者协会理论基础的观点中包含"共同体"的概念。这一概念是通过俄罗斯象征主

义[14]过滤的哲学，与当时日渐强大的执政党的学说相呼应。新艺术肯定者协会强调艺术创新中的"集体主义"，是路线图上指定的实现"世界人"的途径之一。现代艺术界的新信徒们必须以团结为名，以联合为名，在完美的"集体创新"之前，"建立新形象"之前毁灭作为个体的自己。但这个观念可能仍然只是其中的一个方面，如高速公路上数以百万计的必要过境点一样。

卡·马列维奇集体化理论实际导向的结果之一是新艺术肯定者协会成员之间出于非个人化和匿名性而有意识地为集体而奋斗。他们的艺术作品上不再签自己的名字，而是开始用"新艺术肯定者协会"来签名。新艺术肯定者协会是20世纪最早的创新艺术家团体之一，即使不是最早的创新艺术家团体，也是以集体名称创作和展示其作品的先驱。青年艺术家协会长期以来一直被认为是开创者。然而，青年艺术家协会的团体签名是在完全不同的情况下产生的；是在支付劳务佣金时采用的一种合作社制度的方式。

"集体创作、团队工作"这一概念并非仅是俄罗斯文化艺术历史发展过程中的一种反复出现的现象，而是激发当时许多伟大的艺术与社会创造力的基础。然而，十月革命后的苏联政府在支持建筑艺术发展方面有了选择性，在一些人看来，像是培养某种官方建筑艺术。1927年，在某些方面曾是新艺术肯定者协会继任者的国家艺术研究院被关闭了。卡·马列维奇在他遗留在西方（荷兰阿姆斯特丹市立博物馆、卡·马列维奇档案室）的手稿上，贴有一张这样的便条，并有些痛苦地解释了这些便条上的文字："（发现）我自己在革命的影响下，可能与我目前捍卫的艺术形式（即1927年开始转向的创作形式）有强烈的矛盾。这些立场应被视为是真实的。"必须说，这要归功于卡·马列

维奇及其他新艺术肯定者协会同事们同样"处于革命的影响下"，他们从来没有对"老同志"采取强烈的暴力行动。新艺术肯定者协会的成员并没有将销毁或废除个人创作思想视为首要任务；因为他们是新艺术坚定的创造者和修炼者。经过仔细地历史研究与审视，关于卡·马列维奇对夏加尔迫害的传说轶事是莫须有的，虽然这既不是简单一说，也不是有明确记载的。值得一提的有力说明是，作为夏加尔的第一任老师，流浪者学校的画家潘恩在新艺术肯定者协会驻扎在维捷布斯克学校期间，一直留在卡·马列维奇的创作工作室工作。

在卡·马列维奇看来，"集体创作"极大地扩展了新艺术的创作领域，将艺术引入生活的实践过程，完成了官方艺术理事会对新艺术形式的肯定。官方理事会与维捷布斯克省人民教育厅共同确认了新艺术的实验形式。在《新艺术肯定者协会年鉴（一）》上发表的"议会议程"包含五个冗长的部分。尽管维捷布斯克当局是官方理事会确认的理会成员，但新艺术肯定者协会还是实现了理事会未布置任务的很大一部分，也自然不会完全倾向于官方组织这样或那样的要求。

图4-18 新艺术肯定者协会成员，左：尼·苏叶廷（"黑色正方块"缝在他的袖子上）

4-18

具有党派性质的新艺术肯定者协会

像其他组织一样，具有党派性质的新艺术肯定者协会（图4-18），也有自己的入会程序和章程。要求申请人填写高度详细的问卷表，由所有成员投票选出并很快组成的名为创意委员会的工作委员会负责策划监督所有"聚会"活动。一旦在其他城市建立了新艺术肯定者协会分支机构，维捷布斯克工作委员会自然就成了中央创意委员会。这是一个大家充分自由、民主生活的组织，没有主席。维·叶尔莫拉耶娃是该组织的秘书长，尼·伯恩施泰因是书记，

直到1922年他早逝。重要文件都印有新艺术肯定者协会印章，该印章是由拉·里西茨基设计并制作的。卡·马列维奇、维·叶尔莫拉耶娃和尼·科甘在1920—1922年间是创意委员会的常任理事；拉·里西茨基、伊·查什尼克、拉·希德克尔、伊·加弗里斯、尼·苏叶廷、格·诺斯科夫、伊·切尔温科、列·尤金和纳·埃夫罗斯都曾一次或多次在委员会中任职。

新艺术肯定者协会还组织或参加了一些重

要的艺术展览，最著名的是1920年2月在维捷布斯克举行的第一次艺术展览。当时该学校的学生展厅展示了新艺术的追随者协会成员的作品。1920年6月，新艺术肯定者协会在莫斯科举行的第一届全俄美术师生大会上展出了众多作品。1921年3月28日在维捷布斯克举行了为期一天的新艺术肯定者协会展览。1921年12月，在莫斯科，新艺术肯定者协会的创意作品再次在艺术文化研究所展出。另一个重要展览

是1922年5月在维捷布斯克举行的。1922年秋天，在柏林的第一次俄罗斯艺术展上，新艺术肯定者协会集体展出了60多幅作品，并1923年在彼得格勒举行的彼得格勒所有流派的艺术家展览中再次亮相。从立体主义到至上主义的60多幅作品提供了其创新工作的总结，并展出了卡·马列维奇多幅个人画作。除卡·马列维奇作品以个人署名外，其他作品均以新艺术肯定者协会群组名称出现。

4.2.3 新艺术肯定者协会的创新

新艺术肯定者协会广泛的艺术实践

卡·马列维奇是一位艺术创作广泛的实践者，其中，平面造型及其构成语言、艺术作品创新和哲学思想表达是他最主要的贡献，这些贡献还体现在他关于世界艺术单一创造的表达方面。新艺术肯定者协会的"集体创作"也是如此。拉·里西茨基、维·叶尔莫拉耶娃、尼·科甘、伊·查什尼克、拉·希德克尔、列·尤金、莫·库宁、伊·加弗里斯、格·诺斯科夫、拉·祖佩尔曼、奥·伯恩斯坦等人的著作丰富多样，体裁广泛，包括论文、论著、解释性笔记、图示、实践作品、日记和信件等多种形式，并且统一由卡·马列维奇本人卓越的思想加冕，深深刻着新艺术肯定者协会理念的烙印。新艺术肯定者协会出版的作品不过是冰山一角。重大的发现只能寄希望于仍然保存在档案馆中的珍贵文献与资料中，相信在不久的将来会有更多更佳的研究成果广泛出现。

正是由于马克·夏加尔在维捷布斯克艺术委员会任职期间所做的努力，将各种不同的前卫先锋派艺术运动的俄罗斯艺术家汇集起来，使得许多杰出的绘画作品，从艺术世界成员的作品到左派画家的杰作，都汇集到维捷布斯克[15]这座城市中。现在他们的作品成了维捷布斯克市立当代艺术博物馆中珍贵的收藏。在苏联新政权成立的开始几个月，卡·马列维奇一直是博物馆先锋艺术作品最活跃的著名收藏家之一。维捷布斯克博物馆迅速从当代艺术博物馆转变为绘画文化博物馆。维捷布斯克博物馆收藏了俄罗斯前卫作品中最完整、最具代表性的收藏，仅奥·罗扎诺娃个人就收藏有18幅画作。罗斯托夫博物馆的收藏品主要是柳·波波娃的作品。维捷布斯克的收藏与展示空间非常小，大部分画作都被存放在今天的维捷布斯克实用艺术学院。当时这些作品的临时展览经常根据卡·马列维奇的展览设计进行布置，并在学校广泛展示，作为他的演讲和评论材料，发挥了巨大且直观的艺术影响力。列·尤金在日记中写道，卡·马列维奇用他独特的眼光对俄罗斯前卫派几乎每位成员的作品都做出了自己深刻的"诊断"。

新艺术肯定者协会接受所有的艺术流派，是苏联前卫先锋艺术参加者的艺术流派的大"聚会"。协会希望以新的艺术形式促进世界上有"创新"思维的任何人，包括诗人、音乐家、演员甚至工匠，谁都可以加入。例如，纳·埃夫罗斯当时以专业的评论者和诗歌朗诵者而出名，他于1921年成为新艺术肯定者协会创意委员会的成员。新艺术肯定者协会的成员通常并不是至上主义者的代名词，但他们必须努力成为一名至上主义者，此外也更希望广泛多样的艺术创新形式出现。在那年秋天，新艺术肯定者协会为实现将影响力扩展到所有创造性艺术事业的目标，举行了"新艺术肯定者协会晚会"，晚会的开幕式，也是当代诗歌、现代音乐的展示和当代剧院艺术的聚会。晚会系列演出的第一场于1921年9月17日举行，卡·马列维奇以纳·埃夫罗斯角色的身份参加了弗·马雅可夫斯基的《战争与和平》的表演，维·叶尔莫拉耶娃和列·齐佩尔松完成了现代舞台美术的设计，卡·马列维奇还朗诵了他自己的现代诗歌。

至上主义与构成主义的相互交流与影响

卡·马列维奇的至上主义思想是在1915年诞生的，代表作品是包容一切的"黑色正方块"。"黑色正方块"象征深渊，其哲学表现上模棱两可，既构成"全部"又构成"虚无"，既构成"非客观性"又构成"全能性"，这使卡·马列维奇的杰作成了一种特殊的"标志"，成了人类现代艺术进程中的里程式纪念碑，意义深远。卡·马列维奇一生都在推广他的思想，至高无上的绘画是"自给自足"自由艺术的主要源泉，这是"黑色正方块"第一版的深刻思想，它的意味是无穷无尽的。"画家用画笔创造了一个新的世界标志。这个标志不仅仅是一种形式，不仅仅是用来理解已经准备好的、正在建立和已经在世界上存在的事物，更是全新的标志，通过艺术家的创造，成为自然界中一切事物的重要标志。"卡·马列维奇写道，这些至上主义者的画布是标志性创新，其中包含"未来至上主义者的世界技术有机体的原型图像。"因此，这种原型图像的投影，即是未来世界至上主义者组织雄伟的蓝图或宏大计划，成了新艺术肯定者协会集体工作的基本标志和"创新里程碑"。"黑色正方块"的诞生是其创作的主要代表。正如由伊·查什尼克和拉·希德克尔撰写的，发表于1920年新艺术肯定者协会期刊上的名为"客观和创新"一文。文章表述的主要观点与"黑色正方块"无穷的创作意义一样。

新艺术肯定者协会如此热烈宣称"现实世界"与其同期的生产者流派，即未来的构成主义者的创造寻求的世界并不完全吻合。卡·马列维奇和新艺术肯定者协会的成员希望理解宇宙"真实"的基础及其"有机自然转换"的规律，至上主义获得了本体论哲学层次方面维度的提升。卡·马列维奇在维捷布斯克几乎所有的时间都用于撰写哲学和理论论文，其中一些论文尚未正式出版。这些论文试图定义构成世界统一体系的"实用主义有机体"的艺术内涵与物质性质。所有这些概念扩展至更大的范围，扩展到地球甚至是宇宙。新艺术肯定者协会成员中最激进的成员理解并分享了卡·马列维奇前卫激进的观点。如伊·查什尼克将至上主义者的作品称为"蓝图"和"创新"，构想为新宇宙和世界新系统化的艺术创新工具。根据伊·查什尼克的说法，1921年维捷布斯克创建的建筑和技术系的目标包括："研究至上主义者的建筑投影系统，并根据其设计蓝图和创新计划，将地球范围假设为正方形，以赋予每种能量在整体方案中占据一定的地位，在地球表面上所有其内在元素的组织和空间容纳上，绘制出那些至上主义的形式，并将这些艺术形式上升、以滑入太空的点和线来完成。"

真正的"真实"与现实的"真实"的区别是卡·马列维奇理论构建的重要基础之一。"现实"是隐藏在客观世界神秘信封后面的存在，为了确保出现新的艺术至上并且是第一的"现实主义"，必须撕开这个神秘的信封，摆脱客观和理性的束缚。在整个客观世界真实的背景之下，"现实"是虚幻的化身。卡·马列维奇和新艺术肯定者协会的成员渴望创造一个新的"现实"，而在新艺术肯定者协会看来，生产主义者和构成主义者仍然是"事实"的仆人。卡·马列维奇与弗·塔特林之间的竞争，就是在这种矛盾上所采取的非

客观性研究不同理解的竞争结果。这个明争暗斗可以追溯到1896年，而在20世纪20年代初，在新艺术肯定者协会和艺术文化研究所之间，以及新艺术肯定者协会内部，这些不同学术之间的争论得到了充分的体现。与青年艺术家协会之间的学术争论于1921年12月公开，当时在艺术文化研究所展出了200多幅新艺术肯定者协会的作品，新艺术肯定者协会的成员在此次展览中力图用作品阐明自己的观点，卡·马列维奇也进行了激情四射的演讲并参加了讨论。这些研究表明至上主义与构成主义的对立是显而易见的，这两个苏联前卫艺术重要流派在世界艺术转型中的方向判断似乎是相反的。

拉·里西茨基自1920年年底起就在莫斯科生活与工作了。虽然他是艺术文化研究所的成员，但他似乎拥护另一种至高无上的、妥协的至上主义。拉·里西茨基和卡·马列维奇采取了截然不同的方式，尽管他们之间的私人关系非常融洽，而且弗·塔特林和卡·马列维奇之间的私人关系也保持了不变。拉·里西茨基和伊·爱伦堡于1922年在柏林创办了前卫的学术杂志，杂志的名称为"主题"，是一种理论类的刊物，宣布了某种与"非客观性"相关的研究成果，或与至上主义流派相关的"全方位"的学术争论（图4-19）。

新艺术肯定者协会内部也存在着至上主义和构成主义的分争，这些紧张关系为苏联早期艺术生活的许多领域增添了缤纷的色彩。试图整合它们之间的分歧与联系并非只是拉·里西茨基一个人的想法。作为新艺术肯定者协会坚定拥护者的列·尤金和列·齐佩尔松，他们在绘画的画布上使用了几层色彩漆料以达到浮雕效果，同时掺入锯末、刨花、沙子甚至种子，并在维捷布斯克的艺术实践中研究了异质材料的特性，如关注了密度。这两位绘画艺术大师

4-19

图4-19 《新艺术肯定者协会的印章》，转载于1922年《拉·里西茨基的一部关于二维的超现实主义故事》

的实验表明了至上主义与构成主义之间既相互对立，又相互吸取的微妙关系。此外，新艺术肯定者协会的某些成员，如阿·韦克斯勒、因·科甘、格·诺斯科夫、尼·苏叶廷、拉·希德克尔、伊·查什尼克和列·尤金，都以"艺术家构成主义者"的身份顺利地从维捷布斯克实用艺术学院毕业，而这一身份也可以看出构成主义与至上主义的殊归同途。

新艺术肯定者协会的空间理论研究与探索

1919年年底，拉·里西茨基将三维元素引入了他新的非客观构图研究中。这种形式最早出现在卡·马列维奇的至上主义作品中，即在著名的0.10艺术展（彼得格勒，1915—1916年）上，他所展示的是一块包含长方体和立方体的绘画。但是，卡·马列维奇很少在他的作

217

品中展现三维形式，因为它们会不可避免地产生一种虚幻的空间，与至上主义绘画形而上学的空间形态不相符合。相反，拉·里西茨基的"酒吧""盘子"和"立方体"在他的作品中成为永久的存在，其空间形式背离了卡·马列维奇的平面实验手法。在拉·里西茨基所理解的无上主义影响下，他创作的作品中，线条、平面形状和体积元素是随意组合的。拉·里西茨基的融合观点进一步加剧了"空间的对立"，即表面平面性和空间性之间不可避免地产生了不和谐。他根据不同的透视灭点构筑了几乎所有可能的各种形式。结果是，每个元素及其占据的空间，以及空间碰撞的错位或移位，都"飞入"了他的空间构图。这引起了至上主义支持者的沮丧，当然，这些构成变为了构成主义者最喜欢的空间装置。

拉·里西茨基仅在新艺术肯定者协会诞生后，才将这些作品定名为"普朗恩"。普朗恩是介于绘画和建筑之间交叉的一种状态，是由"Pro"与"УНОВИС"首字母的缩写组成。还有其他一些对普朗恩的理论解释，但"Pro"与"УНОВИС"这个交叉隐喻的说法是唯一被公认的解释。这些普朗恩作品来自新艺术肯定者协会项目或新确认的项目。在1920年之前，普朗恩这个词没有出现过。在《新艺术肯定者年鉴（一）》拉·里西茨基的文章中，没有被使用过普朗恩一词，此后的版本才被拉·里西茨基称为"普朗恩1A"。

拉·里西茨基确实在年鉴中使用了"新形式的实用功能主义建筑项目"新建筑任务的细化和"纪念性建筑装饰项目"等词汇和新的概念，这表明他正在为未来建筑设计承担这种重任并为之探索。

从一开始，拉·里西茨基就特意忽视了他在空间中的一切尺度考虑。他希望这些新的建筑既不需要限制高度也不需要限制底部，因此

他使用了不同的观点，即空间自由、空间无限的观点。但是，按照三维形式的空间逻辑，它们逐渐变重，被"拉到地上"，并要求考虑地球吸引限制力的定律。可能会注意到，同样受过空间构成训练的建筑师达·雅科尔松，就像拉·里西茨基一样，曾在里加理工学院的建筑工程和建筑系学习，但是他对雕塑的热情使他与拉·里西茨基有着不同的兴趣。在维捷布斯克大众艺术学校，达·雅科尔松接替伊·蒂尔贝格担任雕塑工作坊的负责人。1920年他在作品中大量使用三维空间形式，但从一开始他就完全按照重力定律思考着三维空间的新形式。

将建筑制图原理适应至上主义的做法，类似于格·克鲁齐斯与拉·里西茨基同时进行的创新事业的探索，甚至可能更早。这将是卡·马列维奇建筑构成思想产生的催化剂。

在维捷布斯克时代，至上主义转向建筑空间造型创新的另一个因素是苏联公共生活新的实际建造需求。官方委托新艺术肯定者协会进行演讲者的讲台设计，以供在大型会议讲演和示威活动中使用。最初，卡·马列维奇、拉·里西茨基和其他人仅限于使用至上主义设计手法装饰讲台的表面，他们使用标语和题词，并没有改变这些讲台原始结构的基本形状。然而，伊·查什尼克是卡·马列维奇最有才华的追随者之一，他在1929年去世时只有26岁。他为斯摩棱斯克的一个广场创建了一个题为"至高无上者的论坛"的建造项目。伊·查什尼克的论坛建造设计项目在新艺术肯定者协会的出版物之一中进行了说明，后来由拉·里西茨基重新开发设计，并作为他在列宁论坛项目中的设计制作基础。1924年论坛项目完成。《论坛报》尽管将列宁论坛设计的赞誉仅归拉·里西茨基所有，但他始终强调，这是"新艺术肯定者协会集体的设计创造"。

新艺术肯定者协会的教学研究

新艺术肯定者协会的教学研究系统是其艺术创新工作重要的组成部分。即便马克·夏加尔仍在维捷布斯克大众艺术学校任职时，也宣布应创建"统一的绘画服务对象"。当马克·夏加尔在1920年6月离开时，维·叶尔莫拉耶娃成为该校的校长。当学校改组为维捷布斯克实用艺术学院时，马克·夏加尔继续担任校长，并一直担任该职位，直到1922年她自己离开，前往彼得格勒。那时，伊·加弗里斯担任教授委员会主席，负责学校的教学、科研与行政管理工作。

统一绘画服务对象的概念基于卡·马列维奇在莫斯科和彼得格勒州立自由艺术工作室的工作经验。维·叶尔莫拉耶娃和因·科甘在维捷布斯克介绍了这种概念，并对该计划的发展负起了主要教育方面的责任，由因·科甘负责入门课程，而维·叶尔莫拉耶娃则通过保罗·塞尚[16]的立体主义和立体-未来主义的创作教育思路来督促学生有条不紊地创新与进步。这种从"塞尚发展到至上主义"的进步复制了卡·马列维奇个人独特的想法。卡·马列维奇思想的作用旨在通过师生间的相互"诊断"，可以从学生的作品中发现某种至上主义特殊的可能性，卡·马列维奇的学术讲座和与学生的对话，从两方面分析了学生的训练作业和他们独立的创作工作。

但是，卡·马列维奇至上主义教育计划的实施并不完全顺利，他对艺术创作障碍及其成因的分析，以及他对学生在理解不同绘画系统方面进步的认真观察，使他提升了后来被他标记为"绘画中附加元素"的理论。在维捷布斯克，卡·马列维奇开始使用学术术语补充元素。他的理论实质是绘画中每个新趋势都代表着一种特定的塑形"基因"，代表某种特定公式

所产生的艺术情结。像从细胞核中发展生物一样，从中发展出印象派、塞尚主义、立体派等复杂的艺术生物。直线、一个点在空间中的移动轨迹，以及至上主义的基本风格组成部分，被宣布为至上主义的"基因"。然而，至上主义的"附加要素"是卡·马列维奇的追随者很少能达到的顶峰，卡·马列维奇批评维·叶尔莫拉耶娃和因·科甘作品的次数并不少于他对学生的批评。1925年，卡·马列维奇在他的文章"绘画中的附加元素理论导论"中强调了他在维捷布斯克补充元素理论的起源，并声称他的许多学生都"生病了"。"从塞尚绘画的其他元素中，学生们发现作为塞尚主义崇拜者的罗·法尔克，比塞尚本人的作品更具吸引力，这是不正常的。"1921年，罗·法尔克在维捷布斯克任教了几个月，并把许多维捷布斯克的学生带到了莫斯科的呼捷玛斯；尽管罗·法尔克是"老兵"中的一员，卡·马列维奇从未放弃过对他的同情和尊重，但他对罗·法尔克作品真知灼见式的批评却是不少的。

在某种程度上，新艺术肯定者协会的教学实践还体现在卡·马列维奇的"集体理性"和"集体创造力"的概念方面。高年级的学生成为助教：他们共同进行低年级学生的课堂教学，提供论文研讨和讲座交流，讨论并评估学生的作业工作，以及相互审核彼此的创作工作。到1921年，伊·加弗里斯、格·诺斯科夫、尼·苏叶廷、拉·希德克尔、伊·查什尼克和列·尤金都以这种身份活跃于学校的角角落落，此外，拉·希德克尔和伊·查什尼克还负责建筑和技术系的教学及实践工作，该系创造性的教学成果使其成为学校学术成就的最高点。伊·查什尼克在1921年写道："在我们的绘画系中研究和理解新艺术的所有生成系统，最终导致诞生了真正的创作系：建筑系和技术系特别是建筑和技术工作室的杰出成就也是学校所有其他系成功的关键。新艺术肯定

者协会中，所有具有非凡创造力的个人以及他们之间的合作，成了世界新艺术形式的建造者。这是统一集体活动的贡献，必须向其致敬。"

作为一名思想家，卡·马列维奇鼓励追随者进行反思和新的理论思考。在他的要求下，因·科甘、拉·希德克尔、伊·查什尼克、列·尤金和其他人逐渐展现出在教学和艺术形式实验方面的才能。为了从维捷布斯克大众艺术学校毕业，学生为了获取文凭不仅要向教授委员会展示其创作作品，而且还要撰写理论论文，阐明他们的理念创新。所有毕业设计的副标题均为"精通博学的建筑师"。列·尤金在他充满严密计划的表格及日记中，记录了他对色彩和形式的思考及实验。后来他留校任教，与维·叶尔莫拉耶娃有了密切接触，对校长维·叶尔莫拉耶娃的教学工作帮助很大。在维捷布斯克同事们的大力帮助下，卡·马列维奇奠定了"创意实验室"的理论基础，该机构的创新计划在《肯定艺术新形式理事会》的"议程"中有着详细的策划，并在艺术研究院中变为了现实。

4.2.4 新艺术肯定者协会思想的推广

新艺术肯定者协会思想的广泛传播

新艺术肯定者协会于1920年6月在第一届全俄美术师生大会上向俄罗斯艺术界展示了他们新的创作成果（图4-20）。新艺术肯定者协会成员在卡·马列维奇的带领下，将他们为赶时间而匆忙准备的作品展览《新艺术肯定者协会年鉴（一）》带到了莫斯科，并由卡·马列维奇撰写了《关于新艺术系统》，对新艺术的创作思

想进行了介绍。与会者们得到了一份特别印刷的传单，标题为"来自新艺术肯定者协会"，与会者包括所有省州级自由艺术创作工作室以及莫斯科和彼得格勒的代表。"我们想要，我们想要，我们想要"的传单中发出这样的呼吁，坚持要求"在新艺术肯定者协会的旗帜下，让每个人都聚在一起以新的形式和意义为地球'穿新衣'。"尽管维捷布斯克的代表们错过了会议的开幕式并在会议接近结束时才到，但他们的艺术实践项目和创新思想有着明确的计划，这些创新思想以他们创新作品的内涵表明了他们的仔细思考，对新艺术范围翔实的界定，以其清晰性而著称。热情洋溢的演讲和出色的展览使新艺术肯定者协会脱颖而出。在1920年6月，新艺术肯定者协会在重组的新自由艺术创作学校中再次脱颖而出。其理想辐射并波及其他多个城市：不仅有维捷布斯克，还有彼尔姆、叶卡捷琳堡、萨拉托夫、萨马拉、斯摩棱斯克、奥伦堡等。卡·马列维奇的追随者之前是弗·斯特热明斯基和凯瑟琳·科布罗，后来是伊·库德利雅舍夫。伊·库德利雅舍夫后来还领导着维捷布斯克的新艺术肯定者协会直到1930年。

新艺术肯定者协会正是通过公共艺术作品，即满足"新的实用主义世界的事物"创建与发展的。在1920—1923年间，维捷布斯克的新艺术肯定者协会处于事业的顶峰，街道、建筑物、招牌、电车甚至配给卡都装饰有至上主义的设计。新艺术肯定者协会在当时现有的环境中，创新研究工作取得了长足的进步，但至上主义者的设计往往是用作建筑外观装饰和宣传物件的新装饰上。然而，在至上主义强大的影响力基础上，乌托邦式改变世界的思想将建筑带入了新艺术肯定者协会的视野。公认的观念是：建筑设计是新构成主义风格的必要起点。卡·马列维奇在1920年12月写道："已经建立了至上主义制度的具体计划，我从广义上

图4-20　新艺术肯定者协会作品

将年轻的建筑师托付给已经是建筑至上主义的理想。因为只有在至上主义建筑中，我才能看到新的建筑体系及其结构中所反映的伟大时代。"

　　当时欧洲未来主义艺术家以其解决人类宇宙问题的新浪漫主义方案闻名。维·赫列布尼科夫、瓦·切克雷金和卡·马列维奇对其他俄罗斯建筑同行非常敬重。他们的创作方式是由尼·费多罗夫"共同事业哲学"思想所支撑的。1918年，卡·马列维奇在诸如"建筑学到钢筋混凝土的一记耳光"之类的文章中，描述了假设的建筑综合体。"至上主义是新古典主义"的提法是在新艺术肯定者协会搬到彼得格勒之后提出的，但后来需要新的建筑形式来加以佐证，首先是在维捷布斯克得到认可，并采取了初步的规划实施步骤。建筑创作工作室，在不同的时间有不同的名字，是维捷布斯克学校最受欢迎的艺术创作工作室之一，由拉·里西茨基亲自领导。从1919年秋天到1920年年底，拉·里西茨基离开维捷布斯克，才停止了他建筑创作工作

室的工作，这些都是艺术史上拉·里西茨基的主要事件。后来伊·查什尼克和拉·希德克尔成为建筑创作工作室的领军人物。

　　拉·里西茨基的"整合"才能，如同著名历史学家汉·马格尼多夫恰当的描述一样，对新艺术肯定者协会产生了极其重大的影响。当时拉·里西茨基产生了强烈的实用主义理念，他的建筑专业培训教育方法和学术努力取得了非凡的实际成果，他是领导建筑工作室与其他艺术创新之间的桥梁。新艺术肯定者协会的创新者们在拉·里西茨基的领导下，"脱离了冰冷的实验室"，并进入了热情的现实世界。

卡·马列维奇的新艺术肯定者协会理想的国际视野

　　卡·马列维奇和他的"党派"成员都希望新艺术肯定者协会的分支机构在世界各地建立，并为进入国际舞台作出了许多努力。如新

艺术肯定者协会在1921年向德国发送了邀请，并在1922年2月给荷兰艺术家写了一封信，分别建议在德国和荷兰成立新艺术肯定者协会国际分支机构。至上主义是由弗·斯特热明斯基和凯瑟琳·科布罗"出口"到波兰的。弗·斯特热明斯基于20世纪20年代初移居波兰，之后由他在波兰华沙创立的统一主义机构与新艺术肯定者协会不无联系。"统一主义"这个波兰语，与俄罗斯的"创新主义"是完全一致的、相呼应的。

　　瓦尔特·格罗皮乌斯创立包豪斯时，宣称"建立一个欢乐的公社，中世纪的共济会客栈式理想的原型"。新艺术肯定者协会不仅拥有自己的口号，即"过渡性"，还有健全的规章、入会程序和标志，类似于同样的共济会客栈。新艺术肯定者协会兄弟会的礼仪甚至扩展到其成员的服装上。卡·马列维奇本人就是一个很好的例子：他的白色服装和白色帽子生动地演绎了他进入白色至上主义的经历。白色至上主义承载着"白色世界，即世界新结构，肯定了纯洁的超生命迹象，人类全新的创作生活。"列·尤金尤丁在他的日记中提到，缝制一件特别的新艺术肯定者协会红色外套，以代表组织的艺术标识。

　　新艺术肯定者协会的座右铭是卡·马列维奇至上主义者的口号"旧艺术的颠覆将刻在您的手掌上"，不久之后，又加上了"戴黑色正方块作为世界发展的标志"。确实，新艺术肯定者协会的成员在袖口上缝了一个黑色正方块，即"共济会徽记"，戴在他们手掌附近的衣袖位置。只有拉·里西茨基使用红色正方块作为新艺术肯定者协会的标志，还表现在其印章的设计中。这是对社会盛行的创新气氛的致敬："在您工作室中画出的红色立方块是世界艺术革命的标志。"卡·马列维奇和真正的新艺术肯定者协会至上主义者们一直并一致认为黑色正方块，即至上主义的"标志图案"是新艺术的"零形式"，是新艺术肯定者协会理想的真正象征。

1921年，作为艺术教育机构新艺术肯定者协会从由苏联人民教育委员会管理移交给了专业教育行政总署，这标志着新艺术肯定者协会艰难时期的开始。维捷布斯克的教师们在相当长的一段时间内没有得到工作报酬。中央和地方当局都没有向学校提供任何财政支持。新艺术肯定者协会的乌托邦式信仰，满足苏联政府希望在新的艺术形式的基础上建立新生活的想法破灭了，这种缺乏支持及广泛社会响应的新生活被证明是站不住脚的。

4.2.5 新艺术肯定者协会的终结

1922年7月，十名学生从维捷布斯克实用艺术学院毕业，此后不久，新艺术肯定者协会便停止了在维捷布斯克的活动。6月初，卡·马列维奇进入彼得格勒，维·叶尔莫拉耶娃也回到了彼得格勒；新艺术肯定者协会的众多成员，包括尼·苏叶廷、拉·希德克尔、伊·查什尼克、列·尤金、因·科甘、叶·马加利尔和

叶·罗亚克接连不断地提出离开的要求。其中许多人进入了艺术文化博物馆，即后来的国家艺术研究院，卡·马列维奇被任命为馆长。即使在彼得格勒，卡·马列维奇也不愿与新艺术肯定者协会分手，主要表现为新艺术肯定者协会新形式的艺术：1924年5月创造的"至上主义者的宣言"。在1924年年底，卡·马列维奇在给荷兰艺术家的一封公开信中指出，在全球范围内创作新艺术肯定者协会的必要性，他的新艺术肯定者协会国际理想一直存在于他的心中。

但是，卡·马列维奇试图在新的土壤（如苏联、德国、荷兰）建立新艺术肯定者协会分支机构的努力并未取得成功。1923年，在不断变化的生活条件和社会形态的压力下，维捷布斯克新生的艺术组织新艺术肯定者协会及其艺术现象逐渐消失了。也许未来的研究将会更多地告诉我们新艺术肯定者协会所留下的丰富遗产的真正价值。

卡·马列维奇全新的艺术设计作品及其至上主义思想开创了20世纪人类现代艺术的新篇章，影响至今。在苏联前卫先锋派艺术运动中，卡·马列维奇为新艺术流派多种多样的表现提供了艺术创新的出发点，并且奠定了重要

的理论基础。作为开拓者、理论家与创新艺术的实践家，他不仅影响了苏联大批的追随者，而且通过拉·里西茨基和莫霍利·纳吉影响了欧洲现代艺术的进程。

卡·马列维奇至上主义思想形成与发展的重要基地，就是他创建的新艺术肯定者协会。研究其思想的形成与新艺术肯定者协会的关系；研究新艺术肯定者协会作为创新学术中心的理论与实践方面的贡献；研究新艺术肯定者协会众多出色的创新艺术参与者的实践成果；研究新艺术肯定者协会教育创新方面的教学训练方法；研究其至上主义艺术大众传播的社会贡献；研究其集体创作的理论与方法。这些研究内容都是与新艺术肯定者协会仅仅存在十年的历史有着密切关系的。

新艺术肯定者协会作为卡·马列维奇至上主义思想形成与个人、集体创作重要的学术中心，其开创性创新工作的历史价值，其广泛的现代艺术影响，其深刻的人类社会艺术推动作用以及其对后来者巨大的思想刺激，都是研究现代艺术思想起源的重要内容。这些内容的深刻剖析与揭示，将会更好地促进人类未来艺术新的发展进程，这也正是新艺术肯定者协会的真正价值和它留给后人的历史遗产。

4.3.1 弗·塔特林

弗·塔特林（图4-21）生于1885年12月28日，于1953年5月31日逝世，出身于工程师家庭，很早就在社会上独立谋生，当过水兵、画家助手、剧院美工等。1909年弗·塔特林考入莫斯科绘画雕塑与建筑学校，一年后退学。从1911年起，他在前卫艺术展览上陆续展出自己的艺术作品。1911年起他结识了先锋派抽象画家卡·马列维奇和毕加索[17]，同时与苏联的"未来主义"艺术团体关系密切，很快又与亚·罗德钦科等人一道成为苏联的"前卫"艺术家代表。

1913年年底，弗·塔特林到巴黎访问了毕加索的工作室，并参观了正在巴黎举行的波乔尼《未来主义雕塑展》。回到莫斯科后，他开始了空间构成实验。弗·塔特林的艺术风格比毕加索的更为抽象，他的构成实验更加偏向于三维空间的构成实验（图4-22）。

弗·塔特林是构成主义的领袖之一，他的早期构成实验奠定了构成主义产生的基础，他的理念与实践对构成主义的发展起到了决定性的作用。他的构成主义实验艺术与设计实践体现了20世纪初苏联前卫艺术发展的新阶段，构成这一新形式是新艺术方向的核心，也是构成主义最本质的内容与最重要的贡献。他设计的第三国际纪念碑成了构成主义的标志性作品。

构成主义一词最初出现在安东尼·佩夫斯纳和纳姆·嘉宝1920年所发表的《现实主义宣言》中。而事实上，在构成主义成为一种风格化的艺术形式之前，早在1913年就随弗·塔特林的"绘画雕塑"——抽象几何结构而在俄国产生。构成主义艺术最初受立体主义和未来主义影响，它反对用艺术来模仿其他事物，尝试切断艺术与自然现象的一切联系，从而创造出一个"新的现实"和一种"纯粹的"或"绝对的"形式艺术。

构成主义分为两大阵营：一边是以弗·塔特林和亚·罗德钦科为代表，主张艺术走实用的功能主义道路，设计倾向于实用功利作用，

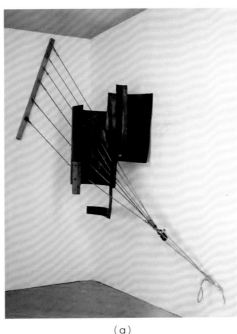

(a)　　　　　　　　　　(b)

图4-21　弗·塔特林工作照
图4-22　复杂的列宁角设计（a、b），弗·塔特林，1915年

并为政治服务；另一边是以安东尼·佩夫斯纳[18]和纳姆·嘉宝[19]为代表，强调艺术的自由与独立，追求艺术形式的纯粹性，不屑于为政治目的服务。

受到立体主义与未来主义的影响，在弗·塔特林职业生涯的前半段，他沉迷于研究反浮雕艺术。他认为："我们不能够再相信我们自己的眼睛，我们正在让眼睛服从于触感。"他的反浮雕动摇了绘画的根基，同时还形成了一种全新的对艺术材料的理解（图4-23）。在这些反浮雕作品中，弗·塔特林像诗人一样使用着他的材料，并从这些材料的表达功能中解放出来。他的反雕塑具有偶发艺术的某种特征，它们会给人一种漂浮在高张力状态中的感觉：它们不是固定在某个特定的点，而是悬浮在取代了早期雕像基座的绳索中。他尝试在画面中拼贴与镶嵌玻璃、金属片、铁皮、铁丝网、石膏、纸、沥青等材料，用真实的材料与质感表现真实的空间。这些平板上的作品不再是用画笔蘸颜料进行涂绘，而是用实物在一定大小的背板上进行组合，形成具有真实空间深度的"构成物"，弗·塔特林将这些平板上的实物构成称为"绘画雕塑"（图4-24）。

这些作品创作于1914—1917年间，木板上的材料为金属或皮革。这是弗·塔特林1913年从毕加索（以铁皮、木板、纸片等实物材料所做的拼贴作品）那里得到的启发。但弗·塔特林的"构成"作品则彻底抛弃了客观物象，而完全以抽象形式出现，在一块木板上钉着不同形状的竹片、皮革、金属片和铁丝。这些真实的物体被安排在真实的空间里，每种材料都清晰地显示着各自的质感。这些"真实空间中的真实材料"，在这里成为绘画浮雕的构成要素。它们组合在一起，彼此呼应和联系，产生节奏和空间意味，构成了一个与客观自然毫无瓜葛的独立艺术世界。

自1915年起，弗·塔特林开始创造脱离背板支撑的抽象构成物。他抛弃了框架与背景，改用金属丝悬挂于墙角，为了体现新的发展方向并与绘画雕塑相区别，他称这一时期的作品为"反浮雕"。从一种拼贴的、浮雕的半立体状态走向三维立体的创造。这些"墙角雕塑"不再依附于支座与挂板，在元素穿插、环绕、阻挡、搭接的组合中，作品不再是封闭的实体。构成物本身出现了可以透出背景的孔洞，或围合与半围合的空间，形体与空间的关系显得灵活而富于变化。

十月革命后，弗·塔特林成为苏联人民教育委员会美术部莫斯科分部的负责人。他的职责之一是实施列宁制定的战后宣传计划，这为"第三国际纪念碑"提供了机会。"第三国际纪念碑"是他一生中最重要的作品，这座塔比埃菲尔铁塔高出一半，功能包括国际会议中心、无线电台、通信中心等。这个现代主义的建筑，其实是一个无产阶级和共产主义的雕塑，它的象征性比实用性更加重要。其中弗·塔特林的"第三国际纪念碑"方案、伊·列奥尼多

（a）

（b）
4-23

（a）

（b）
4-24

图4-23　反浮雕（a、b），弗·塔特林，1915年

图4-24　绘画雕塑（a、b），弗·塔特林，1918年

夫的"列宁学院"方案与康·美尔尼科夫在1925年巴黎世博会设计的苏联馆被认为是苏联建筑第一个10年中革新精神的象征与典范。第三国际纪念碑原本是被定位为一种新社会秩序中分等级并且组织公正的政府标志，它没有使用传统的建筑形式，而是采用了富有幻想性的现代雕塑形态。如果这座纪念碑建成，将比1931年的纽约帝国大厦（120层、高318米，在20世纪70年代以前一直保持着世界建筑物最高纪录）还要高出一倍。

第三国际纪念碑的主要思想是基于对建筑、雕塑和绘画原理的有机综合，旨在产生一种新型的纪念碑结构。它将纯粹的创意形式与功利主义形式结合在一起。依据弗·塔特林的解释，纪念碑的设计由三个大型玻璃结构组成，这些玻璃结构是通过垂直支柱和螺旋的复杂系统来竖立的。可以说，纪念碑复杂的空间可以简化成三种单纯的几何形式：立方体、角锥和圆柱面，各自按照不同的速度、不同的时间间隔旋转——通过这种暴露结构的旋转移动，说明时间的概念。纪念碑的中心体是由一个玻璃制成的核心体、一个立方体、一个圆柱来组成的。这一晶亮的玻璃体好像比萨斜塔那样，倾悬于一个不对等的轴座上面，四周环绕钢条做成的螺旋梯子。玻璃圆柱每年环绕轴座周转一次，里面的空间划分出教堂和会议室。玻璃核心体则一个月周转一次，内部是各种活动的场所。最高的玻璃方体一天调转一次，也就是说，在这件巨大的建筑物上，它的内部结构会有一年转一周、一月转一周和一天转一周的特殊空间构成。

弗·塔特林在第三国际纪念碑的设计理念中采用了"机械形象"（图4-25），通过动态地搅动，将机器设备作为对工业社会现状有力的表述，表达了技术理性主义和功利主义的重要性。将机器与工业发展与无产阶级紧密、有机地联系起来，使第三国际纪念碑代表了无产阶级的真正精神。

1919—1921年间，弗·塔特林还曾在莫斯科国立自由艺术工作室任教，他建立了自己的工作室，称为材料、建筑工作室。1921年，他进行新类型工作室的尝试，随后协助建立了艺术文化研究所，并担任了研究所下属的文化研究部的领导工作。该部门关注新材料的开发及其在新社会组织中的应用。在1925—1927年间，弗·塔特林移居基辅，并在基辅艺术学校的戏剧、电影和摄影工作室工作。1927年，他回到莫斯科，在呼捷玛斯进行教学工作，教授学生们造型艺术理论。

1930—1933年，弗·塔特林在苏联人民教育委员会的科学实验室工作。1932年，他研究了自然界昆虫飞翔的原理，设计出了滑翔机的草图，并以俄语单词和自己的名氏组成了一个复合单词"Letatlin"，意为飞翔的塔特林，以此来寄托突破引力的梦想。但是，因为"Letatlin"的这项尝试受到了评论家们的评论与批评，从而被视为一项个人的冒险实验，反对了社会主义现实主义的政治合作精神。弗·塔特林也因此受到批判而变得声名狼藉。但是，他为滑翔机的设计辩护道，这是一

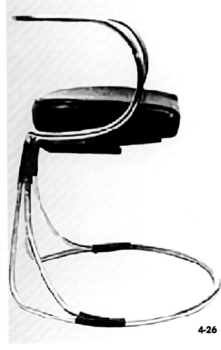

图4-25　第三国际纪念碑模型制作过程中，弗·塔特林，1920年
图4-26　塔特林椅，弗·塔特林，1936年

项实验性工作，该工作可以促进人们对形式新变化的思考，避免了现代物品造型的单调乏味。他指出，飞机是艺术创作的完美对象，因为它是一种复杂的形式。在1932—1933年间，"Letatlin"的变体曾在莫斯科的普希金博物馆[20]展出。

到20世纪30年代末，弗·塔特林的艺术风格回到了具象的绘画领域，并且他将大部分时间用于舞台剧布景设计。之后他又设计了塔特林椅（图4-26），他的想法超常规且异常大胆，其最初的模型竟然用弯曲木料及帆布制成。当然也许他心中明白这仅是模型而已，并没有付诸实践。后人几十年以后将它用钢管制作出来后，更加认识到这真正是一件构思极为巧妙的家具设计。

1933年后制度改变，弗·塔特林的构成艺术因此受到影响，但他仍然在滑翔机设计、家具设计中思考着伟大的构成主义设想，展示着天才的创造力，体现着不屈服于压力、真正知识分子

的精神。不幸的是，他的艺术作品很少能幸存，现代能看到的大部分展品都是原始作品的复制品。万幸的是，他的作品被世界各地的追捧者不断地复制，特别是第三国际纪念碑。此纪念碑也成了艺术史研究中苏联构成主义杰出作品的典型代表。1953年，弗·塔特林因食物中毒而去世，享年68岁。

4.3.2 莫·金兹堡

莫·金兹堡（图4-27）生于1892年6月4日，于1946年1月7日逝世。他是苏联构成主义理论奠基人和精神领袖、现代建筑师联盟创始人之一、首席理论家。莫·金兹堡出生在白俄罗斯首府明斯克一个犹太建筑师的家庭。在建筑师父亲的引导下，他也选择了建筑师这个职业。

莫·金兹堡毕业于米兰学院（1914年）和巴黎美术学院[21]（1917年）。

经过意大利和法国学院派的系统学习，他的思想中带有法国理性主义与意大利未来派的印记。1921年，莫·金兹堡回到莫斯科后开始在呼捷玛斯教授建筑史和建筑创作理论。莫·金兹堡精通古典建筑学，1924年，他入选苏联国家艺术科学院，之后他还带队研究古典传统建筑，并研究了多年传统乡土建筑（图4-28）。

在十月革命之后，苏联正处在大规模工业化进程中，莫·金兹堡这时学习土木工程，他对建筑与结构结合的研究有着良好的学术基础。1922年，他参加莫斯科劳动宫设计竞赛受挫后，对竞赛中维斯宁兄弟的构成主义作品产生了兴趣，并与维斯宁兄弟建立了长期的友谊，一起探讨、探究构成主义的前卫建筑设计理论。

莫·金兹堡的理论研究工作是从分析构图开始的。1923年，他出版了第一部理论著作

图4-27 莫·金兹堡

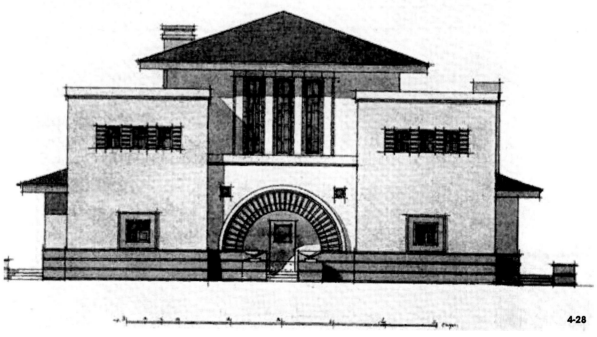

图4-28 耶夫帕托里亚（乌克兰海边城市）的独立住宅，方案已实施，莫·金兹堡与尼·科佩利奥维奇合作设计，1917年

《建筑的韵律》。在著作中莫·金兹堡试图通过对各国建筑的分析总结，来发现某种共同的构图原则，包括韵律方面的艺术原则。他在1924年出版了《风格和时代》，这是一本非常有影响力的建筑理论巨著，与勒·柯布西耶的《走向新建筑》可以相提并论，并且两本纲领性巨著在许多思想与表达方面有相似之处。它实际上是构成主义建筑的宣言，是一种将先进技术和工程与社会主义理想相结合的伟大学术成果。

在《风格与时代》中，他集中概括了革命前几年里，苏联先锋建筑的纲领，比当时所有的著作都更全面、更透彻地分析了现代建筑发展的问题及未来可能的发展方向，形成了系统化的理论，有效地总结了构成主义建筑理论，号召建筑师从古典主义和各种衰亡了的"风格体系"中解放出来。莫·金兹堡把构成主义看成一种艺术现象，他清醒地意识到新技术、机器的合理结构、大型工程构筑物的建设对建筑艺术发展产生的重要影响，以及与此相适应的建造美学观念的变化。莫·金兹堡的《风格与时代》明显受到多方面影响，它的"风格"来源于荷兰奥·范·杜斯堡的《风格》；而"时代"则来源于法国勒·柯布西耶的《新精神》。勒·柯布西耶在他的著作《视而不见的眼睛》的前几章里，引用了远洋客轮、双翼飞机和豪华汽车作为现代性的最高创造者，而莫·金兹堡却以先进的火车头作为功能形式的范例，用作他关于现代动力论著的插图。

在住宅设计方面，莫·金兹堡应用其"社会凝结器"理论，应用先进的建造技术，预测了现代生活方式，设计并建造了著名的纳康芬住宅。

在建筑设计的技术应用方面，莫·金兹堡在公共空间的创造方面树立了自己独特的设计风格（图4-29～图4-34）。

著名建筑史学家、美国哥伦比亚大学教授肯尼斯·弗兰姆普顿[22]评论道："莫·金兹堡对结构

的看法是过于狂涎、过于夸张的，这一点可以从他把诺尔维尔特画的发电厂收罗进来看出。他大概想阐明一种理想的方式，把混凝土和钢铁等量地混合使用。当然，莫·金兹堡和勒·柯布西耶同样重视飞机，把它当作新精神的载体，虽然他们所选用插图的机器型号不同。"

1925年，莫·金兹堡与亚·维斯宁共同创立了现代建筑师联盟，并任该组织的期刊《现代建筑》的主编，该期刊在1926年首刊发行，1930年被迫停刊。

在《现代建筑》中，他发表了一系列文章来叙述功能主义建筑的设计方法，并且深入浅出地阐释了构成主义建筑的主要宗旨。莫·金兹堡领导的现代建筑师联盟尝试了公寓建筑设计的创新研究，以提供新的共产主义生活方式。他主编的杂志《现代建筑》，探讨了城市规划和公共生活的建筑空间表达问题，以及关于未来主义建筑设计创新的设想。

对新型住宅设计的探索贯穿莫·金兹堡的整个创作生涯。他设计的工人住宅楼，造型新颖、布局经济合理，配备了先进的服务设施——电梯、通风管井、煤气炉具、折叠家具、垃圾道、屋顶花园等，成为当时住宅建设的样板。他设想将"机器—工程结构—工程构筑物—居住和公共建筑"设计成一个链条，在机器和建筑之间建立了几个过渡的中间环节，相互独立又相互联系。通过对机器的思考，他认为机器上的任何部分都不是无用的，它们经过精密计算和严格试验，与运行无关的零件被去除。机器中的大部分运行情况都将适用于建筑设计——通过平衡来寻求更高的效率和准确性。建筑师将通过设计解决社会的建造需求，应尽可能采取最有效的方式——运用工业产品、工业发展使建筑设计重新焕发活力。

其中莫·金兹堡比较著名的标准化住宅设计作品是与伊·米利尼斯共同设计的纳康芬住宅（图4-35、图4-36）。住宅由三种公寓类型组成，能初步满足不同家庭对居住面积的需求。

这座建筑不仅是在住宅类型设计方面的成功，也是对新建筑技术的赞扬。纳康芬住宅屋顶有花园及公用日光浴室，每层走廊也特别宽敞（3.9米），人们可以在此举行集体活动。纳康芬住宅还包含了许多工业化建造的思想，即以单元化构件组合成多样空间。莫·金兹堡后来还针对工业预制居住单元展开了研究。

从1928—1932年，莫·金兹堡是国际现代建筑协会的苏联代表。在这期间，他进行了两个建筑综合体的设计。第一个项目是纳康芬住宅，是他为苏联建筑委员会委员设计的，包含几种最小公寓类型的住宅项目，并为苏联公共住宅设计提出了一个空间利用最佳的设计模型（紧凑的错层F和K单元）。第二个项目是他参与的俄罗斯共和国国家计划委员会组织的"绿色城市"竞赛项目（图4-37）。除此之外，他也以前卫建筑师的身份参加了多项公共建筑设计图（图4-38），参加了当时主要的苏联建筑竞赛并设计了许多著名的建筑。例如，1934年为苏维埃宫竞赛设计（图4-39）、1932年莫斯科的文化公园竞赛设计、1937年巴黎国际展览会的苏联馆、第聂伯罗彼得罗夫斯克苏联组织机构大楼（图4-40）、伊兹维斯蒂亚大厦和莫斯科的纳尔科米亚日普罗姆大厦及苏联人民委员会重工业部大厦（图4-41）、第二次世界大战期间塞瓦斯托波尔防御体系纪念馆（图4-42）等。

1933年，建筑风格转向了古典折中主义、学院派复兴主义的苏联社会主义建筑风格，《现代建筑》也被宣布解散。莫·金兹堡和其他建筑学家的实践活动逐渐转变为"纸上的建筑"。之后，莫·金兹堡移居到克里米亚，在那里保留了自己的建筑工作室，直至去世。

从1934年起，莫·金兹堡成了建筑史文献出版的编辑，在《住房》杂志中继续他的理论研究。在这本杂志中，他成为折中主义和古典风格建筑的批评家，并敦促他的同时代建筑师

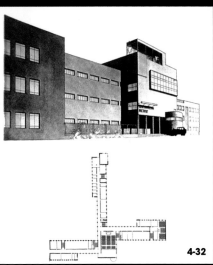

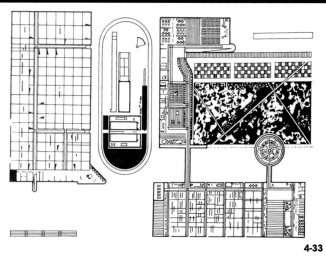

图4-29　莫斯科农业博览会上的展馆，克里米亚，莫·金兹堡，1923年

图4-30　莫斯科农展会克雷姆展厅，方案未实施，莫·金兹堡，1923年

图4-31　莫斯科某办公综合体设计，竞赛方案，莫·金兹堡，1925年

图4-32　伊万诺沃-沃兹涅先斯克的伏龙芝理工学院，竞赛方案，莫·金兹堡，1927年

图4-33　住宅单元与住宅，实验方案和标准化设计方案，莫·金兹堡指导苏联建设委员会标准化分会建筑师团队完成，1928年

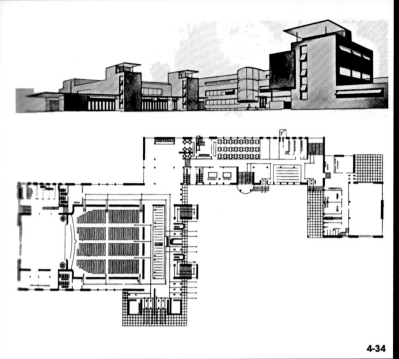

(a)

(b)

4-34

4-35

4-36

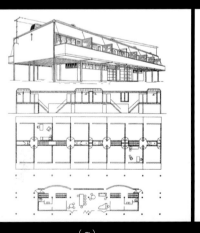

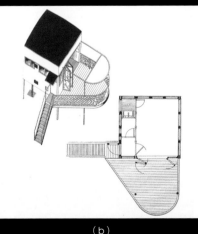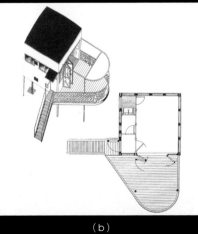

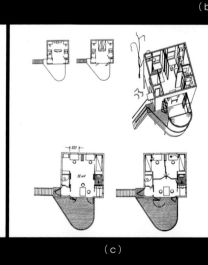

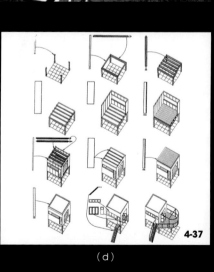

4-37

（a）　　　　　　　　　　　　（b）　　　　　　　　　　　　　（c）　　　　　　　　　　　　　（d）

图4-34　可容纳1500人活动的交通工人俱乐部，竞赛方案，莫·金兹堡，1926年

图4-35　纳康芬住宅E类型住宅透视图，莫·金兹堡与伊·米利尼斯共同设计，1929年

图4-36　纳康芬住宅F类型住宅平面图、透视图（a、b），莫·金兹堡与伊·米利尼斯共同设计，1929年

图4-37　莫·金兹堡绿色城市方案中的住宅与疗养设施的设计方案（a-d），毛里齐奥·梅里吉2012年重绘

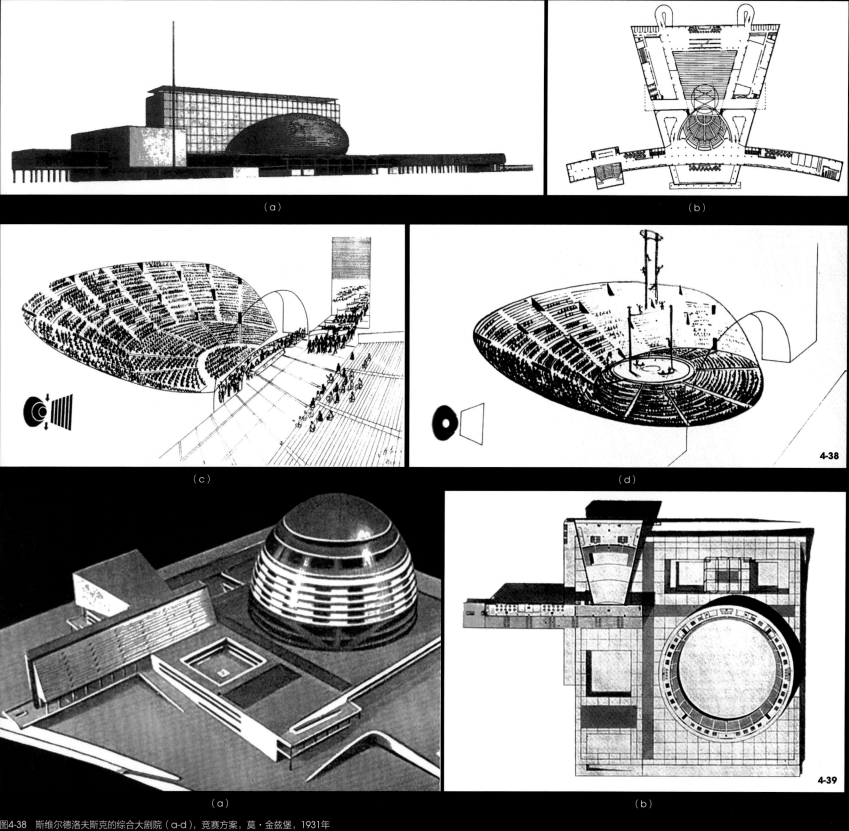

图4-38 斯维尔德洛夫斯克的综合大剧院（a-d），竞赛方案，莫·金兹堡，1931年
图4-39 莫斯科苏维埃宫（a、b），竞赛方案，莫·金兹堡与索·利萨戈尔等合作设计，1932年

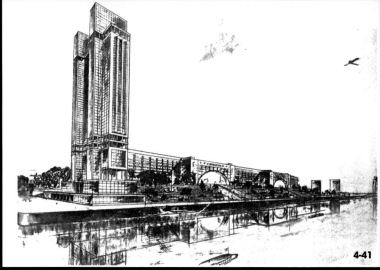

(a)　　　　　　　　　　　　　　　　(b)

(a)

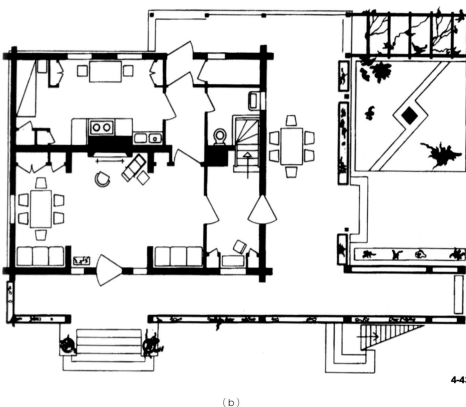

4-43

(b)

图4-43 乡村别墅（a、b），莫·金兹堡，1945年

来研究建筑标准化问题。第二次世界大战后，莫·金兹堡关注民族及地方建筑的研究，为村民设计了乡村别墅（图4-43）。他的著作《住宅》和《住宅建设的工业化》在1934年和1937年被两次印刷。1933年成立莫斯科建筑学院时，莫·金兹堡领导学院的建筑标准化和工业化部门，并担任学院《建筑通史》的编辑工作。随后，他开始进行两卷建筑史的理论编辑工作，在他1946年去世之前，只完成了有关"造型学"的部分。到了20世纪40年代中期，莫·金兹堡为战后的塞瓦斯托波尔制订了城市重建规划，并在基兹洛沃茨克和奥列安达完成了两幢度假建筑的设计，之后不久便逝世了，享年54岁。

4.3.3 康·美尔尼科夫

康·美尔尼科夫（图4-44）出生于1890年7月22日，逝世于1974年11月28日，享年84岁，是俄罗斯著名的前卫建筑师和画家。他生于一个农民家庭，从13岁开始在一家建筑工程公司打杂。1905年之后，在工程师弗·恰普林的鼓励下，他在莫斯科绘画雕塑与建筑学校接受了通识教育，1905—1911年间在艺术系进行学习，1912—1917年间在建筑系学习（图

4-45～图4-49）。

他的毕业设计作品是一所学校的规划设计，其设计风格经典，这使他被新古典主义建筑师伊·若尔托夫斯基所青睐而加入了他的工作室。1920年代初，社会中充斥着革命精神的召唤，康·美尔尼科夫开始寻找一种适合革命时代独特的新建筑语言（图4-50～图4-52）。

1923年，在莫斯科举行的全俄农业和手工业博览会上，康·美尔尼科夫建造了极富有表现力和全新活力的莫合烟展览馆（图4-53），他的这个作品也成了该展览的重要标志性建筑物。

231

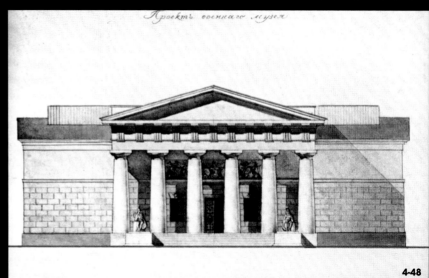

图4-44　康·美尔尼科夫

图4-45　学生时期作品：罗马风格大厅的设计，康·美尔尼科夫，1914年

图4-46　学生时期作品：乡村咖啡馆与文艺复兴式餐厅设计，康·美尔尼科夫，1914年

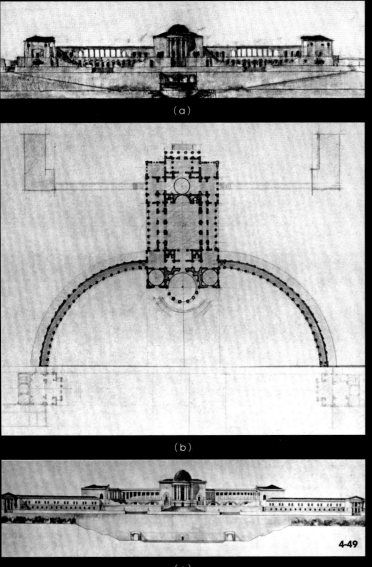

(a)

(b)

(c)

4-49

4-50

图4-49　克里米亚受伤军官疗养院设计（a-c），毕业设计，康·美尔尼科夫，1917年

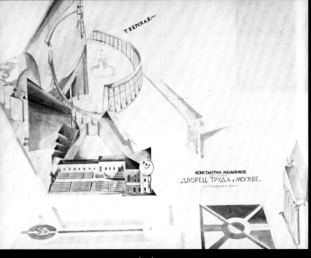

(a)

(b)

(a)

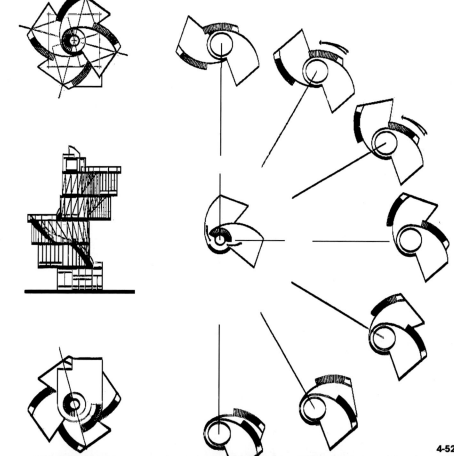

(b)

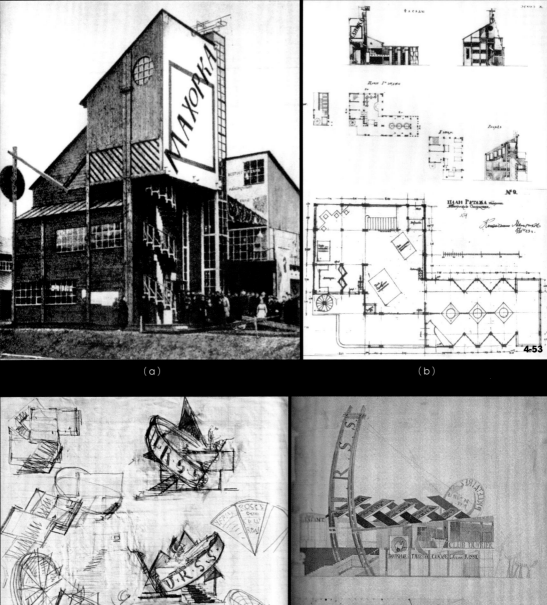

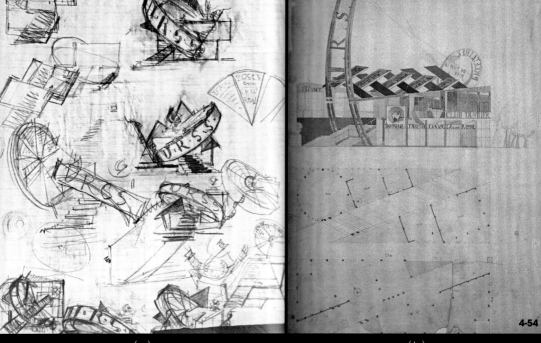

图4-53　在莫斯科举行的全俄农业和手工业博览会莫合烟展览馆平面与建成后照片（a、b），康·美尔尼科夫，1923年

图4-54　巴黎国际装饰艺术博览会苏联展览馆（一）（a、b），康·美尔尼科夫，1925年

图4-55　巴黎国际装饰艺术博览会苏联展览馆（二）（a-d），康·美尔尼科夫，1925年

图4-56　赛纳河上的汽车梦停车场设计（a、b），康·美尔尼科夫，1925年

图4-57　莫斯科巴哈捷夫斯卡娅公交车库设计（a、b），康·美尔尼科夫，1926—1927年

（a）　　　　　　　　　　　　　　　　　　　　　（b）

图4-58　莫斯科新良赞街的卡车修理厂（a、b），康·美尔尼科夫，1926—1929年

莫合烟展览馆的成功为康·美尔尼科夫带来了许多委托项目，其中最重要的委托之一是列宁陵墓的改造项目。1924年，他的陵墓设计方案采用玻璃水晶金字塔的形式，并被马上建造。

1924年，康·美尔尼科夫赢得了1925年巴黎国际装饰艺术博览会苏联馆的设计竞赛（图4-54、图4-55）。他用木头和玻璃建造的苏联馆被法国媒体誉为20世纪最具创新性的建筑作品之一。同时在20世纪20年代中期，苏联政府热忱于进行共产主义建筑的创造，即可容纳现代的城市化生活方式的建筑，例如公交车库（图4-56～图4-58）、工人俱乐部、大剧院等。康·美尔尼科夫因此承担了许多工人俱乐部的设计任务。他受到委托的项目大都是一些公共基础设施项目，如公交车库系列、俱乐部系列。他没有像其他构成主义的建筑师那样进行新技术上的实验，而是利用木材、砖和混凝土等基本建筑材料元素作为自我创新的表达。这种务实的设计手法被当时许多建筑师采用，如他在公交车库设计的屋顶上利用了伸长的钢梁，成为当时苏联全国流行的结构方式。

莫斯科鲁萨科夫俱乐部是构成主义建筑的一个著名例子（图4-59）。它由康·美尔尼科夫于1926年设计，建于1927—1928年间。这个俱乐部是建立在一个扇形的平面之上，有三个悬臂梁[23]式的混凝土座位区在基地之上。每一部分都可以作为一个单独的礼堂使用，将它们结合起来，可以满足超过1000人的活动。在大楼的后面是传统的单廊式布局办公室。建筑中可见的材料仅有混凝土、砖块和玻璃。这栋建筑的形态创新在某种程度上表现在它的形体造型上，康·美尔尼科夫将其描述为"紧绷的肌肉"。在20世纪30年代后期，这栋建筑历经了部分翻修，但维修工作仅仅是更换外部的装饰。在立面的维修中，俱乐部的名字标牌被拆除了。这座建筑被世界历史遗迹保护基金会列入了1998年世界遗产名录，唤起了人们对其之后非常糟糕的存在状况的关注。

莫斯科橡胶厂俱乐部（图4-60）同样也很好地表现了康·美尔尼科夫是如何组织体量、处理尖角以及结构上的直线的。在室内，他创造了良好的自然光环境以及鲜明的色彩。他认为建筑是"体量和空间的艺术"，与当时构成主义者们的"社会责任说"中强调功能主义的设计理性方式有所不同。

康·美尔尼科夫以其独特的个人风格参与到了新的建筑造型创造过程中。他是第一个将新功能和工人俱乐部为社会需求结合起来的建筑师（图4-61、图4-62）。在他之前，工人俱乐部往往借鉴了传统剧院的建筑形式，具有洛可可风格的舞台、包厢、乐队演出场所、舞池、奢华的大厅以及昂贵的材料。而康·美尔尼科夫设计的工人俱乐部虽然有着传统文化中心建筑中常见的中庭空间，但他将其理解成为一种功能上的灵活性。舞台可以供多组不同的业余组织演出，服务不同规模的观众和不同的演出需要。例如，康·美尔尼科夫设计的橡胶工厂俱乐部（1927年）在大空间中采用了可移动的隔墙，可以根据活动的观众规模来调整所使用空间的尺度。这种理念贯穿在他设计的工人俱乐部之中。康·美尔尼科夫共设计了6个俱乐部，在当时，苏维埃工人委员会在莫斯科发布了30个工人俱乐部项目（莫斯科市内有10所），康·美尔尼科夫赢得了莫斯科城市中的5座俱乐部的设计，他实现的第六座俱乐部位于莫斯科郊区的利基诺杜廖沃。

在1927—1930年间建造的康·美尔尼科夫自宅可以说是他和前卫的作品之一（图4-63）。房子是他自己的，由两个互锁的三层圆柱体组成。他在自宅设计中利用传统的砖工艺表达某些特定部位的张力感。窗户的设计表达了他的美学理念并且提供了良好的自然采光，同时具有集中承载结构负荷的作用。六边形的开洞在砖结构上均匀分布，其中一些填充了保温隔离材料，而另一些则作为窗户使用。在这个建筑中，他同时结合了当时现有的建造方法与地方的传统艺术，并且有节制地进行了材料的表达，整个项目同时也非常经济。

康·美尔尼科夫认为结构-空间的表现手段才是重要的。建筑风格的问题对他来说是第二位的。他认为建筑史上"风格外衣"的变换是次要的，而结构、空间表现手段的发展才是主要的，这与尼·拉多夫斯基的理性主义有一定的相同之处。通过深入研究形态构成规律，康·美尔尼科夫用自己独特的建筑设计实践作品证明了独立于材料和功能之外的建筑形态所具有的价值。

1929年康·美尔尼科夫参加了莫斯科城市委员会组织的"绿城"竞赛（图4-64），作为竞赛重要的参加者，他不负众望，用公交车站环网、休闲住宅、活动中心等建筑方案完成了他郊区新城的设计理想。

1929年的哥伦布纪念碑竞赛方案是康·美尔尼科夫最具想象力的作品（图4-65）。在大卫·费舍尔提出动态大厦设想的80年前，康·美尔尼科夫就在埋头设计一个动态纪念碑。不同于大卫·费舍尔，康·美尔尼科夫不满足于建造仅会毫无意义转换方向的大楼。他要构建一栋会演奏乐章的建筑。康·美尔尼科夫设计的灯塔是他雄心壮志的最佳写照。该灯塔

上部有个巨大的圆锥体，锥体内部被挖空用于收集雨水，这些雨水能带动一个小型涡轮机发电。更令人印象深刻的是，建筑两侧的巨型翅膀能在风中摆动。随着翅膀前后摆动，会撞击七个圆环之一，发出能传至几公里之外的音响。

康·美尔尼科夫是一位风格独特的苏联前卫建筑大师及画家。他的建筑作品主要创作于1923—1933年，这令他跻身成为20世纪20年代后期前卫建筑运动的领军人物。他众多公共停车建筑的设计造型独特、手法创新、形态语言丰富。尽管他属于构成主义阵营，但康·美尔尼科夫却是一位特立独行的建筑家。他不被任何风格流派或艺术团体的理念所束缚，是世界

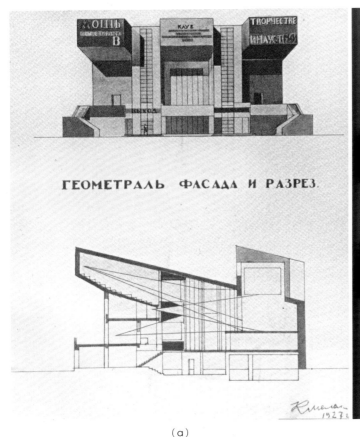

（a）

（b）

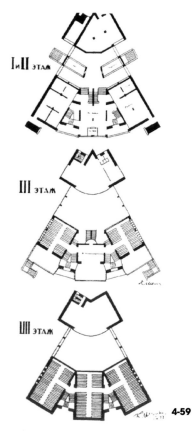

4-59

图4-59 莫斯科鲁萨科夫俱乐部（a、b），康·美尔尼科夫，1927年

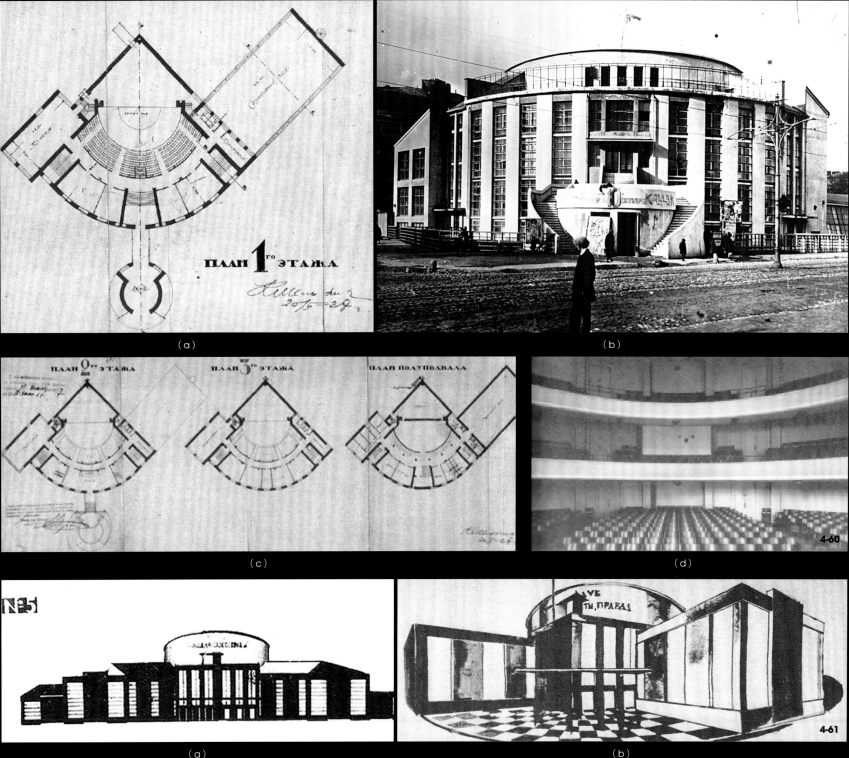

(a)

(b)

(c)

(d)

4-60

(a)

(b)

4-61

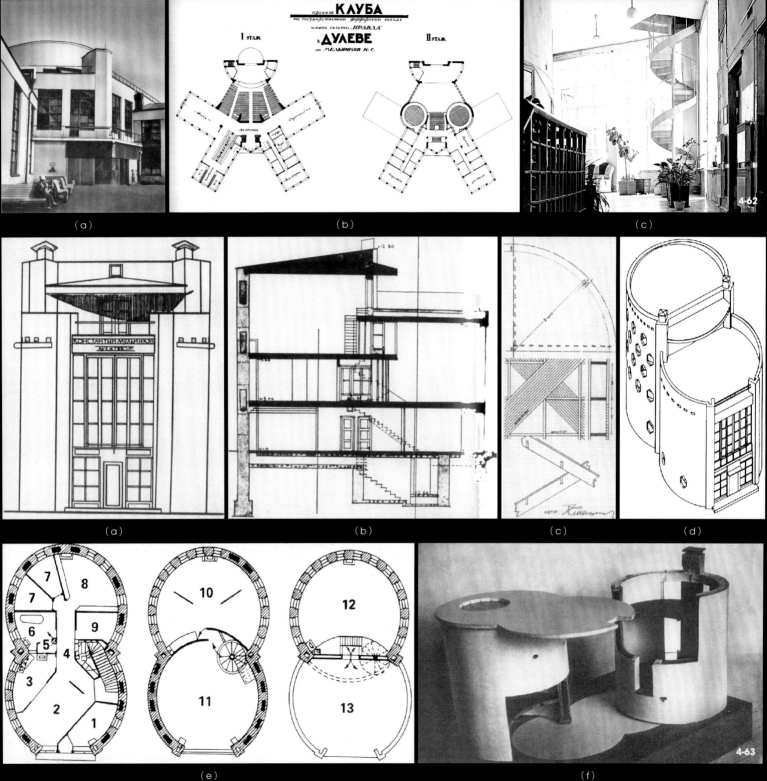

(a)

(b)

(c)

(a)

(b)

(c)

(d)

(e)

(f)

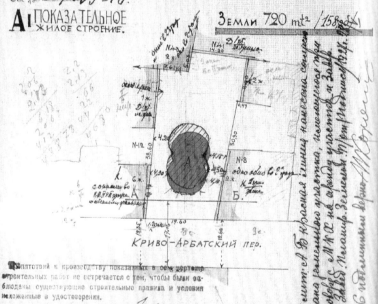

(g)

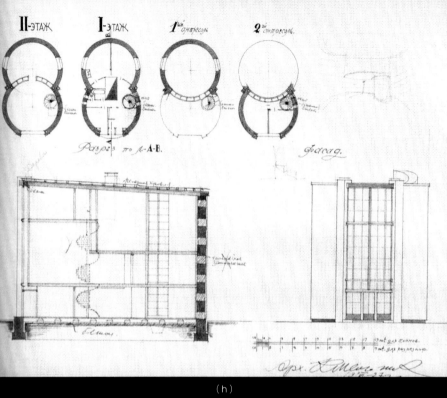

(h)

(i)

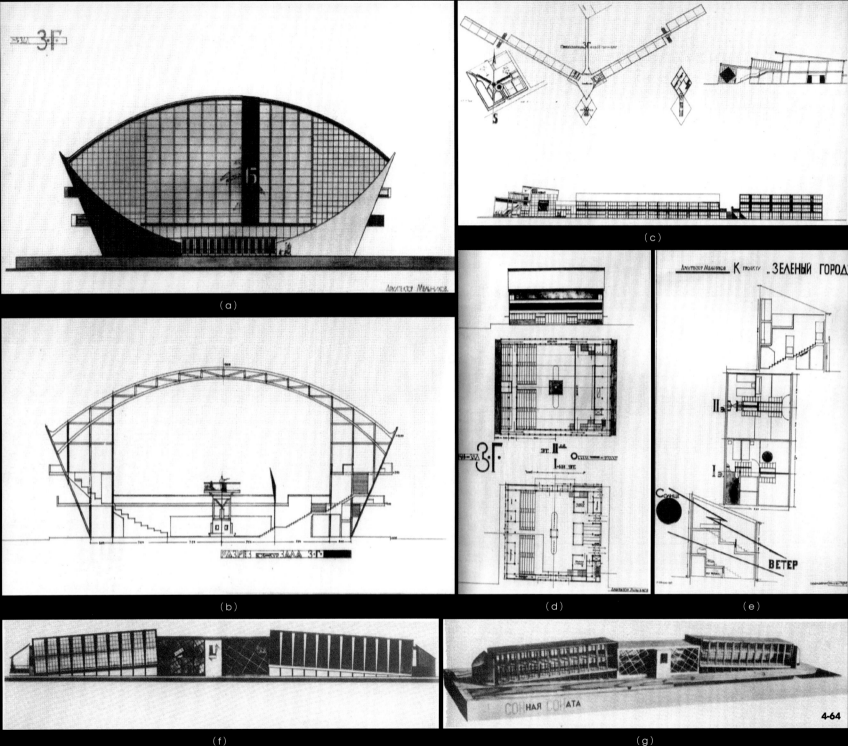

(a)

(b)

(c)

(d)

(e)

(f)

(g)

4-64

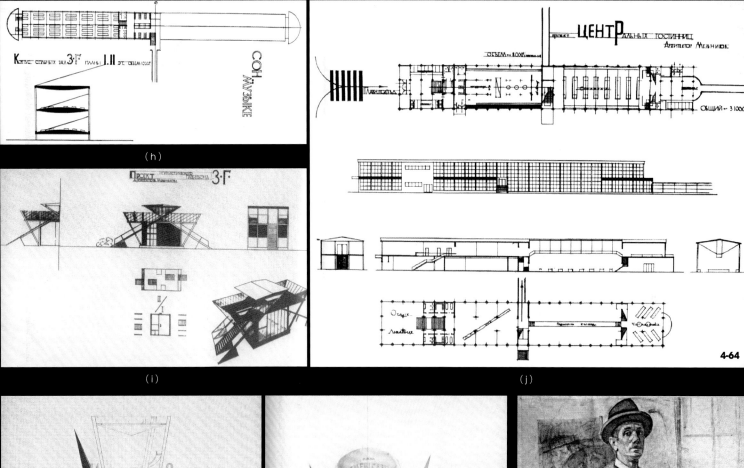

（h）

（i）

（j）

4-64

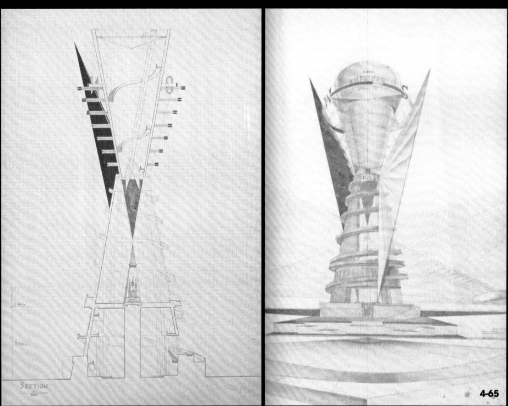

（a）

（b）

4-65

4-66

图4-65　哥伦布纪念碑竞赛方案（a、b），康·美尔尼科夫，1929年

图4-66　农场里的自画像，康·美尔尼科夫，1939年

现代主义先锋派建筑重要的代表人物，构成主义建筑巨匠，一生杰作无数。他也是现代史中少有的可以超越结构、材料的局限，仅仅依靠个人才华与理论进行建筑造型艺术革命的大师。

20世纪30年代，康·美尔尼科夫拒绝顺应当时主流的建筑风潮，他前卫的建筑风格大胆激进，与主流审美并不一致，因此他退出了建筑设计实践。在之后的时间里，他一直担任肖像画家和家庭艺术教师直到生命结束（图4-66）。在生命的最后几年中，康·美尔尼科夫撰写了《建筑即我的生活：创新构想、创新实践》一书。

1967年，在纪念康·美尔尼科夫诞辰75周年之际，康·美尔尼科夫被莫斯科建筑学院追加授予荣誉博士学位，他的创作才华终于被官方认可，但原本他可以有更多的艺术创造、更大的艺术贡献。1998年12月，笔者与清华大学陈志华教授、王路博士、王毅博士拜访他的儿子阿·梅尔尼科夫。在他们的自宅里，小梅尔尼科夫无可奈何地说道，20世纪40年代父亲就断绝了所有的建筑设计活动，这不仅仅是康·美尔尼科夫个人的遗憾，更是人类建筑设计史上的遗憾。

4.3.4 拉·里西茨基

拉·里西茨基（图4-67）出生于1890年11月11日，逝世于1941年12月30日，是苏联以及世界著名的前卫艺术大师。他生于斯摩棱斯克省，在1903年，他就读于耶胡达的佩恩艺术学校，毕业后，他前往德国学习建筑设计。1909—1914年间，他就读于德国塔姆施塔特技术学校的建筑学系，在此期间，他还前往法国、意大利和比利时进行了建筑与艺术设计方

面广泛的学术交流。1914年，第一次世界大战爆发，他便回到俄罗斯，在莫斯科定居，在1915—1916年间到俄罗斯拉脱维亚理工学院（现为里加技术大学[24]）学习并获得了建筑工程和建筑学学位。毕业后，拉·里西茨基便开始在建筑师事务所担任制图员从事建筑设计的实践。

1919年，马克·夏加尔作为维捷布斯克大众艺术学校的校长，邀请拉·里西茨基来教授建筑设计理论和造型艺术课程（图4-68）。他在这所学校里结识了同为老师的卡·马列维奇。卡·马列维奇当时作为艺术革命运动的创始人，倡导纯几何形式至上的至上主义。拉·里西茨基极其欣赏卡·马列维奇的艺术革命作品，并决定留在维捷布斯克，成为卡·马列维奇的学生和追随者。

在维捷布斯克，卡·马列维奇、拉·里西茨基和维捷布斯克大众艺术学校的教师、学生一起组成了新艺术肯定者协会。该协会成员共同进行至上主义和构成主义的艺术实践，并积极参与社会主义建筑设计实践，设计了具有至上主义风格的一系列海报、书刊封页、瓷器、织物、服装的图案等（图4-69）。作为至上主义先锋组织新艺术肯定者协会的重要代表人物，拉·里西茨基在绘画、建筑、构成主义的先锋实验方面成就斐然。在这期间，拉·里西茨基也为成立两周年的维捷布斯克革命委员会设计了一系列宣传海报，其中最著名的是《红军击溃白匪》。

1919年，拉·里西茨基创造出一种独特的抽象绘画装置，即著名的"普朗恩"（图4-70~图4-72）。例如《构成99》又称为《普朗恩99》，它充分反映了拉·里西茨基前卫的艺术风格。在他的画面上，那些具有体积感的几何形体，似乎漂浮在某种虚幻空间中，显得具有某种特别的力量。色块顶端和底部各有一个半圆形，一黑一白两个色块上下呼应。一道弧线跃过立方块，将两个半圆形连接。线状物、网状

物和几何形体精心构造出一个带有三维错觉的空间形体。在风格上，它兼具了至上主义、构成主义及包豪斯的某些特点。

1921年，拉·里西茨基被呼捷玛斯聘为教授，但由于种种原因，他很快便辞职。次年，拉·里西茨基开始在包豪斯任教。他于1922年和1923年先后出版了《造型》杂志和《ABC》杂志。1925年，他与汉斯·里希特再度合作，出版了《绘画主义》一书。在这期间，摄影与平面构成艺术逐渐成为拉·里西茨基的主要创作形式（图4-73~图4-77）。他经常去欧洲各地旅行、举办展览，并与其他国家的艺术家接触、交流，这使其艺术思想在西欧地区得到广泛推广和传播，并促进了实验性艺术改革和艺术思想的诞生。

1922年，拉·里西茨基参加柏林艺术大展。参展的六件作品中有四件是至上主义的"普朗恩"（图4-78、图4-79）。1922年3月，拉·里西茨基分别在爱伦堡、柏林以三种文字出版了一本名为《主题》的杂志。该杂志被世界建筑史学界公认是最早的构成主义杂志之一。勒·柯布西耶、格·格里茨、弗·马雅可夫斯基、卡·马列维奇、梅·弗谢沃洛德、弗·塔特林和尼·普宁等人也以不同方式分别参与了杂志的编辑与出版工作。同年11月，柏林举办了第一届俄国艺术节，拉·里西茨基受邀参与了它的组织工作，并为展览设计了画册。1923年初，该展览还被移至阿姆斯特丹继续展出。

在这次展览上，拉·里西茨基为展览设计建造了一间方形小屋，取名为"普朗恩之屋"。这间屋子的墙壁、地面、天花板，连同它们的表面绘制、装置的平面或立体图形（白底上的黑色、灰色、木头本色），共同形成一个富于构成主义思想意味的空间环境。它规模不大，但却非常精致。这个"普朗恩之屋"既具有建筑功能，同时又是一件装置性浮雕与多幅抽象绘画的集合。它的每一个面都展示了不

图4-67 拉·里西茨基

图4-68 扫描风景画，拉·里西茨基，1914—1915年

图4-69 至上主义作品，维捷布斯克，拉·里西茨基，1919年

图4-70 普朗恩构成主义作品（一），拉·里西茨基

图4-71 普朗恩构成主义作品（二）（a、b），拉·里西茨基

图4-72 莫斯科奥巴穆可库展览，拉·里西茨基，1921年

图4-73 书籍《好奇的大象》插图，拉·里西茨基，1922年

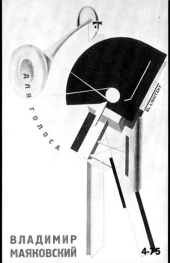

（a）

（b）

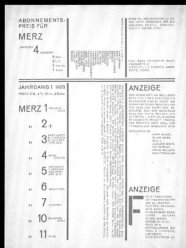
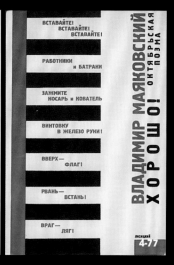

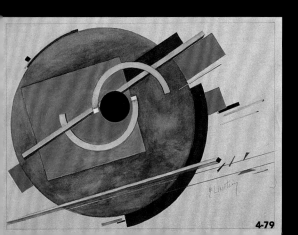

图4-74 时间旅行者（Time Traveller），拉·里西茨基，1923年

图4-75 《听见声音》平面设计，拉·里西茨基，1923年

图4-76 谢斯塔可夫——舞台布景（a，b），拉·里西茨基，1923年

图4-77 平面设计作品，拉·里西茨基，1925年

图4-78 普朗恩43，拉·里西茨基，1922年

图4-79 普朗恩构成主义画作，拉·里西茨基，1920年

同的图形和装置构造，而形体又可以从墙的一面转移延伸到另一面上。那些墙壁既是建筑围护支撑体，又是画面或浮雕的空间。当观众置身于这个方形小屋时，会有置身于一个构成天地的感觉。这是一个轮廓清晰的天地，既平和安宁，又充满活力。在1923—1926年间，"云撑"是拉·里西茨基的职业生涯中为数不多的建筑构思（图4-80）。他设计的"云撑"，是一个高层建筑设计方案，他打算以此彻底改观莫斯科的城市面貌。该项目矗立在莫斯科的林荫环路之上，为节省地面空间，几座混凝土高塔支起了顶部的建筑综合体，功能涵盖住房和办公空间。人们在空间中办公和居住的同时，享受着构成主义带来的新城市风貌，享受着蓝天白云的梦境。由于设计图纸夸张的悬挑尺度，拉·里西茨基设计了当时技术上难以实现的钢结构。可以说，他构想了一个"矗立在共产主义的钢筋混凝土基础之上"，适用于全世界人民的统一的标准化城市。

1928年，由于身体原因拉·里西茨基回到了莫斯科。此后他主要从事建筑、书籍装帧、摄影及展览设计等应用性美术活动，同时仍与构成派、风格派[25]及包豪斯保持密切联系（图4-81～图4-84）。他作为"红衣大使"，成为苏联前卫建筑运动与欧洲现代建筑运动的桥梁。

到了19世纪30年代中期，尽管拉·里西茨基身体不佳，并且在这个时期开始越来越强烈地拒绝现代主义美学，但他依旧坚持不懈地从事全新的艺术创作，依旧活跃在他的平面艺术创作中。在1930—1941年间，他和亚·罗德钦科及其他前卫艺术家合作，联合出版了著名的现代主义建筑杂志《建筑中的苏联》。1941年6月30日，德国军队入侵苏联，六个月后，拉·里西茨基在莫斯科病逝，享年51岁。

拉·里西茨基的作品范围很广，涉及建筑、书籍装帧及展览设计等应用性艺术活动的各个方面，同时他的作品也表现出构成主义、风格派

及包豪斯的创作风格。他很重视与国际之间的交流，拉·里西茨基将至上主义、构成主义带到北欧、西欧，推动世界现代主义各个先锋派学习、交流、融合。他是当时苏联及西欧先锋艺术活动的最重要代表人物之一，是一座桥梁式的人物。作为苏联构成主义代表人物，他彻底改变了现代艺术史的发展进程，也改写了世界艺术史。作为一位重要的艺术家与理论家，其作品对第二次世界大战后的设计，尤其是对达达主义、风格派，以及美国现代设计产生了深远的影响。

（a）

（b）

图4-80　云撑（a、b），拉·里西茨基，1923—1926年

4.3.5　卡·马列维奇

卡·马列维奇（图4-85），1878年2月23日出生于俄罗斯基辅省的郊区，他是苏联画家和艺术理论家，是几何抽象艺术的先锋，也是先锋派至上主义运动的创始人。卡·马列维奇的父母都是波兰人，卡·马列维奇在罗马天主教堂受洗。卡·马列维奇的父亲是糖厂的经理，卡·马列维奇是家里十四个孩子中的老大，尽管他的兄弟们只有九个孩子在成年后得以幸存。他整个童年的大部分时间都在乌克兰的甜菜种植园中度过，一直远离国家的政治、文化中心。少年时代的卡·马列维奇只接受过很少的教育，对艺术之类的事情几乎毫无了解。据他回忆，他第一次接触到作画，是看到有个成年人在粉刷屋顶。他前期的绘画像许多俄国风景画家一样，热衷于表现自然景物的光影变化，之后不断地变换着作画的风格，模仿着前人的风格。卡·马列维奇相继受到印象派[26]、后印象派[27]、野兽派[28]的影响，尤其倾向立体主义，在这个基础上发展了自己的风格，创立了至上主义。

在1895—1896年间，他在基辅艺术学校学习绘画。1904年，父亲去世后，他移居莫斯科。1904—1910年，他在莫斯科绘画雕塑与建筑学校学习，并在画家费·勒尔伯格的工作室上课。1911年，崭露头角的他与弗·塔特林一起参加了圣彼得堡的"年轻人联盟"举办的第二场展览会。1912年卡·马列维奇参加了莫斯科的驴尾艺术展览。当时他的画风受到纳·贡恰洛娃和米·拉里奥诺夫的影响，后二者则对俄罗斯的民间版画艺术"卢布克"颇感兴趣。1912年卡·马列维奇自称他的画风属于"立体-未来主义"风格。1913年他为俄罗斯歌剧《战胜太阳》进行了舞台设计，而这一歌剧后来广受赞誉。1914年卡·马列维奇在巴黎的独立者沙龙参展，

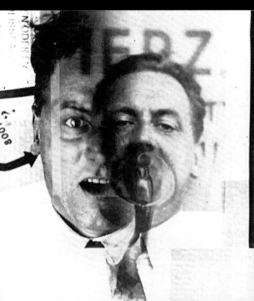

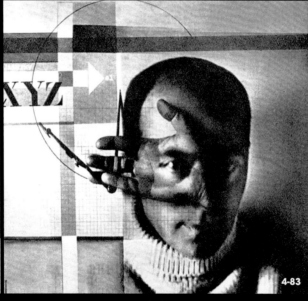

（a）

（b）

图4-81　工作场景，拉·里西茨基，1927—1930年

图4-82　科隆国际出版业展览会苏联馆列宁角，拉·里西茨基，1928年

图4-83　摄影蒙太奇作品（a、b），拉·里西茨基，1929年。（a）两个男子；（b）自拍

图4-84　摄影蒙太奇作品（青年男女），拉·里西茨基，1929年

图4-85　卡·马列维奇

此外还与帕维尔·菲洛诺夫合作绘制过一些作品。

1915年夏，卡·马列维奇开始转向纯抽象绘画风格，并给这种绘画起名为"至上主义"。他发表的宣言式文章名为《从立体主义和未来主义到至上主义》，在这篇文章中，他强调至上主义是艺术中的绝对最高真理，它将取代此前一切曾经存在过的流派。人类社会可以以至上主义的原则进行重新组织和构建，进入新的历史发展阶段。卡·马列维奇是这样说的："对于至上主义而言，客观世界的视觉现象本身是无意义的，有意义的东西是感觉，因而是与环境完全隔绝的，要使之唤起感觉。"至上主义代表作的表现手法最简单、最新颖：黑色正方块，一切以几何形为基础，而毫不寻求表现对象的绘画。它的绘画元素主要包括长方形、圆形、三角形和十字交叉。他称至上主义是有创造性的艺术，是感觉至上的意识体现。

1917年十月革命之后，他曾在一些艺术团体工作，其中包括维捷布斯克的一所艺术学校（1919—1922年）和列宁格勒艺术学院（1922—1927年）、基辅艺术学院（1927—1929年）。1923年他曾担任彼得格勒艺术研究所主管，但这一组织在1926年被苏维埃政府以宣传反革命和下流艺术为名关闭。当时苏维埃支持的是名为社会主义写实主义的艺术风格，这一风格虽与卡·马列维奇的理念格格不入，但他仍然绘制过一些这一风格的作品。

卡·马列维奇对20世纪20年代至上主义的发展做了总结："按照黑色、红色和白色方块的数量，至上主义可以分为三个阶段，即黑色时期、白色时期（图4-86）和红色时期（图4-87）。这三个时期的发展过程是从1913—1918年，它们都是以纯粹的平面构成[29]发展为基础的。"

"黑色正方块"诞生于1915年。这幅画对整个现代艺术史影响深远。它是抽象艺术道路上的一个里程碑。"黑色正方块"是卡·马列维奇表现非客观感情的第一个形式，是纯粹至上主义的探索。他用一种纯粹哲学性的观念思考着在工业时代绘画的意义，传统绘画一味追寻完美地表现客观世界的表象。"黑色正方块"画面纯净、简洁、均匀、平滑，摒弃以透视制造空间幻觉的传统艺术手段，取消了形象，统一了内容和形式。此后，卡·马列维奇进一步发展出至上主义绘画的一整套语言体系。他用圆形、方形、三角形、十字交叉这些至上主义基本元素及简单明快的颜色组构出许多画面，展示了至上主义艺术表达的多样性。

1915年，卡·马列维奇描绘了象征世界革命和共产主义的"红色正方块"，他用红色正方块来表达对时代变革与革命风暴的期待，正是其内心最真实的情感体现。俄罗斯先锋艺术开始的萌芽时代，也是俄罗斯革命运动最为激烈的年代。卡·马列维奇称得上是俄罗斯艺术界的"革命元老"，1905年他就参加过革命。在其作品"红色正方块"中，奔腾出艺术家所有纯粹的情感，像一种革命情怀的雀跃。

1918年，卡·马列维奇创作了一副名为"白底上的白方块"，也称为"白上之白"的画作。这幅画在宣布白色时期到来的同时，也体现了其情感与理性的完美结合达到了极致。该幅作品中白色方块以倾斜的形式融入整个白色的背景中，整个艺术作品被一个平面的白色方块所引导。他巧妙地利用了白色方块达到一种艺术作品独一无二、至上纯粹的精神意境，这是对至上主义"黑色正方块"和至上主义"红色正方块"的一种精神升华。在"白底上的白方块"里，所有关于空间、物体、宇宙规律的当代观念变得毫无意义。他通过一个纯洁的白色的方块构建出一个白色的世界，但这个世界又并非简单到只有白色。在这个世界中蕴含着无数个方块，每个方块都具有独特的情感表达。

卡·马列维奇在1920年提出了一种关于"构成"的新理念。对他而言，唯一能与新社会相称的建筑形式就是直线和直角的形式。他认为："因为共产主义就是试图向所有的人平均地分配权力。"

1927年，卡·马列维奇前往华沙，然后前往柏林和慕尼黑举行回顾展。在这个过程中，他见到了包括他的学生弗·斯特热明斯基和凯瑟琳·科布罗在内的一些艺术家，并受到了他们的欢迎。不久之后在波隆尼亚宫酒店举办了他的第一场国外展览，这也最终使他获得了国际认可（图4-88～图4-95）。

进入20世纪30年代，卡·马列维奇的至上主义创作陷入低谷期。1935年5月15日，卡·马列维奇因癌症逝世，享年57岁。列宁格勒市市长为这位伟大艺术家的去世而惋惜，因此为他的母亲和女儿提供了养老抚恤金。直到卡·马列维奇临死时，"黑色正方块"都挂在他的床头。他在遗嘱中希望自己被安葬在尼姆齐诺维卡的一棵橡树下，于是遵其嘱，其朋友和学生将他葬在那里，并加上了一个标有"黑色正方块"的纪念墓碑，但不幸的是该纪念墓碑在第二次世界大战中被毁坏。

"卡·马列维奇在抽象艺术史中占据着十分重要的地位。作为开拓者、理论家和创新艺术家，他不仅影响了俄罗斯大批的追随者，而且通过拉·里西茨基和莫霍利·纳吉影响了中欧抽象艺术的进程。他处在一个运动的中心，这个运动在第一次世界大战后从俄罗斯向西欧传播，与荷兰风格派东进的影响混合在一起，改变了德国和欧洲地区的建筑、家具、印刷版式、商业艺术的面貌。"

——美国著名的美术史家阿尔弗雷德·巴尔[30]

《立体主义与抽象美术》

卡·马列维奇不仅是俄罗斯至上主义艺术奠基人，而且是世界前卫艺术的倡导者。他的至上主义思想，为苏联构成主义运动提供了艺术的出发点，奠定了构成主义的思想基础。他

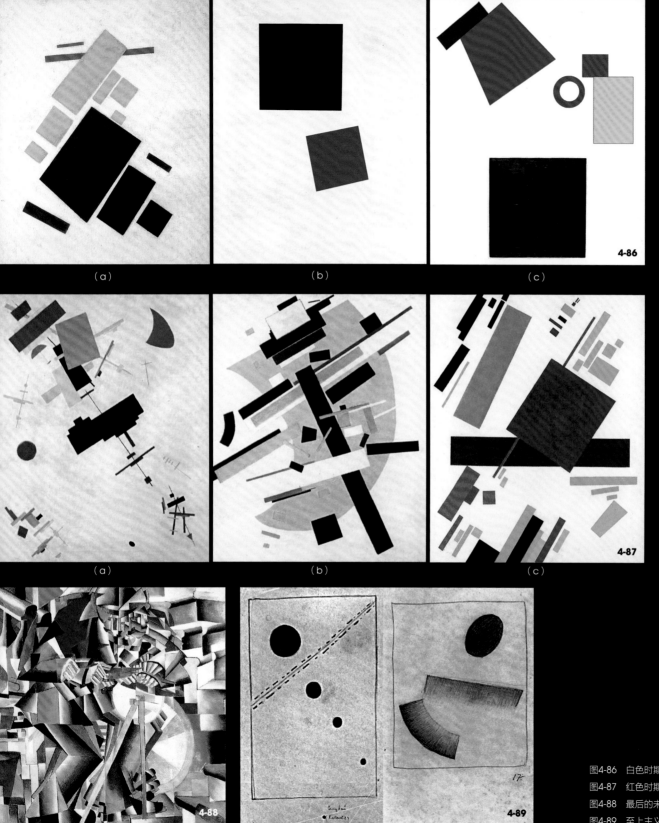

图4-86　白色时期作品（a-c），卡·马列维奇，1915年

图4-87　红色时期作品（a-c），卡·马列维奇，1915年

图4-88　最后的未来派展览海报设计，卡·马列维奇，1915年

图4-89　至上主义的神奇，卡·马列维奇，1917年

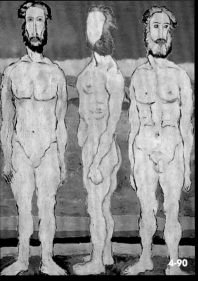

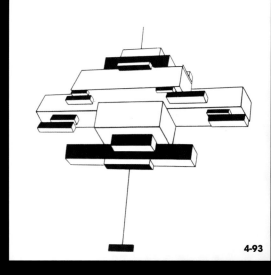

图4-90　入浴者系列，卡·马列维奇，1915年

图4-91　收割者，卡·马列维奇，1912年

图4-92　红色人物，卡·马列维奇，1915年

图4-93　星球未来，卡·马列维奇，1924年

图4-94　至上主义，卡·马列维奇，1927年

图4-95　有白色房子的风景画，卡·马列维奇，1929年

的抽象艺术实验在俄罗斯与欧洲都产生了巨大的影响。卡·马列维奇至上主义的作品显示出鲜明的个性，正是这种极简的创新风格，让无数人从中获得有益的启示，开拓了更广阔的先锋艺术新天地。时至今日，他早已不是少数艺术家和欣赏者才知道的无名者，而是一位可以被写入每一本20世纪艺术史的大人物，一位公认的几何形抽象艺术的先驱者，一位对抽象美术发展产生重大影响的艺术大师。

4.3.6 尼·拉多夫斯基

尼·拉多夫斯基（图4-96），1881年出生于莫斯科，是苏联著名的前卫先锋派建筑大师与教育家。在1903—1907年间，他曾在一家铸造厂工作，参与实际的设计创作等专业活动。

在1907—1914年间，他在圣彼得堡工作，担任建筑设计与施工管理一职，并且在此期间，他3次在公共建筑方案竞赛中获专业奖项，但这些方案均未建造实施。

尼·拉多夫斯基在1914—1917年间就读于莫斯科绘画雕塑与建筑学校。在1914年，年已33岁的尼·拉多夫斯基向学校提交入学申请时，称自己已在建筑设计行业工作16年。1915年，他带领学生对校方传统的学院派教学方式提出质疑，要求改革培养计划。他在毕业后就开始在莫斯科绘画雕塑与建筑学校及以后的呼捷玛斯任教，教授建筑学的通识基础课程。1919年，他开始意识到应该放弃传统的历史风格，于是带领自己的学生追求先锋派建筑设计理想，并且获得校方的认可，之后与学生们共同成立了绘画雕塑建筑综合委员会，并开始了公开的设计作品展览活动。尼·拉多夫斯基作为重要的组织者和发起者，还创立了苏联第一个前卫建筑师组织——新建筑师联盟，它是一个理性主义者团体，所以

尼·拉多夫斯基也被视作理性主义的领袖。

1915年，在莫斯科绘画雕塑与建筑学校校庆50周年之际，尼·拉多夫斯基曾代表学生，向校方提出要求变革训练课程的申请。他们希望学校邀请新建筑运动（新古典主义复兴）中的优秀建筑师，如伊·若尔托夫斯基和阿·舒舍夫等人为学生教授课程，而不是继续教授腐朽过时的学院派风格。

1917年7月，尼·拉多夫斯基从莫斯科绘画雕塑与建筑学校毕业，同年爆发了十月革命，为了生存，他跟随老师伊·若尔托夫斯基接受了布尔什维克的邀请，执导莫斯科市议会的建筑设计部，主要从事街道修整工程以及临时的宣传装饰活动。

然而到1919年初他开始意识到，要脱离伊·若尔托夫斯基的历史主义风格，去探索先锋建筑创新的道路。1919年5月至11月间，尼·拉多夫斯基联合弗·科林斯基、阿·鲁赫利亚杰夫等人，并邀请了亚·罗德钦科等艺术

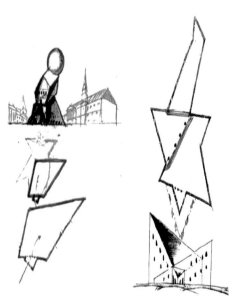

图4-96 尼·拉多夫斯基
图4-97 人民公社大楼建筑的设计草图，尼·拉多夫斯基，1919年

家加盟，共同成立绘画雕塑建筑综合委员会。在委员会内部讨论及公开的展览活动中，尼·拉多夫斯基渐渐形成了自己对艺术、建筑及造型新的理解。1920年，这些创新理念的公开声明，以及绘画雕塑建筑综合委员会组织的一系列展览，令名不见经传的尼·拉多夫斯基迅速成为一个新学派的领袖。1919年，他设计的公共住宅项目令人耳目一新，该公共住宅项目中采用了螺旋形——一个象征着增长和繁荣的变异的"巴别塔"[31]结构，建筑内部计划设置托儿所、食堂等公共服务设施（图4-97、图4-98）。

1920年12月，尼·拉多夫斯基成了艺术文化研究所的新闻发言人。在国立艺术文化研究所为期五个月的建筑师论坛讨论过程中，他形成了"理性主义"的建筑学说。"理性主义"是一种强调通过知觉来感受空间与形状的建筑设计方法，它试图将建筑艺术置于工程设计之上。

在1920—1930年间，尼·拉多夫斯基在呼捷玛斯任教，积极地发展他的教育体系以及理性主义建筑设计思想（图4-99）。尼·拉多夫斯基与同事弗·科林斯基在呼捷玛斯成立了新学部"左翼工作室联盟"。他们团结了当时不受欢迎的"传统教学模式"教授手下的一些学生。为了摆脱传统古典建筑课程的限制，尼·拉多夫斯基策划设计了崭新的课程，以开发学生的空间知觉能力（图4-100）。该教学计划的核心内容至20世纪末仍被广泛采用。尼·拉多夫斯基强调要通过人对建筑构图不同特征的感觉来进行形象的创新。他对基本的几何形体（立方体、球体、圆柱体、圆锥体等）的艺术表现力进行了不同的造型研究与实验，并通过它们之间不同的组合来创造动态、充满张力、富有韵律、复杂、均衡等类型的构图。

1929年尼·拉多夫斯基参加了莫斯科"绿城"的设计竞赛（图4-101），他从城市总体设计，网络系统、住宅与休闲设施的设计等多方面考虑了郊区新城的发展模式，为现代城市的疏散理论、设计与自然的结合、交通系统整合发展等多方面，贡献了自己独到的见解，影响深远。

可以说这段时期是尼·拉多夫斯基建筑生涯的创作巅峰时期（图4-102～图4-104）。1931年，他应邀参与了"苏维埃宫"设计竞赛（图4-105）。他提交的参赛作品由一个位于倾斜平台上的半球形穹顶以及一座独立的35层高的办公楼组成。1932年，他接受委任主持莫斯科市议会第五规划工作室，负责重新规划莫斯科河畔区与莫斯科亚基曼卡区。同时在1932—1933年间，他也参加了不少规模较小的建筑设计竞赛（图4-106～图4-108），但遗憾的是，除了莫斯科卢比扬卡地铁站外（图4-109、图4-110），其他都没有中标。

从20世纪20年代起，他领导了苏联的理性主义建筑运动，是新建筑师联盟理性主义建筑师联盟的代表人物。新建筑师联盟是一个理性主义建筑流派重要的学术研究团体，所以尼·拉多夫斯基也被视作理性主义学派的精神

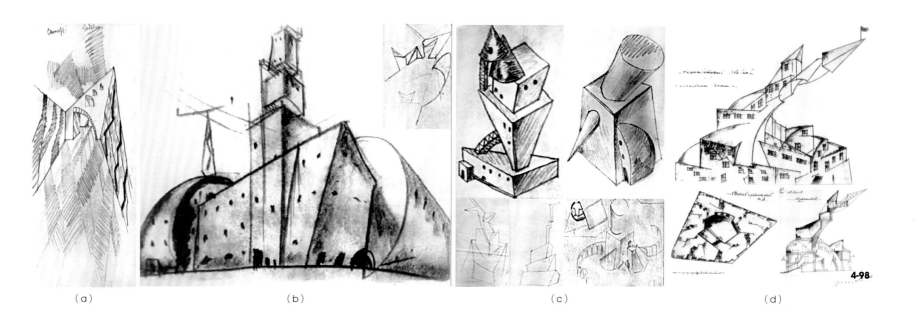

(a)　　　　　　　(b)　　　　　　　(c)　　　　　　　(d)

图4-98　人民公社居住大楼方案（a-d），尼·拉多夫斯基，1920年

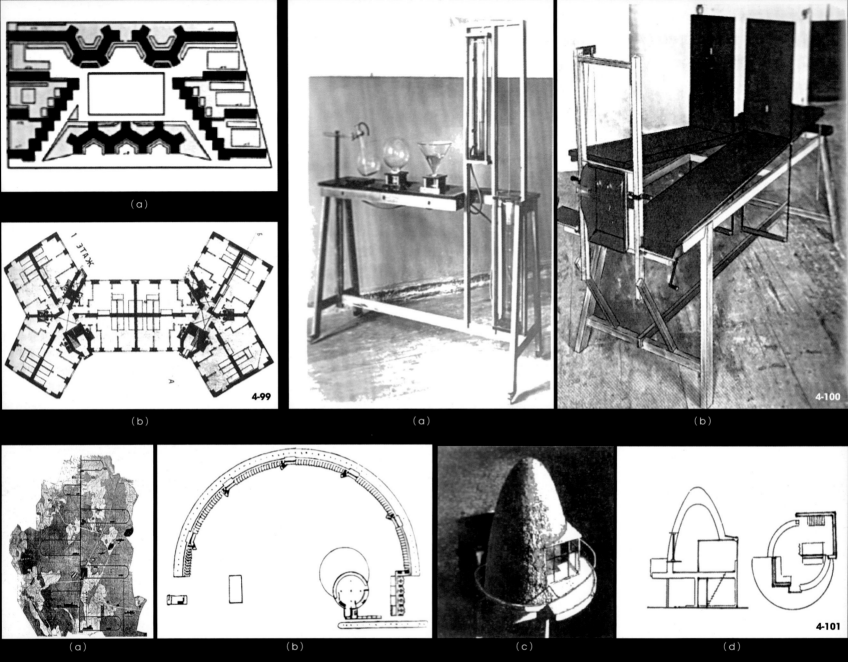

图4-99　某住宅小区设计（a、b），尼·拉多夫斯基，1924年

图4-100　空间心理实验器材（a、b）（形状空间性能试验器），尼·拉多夫斯基，1927年

图4-101　莫斯科郊区"绿城"竞赛方案（a、b），尼·拉多夫斯基，1929年；"绿城"竞赛方案中的旅馆设计（c、d），尼·拉多夫斯基，1930年

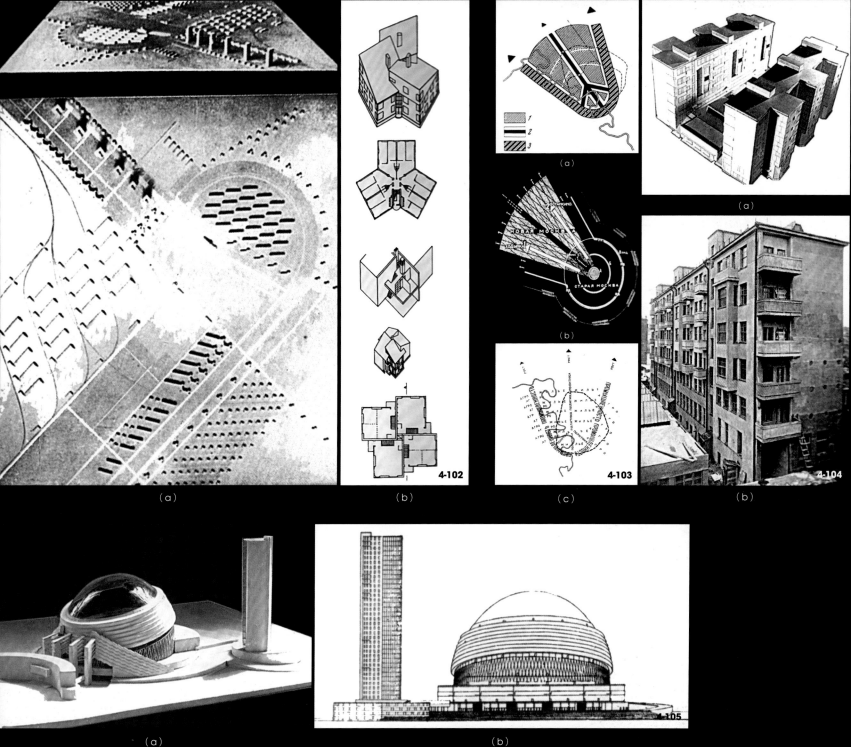

(a)

(b)

(a)

4-102

(b)

(a)

(b)

4-103

(c)

4-104

(b)

(a)

4-105

(b)

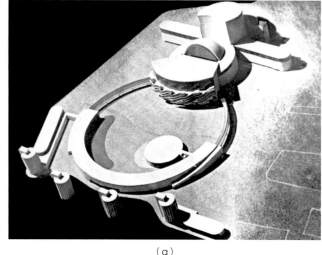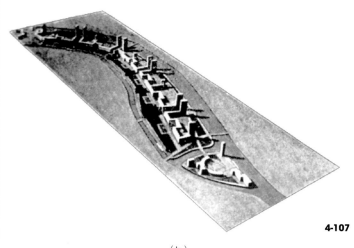

（a）　　　　　　　　　　　　　　　　　　　　（b）

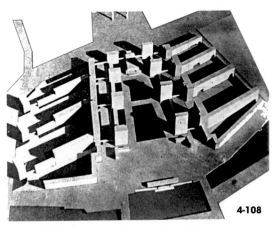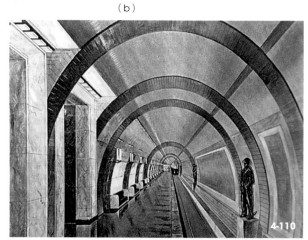

图4-106　莫斯科工会联合会剧院联合方案，摄影蒙太奇作品表现图，尼·拉多夫斯基，1931年

图4-107　莫斯科工会联合会剧院设计方案（a、b），尼·拉多夫斯基，1931年

图4-108　莫斯科瓦雷霍伊和旁路之间城市规划设计，尼·拉多夫斯基，1934年

图4-109　莫斯科卢比扬卡地铁站入口，尼·拉多夫斯基，1935年

图4-110　莫斯科卢比扬卡地铁站地下大厅，尼·拉多夫斯基，1935年

领袖。他认为"建筑实质上就是合理有效地去组织空间，空间问题是最基本的问题，是建筑设计创作需要解决的首要问题"。建筑师通过添加空间元素的方式设计造型，它们既不是源自技术的需要，也不是源自功能的需要。这些元素定义为设置建筑的主题，主题必须是理性的，必须服务于人的最大需求，即对空间方向感的需求。

尼·拉多夫斯基被称为苏联现代"建筑教育学派"的创始人。1920—1932年间，他在呼捷玛斯积极地开展教学实践活动，形成了一套全新的建筑教育体系。他的教育方法极富创造性，影响了整整几代苏联建筑师，他们甚至活跃于整个古典主义建筑时期以及之后的几十年间。

完工于1935年的莫斯科卢比扬卡地铁站，

以及同年7月正式发表于《莫斯科建筑》的莫斯科河畔区规划设计，成为尼·拉多夫斯基离世前最终公开发表的设计和理论作品。自此他消失于建筑历史的舞台，他在1935年以后的生活及相关情况，至今不明。6年后的1941年，尼·拉多夫斯基逝世，享年60岁。

4.3.7 维斯宁三兄弟

维斯宁兄弟三人都是苏联著名建筑师和建筑教育家。他们是列·维斯宁（1880—1933年）、维·维斯宁（1882—1950年）、亚·维斯宁（1883—1959年）（图4-111）。维斯宁兄弟的父亲经营一家酒厂，酒厂经营很成功，因此维斯宁夫妇有足够的经济实力为所有孩子提供从高中到大学的良好教育，这使列·维斯宁、维·维斯宁以及亚·维斯宁在幼年时期就获得了良好的家庭教育。他们在绘画方面表现出的才华，为日后职业生涯奠定了扎实的基础。维斯宁兄弟10岁至12岁时，父亲将他们送进莫斯科商学院的寄宿学校。在这里他们的爱好得到了发展，绘画技巧得到了很好的提升。1900年，长兄列·维斯宁考入圣彼得堡皇家美术学院[32]。父亲期望孩子当中至少有一位能够继承家族企业或者至少是从事商务类的职业，所以维·维斯宁和亚·维斯宁选择圣彼得堡的另一所大学——土木建筑工程学院。由于年龄与教育环境上的差异，列·维斯宁与两位弟弟接受了不同的教育。他支持兴盛于1900—1905年间的新艺术运动。而维·维斯宁和亚·维斯宁则倾向于"俄罗斯新古典主义复兴"。该艺术流派出现于1902年左右，并在1905年后获得广泛认同。

1906—1916年间，这一时期维斯宁兄弟的设计作品倾向于传统的、19世纪的折中主义风格，带着规范样式的新古典主义装饰（图4-112~图4-118）。第一次世界大战爆发之前，维斯宁兄弟在莫斯科完成了一座银行大楼、一座新古典主义风格住宅，以及两座俄罗斯复兴风格的乡村教堂设计建造工作。这一时期他们最显著的成就是一起设计并建造了位于霍丁卡场地的曼塔舍夫马场。

1917—1922年期间，列·维斯宁与维·维斯宁的建筑设计风格明确延续了革命前的新古典主义传统（图4-119、图4-120）。然而亚·维斯宁在这之前的5年里，一直致力于抽象艺术和舞台美术设计（图4-121~图4-123）。在1917—1918年间，评论家们将亚·维斯宁描述为脱颖而出的现代艺术"极左"派艺术创新家。维斯宁兄弟的建筑创作活动开始于十月革命前。在府邸、银行等民用建筑设计中，他们采用俄罗斯古典主义风格，而在工业建筑中则采用适应钢筋混凝土框架结构和轻质隔墙构造的简洁风格。在1923年前后，维斯宁兄弟开始合作，他们的建筑作品风格也发生转变并逐渐统一。维斯宁兄弟成为崭新的、现代主义者的建筑设计领域先锋建筑师，这与三弟亚·维斯宁的回归有密切关系。

从20世纪20年代初期开始，维斯宁三兄弟分别在莫斯科技术学校与呼捷玛斯任教。维·维斯宁曾任苏联建筑师协会第一任主席和苏联建筑科学院第一任院长。1922—1925年是兄弟三人舞台美术和纸上建筑创作的鼎盛时期，这3年间维斯宁兄弟共参加了6场公共建筑设计竞赛。这些方案并没有被实施或许就根本不打算被建造，但他们的竞赛方案成为构成主义建筑设计的范本（图4-124~图4-127）。在20世纪20年代后半期，这些竞赛的风格样式被如饥似渴地应用到实际工程上。亚·维斯宁参与了所有这6个方案的设计，而列·维斯宁与维·维斯宁则分别参与了其中的4个项目。只有莫斯科劳动宫与阿科斯公司办公楼竞赛方案由三兄弟共同署名。

其中，1923年设计的莫斯科劳动宫是构成主义建筑早期的代表作，建筑方案按照功能布局内部空间，外部形体则是内部空间的直接表现，

图4-111　由左至右依次为：列·维斯宁、维·维斯宁、亚·维斯宁

图4-112　雅罗斯拉夫尔剧院设计竞赛方案，维·维斯宁和亚·维斯宁合作设计，1908年

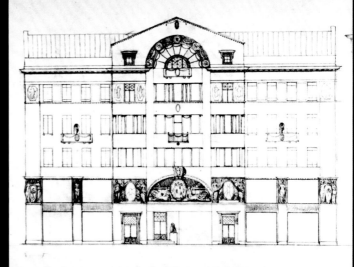

（b）

（c）

（a）

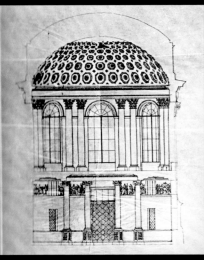

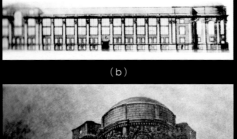

（b）

（a）

（b）

（a）

（c）

（a）

（b）

（a）

（b）

图4-113　诺西科夫别墅，莫斯科，维斯宁兄弟，1909年

图4-114　库兹涅佐夫公寓楼（a-c），维斯宁兄弟，1910年

图4-115　莫斯科的绘画学校竞赛设计项目（a-c），维斯宁兄弟，1910年

图4-116　风景（a、b），亚·维斯宁，1913年

图4-117　抽象空间构成（a、b），亚·维斯宁，1913年

图4-118　舞台布景（a-c），亚·维斯宁，1913年

图4-119　1918年5月1日庆祝红场和克里姆林宫的城市装饰草图（a-c），亚·维斯宁，1918年

图4-120　纪念碑设计（a、b），维斯宁兄弟，1918年

(a)   (b)   (c)   (d)

4-121

(a)   (b)   (c)   (d)

4-122

4-123

(a)   (b)

4-124

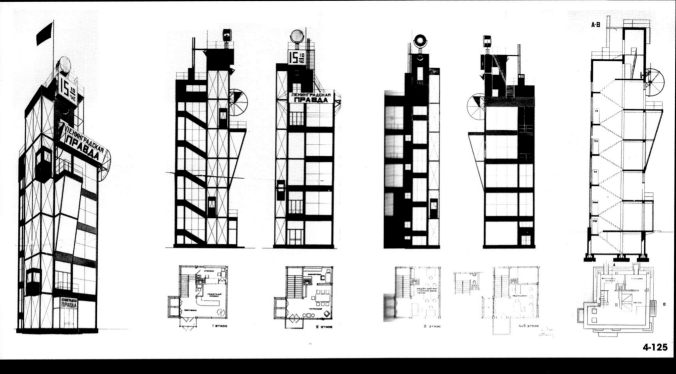

图4-125 列宁格勒真理报莫斯科分部建筑设计竞赛方案，维斯宁兄弟，1924年

图4-126 苏英合资公司大厦设计，维斯宁兄弟，1924年

图4-127 莫斯科中央邮局竞赛方案（a-d），维斯宁兄弟，1925年

这完全摆脱了传统的建筑设计构图。莫斯科劳动宫的建筑设计利用框架结构提供了更灵活的空间可能性，内部空间开畅流动，大、小两个观众厅之间利用活动隔断，可分可合。音乐剧场的观众厅只有池座和散座，不设楼层和包厢，旨在体现平等一致的民主精神。舞台跟观众厅连成一片，适合群众性的大型演出，建筑及舞台的机械化水平很高，可适应多种变化。1923年，亚·维斯宁为亚·泰洛夫的《星期四之男士》一剧绘制了舞台布景草图设计。著名英国建筑史学家、西方俄罗斯前卫建筑研究的先行者凯瑟琳·库克认为，正是舞台布景创作影响了维斯宁兄弟的"劳动宫"竞赛设计方案。

1924年，维斯宁兄弟合作完成了列宁格勒真理报莫斯科分部建筑设计竞赛方案。这座六层高的建筑造型典雅、玲珑剔透。曾经在舞台设计中采用的钢铁桁架、悬臂梁透明的电梯等造型形象，在这里再一次得到了巧妙运用。

1925年，亚·维斯宁和莫·金兹堡在呼捷玛斯组织成立了现代建筑师联盟，亚·维斯宁担任该组织的主席。现代建筑师联盟吸纳了前卫的构成主义建筑师伊·戈洛索夫和康·美尔尼科夫等作为成员，使得"现代建筑师联盟"刚一成立，便成为最富代表性的左翼建筑师团体。该组织试图将欧洲的当代思潮与苏联的构成主义综合起来，从而为苏联建筑的发展提供一些最为重要的建设建议（图4-128~图4-134）。现代建筑师联盟主持定期发行了专业学术刊物《现代建筑》。从1926—1930年，《现代建筑》杂志连续发行，成了有关现代建筑国际交流与探讨的媒介。

在20世纪20年代初至30年代中期，他们是苏联构成主义建筑流派的重要代表，对苏联建筑的现代化起到了积极作用，也同西欧的现代主义建筑师有所交流。他们作为前卫的构成主义建筑师倡导把生活环境铸造成适应社会主义新人需求的现代空间，主张用现代的物质和技术手段解决现代生活对建筑提出来的功能要求和经济要求，主张用工业化的方法进行大规模的城市建设。

20世纪50年代前，由于特殊的审美需要，建筑必须采用传统学院派英雄主义的风格进行

图4-128　某工人俱乐部设计方案及建成后的照片（a-d），维斯宁兄弟，1928年
图4-129　莫斯科政治协会大楼设计方案及建成后的照片，维斯宁兄弟，1931—1935年

设计。当时，苏维埃宫设计竞赛停止了除苏联古典主义建筑风格之外的其他任何风格的创新与探索。在维斯宁三兄弟中，维·维斯宁是唯一一位不仅保持住自己的学术与社会地位，还在一定程度上提升了构成主义学派建筑师的地位。至1932年，维·维斯宁担任了苏联建筑师联盟主席一职。这个由国家统一管理的、唯一的建筑师组织取代了之前所有独立的学会与协会。在同一时期，他还担任"国民经济最高苏维埃"总建筑师一职。

在第二次世界大战之前，维·维斯宁负责管理"国家工业第一设计院"的工作。该机构设计了几乎所有的苏联冶金厂、高尔基汽车厂、水电站以及其他重要的工业场地。1939—1949年间，他担任了苏联建筑科学院主席一

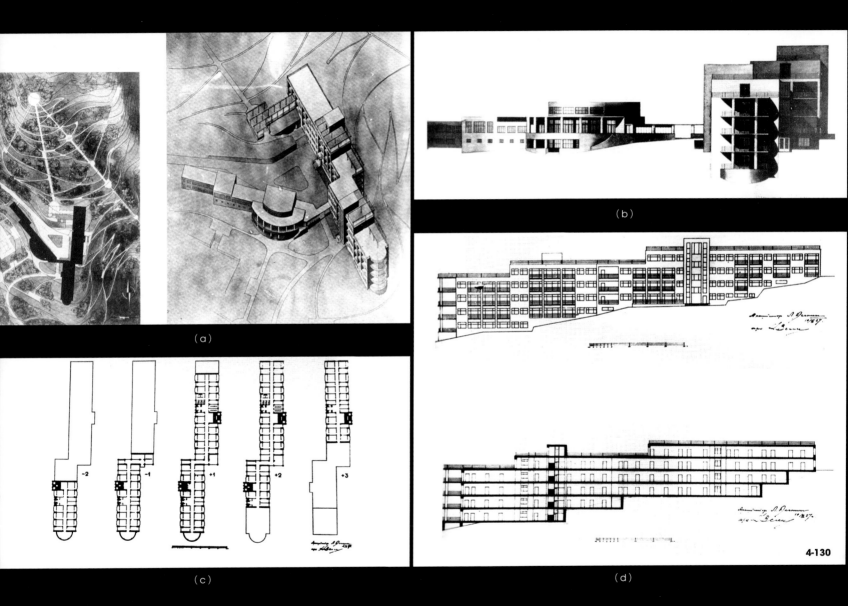

图4-130　马塞斯特饭店方案设计（a-d），维斯宁兄弟，1927年

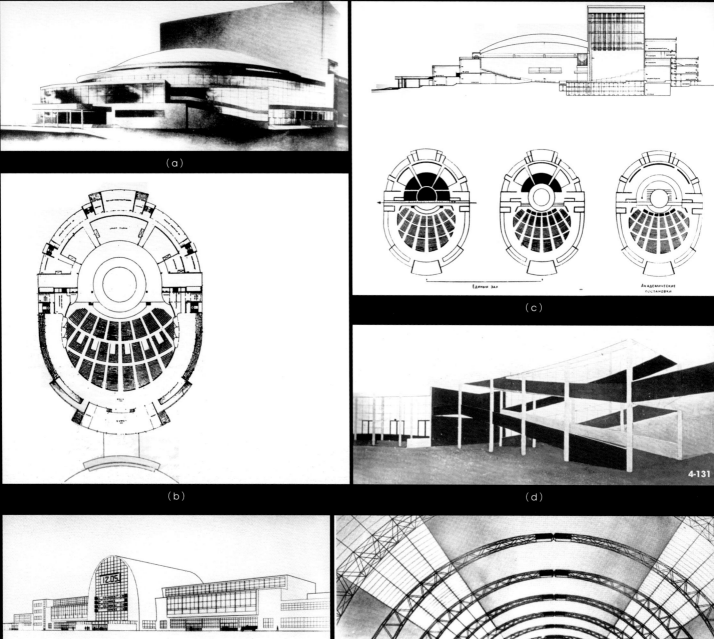

图4-131　瓦列科夫的大众剧院竞赛方案（a-d），维斯宁兄弟，1930年

图4-132　基辅火车站竞赛设计（a、b），维斯宁兄弟，1931—1935年

4-133

(a)

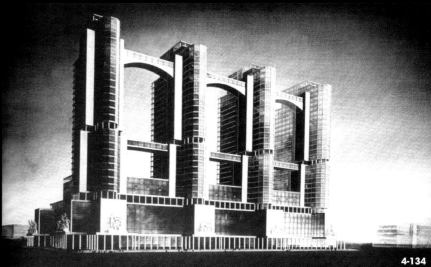

4-134

(b)

职，后因终身职业成就荣获1945年英国皇家建筑师学会颁发的英国大不列颠皇家金质奖章。

4.3.8 亚·切尔尼霍夫

亚·切尔尼霍夫（图4-135）是苏联前卫艺术运动时期非常重要的艺术家与建筑师。他是一个勤奋并且多产的艺术家与理论家，这与他的出生背景和人生经历有非常大的关系。1889年12月5日，亚·切尔尼霍夫出生在沙城南部叶加特林诺斯拉夫巴甫洛格勒（现属于乌克兰涅普罗夫斯克地区）一个僻静小镇上，家里兄弟姐妹共有11人。他的家庭虽然贫苦，但是父母理解并热爱艺术，并想将艺术理念灌输给他们的孩子们。亚·切尔尼霍夫在当地学校初步接触到绘画，1906年，他离开家去了奥德萨，进入了奥德萨艺术学院。在那个时期，他在非常出色的苏联艺术家和教师基·康斯坦丁与捷·罗迪真斯基的手下学习。由于生计问题，他需要在外兼职才可以维持学业，但因此也获得了极其广泛的实践经验。在不同时期他当过奥德萨的码头搬运工，当过图形编辑员，参与过纸箱制作，做过摄影师，也做过照片的润饰员。由于最容易找到的工作之一就是做兼职教师，因此亚·切尔尼霍夫很早就开始在不同类型的小学里教授绘画。他因此也获得了极其广泛的艺术实践经验和许多造型实践。无论是勤工俭学的多种职业经历，还是他所接受的正规教育，都为他后来的丰富成就做了铺垫。

1916年，亚·切尔尼霍夫进入著名的俄罗斯帝国艺术学院，即彼得格勒艺术学院建筑系，在那里他师从列·伯努瓦，并于1917年完成了全部课程的学习。他对未来主义运动怀

有极大兴趣，其中包含构成主义及卡·马列维奇的至上主义作品，当时他与卡·马列维奇的个人私交非常好。1917年十月革命后，他参加了红军，作为绘图员和艺术指导，参加了许多宣传工作。在大革命后返回学校；1925年毕业，他获得了"艺术—建筑师"的执业资质；1926年，被聘为列宁格勒铁路工程学院讲师；在1922—1945年间，亚·切尔尼霍夫在圣彼得堡建筑学校教授工业建筑，并在工程和经济研究所担任画法几何及制图部主任（图4-136）。他的构图思想影响了许许多多的学生，以及后辈的建筑设计师们（图4-137）。

1927年，亚·切尔尼霍夫的第一本著作《图形表现艺术》由圣彼得堡的艺术学院出版发行（图4-138）。该书介绍了他在并不成熟阶段的主要思想。此书的出版强烈地唤起了人们想要创建"一门艺术基础课程"的抱负，极大地鼓舞了苏联康定斯基之前的那些早期的先锋派人士，同时奠定了在图形表现艺术教育理论方面的基础。《图形表现艺术》一书是讲授"美丽的图形构成"的最佳理论范本，形式类似于教材。书的一个显著特征是对于形式素材的折中性选择。

1928年，亚·切尔尼霍夫在列宁格勒成立了建筑形式和平面再现方法的研究与实验室。他通过教学活动和书籍的写作与出版，并在最优秀的学生的帮助下，发展了自己的图形构成理念。这里的绘图员们在他的指导下出版了一系列图形研究书籍。同时，他也通过教学活动和书籍创作，发展了他的机器主义构成思想。

1928年，亚·切尔尼霍夫出版的第二本重要著作是由国家艺术研究所发行出版的《几何制图》（图4-139、图4-140）。在这本书中，他第一次重点强调了他所一贯坚持的平面图形构成原则，以及对"空间感知"的理解。这本书还提供了针对不同感知阶段的图形训练，既

适合于课堂教学，也非常适合于学生自学时使用。无论是从亚·切尔尼霍夫自身对二维或三维形态构成的全面系统理解的角度来说，还是从他对致力于学习"设计"的学生们对设计起点深刻认识的角度来说，这都是一本极其重要的著作。

1929年，《现代建筑原理》一书出版（图4-141），亚·切尔尼霍夫在书中重新解释了建筑学的基本概念，比如空间、和谐、静力学、功能性、构成、比例、节奏和不对称原则等。书中重点强调要熟练掌握表现建筑韵律的原则及其主要创作方法，以建立一种新型现代社会的建筑审美观，以动势平衡代替传统建筑的静态平衡和繁琐的古典主义装饰。此书系统化地形成了他在建筑构成机器主义中的创作表达方法。《现代建筑原理》中遵循了循序渐进的认知方法。在书中所列举的每个例子中，亚·切尔尼霍夫都加入了足够多的插图来描述，精美直观地解释这些抽象的理论。

1930年，亚·切尔尼霍夫出版了《装饰》一书（图4-142）。在这本书里表达了他对传统装饰手法的包容，以及他对现代构成思想方法融合的观点，并且强调装饰和图形表现的基础是从自然中归纳而来的，具有广泛的实践应用意义。此书包括了他所重视的一个重要的构图方法：对称性原则。此外，《装饰》一书还提出了综合形式与色彩、表现潜质的元素、自由构成"美妙的"图形等原则。晚年时的亚·切尔尼霍夫曾提到，这部著作中的研究是他所有研究著作的基础。

1931年，亚·切尔尼霍夫出版了《建筑与机械形式的构成》一书（图4-143）。书中描述了当时工业化的环境背景和机械对于工业建筑形态的影响，并且提出建筑设计应该积极地看待机械主义形式，应重视机械主义形态对建筑造型和新的建筑美学的影响。在书中他将机械主义形态作为他"构成主义"原则的

（a）　　　　　　　　　　　（b）　　　　　　　　　　　（c）　　　　　　　　　　　（d）

（a）　　　　　　　　　　　　　　　　　　　　　（b）　　　　　　　　（c）

（d）　　　　　　　（e）

图4-135　亚·切尔尼霍夫，1922年
图4-136　亚·切尔尼霍夫工作照，1924年
图4-137　亚·切尔尼霍夫和他的学生们，1926年

图4-138　《图形表现艺术》书籍内页插图（a-d），亚·切尔尼霍夫，1927年
图4-139　《几何制图》书籍内页插图（a-e），亚·切尔尼霍夫，1927年

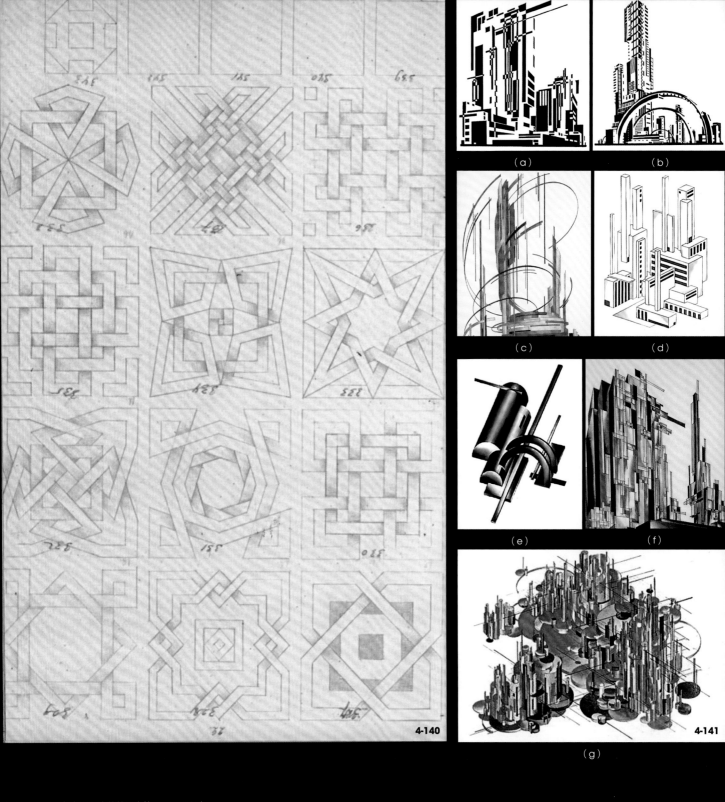

图4-140　亚·切尔尼霍夫的笔记本第一页，1928年

图4-141　《现代建筑原理》书籍内页插图（a-g），亚·切尔尼霍夫，1920—1930年

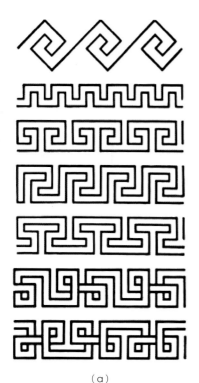

(a)

(b)

4-142

(c)

图4-142　部分填充曲线网格图形（a-c），节选自《装饰》，亚·切尔尼霍夫，1930年

主要部分，将"动势"引入建筑造型之中，并且将它作为建筑构成的重要因素加以仔细的研究与推敲。

1933年，《101个建筑幻想》一书出版（图4-144）。该书包含了101个彩色和101个黑白构成作品，体现了作者亚·切尔尼霍夫对那个时代建筑形态的研究和对新建筑造型概念式的想象。其中很多设计强烈地判断，准确地预测并形象地体现了工业时代的特点。这本书是他在建筑形式想象与设计上的最高成就。同年，他在圣彼得堡的前阿尼奇科夫大厦举办了第二场重要的个人展，展示作品的数量超过2000个。1935年，亚·切尔尼霍夫获得建筑师候选人资格，在莫斯科的苏联建筑师联盟之家展厅举办名为"工业建筑"的个人作品大展。

亚·切尔尼霍夫除了书籍的写作外，一生总共设计了大概50栋建筑。他的项目分布在圣彼得堡、莫斯科、彼得罗扎沃茨克、鄂木斯克、摩尔曼斯克等俄罗斯的城市。在大多数描写他的文章或书籍中，往往低估了他建筑实践的价值。在艺术史学家阿里撒多·马杰斯蒂斯描述亚·切尔尼霍夫的文章《从构成的象征主义到想象的现实主义》中，提出了他的项目不为大众所熟知是因为他的大多数项目都是工业项目，并且在当时这些项目的信息都需要严格保密。

他的建筑实践遵循两种不同的原则：早期（20世纪20年代末至30年代中期）采用构成主义风格来设计工厂建筑；后期（20世纪30年代中晚期）主要采用古典和学院复兴风格设计居

住和行政办公等类型的建筑。

在1928—1931年构成主义兴盛时期，亚·切尔尼霍夫遵循当时的主流风格来进行建筑设计，他与海姆斯特罗伊、斯特罗布洛·特雷玛斯等人，圣彼得堡以及吉普若海姆等政府组织合作，采用构成主义风格进行设计，例如金属电缆工厂的设计和圣彼得堡的哲那米亚特里达工厂的设计（图4-145、图4-146）。1930—1931年间，亚·切尔尼霍夫和工程师列·库兹涅措夫及尼·普宁赢得了科学学院化学联合协会大厦的建筑设计竞赛。

20世纪30年代初，也就是亚·切尔尼霍夫开始了他在圣彼得堡铁路运输部设计工作的同一年，他为铁路工作者设计了一系列小型建筑项目。在1931—1932年间，他为鄂木斯克火车

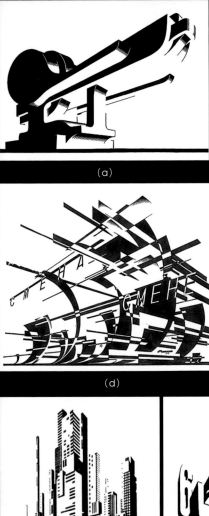

(a)

(b)

(c)

(d)

(e)

(f)

(g)

(h)

(i)

(j)

(k)

(l)

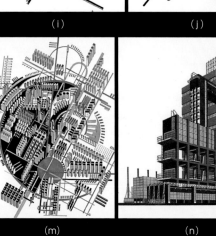

(m)

(n)

4-143

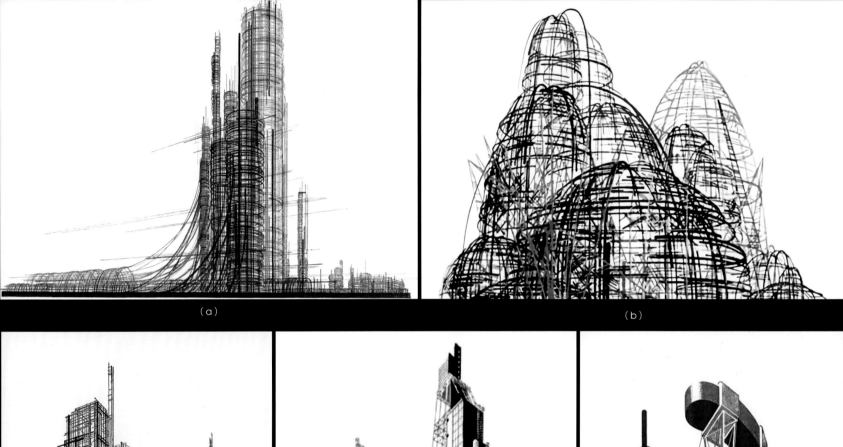

（a）

（b）

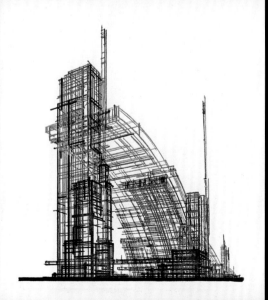

（c）

（d）

（e）

4-144

图4-144 《101个建筑幻想》书籍内页插图（a-e），亚·切尔尼霍夫，1933年

（a）

4-145

（b）

4-146

图4-145　金属电缆工厂透视图与照片（a、b），亚·切尔尼霍夫，1931年

图4-146　圣彼得堡的哲那米亚特里达工厂照片，亚·切尔尼霍夫，1931年

图4-147　鄂木斯克火车站水塔（a-c），亚·切尔尼霍夫，1931年

图4-148　圣彼得堡的什巴科夫卡雅街的居住综合体设计，亚·切尔尼霍夫，1934年

图4-149　圣彼得堡的唯波多斯基街电影院设计，亚·切尔尼霍夫，1934年

站设计了水塔（图4-147）。

在20世纪30年代中晚期，亚·切尔尼霍夫的工作主题和风格发生了很大改变，当时他主要从事居住和行政办公建筑的设计，这些项目体现出的都是古典和学院复兴等风格特点。

在那段时期，他与列宁格勒设计协会中的建筑学规划委员会合作。这个机构是当时居住和行政办公建筑有影响的设计机构，就像大多数在列宁格勒和莫斯科的设计机构一样，它负责全国许多工程项目的设计，如什巴科夫卡雅街的居住综合体设计（图4-148）。他在那个

时期的设计包括1943年在圣彼得堡居住综合体、科拉斯若美斯卡雅大街公共建筑、圣彼得堡150人宿舍楼、圣彼得堡的唯波各斯基街电影院和1935年完成的基洛夫火车站的火车库房（图4-149）。

他采用这种设计方法的原因是政府在20世纪30年代对建筑设计有一个具体的政治性要求，即它们必须结合历史文脉，而亚·切尔尼霍夫也很容易接受政府想要的古典和学院复兴风格。他一直都欣赏古典传统，就算在构成主义盛行时期，他也坚持认为全面否定传统是不

适宜的。他使用了传统的构图方法和古典的建筑要素，比如多立克柱式，这不仅体现了新形式的建筑学，而且配合了20世纪30年代政治的发展需要。

20世纪30年代至40年代，与某些追求特定形式和方法的构成主义者不同，亚·切尔尼霍夫将才能施展于创作建筑想象新方向的探索（图4-150～图4-169）。在这期间他创作了"宫殿建筑"作品系列，包括大量对"建筑未来""建筑合奏""建筑之桥""共产主义宫"等主题的空间形态与形式表达的探索。

（a）

（b）

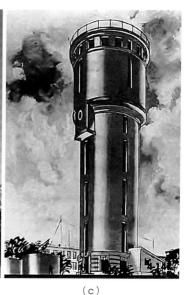

（c）

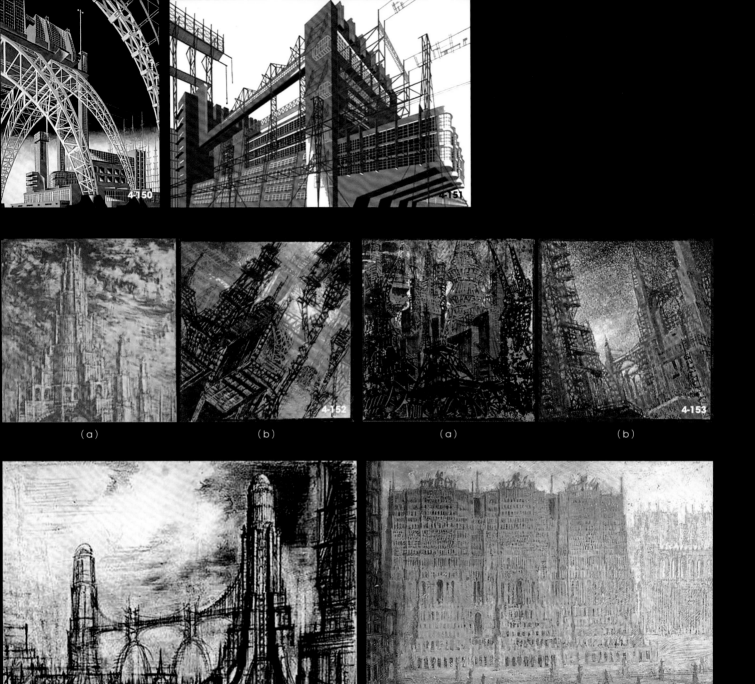

图4-150 带有典型悬梁设计元素的工业建筑，框架附属元素构成严谨，多个大的封闭体块分区明确，亚·切尔尼霍夫，1935年

图4-151 与静态的工业建筑连接在一起的大型框架结构，对比强烈的色彩搭配，亚·切尔尼霍夫，1935年

图4-152 概念性设计作品（a、b）：机械工业的论述（一），亚·切尔尼霍夫，1935年

图4-153 概念性设计作品（a、b）：机械工业的论述（二），亚·切尔尼霍夫，1935年

图4-154 "建筑之桥"系列作品，亚·切尔尼霍夫，1938年

图4-155 "古城"中建筑的群体表现，亚·切尔尼霍夫，1938年

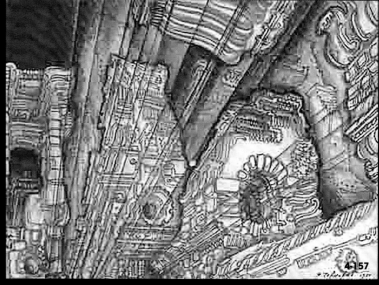

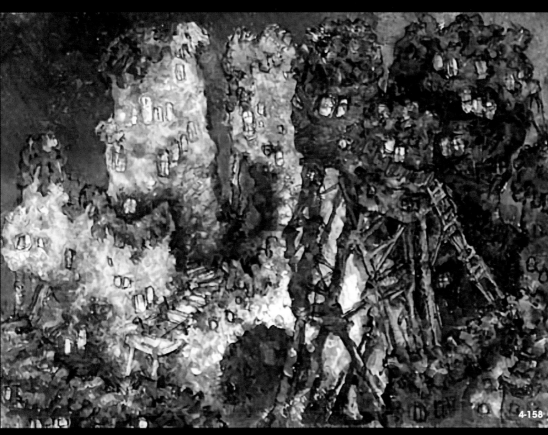

图4-156 卫国战争英雄祠，亚·切尔尼霍夫，1939年

图4-157 "建筑故事"系列作品（一），亚·切尔尼霍夫，1935年

图4-158 "建筑故事"系列作品（二），亚·切尔尼霍夫，1935年

图4-159 "建筑故事"系列作品（三），亚·切尔尼霍夫，1935年

图4-160 "建筑罗曼史"系列作品（a-f），亚·切尔尼霍夫，1935—1938年

图4-161 "古城"系列作品（一），亚·切尔尼霍夫，1940年

图4-162 "古城"系列作品（二）（a、b），亚·切尔尼霍夫，1940年

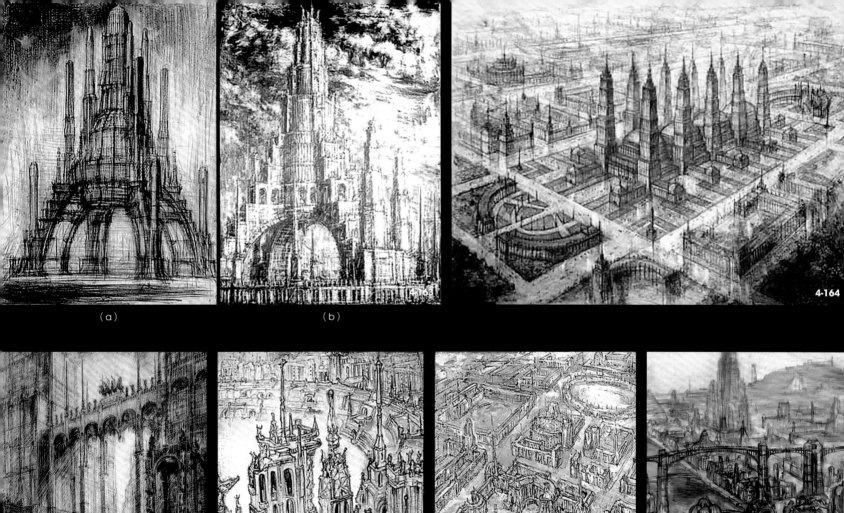

(a)   (b)   4-164

4-163

4-165   4-166   4-167   4-168

1943—1945年间，他研究创作了"卫国战争英雄祠"系列作品，体现和反映了俄罗斯历史上那些事件，震惊、悲惨和宏伟的战时意识（图4-170～图4-172）。

1935—1951年间，亚·切尔尼霍夫进行了大量绘画和建筑形式畅想的创作，其中较为著名的是《工业建筑》《共产主义宫殿》《卫国战争英雄祠》《建筑罗曼史》等四部著作。同时也进行了包括"椭圆研究""圆柱收分线与圆柱的轴线""字母形式构成"等经典艺术形式的研究，在各种不同领域的研究成果极其丰富。1936年，他从圣彼得堡迁往莫斯科，其建筑形态研究实验室也随其一并迁移到莫斯科。随后的两年，他在莫斯科建筑学院的工业建筑系任教授，同时领导着莫斯科经济工程学院的几何表现学与制图学系。

1938—1951年间，亚·切尔尼霍夫在莫斯科的几个高级教育机构讲授建筑设计和绘画。期间，在莫斯科的苏联建筑师联盟组织下，举办了名为"共产主义宫殿"的个人作品大展。1945年，他成为莫斯科建筑学院建筑系的系主任，并在莫斯科的建筑师之家举办了名为"建筑罗曼史"的个人作品展。1948年，在莫斯科经济工程学院的几何表现与制图系举办了个人作品展。

1951年5月9日，亚·切尔尼霍夫于莫斯科逝世，享年62岁。一代伟大的创造者、图形艺术的天才走完了他的一生。他丰富的精神世界与伟大的创造力留给后世无限的艺术宝库，它们作为遗产永远激励继承者不断创造。

直到1958年，亚·切尔尼霍夫的第七本书《字母形态构成》由苏联苏波列夫学院出版。这本书是他对以往字体形式的深刻总结，并将字母构成模数化的重要研究成果（图4-173、图4-174）。亚·切尔尼霍夫首先是长期收集各类俄语书写体，这些字体形态具有的丰富的材料语言和不同的风格图案表现，对这些材料系统化的组织归纳形成了《字母形态构成》一书主要的内容及形态表达语言。

亚·切尔尼霍夫涉猎的造型艺术领域极为广泛：从几何装饰图案和至上主义艺术的研究，到"最美图形"艺术和新的教学方法的探索；从构成主义和现代建筑形象的构成理论，到"共产主义宫"和"卫国战争英雄祠"等具体的设计方案畅想，以及他充满表现主义激情的建筑幻想作品，成果丰富。他所有的绘画和设计作品，都可以看出他严谨的工作态度和对设计精确表达的追求。他私人笔记本上统一的图形格式和准确的制图更加印证了这一点。他如此严谨的理性态度和惊人的感性想象力并不矛盾，他那些伟大而杰出的作品就是这两种特质的完美结合。

他一生中总共留下了超过50本出版或未出版的书籍，在世界建筑学界中，留下他的方法论、各种不同的绘图艺术形式，以及超过17000份设计图纸和近千个设计方案草图。他被称为苏联的乔凡尼·巴蒂斯塔·皮拉内西[33]，为工业文明的建筑留下无数预言式的作品，但他建成的建筑项目却很少，并且没有几座建筑最后被保留下来。亚·切尔尼霍夫作为构成主义创新流派的支持者与创造者，他的机器主义构成思想也是构成主义的一个重要分支，是影响现代主义建筑的重要思想之一。机器主义构成作品在建筑史上也占据着非常重要的地位，具有非常独特的表现力和杰出的未来判断力。

图4-169 "建筑之桥"系列作品，亚·切尔尼霍夫，1944年

图4-170 "卫国战争英雄祠"系列作品（一），亚·切尔尼霍夫，1945年

图4-171 "卫国战争英雄祠"系列作品（二），亚·切尔尼霍夫，1945年

图4-172 "卫国战争英雄祠"系列作品（三），亚·切尔尼霍夫，1945年

（a）

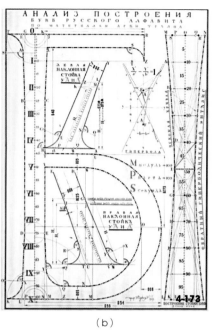
（b）

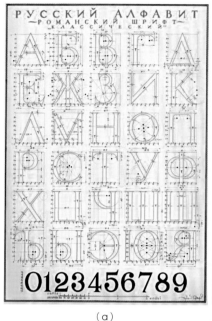
（a）

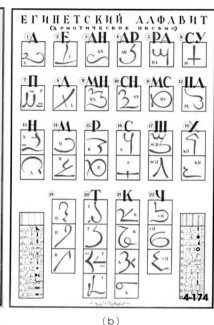
（b）

图4-173　罗马字母（a、b），节选自《字母形态构成》，亚·切尔尼霍夫，1951年

图4-174　古埃及字母表（a、b），节选自《字母形态构成》，亚·切尔尼霍夫，1951年

4.3.9　伊·戈洛索夫

伊·戈洛索夫（图4-175）于1883年7月19日出生在莫斯科。他是苏联时期一位重要的建筑实践大师。1925—1931年间，他成为构成主义建筑实践的领军人物之一，可以说他是构成主义建筑的杰出实践者，同时也是苏联前卫艺术运动时期非常重要的艺术家与建筑师。20世纪30年代之后，伊·戈洛索夫发展了他的个人风格亦称后构成主义。建筑师潘·戈洛索夫是他的哥哥。

1898—1907年间，伊·戈洛索夫就读于斯特罗干诺夫斯基工艺美术学校。1912年毕业于莫斯科绘画雕塑与建筑学校。第一次世界大战之前，他最初从事与新古典主义风格相关的建筑创作，之后在伊·格拉巴和阿·舒舍夫的事务所接受了严格的职业培训。

1914—1917年间，伊·戈洛索夫担任了军事工程师。1918年，他加入了由新古典主义者伊·若尔托夫斯基领导的工作室，成为伊·若尔托夫斯基的下属和得力助手，直到战争结束。同时，他也任教于呼捷玛斯。

1914—1922年间，伊·戈洛索夫的职业实践与创作发生了巨大影响。直到20世纪20年代中期，他参加了众多的建筑设计竞赛活动（图4-176），才开始真正的职业创作生涯。最早的是1922—1923年间举办的莫斯科劳动宫建筑竞赛（图4-177）。他展示出一种独特的个人设计风格，即在建筑中心安排一个大体量，使这个空间成为主角。其他所有较小的形体以及细节都从属于主体，并且它们按一定的节奏逐级递减，有如水面上的波纹。他个人将这种风格定义为"象征的浪漫主义"。

1925年12月，他成为现代建筑师联盟的一员。这一时期，伊·戈洛索夫建筑作品的主要特征为：醒目的大面玻璃幕墙、强调建筑主要形体的内部空间组织及其有机构成。由于在之

4-175

图4-175　伊·戈洛索夫

前接受了正规的建筑教育，并且有丰富的工程实践经验，伊·戈洛索夫争取到了不少实际项目的委托。

伊·戈洛索夫是一位对表现力、动态造型很热衷的建筑师，他对构成主义设计方法中的理论逻辑性并不感兴趣。他着重在各建筑工地之间处理现场的实际问题，并不喜欢与各流派在建筑理论方面进行过多的争斗。由于他广为人知的建成作品，例如1925年设计的"祖耶夫工人俱乐部"，以及1926年在一系列设计竞赛中赢得的辉煌业绩，许多建筑师都视他为构成主义实践真正的领导者而追随着他（图4-178～图4-183）。

"祖耶夫工人俱乐部"是莫斯科著名的构成主义建筑的代表作。它由伊·戈洛索夫设计于1926年，并于1928年建成。该大楼内设有多家莫斯科的工人机构，功能上是一幢新型的办公大楼，在建筑转角处创造性地采用了造型新颖的玻璃幕墙。建筑外观由圆柱状的玻璃楼梯间与层叠的长方形楼板穿插组合，创造出一种戏剧性的空间构成。剧场位于一系列俱乐部房间以及开敞式的大堂之后，是一间能容纳850个席位的礼堂。

1932年，当执政者明确表示要摒弃先锋派建筑，创造社会主义现实主义的建筑及意识形态思想，建筑设计转向支持新古典主义建筑流派的时候，伊·戈洛索夫做出了回应。他将自己象征浪漫主义的概念进行了新古典主义的改良。他和他的追随者们，希望将自己创造的现代建筑元素取代传统建筑细节（如柱子、柱头、装饰带和檐口），以区别于像伊·若尔托夫斯基等人的纯古典复兴主义者。最常见的特征是：简约的方柱，柱头与基础亦简洁大方。1932—1938年期间，伊·戈洛索夫被任命为莫斯科市议会建筑工作室的负责人，他在众多的竞赛方案中完善了他的建筑造型风格，这些构成元素也被称为"后构成主义"的代表（图4-184、图4-185），成为当时苏联比较常见的建筑样式。同时，在1939—1945年间，他一直继续在呼捷玛斯的继承地——莫斯科建筑学院教授建筑设计。

与康·美尔尼科夫于1936年毅然决然辞职不同，伊·戈洛索夫一直从事实际建筑的设计建造工作。1938年，他在下诺夫哥罗德设计并主持建造了典型的公寓楼，并由此获得了许多

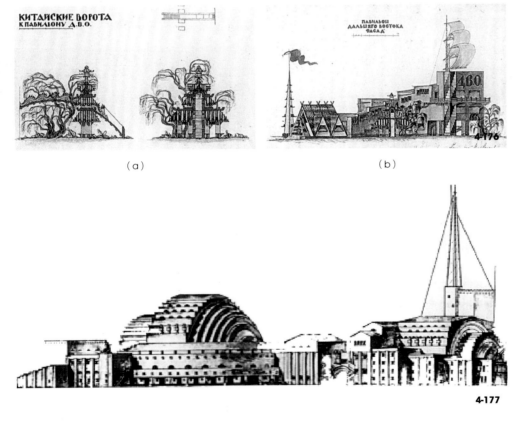

图4-176　莫斯科全俄农业展览会上的远东展馆（a、b），伊·戈洛索夫，1923年

图4-177　莫斯科劳动宫建筑竞赛，伊·戈洛索夫，1923年

图4-178　"祖耶夫工人俱乐部"，伊·戈洛索夫，1925年

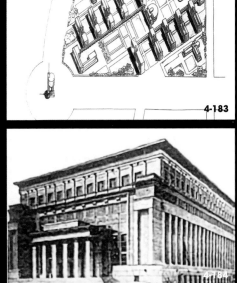

4-179

4-180

4-181

4-182

4-183

4-184

4-185

莫斯科鲁斯格托格大楼方案，
伊·戈洛索夫，1926年

莫斯科地铁站竞赛设计，
伊·戈洛索夫，1930年

明斯克市的政府办公楼设计，
伊·戈洛索夫，1929—1933年

集合住宅，伊·戈洛索夫，
1931年

居住公社规划方案，伊·戈洛索

荣誉。到1941年，他设计建造的斯皮里多诺夫卡街的钢筋混凝土公寓和约兹斯基大道公寓建成。1949年，他的著作《XXX年的苏联建筑》出版。伊·戈洛索夫于1945年1月29日在莫斯科去世，享年62岁。他被埋葬在著名的新圣女公墓，苏联许多著名的政治家、艺术家、军事家都安葬于此，赫鲁晓夫也安葬于此，足见苏联当局对他建筑成就的肯定。

4.3.10 伊·列奥尼多夫

伊·列奥尼多夫（图4-186）于1902年2月9日出生在一个农民家庭，位于特维尔斯科伊古堡省的斯坦特斯基地区。作为一个伐木工人的儿子，他在村里度过了愉快的童年。他少年时曾当过画家的学徒。1920年，他进入了特维尔独立的艺术工作室学习绘画；1921年，进入呼捷玛斯学习。后来，他转投到呼捷玛斯亚·维斯宁所在的建筑创作工作室工作（图4-187）。伊·列奥尼多夫是亚·维斯宁最得意的门生。

从1925—1927年，伊·列奥尼多夫参加了多次建筑竞赛并获奖。那时的他，虽然还是个学生，但他以建筑师的身份加入了现代建筑师联盟，并参与了《现代建筑》杂志的编写与出版工作。他的毕业设计——列宁学院竞赛方案成为构成主义发展的里程碑。毕业后，他在亚·维斯宁的工作室担任助理建筑师。至上主义和构成主义影响了伊·列奥尼多夫早期的建筑设计与创新工作，但西欧国家现代建筑作品对他的影响一直在加强。他非常熟悉像勒·柯布西耶和密斯·凡·德罗这样西方著名建筑师的思想和审美原则。事实上，当时建筑设计行业和构成主义者自己的刊物《现代建筑》中，就广泛地刊登了许多西方建筑与工程的成就。

在伊·列奥尼多夫的作品中，不难看出勒·柯布西耶的风格对他产生的影响。阿拉木图政府竞赛项目也许是他受勒·柯布西耶影响表现最明显的设计。此外，密斯·凡·德罗作品对他的影响也许更久、更深，尤其表现在伊·列奥尼多夫运用简单的几何形式和他对宇宙空间概念充满热情的设计时期。他的作品不仅反映了他所处的时代，也展示了他本人的特点，他从普通人中脱颖而出。在他的作品中，

我们看到了他的梦想能力、他的开放性、他对未来的渴望。伊·列奥尼多夫在建筑设计中表现出色，他创造了很多伟大的设计作品，也开阔了别人的视野。很少有梦想家比他做得更好。他的作品大多是尺度感很大的、跨时代的，华美却又全无建造的可能。最著名的就是他的列宁学院设计。

列宁学院竞赛方案不仅是伊·列奥尼多夫的第一个真正独立的作品，也可以作为他职业生涯中一个与众不同的开端。1927年，列宁学院的建筑模型在莫斯科举行的第一届现代建筑展上被公开展示，这个作品被公认为开启了建筑新的方向。

1927—1930年间是伊·列奥尼多夫最富有创造力的时期，他积极参与现代建筑师联盟的建筑理论思索与实践创作，参与各种学术会议和建筑设计竞赛，并在1928年正式开始了独立的职业建筑师生涯（图4-188~图4-191）。1929年，他的建筑作品遭到报纸《在群众艺术》的强烈批评。虽然后来经报纸官方的主管机构同意，给了伊·列奥尼多夫回应这些批评的机会。但不争的事实是，之后《现代建筑》被关闭，他被迫离开了自己在呼捷玛斯的教学活动。

 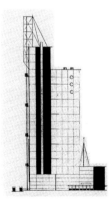 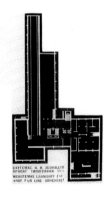 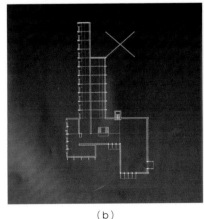 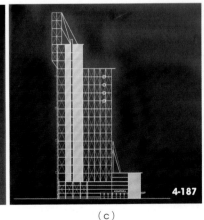

（a）　　　　　　（b）　　　　　　（c）

图4-186　伊·列奥尼多夫
图4-187　真理报莫斯科总部竞赛方案（a-c），伊·列奥尼多夫，1924年

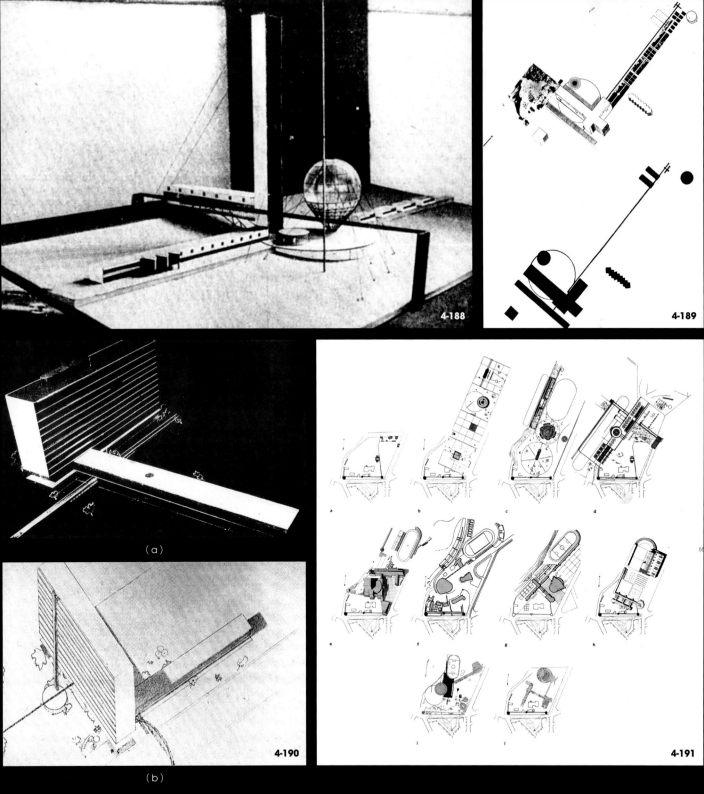

图4-188　列宁学院竞赛方案，伊·列奥尼多夫，1927年

图4-189　莫斯科电影制片厂竞赛方案，伊·列奥尼多夫，1927年

图4-190　中央联盟大厦竞赛方案（a、b），伊·列奥尼多夫，1928年

图4-191　无产阶级文化宫竞赛方案，伊·列奥尼多夫，1930年

无论建筑的尺度如何，伊·列奥尼多夫在1931年以前的设计都采用了相同的原则，使用相对有限的简单几何形式的组合：矩形、正方形和圆形；线性元素在任何地方都起着重要的作用，强调体量的轴线关系，并与它们连接的建筑体积形成对比。这一时期他的一些作品可以说是建筑至上主义和构成主义的最高成就，也是简单几何形体建筑可能性的绝妙体现。而在20世纪30年代后期的项目中，他通过引入材料本身的色彩，以及广泛使用形体反转：如在黑色背景上用白色绘画，丰富了他的表现手法。色调的反转导致他的设计中节奏和可塑性结构的复杂性大大增加。他的图纸表面呈现出一种新的味道，在空间上变得更深入和饱满。

1932—1933年，他领导莫斯科设计工作室的建筑设计工作。1934年，他设计了苏联人民委员会重工业部大厦设计竞赛方案（图4-192~图4-194）。苏联人民委员会重工业部大厦设计竞赛方案是一座高耸的、由玻璃与钢结构组成的塔楼，基于功能和结构体系的考虑，建筑的底部包括大厅、舞台、展览及附属建筑物，层高较低。三座塔楼中的矩形大厦立面正面对着红场的方向，表达了建筑的从属关系。

1941年，第二次世界大战开始后，他进入苏联政府军队的工程部，被派出保卫前沿阵地，后受伤归国。在战后的岁月里，他成功地克服了多年来抑制他创造性想象力的危机，进行了一系列新的造型设计研究，开创了新的创造性项目，如未来的城市——"太阳城的研究"；他还为联合国大楼提供设计方案。其中，联合国大楼的设计方案在莫斯科世界展览会艺术论坛进行了展览。

伊·列奥尼多夫20世纪四五十年代的作品，受到当时苏联建筑总体风格的影响，他放弃了前卫建筑创新的追求。在这段时期，他本人对古代俄罗斯模式和东方建筑更感兴趣，此时他的设计混杂了许多奇怪的设计主题，有些是完全无法理解的。他试图将不同时期的建筑风格融入太阳之城的设计中，也会利用突发的灵感为太阳城绘制建筑的草图，将具体构思的建筑物放入未来城镇半梦幻般的风景中。

通常他会多次重复相同的主题，以不同方式演绎它们。这些不同的想法和造型设计被聚集在一起，见证了他对纯粹几何的激情，对俄罗斯本土建筑文化的热爱，以及对东方优雅图形的热情和对普通民众、对明亮多样化色彩的喜爱。抛物锥体的造型特别吸引他，因为它们表现出的纪念性特征，以及壮丽和向上的理想运动模式。因此在他的纪念性建筑设计中，这些特征非常常见。他晚期的作品让我们想起了他创造性设计的一个重要方面：追求高尚和永恒的东西。伊·列奥尼多夫是一个艺术家、建筑师、城市规划师和梦想家。1959年11月6日，他在莫斯科逝世，享年61岁。

伊·列奥尼多夫在建筑方面的贡献是不可否认的，他被评为现代主义最具创新性和人文主义思想的建筑师之一。他不仅是一名建筑师，还是一名城市主义者，其理想主义的城市设计体现着他对社会与自然的关怀（图4-195），他的设计作品表现出鲜明的个性和独创精神，也因此受到勒·柯布西耶的高度赞赏。他被称为"苏联构成主义的诗人和天才"。遗憾的是，他的作品中只有基斯洛沃茨克楼梯在1938年被建造出来，其他建筑设计方案都成为教科书中构成主义的示例典范。无论是20世纪20年代的概念设计、30年代的实际竞争设计项目，还是50年代的乌托邦设计，伊·列奥尼多夫一生都致力于建筑设计创新。

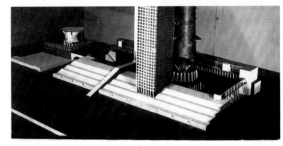

（a）

（b）

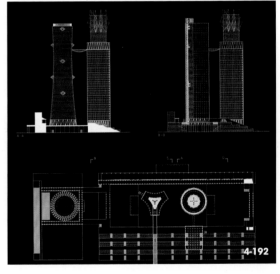

（c）

图4-192 苏联人民委员会重工业部大厦设计竞赛方案（一）（a-c），伊·列奥尼多夫，1934年

（a）

（b）

图4-193　苏联人民委员会重工业部大厦设计竞赛方案（二）（a、b），伊·列奥尼多夫，1934年

图4-194　苏联人民委员会重工业部大厦设计竞赛方案（三），伊·列奥尼多夫，1934年

图4-195　城市设计的理想，伊·列奥尼多夫，1937年

伊·列奥尼多夫从森林中的梦开始，在人生的最后一次又回到了森林中的梦境中。尽管他的设计有许多外在的风格独特性与多样性，但可以看到它们中有一条清晰的内在线，构成主义者不懈的追求与创新的思想，将他最初的作品与他最后的作品联系起来，激励着后人的创作激情。

4.3.11 阿·舒舍夫

阿·舒舍夫（图4-196）出生于1873年10月8日。他是俄罗斯著名的建筑师，主持设计了列宁墓。此外，莫斯科地铁站、喀山火车站新站房、原莫斯科四季酒店等标志性建筑，他都参与了设计。

阿·舒舍夫在1891—1897年就读于拉德堡沙俄帝国艺术学院，在列·伯努瓦和伊·列宾的指导下学习绘画与建筑。1894—1899年，他前往北非和中亚旅行。他勤奋地研究俄罗斯古老艺术，并因修复12世纪乌克兰奥夫鲁奇地区的圣约翰大教堂而赢得了公众的赞誉。阿·舒舍夫沉迷于15世纪莫斯科古建筑的历史成就中，20世纪初他还设计了泊察伊修道院三一大教堂和库里瓦球场上的纪念教堂。

1908—1912年间，他受大公爵夫人伊丽莎白·费奥多罗夫娜的委托为莫斯科的玛丽修道院设计了一座大教堂。这是一座迷人的诺夫哥罗式风格的中世纪建筑，修道院融合了俄罗斯独特的拜占庭式建筑风格与新艺术风格的抽象形式。

1913年，阿·舒舍夫开始了他在莫斯科的建筑设计实践，当时他的喀山火车站设计方案从西伯利亚铁路莫斯站竞赛中脱颖而出（图4-197）。这种新艺术风格的设计融合了克里姆林宫塔楼和传统塔塔尔建筑的形象元素，成为有史以来极具想象力的复兴主义设计。然而，火车站的建设直到1940年才最终完成，历时27年。1914年阿·舒舍夫设计了意大利威尼斯双年展的俄罗斯馆，展馆的俄罗斯风格在当时的西欧引起了不小的轰动，阿·舒舍夫用自己的建筑风格来表现俄罗斯人的独特之处（图4-198）。

在短暂地尝试了新古典主义[34]之后，阿·舒舍夫在20世纪20年代转向了现代风格的构成主义建筑设计实验。1920—1924年他在呼捷玛斯任教，教授前卫构成主义的建筑学通识课程。同时，他还在莫斯科担任城市规划师。值得注意的是，在他的城市规划中，他设定了最高建筑的限制，阻止了各种摩天大楼的规划建设方案。阿·舒舍夫与他那个年代的老一辈建筑师不同，他愿意做出改变，因此当政府需要选择建筑设计领域的领袖时，与那些经验不足的年轻前卫建筑师相比，他是最佳的候选者。

1924年1月21日列宁去世后，他受委托为列宁设计一座陵墓（图4-199）。他提出了一个原始的建筑设计方案，将构成主义元素与一些古老陵墓的特征融合在一起，如阶梯金字塔和居鲁士墓。这座陵墓形如金字塔的造型，有三级台阶，最初木结构的陵墓建筑，被使用到1924年5月。1924年春天开始，阿·舒舍夫又应邀为红场列宁墓设计了扩建方案，在列宁墓两侧增建了观礼台。最初提出的石棺方案被认为太复杂，技术上难以实现，于是苏联建筑师康·美尔尼科夫花了一个月时间重新设计了八个列宁水晶棺的方案，其中之一被选中并实施建造，在最短的时间内由设计者本人康·美尔尼科夫督造完成，康·美尔尼科夫设计的水晶玻璃棺，一直在陵墓内使用到第二次世界大战结束。

现存的混凝土结构陵墓是1929—1930年阿·舒舍夫及其团队基于第二座陵墓的简化版本设计建造的，使用了砖墙和花岗岩外立面，并用大理石、拉长石和斑岩镶嵌装饰。

陵墓建成，陵墓委员会成立后，列宁墓庄重沉稳的形象，石材质感的纪念性，吸引了全球的目光，阿·舒舍夫杰出的才华被苏联共产党政府重视。1926年，他被任命为特列季亚科夫画廊改建时的主持建筑师。此后他被当局委以其他重任，成为莫斯科主要桥梁和公寓大楼设计小组的建筑设计负责人。

阿·舒舍夫的建筑设计特点是将新古典主义元素与俄罗斯建筑传统融合在一起，以此来代表国家形象。他有两个著名的构成主义设计：莫斯科的农业部办公楼设计、在纳科姆（1928—1933年）和在索契（1927—1931年）的2个度假村设计，其中度假村的设计，也被认为是阿尔瓦·阿尔托的帕米疗养院灵感的主要来源。

1935—1936年，阿·舒舍夫参加了苏维埃宫建筑设计竞赛，其作品严格的古典主义风格，平面及立面造型中的对称形式，成为他本人对古典主义与当时官方风格结合的探索（图4-200）。

1937年，建筑师列·萨维里耶夫和奥·斯塔普兰向建筑工人联合会对阿·舒舍夫提出申诉，称他偷窃了其"莫斯科"酒店项目的建筑设计成果。由于这一起诉，阿·舒舍夫被从建筑师联盟莫斯科分支机构董事会中撤职。他最后的重要作品是莫斯科地铁的共青团地铁车站（图4-201），其装饰风格是17世纪莫斯科教堂的风格，而该作品已在第二次世界大战中被德国纳粹者摧毁，战后按照阿·舒舍夫原来的设计重修了这个地铁站。1941年，阿·舒舍夫设计了卢比扬卡广场行政大楼，方案用较简洁的古典主义语言，严格的俄罗斯传统宫殿式的建筑风格，响应了新的建筑结构（图4-202）。这个方案并没有得到官方的认可，68岁的阿·舒舍夫也为这次方案的流产伤感了许久。

1946年，阿·舒舍夫提议建设建筑博物馆，

图4-196 阿·舒舍夫

图4-197 喀山火车站设计方案，阿·舒舍夫，1911年

图4-198 俄罗斯馆，阿·舒舍夫，1914年

（a）

（b）

4-199

4-200

4-201

4-202

图4-199　红场列宁的陵墓（a、b），阿·舒舍夫，1924年

图4-200　苏维埃宫，阿·舒舍夫，1935—1936年

图4-201　莫斯科地铁的共青团地铁车站，阿·舒舍夫，1935年

图4-202　卢比扬卡广场行政大楼项目草图，阿·舒舍夫，1941年

苏联当局以他的名字命名，成立了阿·舒舍夫建筑博物馆委员会。该博物馆开始大量收藏并保存已拆除的中世纪教堂和修道院的珍贵图纸，以及19世纪俄罗斯建筑大师们的优秀设计作品。

阿·舒舍夫主导的诺夫哥罗德城市规划项目得到苏联政府的认可，现在诺夫哥罗德的街道仍以他的名字命名。他在1949年病逝，享年76岁，被埋葬在莫斯科著名的新圣女墓地。

4.3.12 亚·罗德钦科

亚·罗德钦科（图4-203），1891年11月23日出生于俄罗斯圣彼得堡。他1911年进入喀山美术学校学习绘画，1914年移居莫斯科，进入莫斯科斯特罗干诺夫工艺美术学校学习雕塑和建筑。毕业后，他从事绘画、印刷、舞美设计和雕塑工作，1914年入伍参军，1916年在弗·塔特林主编的《展览》杂志社工作。1917年，他与弗·塔特林合作完成了匹头咖啡店的室内设计。

1918—1922年，他在美术部担任过各种职务，负责工业工艺设计部门，并担任绘画文化博物馆收藏委员会主席的职务（图2-204、图2-205）。亚·罗德钦科的艺术和思想在1910年代飞速发展。他最初是受新艺术运动风格艺术家的启发，是接受其美学思想影响的前卫艺术家；后来他成为未来主义者。他受到弗·塔特林作品和卡·马列维奇至上主义的影响。到20世纪中期，他成了构成主义的先驱，对绘画和雕塑元素构成的实验探索而创作了纯粹的抽象艺术作品。该艺术作品将每个图像的组成部分（线条、形式、空间、颜色、表面、纹理和作品的物理支撑）分开。亚·罗德钦科所倡导的构成主义鼓励人们重新关注艺术的有形和物质方面，并认为艺术必须适应当时俄罗斯政治和社会的革命性变化，从而激发其实验精神。

1921年，亚·罗德钦科参加了"生产主义运动"，并与其他前卫艺术家共同撰写了构成主义者宣言。此后，他提倡在革命实践中为新政府创造对社会有用的艺术，并使用金属丝、玻璃和金属薄板等机器制造的材料，创造了非凡的新社会新艺术新材料的构成艺术作品（如金属丝、玻璃和金属薄板构成作品系列）。亚·罗德钦科和其他志同道合者都是一群致力于将艺术形式融入普通百姓日常生活的艺术家。

1922年，他的平面设计作品参加了"第一次俄罗斯艺术展"。作为创作小组的一员，亚·罗德钦科设计了很多有艺术宣传作用的作品，包括书籍封面与海报、各种家居用品以及纺织品图案等。更重要的是，他参与了将构成主义形式带入苏联普通劳动者日常生活的活动，推动视觉形象上的宣传，为苏联的现代构成主义作品作出了极大的贡献。他的设计艺术作品开始出现在许多苏联报纸和杂志上，并获得了广泛的成功和赞誉。他的设计原理广泛应用于苏联新时期日常物品，如服装和家具的设计与制造中。他的海报、书籍封面（1924年），成为苏联早期前卫艺术热潮的标志。这些作品至今仍被认为是现代图形设计的顶峰之作。

可以说，海报的设计使亚·罗德钦科在苏联政府中获得了极大的声誉和赞赏。平面构图是他在此期间使用蒙太奇手法的典型范例，是摄影与画面的结合。这也反映了他创新苏联宣传广告的方式，使用几何元素和鲜艳的色彩来实现其现代性，达到视觉宣传的振奋效果，尽管有时他的设计旨在推广单个公司及其产品，具有较强的商业广告效果，但这些令人激动的宣传广告同样也强有力地支持了政治革命的新目标。

亚·罗德钦科一直致力于更多贴近民族与社会各个阶层的宣传，如海报、书籍和电影主题等（图4-206）。这些媒介经常被用来宣传政治理想。受插画和商业广告设计工作的启发，他于1924年开始转向摄影创作，摄影成为他工作的重点（图4-207）。伴随着亚·罗德钦科对摄影认识的逐渐深入，他开始探索新的视觉构成元素，并对传统的摄影语言进行了全面否定，认为摄影不该只用固定的视角。他变得越来越痴迷于极端的角度，他相信，这个时代最有趣的视角，就是"由上而下"和"从下往上"，并且距离拍摄物体越来越近，并形成了他独特的"远近短缩式构图"。亚·罗德钦科曾经充满激情地说："我们必须寻找并发现，而且仍然坚信我们应该会发现一种新的美学。它带有热情与同情，对于通过摄影这一手段表现苏维埃现实是必要的。"

在相当长的时期内，亚·罗德钦科是实验摄影艺术最著名的代表人物。他原先是出名的构成主义画家，后转向设计和绘制宣传招贴画，采用集成照相的方法，并为弗·马雅可夫斯基的诗集制作插图，直到1924年才开始创作具有自己风格的摄影作品。他不满意传统的摄影方法，新的社会要求观察事物的新方法，幸运的是一种新的创作手法也应运而生。小而轻巧的手提式135画幅照相机起到了很大作用，在此之前，大多数摄影者都在使用120画幅腰平取景器拍摄。然而这种观看和拍摄方式在亚·罗德钦科眼中是缺乏创造性的，是违背人眼直接观察事物规律的。

摄影师使用手提照相机获得了无可比拟的自由。它如此轻巧，可以用它向上、向下自由拍摄，甚至侧拍，不需要三脚架；可以从任何方向进行拍摄。于是突然间，社会变得生动，变得如此具有革命性。他拍摄的主体，不论是人还是景，一般都很平常，但取景角度完全打破了传统的视觉习惯，多采用垂直俯视或倾斜的角度，强调透视变形所造成的视觉效果。

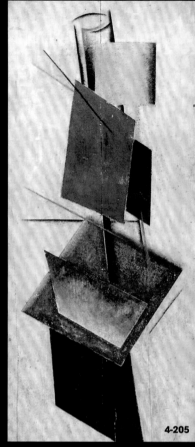

(a)

(b)

图4-203　亚·罗德钦科

图4-204　红军获胜，亚·罗德钦科，1918年

图4-205　组合之美，亚·罗德钦科，1918年

图4-206　《飞行》（a、b），亚·罗德钦科，1920年

(a)

(b)

(c)

(d)

207

亚·罗德钦科曾著文抵制他称之为"肚脐摄影"的东西，大多数业余摄影者和家庭所拥有的是腰平取景器的双镜头反光照相机。他们的照相机都在腰间，当你向下看着取景器时，似乎只能从这个角度看世界。亚·罗德钦科试图告诉大家，你拍摄世界的方式可以与众不同，这样会鼓励更多的人参与这种变革，参与这种意识形态的变革。

1925年，亚·罗德钦科受苏联政府的委托参与了巴黎国际装饰艺术博览会苏联馆的方案设计。1914—1926年间，他一直在莫斯科无产阶级学校教授绘画理论。1920—1930年间，他同时作为呼捷玛斯金属加工部门的负责人，于1922年后正式开始了呼捷玛斯的教学改革工作，同时他也是艺术文化研究所的成员。

此后，亚·罗德钦科转向新闻摄影。他的摄影作品通过描绘游行、庞大的工业建筑，以及农业场景来反映当时的时代成就。他后来逐渐被明确禁止捕捉这种全面现代化的场面。20世纪50年代开始，他放下了照相机，重返抽象绘画的艺术天地，并完成了许多有力的抽象表现主义作品。然而，这些作品从来没有被他同时代者看到，因为它们与官方认可的美学相矛盾。在那段时期，他继续从事着已经不是他所最喜欢的画家的工作，直到1956年12月3日病逝于莫斯科，享年65岁。

亚·罗德钦科是苏联前卫运动中最有影响力的成员之一，也是构成主义运动的创始人。作为一名艺术家、雕塑家、摄影师和平面设计师，他在职业生涯中尝试多种现代新媒体，突破设计的专业界限，并树立了全新的美学视角。他的艺术作品帮助当代艺术界重新定义了现代主义的三个主要视觉流派：绘画、摄影和图形设计。在他的绘画中，艺术家进一步探索和扩展了抽象构图的基本词汇。他的一系列纯抽象的原始单色绘画对20世纪60年代极简主义者，包括画家、建筑师等具有强大的影响力。在摄影领域，他建立了前所未有的现代摄影构图范式，在许多方面仍然清晰地定义了现代摄影艺术的整体概念。亚·罗德钦科对布尔什维克事业的参与进一步推动了他的艺术在美国前卫左派圈子中的影响。

亚·罗德钦科去世后，随着人们对苏联前卫艺术运动的重新认识与评价，他的艺术成果也终于得到了应有的重视。1992年10月29日，在伦敦的克里斯蒂拍卖行举行的拍卖会上，他的代表作《带莱卡相机的女人》以比预期价格高出7倍多的115500英镑，约合17万美元的高昂价格被一位欧洲收藏家买下，创造了当时摄影作品拍卖的最高纪录。

历史是不能假设的，但当时天才的摄影家、蒙太奇艺术大师亚·罗德钦科如果可以继续他的摄影事业，相信他非凡的创造力一定会创造出更令世人瞩目、震惊世界的伟大作品。也许是天妒英才，作为一个原创者，他所开辟的构成艺术新天地将永远激励后人前进，这就是原创者原创力量的伟大之处。

注释

1. 勒·柯布西耶提出了"光辉城市"理论，描绘城市生活的高级状态。其核心是建筑不再是没有生命的、孤立的存在，而是与社区大环境汇合成一个有机体，形态上是协调的，功能上延续的，空间上互补的、融会的。两者是动态的和谐统一。

2. 雷姆·库哈斯不仅是一位来自荷兰的当代著名建筑师，也是一位社会学家。早年当过记者和电影编剧的经历，使他热衷于从社会观察的角度去理解和设计空间。他曾经在伦敦建筑联盟学院（AA）和美国康奈尔大学学习建筑。在伦敦创办了大都会事务所（OMA），之后迁往荷兰鹿特丹。他的代表作品包括西雅图图书馆、北京央视大楼、波尔多住宅、波尔图音乐厅等。

3. 克劳德·亨利·圣西蒙（1760—1825），出生于法国巴黎，是19世纪初杰出的思想家，同傅里叶、欧文并列为三大空想社会主义者。他曾参加法国大革命，后转而研究自然科学，于1802年起开始写作，宣传自己的空想社会主义，主要著作有《一个日内瓦居民给当代人的信》等。

4. 查尔斯·傅里叶（1772—1837），法国哲学家、思想家、经济学家、空想社会主义者。出身于商人家庭的他，批评当时资本主义社会的丑恶现象，希望建立一种以法伦斯泰尔为基层组织的社会主义社会，在这里个人利益和集体利益是一致的。他认为脑力劳动和体力劳动的差别可以完全消除，并首次提出妇女解放的程度是人民是否彻底解放的衡量依据。但是他的学说在当时无人理会，被认为是"大脑患病的产物"。他曾幻想通过宣传和教育来实现他的主张，但在当时并未引起多少关注，不过这对后来的社会主义运动产生了一定影响，被认为是马克思主要学说的来源之一，他同圣西蒙、欧文并称三大空想社会主义者。

5. 罗伯特·欧文（1771—1858），威尔士空想社会主义者，也是一位企业家、慈善家。现代人事管理之父，人本管理的先驱。他是19世纪初最有成就的企业家之一，是一位杰出的管理先驱者。欧文于1800—1828年间在苏格兰自己的几个纺织厂内进行了空前的试验。人们有充分理由把他称为现代人事管理之父。他也是历史上第一个创立学前教育机关（托儿所、幼儿园）的教育理论家和实践者。

6. 埃比尼泽·霍华德（1850—1928），20世纪英国著名社会活动家、城市学家、风景规划与设计师、"花园城市"之父、英国"田园城市"运动创始人。当过职员、速记员、记者，曾在美国经营农场。他了解、同情贫苦市民的生活状况，针对当时大批农民流入城市，造成城市膨胀和生活条件恶化，他于1898年出版《明日：一条通往真正改革的和平道路》一书，提出建设新型城市的方案。该书于1902年修订再版，更名为《明日的田园城市》。

7. "花园城市"的思想从萌芽状态起就表现出强烈的政治性、思想性和社会性，也因其历史发展阶段、国家和地区、民族与文化的不同有着不同的时代观念、文化内涵、民族特征以及不同的地域风貌。这一概念最早是在1820年由著名的空想社会主义者罗伯特·欧文提出的。在经历了英、美两国的工业城市的种种弊端，目睹了工业化浪潮对自然的破坏后，英国著名的规划专家埃比尼泽·霍华德于1898年提出了"花园城市"的理论。中心思想是使人们能够生活在既有良好的社会、经济、环境，又有美好的自然环境的新型城市之中。

8. 五月风暴是1968年5月—6月在法国爆发的一场学生罢课、工人罢工的群众运动。五月风暴激起了数百万工人占领了300多个重要的工厂、矿山，扣留经理等人员，使整个法国的经济生活处于混乱状态，同年5月30日，戴高乐发布宣布解散议会，重新举行全国选举，之后各地风潮趋于缓和。

9. 巴黎拉维莱特公园原址是一块由铁路、公路、城市运河和城市住区所界定的老工业用地，于1867年在原址建设了牲畜屠宰厂及批发市场，此处人口稠密而且大多是来自世界各地的移民。公园虽处于城市边缘，但是在交通上以环城公路和两条地铁线与巴黎中心区相连，巴黎发达的交通系统让公园牢固地镶嵌在整个城市体系之中。

10. 伯纳德·屈米，1944年出生于瑞士洛桑。1969年毕业于苏黎世联邦工科大学。1970—1980年在伦敦建筑联盟学院任教，1976年在普林斯顿大学建筑城市研究所任教，1980—1983年在柯柏联盟学院任教。1988—2003年他一直担任纽约哥伦比亚大学建筑规划保护研究院的院长职务。他在纽约和巴黎都设有事务所，经常参加各国设计竞赛并多次获奖，其新鲜的设计理念给世界各地带来强大冲击。1983年赢得的巴黎拉维莱特公园国际设计竞赛，是他最早实现的作品。另外，屈米有很多的理论著作，评论并举办过多次展览。他鲜明独特的建筑理念对新一代的建筑师产生了极大的影响。

11. 马克·夏加尔（1887—1985），现代绘画史上的法国艺术家，游离于印象派、立体派、抽象表现主义等一切流派的牧歌作者。他的画中呈现出梦幻、象征性的手法与色彩，"超现实派"一词就是为了形容他的作品而创造出来的。夏加尔主要描绘绿色的牛、马在天上飞，躺在紫丁香花丛中的情侣，同时向左和向右的两幅面孔，倒立或飞走的头颅、中世纪的雕塑。

12. 奥·罗扎诺娃（1886—1918），俄罗斯前卫艺术家，风格有至上主义、原始主义和立方未来主义。在所有的俄罗斯立体未来主义者中，罗扎诺娃的作品最接近于意大利未来主义的理想。

13. 弗·马雅可夫斯基1912年与达·伯留克等人共同发表《未来主义宣言》，出版了俄罗斯未来主义者第一部诗集《给社会趣味的一记耳光》。

14. 俄罗斯象征主义是俄罗斯现代主义诸流派中最早也是最大的文学与哲学流派。19世纪末至20世纪初在西欧象征主义的影响下产生，既接受了欧洲象征主义的许多观点，同时又赋予本国特有的民族与社会内容。文学批评家梅列日科夫斯基的演讲《论俄国文学衰落的原因及新流派》被视为俄国象征主义的宣言。这一流派在诗歌、小说、理论批评、宗教哲学等方面颇有成果，并且造就了一批优秀的诗人、作家和哲学家。主要代表人物有梅列日科夫斯基、吉皮乌斯、勃留索夫、巴尔蒙特、勃洛克、别雷等。他们对俄国社会的精神文化生活及文学创作产生了重要影响，该流派于十月革命后消亡。

15. 维捷布斯克是白俄罗斯东北部城市，维捷布斯克州首府，西德维纳河河港。铁路枢纽，工业以机械制造（机床、无线电器材、钟表）和轻工业（纺织、针织、缝纫、皮革）为主，有12世纪建筑古迹、历史博物馆和数所高等院校。

16. 保罗·塞尚（1839—1906），法国后印象主义画派画家。他的作品和理念影响了20世纪许多艺术家和艺术运动，尤其是立体派。在他生前的大多数时间里，他的艺术不为公众所理解和接受。他通过坚持，对19世纪所有常规绘画价值提出了挑战。保罗·塞尚的最大成就是对色彩与明暗做出的前所未有的精辟分析，颠覆了以往的视觉透视点。他将空间的构造从混合色彩的印象里抽除，使绘画领域正式出现纯粹的艺术，这是以往任何绘画流派都无法做到的。因此，他被誉为"现代艺术之父"。他认为形状和色彩是不可分离的，用几何的笔触在平面上涂色，逐渐形成画的表面。他主张不要用线条、明暗来表现物体，而是用色彩对比。他采用色的团块表现物象的立体和深度，利用色彩的冷暖变化造型，用几何元素构造形象。

17. 毕加索（1881—1973），西班牙画家、雕塑家、版画家，20世纪最具影响力艺术家之一、现代艺术的创始人。代表作品有《格尔尼卡》《和平鸽》《亚威农少女》等。

18. 安东尼·佩夫斯纳（1886—1962），构成主义艺术家，构成主义雕塑先驱之一。1902—1909年，他在基辅接受专业艺术教育后，进入圣彼得堡皇家美术学院，但3个月后就被校方劝退。与许多年轻的俄国前卫艺术家一样，他在莫洛佐夫和史库金的艺术收藏中看到了令他激动的印象派、野兽派、立体主义作品。随后他于1909、1911和1913年三次前往巴黎，与毕加索、乔治·布拉克等立体主义画家交往，并在艺术风格上受到很大影响，开始探索抽象绘画。

19. 纳姆·嘉宝（1890—1977），俄罗斯裔美国雕塑家，构成主义的领袖人物。《圆柱》是嘉宝三维几何雕塑的代表作。他的所有作品都使用塑料、玻璃或其他透明材料。

20. 普希金博物馆位于莫斯科市克鲁泡特金街，托尔斯泰博物馆就在它的附近。普希金博物馆原是一座地主庄园，当年普希金和他的朋友经常在这里聚会。1961年6月6日为纪念普希金诞辰162周年，博物馆正式举行开幕典礼。1999年为了纪念普希金诞辰200周年又对博物馆内部进行了大改造。博物馆的一层大厅里设餐厅、咖啡馆、艺术品商店等，这座博物馆是莫斯科规模最大的文学博物馆。

21. 巴黎美术学院是位于法国首都巴黎的一所高校，是由法国文化部管辖并属于高等专业学院性质的国立高等艺术学院，世界四大美术学院之一。巴黎美术学院始建于1796年，它不仅在全世界的高等美术院校中影响巨大，在中国美术界影响也最为深远，中国的老一辈油画家，如徐悲鸿、林风眠、颜文梁、潘玉良、刘开渠、吴冠中、李风白等名家也毕业于这所学校。

22. 肯尼斯·弗兰姆普敦，1930年生，美国建筑师、建筑史家及评论家，著有《现代建筑一部批判的历史》一书。曾作为一名建筑师在伦敦建筑联盟学院接受培训，现为美国哥伦比亚大学建筑规划研究生院讲席教授。

23. 悬臂梁是在材料力学中为了便于计算分析而得到的一个简化模型，悬臂梁的一端是固定支座，另一端为自由端。在荷载作用下，可根据力的平衡条件求得悬臂梁的固定端的支座反力，包括水平力、竖向力以及弯矩，并可据此画出轴力图、剪力图与弯矩图。由于梁一般承受竖向的集中荷载或均布荷载的作用，故支座的水平反力为0。

24. 里加技术大学位于拉脱维亚的里加。学校始建于1862年，最初为里加工业学院，后经过不断的发展升级为技术大学。里加技术大学是拉脱维亚最著名的技术大学之一，学校为学生们提供高质量教育，设有本科、硕士及博士学位的课程，同时为高级工程师等专业人士提供最新研究成果。

25. 风格派是20世纪几何抽象主义画派，因荷兰画家蒙德里安于1917年创办《风格》杂志而得名。主张艺术语言的抽象化和单纯化，将作品的色彩限制在原色、黑色和白色上，造型限制在横向与垂直的韵律节奏上。德国包豪斯将这种艺术语言应用、推广到工业和建筑设计上，在世界现代艺术上产生重要影响。代表人物还有荷兰艺术家奥·范·杜斯堡、赫里特·里特费尔德等。

26. 印象派绘画是西方绘画史上划时代的艺术流派，19世纪七八十年代达到了它的鼎盛时期，其影响遍及欧洲，并逐渐传播到世界各地，但它在法国取得了最为辉煌的艺术成就。19世纪后半叶到20世纪初，法国涌现出一大批印象派艺术大师，他们创作出大量至今仍令人耳熟能详的经典巨制，例如：马奈的《草地上的午餐》、莫奈的《日出·印象》。

27. 后印象派，即后印象主义，是法国美术史上继印象主义之后的美术现象，也称"印象派之后"或"后期印象派"。所谓后印象主义并不是一个艺术团体，他们没有宣言，也未举办过作品联展，只不过他们与印象主义有密切联系，但创作倾向又与印象主义不同，后来的美术家为了将他们与印象主义区别开来，冠之以"后印象主义"。代表人物有保罗·塞尚、保罗·高更、文森特·梵高等。后印象主义画家放弃了只是追求色彩这一狭隘的目标，而改为追求更富激情的主观表现。他的理论和实践导致欧洲绘画同文艺复兴以来的传统决裂，一种全新的艺术观念出现了，20世纪西方现代派艺术就此开始进入萌芽阶段。

28. 野兽派是20世纪率先崛起的象征主义画派，画风强烈、用色大胆鲜艳，将印象派的色彩理论与梵高、高更等后印象派的大胆涂色技法推向极致，不再讲究透视和明暗、放弃传统的远近比例与明暗法，采用平面化构图、阴影面与物体面的强烈对比，脱离自然的摹仿。野兽派的寿命相当短，1905年巴黎秋季沙龙展之后的第三年，野兽派几乎已消失无踪。然而，尽管如此，野兽派对后来的现代艺术影响仍十分深远，康定斯基、德累斯顿、雅夫楞斯基都受了野兽派一定程度的熏陶。

29. 平面构成的认识源于自然科学和哲学认识论的发展，20世纪建立在最新发展的量子力学基础之上的微观认识论，使人们更为关注事物内部的结构。这种由宏观认识到微观认识的深化，也影响了造型艺术规律的发展。构成主义主张放弃传统的写实，以抽象的形式表现。

30. 阿尔弗雷德·巴尔（1902—1981），20世纪美国著名的艺术史家，现代艺术在美国的主要传播者、推动者之一，同时也是纽约现代艺术博物馆的首任馆长。当美国民众还对现代艺术褒贬不一、迟疑不决时，巴尔通过一系列现代艺术大展，以及购买诸如毕加索、马蒂斯、梵高、塞尚、高更等人的作品作为永久收藏，帮助推动现代艺术从临时现象转变为永久的、体制化的艺术门类，从而与古典艺术一同被广泛收藏与研究。著有《现时代的美国艺术》《毕加索及其艺术50年》《马蒂斯，其艺术与其公众》《立体派与抽象艺术》等。

31. 巴别塔又称巴比伦塔。传说中是新巴比伦王国的国王尼布甲尼撒二世主持修建或增建的一座高塔。在希伯来语中，"巴别"是"变乱"的意思，于是这座塔就称作"巴别塔"。

32. 圣彼得堡皇家美术学院，即列宾美术学院，是原俄罗斯皇家美术学院，位于俄罗斯圣彼得堡，现隶属于俄罗斯艺术学院，是俄罗斯美术教育的最高学府，培养出了许多世界知名美术家。学院建于1757年，原名圣彼得堡艺术学院，叶卡捷琳娜二世时更名为帝国艺术学院，现学院主体建筑完工于1789年，位于大涅瓦河以北瓦西里岛南侧大学滨河路北面，河边有著名的斯芬克斯像。1944年以后更名为列宾列宁格勒绘画雕塑建筑学院，1991年以后更名为圣彼得堡绘画雕塑建筑学院。

33. 乔凡尼·巴蒂斯塔·皮拉内西（Giovanni Battista Piranesi，1720—1778），意大利雕刻家和建筑师。他以蚀刻和雕刻现代罗马以及古代遗迹而成名。他的作品于1745年首次出版，并在他去世后反复印刷。强烈的光、影和空间对比，以及对细节的准确描绘，是他作品的特点。在《卡西里·德·英芬辛内》中有许多极富想象力的监狱场景，是他最具创造性的作品。

34. 新古典主义是兴起于18世纪下半叶的法国，并迅速在欧美地区扩展的艺术运动。新古典主义一方面起于对巴洛克和洛可可艺术繁琐的装饰的厌恶，在对罗马庞贝遗址的发掘中，希望以重振古希腊、古罗马的艺术为信念。新古典主义的艺术家刻意从风格与题材模仿古代艺术，并且知晓所模仿的内容为何。

5

第 5 章 >

呼捷玛斯与包豪斯

俄罗斯的呼捷玛斯与德国的包豪斯是当今世界上两大现代造型艺术的起源地。二者几乎都诞生于20世纪20年代，尽管生根于不同的"土壤"之中，呼捷玛斯与包豪斯却有着较为深厚的渊源、密切的交流与学术联系。与后人颇为熟悉的包豪斯相比，事实上，呼捷玛斯比包豪斯更具规模，但由于种种原因，人们对其知之甚少。但庆幸的是，今天随着呼捷玛斯历史资料的再现，对呼捷玛斯更为细致深入的研究，使我们开始认识到呼捷玛斯与包豪斯在现代造型艺术和现代建筑艺术起源方面的同等作用，其在当时世界艺术生活中的作用与突出贡献旗鼓相当。事实表明，呼捷玛斯的规模更大，而且它的很多教学思想对包豪斯产生了直接的影响，这些研究正逐渐地揭开了历史的迷雾。

5.1 两所学校之间的学术交流

呼捷玛斯与包豪斯几乎同时产生于20世纪20年代的俄罗斯与德国，两者都为现代造型艺术，特别是为现代建筑艺术的起源作出了巨大贡献。在这两所学校中，画家、雕塑家、建筑师不仅仅在实践中克服以往的传统方法，寻找更为简洁的新风格，同时也研究探索新的教学方法和艺术理念。当时在造型艺术领域，无论是建筑造型还是雕塑造型，还没有形成系统成熟的艺术表达方式。为适应工业经济的迅速发展，满足新的社会需求，迫切地需要新的艺术形式与之呼应。在这两所现代艺术的发源地中，在革新的创作潮流先驱者的领导下，艺术造型的专业语言同青年人的创作潜力都得到了进一步发展。

从历史的观点来看，这两所学校都以创新而著称，完全不同于以往学院派的僵化与教条。它们教学经验、教学创新模式的形成具有划时代的意义。呼捷玛斯与包豪斯的作用远远不止对现代造型艺术教育方法的研究，也对各类艺术相互影响、现代造型艺术新风格的产生与定形都起到了重要的作用。

包豪斯的现代造型语言不仅在历史上体现在为德国发挥重要作用的现代造型艺术思潮上，而且还对它的源头——苏联先锋派艺术产生了多方面的影响：包括它的热情表达、冷静的实用主义和分析方法、未来主义的乌托邦理想和持续的革命性热潮。和包豪斯一样，呼捷玛斯也是一种时代创新者的聚集地，而且两所学校也有许多交流。1934年包豪斯的前校长汉尼斯·迈耶在苏联讲学时多次访问呼捷玛斯，它结合了所有震撼的艺术形式和解决社会问题的理想，并认为它的任务是通过艺术，寻找当前与未来中问题的答案和解决方案。在20世纪

20年代，呼捷玛斯与包豪斯都成为这一复杂时期现代艺术研究与创新的重要中心与发源地。

两所学校都是创新者自发将手工艺传统与现代技术相融合的典范，同时设有类似的美学原理基础课程、色彩理论、工业设计和建筑课程。呼捷玛斯比包豪斯规模更大，但对它的宣传较少，因此人们对它不那么熟悉。今天，随着对呼捷玛斯越来越深入的研究，随着越来越多呼捷玛斯历史资料的再现，我们更明确地认识到在现代造型艺术与现代建筑艺术起源之初，呼捷玛斯与包豪斯发挥了同样的作用。随着苏联、俄罗斯现代艺术史研究过程的深入，越来越深刻地表明呼捷玛斯的产生及其发展在20世纪不仅是俄罗斯的一件大事，而且也是世界现代艺术史上的大事。呼捷玛斯在当时世界艺术生活中的重要作用与突出贡献，并不低于包豪斯。现在越来越多的现代造型艺术史学家们已经清楚地认识到了这一点。在现代造型艺术发展的今天，研究呼捷玛斯与包豪斯的历史贡献是非常重要的。在确定人与社会环境的关系中，在创作潮流和创新思想形成的过程中，在现代造型新语言的发展中，明确这两所学校的非凡贡献，是一件重要的事情。呼捷玛斯与包豪斯的遗产——不只是新的教学方法研究的历史经验，而且是复杂的艺术创新语言的重新建构与有机综合。

如果以这样一种客观的态度看待呼捷玛斯与包豪斯的遗产与贡献，就会明白直到今天许多学者，不仅是理论研究者与教师，而且实践者们（建筑师、雕塑家、画家等）也对当时学生的作品如此感兴趣。这些学生的年级作业或毕业设计不是对职业惯用语言的简单临摹，而是很大程度上有着新的造型艺术组合方式，体

现了创新原则与方法。所有这一切都清楚地说明，当时这两所学校，为教学新风格及实验性作品的创作奠定了现代主义艺术的基础。

在那个开放的年代里，随着现代建筑作品和设计认识的国际交流，呼捷玛斯和包豪斯之间也进行了许多交流。呼捷玛斯与包豪斯之间存在着千丝万缕的联系，这种联系主要体现在新社会艺术新风潮的盛行。一批先进的前卫艺术探索者们在俄罗斯与德国两国之间往来，共同探讨前卫艺术的理论与发展的道路，其中包括瓦·康定斯基、卡·马列维奇、拉·里西茨基等。这些艺术家与两所学校都有着密切的联系：或担任教师，或时常往来、做演讲和报告，或与校内的教师有频繁的书信往来等。

包豪斯虽然仅短暂地存在了14年，但积极参与现代主义的国际运动，影响深远。该校的第一任校长瓦尔特·格罗皮乌斯是国际现代建筑协会的成员之一，他与第三任校长密斯·凡·德罗一样，帮助搭建了遍布欧洲和美国的现代主义建筑师平台。该校的第二任校长汉尼斯·迈耶[1]与苏联和拉丁美洲的前卫艺术家们进行了对话，为学校引进了更加前卫、多元的设计理念，使学校在世界范围内享有盛誉。这对建立现代主义的建筑、设计形式、方法和精神观念至关重要。

1926年，汉尼斯·迈耶担任包豪斯建筑系的主任，并成为学院的第二任校长。他通过定期访问，客座演讲和展览，加强了与俄罗斯的联系（图5-1）。他为瑞士建筑杂志《对建筑的贡献》编辑了一期特刊，其中汇集了纳姆·嘉宝、卡·马列维奇、拉·里西茨基（杂志编辑委员会成员）等人的作品，并在最后汉尼斯·迈耶提到了呼捷

图5-1 汉尼斯·迈耶在WASI演讲，1934年

图5-2 20世纪30年代中期在莫斯科的汉尼斯·迈耶建筑团体，1934年

在1922年柏林举办的第一届苏联美术展览会上，展出了卡·马列维奇和他的"新艺术肯定者协会"成员拉·里西茨基、亚·埃克斯特和构成主义艺术家弗·塔特林、亚·罗德钦科、纳姆·嘉宝等苏联前卫艺术家的作品。第一次向世界展示了年轻的苏联前卫艺术发展的状况，这场展览在德国引起轰动，包豪斯的师生几乎全部从魏玛赶到柏林参观。之后，瓦·康定斯基、弗·塔特林、卡·马列维奇、拉·里西茨基这些苏联的构成主义者，在西欧办过数次展览，许多刊物经常对他们的作品进行传播与解读，可以说他们对欧洲先锋艺术的影响非常深远。

1927年，包豪斯学院的师生们受邀参加莫斯科首届世界现代建筑展览，来自包豪斯的作品作为六个展区之一被展出。该展览在呼捷玛斯主楼内举行，将两所学校的作品聚集在一个屋檐下。这场展览的目录设计由阿·加恩[2]设计，由呼捷玛斯学院的莫·金兹堡亲自赠送给正在莫斯科参加展览游历俄罗斯的阿尔弗雷德·巴尔。后者参观了展览并在一篇文章中引用了感兴趣建筑的一些信息，他将呼捷玛斯定位为俄罗斯现代建筑的研究与创作中心。

在莫斯科，拉·里西茨基与呼捷玛斯的建筑教授尼·拉多夫斯基设计并编辑了《新建筑师联盟》杂志，使其作为新联盟的公共刊物，来广泛传播呼捷玛斯的建筑教学方法。杂志头版刊登了《包豪斯简报》的俄文、德文和法文标题，并招募了一批国际投稿者，其中包括对包豪斯影响很大的德国评论家阿道夫·贝恩[3]。

由赫伯特·拜耳[4]设计的包豪斯杂志标识的粗体字体，在1927年莫斯科出版的《现代建筑》上占据了显著位置。下面是一篇恩斯特·凯莱编辑的来自《包豪斯出版社》，题为"包豪斯活着!"的一篇报道，讲述了包豪斯在创始人瓦尔特·格罗皮乌斯离职后继续办学的情况。不久接替瓦尔特·格罗皮乌斯的汉尼斯·迈耶也在这本杂志中

玛斯和包豪斯，称两者为"平行运动"。正如在《包豪斯的想法和政治》一书中描述的："1930年秋，迈耶乘火车去莫斯科时，他画出了一条线，将包豪斯的乌托邦和艺术观点与苏联的构成主义理论联系起来，称包豪斯与呼捷玛斯为相交的平行线。"

苏联与德国建筑界的首次合作于1918年年底，当时德国的一个国际事务所认为俄国的艺术组织，其口号是"号召国际联合起来共同建造新的艺术文化"。第二年秋天，瓦尔特·格罗皮乌斯写道："今天，我怀着浓厚的兴趣，查阅并思考了俄国艺术家的作品，这些作品表达了极好的思想，在本质上来讲与我们所希望的完全一致。"

1930年包豪斯解雇了汉尼斯·迈耶之后，迈耶和自己在包豪斯的7名学生应苏联政府的邀请前往莫斯科，当时建筑师和其他工程专业人士访问苏联很普遍（图5-2）。汉尼斯·迈耶最终在苏联受到了欢迎。他对当时苏联正在实施的五年计划给予了大力支持，并且始终坚定不移地支持苏联的前卫艺术运动。在他最后决定1936年返回瑞士之前，他的几个同事相继被捕。他在那里住的时间并不长，于1938年永久移居墨西哥。迈耶的学生则继续为苏联政府机

构工作，领导设计团队、教育机构，从事室内设计和住房计划等。他们进行了城市研究，并对新城镇的发展进行了大规模规划，例如乌拉尔南部的奥尔斯克。在整个20世纪中叶，在匈牙利、智利、德意志民主共和国等不同国家，人们可以找到在包豪斯或是呼捷玛斯接受专业训练的建筑师，他们大都担任了建筑师、城市规划师，也有被委以重任成为教育家的。

如果摆在包豪斯面前的任务曾经是试图培养不同方向的艺术家，将其塑造成为公共艺术家，那么在呼捷玛斯，同样也曾想将艺术家培养成适合新型社会公共生活的艺术家，只是民族不同罢了。积极开展活动的呼捷玛斯与艺术文化研究所建立了合作关系。研究所的第一个活动计划是由瓦·康定斯基提出的，被称为"伟大的乌托邦"的计划。这一计划的最基本内容就是综合型的艺术，它与瓦尔特·格罗皮乌斯为包豪斯制订的艺术计划的基本点是完全一致的。瓦·康定斯基建议通过心理–生理的分析原理将艺术文化研究所与呼捷玛斯的工作联合起来，逐渐过渡到研究比较复杂的综合体。在瓦·康定斯基来到包豪斯之后，他建立了自己的教学体系，这个体系的一个最基本特点就是平面上的自由组合设计。

出现。这本杂志通过编年史传记和一幅他为柏林附近伯努的德国工会联邦学校设计的极具影响力的画作来进行讲述。[5]

在20世纪20年代，包豪斯及其教师团队在《华尔街日报》上频繁出现，这证明了编辑们对包豪斯的思想和艺术成果的浓厚兴趣。在莫斯科以及欧洲地区广泛流传的苏联建筑杂志《现代建筑》，由莫·金兹堡、伊·列奥尼多夫以及维斯宁兄弟编辑。他们都是呼捷玛斯建筑系的教师和现代建筑师联盟的成员。在1928年莫斯科出版的《现代建筑》[6]中，莫·金兹堡发表了一篇"构成主义作为理论实验和教学工作的方法"的文章，其中引用了瓦尔特·格罗皮乌斯的设计，还将德绍包豪斯新建筑的现代设计作为典型案例来论述。

包豪斯学派与俄罗斯的构成主义运动有着紧密的联系，这一点在两者的艺术理想、艺术理论，甚至支持者的艺术创作、理论的相似性上得到了体现。

卡·马列维奇是俄罗斯画家，至上主义艺术奠基人。曾参与起草俄罗斯未来主义艺术家宣言，参与了早期呼捷玛斯的教学工作。他的至上主义思想影响了弗·塔特林的构成主义和亚·罗德钦科的非客观主义，并通过拉·里西茨基传到了德国，对包豪斯的设计及教学产生很大影响。1927年，他唯一的理论著作《非客观的世界》在德国出版。卡·马列维奇研究了抽象的三维模型，不仅对苏联构成主义的成长有重要意义，而且由他的弟子拉·里西茨基传播到德国及西欧其他国家，影响了包豪斯的设计和教学，以及现代建筑的国际风格进程。20世纪的抽象主义有两个主要的分支：一个是瓦·康定斯基的抽象表现主义；另一个是卡·马列维奇的几何抽象学[7]。这两个分支都是由俄罗斯人确定的，都来自呼捷玛斯的创新中。

莫霍利·纳吉[8]，匈牙利人，是20世纪最杰出的前卫艺术家之一（图5-3）。1918年，他

在杜塞尔多夫结识了苏联构成主义者拉·里西茨基，开始创作抽象画，并展览于柏林激愤画廊。1921年，莫霍利·纳吉在柏林又一次与拉·里西茨基见面，之后他开始了自己的构成主义创作。他担任包豪斯的教师之后，从各方面入手推进对苏联构成主义精神的宣传，把设计当作一种社会运动、劳动过程，对设计与艺术的社会功能高度重视，将呼捷玛斯构成主义的新理念完全地移植到了包豪斯。包豪斯在苏联构成主义的基础上创造了现代设计教育三大构成基础课程的雏形，从而把对平面和立体结构的研究、材料的研究以独立而又相互作用的形式建立在教育科学的基础之上，使设计教育在很大程度上摆脱了个人化、自由化、非科学化的主观倾向。

勒·柯布西耶，20世纪最著名的建筑大师、城市规划家和作家，是现代建筑运动的激进分子和主将，被称为"现代建筑的旗手"（图5-4）。1922年构成主义者发表《构成主义国际宣言》[9]后，勒·柯布西耶便接受了这种思潮。随后在苏联建筑师彼·让涅尔的协助下完成的莫斯科中央消费合作社总部大楼[10]设计中，采用了纯粹的构成主义手法。他最终成为联系呼捷玛斯与包豪斯的桥梁，通过其作品与思想，使呼捷玛斯与包豪斯这两所学校更加接近。

随着这两所学校的成长，它们之间的交流与互动为彼此的发展作出了贡献。两者之间的密切关系意味着随着时间的流逝，两所学校的艺术创作变得相似。两所学校都创造了适应社会新发展，具有工业技术特征的、功能性的艺术，同时仍然保留了创新形式上吸引人的新艺术形式和新风格。另外，学校的相似之处在于他们试图将艺术用于实际。包豪斯学校试图在迈耶的领导下解决德国的住房危机，而构成主义者与苏联政府合作，用共产主义艺术品装饰街道，同时，技术的变革也对两所学校产生了影响。工业化是两所学校提出的造型理论和艺

术思想的关键支撑。技术应该与艺术并驾齐驱。在苏联时期，构成主义运动消亡的事实表明这种结合没有成功，但在包豪斯却繁荣了一段时间。包豪斯运动尤其如此，因为该校的建筑设计仍然可以在特拉维夫与芝加哥，德国与美国间推广。虽然如此，从这些学校与教学思想之间的交往，从学术思想上的相互影响，我们可以看出呼捷玛斯与包豪斯是一脉相承的。不同的是，包豪斯被瓦尔特·格罗皮乌斯带到了美国，进入了西方主流历史之中，而"呼捷玛斯的发展则在当时的社会背景下受到限制"。

图5-3　莫霍利·纳吉
图5-4　勒·柯布西耶晚年工作照片

5.1.1 勒·柯布西耶与两所学校

勒·柯布西耶建筑作品中包含的哲学思想一直是后世建筑师学习和模仿的典范，但谈及现代主义建筑，无法避免地会让人联想到德国包豪斯与苏联呼捷玛斯这两所院校所传播的思想及对世界建筑史的影响。回顾现代主义建筑大师勒·柯布西耶，他被冠以的称号有：20世纪法籍瑞士建筑师，著名画家、雕塑家、诗人及理论家，我们可以发现这些称号的背后暗含着他与包豪斯和呼捷玛斯之间千丝万缕的联系。

呼捷玛斯与包豪斯作为同时产生于20世纪20年代创新型工艺美术艺术设计院校，对现代艺术都产生了深远的影响。这两所学校不仅仅为现代建筑艺术的起源作出了巨大贡献，而且在现代工艺美术如绘画、雕塑、木工等方面，完全不同于以往学院派的僵化与教条。而作为现代主义先驱的勒·柯布西耶，在两所学校中自然起到了理论奠基和思想启蒙的作用。

包豪斯成立于1919年，它的成立标志着现代设计教育的诞生（图5-5～图5-9），但包豪斯建筑系直到1927年，在包豪斯第一次开设教学研究室和工作坊的8年之后才开始运行。1928年，勒·柯布西耶同昔日好友一同

图5-5 用玻璃幕墙作建筑立面的魏玛包豪斯大学教学楼，凡·德·威尔德楼，世界文化遗产

组织了国际现代建筑协会，其中就包括现代主义建筑的三个领头人——瓦尔特·格罗皮乌斯，以及密斯·凡·德罗和勒·柯布西耶。勒·柯布西耶虽未曾在包豪斯教学和讲课，但不难想象，在国际现代建筑协会成立之前，勒·柯布西耶与格罗皮乌斯等人就现代建筑的设计走向和发展进行过深入的探讨和思考，他的理论也在教师和学生间广泛传播。当时的瓦尔特·格罗皮乌斯、密斯·凡·德罗和其他包豪斯建筑师都非常熟悉并致力于勒·柯布西耶的哲学。所以在包豪斯短暂的教学中，勒·柯布西耶建筑法则和建筑理想被广泛接受，如他提出的新建筑五要素[11]。我们也可以看到，密斯·凡·德罗、瓦尔特·格罗皮乌斯在后期的建筑设计中用符合机器时代的简洁风格取代之前的设计风格。包豪斯首创的设计逐渐发展成一项运动，将白色的室内设计、躺椅和玻璃摩天楼带进了我们的生活。包豪斯最重要的成就之一是奠定了设计教育中平面构成、立体构成与色彩构成的基础教育体系，并以科学、严谨的理论为依据。包豪斯是现代设计的摇篮，其所提倡和实践的功能化、理性化和单纯、简洁、以几何造型为主的工业化设计风格，被视为现代主义设计的经典风格，而就是这个风格和理论体系多数是基于勒·柯布西耶的建筑哲学（图5-10）。

总体来说，勒·柯布西耶不仅是现代主义的创始人，其思想也为包豪斯的教学理论起到重要的指导作用。同时，他也是法国人对包豪斯学派的回应者之一，他曾经和他的同事们在他的工作室里试验家具，设计并制造出与他的建筑作品内部空间非常吻合的家具作品。他所推崇的功能主义与多米诺体系也为包豪斯的设计理想提供启示和指引。

呼捷玛斯作为现代建筑运动两个中心之一，对现代建筑的贡献主要体现在：对新风格的探索、全新的现代艺术教育理念及方法、艺术门类之间的互通以及与工业的结合。呼捷玛斯也因此一直被认为是共产主义的"包豪斯"。即使因为连年战争、频频政治运动和体制的变迁，导致许多珍贵的学术历史资料难以追寻，但也不难看出，呼捷玛斯作为前卫艺术和建筑及工业设计三大运动的中心，提出构成主义、理性主义和至上主义理想所散发的光辉，以及勒·柯布西耶在《新精神》中推崇的建筑思想实属同源异派，只是表现形式略有不同。

勒·柯布西耶在1920—1925年间，主编了《新精神》杂志[12]。从1921年初起，他便开始为"纯净主义"呐喊助威，在这期间，他通过书信与苏联文化艺术界进行了长达10多年的文化艺术思想交流。但真正与呼捷玛斯的直接交流离不开一个人，那就是构成主义创始人——来自呼捷玛斯的莫·金兹堡。1923年末，《走向新建筑》出版不久，构成主义运动的创始人莫·金兹堡就校对翻译出版了俄文版《走向新建筑》，1924年又出版了与勒·柯布西耶《走向新建筑》相似的《风格与时代》[13]，成为构成主义艺术运动重要的理论范本。同样，勒·柯布西耶的作品也经常在杂志上发表分析，如在源于先锋派的杂志《事》上。通过在杂志上对其建筑作品和建筑理论的分析间接地与呼捷玛斯的师生进行交流。

勒·柯布西耶在苏联短暂的出访期间，曾经不止一次地了解甚至参观过由莫·金兹堡、伊·米利尼斯与工程师谢·普罗霍罗夫设计的纳康芬住宅[14]。该住宅对勒·柯布西耶的影响很大，并为他之后住房计划的内部空间设计提供了建造案例。勒·柯布西耶在第一时间接触了解到莫·金兹堡提出的"社会凝结器"理论。并在他后期设计的马赛公寓[15]和同期设计的莫斯科中央消费合作社总部大楼的公共空间处理中，都受到了"社会凝结器"理论[16]的影响。在"机器美学"思维下，苏联建筑师们对未来的渴望与勒·柯布西耶对于人人平等、机器美学的愿景不谋而合（图5-11）。

图5-6　魏玛包豪斯主楼前

图5-7　德绍校区的包豪斯大学教学楼，瓦尔特·格罗
　　　 皮乌斯设计

图5-8　德绍校区的包豪斯大学教学楼南侧，瓦尔
　　　 特·格罗皮乌斯设计

图5-9　德绍包豪斯设计素描效果图

图5-10　勒·柯布西耶讲解自己的理念

图5-11　"机械美学"的代表——萨伏伊别墅，勒·柯
　　　　 布西耶，1930年

除了与莫·金兹堡的联系，勒·柯布西耶也曾在《新精神》杂志上定期发表专门讨论苏联构成主义的文章，以及探讨拉·里西茨基、弗·塔特林和卡·马列维奇的艺术设计作品。卡·马列维奇也曾在杂志上写过一篇文章，赞扬勒·柯布西耶在斯图加特住宅单元的设计。建筑与现代艺术观点的相互认同，使勒·柯布西耶建筑哲学与呼捷玛斯教育理论体系相互促进与学习。

呼捷玛斯对于现代建筑及现代造型艺术新语言的追求体现在当时苏联各种流派的交流、影响与激烈的争论之中，而勒·柯布西耶本人也曾在这所学校中讲学。他也成为这场争论的主人，他的思想或同样影响呼捷玛斯的思想或受到呼捷玛斯思想的影响。呼捷玛斯在追求新建筑构成主义风格的过程中，强调现代建筑艺术、现代造型艺术与工业化的结合，体现"机械美学"；强调建筑艺术的结构与功能合理性；突出新建筑风格与新社会形式的呼应，适应社会全体的需求正是艺术家的追求。从这些思想观念中，可以看出这与勒·柯布西耶的追求是完全一致的。

5.1.2 瓦·康定斯基与两所学校

瓦·康定斯基（图5-12）（1866—1944年），生于俄罗斯，早年在国立莫斯科大学学习法律和经济，并获任教授讲席。他曾经参与呼捷玛斯的教学领导工作，随后赴德国学手绘画，与其他人共同创立很有影响力的艺术团体"青骑士"。瓦·康定斯基自由抽象的创作手法是他在1910年首创的。1912年，瓦·康定斯基在他的《艺术中的精神》[17]一书中谈到一些颜色的特性以及颜色在不同形状中产生的不同效果。这本书是对他的思想的第一次概括，他的其他艺术思想来自他其他一些艺术科学教学。然而，战争和革命却中断了他深入的研究，使他没有得出最后的结论。

瓦·康定斯基于1914年回到俄国，1918年任命为莫斯科美术学院教授，1920年任莫斯科大学教授。十月革命后，瓦·康定斯基成了艺术文化研究所的成员。他提出的关于艺术教育的建议当时并没有被当局所接受，原因是这些建议过于主观，没有充分地致力于社会目标的改造。建议没有被接受是他离开俄国的原因之一。1921年他在柏林居住时被瓦尔特·格罗皮乌斯聘到包豪斯教书。包豪斯的教师们都熟悉瓦·康定斯基战前的著作《艺术中的精神》，而保罗·克利[18]自从慕尼黑"青骑士"成员时就和瓦·康定斯基相识了。

1921年年底瓦·康定斯基回到德国，应聘后成为德国包豪斯学校的副校长。他是当时最重要的抽象派艺术家。在3年之内，瓦尔特·格罗皮乌斯在包豪斯聚集了一大批先锋派艺术家。这批艺术家被正式聘用，从事着看起来与他们的专业——绘画，毫不相干的一些工作。瓦·康定斯基在1922年开始工作，接管壁画作坊和作为形式扩展课程的一部分的色彩课程。和保罗·克利一样，瓦·康定斯基在教学中采用了一个系统的方法：他将合成法和分析法作为课程的起点。保罗·克利把合成法同单个图形相联系，而瓦·康定斯基把"合成法"同合成艺术作品相联系，合成艺术作品指的是"由几个艺术作品合并而成的一个总体艺术作品"。他一直尝试在剧院的舞台美术设计中实现这种构成思想。

色彩理论在约翰内斯·伊顿[19]的教学中只占了一小部分，因此瓦·康定斯基的色彩课在课程表中填补了一个很大的空白。瓦·康定斯基的课程起点是红、黄和蓝3种基本颜色以及圆、三角形和正方形3种基本形式。然而，同保罗·克利相比，瓦·康定斯基却对色彩的表现力非常感兴趣。在包豪斯教学的早期阶段，他让学生在他的壁画课上研究这种色彩表现力，也让他的"色彩座谈会"的共同组织者路德威哥·黑尔斯科菲尔德·马克研究这种色彩表现力。在这样的一个色彩练习中，瓦·康定斯基把由白色对黑色所创造的空间效果通过由黑色对灰色所创造的效果来进行解释，并把这两种效果进行比较研究。从颜色的性质以及颜色同形状的关系这个问题出发，他设计出一系列课堂练习，他经常让学生重复进行这些练习。分析绘画的画面构成是他教学的另一个领域。在这种课程中，学生需要按几个步骤对一幅静物画的组成张力和基本线条进行抽象描绘，直到他们最后画出一幅抽象但内在和谐的绘画。这个过程同约翰内斯·伊顿的"名师分析"相似，但约翰内斯·伊顿的目标是对学生感知事物的内在部分进行直觉上的训练，而瓦·康定斯基却注重进行逻辑结构的画面构成分析。

瓦·康定斯基的分析性绘画在魏玛的包豪斯教学中占了大部分。这种分析性绘画可以看作1910—1912年间，他的抽象绘画在思想上相冲撞的体系。那时候，瓦·康定斯基曾经希望以某种抽象的方式描绘物体，而这样描绘的物体不仅是引起联想的"记忆"。另外，由于他把具体的效果分配给每种形状和颜色，正式的元素（颜色、平面上的组织）将赋予整体组合以充分的表现力。因而，他把黄色看成典型的泥土颜色，这种颜色使他想起一个正在吹奏着的喇叭，而紫罗兰色代表着病态与悲哀。在分析性绘画中，学生们重新踏上了瓦·康定斯基从物体到整体组合的道路。在1926年包豪斯的一本书中，他发表了第一篇"绘画元素分析"文章。总的来说，他是把俄罗斯在抽象和构成方面的探索，传播到西方的一个具有伟大贡献的画家、思想家、教育家。

瓦·康定斯基是包豪斯最有影响的成员之

一，这不仅因为他是一位伟大的艺术家、现代抽象绘画的先驱，是带来苏联抽象艺术革命第一手知识的有才能的教师，还因为他能够系统、清楚而准确地表达他的视觉和理论上的先进概念。他的第一本著作《艺术中的精神》流传广泛，被形容为"现代艺术的圣经"。书中至上主义和构成主义的初级概念，是包豪斯的最初教程，其后这些教程成为德国包豪斯教程的经典部分。他的第二本著作《点、线、面》[20]（图5-13、图5-14），在包豪斯的教学中也发挥了重要作用，为包豪斯带来了苏联抽象艺术革命性的影响。

5.1.3 拉·里西茨基与两所学校

拉·里西茨基（图5-15）（1890—1941年），是俄罗斯前卫艺术家，呼捷玛斯与包豪斯两所学校抽象观念传播的重要桥梁。拉·里西茨基出生于一个知识分子家庭，在德国受过高等教育，是俄罗斯至上主义艺术家中，国际上极具影响力的一位。他引人注目的影响是把俄罗斯至上主义、构成主义与荷兰的风格派和德国的包豪斯思想合而为一，通过莫霍利·纳吉传播给美国和世界其他地方的一代又一代学生，是各种抽象概念的主要的传播者。

1921年，拉·里西茨基从维捷布克回到莫斯科受聘于呼捷玛斯，讲授"建筑与大型绘画"。但由于苏联政府对新艺术日益排斥苗头的增加，使他当年离开苏联去了德国。构成主义被拉·里西茨基介绍到包豪斯之后，在瓦尔特·格罗皮乌斯、约翰内斯·伊顿、瓦·康定斯基、莫霍利·纳吉等人的共同参与下，构成主义教学逐渐在包豪斯占据了重要地位，并得到了进一步的发展。1922年3月，拉·里西茨

（a）

（b）

（c）

基和伊·爱伦堡[21]在柏林以3种文字出版了名为《主题》的杂志[22]。拉·里西茨基被世界艺术史学界公认为最早的构成主义杂志编辑与出版的先驱者之一。勒·柯布西耶、格·格里茨、弗·马雅可夫斯基[23]、卡·马列维奇、梅·弗谢

沃洛德、弗·塔特林和尼·普宁等人都以不同的形式分别参与了该杂志的编辑与出版工作。同年11月，第一届俄国艺术节[24]在柏林举办，拉·里西茨基受命参加了它的组织工作，并为展览设计了宣传画册。这次展览展出了至上主

图5-12 瓦·康定斯基
图5-13 论点、线、面的代表艺术作品——构成8，瓦·康定斯基，1923年
图5-14 不同版本《点、线、面》的封面（a-c）

义领袖卡·马列维奇和他的新艺术肯定者协会成员的作品，第一次向世界展示了苏联前卫艺术的发展状况。1923年年初，该展览移至荷兰阿姆斯特丹继续展出。

在1925年出版的《A. 与几何体系》一书中，拉·里西茨基分析了视角在艺术中的角色变化，并引入了轴测投影（或平行视角）作为表示和感知空间的新手段。1984年，该书在《欧罗巴纪事报》上以德文出版，后又被美国普林斯顿大学出版。

1926年，时任德国汉诺威州立博物馆馆长的亚历山大·道勒参观了拉·里西茨基在德绍的展示空间"构成主义艺术之屋"[25]后，希望拉·里西茨基为其设计室内博物馆的第45间展室。1927—1928年间，拉·里西茨基为博物馆设计并改造了这个展室，后来这件展示空间被命名为"抽象之屋"（图5-16）。在1936—1937年间，这间展室被纳粹者摧毁。1968年，展室在其原址上恢复原貌。

1926年，拉·里西茨基在关键时刻，毅然回到十月革命后的俄罗斯，回到呼捷玛斯（此时改名为"呼捷恩"）教书，在平面设计和展览陈设布置设计等方面做出了巨大贡献。此后他主要从事建筑、书籍装帧及展览设计等实用性艺术活动，同时仍与构成派、风格派及包豪斯保持联系。拉·里西茨基成为苏联前卫建筑运动与欧洲现代建筑运动的桥梁，成了呼捷玛斯与包豪斯两所学校的纽带。

此外，拉·里西茨基于1930年用德语出版的《俄罗斯·世界革命的建筑》一书中，也大量介绍了呼捷玛斯的教学成果与艺术设计项目作品。他将至上主义、构成主义带到北欧、西欧，推动世界现代主义各个先锋派运动相互学习、彼此交流、逐渐融合，因而他是重要的桥梁纽带性的代表人物之一。作为至上主义先锋组织新艺术肯定者协会的重要代表人物，拉·里西茨基在绘画与建筑之间进行的先锋艺术实验，彻底改变了世界现代艺术史的发展。同时，他作为苏联构成主义代表者，也对达达主义、包豪斯、瑞士国际，以及美国现代设计产生了影响深远。

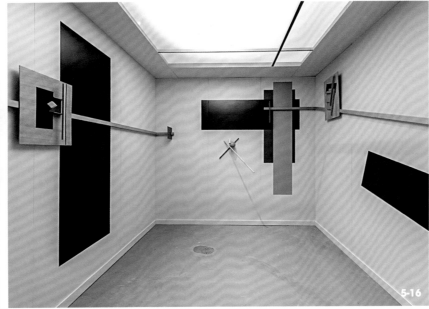

图5-15 拉·里西茨基

图5-16 抽象之屋（复制品），柏林，原作创造于1923年

5.2 学校间基础教学课程的比较

包豪斯成立于1919年，而呼捷玛斯在其后一年（1920年）建立。它们都在各自的时期首先提出了现代艺术创新的计划，并且将其与先进的思想观念、满足人民需求的使命有机地结合起来。尽管当时俄国与德国的情况截然不同，但实际上，它们都有具有积极艺术思想的建筑师，并在艺术家工作分工的重整计划、现代艺术与工业化大生产之间的关系、研究分析问题的方法上非常一致。

艺术史学家和评论家经常称呼捷玛斯为俄国的"包豪斯"。两所学校的课程和组织结构几乎相同。两者都分为8个相关的教学系所或相应的研究教育机构，分别从绘画、雕塑、平面设计、图案染织、木加工、陶艺、金属制造和建筑等方面研究新的艺术形式（图5-17）。因此，包豪斯和呼捷玛斯分别在1927年和1928年建立学生多种类型的艺术研究教学交流中心就不足为奇了。

教学的内容与方法，主要是针对呼捷玛斯与包豪斯在基础教学中的课程内容来讲的。在当时的条件下，呼捷玛斯与包豪斯并没有将其基础课程种类直接分成形态构成、空间构成和色彩构成，这种分类是从现代造型教育的角度对当时课程的一种划分与总结。因而，我们可以从这3个部分的基础教学进行分析，探讨两所学校基础教育的异与同。

5.2.1 形态构成课程的基础教学

形态构成课程是基于平面二维的教学法展开的，结合当时对于这种构成知识的理论建立与探索性训练，形态构成更加符合当时社会时代发展的背景，也可以避免有关传统学院派所讲授的平面构成知识的固守与封闭，有助于我们理解当时的古典派二维平面知识教学的落后。包豪斯与呼捷玛斯的形态构成可以说是在形态、空间、色彩这3个平行概念中发展最为深入的。形态构成在两所学校中的主要训练方式都是理论学习结合作坊式的实践进行的。而在其中，授课教师也总结发展出很多新的概念帮助学生们理解形态构成与三维空间的构成关系。这其中教学知识与内容、思路与方法的形成，都是在初期的探索中不断完善的。

在呼捷玛斯，形态构成学科设立的目的就是为之后学生的专业性学习夯实基础（图5-18～图5-22）。在呼捷玛斯，从属于基础教学部的形态构成学科也随着学校的发展经历了两个时期的变化。在第一阶段，也就是1920—1923年，呼捷

图5-17　莫斯科绘画雕塑与建筑学校绘画部师生合照，康·科罗温工作室师生班，20世纪10年代

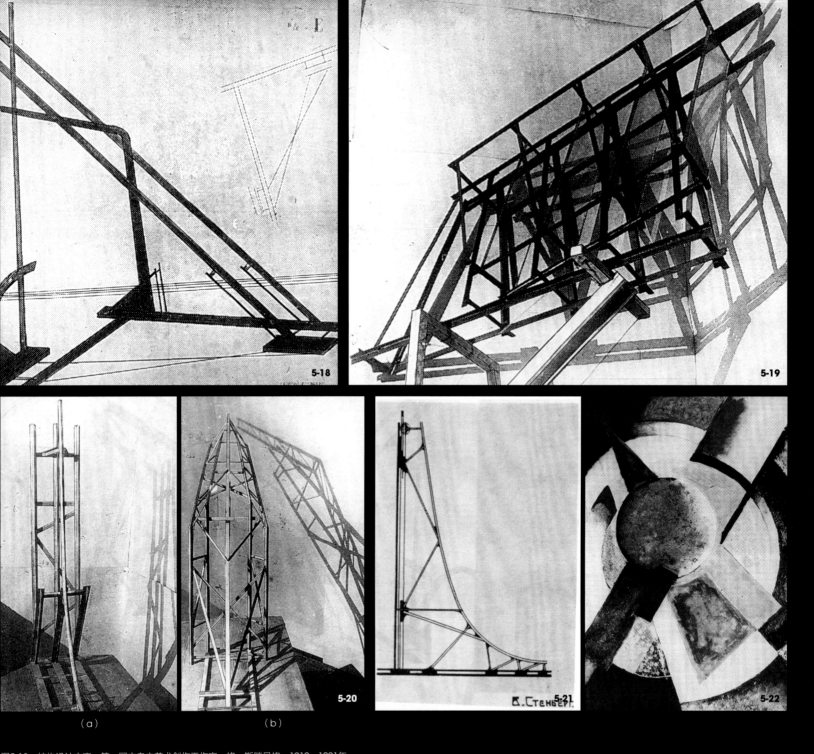

图5-18　结构设计方案，第一国立自由艺术创作工作室，格·斯滕贝格，1919—1921年

图5-19　金属和玻璃结构，第一国立自由艺术创作工作室，格·斯滕贝格，1919—1921年

图5-20　金属结构设计（a、b），第一国立自由艺术创作工作室，格·斯滕贝格，1919—1921年

图5-21　结构弹簧钢（一），第一国立自由艺术创作工作室，格·斯滕贝格，1919—1921年

图5-22　结构弹簧钢（二），第一国立自由艺术创作工作室，格·斯滕贝格，1919—1921年

玛斯基础教学部经历了从各系内基础教学部预科教学到跨系预科教学的转变，呼捷玛斯在此前一时期的基础教学主要由建筑系、雕塑系和绘画系构成，基础课程实际是在各个系别中独立设置，其任务也是为了自己系别的学生在将来更好地领悟专业知识打基础，所以3个系别的基础课程是不同的，在这一时期形态构成课主要开设在绘画系中，其设置的任务也同基础课程的目标有关。除了为将来的专业学科打基础之外，另一个很重要的意义在于通过这种全新的课程来带给学生思维上的解放。自1923年开始，呼捷玛斯进入了基础教学的第二阶段，基础教育已经形成了新的体系，独立于各个系外的公共基础教学部形成了。在这里，基础课程的任务表现在"最大化课程"和"最小化课程"两门课程中，这为学生进行了广泛的艺术知识普及，同时也为学生将来的专业化学习夯实基础。从这样的具象教学任务中，可以看出呼捷玛斯当时教学体系的实用性与针对性。而公共基础教学部所形成的轻松而活跃的艺术气氛，也使得学生的创造力得到最大的激发。第三阶段始于1926年，这一时期形态构成并没有产生实质的变化，继续了原来的内容。

在当时，包豪斯并没有关于形态构成的学科设置，其目的是保持基础教学的整体性。包豪斯的基础教学部门也经历了3个时期的变化，这主要体现在主持基础教学工作的人员变动中。学生们在约翰内斯·伊顿主持的第一阶段课程中进行学习时，能充分感受到他领导下强烈的个人主义教学风格。《设计与形式——我在包豪斯的基础课程》是20世纪60年代约翰内斯·伊顿出版的书籍，书中很明确地展示了当时的课程任务，有3点：①解放学生的创作力和艺术才能，学生自己的经历和理解将引导他们完成真实的作品。②对产品的制作材料进行充分的了解，并熟悉其制作方式。③教授学生基本的设计原理，为其未来的职业生涯做准备。当我们认真分析约翰内斯·伊顿的课程任务之

后，发现后两者与第一者有着千丝万缕的联系。在他主持基础课程这一时期，形态构成相关课程的设立所要完成的直接任务是教授学生基本的设计原理与理论，而根本目的是为解放学生的艺术才能，并由此找寻各种艺术门类间的联系。而从当时社会整体发展情况来看，在工业飞速发展的时代，他领导的这一时期的指导思想有着复兴传统工艺技巧的倾向，从发展的角度看这是消极的。莫霍利·纳吉主持基础课程之后，包豪斯的基础教学想法有了质的转变。在批判约翰内斯·伊顿时期所带来的强烈的乌托邦和空谈主义之后，瓦尔特·格罗皮乌斯决定彻底摒除这种空幻的思想，充分信任并聘请莫霍利·纳吉担任此时的教学主帅，就是最好的佐证。莫霍利·纳吉主持时期，基础课程的主要任务变成为建筑行业与工业设计行业培养专业设计人才——将理论知识与实践紧密结合，在解放学生思想的同时教授学生运用所学知识进行创造。这样的基础课程主导任务对形态构成学科的课程内容影响不大，但教学根本任务的转变使得其具体实施方法变得更加有指向性，而不是原来仅仅是感知而已。一切的知识都变得更加理性，学以致用的思想由此更加深刻了，由此而培育出的设计师有能力为机器制造方式设计产品。1924年，莫霍利·纳吉离开包豪斯，基础教育的课程交给约瑟夫·艾尔伯斯[26]来主持。约瑟夫·艾尔伯斯基本延续了莫霍利·纳吉的教学思想和任务，但在后来汉尼斯·迈耶以及之后的密斯·凡·德罗当上校长后，建筑学的地位大大提高了，基础教学课程的整体时间被大量削减，形态构成相关课程也受到影响，而其教学任务的指向性也更偏重于为建筑学专业而服务。

在呼捷玛斯绘画系中，教学工作与专业训练分得最为明确，发展得最为优质。这一阶段，涉及形态构成学知识的老师是亚·罗德钦科。形态构成学在这所学校的初步探索时期，

所有的实验性教学都是为了更好地打下专业学习的基础，所以并没有形成成熟的架构。当呼捷玛斯的公共基础教学部成立之后，经过一段时间的发展，呼捷玛斯基础课程的老师也都渐渐成熟了起来。在这一时期，形态构成主要表现为平面构成这门课程。教授平面构成的仍然是亚·罗德钦科。他著有《平面构成》和《平面的结构构成》两本书。而后的第三阶段依旧是以亚·罗德钦科为主的平面构成教学内容。除此之外，弗·法沃尔斯基、帕·帕夫利诺夫和彼·米杜里奇是第二阶段乃至第三阶段公共基础教学部形成后的教师。他们推进了素描课在形态构成学上的发展。

包豪斯教授基础课程的老师对整个世界的贡献都已十分明确，在许多著作中也都多有论述。基于传统意义上的影响，将不同科目的老师进行分类总结，有助于在本节论述的框架下阐述其教学的内容。在包豪斯教授涉及形态构成内容的老师包括约翰内斯·伊顿、莫霍利·纳吉、约瑟夫·艾尔伯斯以及瓦·康定斯基和保罗·克利（图5-23～图5-25）。在包豪斯的3个阶段中，负责平面构成的老师主要是瓦·康定斯基和保罗·克利。瓦·康定斯基所教授的理论是带有教条性和阐释性的，而保罗·克利的理论却是实验性的。瓦·康定斯基的方法更多的是对前人理论的教条总结；而保罗·克利的，则只是一些经验主义的结论，都来源自一些普通的体验。在当时的包豪斯，瓦·康定斯基开设的课程是"分析性绘画"和"自然的分析与研究"；"造型、空间、运动和透视的研究"和"自然现象的分析"则是保罗·克利的主要课程，二者在其相应领域都有相关著作。包豪斯的这3位老师有着非同凡响的经历，约翰内斯·伊顿个人的宗教色彩为其本身营造了一种表现主义为主的课程风格。他所主持的基础教学都弥漫着这样的思想，这样的思想也影响到了瓦·康定斯基和保罗·克利，让他们第一阶段的课程中充满了表现主义与构成主义的特

包豪斯学院上课的场景

5-23

5-24

（a）

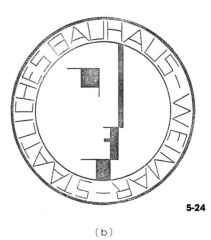

（b）

5-25

图5-23 包豪斯基础课上约瑟夫·艾尔伯斯点评学生作业，1928年
图5-24 包豪斯徽章标识。（a）1919—1922年；（b）1922年之后
图5-25 德绍包豪斯建筑工作室的大师们，1926年

色。虽然他们对学生在创新上的积极影响远大于所产生的空想主义的虚幻影响，但其本身还是在第一阶段内对包豪斯培养新的设计师有了偏向性的选择。

两所学校课程内容的比较主要是对教师所授理论课程内容和练习作业的探究，这一部分作为整个课程体系的核心内容出现，当时两所学校均明确了不同课程知识下的具体训练形式，相对更为传统的训练方法已经前进了一大步。对两所学校教学内容的重现与吸纳，有助于我们重新了解形态构成教学方面的原始起源。

（1）呼捷玛斯形态课程的内容

形态构成的课程是呼捷玛斯基础课程内容中的重要部分，而在其中根据时间的阶段分类，呼捷玛斯第一阶段和第二阶段的形态构成大学科中可以分成第一阶段的"平面构成"，以及第二阶段的"平面构成的表达课"。

呼捷玛斯基础教育第一阶段是从1920—1923年，在当时3大系别中分别设置了不同的基础教学课程。而在绘画系中，由亚·罗德钦科所研究的平面构成课程成了形态构成的主要内容。亚·罗德钦科一开始是在呼捷玛斯绘画系的工作室教学，而在工作室的8个工作组中，有两个工作组作为基础教学而设立，他主要负责构成学的研究。平面构成的教学意味着全新的探索，在没有任何历史经验可以参考借鉴的

前提下，他注重教学方法的探索，将绘画与构图相结合，在学生上课的过程中找寻平面构成的课程内容。亚·罗德钦科的课程具体内容有着严格而细致的教学计划，在1920年时，他就曾在静物写生中要求学生们对较为复杂的形体进行组合训练，更重要的是在写生过程中，他强调的是学生在写生过程中研究组合体的构图关系，这已经和传统的绘画有所区别了。在1921年，他创立了平面构成一门课，在这门课中，关键注重的是一系列彼此联系的抽象作业训练，而最重要的任务是使学生们建立一种全新的认知与构成表达方式。在课程的具体教学中，亚·罗德钦科布置了3种形式的练习作业以

供学生们掌握一定的平面构成法则：第一类抽象作业是指在方形纸上构建简单线性几何图形（图5-26），如沿水平方向、垂直方向、对角线方向和十字交叉方向布置矩形、圆形和三角形等；第二类抽象作业是指用菱形、三角形、圆形和构建简单线性几何图形，这显然要比第一类抽象作业复杂得多；第三类抽象作业是指用几何图形（圆形、三角形和矩形）在平面上表现空间深度，理论上在表现空间深度时需要加入大量的元素，但实际上只会用到一种单一的几何图形矩形，或者两种图形（矩形和圆形，或者矩形和三角形）。这种训练的手法是循序渐进、由简入繁的。亚·罗德钦科在教学和自己的作品中表现出了强烈的构成主义的抽象风格，他所建立的这种教学方式，更多的是让学生从自身训练中体会到新的表现方法。

在第二阶段时期，公共基础教学部的建立促进了各个艺术学科的发展，形态构成课程除了亚·罗德钦科所教授的平面构成外，还有绘画课的深化和创新。这其中最主要的是素描课程，这与之前艺术系的素描课大大不同，弗·法沃尔斯基、帕·帕夫利诺夫和彼·米杜里奇等都曾担任过素描课的任课教师。在学校的第二阶段，弗·法沃尔斯基成为呼捷玛斯的校长之后，素描课程恢复了原有的重要地位，原平面设计系的素描课教师帕·帕夫利诺夫的教学法也被应用到基础教学部授课的实践中。帕·帕夫利诺夫教学法的理论观点与弗·法沃尔斯基有许多相似之处。与注重形态并主张用明暗关系表达形体结构的塑造性的学院派素描不同，帕·帕夫利诺夫更注重培养学生们的理解和分析能力，而非外观临摹能力。除人体模特素描之外，学生们还做一些他的教学法中提到的主题设计。在他的谆谆教导下，学生们学会了如何把物体看成一个统一的整体，如何把人体模特的每个部分看作一个固定的几何图形，以及如何理解特定角度某个因素与其他因素之间的衔接关系。按照统一教学大纲的要求，

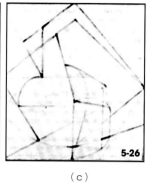

（a）　　　　　（b）　　　　　（c）

图5-26　呼捷玛斯形态构成的学生作业——将素描抽象为几何图形（a-c）

一方面，教师应该教会学生初步掌握形式、物质、结构、形体和空间组合等元素；另一方面，他们应该教会学生分别理解实物和空间的内涵。实物理解被看作是描绘单一的物体，在一个封闭的系统内表达各部分之间内在联系和相互关系的过程。而空间理解被看作是把单一的物体放入周边环境之中，并作为环境的一部分表现出来的过程。受到帕·帕夫利诺夫的影响，在彼·米杜里奇的人体模特造型中，他希望通过背景表现体形。因此，在他学生的作品当中，背景的色调永远比形态的色调暗得多。他的学生倾向于使用阴影线绘图，而帕·帕夫利诺夫的学生更喜欢涂绘阴影。弗·法沃尔斯基在基础教学部广泛推行抽象构成课程。一方面，他希望通过抽象构成课程让学生了解构成元素及其属性（直线和点）；另一方面，他想教授学生平面线形构成的方法。弗·法沃尔斯基尝试使学生在基础教学部所学的内容能够满足未来不同的专业需求。基础艺术素描课程不仅是基础教学部教学大纲的一部分，在专业院系里也发挥着重要基础教学的作用。

（2）包豪斯形态课程内容

在包豪斯，基础教学的阶段设置了这样的课程内容。

约翰内斯·伊顿的课程：

1）自然物体练习；

2）不同材料的质感练习；

3）古代名画分析。

瓦·康定斯基的课程：

1）自然的分析与研究；

2）分析性绘画。

保罗·克利的课程：

1）自然现象的分析；

2）造型、空间、运动和透视的研究。

在对形态构成教学的总结归纳之后，我们发现包豪斯涉及这一学科的内容在3个时期内都是相似的，其内容主要是存在于瓦·康定斯基和保罗·克利所研究的图形课程中。他们二人的课程设置完全是针对基础理论的传授而开设的，其实在之前传统的学院派也是以这样的方式进行教学的，但是，在包豪斯讲授的内容和教学思想是绝不相同的。包豪斯教学的核心就是先进的抽象思想。在他们的课程中，没有明确提出平面构成和立体构成的课程。但是，在课程中包含了大量这样的内容，在瓦·康定斯基的著作《图形的基本元素》中更是直接体现了这样的表达，平面构成课程的主要思想是在他的理论中得以体现的，这与他的理论框架有关。在平面课程授课一开始，瓦·康定斯基在图形领域就提出了图形基本分为两个部分。

1）狭义的图形——主要包括了有关平面关系和体积造型的双重构成知识体系。

2）广义的图形——包含了色彩在内的图形，并明确指出是色彩与图形和两者之间的关系。

在平面构成学科的领域中，瓦·康定斯基

和保罗·克利阐述方式不同，后者更多是实验性的。但他们的思维教学方式是基本相同的。平面和形体都被归纳总结为3种基本元素，分别是圆形、三角形和正方形。

在平面构成的图形训练课程中，瓦·康定斯基和保罗·克利都不约而同地选择了首先去定义平面中的"点"。前者所定义的点是包含"点"本身与其相应的参照系中的背景关联，其出发的角度是从观察者对于图形的认知开始的；而后者对"点"的阐释则是倾向于"点"本身的属性，这样的解释来源于他对图形本身的关注，观察的重点已经不再是从接受者的角度来看问题。

有关"线"的说明，瓦·康定斯基和保罗·克利也有不同的认识。前者认为，线是由"点"衍生而来的，不同的作用使得"点"运动得到不同性质的线，单一的作用使得"点"成了直线，而由两个不同方向的作用会产生曲线。除此之外，在"线"的属性定义中，瓦·康定斯基赋予了其感性的色彩。他认为，根据线的不同位置和方向，其所表现的温度是不同的，或温暖或寒冷；后者在定义"线"的问题上和瓦·康定斯基略有差异。他认为线是运动中的点，而线的属性可以分为三类。首先，线条可以是积极线条，这类线条给人的感觉是自由的，有着活力的线条，客观的限制条件是两端的端点是封闭的（图5-27）。其次是中性线条。这类线条是构成平面图形的重要元素，包含了三角形、四边形、六边形以及多边形等的图形的线条，当然也包括圆形（图5-28）。这样的线条似乎是没有起点和终点的，运动着也好像静止着，不同的参照方法给出不同的感官感受。最后是消极线条。这种线条不容易描述，从感官上有着自己独特的表达方式，也可以说这种线条似乎已经缺失了线条本身的特性，既不独立又不属于图形。如果说以保罗·克利的想法用两个点的运动描述线条的话，那么积极与消极的线条之间是可以相互转化的，因为运动意味着变化，线条的来由由此可见（图5-29、图5-30）。

图5-27 魏玛包豪斯博物馆学生作品
图5-28 包豪斯学生正在完成基础作业
图5-29 雕塑作品，奥斯卡·施莱默
图5-30 魏玛包豪斯博物馆师生作品

5.2.2 空间构成课程的基础教学

空间构成的课程内容不同于以往学院派。追述现代空间构成课程的起源，可以推至20世纪初在苏联成立的艺术学校呼捷玛斯中。空间构成最接近构成学中的立体构成，但二者又存在一定的区别。空间构成最初的建立主要是为培养建筑人才而设立的基础课，所以也属于基础教学部的一门课程，在日后伴随其不断发展的过程中，渐渐被整个学校所用，成为服务于全校的一门基础通识课程。而在包豪斯，基础教学并没有直接提出有关空间的教学课程，在瓦·康定斯基和保罗·克利的基础理论中，对所涉及相关空间课程的内容与呼捷玛斯的进行对比，可以发现其中的相似之处。两所学校的教师们都承认，空间构成所阐述的内容针对建筑学，旨在说明在空间体系中的位置关系，表现物体在空间中的形态和质量等方面的内容。

在呼捷玛斯，空间课程的教学主要在基础教学部中进行，空间构成课程的教学任务也完全符合基础教学最初的教学目标，那就是让刚入校的学生充分地感知空间艺术本身的特性，解放学生的固有思想，为下一步的专业学习打好基础。可以说，这是呼捷玛斯所有基础课程所担负的共同使命。除此之外，空间构成课程的具体教学目标要从课程的发展过程和任课老师的执教方法上来加以认定。空间课程是1923年在呼捷玛斯公共基础教学部形成之后提出的。在一开始，在空间课程的形成之际，尼·拉多夫斯基旨在将学生们培养成建筑师，而他的后续者也继承了这一想法，所以空间构成在最初是跟建筑学颇有渊源的一门基础课程。1923年年底，该课程教学小组确定了该年度的教学任务，其中指出该课程的基础性抽象作业的训练目的是表现和改变建筑形式的几何和物质特性。到了1926年，该课程的适教范围有了进一步的变化，在经过几年的初步学习之后，学校要求所有专业的学生全部都学习空间构成学的知识与理论，空间课程的教学思想得到了更广泛的应用和传播。在呼捷玛斯发展的中后期，空间构成的知识体系又在多年试验后重新在建筑系的教学中发挥出更加影响深远的作用。1929年，维·巴利欣的教学空

间形态观点被建筑系所采纳，并运用在空间构成的教学中，这门课程似乎又回归到为建筑系培养人才的教学目标中。

在包豪斯中，空间构成的教学任务同样也遵从于整体的基础教学目标，这样的目标在形态构成中已经进行过描述，这里不再说明。空间构成本身的教学目标有着更为翔实的计划性与方法理论。在约翰内斯·伊顿主持基础课程时期，空间构成的理论满足了他对基础课程的要求，偏重于对传统手工艺的复兴以适应新兴工业的发展，空间构成的课程发展总是停留在个别老师个人兴趣的发展中。在第二阶段，当莫霍利·纳吉主持包豪斯基础课程之后，空间构成从属于基础教学的部分，将建筑设计与工业设计中培养专业设计人才的目标明确化，将理论知识与实践紧密结合，在解放学生思想的同时教授学生运用所学知识进行创造，由此而培育出的设计师有能力为机器制造方式而设计产品（图5-31～图5-34）。1928年，莫霍利·纳吉离开包豪斯，基础教育的课程交付给了约瑟夫·艾尔伯斯来主持，他基本延续莫霍利·纳吉的教学思想和训练方法。空间构成知

图5-31 包豪斯台灯，威廉·瓦根菲尔德，1923年

图5-32 包豪斯师生设计的椅子

5-33

5-34

(a)

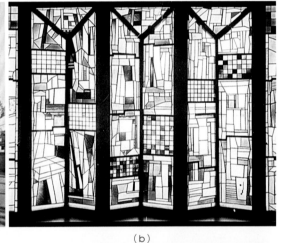

(b)

(c)

(d)

5-35

识在这3个阶段都有各自的发展，包豪斯的空间教学经研究总结，空间构成的内容在基础教学中实际有两方面的倾向：一方面偏重于建筑空间的教学，这主要是为培养学生的建筑空间感而设立的，在唤醒学生们空间感受的同时，学校还制定了培养学生们新的建筑空间创作思路的目标（图5-35）；另一方面，空间构成的概念可以近似理解为立体构成的理论体系，这对工业设计的教学与创新发展起到重要的作用。

在呼捷玛斯的基础课程中，最开始负责空间构成课程的老师是尼·拉多夫斯基，他的理念就是将空间课程打造成为一门培养建筑师的基础课程（图5-36、图5-37）。在空间课程的发展过程中，任课教师将其发展成之后学校十分重要的课程，当时领导课程教学的维·巴利

图5-33 包豪斯师生设计的台灯
图5-34 瓦西里椅，其名是为了纪念老师瓦·康定斯基，马歇尔·拉尤斯·布劳耶，1925年
图5-35 包豪斯师生第一件集体作品——夏日屋（a-d），1921年

图5-36 空间构成课程作品——构建复杂的几何体，以表现深度、韵律和动态状态为主题的结构（a-f）

图5-37 几何体之间的相互影响（a、b）

欣出任基础教学部的负责人。他所研究的是探求空间构成的普遍规律。而当时建筑系的负责人弗·科林斯基则更注重改进建筑学设计的普遍构成规律。两者都为后期空间课程的总结性研究提出了宝贵的思路和建议。维·巴利欣、弗·科林斯基所提出的构成理论都是以尼·拉多夫斯基的形式观点为基础，他们的学术贡献都是纯理论色彩的。除了这几位有关空间教学的负责人外，呼捷玛斯所探讨的空间构成的范围也包含立体构成的内容，授课老师是鲍·科罗廖夫、安·拉温斯基、阿·巴比切夫和罗·约德科。

对包豪斯空间构成课的教师来讲，首先肯定的是不论在约翰内斯·伊顿时期还是在莫霍利·纳吉时期，抑或在约瑟夫·艾尔伯斯时期，空间构成的任课教师从未减少过。针对这一门涉及三维空间的课程，知识不再停留于绘画雕塑中的美学体验，训练也不再是简单地动手绘画制图，更多的是要在空间尺度上寻找合理的比例和数学特征。包豪斯空间造型课的主要老师是瓦·康定斯基、保罗·克利、莫霍利·纳吉和约瑟夫·艾尔伯斯，他们都是相当重要且承担基础教育训练的实践家与理论家。可以看出，真正对空间构成概念起到推动作用的是课程发展的第二、三时期的负责人莫霍利·纳吉和约瑟夫·艾尔伯斯。瓦·康定斯基和保罗·克利在第一时期就阐述了从二维到三维空间的过渡，这之后他们一直在做这方面教学的深化研究。而莫霍利·纳吉接过约翰内斯·伊顿的主持教鞭后，探索出了更好的教学训练方式和方法，有效地推动了学生们的创作热情，学生们的空间作业更为出色，约瑟夫·艾尔伯斯在此基础上进一步发展，这样形成了包豪斯自身独特的空间教学体系。

（1）呼捷玛斯空间构成课程内容

正如之前所写，空间课程是呼捷玛斯1923

年后公共基础教学部的重要组成部分，也是唯一一支从开始到最后都能完整且独立的课程。在提出以培养建筑师为目标后，空间构成就开始了课程的全新筹备阶段。在那样一个时间段，一年级学生应学会做抽象的空间作业，以逐渐培养学生在空间课程中的感知力。而这样的抽象联系，也是在基础教学部当时的大环境下诞生的，整个基础教学部都是以空间抽象训练为主的（图5-38、图5-39）。到了二年级，该课程中的教师会要求学生尝试进行较为具体的实践性作业，这些实践偏重于学生未来不同专业的学习（图5-40~图5-46）。

1923年年底，空间教学小组正式确立了教学大纲，依照所制定的教学目标来看，教学内容是针对表现和改变建筑形式的几何和物质特性而制订的。教学从两个角度来实现这一目标。

1）解决建筑几何形体特性的问题。针对这一问题，教学组提出了探讨建筑形式的基本语言和建筑形式空间关系的解决办法。这就是围绕建筑本体与其周边环境所做出的科学反应，研究二者的特性与相对关系是有助于剖析新形式法则的。

2）对于建筑形式的物质特性问题的探讨。当时老师所采取的办法足以对以形体的大小和质量两个方面进行全面的研究，形式与物质特性成为空间构成训练重要的建筑技术与功能的研究内容。

从1923—1926年，空间教学的方法得到了更进一步的深化研究，增加了新的教学研究主题。教学的探索总是迂回婉转的，空间课程在这几年陷入了这样一种局面中，尽快地建立理论知识与实践生产之间的联系，让学生们感到了巨大的困难，实验性的教学也在其中停滞不前。

在教学组发现了存在的问题后，1926—1927年的教学大纲有了新的变化。在这一学年，学生前一年的学习项目被延续，之前抽象性研究与实践的结合得到加强。课程更加完善，主要包括平面构成、立体构成、空间构成方面的训练。到二年级时，教学组并没有简单延续之前的教学安排，而是为学生提供了进一步建立空间概念的训练作业，如结构的韵律、形体的韵律等。这些作业形成了多个物体空间构成的循序渐进的练习过程。

(a)　　　　　　　　　　　　　(b)

(c)

图5-38　学生作品（a、b），主题：沿垂直和水平线分割平面；学生作品（c），主题：平面的不完全分割，整体结构的完全分割与不完全分割相结合

(a)

(b)

(c)

(d)

5-39

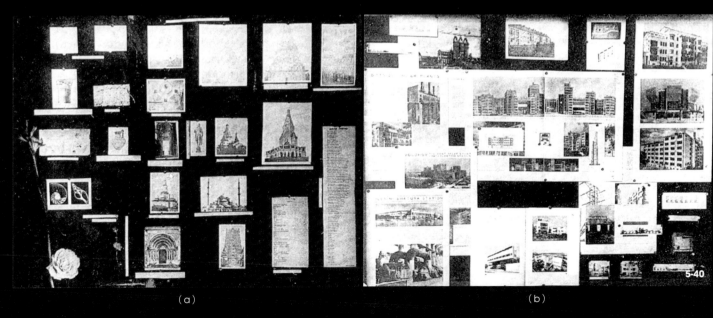

(a)

(b)

5-40

图5-39 平面的不完全分割，整体结构的完全分割与不完全分割相结合（a-d）

图5-40 （a）系统教学一览表被用作基础教学部不同科目教师授课的教材，利用自然界元素、日常生活制品、绘画、建筑、雕塑、诗歌等，从不同的角度阐释形成的问题，1925年；（b）空间构成课——20世纪建筑工程作品集

空间课程在发展演变过程中，越发受到整个学校的重视。在当时，学校要求的一二年级必修课中，空间课程成为重要的课程。一年级学生的作业需要练习有关形体变化、体态、大小、重力、质感等方面的内容；二年级学生则涉及空间组合表现的内容和空间中相互的关系等建筑类训练。就在这些教学改革如火如荼地进行中，1926年秋季整个呼捷玛斯的基础教学年限变成了一年，学制的改变让老师的教学模式也被动地随之改变了。教师们改变了以往各种风格的教学方式，而是依照学校要求采用统一的教学计划，整个教学的内容缩减成为四门课程：平面的表现力、形体的表现力、形体的大小和质量，以及空间的表现力。但基础教学时限的改变并未减弱空间课程的实质性内容，因为各个专业院系的二年级课程继续保留了空间构成课。学生在建筑师兼教育家尼·拉多夫斯基的指导下完成了大量的抽象训练作业和实际生产性设计作业。

到1929年，空间教学小组对多年来的实验性教学进行了总结。这一研究性总结得出了重要的结论，那就是学生对空间的研究主要从三个方面出发：即视觉定点；正立面、围绕物体移动；立体形态、向空间的深处移动；有限空间。这3种研究方法可以让学生体会空间构成的基本原则和方法。空间构成之所以一步步地得到学校重视，是因为经过这么多年的发展，是因为它帮助新的设计学科形成了成功的教学经验，同时摆脱了

图5-41 本科毕业设计——中央图书馆，1921年。（a）平面图；（b）模型；（c）剖面图，谢·莫恰洛夫；（d）模型；（e）带有可拆卸圆顶的主厅模型；（f）平面图，维·巴利欣

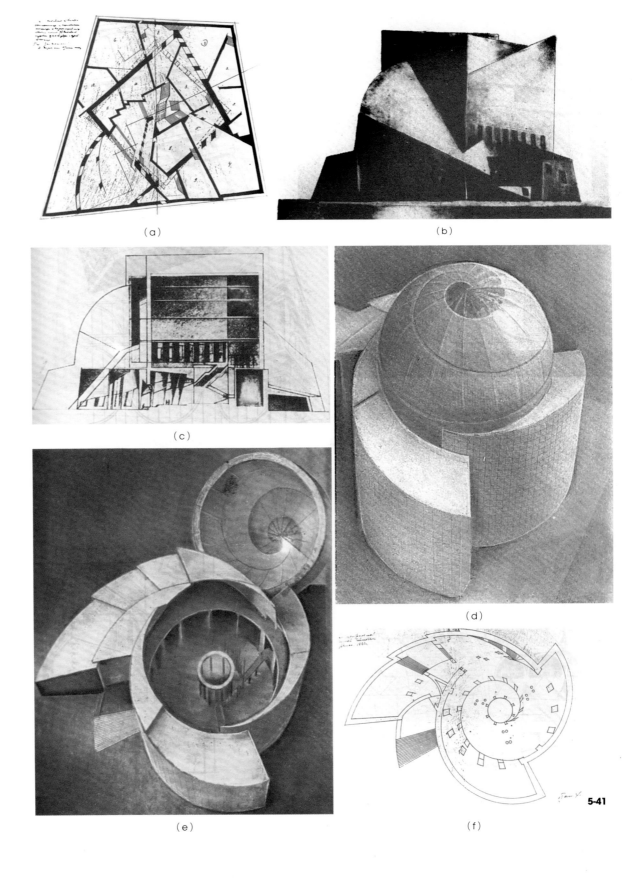

（a）

（b）

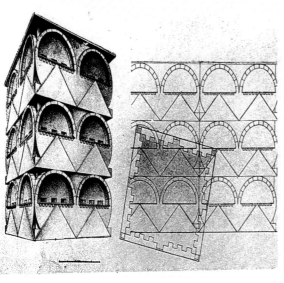

（c）

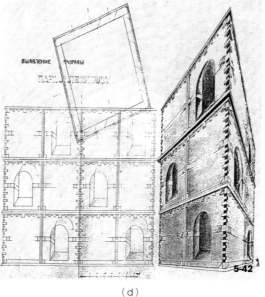

（d）

传统思维的束缚。这方面的教学效果将呼捷玛斯办学宗旨很好地展现出来，而另一方面课程的建设促进了呼捷玛斯创作环境风格形成的集约化。从这方面说，空间构成课程已经成为适合于全校各个系别的基础课程。

1929年年末，呼捷玛斯基础教学部被废除，当时的基础教学部系主任维·巴利欣极力想将各门课程延续到各个系别中。他试图找到将基础教学部原有课程融到各个系别的结合点，而他的这种思想在建筑系中得到了广泛认可。在之后的建筑系二年级课程中有关于构建正面、构建形体、构建立面空间和构建三维空间的课程训练，充分体现了基础教学部空间构成的思路。除了空间本身的课程外，建筑系还开设了包含立体构成知识的相关课程。如之前所述，呼捷玛斯在基础教学中，初级阶段时（1923年前），基础教学还从属于各系及工作室，形体构成学相关知识的教授主要在绘画系和雕塑系中，在雕塑系中教授形态构成学的老师为鲍·科罗廖夫、安·拉温斯基和阿·巴比切夫。他们是立体构成课程的3位奠基人。鲍·科罗廖夫是雕塑立体主义的重要代表人物、艺术文化研究所成员、客观教学法的倡导者之一。他曾计划在文化艺术学院建立雕塑工作室，主要研究雕塑的构成形式。在教学过程中，他一直使用客观教学法。在安·拉温斯基退出基础教学部实物空间小组的实物空间圆周式教学计划后，鲍·科罗廖夫和罗·约德科随后成为其第一任和第二任接班人。教学内容逐渐摆脱了立体物质构成主义的影响。公共基础教学部实际是为整个呼捷玛斯的各个系所提供教学支持的，在课程的安排上，出现了最小化课程和最大化课程的区分。形体课程的教学，

图5-42 以"表现图形的几何特性"为主题的第一次抽象作业，平行六面体，1920年。（a、b）模型，远景图，剖面图，平面图，弗·彼得罗夫；（c）远景图，剖面图，平面图，设计者未知；（d）远景图，剖面图，平面图，米·杜尔库斯

实际上有了一定的变化，培养学生的造型感成为首要目标，而对思维的开拓训练亦十分重要。形体的训练不局限于一个单一的形体中，而更强调多个形体之间的关系。课程安排包含三个部分：

1）形体本身的描述；

2）两个或多个形体的影响和渗透；

3）从建筑的角度分析形体的形态。

在做第一部分作业时，金字塔状的体块、方块体等被用在各种各样的构成试验中。学生们不讲求本身的形式，而是在探索视觉上的内质和原理。他们需要研究三维图形空间构成（深度）、物体延展性特征、垂线和水平线、比例、表面造型等课题。在做第二部分作业时，练习的元素有了很大的变化，更多现实生活中的物体进入了作业。这其中包含杯子、壶等用品，这些都是最为基本的。这就涉及了物体的外形、尺寸、对称等形状。而在接下来的第三部分中，课程主要包含三大主题：第一个分支是用不同的类型元素（包含建筑体型、复杂织物，生活用品等内容）建立完整的有机体系；第二个分支根据人体模型来重现整体的构成结构；

图5-43 设计草图和以表现图形的几何特性为主题的第二次抽象作业（a-d），1920年

（a）

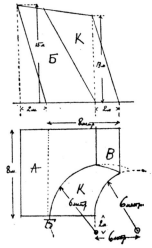

Задание № 2 (Форма архитектурно-геометрическая).

9. Дано:

1. Прилагаемый чертеж геометрической формы.

2. Горизонт зрения нормальный, точка зрения подвижна, ск. не более 15 м. макс. разстояние т. з. 30 м.

3. Освещение солнечное.

Требуется показать зрителю:

1. Все плоскости, как таковые.

2. Плокости А и Б как образующие угол.

3. Наклонность плоскости В.

4. Цилиндричность или конусовидность поверхности К.

5. Ясную читку всех углов.

Черт. № 4.

Необходимо представить:

Макет и чертежи в м. 1:100.

Вхутемас.
30/Х—1920 г.

Н. Л.

（b）

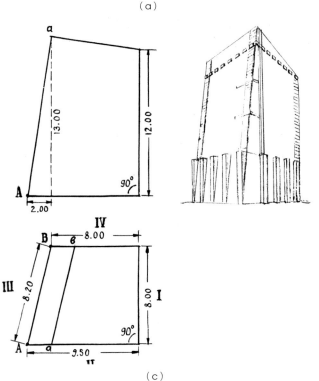

（c）

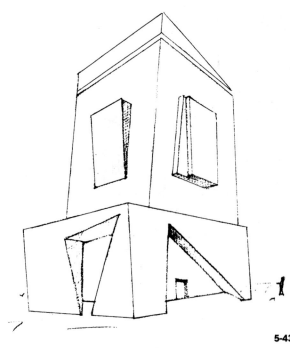

5-43

（d）

320

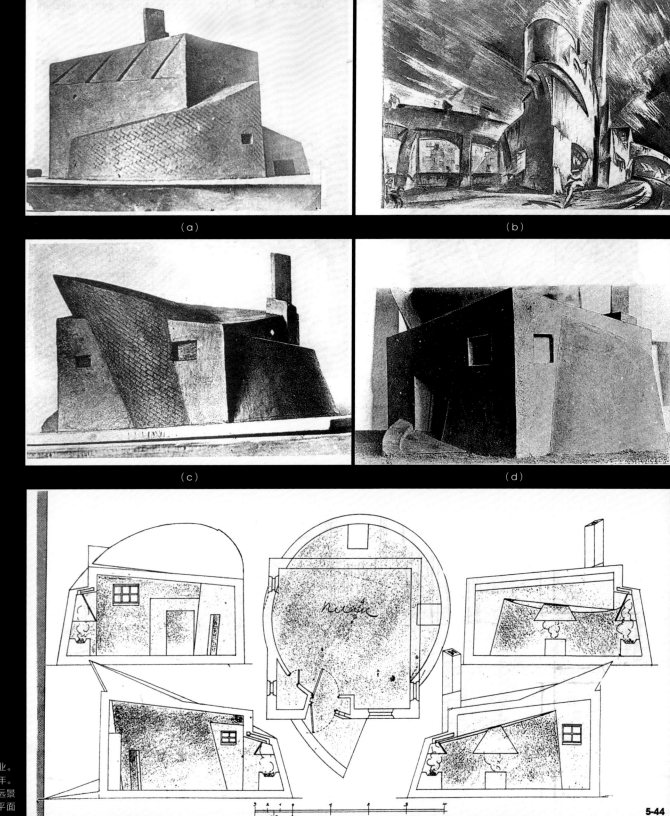

图5-44 以表现外部形态为主题的生产作业。
两座矿山上的锻造车间，1921年。
（a）模型，伊·杜尔库斯；（b）远景
图，格·韦格曼；（c-e）模型，平面
图和剖面图，弗·彼得罗夫

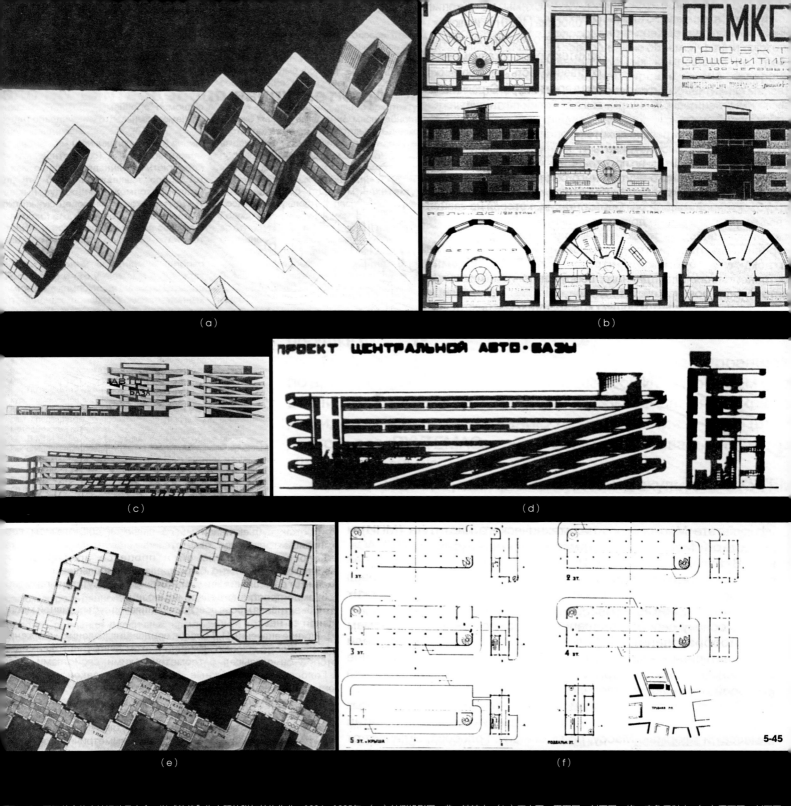

（a）

（b）

（c）

（d）

（e）

（f）

5-45

图5-45 国际革命体育馆运动员宿舍，以"韵律"为主题的附加结构作业，1924—1925年。（a）轴测投影图，弗·波波夫；（b）正立面，平面图，剖面图，格·克鲁季科夫；（c）平面图，剖面图，设计者未知；（d）莫斯科中心汽车基地，以"韵律"为主题的附加结构作业，正立面，尤·琼史斯基，1924年；（e, f）正立面图，平面图，总平面图，弗·拉夫罗夫

（a）

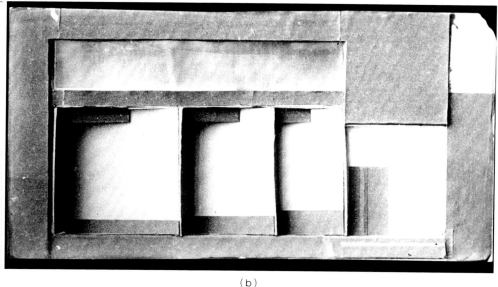

（b）

（c）

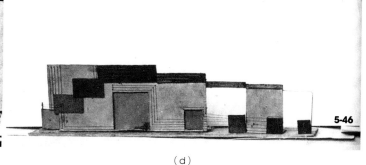

5-46

（d）

图5-46 两组或多组水平或垂直元素以韵律和节奏为基调组成建筑立面造型（a-d）

第三个分支则上升为运动着的物体，如运动中的人。

　　在呼捷玛斯关闭之后，20世纪30年代末期，由当时主讲空间构成课程的老师及继承者们对它进行了总结，这源于呼捷玛斯空间构成课程对整个世界建筑造型以及工艺设计的影响和贡献都是巨大的。直到今天，对其艺术价值的研究也是非常重要的。

　　（2）包豪斯空间构成课程的教学内容

　　包豪斯并没有直接开设空间构成的课程，包豪斯的空间构成相关课程主要是关于三维形体空间的内容。在基础教学的第一阶段，约翰内斯·伊顿领导基础课程，另外两位老师——瓦·康定斯基和保罗·克利，主要从事理论研究。他们二人在形态构成所涉及的三维空间体系研究对基础形式的制定起到了关键性作用。瓦·康定斯基和保罗·克利的理论也在一定程度上涉及了空间构成的范畴，其中主要是瓦·康定斯基将空间体量都划分为最基本的形体——金字塔、立方体和球体。这样的工作就如同是在形态构成中将图形设定了基本形态，金字塔、立方体、球体是所有空间体量的原型，这就意味着不论多复杂的体量都能在这几个原型的基础上通过组合变异的手段得到，足见其理论的重要性。现在认为不论建筑还是产品，不管以空间造型还是立体形态来讲构成，基本元素都起到了重要的作用。而约翰内斯·伊顿也在这一方面做了很多的尝试，他关注的重点在材料、纹理上，并将其应用于教学。在他的课程中，学生对材质的理解

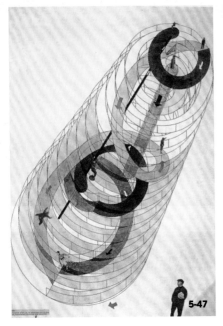

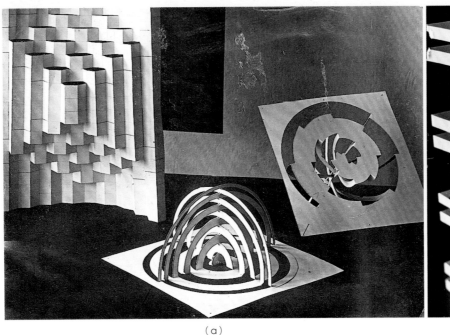

图5-47 轨道上的空间运动，莫霍利·纳吉　　　图5-48 纸模型（a、b），约瑟夫·艾尔伯斯

（a）　　　　　　　　　　　　（b）

实际是通过感知来体验的，这并不是一种十分理性的方式。包豪斯空间构成的实践作品受荷兰风格派的影响较多，体现出了很强的风格派特征。

相比包豪斯第一阶段的空间课程，第二阶段由于莫霍利·纳吉的主持，整个基础教学的主张偏向于理性化。除之前瓦·康定斯基和保罗·克利所教授的课程外，莫霍利·纳吉和约瑟夫·艾尔伯斯为空间构成课带来了新的内容。莫霍利·纳吉研究理论主要侧重于立体元素的空间形态和结构特征，其真正训练的是人的三维想象力和意识再现，在三维体系中运用

空间语言去进行造型，创造出科学而符合人类心理的独特空间（图5-47）。正是基于这样的一种理论基调，使他当时的研究成果对空间构成学科的发展起了重要作用。

约瑟夫·艾尔伯斯提出了"纸切割造型""纸造型"的具象模型（图5-48）。他指出用纸作材料充分学习空间构成后，立体的造型感便会深深地吸引这些实验者，并充分调动其积极性。这种简单易行的空间造型训练作为当时的首创，对空间的认知有了巨大的提升作用。对于空间构成抽象化的概念是难以用理论来认识提升的，更重要的就是通过简易模型将抽象空间

具象化，将训练的重点放在构成空间的多个元素组合上，这样的训练方式直至今日依旧十分经典。

实际上，任何空间的形成都是通过一定的外来作用而形成的独特立体场所，其要素更是混合了形态构成和空间构成的点、线、面、体的基本元素。正是由于它们的移动、旋转、摆动、扩大及扭曲、弯曲、切割、展开、折叠、穿透、膨胀、混合等运动，形成了空间的不同形式。包豪斯在不断摸索的过程中逐渐形成了其完整有机、科学合理的空间造型训练方式与理论体系（图5-49～图5-57）。

Friedl Dicker, Studie zum Hell-Dunkel-Konstrast im Vorkurs Itten, 1919, Bauhaus-Archiv Berlin, Foto: Gunter Lepkowski

5-50

5-51

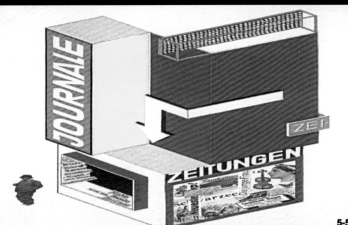

5-52

Marianne Brandt, 1924

Ashtray

ASCHENSCHALE MIT DECKEL

5-53

(a)

(b)

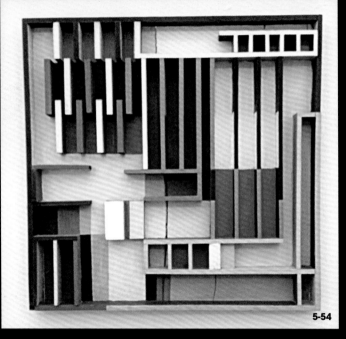

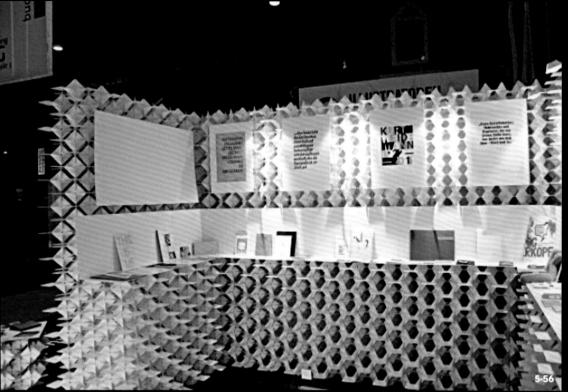

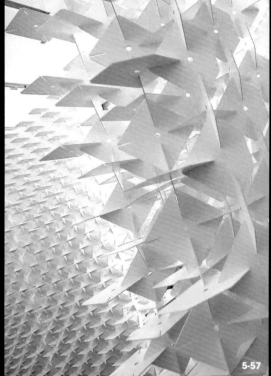

图5-54 魏玛包豪斯博物馆师生作品

图5-55 柏林包豪斯博物馆展出的包豪斯师生作品

图5-56 魏玛包豪斯大学学生的贸易展览摊，2013年

图5-57 包豪斯学生制作的构成作品，作者自摄影

5.2.3 基础教学色彩构成课程的联系

分析对比呼捷玛斯和包豪斯的基础教学课程可以看出，除了对形态、空间等方面的构成知识教学外，色彩构成也是十分重要的一个教学学科分支。色彩构成的课程内容主要教授的是色彩的相互作用，从人的视觉感受和心理状态出发，以多种合理科学的分析方法，把我们日常所见的色彩进行归纳，简化成几种共有的色彩元素，利用色彩与平面、空间方面的关系进行重新组合，从而再创造出新的色彩效果。20世纪初构成主义的兴盛有很大一部分原因是源于呼捷玛斯、包豪斯艺术学校的创造性艺术教学新思路的建立。整个全新的艺术设计理念使这两所学校成了日后对工业设计界、建筑设计界产生非凡影响的设计教学中心。任何图形、体量都不能离开色彩而单独存在，如何掌握现代色彩的设计方法，是很早就萦绕在人们心中面对新世界的一个问题，呼捷玛斯和包豪斯都对这样一种色彩设计方法进行了全面的总结与创新。

呼捷玛斯色彩构成学的教学任务首先始于绘画系的基础教学。这是在20世纪20年代初就开始的，当时绘画系中的基础教学工作室是由亚·罗德钦科和亚·维斯宁所领导的。色彩构成的教学目标正像其他艺术设计门类的基础学科一样，是服从于基础教学的任务目标的，即解放学生们的思想，让他们从传统的艺术思维中解放出来，开始接触相关新的工艺美术设计的新思潮。而色彩构成课程本身的具体教学目标是根据原有教学体制所提出的，在绘画系内部成立基础教学部之前，绘画系每个工作室的教学内容都相对单一，学生所能接触到的绘画元素也仅仅是一种导师的教学及创作方法而已：正如某工作室仅教授色彩形式这一课程，

有的工作室教授平面色彩应用，还有一些工作室只开设空间色彩应用课程，另外一些工作室同时提供色彩和形式的课程。在这样一种情况下，制定教学大纲是十分困难的，难点就在于对色彩构成不同学科分支教学目标的统一与整合。呼捷玛斯在这一时间的主要工作就是将色彩课程从所有绘画系的入门课程中分离出来。借助这种探索式的教学研究方式，最终推演出色彩构成的教学目标：该课程的目标就是让学生们描绘物体的色彩本质和一系列构筑物形式的本质特征，通过学习这样的构成理论，学生们应当掌握构图应该符合的色彩规律，而不是各种元素的随机组合，通过掌握一定的色彩知识去构建形体体量以及描绘色彩造型，这样才能再创造一个合理的色彩视觉印象。1922年，亚·维斯宁和柳·波波娃也开始教授其他系所的学生，而色彩构成的教学大纲也随之发生了实用性的变化。他们开设了最大化课程与最小化课程以满足不同学生的需要，1923年成立基础教学部时，校长弗·法沃尔斯基对色彩构成课程提出新的任务要求："平面色彩知识的最大化与最小化课程教学不仅应该引入一些具有典型形式特征的平面色彩构成案例，而且还应让学生们能直观感受到每一种平面的色彩形式，理解图案和构成的独一无二性质。"这样的教学方法主旨实际是表明了他对色彩课程中形式、图式、构成等法则的重视，呼捷玛斯色彩基础教学深化了这样的教学目标（图5-58~图5-60）。

色彩构成作为影响世界的三大构成之一，无疑使20世纪初的包豪斯对世界色彩学界产生了重大的影响。色彩构成在包豪斯的教学任务首先是从属于基础教学目标的。这就让学生从以往的经验和偏见中解放出来。使得之后的专业学习有了一定的基础；同时，课程通过作坊式的创作工作室向学生们介绍新的技术和材料。在课程的具体任务方面，色彩构成课程在

约翰内斯·伊顿主持时期就确定了自己的教学任务，那就是教授学生良好的色彩设计基础理论。在色彩设计与创造的领域，研究这样一种色彩现象的目的是了解色彩的科学特性，从心理学角度衡量感觉的外部含义，分析抽象色彩的元素以认知其创新设计的效果。在包豪斯发展的过程中，莫霍利·纳吉与约瑟夫·艾尔伯斯对实践性作坊强调的是在保留已有基础理论的情况下进行的，从而在一定程度上更加丰富了学生们对实际材料色彩的认知与熟悉。有机而统一的色彩认知课程，让包豪斯的色彩课程在日后的工业设计界大放异彩。

在呼捷玛斯，色彩构成最开始的教师就是绘画系的柳·波波娃和亚·维斯宁。他们在基础教学中的最大贡献就在于很明确地将色彩的基础教学与专业教学区分比较，而在具体内容上对原来分散的色彩学中各个工作组的课程统一规整，形成系统且独具特色的基础课程。1923年后，基础教学部的色彩构成课主要由康·伊斯托明主持负责，在这门基础艺术课程中，他为客观教学法的推广作出了巨大贡献。当时，绘画系里没有一套成型的教学法，康·伊斯托明填补了呼捷玛斯教学体系的空白，为绘画专业的色彩教学奠定了基础。他将色彩的三要素进行了阐述，更加充分地从具体内容上加深了色彩构成的重要教学作用。在色彩构成的研究方向上，第二种倾向造就了理论与实践的分开教学，色彩知识课的任课教师是物理学家尼·费德洛夫和心理学家谢·克拉夫科夫。而实践训练的老师是格·克鲁齐斯，通过实践的训练逐步理解色彩理论知识的深度，这为色彩构成的发展起到了推动性的作用。

在包豪斯，教授色彩理论知识的老师是瓦·康定斯基和保罗·克利，最开始教授基础教学的约翰内斯·伊顿也从事了色彩构成的教学。而关于实践的色彩理论，这一时期包豪斯的3位老师教授的内容各不相同，主要是源于他们的经历。约翰内斯·伊顿受过阿道夫·赫尔策尔的影

(a)　　　　　　　　　(b)

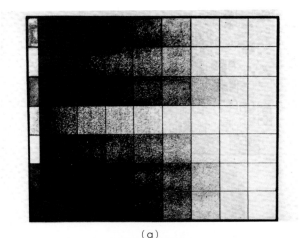

(a)

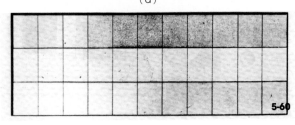

5-60

(b)

图5-58　墙的左侧是油画课的学生作品，墙的右侧是色彩构成课的学生作品，架子上陈列着空间构成课的学生作品

图5-59　色彩构成课的作业。（a）纹理特征，表面不同风格的处理，通过纹理对比赋予色调新的色度，瓦·韦列夏金，1925年；（b）消色差，分析墨水、水粉、黑色粉笔、石墨四种材料的消色差，弗·梅斯林，1926年

图5-60　色彩课的训练作业，伊·库兹明，1928年。（a）一种色彩向另一种色彩过渡；（b）色彩变暗和变白

响，他所讲授的色彩理论是对多种色彩的比较，而其对整个色彩设计学科的贡献是建立了色彩环，并通过图解表意的方式来理解色彩。瓦·康定斯基受过人智论者鲁道夫·斯坦纳的影响，他对色彩的色温以及色调都有自己的理解，同时他关注人们的色彩审美观念，定义了色彩的4个主调。保罗·克利的主要研究对象在于色彩光谱变化，其目标是让学生们建立起一种对材料色彩与质感的良好认知。在约翰内斯·伊顿离开包豪斯的时候，实际教授这门色彩课程的仅仅是瓦·康定斯基和保罗·克利。他们对色彩理论的研究引发了工业设计界巨大的变革。

（1）呼捷玛斯色彩构成课程的内容

呼捷玛斯的色彩构成是很能代表其最初的教学理念的，它起源于呼捷玛斯的绘画系，由柳·波波娃和亚·维斯宁所教授的色彩课程是呼捷玛斯色彩教学与研究最初的形态。这一时期可以认为是由系内基础学向基础教学部转变的过程。在色彩构成课程开设之前，为了统一原有单一化各自为政的色彩课程，他们首先进行了很多细致的工作，进

行了深入的教学探索与研究。他们认为这门课程首先是让学生们了解色彩在物体中的本质关系。其次，常规的合理构图是有一定色彩规律的，元素的有机结合不是偶然的产物。再次，不论是色彩还是物体本身的形态，都是物体本身的一部分，而不是一种附加的装饰。

随着时间的不断发展，1922年在基础教学部，柳·波波娃和亚·维斯宁开始将这门色彩课程面向全校学生教授。课程体系将不同的授课对象分成了两类：最小化课程是针对所有学生的初期培养；而最大化课程是针对将来不同专业的学生所开设的，有很强的针对性。最小化课程分为四个组成部分：平面色彩材料的比较、平面色彩形体、空间彩色材料的比较和平面色彩空间。这四门课程很好地借鉴并发展了基础教学之前，各个工作室讲授色彩课程教授们的经验，其中的教学内容可以分为四个部分：第一部分主要学习色彩的构图方式和色彩的本源；第二部分主要学习色彩肌理关系（图5-61）；第三部分主要研究色彩构成作业中相异元素的彼此作用（图5-62、图5-63）；第四部

分主要学习不同材料色彩在空间中的相互作用。最大化课程的推出，针对的是当时绘画系、平面设计系、图案染织系以及陶艺系（图5-64～图5-68）。到了1923年，基础教学部正式成立之时，柳·波波娃和亚·维斯宁的色彩课程并没有被作为平面色彩的圆周式教学课程，即便如此，他们所研究的成果和方法还是对之后产生了巨大的影响。1923—1926年，学校的校长弗·法沃尔斯基和基础教学部主任康·伊斯托明共同开始制定色彩构成课程的教学大纲。他们为一年级的学生们专门定制了新的色彩课程，这被作为最小化课程供呼捷玛斯所有的学生学习。色彩课程的主导思路中，明确了其所指向的是研究传统绘画领域的现象，更是视觉的一种体验，要从人的感官来深入挖掘色彩的知识体系。在传统意义上，色彩在绘画领域的应用也得到了很大的创新，康·伊斯托明在基础教学部的绘画创作工作室起到了重要的作用。首先，他在这门色彩课程的教学中大胆启用客观教学法，填补了长期以来教学上的空缺。其次，在他的具体教学课程中，他认为色彩、色调与明暗是绘画的三要素，色彩是其中的重点，其他两个是它的衍生品。之后，他提出了"空间色彩和局部色彩"的理论，并在色调和明暗之间阐明了"进深"的概念。从另一个方面来看，将色彩当作一种视觉现象的情况时，就产生了色彩学的另一分支，这一方向包含着理论和实践两方面的含义。主持这一部分理论教学的老师是物理学家尼·费德洛夫和心理学家谢·克拉夫科夫，这就保证了不仅仅从色彩的本质物理属性来探究色彩的知识，更要从学生对色彩的心理学角度去剖析色彩学的本质感受。他们所创立的这门课程就是——色彩构成。另一位色彩老师是格·克鲁齐斯，他主要负责基础教学部一年级

图5-61　无目的且无主题的构图，尼·阿尔特曼，1919—1920年

图5-62　静物与棋盘，尤·瓦斯涅佐夫，1926—1928年

图5-63　驳船队，亚·瓦尔科夫，1920年

图5-64　艺术家斯·卡列斯尼科夫画像，弗·巴兰霍夫-罗西尼，1919年

图5-65　新一代与老一辈，谢·热科利科夫斯卡娅，1927年

图5-66　平面构成，尤·瓦斯涅佐夫，1929年

图5-67　一套收藏品，尼·阿尔特曼，1920年

图5-68　什维娅，德·热考斯肯，1929年

和建筑系、金属制造系、平面设计系二年级的色彩实践课程。他给学生提出的练习方式与训练方法是由浅入深，先进行不同材料的分析让学生了解物质的本色和特点，从而逐步过渡到对色彩光谱的理解和学习，最终让学生们了解亮度、饱和度、色调等的概念，经过这样的逐步学习，最终将色彩演变成可以展现形体的课程作业。在这种理论与实践相互影响和补充的过程中，色彩学的教学也逐步走向成熟，并形成了呼捷玛斯独特的色彩构成研究与教学方法。

（2）包豪斯色彩构成课程内容

色彩构成教学在包豪斯的发展过程中，同基础教学一样经历了3个阶段，其中最重要的是第一个阶段，是由约翰内斯·伊顿主持教学的时期。在这个时期，对色彩构成起到理论贡献的老师主要是约翰内斯·伊顿、瓦·康定斯基和保罗·克利，他们3人的理论主张各不相同。瓦·康定斯基在最初探讨色彩构成理论的问题时，就提出色彩的研究要起始于不同的角度，从科学角度切入时，应该分成物理化学领域、生物学领域以及心理学领域。而倘若以社会学的角度探讨色彩问题时，色彩学科的研究范畴将归结为另外3个：即色彩本质的特性、

色彩于感觉外部的含义，以及色彩内部作用的联系等。除了从科学和社会学的角度去认识色彩的概念和构成方式外，他还提出了从分析色彩本身出发去研究色彩的不同表现方式：一是没有任何目的地研究色彩，包括特性效果等；二是带有目的地研究色彩。瓦·康定斯基的色彩理论研究受到了鲁道夫·斯坦纳的影响。瓦·康定斯基有关色彩的主张是为人们提供视觉上的感受理论。其中的分类包括颜色的不同属性，如颜色的温感，分为寒冷与温暖的视觉感受，又或者是色调，可以分成昏暗和明快的感觉特征。同时，他还定义了色彩的"4个主调"：亮暖色、暗暖色、亮冷色、暗冷色。这是瓦·康定斯基最初的色彩教学的理论基础。约翰内斯·伊顿受过阿道夫赫尔策尔的影响，他的色彩理论最初以7种有着鲜明对比的色彩类型为基础，其内容包含：不同属性颜色的对比，冷色与暖色对比后的视觉感受，明亮颜色与黑暗颜色对比后的时间感受，以及之后所概括的能够产生补充效果的颜色的对比和结合。除此之外，约翰内斯·伊顿对色彩理论的研究有一个很卓越的成果——色彩球（图5-69、图5-70）。约翰内斯·伊顿对色彩球的研究主要

包含了颜色之间的关系以及属性，更多的还表现出了颜色之间相互补充的法则。保罗·克利有着自己对图形与线的理解和解释，他将线和色调放在更为基础的地位，表明线只有长度，色调包含着浓度，而色彩除此之外增加了性格因素。所以他让同学们一定要在掌握了线和色调之后再处理色彩问题。保罗·克利对学生们的作业训练要求是要充分考虑色彩的级差与过渡，训练学生们理解不同颜色之间的联系（图5-71～图5-73）。保罗·克利的训练手段与教学目的实际上是教授学生们对材料的理解和感悟，更多是让学生们自己去探索。在色彩与图形的关系中，包豪斯的色彩教学中体现了图形与色彩的不可分割性，这早在包豪斯成立时就提出了。色彩与图形是形体至关重要的元素，只有将这样的因素结合起来才能形成完整的形体，这在包豪斯的图色表意中可以得到很好的印证。

呼捷玛斯与包豪斯有着鲜明的对比，由于包豪斯采用竞争性选拔的入学方式，而呼捷玛斯则无特殊的入学条件，完全取决于学生的自由选择。因此，呼捷玛斯的学生人数比包豪斯的要多得多，两者分别为2000人和150人。

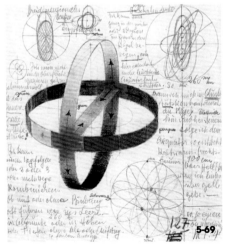

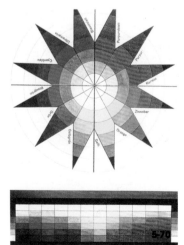

图5-69　教学用色彩关系图谱，约翰内斯·伊顿
图5-70　色彩球，约翰内斯·伊顿
图5-71　色相环，约翰内斯·伊顿

图5-72　包豪斯教学色彩练习：红色三角形

图5-73　魏玛包豪斯博物馆师生作品

呼捷玛斯的学生学习艺术造型的同时也学习建造技术。首先，他们经教学与训练形成抽象的空间构成理念，然后将理论知识运用到实际的设计课题中，如报摊设计、水塔设计或公共住房设计。学生的设计作品有时在视觉和创新性方面都超过了他们的教授。如在伊·列奥尼多夫向学校的考试委员会提交论文之时，教授们从椅子上站起来对伊·列奥尼多夫的作品表示钦佩，并直接让他知道他的成就已经超过了他的老师们。

呼捷玛斯的教学目的在于将艺术和手工制作结合起来，并将艺术视野注入现代工业生产。而包豪斯在实践中探索，吸取了早期苏联构成主义的一些先进观点，确立了现代设计的基本观点和教育方向。它所取得的成就肯定了苏联构成主义先驱们的主要设计原则，苏联构成主义者把空间形体构成当成是建筑设计的起点，以此作为建筑表现的核心立场，许多成功的探索后来发展成了世界现代建筑设计的基本原则。

尽管所有呼捷玛斯有天才能力、具有代表性的前卫思想者们并没有统一思想，但百家争鸣、百花齐放的学术生态正是呼捷玛斯的生命力所在。在其短暂的存在过程中，学校的校长、政治环境和教学人员发生了多次变化。外部环境的变化与动荡，也形成了呼捷玛斯的多元化，形成了相互竞争与变化状态中顽强的生命力，而正是这种非凡的环境才孕育出了创新且多彩多姿的精神世界。追求会战胜一切物质条件的匮乏，创造力从与外部的力量互动中生长。在呼捷玛斯被关闭后的几十年，它几乎快要被历史所遗忘，其成就被无处不在的包豪斯光芒所掩盖。随着对呼捷玛斯研究的深入，随着越来越多历史资料被发现，呼捷玛斯遗产的力量将为人类的新发展注入新的力量，呼捷玛斯先贤们最初的探索滋养着现代艺术的生长。呼捷玛斯被遗忘的历史不会永远沉寂，呼捷玛斯当年的成就和光彩终究会被认可，湮没的光芒不会永远暗淡。

5.3 两所学校最终命运的分析

在苏联艺术理论研究的末期，对呼捷玛斯与包豪斯这两所建筑艺术院校之间的关系问题逐渐引起了许多专家、学者的浓厚兴趣。这些兴趣的焦点主要集中在：苏联莫斯科的呼捷玛斯与德国魏玛与德绍的包豪斯都曾经成为世界首批高等现代建筑与现代工业设计艺术的研究中心和传播教育基地；并且都相继成为吸引了许多著名建筑师、艺术家、雕塑家与书籍装帧设计师及其他设计师共同参与的一个世界级的学术研究实验中心。

5.3.1 两所学校的关闭

1930年，呼捷玛斯被改组，苏联国立高等技术与艺术创作工作室的建筑系同莫斯科高等工业学校的建筑系合并，成立莫斯科建筑建设学院。1933年，改名为莫斯科建筑学院。改组后的呼捷玛斯消失了，但莫斯科建筑学院仍留下了前卫的种子；而包豪斯却被关闭了，包豪斯大楼也差点被炸掉。

通过对呼捷玛斯发展过程的研究，我们可以看到呼捷玛斯与包豪斯这两支现代艺术研究的学术团体几乎同时出现在现代建筑最初发展的复杂阶段。无论是呼捷玛斯，还是包豪斯，它们不仅为建筑学提供了独一无二且最原始的教学体系，而且成为孕育现代艺术的学术研究中心，它们一起开辟了建筑学极富生命力的新时期。而这两个现代艺术酝酿的摇篮最终也走向了相似的命运。包豪斯1919年建校，1932年惨遭关闭；呼捷玛斯1920年建立，1933年名存实亡。两所学校的生命力如此之短，均只有短短的13年的时间。

20世纪30年代后，苏联社会进步也开始影响到建筑艺术理念。1934年复古主义建筑思潮开始在苏联建筑领域成为主流。自此苏联开始了长达近30年的复古主义建筑思潮时期，其风格不可避免地影响到整个建筑教育领域。从1934—1962年，莫斯科建筑学院中，古典教育学派占了上风，以空间构成、建筑现代艺术造型为目的的尼·拉多夫斯基式建筑教育模式几乎被全部抛弃。特别是在1945年第二次世界大战胜利之后，纪念碑式的英雄主义使得华丽的复古风格、仿古典建筑设计与教育成为主导。这个时期建筑忽略了建筑的社会、经济和功能方面的需求，建筑设计几乎被演绎成雕塑，形成了纯粹的复古艺术思潮。

而德国的包豪斯，1933年纳粹党开始执政后，对包豪斯的批评与指责越来越频繁，其中指责的主要原因是这所学院宣传国际主义。1932年9月30日，纳粹党人冲入包豪斯进行打砸，最后甚至想将校舍炸平，但因为这所校舍太为著名，才逃过此劫（图5-74）。

虽然包豪斯和苏联的构成主义并不代表现代主义的全部，而且在某种程度上略有不同，但它们代表了现代主义最初发展的特殊时期，这个时期对第二次世界大战后美国与欧洲的艺术、设计、建筑和教育产生了很大影响。两所学校都主张前卫创新的立场，设计一种新的生活和所谓的革命主题。然而，包豪斯与苏联构成主义作为先锋的地位并没有得到一致的支持。并且他们在各自发展过程中并不是一帆风顺的，学校中都存在对于这种"左倾"艺术风格的反对声音。比如，在包豪斯中就有来自奥地利的达达主义艺术家，以及超现实主义者、德国的新艺术运动支持者等。与此同时，苏联的构成主义和未来主义也面临着社会主义现实

图5-74 包豪斯在柏林的校区

主义的威胁。1932年以后，社会主义现实主义正式成为苏联的主导美学思想与唯一存在的形式。

从两所学校的发展历程上看，社会经济因素决定了每个国家在特定时代的建筑类型。基于工业发展的功能需要，包豪斯和苏联构成主义主张对工业化进行机械适应，而包豪斯和苏联构成主义最初的成功都源于政府权力机构的支持，源于国家或社会对发展经济需要的判断。约翰·韦·马修卡在《包豪斯文化》中写道："美术与应用艺术的紧密结合不仅成为美学目的，而且也被理解为鼓励社会团结和经济发展的一种手段。"最初，魏玛的包豪斯获得了图林根州的大部分资金。这是由于英国的手工艺品运动在很大程度上拒绝了工业化，图林根州希望通过增加对工业的关注来增加工业出口，以便与英国竞争。

苏联政府对艺术界改革的资助是通过布尔什维克政府新的文化渠道进行的，该部门是苏联人民教育委员会。值得注意的是，十月革命后，布尔什维克建立并资助了一百多个各类学术研究机构，涵盖了科学和文化事业的方方面面，这是国家支持文化的开明举措。在俄罗斯，包括呼捷玛斯和艺术文化研究所在内的机构几乎都从政府那里获得了资助与支持。艺术文化研究所的成员与数量在不断变化，在运营的第一年中，成员包括大约三十多位视觉艺术家、建筑师、音乐家和艺术评论家。在这个过程中，一些构成主义成员甚至要求废除艺术家的角色，转向工程和工业技术学习。这些时刻表明了经济困难使人们更加拥抱工业化，但在某些方面也说明了人们接受工业化是艺术的终结。

包豪斯以工作坊教学为基本教学模式，试图消除手工艺、工人和艺术家之间的等级关系。尽管瓦尔特·格罗皮乌斯试图平衡手工艺、工人、艺术家、建筑师和设计师之间的关系，但工人越来越被排除在包豪斯之外。工会主义者攻击包豪斯，但收效甚微。除了工人之间的不平等之外，各流派也受到了不平等的待遇，根据性别的分工矛盾在工业化的背景中越来越凸显出来。

对包豪斯和呼捷玛斯来说，如何将艺术融入日常生活，是建筑构成主义者面临的一个问题。艺术文化研究所的成员几乎一致认为架上绘画无关紧要而"建筑、制造和新构造学"成了争论的源头。此外，正如之前提到的，艺术家在劳动分工中充满了生存危机。

相对于包豪斯，呼捷玛斯学校的夭折其另一个因素是脱离社会实际。20世纪二三十年代，呼捷玛斯学校的主要师生在十月革命胜利的感召下，激发起了昂扬的创造力和对新事物的热情，满怀着乌托邦式的幻想，希望赋予这个新社会以全新的外部形式。热情澎湃的建筑师富有海阔天空的幻想是理所当然的，而且是必然的。拿破仑也曾说过："不想当将军的士兵不是好士兵。"包豪斯的大师们和他的同路人勒·柯布西耶也曾经有过不着边际的幻想。有幻想是可以理解的，没有幻想，哪来的激情和创新？没有激情，哪里会有创新的朝气和战斗力？

但当时俄罗斯的情况又是怎样呢？新成立的苏维埃社会主义政权，经济实力尚不足，工业更是落后于西欧国家好几十年。技术上的落后与思想上的阻隔，很长一段时间阻碍了制造业和建筑业的新尝试，抑制了先进观念付诸实现。

当时呼捷玛斯的建筑师们怀着乌托邦式的幻想，幻想过分脱离实际就成了无稽之谈。他们赋予建筑过多的、不切实际的历史使命，没有抓住现代建筑的主脉——经济、实用、技术上的强大优势。他们的设计完全脱离实际功能的要求，"除了激起对新世界的推崇和赞颂，并留下一纸空文外，便再没有什么了。仅有的几个付诸建造的工程，如工人俱乐部和社区学校、展览性建筑，其建造过程也无一不充满挫折和坎坷"。他们的设计大都没有真正的建造，甚至根本不可能适应当时的技术水平，只是用超前的建筑设计图抒发了激昂的革命热情。

我们知道，艺术形式总是为表现一定的精神内容服务的，"场所精神"应该是建筑中不容忽视的主要精神之一。美国建筑大师文丘里讲过，"建筑的基本目的是围合空间，形成'场所'，并非仅去追求空间的导向"。也就是说，生活真正的意义在于它的创造性，巧妙的匠心应在世人公认的情理之中，是合理的现实主义，而非乌托邦式的理想主义，或某种科学幻想小说的想入非非。

呼捷玛斯学校不在了以后，一批前卫派的作家、艺术家、建筑师也随之销声匿迹了。两所学校虽然在历史上只是昙花一现，但是对现代建筑思想的形成，对现代建筑教育方法的探索，对建筑空间构成理论的发展，都给后人留下了一笔巨大的财富。呼捷玛斯与包豪斯之所以伟大，在于它们学术思想的成熟与预见，在于它们思想可以影响甚远，可以在世界各地生根发芽。他们的出现对现代建筑的创新与发展产生了不可估量的影响。

多年以后，瓦尔特·格罗皮乌斯在美国哈佛、莫霍利·纳吉在美国的伊利诺斯学院将包豪斯的思想及教育体系传到了美国——现代主义的传教士也登上了美洲新大陆。这样包豪斯现代建筑的欧洲德国中心被搬到了美国，并在美国完整地被延续下来；而呼捷玛斯的教学成果也被莫斯科建筑学院坎坷地继承下来（图5-75）。

呼捷玛斯年代表

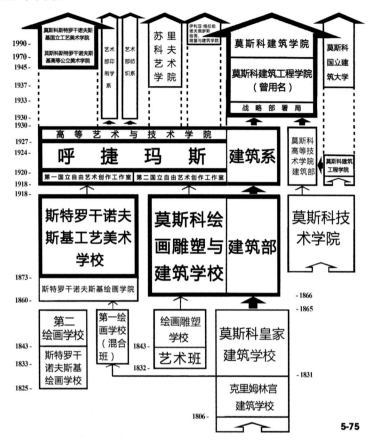

图5-75　呼捷玛斯年代表

5.3.2

两所学校对现代艺术文化繁荣的催生

　　呼捷玛斯和包豪斯之所以被称为20世纪的世界文化遗产，主要有两个原因。其一，它具有博物馆的功能；其二，它为21世纪艺术造型创新实践提供了滋养的土壤。他们的成就是独一无二的、富有生命力的。呼捷玛斯和包豪斯提出的造型语言是21世纪当代艺术文化的组成部分。一方面，它提出了适用于基础入门和专业学习的建筑与艺术教育方法；另一方面，它为建筑造型语言、城市规划、绘画、雕塑、平面设计、展示设计及上述学科之间的融合提供了一种全新的创作思路。即使在现代化

的今天，呼捷玛斯建立的预科制度（比如空间构成课程）依然适用于建筑院校、艺术院校和设计院校的基础教育之中。现如今，反思设计教育，应该回到呼捷玛斯和包豪斯的起源，来思考是什么促进了新的现代造型艺术的发展与繁荣。

　　真正艺术创新的根本，还在于文化精神的革命。因此，艺术革命首先应该对国家艺术的文化精神做更具超越性的反思。而这种反思之所以可能，得益于革命后民主思潮激荡的大环境。在社会改革的时间节点上，人们期望未来主义的艺术形式能在某种语言体系中改造自身，从而既能促进计划生产和计划社会，同时又不丧失其最初的活力。在资本主义体系中引起苦闷和疏远的一切事物，都会在社会主义体系中不断减少，从而满足人的各种功能需求。这种观念使人与机器之间的关系空前紧密。危机和发展作为一对矛盾能来回转化，这也符合马克思的辩证思考观，并且极大地丰富了马克思主义的经济科学。

　　俄国乌托邦式的思考最先源于尼·车尔尼雪夫斯基[27]的乌托邦小说《我们该怎么办？》(1863年）出版。《我们该怎么办？》这本书启发了一代革命者，书中呈现一种自觉的集体方式的生活，他们是"新生活方式"的先锋。这部小说讲述了主人公维·帕夫洛夫娜从殴打妻子的父权制家庭到解放"公共公寓"的历程。在"公共公寓"里，所有人都平等地生活，在集体准则下分担家务。《我们该怎么办？》是列宁最喜欢的书。书中摒弃多余的装饰和华丽的辞藻，崇尚理性的功利主义生活方式。例如，他曾提到棉布窗帘除了防尘还有什么用？它也摒弃了俄国贵族和俄国社会声名狼藉的懒散，伊·冈查罗夫笔下的欧波莫夫就是一个典型的例子。欧波莫夫是一名地主贵族，他大部分时间都穿着长袍懒洋洋地闲荡着，冷漠、蓬头散发，没有任何决心。在革命者看来，俄国长期的落后状态和她的邋遢社会是相辅相成的。《我们该怎么办？》作为一本"激进主义手册"，使革命者敏锐地意识到俄罗斯的落后，看到了"新人民"和"新生活方式"所描绘的是什么？作为革命性的命令，摆脱根深蒂固的落后状态是俄国革命思想的一个重要组成部分。因此，俄国革命者一直在思考和讨论集体制度和合作空间变革性之间的关系及其相互影响。

　　城市规划者和建筑师也在城市与建筑设计领域进行了实验性的乌托邦建筑畅想。前卫的建筑师迫切地向工业化迅速发展的西方寻求答案，特别是向经验丰富、技术先进的西方前卫建筑师学习。在法国建筑师勒·柯布西耶的理念"建筑是居住的机器"的思想启发下，他们意识到重新进行城市规划对交通机械化和城市基础建设扩大的必要性。这使得现代建筑师联盟呼吁通过更宽阔的林荫大道、更宽阔的道路、更多的树木和新鲜空气来改造这座城市，以追求难以捉摸的"新生活"。

　　列宁在艺术领域保持了传统的口味，喜欢古典音乐、文学、艺术

等，这与他出生在知识分子家庭和受传统教育不无关系。前卫派艺术对于他来说是与颓废联系在一起的他所称的"未来主义"，但是，他并没有过多干涉，并没有施加权力的影响，更没有兴师问罪。

除了社会改革的自由的氛围外，两所艺术学校的艺术革命，首先是在工业文明科学发展主义思潮的直接影响下发生的。这种影响就表现在"真实"成了艺术进步的唯一表征。具体来讲，设计师们运用科学的思维来试图解决社会中存在的问题。为什么"科学"和"写实"之间会有如此关联，因为科学主义实为写实主义的精神内核，提倡写实其实和人们崇尚科学紧密联系的。写实强调艺术应该并且能够如实反映客观现实，这和科学主义相信通过科学可以把握现实世界的思路是一致的。

在20世纪20年代呼捷玛斯的初级教学方法"建筑的学术研究与创新探索"中，学生从一个学习领域自由转向另一个领域学习，即将学术研究与创新的实践探索进行有机融合，教学方法科学有效地帮助学生们摆脱当时的思想困境。对此，20世纪20年代艺术创作中客观性和主动性的辩证结合原则发挥了巨大的推进作用。

在设计教育的历史上，苏联的呼捷玛斯和德国的包豪斯成为影响世界发展的研究中心。包豪斯的瓦尔特·格罗皮乌斯在《包豪斯宣言》中写道："建筑师、画家、雕刻家，我们都必须回到手工艺品上！因为没有'专业艺术'。界限之类的东西。艺术家和工匠之间没有本质区别。艺术家是一位崇高的工匠。"工匠知道并非常了解如何很好地使用材料。

在制定设计方案的过程中，建筑师决定着科学在建筑相关的四个领域中发挥的作用与意义（社会经济因素影响的领域、建筑与自然相互影响的领域、工程与工艺领域、建筑造型和风格形成的自我发展领域）。科学影响的范围（取决于建筑和人文、建筑和自然、建筑和技术存在的领域）既取决于国家、社会、建筑的个性目标、城市规划，又与建筑创作本身的个性特点相关。呼捷玛斯教学活动中造型设计的功能基础将在现代建筑设计实践中得到进一步解读。

建筑师按照要求设计的、具有特定功能的建筑往往是在最后一个阶段多次改变设计的初始目的。所以说，尼·拉多夫斯基、弗·科林斯基和尼·多库恰耶夫团队从艺术秩序原则总结出的、关于某些抽象造型的存在的结论是具有生命力的。抽象造型为研究建筑形态的特性、创造新类型及变体奠定了基础，同时也在呼捷玛斯的理论研究、学术研讨、年级设计和毕业设计作品中得到了发展。"艺术造型是艺术课程的核心。它具有自己的特点。艺术造型依靠这些独一无二的特征吸引观众的注意力，并且在感知的过程中对观众的心理产生一定的组织性影响，从而引发一定的情绪。"

哲学家弗·康克认为，科学禁忌是在一定的理论框架内进行的。现在，建筑领域感知理论的发展水平，一方面取决于大脑工作的神经生理机制，另一方面取决于建筑设计、建筑技艺和城市规划理论体系。呼捷玛斯在其研究中，在心理分析方法形成中所体现的双重性，

确定了建筑研究和设计创新的方向。建筑师越来越多地依靠创新构想和最新的哲学体系来寻找新的建筑造型和新的艺术形式表达，研究动植物世界、自然景观结构的规律。设计者将与典故和深层次联想的直接类比结合起来，试图体现某种建筑类型新的形式。

建筑为实现人类活动过程中的空间-时间特性提供了物质空间条件。因此，在这个过程中或在整个过程中，建筑工程的结构规律及其特点体现得最为明显。然而，建筑作为艺术的一种，它的特性赋予建筑作品以公众性。它是揭示和理解建筑设计本质的一部分，也是建筑实践和教育科学研究的一个重要主题。

总的来说，呼捷玛斯与包豪斯现代造型运动的"科学"和"民主"意识给了世界现代艺术发展进程很大的影响。它激发了艺术家自由的、创造的主体心态，极大地拓展了艺术表现的题材，赋予其深刻的人文关怀，涌现出了很多杰出的影响深远的优秀作品，真正可以算是艺术革命的现代化成果。

可以说，呼捷玛斯和包豪斯在理性建筑设计领域提出的方法论，将科学知识转化为教学原则，在解决建筑艺术问题时积极采用的启发式创造性方法，都具有重要的现实意义。随着人类活动的日趋复杂化，技术进步和生态领域日益加剧的不确定性，汲取呼捷玛斯与包豪斯提出的教学原则的经验，将学术研究与创造性直觉相结合，将在未来的建筑与设计教育中发挥战略意义。

注释

1. 汉尼斯·迈耶（1889—1954），瑞士建筑师，包豪斯第二任校长。

2. 阿·加恩（1887—1942），苏联先锋派艺术家、艺术理论家和平面设计师，构成主义发展的关键人物。

3. 阿道夫·贝恩（1885—1948），批评家、艺术史学家、建筑作家和艺术活动家。他是魏玛共和国先锋派的领袖之一。

4. 赫伯特·拜耳（1900—1985），1900年生于匈牙利，1921年进入包豪斯求学，1925年，拜尔成为包豪斯新一代教师。

5. 1928年，在瓦尔特·格罗皮乌斯的推荐下，校长的职位被移交给了瑞士建筑师兼城市学家汉尼斯·迈耶，他曾在1927年是包豪斯建筑系主任。迈耶和学生们一起，在柏林附近的伯瑙建造了德国工会联邦学校（ADGB），在德绍建造了居民区扩建项目（Laubengang Hauser：可以从阳台进入的房子）。

6. 《现代建筑》（CA），是1926—1930年在莫斯科出版的苏联期刊。它报道了城市建设、住房和工业建筑、设计、建筑和建筑理论，在推广现代建筑设计理论及思想方面发挥了重要作用。

7. 自20世纪20年代以来，几何抽象就被称为抽象艺术的一章，其基础是将简单的几何形状结合到虚幻空间的主观合成中。它是对早期造型艺术家过度主观性的一种反应，试图使自己远离纯粹的情感。这些艺术家的批判性话语在面对先前的大多数动作试图代表三维现实的努力中，由于对二维的加剧提升而得到补充。

8. 莫霍利·纳吉（1895—1946），20世纪最杰出的前卫艺术家之一。曾任教于早期的包豪斯，奠定了包豪斯构成教学的基础，强调理性、功能。他在学术上对表现主义、构成主义、未来主义、达达主义和抽象派兼收并蓄，以各种手段进行拍摄试验，最为突出的研究是以光、空间和运动为对象。他曾以透明塑料和反光金属为实验材料，创作"光调节器"等雕塑。他生前著有大量艺术理论著作，《新视觉》（1946）和《运动中的影响》（1947）是最著名的两部。

9. 1923年之前，包豪斯的指导方针是1919年瓦尔特·格罗皮乌斯发表的包豪斯宣言，其核心思想是打破艺术种类的界限，拯救遗世独立的手工艺人，将手工艺人提高至艺术家的层次。随着德国工业生产的发展，格罗皮乌斯逐渐发现传统的手工艺教育模式已经无法满足工业时代的生产要求，同时，还受到来自苏联的构成主义的影响，他越来越认识到工业技术的重要性。

10. 莫斯科中央消费合作社总部大楼（Tsentrosoyuz Building，俄语：Центросоюз，1928—1933）是俄罗斯莫斯科的一座政府建筑。大楼里的办公空间为3500人服务，还有餐厅、报告厅、剧院和其他设施。

11. 1926年，勒·柯布西耶提出"新建筑五要素"：独立基础的柱子架空底层；平屋顶花园；自由平面，墙无需支撑上层楼板；横向的长窗于两柱之间展开；自由立面，可以独立于主结构。

12. 1920年勒·柯布西耶同奥赞方以及其他的一些诗人、画家、雕刻家等人共同出版了《新精神》杂志。

13. 《风格与时代》作者是金兹堡，书中集中概括了革命后头几年里俄罗斯先锋文化中大量涌现的纲领，比当时所有的著作都更全面透彻地形成了系统化的理论。它从建筑在新的社会主义社会中的地位出发，阐明建筑在社会方面和技术方面都合理化的必要性和途径，现代建筑要组织新的生活，给新生活以形式。

14. 20世纪30年代建成的实验住宅"纳康芬住宅"（Narkomfin Building），是莫·金兹堡对集体生活的一次勇敢尝试。

15. 1952年，法国马赛市郊建成了一座举世瞩目的超级公寓住宅——马赛公寓大楼，它像一座方便的"小城"。这座被人们称为"马赛公寓"的建筑，是勒·柯布西耶著名的代表作之一。

16. 20世纪20年代后期，苏联构成主义理论大师莫·金兹堡首次提出了"社会凝结器"的构想，这是20世纪20年代苏联建筑先锋派首要且最广泛的建筑设计概念。

17. 《艺术中的精神》是现代美术史上最重要的文献之一，是解放艺术与物质现实的传统束缚运动中的先驱作品。作者是瓦·康定斯基，书中解释了康定斯基自己的绘画理论，并巩固了当时影响其他现代艺术家的思想。这本书与其开创性的绘画作品一起，对现代艺术的发展产生了巨大的影响。

18. 保罗·克利（1879—1940）年轻时受到象征主义与年轻派风格的影响，创作了一些蚀刻版画，以反映对社会的不满。后来他又受到印象派、立体主义、野兽派和未来派的影响，画风转为分解平面几何、色块面分割的画风走向。他1920—1930年任教于包豪斯学院，认识了瓦·康定斯基、费宁格等人，他们被人称为"四青骑士"。

19. 约翰内斯·伊顿（1888—1967），瑞士表现主义画家、设计师、作家、理论家、教育家。他是包豪斯最重要的教员之一，也是现代设计基础课程的创建者。

20. 《点、线、面》由瓦·康定斯基所著，最早作为包豪斯学校形式课程的讲义出版，是现代主义艺术的经典文献。书中内容可以看作是《艺术中的精神》的续篇，全书共分为三部分，分别讨论了平面构成的三大元素，即点、线、面的形式特点，极具实践参考价值。

21. 伊·爱伦堡（1891—1967），苏联作家、诗人，布尔什维克革命家、新闻记者和历史学家。

22. 1922年，由拉·里西茨基和伊·爱伦堡共同创办的一本国际设计杂志《主题》（Veshch/Gegenstand/Objet），以苏联、德国和法国的文章为特色著称，共出版了两期。杂志的目的是宣传构成主义经验，传播他们关于艺术在革命社会中的作用。这些文章强调了当时苏联和西欧设计师之间的重要对话，包括那些在包豪斯等机构工作的设计师。

23. 弗·马雅可夫斯基（1893—1930）是苏联诗人、剧作家，代表作长诗《列宁》从正面描写了列宁的光辉一生，描写群众对列宁的深厚感情。

24. 第一届俄国艺术节是继俄国革命之后在柏林举行的第一次展览。它于1922年10月15日在林登下21号的范·迪门画廊（van Diemen Gallery）举办。这次展览是由苏联人民教育委员会主办的，它与苏联当时前卫艺术的发展，尤其是构成主义的发展有着密切的关系。

25. "构成主义艺术之屋"（Proun Room）是俄罗斯艺术家拉·里西茨基于1923年所作。

26. 约瑟夫·艾尔伯斯（1888—1976）德国艺术家，理论家和设计师，毕业于包豪斯设计院。曾在包豪斯、黑山学院和耶鲁大学等院校教授过设计基础课程（即初步课程），并以其独到的教育理念赢得了艺术与设计界的广泛认可。艾尔伯斯在颜色的理论上作出了重大贡献。

27. 尼·车尔尼雪夫斯基（1828—1889），俄国唯物主义哲学家、文学评论家、作家，革命民主主义者。

第 6 章

世界现代艺术史体系
框架中的呼捷玛斯

源于19世纪末20世纪初的现代主义建筑运动与现代艺术运动密不可分。即便如此也不可否认，现代艺术运动早于现代建筑运动。在世界现代艺术史的发展过程中，这种趋势、这种现象非常值得探讨与研究。抽象艺术和抽象造型艺术，哪些人、哪些流派对现代建筑思想的萌芽产生了影响，在现代建筑的发展过程起到何种作用，抽象艺术对现代建筑的造型在哪些方面产生了影响，这些前卫艺术家的抽象艺术活动如何影响建筑设计，这些都是现代建筑起源研究中非常值得深入研究的问题。

现代主义建筑的起源与传统的建筑与艺术有着非常深刻的联系，是对传统价值的一种新判断。当时即将到来的20世纪的现代社会，即将到来的新艺术的发展，现代艺术新的创作，都与现代建筑新的创作有莫大的关联。

传统的古典主义艺术，是一种写实性的描写性艺术。以现代的新技术和新科学为基础的新艺术，正向着更加客观实质的抽象方面转变。每一个时期现代主义建筑的先驱，对此问题都有不同的看法。各种各样的看法与实践、不同的争论、不同的自由创作、不同的个人感受，奠定了现代主义建筑发展的重要基础，但起源阶段的思想与探索更具有原创性，更具有前卫性，更值得深入研究。

古典主义时期的建筑基本上是以贵族和权贵文化与权利展示为表征的，它主要是写实的，是对自然和对贵族权利的一种表现，是对财富和权力的一种炫耀。到了19世纪末，中产阶级的接地气、勤勉和诚实表现在建筑上，表现在艺术上。这就需要有更加突出的、实用的、真实的现代客观表现的艺术。

随着20世纪科学技术的进一步发展，写实与描写等为达官贵人服务、以炫富和个人权力象征为基本代表的古典主义艺术特征，开始向客观抽象逐渐转变，开始体现中产阶级以及无产阶级重视的实用特征，体现中产阶级和无产阶级的诚实，以及中产阶级和无产阶级自身的生产生活需求。这是现代文化的一种引导，对于无产阶级而言，这是一种自我新价值的体现和自我生活的表现，文化性的体现也是自我存在的一种方式。

对传统艺术价值的新判断，与在时代转折的过程中新时代所带给人们的启发，有着很大的关系。呼捷玛斯和包豪斯的探索实践对西方艺术史影响深远，甚至影响到20世纪80年代的后现代主义，它们一直都是非常重要的现代主义建筑起源的重要基础。

现代主义，实质是人的一种解放，一种物质的民主，一种精神的民主。在人的解放与民主的基础上，物质文明应运而生，这种物质文明具有了民主的属性。在这种物质文明、民主进步的基础上，对美学的探索，对现代性的追求，也是现代主义艺术与建筑非常重要的一个表现方面，也是我们所说的现代主义的物质与精神的美学。

从世界现代艺术史的发展过程中，从抽象艺术对现代建筑的影响中来看，研究呼捷玛斯的历史地位是近年来西方学者对呼捷玛斯研究的一个重要方向。在逐渐的研究过程中，在逐渐发现的历史史料中，在迷雾拨开的文献历史的深刻揭示过程当中，呼捷玛斯对包豪斯的影响，呼捷玛斯对苏联前卫建筑的影响，呼捷玛斯在世界现代艺术史中的地位与作用逐渐清晰起来。

6.1 呼捷玛斯在世界现代艺术史发展框架中的定位

在早期的抽象艺术发展中，在塞尚、卢梭以及巴黎的新印象派画家的影响下，逐渐产生了立体主义；在梵高、高更等的象征主义画派的影响下，逐渐产生了野兽主义的画派。这些早期抽象主义画派的出现，打破了传统写实主义一点透视式宫廷画师的真实性描写艺术，开创了多点透视与抽象主义表达的新方式。这一点，不可否认地归功于1839年照相机的发明，它的发明逐渐刺激了先驱艺术家敏锐的创造力，也促进了对人类未知世界洞察力的提升，开创了人类艺术世界认知的新纪元。

这些早期的探索与20世纪初出现的机器化工业革命逐渐交融起来，产生了机器主义美学。机器主义美学与抽象绘画紧密结合，逐渐产生了苏联的至上主义、构成主义，法国的达达主义、纯粹主义，荷兰的风格派，意大利的未来主义，德国的表现主义等。艺术与技术的进一步结合，逐渐影响到现代建筑的起源，影响到被德国著名哲学家黑格尔称为"七大艺术"之首的建筑[1]，这也是现代建筑的产生晚于抽象艺术的现实。

诚然，这与现代建筑物质实现的技术基础具有一定的关系。现代建筑结构与建造技术的滞后是现代艺术早于现代建筑出现的一个原因，也是抽象艺术家自由创作易于表达自我的优势所在，而建筑师创作的现代建筑作品，需要依附于更多的技术建造条件、更多的经济条件。

无论如何，早期的抽象绘画艺术对现代建筑的影响不容忽视，现代抽象艺术对现代建筑的深刻影响力，令世人深思。研究早期抽象艺术对现代建筑的影响，研究呼捷玛斯的抽象绘画与建筑设计在苏联前卫艺术中的定位，研究呼捷玛斯在世界抽象艺术发展中的定位，在今天仍具有非常重要的意义。

6.1.1 阿尔弗雷德·巴尔的研究框架与贡献

阿尔弗雷德·巴尔1902年1月28日生于美国密歇根州底特律，1981年8月15日于康涅狄格州索尔兹伯里逝世。阿尔弗雷德·巴尔16岁时进入普林斯顿大学学习艺术史，1922年获得学士学位，次年获得硕士学位。他在普林斯顿正式学习了艺术史的各个领域。然而，阿尔弗雷德·巴尔的主要兴趣是当代艺术历史的研究。1923年，在阿特瓦萨学院，阿尔弗雷德·巴尔开始了教学生涯，并在1923—1927年间，他还任教于普林斯顿和耶鲁大学。在韦尔斯利，他教授了一门开创性的课程，名为"现代绘画中的传统与反叛"，这是所有大学里第一门研究在世艺术家的课程。

1929年，阿尔弗雷德·巴尔担任纽约市一座新的现代艺术博物馆（MoMA）的馆长。同年11月，他以塞尚、高更、修拉、梵高的展览为MoMA开馆揭幕，当时MoMA位于纽约第57街和第5大道赫克舍尔大厦的6间出租房中。

阿尔弗雷德·巴尔设想以一个博物馆展示和收集整个当代文化，包括高雅文化及普通的世俗文化。他将这个机构组织最终定位为传统艺术形式（绘画、雕塑、版画和素描）的部门，以及建筑（1932年成立）、电影（1935年成立）和摄影（1940年成立）的收藏展示部门。从一开始，他就自由地尝试各种展览，把博物馆当作自己的实验室。当时开创性的"机器艺术"（1934年）展览[2]，由博物馆建筑部主任菲利普·约翰逊策划和设计，展示了现代工业设计及机器主义的形象。工业设计公司生产的水龙头、船用螺旋桨等实物像艺术品一样在展览中展出，并对公众进行民意调查，选出展览中最美的实物作为当代艺术美学的代表。

1938—1939年，阿尔弗雷德·巴尔策划组织了著名的"包豪斯：1919—1928年"展览，向美国观众展示了瓦尔特·格罗皮乌斯创立并主导的著名德国设计艺术学校，展示了在不到十年的时间里包豪斯设计制作的近700件艺术品。阿尔弗雷德·巴尔曾在1927年访问了德绍的包豪斯，并将其美学和哲学介绍给更广泛的美国公众。这个展览是包豪斯设计在美国也是在全世界第一次最大规模的展览，引起了极大的轰动，从而奠定了包豪斯设计的世界定位。

研究和展示当代建筑是MoMA的重要使命之一，也是阿尔弗雷德·巴尔现代艺术研究展示的重要内容。"现代建筑：国际风格展览"（1932年），由菲利普·约翰逊[3]和亨利·罗素·希区柯克[4]策划，向公众展示了如何在博物馆里展出建筑。策展人还创造了用"国际风格"一词来描述欧洲最新的建筑，即玻璃和钢结构的极简美学。

1939年，MoMA在一个永久性的馆藏空间中开始其现代艺术博物馆事业的新篇章。这是一座由菲利普·古德温和爱德华·斯通设计的国际风格的新建筑，位于纽约西53街11号，采用了一种全新的博物馆建筑形式。作为美国最早采用国际风格的建筑设计，博物馆建筑全部采用了包豪斯整体建筑设计的原则，以其鲜明的几何外观，体现了博物馆藏品中所蕴藏的文化与知识和时代使命。

阿尔弗雷德·巴尔对现代艺术史研究的贡献

阿尔弗雷德·巴尔是一位备受尊敬的史学家和现代艺术鉴赏家，同时也是一位敢于冒险、爱争论的人物。他以独一无二的作风和执拗的教条作风而在同事中闻名。他的非传统、创新的展览思路拓宽了艺术的定义，也拓展了20世纪博物馆的新使命，使之成为文化对话的论坛。他在博物馆中展示的实物包括标准石油公司（Standard Oil Company，1934年）设计的汽油泵、梅雷特·奥本海姆（Meret Oppenheim）[5]的皮草茶杯（fur-Coed teacup，1936年），以及乔·米隆（Joe Milone，意大利人）精心制作的擦鞋架（shoeshine stand，1942年）。人们在观看时讨论、争议这些机器主义的产品，并引起了轩然大波，它们促使人们思考什么是现代艺术。

在阿尔弗雷德·巴尔领导下举办的其他著名展览包括"文森特·梵高"（1935—1936年），可以说是艺术界第一个轰动世界的展览；"立体主义和抽象艺术"（1936年）和"奇幻艺术、达达、超现实主义"（1936—1937年），这两个重要的展览向美国介绍了欧洲和美国的一批优秀前卫艺术家的作品；"摄影1839—1937"（1937年，由博蒙特纽霍尔策划），是博物馆首次关于新兴媒介的艺术展览，展出了800多件摄影作品，对摄影近百年的历史进行了全面的回顾。

在掌舵MoMA近15年后，阿尔弗雷德·巴尔于1943年当选为博物馆董事会成员。在接下来的几年里，他仍然活跃在博物馆，并且完成了他对现代艺术家研究的第二部专著——《毕加索：五十年的艺术》（1946年），他用这部专著获取了哈佛大学的博士学位。1947年，MoMA重新聘请他作为收藏部主任。不久之后，他出版了另一部专著《马蒂斯：他的艺术和他的公众》（1951年），他以一个独特的现代眼光广泛地审查了亨利·马蒂斯这位抽象艺术家和他的全部工作，阿尔弗雷德·巴尔对亨利·马蒂斯的研究最早出现在1931年亨利·马蒂斯的展览介绍和作品目录中。

阿尔弗雷德·巴尔于1967年从MoMA退休，他将博物馆重新定义为观众可以自由学习和互动的地方，而不仅仅是收集、保存、储藏艺术品的专门机构。在21世纪，他仍然被认为是美国及世界范围内理解现代主义建筑和现代艺术的先驱，是现代博物馆向社会公众推广艺术的最重要的贡献者之一。

阿尔弗雷德·巴尔建立的纽约现代艺术博物馆是世界上最有影响力的博物馆之一。在他这种全新的研究与展览工作的同时，他也创造并树立了现代艺术研究的经典。阿尔弗雷德·巴尔在1936年"立体主义与抽象艺术"展览目录的防尘套上，首次展示了他绘制的早期现代主义抽象艺术发展的手绘框架图，这不仅帮助世界理解他所说的"几何"和"非几何"的抽象艺术，而且奠定了抽象艺术发展的整体研究框架，今天看仍是现代主义艺术研究的经典。

作为MoMA的创始馆长、重要的现代艺术史研究大师，阿尔弗雷德·巴尔在他1936年的经典图表中描绘了现代主义艺术较全面的发展框架，其中将构成主义和至上主义俄罗斯前卫派的两次主要艺术运动置于立体主义之下。同时，未来主义、奥费主义[6]、（抽象）达达主义、纯粹主义、风格派和新造型主义，都被认为是立体派更突出的成果，而它们中的大多数都借鉴了阿尔弗雷德·巴尔所说的"机器美学"。包豪斯被定义为构成主义和至上主义前卫艺术运动的产物，它与（抽象）表现主义、纯粹主义、风格派和新造型主义一起被称为"现代建筑"的鼻祖。尽管构成主义和至上主义占据着突出的地位，但阿尔弗雷德·巴尔却选择性地省略了呼捷玛斯这个在阐明前卫艺术运动的理论纲领和实际成果方面发挥了核心作用的机构。除此之外，呼捷玛斯在现代建筑概念中也发挥了关键作用，同时它的教学研究贡献和理性主义一起，是构成主义最有力的学术竞争对手。

阿尔弗雷德·巴尔与呼捷玛斯

作为一个充满活力的现代艺术青年学者，阿尔弗雷德·巴尔当年34岁，显然，他很清楚呼捷玛斯学派所起到的核心作用。据报道，1927—1928年冬天，他在莫斯科逗留了两个月，期间三次访问了呼捷玛斯，因此他一定有机会全面了解这所学校。但在1936年，也就是在阿尔弗雷德·巴尔访问呼捷玛斯过去了近十年之后，他在MoMA举办的现代艺术展上所展出俄罗斯前卫艺术家的作品（他们都是呼捷玛斯的教授），包括亚·罗德钦科、拉·里西茨基、弗·塔特林和莫·金兹堡等。然而，阿尔弗雷德·巴尔并没有把这些作品列为呼捷玛斯学校的作品，并没有因此与呼捷玛斯学校建立任何的联系，事实上，他根本没有提到呼捷玛斯。相比之下，包豪斯学校教授的一些作品设计，如瓦尔特·格罗皮乌斯和奥斯卡·施莱默，则都是建立在呼捷玛斯基础之上的，甚至拉·里西茨基在1927年设计的"抽象橱柜"也是在呼捷玛斯完成的。虽然拉·里西茨基多次参观包豪斯，他与学校的密切联系是不可否认的，但他并不是包豪斯的教员。而1925—1930年间，他一直在呼捷玛斯任教，在木加工系和金属制造系进行家具和室内设计教学指导工作。瓦·康定斯基是唯一一位在这两所学校都任教的教师，那年60岁的瓦·康定斯基，和他同名的椅子一起出现在赫伯特·拜耳（Herbert Bayer）设计的包豪斯的海报中。似乎只有阿尔弗雷德·巴尔对包豪斯的信任才促使他选择性地遗忘了呼捷玛斯。

6.1.2 对阿尔弗雷德·巴尔研究框架的补充与完善

阿尔弗雷德·巴尔的立体主义和抽象主义的研究框架图清晰地表明了19世纪末20世纪初现代建筑和现代艺术发展的脉络（图6-1）。图中对现代主义艺术与现代建筑的关系进行了全面深刻的梳理，较全面地展示了现代艺术与现代建筑发展的整体框架，这成为现代艺术史研究的经典之作。

东方中国山水画的现代意义

随着研究的进一步展开，阿尔弗雷德·巴尔研究框架图中的缺憾逐渐显现出来，如早期的日本版画对梵高的影响，对巴黎野兽派绘画影响的最初源头，这些都是源于中国山水绘画对日本浮世绘绘画的影响，并不是日本版画影响了梵高，而是日本浮世绘绘画对梵高产生了极大的影响[7]。现代主义绘画与传统古典主义绘画最大的区别在于抽象写意与真实的描写，散点透视的抽象与运动和一点透视的真实反映。

在阿尔弗雷德·巴尔现代艺术发展的框架图中，应加上中国山水绘画对日本浮世绘绘画的影响，中国传统山水绘画的写意与散点透视的空间表达的影响和启发，这些对梵高绘画直接的激发，开创了西方抽象绘画最初的尝试。

照相机对现代艺术的影响

在阿尔弗雷德·巴尔现代艺术发展研究框架图中，忽略了另一个重要的事实就是照相机的发明。从1839年照相机出现的第一天开始，便有人开始怀疑绘画的价值，照相机的出现，对写实性绘画的挑战是不言而喻的。人类通过物理光学和化学的手段，终于将转瞬即逝的时光固定并留了下来，从而告别了人类以手工方式描绘自然的时代，开始了人类通过机械和药物快速将自然转化成影像的新历史。对此，保罗·德拉罗什（Paul Delaroche）[8]在达盖尔摄影术出现的1839年就做出了评价："从今开始，绘画死亡。"（From today, painting is dead）。现在看来，其实只是古典绘画死亡了，或者可以说，现代绘画真正诞生了。画家不必再承担以模仿和描绘真实的自然对象为主要职责，不需要重视比例透视、解剖结构，无须考虑形体、空间和质感的逼真模仿，甚至可以脱离"再现艺术"[9]这一桎梏，任由画家描绘

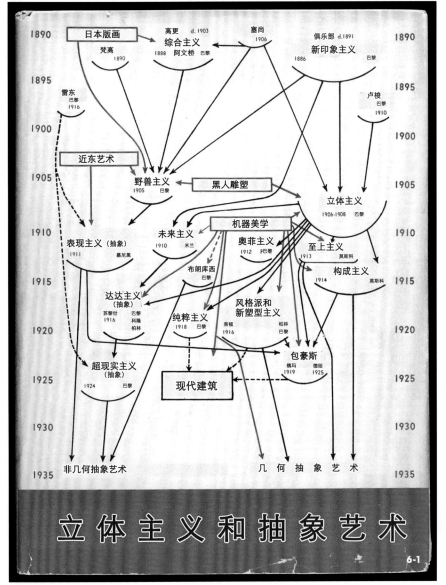

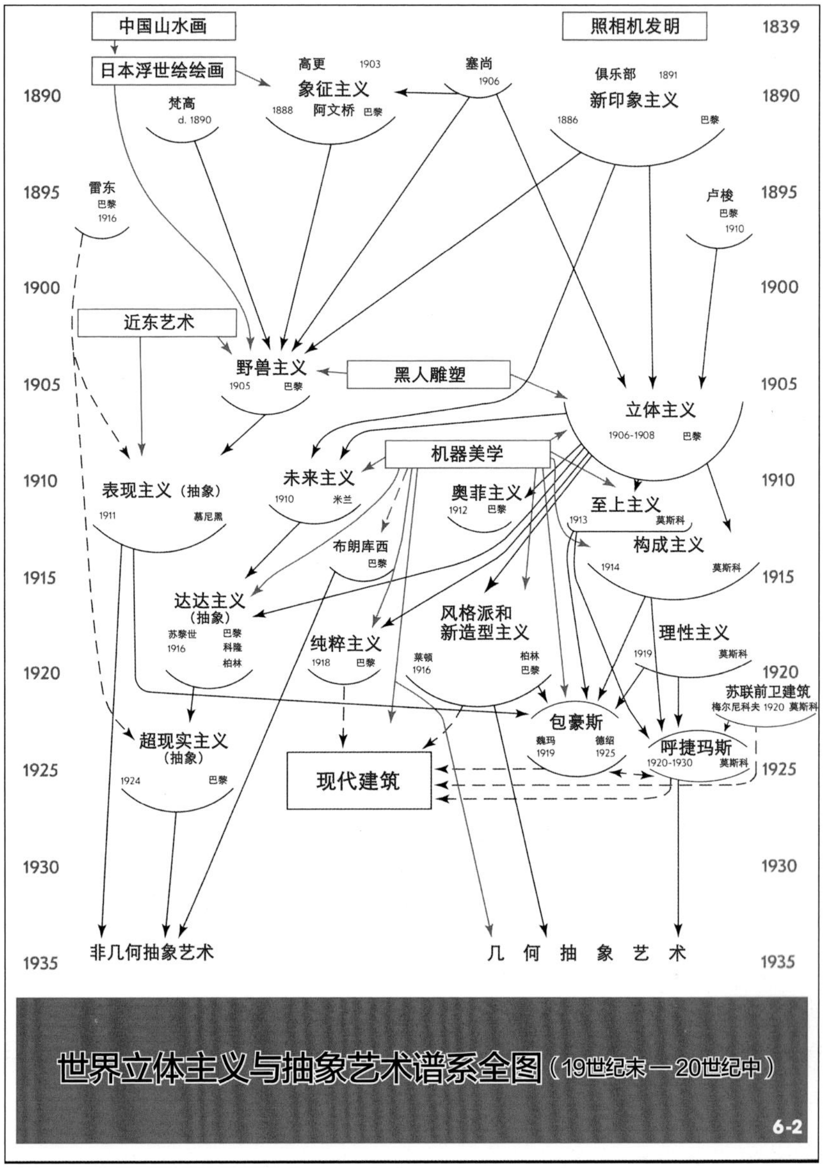

图6-1　1936年阿尔弗雷德·巴尔《立体主义与抽象艺术》封面（中文翻译）

图6-2　补充完善的抽象艺术发展谱系全图

主观意愿。印象派、后印象、野兽派、立体主义、超现实主义、未来主义、达达主义、表现主义、抽象派、行动绘画、波普、照相写实、光效应艺术相继应运而生，记录现实这一任务交给摄影技术就可以完成。

此时西方的画家们果断地放弃了传统写实主义一点透视的绘画技法，转向多点透视，追求时间与空间的运动。对色彩色块三维空间组合的抽象绘画的探索成为主流，因此在阿尔弗雷德·巴尔的发展框架图中非常有必要加上1839年照相机的发明，因为这一伟大的发明促生了人类抽象主义现代艺术的探索（图6-2）。

阿尔弗雷德·巴尔对呼捷玛斯选择性的遗忘

在阿尔弗雷德·巴尔现代艺术发展的研究框架图中，最大的遗憾便是遗忘了呼捷玛斯与苏联前卫建筑对现代主义运动的影响，虽然在

1927—1928年冬天，阿尔弗雷德·巴尔曾经在莫斯科待了两个月，并三次拜访了呼捷玛斯。他不可能没有看到呼捷玛斯前卫艺术与现代建筑教育方面的独特成就，他曾在自己的日记中写道："很显然，莫斯科是培养文学和艺术人士的沃土，是世界上任何其他地方都难以与他相比的，我们认为这里是世界上最重要的地方，有如此丰富、如此多的东西可以看，人、剧院、电影、教堂、图片、音乐，但却只有一个

月的时间去领略。"按照他日记中记述的，包括他对莫斯科的了解，对呼捷玛斯的拜访，可以推测他不可能没有看到呼捷玛斯独特的贡献。

在1936年他策划组织的MoMA展览上，他选择性地展示了亚·罗德钦科、拉·里西茨基、弗·塔特林、莫·金兹堡等呼捷玛斯教授的个人作品（图6-3）。显然，他并没有将这些作品的创作与呼捷玛斯这所学校独特的现代主义建筑教育的贡献联系起来，在展览中，他还在包豪斯的展览区展示了1927年第2期苏联的《现代建筑》杂志。这是莫·金兹堡主编的一本学术期刊，也是世界上较早的用《现代建筑》名称展示建筑设计研究成就的杂志之一（图6-4）。他也没有将苏联前卫建筑研究的成果与呼捷玛斯联系起来。

正如著名艺术史学家肯尼斯·弗兰姆普敦在安娜·博科夫所著的《呼捷玛斯》一书序言中写道："不管怎样，这种长期以来的众多不幸，这种众多不幸的巧合都掩盖了这样的一个事实，包豪斯许多开创性的教学和设计方法都来源于呼捷玛斯。"从呼捷玛斯对包豪斯的影响方面，从呼捷玛斯独特的现代艺术教育体制及开创性的教学和设计方法方面，从呼捷玛斯前卫艺术理论的研究方面，从呼捷玛斯教授们的现代建筑设计建成作品方面，都应该将呼捷玛斯纳入阿尔弗雷德·巴尔所列的现代艺术发展图谱当中。

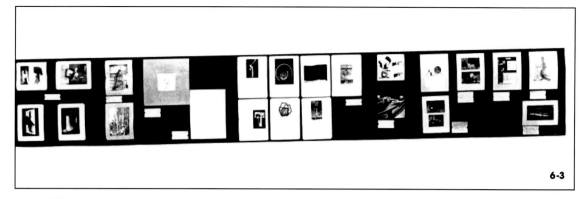

图6-3　展览现场照片

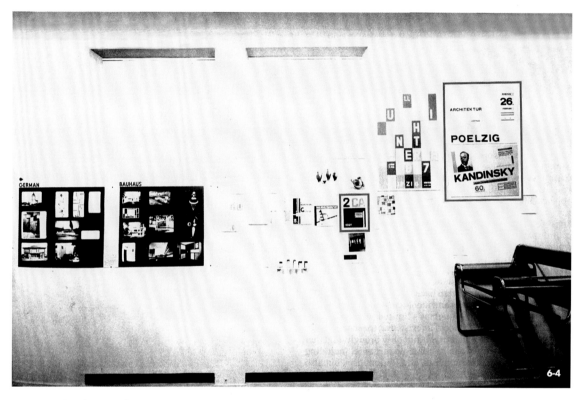

图6-4　红框中的《现代建筑》杂志封面

苏联前卫建筑与康·美尔尼科夫的世界影响

此外，呼捷玛斯在20世纪20年代的一次重大国际建筑和设计活动——巴黎国际装饰艺术博览会（1925年）中获得了极大认可。由呼捷玛斯教授康·美尼科夫设计的苏联馆赢得了展览大奖。建筑师康·美尔尼科夫在巴黎世博会上受到好评，受到当时法国民众的欢迎而获得了许多奖项，也受到欧美一些名流建筑师的称赞，称赞他的作品是整个展览中最好的作品。苏联馆的建成时间早于包豪斯校舍（1926年）、萨伏伊别墅（1929—1931年），并且比魏森霍夫国际建筑展（1927年）早两年。

康·美尔尼科夫的特立独行，在当时的时代背景下绝对是一个异类。在多数现代建筑都遵循正统的设计路线时，他用自己的作品重新定义现代建筑的独特形式；在所有人都拥抱现代材料的时候，他仍对传统材料的现代可能性进行探索。甚至于在国家整体奉行无神论的时代，他也是一个笃定的宗教信仰者。这种桀骜不驯的性格决定了他对现代主义建筑独到的个人理解。他对现代主义建筑造型创新的个人奋斗，也充分表现在他自己住宅的设计中，1927年他设计的住宅成为现代主义建筑设计的典范，成为后人致敬的经典作品。康·美尔尼科夫是现代建筑史上少数几个可以超越结构与材料的局限，仅仅依靠个人出色的才华和独到的理论，使建筑创作进行革命的大师。康·美尔尼科夫的名言，"除了美，建筑并不存在"，成为后代崇拜的现代主义建筑理论的经典。

康·美尔尼科夫在呼捷玛斯任教，但他所教的不属于至上主义、构成主义、理性主义之中的任何一个学术流派。当时的苏联现代主义建筑设计方面的贡献不仅仅是在理论方面的探索，更是在众多建筑流派的作品创作中。20世纪20年代苏联现代主义建筑作品大量的实践，众多新颖的理论探讨都成为现代主义建筑的起源，都对世界现代主义建筑的理论产生了巨大的影响。这些探索或多或少地影响到包豪斯；影响到风格派，影响到欧洲的现代主义建筑的创作；影响到20世纪30年代之后的美国现代主义建筑的创作；影响到今天世界建筑师的创作；特别是影响到第二次世界大战以后的建筑创作。因此，非常有必要将康·美尔尼科夫及苏联前卫建筑的贡献，在世界建筑艺术史中重新定位；非常有必要在阿尔弗雷德·巴尔的艺术史研究框架中补充上康·美尔尼科夫和苏联前卫建筑这一不可缺失的内容。

6.1.3 苏联前卫艺术与先锋建筑在世界现代艺术史中的定位

在整个20世纪20年代，苏联都是世界现代主义艺术主导的重要力量，其流派之广，作品之丰富，现代建筑实践之多样，都极大地影响了欧洲现代主义艺术与建筑运动，进而充实了世界现代艺术与现代建筑的宝库。特别是第二次世界大战后，百废待兴，思潮再次涌动，工业技术的进一步发展，世界人民文明更多的需求等，再一次推动了早期苏联现代艺术与现代建筑的传播。

1913年，卡·马列维奇至上主义理念及标志性作品"黑色正方块"的诞生，开创了人类现代艺术史的新篇章，其之后的至上主义建筑创作，展示了至上主义三维空间的魅力，至上主义极大地影响了呼捷玛斯与包豪斯，对现代建筑造型的研究，在世界现代艺术史与现代建筑的早期发展中占据重要的地位。

在呼捷玛斯诞生的构成主义是现代建筑起源阶段最初的三维空间造型艺术流派之一，其通过弗·塔特林与亚·维斯宁的舞台布景造型逐渐过渡到现代建筑设计，构成主义空间与形态结构的技术与艺术的结合，丰富了世界现代建筑的造型语言。

在构成主义与至上主义逐渐成熟之际，1920年左右，由尼·拉多夫斯基在呼捷玛斯创建的理性主义逐渐显露锋芒，苏联的理性主义建筑注重建筑空间形式的艺术问题，探索基于最新建筑材料与结构的建筑空间新造型，重视对现代建筑形式复合构成造型的客观规律的考证，注重人类感知的心理学特征。尼·拉多夫斯基的理性主义建筑思想与创作开拓了人类现代建筑设计"作为一门科学的理论"。

苏联先锋派建筑的实践也为早期现代主义世界的发展提供了众多重要的实证。构成派建筑的维斯宁兄弟，至上主义建筑学派的卡·马列维奇，理性主义建筑大师尼·拉多夫斯基，线性主义建筑学派艺术大师亚·罗德钦科，介于构成主义与理性主义之间的天才建筑大师康·美尔尼科夫，这些苏联当时的先锋派建筑师均对世界现代建筑的起源与早期发展贡献了非常卓越的智慧，占据重要的先驱者地位。他们与各自钟情的前卫艺术一起在世界现代艺术史的起源阶段占据重要的创始地位。因此，应该将苏联前卫建筑与康·美尔尼科夫独特的建筑创作纳入世界现代艺术史体系中，因为它们或许通过呼捷玛斯直接影响了现代主义建筑的发展。

至上主义对呼捷玛斯与包豪斯的影响及其在世界现代艺术史中的地位

至上主义意味着艺术的至高无上。以卡·马列维奇为代表的至上主义者借用该词来特指一种对纯粹极简的艺术风格的追求。强调与人的视觉相联系的"零状态"的感知逻辑。在观念上，以抽象艺术、无主题艺术为宗旨；在形式上，表现为不同色彩的点、线、面、体的相互拼合。通过对形和色的几何化的探索，创造新的形式体系，进而形成新的艺术风格。

至上主义所处的时期恰巧是十月革命的爆发前期，政治局势的不稳定必然造成艺术界的不安定，原来深受重视的写实主义具象艺术已经失去了其受宠地位，抽象主义反而深受大家喜爱与推崇，至上主义的作品显示出鲜明的现代个性是划时代的。正是这种鲜明的、表现深刻的时代精神，才让早期现代主义艺术从中获得及时的并且极其有益的启示。

卡·马列维奇的至上主义不仅影响了苏联大批的追随者，为呼捷玛斯广大的师生提供了良好的思想基础，也改变了德国及欧洲不少国家的建筑、家具、印刷版式、商业美术的设计理念。至上主义传入德国后，对包豪斯的设计教学也产生了重要的影响。之后的几十年时间里，甚至在今天，我们都会在各个时期的抽象主义艺术作品里看到他的影子。卡·马列维奇的至上主义思想及创作的作品也预示了战后从达达主义到后来的极简主义等多种艺术运动时代的来临。同时期的构成主义汲取了至上主义的营养，受其绘画创作和理论影响颇深，进一步影响了之后呼捷玛斯与包豪斯教学理论与课程的创新发展。

至上主义不仅是一种现代艺术思潮，而且是一种现代建筑创作思潮。至上主义的思想在很大程度上影响了苏联前卫艺术与先锋建筑的创作，卡·马列维奇和维捷布斯克大众艺术学校[10]的师生们一起组建了一个创作小组，命名为"新艺术肯定者协会"，其中的成员就有拉·里西茨基。卡·马列维奇从绘画的局限中走出来，转向至上主义的建筑理论研究，并且将戏剧、应用美术和建筑纳入综合的研究范围中。卡·马列维奇把建筑当成一种独特的造型艺术形式，并且试图研究出理想的现代建筑模型。1925年，卡·马列维奇的至上主义从平面转向了立体，从二维转向了三维，至上主义艺术开始出现构造逻辑和空间造型的内容。

美国著名的艺术史学家阿尔弗雷德·巴尔在其著作《立体主义与抽象美术》中写道："卡·马列维奇的至上主义在抽象艺术史中占据着十分重要的地位。作为开拓者、理论家和艺术家，他不仅影响了俄国大批的追随者，而且通过拉·里西茨基和莫霍利·纳吉影响了欧洲抽象艺术的发展进程。他处在一个运动的中心，这个运动在战后从俄国向西传播，与荷兰风格派的影响混合在一起，改变了德国和欧洲不少地区的建筑、家具、印刷版式、商业艺术设计的面貌。"[11]至上主义艺术尽管只是卡·马列维奇整个创作生涯中的一个阶段，但无疑是他最有价值的创造。正如阿尔弗雷德·巴尔的《立体主义与抽象主义》封面的框图所示，至上主义通过影响包豪斯而对现代主义建筑的发展起到了巨大的推动作用，同时至上主义深刻地影响了几何抽象艺术的发展。

卡·马列维奇开创的至上主义艺术推进了整个现代艺术界的革新，对社会的进程和世界现代艺术的进一步发展也起着不容忽视的推动作用。在那个时代，至上主义的出现存在一定的必然性，科技的迅速发展使摄影技术很快传播，摄影技术的出现严重冲击了传统具象艺术的发展，使其日渐衰退，逐步走到尽头，而至上主义的出现恰巧成为现代艺术和传统的具象

艺术的分界点。至上主义艺术的创作理论不仅推动了苏联前卫艺术与先锋建筑的发展，也为当时西方艺术流派的发展指引了方向，并照亮了世界现代艺术蓬勃发展的道路。

构成主义对呼捷玛斯与包豪斯的影响及其在世界现代艺术史中的地位

苏联"构成主义"发展于1917年十月革命前后，是由一批先进知识分子探索的为无产阶级服务的前卫设计探索运动。构成主义者力图表现新材料的空间结构，强调空间的动与势，这个前卫艺术流派的成功探索是一种思想意识上的巨大转变，也是一种表现方法的转变。构成主义认为技术和艺术不可分，"构成"或是"结构"才是设计的出发点。这一观点也直接影响了呼捷玛斯的教学和基础课程的形成，构成主义理论家、建筑师、设计家、艺术家通过构成艺术创造活动，发掘了构成主义"艺术与建筑"的新形式，并将之运用于许多设计与艺术创作领域，如家具、产品、室内、纺织品、广告、雕塑、建筑、舞台等。在呼捷玛斯的教师中，弗·塔特林、拉·里西茨基、维斯宁兄弟、亚·罗德钦科等构成主义艺术家将其理论研究成果应用于教学实践中，为呼捷玛斯探索并开创了一套系统科学的造型构成训练教学体系。同时进一步影响了包豪斯的教育思想，包豪斯对苏联"构成主义"设计成果的吸收尤为明显。

包豪斯建立之初，瓦尔特·格罗皮乌斯抱着"艺术与技术统一"的思想，形成了将艺术教育与手工业相结合的新型教育制度。随着德国工业的发展，手工业的生产方式已远远不能满足生产需求，而"构成主义"主张并重视"结构"的思想，让瓦尔特·格罗皮乌斯大受启发并转向对工业化和对技术"结构"的重视。1922年包豪斯举办了"构成主义者与达达主

义者大会"，"构成主义"的思想或直接或间接地影响了包豪斯的教员——莫霍利·纳吉，最后是约瑟夫·艾尔伯斯运用卡纸等各种材料进行空间构成的训练，奠定的现代立体构成课程的教育基础。

不同思想的交流碰撞，形成了新的国际构成主义观念。1923年苏联文化部在柏林举办的苏联新设计展览，促使瓦尔特·格罗皮乌斯将包豪斯表现主义的教学方向转向理性主义与构成主义。包豪斯的基础课程和教育思想因此受到苏联很大的影响，莫霍利·纳吉受到苏联"构成主义"倡导者弗·塔特林和拉·里西茨基的深刻影响，因此他开始相信简单结构的力量，在包豪斯各个方面推进"构成主义"的思想，同时逐渐将学生从表现主义的立场转变为理性主义，这也使"构成主义"在包豪斯得以延续而发展。

除了在教育方面，以卡·马列维奇和弗·塔特林为首的前卫艺术家，还进行了大量的艺术实践，消除了绘画和建筑之间的传统界限。从卡·马列维奇的至上主义绘画到拉·里西茨基的"普鲁恩"空间[12]，从弗·塔特林构成主义的反浮雕[13]到亚·维斯宁的构成主义建筑，在不同艺术形式创作成果的基础上，在前卫艺术家和建筑师的紧密合作下，前卫运动的主导艺术形式发生了更迭，由前卫艺术发展到了前卫建筑。体现至上主义、构成主义等前卫艺术思想的先锋建筑，此时也逐渐发展起来。一些革新派苏联建筑师直接继承了前卫艺术思想，并对新时代条件下新的建筑创作方法进行了探索。

构成主义对苏联先锋建筑创作起到重要的推动作用，其建筑思想注重建筑功能与形态的设计，提倡建筑师在进行建筑创作时要注意建筑布局的合理性，认为建筑是功能的集合体，同时鼓励建筑师探索新的建筑类型，揭示新建筑的艺术价值，同时还指出，要注意建筑形象构成的问题，研究工业化和标准化的苏联前卫

建筑运动中的技术实质。构成主义建筑大师的设计思想及其作品的施工建造方法，与折中主义进行了全面的斗争。

与构成主义相比，理性主义则要求建筑师寻求人们对建筑形象、空间和色彩感知的客观规律的表达，使建筑形象能够更加具有感染力。而至上主义建筑思想，更像是一个抽象纯粹的艺术思想，建筑和艺术存在共通之处，在当时，这些艺术思想极大地影响了苏联前卫艺术与先锋建筑的发展。

20世纪20年代末至30年代初，苏联前卫艺术运动处于高涨时期，苏联前卫建筑革新的建筑观念和思想在西方得到了普遍的认可。短短一二十年里，苏联前卫建筑运动从兴起到发展到高潮，艺术文化研究所和呼捷玛斯学校等机构是前卫建筑运动发展的大本营。至上主义、构成主义等艺术思想不仅影响了当时的前卫艺术运动与先锋建筑创作，之后的建筑师也从中汲取了许多灵感。

苏联构成主义是世界现代设计艺术史上最具影响力的设计运动之一，从它的思想深度和探索范围来讲，都可以与包豪斯和荷兰"风格派"运动相媲美，并且始终保持了与西方前卫艺术界的紧密联系，多种先锋流派的交流与互动，对欧洲及世界现代艺术运动均产生了积极的推动作用。

构成主义不仅是世界现代艺术的一种表达方式，更是一种不朽的艺术精神。艺术理论家号召前卫艺术家走构成主义之路，正是由于前卫艺术家与生产艺术理论家的紧密合作，使前卫艺术在构成主义的创作原则下服务于广大人民群众。正是由于生产艺术理论家与前卫艺术家的紧密合作，构成主义能在苏联第一个建设高潮到来之际，迅速地把构成主义创作原则应用到建筑创作、工业产品、印刷、纺织和舞台艺术等一切设计活动当中，从而极大地促进了苏联及世界现代主义设计艺术运动的发展。

理性主义对呼捷玛斯及现代建筑运动的影响及其世界定位

理性主义是影响苏联前卫艺术与先锋建筑的又一大创作流派，对苏联前卫建筑运动的发展有着积极的作用。一方面，从理性主义的形成来看，它受到过很多前卫建筑流派的影响，如立体主义、未来主义、至上主义，甚至是伊·若尔托夫斯基的新古典主义和早期的构成主义；另一方面，如果从创作方法上讨论，理性主义其实直接起源于浪漫主义。

尼·拉多夫斯基的理性主义学说的关键层面包括"客观"或"精神分析"的方法。这些方法基于标准化的指导、实验模型的制作和科学的研究，所有的这些都与空间形式的研究有关。

尼·拉多夫斯基并没有像构成主义同时代的其他人那样被功能或结构的生产性概念所牵制，也不是建立在与他同时代的勒·柯布西耶和瓦尔特·格罗皮乌斯工艺所阐述的功能主义之上，将"经济标准"视为"简单的技术问题"，并将建筑物视为"大规模生产范围"的机器。相反，对于尼·拉多夫斯基来说，建筑首先是一种空间形式，是一种基于客观规律和普遍性质的现代建筑空间问题。阐明这些性质或"要素"的标准在于"人类的最大需求"，即"空间的价值取向"。它的课程为传统建筑形式的变革提供了最早的现代的替代教育方案，他重新思考了古典传统的学术工作室制及其学徒制，在师承制度的基础上，使用新的方法为呼捷玛斯引入了基于系统指导和"同志"式合作竞争及集体、团队工作的高等级教育培训方式。

这种方式，试图通过将现代美学理论、实验心理学、理论物理学甚至数学的概念应用于艺术和建筑设计的问题之中，以科学的方式解决个人创造力潜质挖掘的问题。这些开创性的现代建筑教育方法对于今天世界的建筑教育仍有许多可贵的借鉴之处。

尼·拉多夫斯基带领学生们参加了1924年代前后的"国际红色体育场建设者联合会"举办的体育场设计竞赛，后来由于选址等原因，红色体育场并未建成，但是这次竞赛使尼·拉多夫斯基和理性主义创作得到了广泛认可。

尼·拉多夫斯基的理性主义建筑在一定程度上影响着后世的建筑创作，采用理性主义的手法去研究空间在建筑中的作用、空间形象感知的特殊意义、动态的构图感知、建筑造型和室内设计直接的关系、结构和材料在理性建筑形象构成中的作用等，以及建筑表现手段和人体生理感知及心理学之间的联系。这些非凡的贡献依然引导着后人探索未来的建筑风格与建筑空间形态设计的方法。

苏联至上主义和构成主义对世界现代艺术及现代建筑设计的意义

关于构成主义的贡献，鲁迅在引用了亚·罗德钦科的话——"美术家的任务，非色和形的抽象的认识，而在解决具体事物的构成上的任何的课题"之后写道："这就是说，构成主义上并无永久不变的法则，依着当时的环境而将各个新课题，重新加以解决，便是它的本领。既是现代人，便当以现代的产业事业为光荣，所以产业上的创造，便是近代天才者的表现。汽船、铁桥、工厂、飞机，各有其美，既严肃，亦堂皇。于是构成派画家遂往往不描物形，但作几何学底图案，比立体派更进一层了。"（引自《〈新俄画选〉小引》）

呼捷玛斯的创作和教学体系的内容，并不仅仅是为了前卫创新的考虑。呼捷玛斯是一个与整个20世纪20年代俄罗斯文化中的艺术潮流密切联系的研究教育机构。先锋派的精神和前卫艺术运动的任务，至上主义、构成主义等理论流派的发展目标，也不可否认地塑造了呼捷玛斯性格中最重要、最有价值的东西。

呼捷玛斯所采用的学习计划和教学方法，充分体现了先锋派的主要原则及其相互争论：艺术实验的方向；形式的探索；最大限度的个人、主观创造与在艺术实验产品中寻找集体、客观知识相结合的方法与探索；解决艺术实践和当代艺术理论探索中的理性分析和所处的综合困境之间的冲突；先锋派对绝对创新的纲领性价值取向与具有先锋思维艺术家特征的历史主义遗存之间的差异；不可复制的个人、天才的独特的个人创造和对工业生产、机械复制和群众生活组织的兴趣之间的冲突与矛盾，这些争论与探讨仍是今后人类艺术发展的重要话题，答案寻找的过程就是人类艺术进步的阶梯。[14]

呼捷玛斯被认为是俄罗斯先锋派艺术运动最重要的研究创新中心。之所以突出，不仅是因为许多先锋派的主要成员在这里自发地汇合在一起，也不仅因为至上主义与构成主义在这里得到了发扬光大，而且更加突出的理由，是它在其中有力地揭示了先锋艺术运动文化的内涵，探索了现代造型艺术教育的全新体系，而且进行了全方位的现代造型艺术实践，适应人类社会的发展，开创了人类现代艺术的新天地，影响至今直到未来（图6-5）。

图6-5　从20世纪前卫学校到21世纪建筑与艺术的创造

6-5

6.2 呼捷玛斯与苏联前卫艺术发展的关系

20世纪初至30年代中期，苏联前卫艺术运动在世界现代艺术史中起着举足轻重的作用，苏联前卫艺术家、建筑师的理论与艺术创作实践，为世界现代艺术的发展贡献了重要的力量。呼捷玛斯作为俄罗斯先锋派艺术运动最重要的研究创新中心，在苏联前卫艺术运动中发挥了极其重要的作用。先锋派艺术家们自发地聚集在呼捷玛斯学校中，将前卫艺术的价值观进行系统全面的理论总结，并把它成功有效地引入艺术文化教育之中，探索了现代造型艺术教育的全新体系，有力地揭示了先锋艺术运动文化的内涵，而且进行了全方位的现代造型艺术实践，适应了人类社会的发展，开创了人类现代艺术的新天地。成功高效的现代主义理念的推广是呼捷玛斯最伟大的成就，也是呼捷玛斯在苏联前卫艺术运动中独特的重要学术贡献。

6.2.1 苏联前卫艺术组织发展体系中的呼捷玛斯

在苏联前卫艺术的多元发展过程中，不同流派的先锋艺术学术组织发挥了重要的作用，志同道合的艺术家们汇聚在一起，用自己多姿多彩的艺术创作思想和创新的作品相互支持、互相探讨、争相辩论，共同开创了前卫艺术创新与创造的新局面，对现代艺术世界的未来描绘了绚丽的图景。

在苏联前卫艺术的发展进程中，官方的学术团体与组织、左派进步的艺术组织、纯学术派的至上主义与构成主义都发挥了不同的作用。呼捷玛斯的许多教师都是这些不同学术团体与组织中的重要成员，许多知名的美术家、建筑师还担负着这些学术组织带头人和领导者的责任。他们在这些学术组织中开展重要的活动，如学术会议、展览、出版宣传等，不仅将他们对现代主义不同的探索进行了多样的交流与互动，而且也将这些现代主义的思想与作品传播给广大民众。启迪教育公众的现代主义思想，在现代艺术作品表达等方面起到了积极的作用。

官方的学术组织

官方的艺术组织与学术团体包括苏联人民教育委员会、苏联人民教育委员会美术部、绘画雕塑建筑综合委员会、俄罗斯艺术科学院、新建筑师联盟、国立艺术文化研究所、国家艺术科学院、现代建筑师联盟、全俄无产阶级建筑师联合会、苏联建筑师联盟等。这些官方的学术团体在苏联前卫艺术及先锋建筑的发展过程中起到了积极的作用。早期的官方艺术组织，如在安·卢纳查斯基领导下的苏联人民教育委员会、苏联人民教育委员会美术部、绘画雕塑建筑综合委员会等学术团体，思想环境相对宽松而自由，属于多元而开放的阶段。安·卢纳查斯基的艺术领导思想是包容而不介入，协调融合各流派的思想，给艺术与建筑创造营造一个宽松的环境，各种流派和主张可以共存，共同探讨未来艺术的发展之路。这个时期可谓是苏联前卫艺术与先锋建筑发展的黄金时期，各流派创作思想活跃而丰富，产生了大量丰富多彩的作品。

同时，这些官方的学术组织的重要组织者及成员积极参与呼捷玛斯的教育教学工作，在呼捷玛斯开设工作室，将自己的思想与作品投入到艺术教育中，不仅影响了许多年轻有为的青年学子，而且在教学中不同流派相互交流、在教学相长中、在与学生的互动中发展自己的观念，开创了呼捷玛斯教育思想与创作方法的创新。同时，官方学术团体的社会实践项目也为呼捷玛斯的学生参与创作实践提供了许多机会，这些实践平台为师生前卫艺术作品的创作、艺术才华的展现提供了丰富的舞台。

1930年后，全俄无产阶级建筑师联合会创立，1932年这个官方建筑组织拓展为苏联建筑师联盟，随着1934年苏联作家代表大会的召开，1926年前成立的官方艺术组织全部被重组，成立了统一的官方艺术家团体。

左派进步的组织

除了官方的艺术团体外，左派进步的艺术组织也在苏联的前卫艺术发展中，在呼捷玛斯现代艺术教育思想的形成中发挥了一定的作用。

左翼艺术家学术团体主要包括1921年在呼捷玛斯学校内成立的左翼工作室联盟，1923年解体；1923年成立、1925年解体被改组成官方国立艺术文化研究所的左翼艺术阵线；1927年成立、1928年即遭解散的新左翼艺术阵线。三个左派艺术组织推进了艺术社会性的主题，强调了艺术为大众服务的目标（图6-6，苏联前卫艺术学术组织中的呼捷玛斯黄色部分所示）。

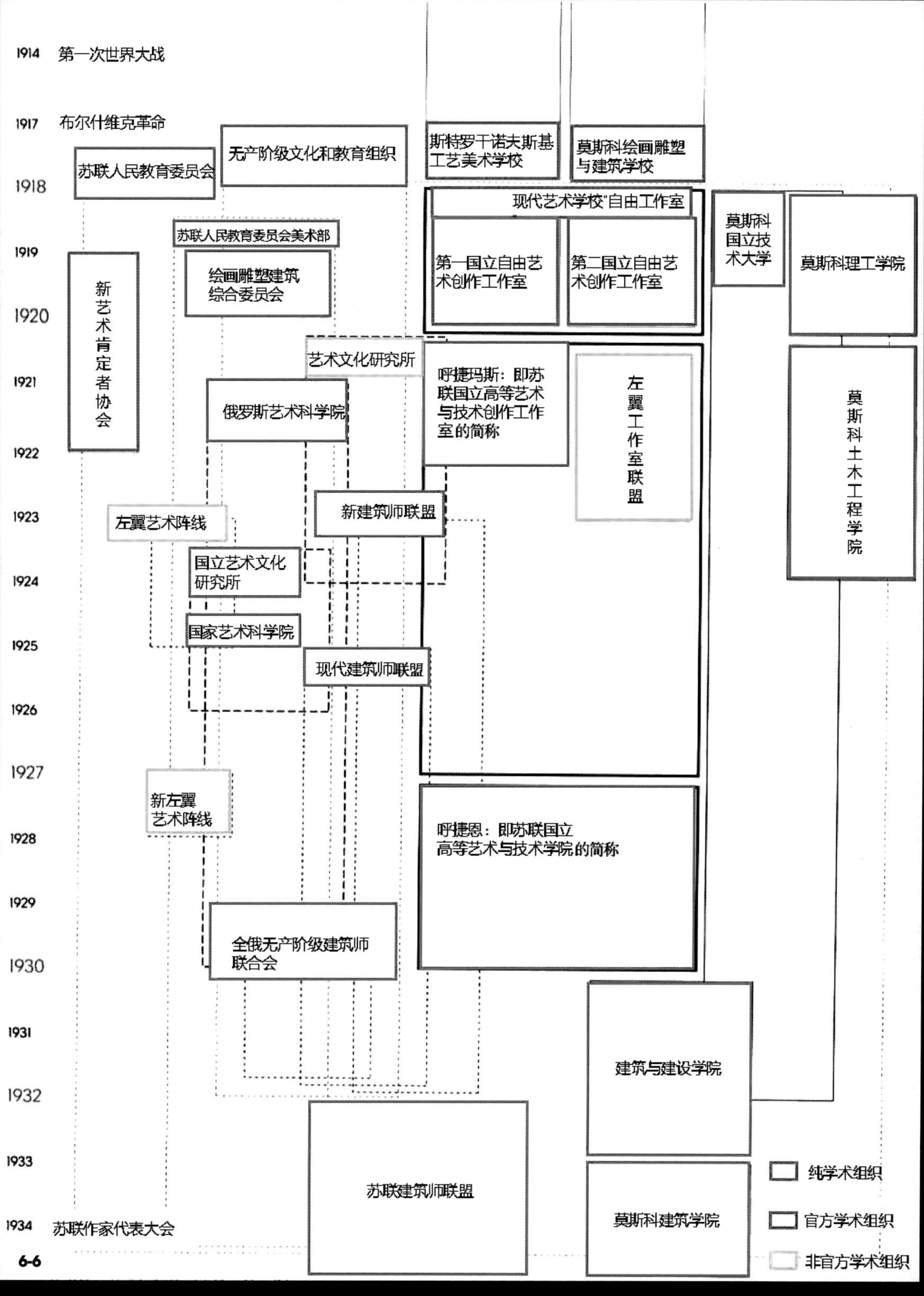

在苏联前卫艺术发展的过程中，纯学术的自由艺术学术组织也发挥了重要作用，这些组织主要包括斯特罗干诺夫斯基工艺美术学校、莫斯科绘画雕塑与建筑学校，以及由此两所学校衍生的第一国立自由艺术创作工作室和第二国立自由艺术创作工作室，还有卡·马列维奇在1920—1922年创建并领导的新艺术肯定者协会（图6-6绿色部分所示）。这些非官方的前卫艺术学术组织在苏联及世界的现代艺术体系中也发挥了卓越的作用。他们不仅培养了大量的现代主义信徒，而且创作了许多前卫艺术作品，从纯艺术的绘画、雕塑、平面设计到实用的陶艺、木加工、金属制造等多领域的创作，极大地丰富了前卫艺术创作的天地；从前卫艺术思想的探索、现代艺术教育的实践等多方面，为现代主义艺术作出了非凡的贡献。

这些自由的非官方的艺术组织由于经费的缺乏，当时主要靠教学作为经费来源的主体，社会认可度不足等原因存在的时间并不长，但它们努力的探索、热烈的艺术激情，成就了年青艺术家激情燃烧的岁月。

这些官方的、非官方的、民间的艺术团体都以不同方式在苏联前卫艺术的起源与发展进程中作出了自己的贡献。它们与呼捷玛斯具有共同的特点，那就是注重艺术思想的创新，注重作品的独特，注重对现代艺术教育的执着投入。它们不仅仅是一个学术研究团体、一个学校、一个公社、一个组织，甚至是一个社会系统。这些学术组织多元存在的现象，确保了现代艺术通过新体系孕育而发展，催生了新的艺术生命形式，为现代主义运动的起源各自奉献了独特的智慧与贡献。其结果是产生了20世纪苏联"艺术融入生活"

图6-6 苏联前卫艺术组织体系中的呼捷玛斯（安娜·博科夫）

6-6

这也是这些艺术学术团体作为前卫现代艺术思想形成与个人或集体创作重要的理论核心，其开创性工作的历史价值，其广泛的现代主义影响，其深刻的人类艺术的社会推动作用，对继承者巨大的思想刺激，将会更好地促进人类新艺术发展的进程。

6.2.2 瓦·康定斯基创建的艺术文化研究所与呼捷玛斯的现代教育思想

艺术文化研究所是一个由画家、图形艺术家、雕塑家、建筑师和艺术学者组成的艺术组织。该研究所于1920年5月在瓦·康定斯基的倡议下在莫斯科成立，是苏联人民教育委员会美术部的一个部门，以确定革命后俄罗斯的艺术实验进程。

在瓦·康定斯基的计划中，艺术文化研究所的任务是揭示美学作品在各个艺术领域形成的内在规律，并结合所取得的成果，确立综合艺术表现的原则。这项任务可以归结为若干具体目标：①研究艺术元素，作为构成艺术作品的材料；②研究创作中的结构，作为体现艺术目的的原则；③研究艺术构图，作为构成艺术作品思想的原则。实施工作必须从两个方向进行：（a）在既定方案的基础上举办一系列讲座；（b）实验研究。根据目标和任务，确定了科学计划包括：研究原始艺术和赋予原始艺术风格的所有美学概念：①研究原始艺术的静态和动态规律：（a）在个人或典型/群体的背景下；（b）从一种形式到另一种形式的演变。②方法：（a）一种正式的、积极的、艺术史学家的方法；（b）心理学方法，研究涉及艺术创作和感知的心理学。③材料：儿童艺术、原始落后民族的艺术、原始艺术、早期基督教和中世纪的原始艺术；现代艺术中的原始主义；④这些材料可以根据特定的艺术分支和相互联系的艺术组合来发展，它们可以指向一般推论的综合总结。

瓦·康定斯基创建的艺术文化研究所的研究内容

按照瓦·康定斯基最初的设想，隶属于艺术文化研究所的艺术家们研究了各种艺术形式的形式装置（如音乐、绘画和雕塑）及其对观赏者的影响的独特性，本质上是一个以理论和研究为导向的纯学术团体。艺术文化研究所的主要目标之一是将至上主义和弗·塔特林的"物质文化"概念等现代运动用于教育和研究目的，为创建类似于最初的形式主义文学批评学校而努力，希望为艺术实践提供一个理性的基础，鼓励对艺术内容和形式的具体问题进行讨论。

1920年5月以后，在阿·巴比切夫的领导下，艺术文化研究所的总体定位从形式分析转向了"构成主义"的定义或"构成主义"的基本前提。艺术文化研究所和呼捷玛斯是始终如一地定义构成主义理论和实践的机构。这两所机构在各自的理论和实践上相辅相成，许多艺术文化研究所成员，如柳·波波娃、亚·埃克斯特、亚·罗德钦科、瓦·斯捷尔潘诺娃和阿·巴比切夫，都是呼捷玛斯的教授。在1920年12月提出的艺术文化研究所计划中组成了"客观分析工作小组"，该小组致力于对艺术作品的基本元素进行"理论"和"实验室"调查，这些基本元素被确定为"颜色、装饰、材料、构造"，基本前提是"作品的结构源于其要素及其组织规律（结构、组成和节奏）"。在1921年1月1日至4月22日期间，艺术文化研究所主持了客观分析工作组的一系列会议，讨论并确定了建筑与构筑物之间的区别。

阿·巴比切夫认为作品的形式及其元素是分析的材料，而不是创作或审美的心理，也不是历史、文化、社会学或其他艺术问题。这种解释与瓦·康定斯基创建艺术文化研究所的理念不同，后者利用了艺术作品的每个组成部分所产生的心理和生理效果以及主观反应。最终引起了人们对于物质和形式的争论，即对物质和形式的关注是至高无上的，或者物体的理想化概念仅仅代表了通向真正富有成效或实用主义艺术道路上的一个过渡阶段。

瓦·康定斯基的思想因为与主流思潮相矛盾，在其建立艺术文化研究所不久后就被投票罢免。之后出现了两个不同的计划："实验室艺术"涉及一种合理化的分析方法，通常使用传统的艺术材料（如颜料和画布）；"生产艺术"，更强调为机器生产工作的设计师和工匠。这两个计划为构成主义的发展作出了巨大贡献，从而影响力也更大。虽然反复改变其总体定位、组织结构、成员资格和领导人，艺术文化研究所与呼捷玛斯和左翼艺术阵线等其他许多艺术教育和研究组织保持着紧密联系，这是20世纪20年代苏联艺术、建筑和设计发展的主导力量。

瓦·康定斯基的纯艺术理论研究与创作

作为西方现代抽象绘画领域贡献最大的艺术家和理论家之一，瓦·康定斯基的艺术实践直接导致了抽象绘画的产生和发展，而且终其一生地探索抽象绘画的审美表现性和发展可能性，建立了抽象绘画的艺术原则和美学精神。他的艺术思想和审美理论支持和影响了整个现代抽象艺术运动的方向并成为其坚实的理论基础。瓦·康定斯基所追求的是纯粹的艺术，并试图通过抽象艺术建立纯粹的美学。

瓦·康定斯基的作品中经常会出现几个名词，"印象""即兴"和"构成"。1909年的时

图6-7 《论艺术的精神》书籍封面，瓦·康定斯基

图6-8 《从点、线到面——抽象艺术的基础》书籍封面，瓦·康定斯基

候，瓦·康定斯基开始将他的作品进行归类：仍旧保持着自然具象元素的"印象"；无意识情感反映的"即兴"；最高难度水平，只能长期积累后才能成功的"构成"。在瓦·康定斯基看来，一件艺术品的成功与失败，最终取决于其艺术的及审美的价值，而不取决于它是否与外在世界相似。艺术不是客观自然的摹仿，而是内在精神的表现。艺术表现应是抽象的，而具象的图像有碍于内在精神的表现。

1910年，瓦·康定斯基创作了第一批毫无客观物象的抽象绘画。画中的形态和色彩不再是某一客观物象的形和色，它们从物象中解脱，同物象分离，成为抽象而又独立地表达内在生命意识和情感的纯形式元素，最大自由地发挥自身的情感表现力量。这样，

绘画就彻底排除了对客观物象的再现和写实功能，达到了一个纯粹由抽象独立的形式元素为本体的有机构成。因此，抽象绘画首要的美学问题就是：色和形作为抽象独立的形式元素自身如何具有普遍必然而客观有效的审美表现力量。瓦·康定斯基在《论艺术的精神》（图6-7）、《从点、线到面——抽象艺术的基础》（图6-8）和《关于形式问题》等书中给予了充分讨论。

瓦·康定斯基在《论艺术的精神》一书中，集中讨论了艺术的独立自足性问题，此问题是在批判以工具理性为核心的物质主义价值观。19世纪末20世纪初的西方社会，是一个物质主义盛行的社会，瓦·康定斯基说，物质主义价值观支配下的艺术，是被阉割了生命力和缺乏

内在情感的艺术，它与生命和心灵毫无关系，是"艺术死了"的艺术。艺术一旦失去它的本质、它的灵魂，就会成为一种专门反对艺术家创造力的东西，而艺术家也就失去了他的本质、他的灵魂。"艺术家云集在哪里，哪里就有争夺话语权和激烈的竞争……憎恶、偏狭、派系相争、嫉妒和阴谋，这些都是物质主义艺术产生的必然结果。"瓦·康定斯基认为艺术必须是属于精神的，必须全力为人类的精神生活服务，这是艺术的"内在需要"。[15]

在《从点、线到面——抽线艺术的基础》中，瓦·康定斯基对绘画元素的"内在声音"作了详细的阐释。绘画元素可以从内在和外在两个方面去剖析。"就外在的概念而言，每一根独立的线或绘画的形就是一种元素。就内在的概念而言，元素不是形本身，而是活跃在其中的内在张力。"活跃在其中的内在张力才是真正决定构成绘画作品的内容。抽象绘画中的元素如点、线、面和色彩可以通过自身引起的张力、方向和联觉的作用从而唤起主观的精神。总的来说有三重含义："其一，指人的感官联觉或通感，主要是视觉和听觉；其二，用于纯绘画的专门术语，特指'运动''张力'以及类似的状态；其三，专指宇宙精神的同一的特性。"[16]瓦·康定斯基对第二层含义极其看重，内在声音是内在需要原则在抽象艺术中运用的基础。

在瓦·康定斯基1938年写的《论具体艺术》中，他试图用"具体艺术"来取代"抽象艺术"的提法。在他看来，即使是一件抽象艺术作品，人们也必须通过手、眼、甚至耳和鼻来进行制作和欣赏；这些感官所产生的行为都是具体的，因而绝对意义上的抽象艺术事实上是不存在的。

可以说，瓦·康定斯基的抽象绘画理论既开辟了绘画发展的新方向，同时也反映了19世纪末到20世纪初整个西方世界重建艺术自身的本体地位和自治权的重大问题。他的美

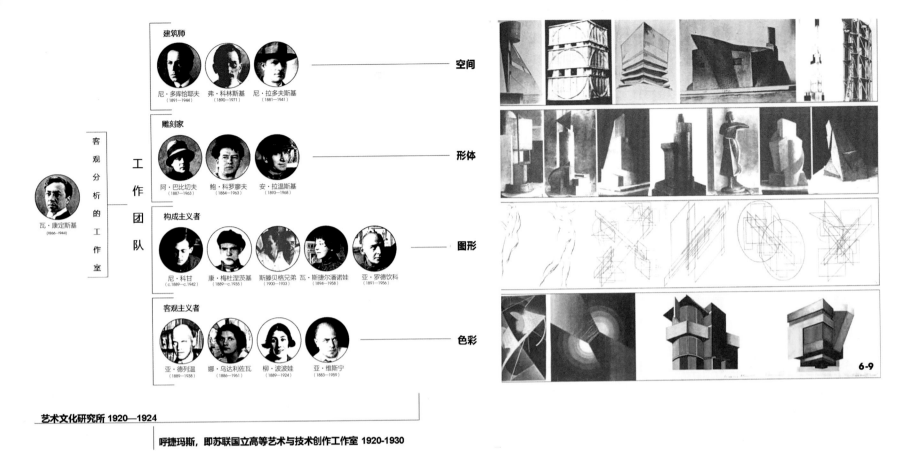

建筑师

尼·多库恰耶夫 (1891—1944)　弗·科林斯基 (1890—1971)　尼·拉多夫斯基 (1881—1941)　——　**空间**

雕刻家

阿·巴比切夫 (1887—1963)　鲍·科罗廖夫 (1884—1963)　安·拉温斯基 (1893—1968)　——　**形体**

构成主义者

尼·科甘 (c.1889—c.1942)　康·梅杜涅茨基 (1889—c.1935)　斯滕贝格兄弟 (1900—1933)　瓦·斯捷尔潘诺娃 (1894—1958)　亚·罗德钦科 (1891—1956)　——　**图形**

客观主义者

亚·德列温 (1889—1938)　娜·乌达利佐瓦 (1886—1961)　柳·波波娃 (1889—1924)　亚·维斯宁 (1883—1959)　——　**色彩**

工作团队

客观分析的工作室

瓦·康定斯基 (1866—1944)

艺术文化研究所 1920—1924

呼捷玛斯，即苏联国立高等艺术与技术创作工作室 1920-1930

6-9

图6-9　瓦·康定斯基创建的文化艺术研究所和呼捷玛斯（安娜·博科夫）

学思想全面反映了那个时代的整个精神气氛，纯绘画、纯艺术、纯美感与纯精神境界，成为瓦·康定斯基美学思想中不可磨灭的最高贵的灵魂和最圣洁的梦境。

瓦·康定斯基与呼捷玛斯

瓦·康定斯基自1918年10月起在呼捷玛斯的前身——第二国立自由艺术创作工作室担任教授。他根据对色彩和形式的分析设计了特殊的课程，并发展《论艺术的精神》中所述的思想。在之后参与艺术文化研究所的成立与管理中，同样根据自己的理论设计了课程。呼捷玛斯与艺术文化研究所两个机构在理论和实践

方面相辅相成。许多艺术文化研究所成员，如柳·波波娃、亚·埃克斯特、亚·罗德钦科、瓦·斯捷尔潘诺娃和阿·巴比切夫，都是呼捷玛斯的教授。瓦·康定斯基创建的文化艺术研究所，可以清晰地看出它与呼捷玛斯之间的联系（图6-9）。

呼捷玛斯在教学方面，尤其是第一年的基础课程，足以与包豪斯相提并论。初级基础课程是呼捷玛斯新教学方法的重要组成部分，基于科学和艺术学科的结合，所有学生都必须接受基础课程。在基础课程中，学生必须学习造型语言和色彩语言。绘画被认为是造型艺术的基础，学生们研究色彩和形式之间的关系以及空间构成的原理。与包豪斯基础课程相比，呼捷玛斯提供了更

为抽象的基础教学。在20世纪20年代初期，该基本课程包括以下内容：①颜色的最大影响力（教师：柳·波波娃）；②通过颜色形成（教师：亚·奥斯梅尔金）；③空间色彩（教师：亚·埃克斯特）；④飞机上的颜色（教师：伊·克柳恩）；⑤建筑（教师：亚·罗德钦科）；⑥形式和颜色的同时性（教师：亚·德列温）；⑦空间体积（教师：娜·乌达利佐娃）等。

对于瓦·康定斯基来说，艺术分析工作仅仅是寻求艺术综合体现的一个临时阶段，或者用他的术语来说："是一门不朽的艺术。"然而，对于艺术文化研究所客观分析方法的研究成员和1921—1922年呼捷玛斯基础教学部的教师来说，艺术分析工作不仅仅是教学的副业或辅助

阶段，它所体现的是一种真正的艺术精神和理论指导的价值。此外，对他们来说，艺术分析实验的综合是当他们谈到合成时，不是瓦·康定斯基的"不朽艺术"，而是生产性艺术，是先锋派现代艺术进程中的必经之路，是这个分析阶段的一个具体的俄罗斯创造。这关系到呼捷玛斯第一期的基础教学研究的深入和受亚·罗德钦科学术思想影响的生产设计制作部门的命运。

在呼捷玛斯，1923—1926年遵循的弗·法沃尔斯基教学理念和教育政策，在艺术的统一和全力支持艺术作品作为艺术现实最终概念的实践表达中，与瓦·康定斯基的思想又发生了密切的联系。当然，瓦·康定斯基对这些问题的理解与弗·法沃尔斯基的追随者对这些问题的解释之间存在着严重的差异。虽然瓦·康定斯基试图研究整个抽象艺术全面的造型规律，包括空间和时间的纯艺术，在他去包豪斯之后仍然锲而不舍地进行此方面的研究与创作，但呼捷玛斯却严格限于空间艺术，限于实用造型艺术的实践与教学中。

瓦·康定斯基与包豪斯

1921年，瓦·康定斯基再次回到德国，接受了包豪斯建筑与艺术设计高等学校创始人瓦尔特·格罗皮乌斯的邀请而移居魏玛，开始领导包豪斯壁画工作室。在包豪斯学院的课程上，瓦·康定斯基一方面延续他之前拟定的艺术文化研究所教学计划，另一个方面也将新兴的格式塔心理学的一些新发现囊括其中。瓦·康定斯基首先通过对画面中不同元素的深入分析研究，在1926年形成了"点、线、面"的概念。并在色彩方面做了大量的工作和实验，把分析基础和结论运用到教学中，在教授色彩时，他强调黄色和蓝色的对比，采纳了歌德的一些原则，并对神智学和超自然研究的成果进行了扩展。

同时瓦·康定斯基的作品再次经历了变化：几何元素越来越多地进入前景，他的调色板充满了冷色调的和谐，圆圈作为完美形式的感官象征以不同形式出现在瓦·康定斯基的作品中。《构成VIII，1923》是瓦·康定斯基魏玛时期的主要作品，几何词汇被限定为集中有限的元素，如圆形、半圆、排线、直线还有曲线，处于主导地位的圆形位于画面的左上角，还有其他一些非同心圆围绕在周围。棋盘状的栅格形穿过自由散布的圆形和半圆形，却并未限制这些圆形或是与这些圆形形成对抗的格局。这件作品中的各种图形相互矛盾且摇摆不定，但又形成了一种平衡，这正体现了一种与瓦·康定斯基早期作品截然不同的风格。

1925年，德国魏玛的包豪斯关闭，包豪斯在德绍开始了第二阶段的征程。瓦·康定斯基和其他艺术家举办了一些免费的绘画班，一边教学一边自由绘画。1925年的《黄红蓝》是瓦·康定斯基绘画中描述"冷浪漫主义"阶段的重要作品之一，土黄色象征"坚实"的意义，天蓝色看着似乎有向右上方"飘浮"的趋势，这象征着过去。这样安排形状和颜色所形成的对比效果是瓦·康定斯基对其早期作品中骑士和龙主题的回忆，这两种意象都在这幅作品中以一种非常正式的形态重新出现。

1928年，在包豪斯的季刊上，瓦·康定斯基阐述了思维能力和直觉之间的重要关系："新的艺术时代总会有新的主张和理论，这些主张和理论的必要性不言自明，与科学理论是一个道理。然而，这些主张永远无法替代直觉的作用。知识本身是苍白的，它必须通过提供素材和方法充实自己，而直觉又是通过利用素材和方法作为手段来实现最终的目标，如果没有这些方法和手段则无法实现最终的目标，仅凭直觉的创作将苍白无力。"

瓦·康定斯基在德绍包豪斯学院最后几

年推出的作品又变得轻快起来，还带有了一些幽默感，他艺术生涯晚期在巴黎的作品尤为如此。《变化无常》就是这时期作品中的一例，画中的三桅船、宇宙飞船、埃及象形文字和克利梦幻般的象征性语言之间有一种神秘联系。

1931年，包豪斯学校关闭，很多教师和学生都移民美国去继续传播包豪斯学校的主张和学说。瓦·康定斯基和他的妻子有幸及时逃往巴黎，并开始了新的创作时期。

6.2.3 呼捷玛斯与苏联先锋前卫艺术思想

呼捷玛斯是在先锋派运动已经衰落、走下坡路的时候出现的，当然，先锋派前卫艺术运动的高峰是在20世纪10年代中期到后期进行的。呼捷玛斯通过集结先锋艺术家成为其教师，成为先锋精神的宝库。它满足了前卫艺术家们对自己的教育理想和教学方法的追求，也满足了前卫派所追求的创新方法，满足了对早期不同类型先锋前卫派理论的归纳、总结与提升。呼捷玛斯所倡导的价值观是适合人类社会发展与进步的艺术职业创新的价值观。呼捷玛斯作为苏联先锋派艺术运动最重要的研究创新中心，也在苏联前卫艺术运动中发挥了极其重要的作用。先锋派艺术家们自发地聚集在呼捷玛斯，探索了现代造型艺术教育的全新体系，有力地揭示了先锋艺术运动文化的内涵，而且进行了全方位的现代造型艺术实践，适应了人类社会的发展，开创了人类现代艺术的新天地。将前卫艺术的价值观进行系统全面的理论总结，并把它成功有效地引入艺术文化教育之中，成功高效地推广是呼捷玛斯最伟大的成就，也是呼捷玛斯在苏联前卫艺术运动中所发挥的重要学术作用。

苏联前卫艺术家、先锋派建筑师的教学研究基地

呼捷玛斯作为苏联先锋派艺术运动的中心，同时也是苏联前卫艺术产生和实验的发源地。在莫斯科的第一、第二国立自由艺术创作工作室的基础上，先锋派艺术得以在新的教育框架下继续发展。呼捷玛斯与国立自由艺术创作工作室不同，在教学上倾向于艺术和艺术技术教育的融合，追求艺术与新技术的有机联系。呼捷玛斯的教学组织分为八个系：建筑系、绘画系、雕塑系、平面设计系、图案染织系、陶艺系、木加工系和金属制造系，每个系都设置了一个基础教学部。20世纪10年代先锋派潮流的最杰出代表——阿·舍夫琴科、安·戈卢布金娜、亚·德列温、瓦·康定斯基等艺术家，聚集到呼捷玛斯，开始了他们的创新型的教学工作。

在呼捷玛斯的教学体系中，绘画系的教授工作室尽可能地保留了他们原有的风格，在国立自由艺术创作工作室时代获得的权力，即作为以一名大师为中心的自给自足工作室的权力。它们体现了艺术家前卫的个人崇拜，或绝对的创造型人格。这些艺术家教师们对学生的影响可以从后来苏联绘画的风格倾向中看出；不同的影响印迹可以追溯到阿·舍夫琴科、罗·法尔克、帕·库兹涅佐夫、康·伊斯托明等呼捷玛斯学生作品的表现上。当然，这种影响和教师的独创性之间没有直接关联。例如，学生达·施捷连贝格毕业之后的作品没有显示出他受到影响的明显迹象。

呼捷玛斯的创作和教学体系的内容，并不只是为了前卫创新的考虑；呼捷玛斯是一个与整个20世纪20年代俄罗斯文化中的艺术潮流密切联系的研究教育机构。在呼捷玛斯所采用的学习计划和教学方法充分体现了先锋派的主要原则及其相互争论：艺术实验的方向；形式的探索；个人、主观创造和在艺术实验产品中寻找集体、客观知识相结合的方法与探索；解决艺术实践和当代艺术理论探索中的理性分析和所处的综合困境之间的冲突；先锋派对绝对创新的纲领性价值取向与具有先锋思维艺术家特征的历史主义遗存之间的差异；不可复制的个人、天才的独特的个人创造和对工业生产、机械复制和群众生活组织的兴趣之间的冲突与矛盾。

不同流派的前卫艺术家思想碰撞、相互影响的基地

组建呼捷玛斯的最初想法，是为了适应艺术形态演变出现的一些变化，需要制定适合新艺术趋势的教学方法，而这些新变化包括了先锋派内部不同艺术流派的碰撞与冲突。呼捷玛斯艺术教育体系的教学概念是所有空间形式规律的统一性，也是不同设计艺术趋势的统一合并者。在呼捷玛斯，不同流派的苏联前卫艺术家在思想碰撞的同时也相互影响、相互进步。

在20世纪20年代中后期，构成主义倾向在金属制造系（亚·罗德钦科和弗·塔特林是该系最主要的教师）、木加工系（拉·里西茨基从欧洲回来以后一直在这个系里工作）和图案染织系流行起来。在建筑系，传统主义者、理性主义者（尼·拉多夫斯基及其同事)和构成主义者（维斯宁兄弟及其追随者）都在为自己的学术影响力而奋斗。越来越多曾经属于布勃诺夫骑士的前卫主义成员的画家们，包括伊·马什科夫、阿·列杜洛夫和波·岗恰洛夫斯基，以及东方主义和原始主义忠诚的艺术家此时开始蜂拥而至。他们的到来使呼捷玛斯越来越远离前卫先锋派艺术的实验中心。虽然他们在教学实践中努力遵循世纪之交巴黎美院的传统学院派模式，但并没有引起呼捷玛斯校内强烈的反应，主流上呼捷玛斯仍在坚守着创新的研究方向。

20世纪20年代，生产艺术概念兴起，呼捷玛斯旨在培养生产型艺术家，重视与实践相结合，为实际的艺术现实服务。在设计师（平面艺术家、家具设计师、纺织设计师、陶艺师等）和建筑师的教育培养中，艺术和技术学科之间经过精心调整改变了传统艺术形式，却牺牲了正统艺术学科的纯艺术追求。生产艺术在呼捷玛斯的教育创新中不断发展，使持有不同艺术思想的前卫艺术家们在社会发展中共同探究新的艺术形式。呼捷玛斯将不同流派的苏联前卫艺术思想综合到艺术教育中，使这些先锋前卫的价值观成为呼捷玛斯毕业生艺术潜意识的有机组成部分，使现代艺术得以传播。

教学相长中的学生与前卫艺术家

呼捷玛斯与先锋派是紧密联系在一起的，呼捷玛斯通过集结先锋艺术家成为其教师，成为先锋精神的宝库，使这种精神在教室和创作工作室与工坊间盛行，也造就了教学相长中的学生与前卫艺术家。在亚·罗德钦科、弗·塔特林、拉·里西茨基和瓦·斯捷尔潘诺娃等著名艺术家的指导下，建筑系是创新的主要场所。该系的学生在利用印排技术基础上，实施了构成主义式的创新，但这些创新发生在课堂之外的工坊与模型制作的车间里，而不是在课堂内部。在课堂上，通过研究传统技术和设备获得的知识与技能掌握是需要的。然而，一旦学生获得了这些新的技能，他们就会把从亚·罗德钦科、拉·里西茨基、格·克鲁齐斯和从其他艺术家那里学到的艺术创新经验纳入实际工作中，先锋艺术家个人作品的影响不断地表现出来，表现在学生被分配的课堂作业和他们的实践创作工作中。1924年呼捷玛斯各个系中求学的学生人数统计如图6-10所示。

由于其集中广泛的探索和创新氛围，呼捷玛斯多年来一直是各种艺术组织探究与创新的发源地。在20世纪20年代中后期，艺术家团

体之间的学术激战吸引了大量的呼捷玛斯及之后的呼捷恩的教师和学生。革命俄罗斯艺术家协会（AXPP）、架上画家协会的成员包括呼捷玛斯的教师，如达·施捷连贝格和尼·库普列亚诺夫，和他们的毕业生，如安·冈察洛夫、尤·皮梅诺夫、亚·蒂聂卡和彼·维利扬姆斯，以及四艺术协会（Четыре искусства）。该协会主要汇集了许多中年艺术家，其中许多人在学校任教，如弗·法沃尔斯基、康·伊斯托明、彼·米杜里奇、帕·库兹涅佐夫、伊·穆欣娜、伊·若尔托夫斯基等。在激烈的艺术论战中，呼捷玛斯的学生与前卫艺术家们在思想交流、灵感碰撞的同时不断发展了各自的艺术体系。

在呼捷玛斯的教学大楼中，绘画文化博物馆前卫艺术作品的展览与研究活动极大地促进了学生们的学习，建立了学生们与现实创作之间的直接联系，开拓了师生们现实创作实践的视野，先锋派艺术实践者在呼捷玛斯教学大楼内的学术探讨、展览、辅导学生设计的工作，建立了前卫艺术大师实践与教学的联系，使呼捷玛斯的师生们融入了现实社会的艺术实践。所以说，呼捷玛斯并不是一个传统意义上象牙塔式的学术研究机构，它是接地气的实践创新基地，它的生命力体现在这些艺术大师创造性的实践中。

呼捷玛斯作为俄罗斯先锋派艺术运动最重要的研究创新中心，在苏联前卫艺术运动中发挥了极其重要的作用。将前卫艺术的价值观进行系统全面的理论总结，并把它成功有效地引入艺术文化教育之中，探索了现代造型艺术教育的全新体系，进行了全方位的现代造型艺术实践，适应了人类社会的发展与进步，开创了人类现代艺术的新局面。现代主义理念的推广是呼捷玛斯最伟大的成就，也是呼捷玛斯在苏联前卫艺术运动中独特而重要的学术贡献。

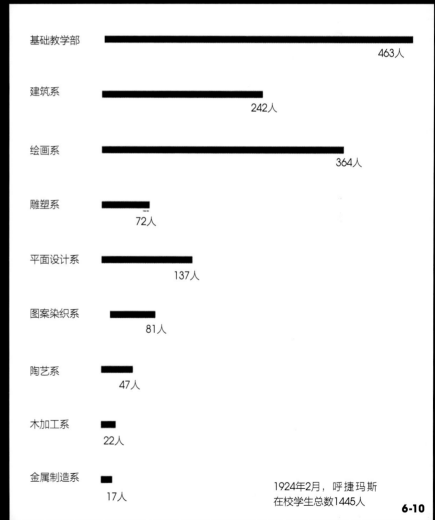

基础教学部　463人
建筑系　242人
绘画系　364人
雕塑系　72人
平面设计系　137人
图案染织系　81人
陶艺系　47人
木加工系　22人
金属制造系　17人

1924年2月，呼捷玛斯在校学生总数1445人

6-10

图6-10　1924年呼捷玛斯学生统计

6.3 在世界现代艺术与建筑史中呼捷玛斯被漠视的原因

在世界现代艺术与现代建筑起源阶段，苏联先锋艺术与前卫建筑起到了非常重要的推动作用，其地位与影响不容小视。而在当今现代艺术史的研究中，呼捷玛斯与苏联前卫艺术却被漠视，一直没有得到应有的地位。其中的原因有很多，首先，内因方面主要是当时的苏联先锋艺术流派众多，许多思想与观点处于发展的最初阶段，属于概念性阶段的起始，因此，前卫流派的纷繁复杂，缺乏统一是一个主要的内因；其次，当时的呼捷玛斯内部古典传统派与现代派纷争激烈，在内部传统保守主义仍占据重要的地位，如古典主义大师阿·舒舍夫、伊·若尔托夫斯基仍以元老的身份占据重要的学术地位；再次是前卫先锋派失势后被沉重打压，许多作品被销毁，这些闪光的原创概念与观点被压制，有研究者认为，这是呼捷玛斯被逐渐遗忘的重要内因。

外因方面，东、西方政治与文化观点的分歧，欧洲中心主义与盎克鲁·撒克逊中心主义与斯拉夫文化之间多年历史上的纷争，第二次世界大战前西方世界对共产主义新兴文化的抵制这些成为呼捷玛斯及苏联前卫艺术被漠视的外因。不得不说，重要的原因还有20世纪20年代后期苏联的变化。

6.3.1 呼捷玛斯内部发展与传统的抗争

呼捷玛斯在十多年的发展过程中，几乎云集了苏联前卫艺术的所有流派，众多各色各异的前卫艺术探索先驱们聚集在这里，或全职或兼职或讲学交流，开创了学校多样化的学术环境。世界建筑大师勒·柯布西耶、包豪斯的多位大师，甚至苏联前卫主义诗人弗·马雅可夫斯基均是呼捷玛斯前卫先锋客厅的常客。大师云集、流派众多、思想多姿成为学校最主要的特征。这是其百花齐放的优势，另一方面也造成了学校流派多元、概念复杂而多样、缺乏核心价值观的弊端；学术争论此起彼伏、互相激烈竞争；加上艺术家们各自桀骜不驯的性格，这也为后期呼捷玛斯的悲剧结局埋下了伏笔。

再加上先锋派与传统古典派的明争暗斗，俄罗斯传统保守势力的根深蒂固及其在民众中强烈的吸引力，宜于理解的外在表现形式等等历史原因，保守与创新阵营之间相互斗争，不分胜负。因此，在呼捷玛斯的角角落落均存在着古典艺术与抽象现代艺术并存的复杂局面，这也为日后传统古典的复出铺就了一条崎岖之路。

前卫流派的多元与概念化，缺乏价值统一的核心

造成呼捷玛斯有限的艺术史学影响力的背后原因有许多，一个重要的原因是：在学校存在的十年里，它还缺乏核心凝聚力。因为它不仅汇集了俄罗斯先锋派内部的不同阵营，包括至上主义者、构成主义者和理性主义者，而且还保留有强大的保守派学者。这种异质性的组成，不仅让学校内部争端不断，同时也让外来人员看到的是云里雾里，不知所云。即使

是那些参观过它的人，如阿尔弗雷德·巴尔或包豪斯壁画大师辛纳克·施克珀（Hinnerk Scheper）[17]（图6-11）和他的妻子卢（Lou），也对呼捷玛斯中传统派和"未来派"两方面的研究中心感到困惑。

同时，多元化的立场和复杂的文化联盟也是这所学校的特性。尽管呼捷玛斯的教师中拥有进步的左派艺术家和建筑师，学生人数也是包豪斯的十倍之多，但是由于它教工人数要比包豪斯多的多，所以其流派思想及创作立场也就更加多元化了。

当时呼捷玛斯大师云集、流派纷呈，各派艺术大师桀骜不驯的艺术家的性格，互不相让。甚至构成主义、至上主义、理性主义理论家之间也是各持观点，其作品之间虽有一定的相似性，但艺术家建筑师之间的争论仍是此起彼伏，不绝于耳。这也就不难理解卡·马列维奇和瓦·康定斯基离开呼捷玛斯的原因了，也就不难理解弗·塔特林与卡·马列维奇不可开交的争论、尼·拉多夫斯基与弗·科林斯基理性主义的分歧了。

这些艺术观点与争论奠定了早期苏联前卫先锋派多彩多姿的艺术局面，但也呈现出许多观念化与概念化的片面与局限。从观念艺术、概念艺术到真正成熟的艺术流派之间有相当长的路程，可惜的是这些道路还没有来得及走就停下了。

与包豪斯不同的是，呼捷玛斯并不是一个紧凑的、概念上统一的机构，而是一个大规模多中心的集合体，这一事实可能是除了后来的政治观点以外，另外一个让阿尔弗雷德·巴尔将这所学校排除在他的图表之外的原因。多元化、概念化、片段化，再加上文献出版印刷材

图6-11　包豪斯壁画大师辛纳克·施克珀

料的缺乏，使呼捷玛斯很难被理解，其思想因此也很难得到世界范围内的推广。

古典艺术与抽象艺术并存的复杂局面

虽然通过国际交流、展览和出版物，呼捷玛斯先锋派拥护者的作品在俄罗斯境外得以一定的传播，具有一定的影响力，但这些作品只展示了学校的部分内容。除此之外，呼捷玛斯还保留了古典学院及其传统工艺的手法。

在一封"致莫斯科呼捷玛斯学员的公开信"中，辛纳克·施克珀和他的妻子卢说，在1930年访问学校期间，他们惊讶地发现自己被"绿色丝绸上传统的裸体绘画，粉笔画的头部表现，也就是一个古老的学术教育库房"包围着。更重要的是，他们没有找到工业生产的证据，或者说"可以作为机械生产原型的标准、类型，形式是功能和材料的逻辑结果的证据"。相反，他们看到的是这样的退步，以至于他们不得不宣布：

你不能在画学术裸体的同时为群众打造一把椅子……你在学学术画，但学术画已经失去了生命力。在这令人窒息的气氛中，没有什么新的东西可以诞生，用工作室的灰尘把它擦去吧！

正如包豪斯教师辛纳克·施克珀和他的妻子卢1928年在呼捷玛斯看到的一样，当时呼捷玛斯古典主义流派仍占有一定的地位，苏联著名古典主义大师阿·舒舍夫、伊·若尔托夫斯基仍在学校，以其泰斗般的学术地位延续着俄罗斯古典主义的传统，其巨大的社会地位、根深蒂固的传统古典的学术影响仍吸引着众多学生们围绕在他们的周围。这也就形成了呼捷玛斯古典与前卫共存的局面，其巨大的影响势力加上前卫先锋派概念化的、片段化的非核心表现，形成了呼捷玛斯独特的传统与现代共存的局面，传统保守势力在某些方面甚至占据了上风。

考虑到学校各教学部门各位大师之间的思想与方法的千差万别，回想起来，呼捷玛斯的多产与它所教育的学生的数量和它所创作的不同作品，数量之多、内容之广，这简直就是一个奇迹。或许正是这种不断竞争的艺术氛围，导致了对现代美学质的突破。"纯艺术"与生产能力之间、保守与创新阵营之间的相互作用产生了一个肥沃的，甚至是常常对立的环境，这也是外来者对呼捷玛斯最为不解，也是其最神秘的地方。

失势一方的无奈与无助

呼捷玛斯学生作业的档案，包括建筑模型和设计草图，大部分都被摧毁了。一些老师和学生尽力将自己的作品保存在家中的隐蔽之处。然而，尽管他们作出了许多努力，几十年来，学校剩余的材料和文件仍然非常有限。在那个思想转变的时代，这些被定义为"形式主义"的作品，像"破四旧"一样被摧毁了。[18]

从赫鲁晓夫时代开始，保留下来的学生作品，才由几位辛勤的学者从这些人的档案中找出，主要是通过照片的复制，将学生们的作业汇编而成文献资料。尽管第二次世界大战后第一批有关该校的出版物出现在20世纪60年代末，但大部分材料都直到20世纪90年代初才出版。因此，呼捷玛斯与包豪斯截然不同，因为可视资料的完全被毁或者被封用，从20世纪30年代到60年代后期它的贡献几乎被完全遗忘，而正如1936年美国现代艺术博物馆的立体主义展览或1938年瓦尔特·格罗皮乌斯组织的展览所示，包豪斯的遗产被不断地研究和展示，而呼捷玛斯却还没有被重新写回历史中。

20世纪20年代后期这批极具创造力的艺术家、建筑师中，许多人都被动地选择了其他工作，不再从事此方面的研究探索工作，如康·美尔尼科夫、莫·金兹堡、伊·列奥尼多夫等呼捷玛斯的教授们，开始了家教、绘画、写作等方面的自娱自乐，而彻底停止了先锋艺术与建筑的探讨。这批极具创造力、极具个性的艺术家先驱们以自己的方式回应着社会的变革；少数非纯正的前卫派们很快转向了现实主义古典复兴中；伊·若尔托夫斯基、弗·什楚科、阿·舒舍夫等古典主义大师们又卷土重来了，登上了他们与现实社会相结合的古典复兴之路；最为可惜的是呼捷玛斯年轻的毕业生们，毕业后不久就赶上了第二次世界大战，许多人永远留在了战场上，在今天呼捷玛斯的继承者莫斯科建筑学院花园中的"二战纪念碑"上，主楼白厅前的纪念碑上铭刻着第二次世界大战牺牲的呼捷玛斯的师生们，牺牲的师生们达三百人之多，这无疑也是呼捷玛斯的巨大损失。

6.3.2 东西方社会与文化的分歧对呼捷玛斯的影响

俄罗斯作为横跨欧亚大陆的一个国家，其自身的文化特点具有双重属性，既受到欧洲文化的影响，又受东方亚洲文化的影响。但非常有趣的是，许多欧洲人并不认为俄罗斯是欧洲的一部分，也并不认可俄罗斯人是欧洲人；俄罗斯人的尴尬是不被欧洲人认可，无论是宗教上还是文化上。这就形成了欧洲中心主义者与俄罗斯之间文化观点的分歧。

第二次世界大战以后，由于地缘政治、社会制度、文化传统等多方面的因素形成了东西方两大阵营，形成了世界冷战的局面。这些历史渊源、文化传统、社会政治、宗教方面的多种差异，也在某些程度上加重了西方（欧美）对俄罗斯文化的选择性遗忘。

因为这些因素，也就可以理解欧美等西方国家并没有真正地认知苏联前卫艺术与先锋建筑的世界定位，并没有真正认知呼捷玛斯应有的艺术文化价值，这也是呼捷玛斯被西方漠视或选择性忽视的原因之一。

欧洲中心论导致对呼捷玛斯的视而不见

欧洲中心论，也称欧洲中心主义[19]，是一种从欧洲的角度来看待整个世界的一种隐含的信念，具有自觉或下意识地感觉到欧洲对于世界的优越感。这种观点认为欧洲具有不同于其他地区的特殊性和优越性，因此欧洲是引领世界文明发展的先锋，也是引领非欧洲地区迈向现代文明的灯塔。

这种狭隘的世界观和历史观，让欧洲无视于历史真相的存在，也忽视其他地区文明的贡献，因此导致部分欧洲人对西方以外的世界缺乏理解，也不能正确认识自己，最终造成包含艺术研究的学术界在内，长久以来都是以西方意识作为主体意识而存在。很多国际标准（如本初子午线、公元纪年、拉丁字母）都是欧洲中心主义观念的体现。

欧洲中心论者将他们的个案研究置于宗教的、种族的、环境的以及文化假定的优越性之上，并在此逻辑基础上来解释世界。欧洲中心主义的巨大影响源自近代西方历史哲学的强大影响，源于进步论、阶段论、目的论、普遍主义等理论倾向在世界史研究中的盛行和泛滥。同时，西方现代殖民主义"塑造"和"建构"了包括非西方世界在内的世界历史图景。殖民主义的影响对人类历史和世界历史的发展进程最重要的一点是，歪曲和贬低了非西方世界的成就和贡献。文化传播主义又制造了西方主导的人文社会科学研究的"话语霸权"。

欧洲中心论也是资本主义凭借其经济的、政治的优势向全球扩张的产物，是西方资产阶级为主宰世界而制造历史合法性假说的说教理论。它出现于18世纪中后期，在19世纪得以发展，并且最终形成一种人文科学领域的思想偏见。

从以上欧洲中心论者的思想中，不难理解阿尔弗雷德·巴尔、西格夫雷德·格雷迪翁（Sigfrled Gledion）[20]、尼古拉斯·佩夫斯纳（Nikolaus Pevsner）[21]等西方历史学者视呼捷玛斯为苏联宣传工具，而将其排斥在现代主义进程之外，漠视呼捷玛斯原本的现代艺术贡献，将其完全归功于包豪斯的原因了。历史的真相会告诉我们一个真实的呼捷玛斯，一个真实的苏联前卫艺术运动的真相。这也正是呼捷玛斯鲜为人知的原因之一。

建筑艺术思想与社会现实的统一

俄罗斯的前卫艺术和先锋建筑流派纷呈，分分合合，各自提出自己的艺术主张。但它们有别于同时代法国的前卫艺术，俄罗斯的前卫画具有精神性和思辨的特点，前卫艺术家们关注的是艺术的本质，以及艺术的现实性、社会性和时代性。他们留下的许多作品，如弗·塔特林的第三国际纪念碑（最后未能实现）、拉·里西茨基为红军作的宣传画《以红色楔形攻击白色》、卡·马列维奇的《红旗兵》，以及瓦·康定斯基强调与生产结合的艺术教育主张等，都可以看出上述特点。

同时，他们的创作和抱负，也具有共同的浪漫主义和理想主义的色彩。因此，俄罗斯前卫艺术悲剧性的结束，也不是偶然的。另一个原因是群众对前卫艺术并不理解。"创新"是前卫艺术的特征，他们的创作受到了"是否还是艺术"的质疑。群众难以接受他们的艺术。如卡·马列维奇在晚年又回到写实创作，除了众所周知的政治原因之外，也有使作品适应群众需要的考虑。

俄罗斯的一些主要前卫艺术家，根据他们对十月革命后形势的观察，敏锐地注意到了以下与生活创作相关联的重要因素：残酷的国内战争，经济上的极端困难，前卫艺术队伍中不同派别的纷争，主流社会对前卫艺术的怀疑态度等。他们似乎预见了即将会产生的动荡结局。因此，他们中的大多数人在20世纪20年代上期便已先后移居国外，如瓦·康定斯基（移居德国）、马克·夏加尔（移居法国）、拉·里西茨基（移居德国）、纳姆·嘉宝（移居美国）、安东尼·佩夫斯纳（移居法国）、纳·贡恰洛娃（移居法国）、米·拉利昂诺夫（移居法国）等。他们在异国他乡的艺术创作活动，对欧洲和美国现代派艺术产生了很大的影响。

6.4 呼捷玛斯对世界现代艺术发展的贡献

在布尔什维克革命后的一年里，苏联就实行了一场全面的教育体系改革，重组了艺术与建筑的教学与训练内容，开创了新的设计类艺术学校的现代教育探索，取代了传统的美术学院和学院派教学体系指导下的应用艺术学校。作为高等专业教育院校，呼捷玛斯的成立为苏联现代工业社会的发展培养了许多合格的艺术设计方面的从业者。新学校呼捷玛斯合并了八个系部并将艺术与先前的手工艺品和新兴产业制造相融合，以新的工业生产为主题进行教学创新和实践的探索。前卫艺术思想家们从中创建了一套全新的教育模式，该模式一直被认为是专长于艺术和技术融合的新教学体系。跨学科的教育模式将学术与前卫的方法结合起来，全面地代表着当时各种流派平等发展的状况。呼捷玛斯自成立至关闭的十多年间，通过全体师生的不断努力，对世界现代主义教育思想的创立、世界现代造型艺术教育的探索以及对现代建筑创作方面均作出了独特的贡献。

6.4.1 世界现代主义思想方面

20世纪初至30年代中期，苏联前卫艺术运动在世界现代艺术史中起着举足轻重的作用，苏联前卫艺术家、建筑师的理论与艺术创作实践为世界现代艺术的发展作出了重要贡献。而成立于1920年的苏联国立高等艺术与技术创作工作室，缩写简称为呼捷玛斯，1926年改名为苏联国立高等艺术与技术学院，缩写简称为呼

捷恩，也在苏联前卫艺术运动中也发挥了极其重要的作用。

十月革命胜利的影响扩展到艺术领域，呼捷玛斯的成立汇聚了当时近乎所有的苏联前卫艺术流派，构成主义和至上主义为代表的先锋派和表现出守旧与在传统中挣扎的古典主义学院派，在教学实践的过程中交融碰撞。开创性的设计思想与教学方法在这里产生。呼捷玛斯为苏联社会培养了许多优秀的前卫艺术实干家，其独特的现代主义造型艺术目标与追求，对世界现代主义设计思想产生了深远的影响。

呼捷玛斯对苏联前卫艺术流派的汇总与开创性的设计思想

20世纪20年代至30年代，苏联建筑界最重要流派代表人物都云集在呼捷玛斯里。作为俄罗斯先锋派构成主义代表人物的"大本营"，呼捷玛斯当仁不让地成为了构成主义、理性主义、至上主义这三个俄罗斯先锋派艺术与现代建筑运动的研究中心，先后集结了构成主义的领军人物瓦·康定斯基，至上主义创始人卡·马列维奇，独特的全才大师拉·里西茨基；构成主义代表作即第三国际纪念碑的创作者弗·塔特林，以及构成主义理论奠基人莫·金兹堡，建筑大师与现代建筑教育家尼·拉多夫斯基等。他们均在这个独特的先锋艺术教育中心、在不同时期任教并发挥了重要的作用。

呼捷玛斯在其存在的十年间，成为现代艺术的实验室，汇集了古典主义、未来主义，以及科学的精神分析方法甚至构成主义和理性主

义等多种艺术思想和方法。它们的交融沟通、思想与作品的碰撞，是学校不断发展的源泉与动力，也为呼捷玛斯的学生树立了良好的学术榜样。在当时的苏联，各艺术流派之间的学术争鸣空前繁荣，呼捷玛斯学校内展开了尖锐的创作辩论，探索不同的艺术风格和教育理念，这些学术争鸣为学生们的思辨性学习起到了良好的推动作用，使学生们的艺术追求有了明确的方向，在国外特别是在德国的包豪斯中也引起了共鸣。

呼捷玛斯现代设计教育体系的建立，通过对包豪斯教育体系的影响，为世界现代主义运动建立了开创性的设计教育思想与教学方法（图6-12），它突破了传统手工艺师徒制传承的陈规，将专门化的设计教育与一般性的技能培训相分离，为适应机器工业生产培养输送了大批专门型的设计人才。最重要的是，呼捷玛斯这所学校的主要创新重点在于这些教育者们所承担的任务：教学与实践相结合。在教育大众化的同时，提出一种新的思维方式来重新思考艺术创作与现代建筑设计本身。这是一个艰巨的挑战，需要连贯的理论和精心设计的教育计划。在这个教育计划中，每一项工作都为参与者做好了下一步前进的准备。这种开创性的教育创作思想不仅极大地影响了苏联前卫艺术的发展，而且奠定了世界现代主义艺术重要的教育基础。

呼捷玛斯通过向全国普及大众现代艺术教育运动的目标，为以前被艺术边缘化的无产阶级群体提供了前所未有的机会。然而，其更大的意义在于发展了一种新的建筑教育和设计研究模式，设想了一个全面的愿景，将其作为新的无阶级社会关键的艺术文化的基石，为人民

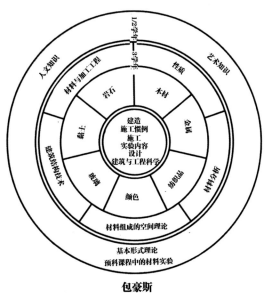

包豪斯

教学结构图，瓦尔特·格罗皮乌斯，1922

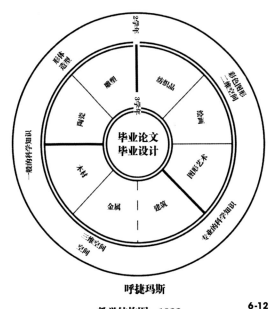

6-12

呼捷玛斯

教学结构图，1923

图6-12　呼捷玛斯与包豪斯教学体系的比较

群众服务，从而为世界现代主义艺术与文化贡献自己独特的思考。

呼捷玛斯对世界现代主义艺术设计思想的影响

十月革命的胜利，为俄国人民带来了在大工业生产基础上建立新世界的希望，面对跌宕的社会，科学技术和哲学探索作为先进部队及激进的思想研究首当其冲。从而带动了同一时期出现的许多艺术设计创新思想的发展，前卫艺术运动使苏俄艺术从传统写实全面转向现代主义的抽象。艺术作品已经有了一种超离于题材对象本身的力量，具有了独立的新生命，艺术逐渐回归大众生活，并且参与到新社会的构筑中，同时塑造了总体的无产阶级意识。这些作品所传达的与其说是现代美学的思想，不如说是社会进步的现代哲学，这样的艺术必须包容一切，消除所有艺术间的隔阂。如同其社会理想一样，消除在都市浪潮中同时滋生的偏见和疏离。

俄罗斯的前卫艺术探索享誉世界，其最活跃的时间段是1917—1923年。1920年，呼捷玛斯的成立，标志着苏联前卫派风格的发展向正规的学术研究转变。呼捷玛斯对现代造型艺术思想的探索，从根本上动摇了传统的造型艺术方式。借助十月革命胜利的东风，艺术家积极反对传统的矫揉造作，他们大胆地运用不同对象之间的关系进行组合，这种组合的形势最终发展为简洁而富有意义的、几何而不失灵动的、先锋而来源于实际的风格。

1921年5月，呼捷玛斯的青年艺术家协会在呼捷玛斯举办展览，标志着构成主义首次公开露面。拉·里西茨基在1922年评价说："青年艺术家协会的展览是一种新的形式。在那里，我们看到艺术作品不仅可以被挂在墙上，而且最重要的是可以充满展览大厅的空间。"这充分说明了呼捷玛斯前卫艺术探索开创了世界现代艺术研究的崭新局面。参展的年轻艺术家们吸收了上一代的经验，他们对材料的特殊特性和空间构成作品有着奇妙的感觉与领悟，从而在工程技术和漫无目的的艺术创造之间自由地游

走。现实经验的社会诉求与创造者的乌托邦理念快速地连接，并进一步发展了下去。

在1925年巴黎国际装饰艺术博览会上，康·美尔尼科夫设计并建造完成了苏联展览馆。这座木结构展馆由大小不同的单坡屋顶组合而成，被公认是展览会上最具进步性的建筑之一。与巴黎展览会上的其他展馆不同，它在不到一个月的时间内就建造完工，而且雇佣的工人不超过10名。这一作品很快引起了广泛的国际关注，肯尼斯·弗兰姆普敦在《现代建筑：一部批判的历史》中评价其为"苏联建筑中最进步因素之大成"。[22]

构成主义者的根本创新点是他们通过材料和抽象形式的语言而非说明性主题，唤起了当代工业的意象，社会意识和社会工业实践的融合，将机器和工人阶级的理想日益一体化。正如阿·加恩所说："构成主义是一种进步，是工业文化的纤弱产物。长期以来，资本主义让它在地下腐烂。无产阶级革命解放了它。"[23]从以上这两场伟大的展览作品中就可以看出其前卫思想的观念和对现代艺术创新的探索，其现实意

义实际上是深深植根于当时苏联社会文化深厚积淀中的产物，并深刻地影响着世界现代主义设计思想的逐步发展。

独特的现代主义造型艺术目标的追求

1922年苏联正式成立，在此环境下，一些青年艺术家在未来主义、立体主义的影响下，开始探索一种新的艺术形式来支持革命与社会的变革。他们认为这种艺术形式应是一种工业时代的艺术语言，并通过将抽象的几何形式本土化从而达到一种实用简洁的艺术效果，于是苏联前卫先锋派造型艺术探索应运而生了。

艺术形式的发展与技术的进步总是具有密切的联系，它或直接或间接地影响了艺术表现的内容、观念与形式的发展，推动了艺术表现方式的变革。苏联前卫艺术家基于造型艺术的重大变革是由生产技术的飞跃所带来的认知，巧妙地利用机械特点，采用新技术、新材料，并使它们和现代艺术造型规律有机地结合起来，创造符合现代生活环境的产品及现代生活环境。

苏联前卫艺术诞生于20世纪初的技术革命与现代艺术的交汇点上，这一时期人们开始认识到机器带来的新的生活方式，从排斥机器转为关注机器。对机器的着迷，对人与机器结合的渴望，与对超级工业化发展的高度认同，以及对社会主义未来世界的构想交织在一起，创造了独特的现代主义造型艺术目标的追求。

在呼捷玛斯，造型语言在革新的创作潮流者的领导下，借助青年人的创作潜力得到了极大的发展。在呼捷玛斯学习工作过的画家、雕塑家、建筑师在造型艺术领域努力寻找新的风格，无论是建筑造型还是雕塑造型都在向系统成熟的艺术表达方式迈进。在十月革命的历史条件下，创作者们看到自己重新回归生产者的现实路径，在旧秩序终结的地方，机器生产显现的活力正在召唤

一种工业化的新秩序。工业材料和产品仿佛宣告了一种彻底平等的前景：在工业产品创作的生活环境中，不再有资产阶级冷漠的个体，人与人的差别和疏离被有效地消除了，个人的活力得到释放，融入集体主义共同的自由中。所有与巨大变革产生共振的创造性形式，都是理想中未来世界的形式，这一切都激烈地加深了创作者和这一新秩序的联系。

苏联前卫流派的艺术与建筑，特别是呼捷玛斯独特的造型艺术探索，不仅在俄罗斯艺术史中具有重要的地位，成功地进行了独特的现代主义造型艺术多方面的探索，而且在世界艺术的发展史中发挥了重要的作用，甚至对于今天的现代主义造型艺术仍具有极其重要的启发意义。

6.4.2 世界现代造型艺术教育方面

1920年，第一、第二国立自由艺术创作工作室合并，在深厚艺术传承的班底上成立国立高等艺术与技术创作工作室——呼捷玛斯（图6-13）。呼捷玛斯对于现代造型艺术教育特别是现代建筑教育的特殊贡献在于它独特的预科基础教育。呼捷玛斯最初的定位"是艺术—技术—工业的最高专门教育机构，宗旨是为工业生产培养最高水平的艺术大师，以及技术职业教育的设计人和领导者"[24]。由于在政治上的需求，革命者们也许苛求新艺术形式的宣传效果，当时的社会趋于开放化，与西方国家的联系也逐渐加强，艺术家们开始吸收欧洲大陆先进的艺术思想与技术手段。当苏维埃的红旗飘扬在俄罗斯大地上，一群年轻有才华的知识分子和艺术家，如呼捷玛斯的师生们，试图帮助初生的苏维埃政权来展示现代人民的力量。

呼捷玛斯在现代造型艺术教育方面的贡献，

通过其通识的基础教育、艺术与工艺融合的现代造型教育、建筑设计教学的科学化，开创了世界造型艺术教育方面的先河，奠定了人类现代艺术发展的基础。

通识的基础教育

呼捷玛斯学校旨在培养跨学科多领域的艺术创造者，并将其科学地引导到工业生产中来，从而能够将艺术与社会的新视野联系起来。这导致了第一次艺术改革即自由艺术创作工作室的出现。并产生了一种新的教学方法：将文艺复兴时期的师生关系概念重新与现代的融合在了一起。

经重组的教育机构的艺术教育体系，经过改革，艺术教育实现了社会主义民主化，无论学生的社会地位和先前的资格如何，呼捷玛斯为所有社会阶层打开了教学之门。免费讲习班的建立使年轻人在学习和创造方面完全获得了自由。呼捷玛斯所教授的科目，尝试涵盖了当年存在的所有的前卫艺术流派，从最传统的到最前卫的；另外，每个学生都可以自由选择他们的老师，甚至没有老师的自由学习探索，就像"青年艺术家协会"一样；尽管类似于文艺复兴时期的模式，学生们仍可以在需要时自主选择更换自己钟情的创作工作室。

新社会的各行各业亟需改革，政府想培养更多的贫苦百姓，包括工农速成学校的学生、复员的红军战士和普通学生。但是因为水平参差不齐，学校又成立了预科基础班，后演进为创作基础知识核心部。这样各专业的学生在此一起学习预备的基础知识。在基础教学部除了绘画和素描课外，还有三门重要的艺术基础课：空间、形体构成和色彩。这三门课几乎可以称作是现代造型艺术共同的基础。有了这样坚实、实用的基础之后，经过一年或两年的基础知识的预备，学生们就可以进入其他的专业系部中学习了（图6-14、图6-15）。

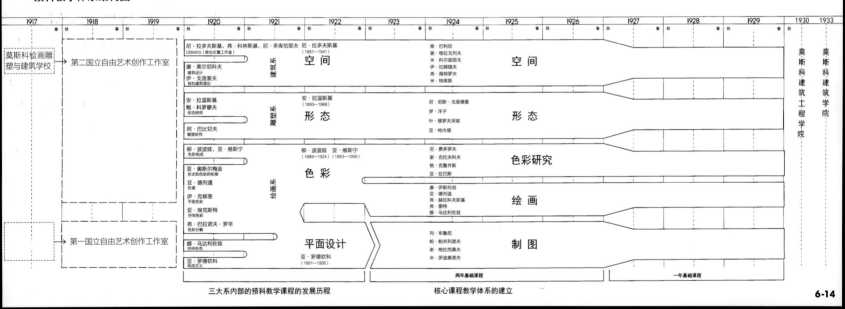

图6-13　呼捷玛斯的发展脉络图（安娜·博科夫）

图6-14　呼捷玛斯核心基础（预科）教学体系结构图

苏联国立高等艺术与技术创作工作室（呼捷玛斯）教育系统形成框架图示

1918年前　莫斯科绘画雕塑与建筑学校　俄罗斯斯特罗干诺夫斯基工艺美术学校

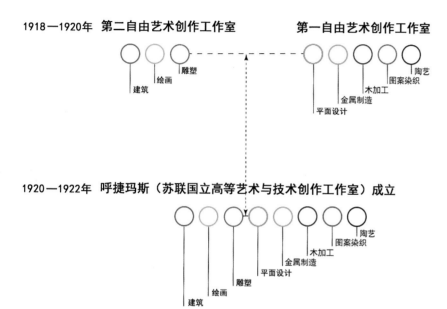

1918—1920年　第二自由艺术创作工作室　第一自由艺术创作工作室

1920—1922年　呼捷玛斯（苏联国立高等艺术与技术创作工作室）成立

1922—1923年　呼捷玛斯核心课程体系的建立

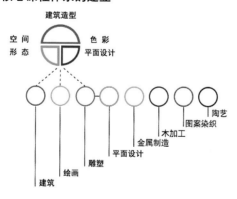

6-15

图6-15　呼捷玛斯教学结构系统框架图（安娜·博科夫）

呼捷玛斯的基础教学课程设置同样也有着贯彻始终的创新体制，即将理论课程与实践设计相结合并相互依存，有效地帮助学生在掌握基础知识的同时还能够充分地训练自己的动手能力，使得将来的设计更加切合实际。在第一个入门的通识基础教育阶段，呼捷玛斯这一时期的基础教学体系可以分成两部分：一部分是在建筑系、雕塑系和绘画系中的基础课程；另一部分是基础教学部，基础课程的设计是完全分开的（在这一阶段中每一门课都承担着独立的教学体系的内容，并不相互交叉）。不论哪一门课程，这样的设置都能让学生的思维获得一定程度上的解放。

呼捷玛斯的通识基础教育研究探索了各个门类艺术创作的共通之处，搭建了各艺术门类之间教育的共同平台，为人类现代造型艺术教育的科学化开辟了新路。其成功的研究实验，科学的教育方法奠定了现代主义教育的基石，今天世界许多艺术与建筑学院仍在沿袭着这样的教学思想，影响深远。

艺术与工艺融合的现代造型教育途径

1917—1921年，许多前卫主义艺术家参加到为苏维埃政权服务的文化建设中，开始将"生产工作作为艺术创作活动"。他们认为艺术家必须是好的技术人员，必须掌握现代生产工具和现代工业材料，将自己的艺术创造直接融入为无产阶级谋求幸福生活的生产工作之中。

第一次世界大战后，苏联工业生产迅速发展，日常生活对工业产品的需求更加迫切。因此，苏联需要适应工业时代的人才，要求学生接受相应的专业教育，传统的学院派教育面临着挑战。而呼捷玛斯就是一个培养新型人才的中心，这个把艺术跟现代工业技术结合起来的思想，之后贯彻在呼捷玛斯的全部教育体系组织和教学工作中。

呼捷玛斯继承了斯特罗干诺夫斯基工艺美术学校的办学传统，从办学之初就具有综合性艺术学校的特色，生产技术制作与造型设计相融合是呼捷玛斯的一个重要的艺术教育创新。在这里学生可以学习绘画、雕塑、建筑，接触到造型艺术的各个领域；也可以学习金属制造、木制品加工、制陶、印刷、平面设计等工业技术类的艺术制作与创作。生产技术制作与造型设计是相互融合的，是综合性、全面的造型艺术训练基地，这种学科的设置方式造就了呼捷玛斯独特的艺术教育思想。在这里，每个学生都能够全面接触到造型艺术的各个领域，系统地接受综合性生产艺术的训练。为了让学生熟悉生产工艺，学校专门设立了工坊与车间。师生们将艺术与工业制造相结合，设计了很多美观、实用，同时又适应于大批量生产的日常生活用品，如折叠床、家具、炉具、五金、厨房器具、布匹之类，既讲究生产效率和使用效能，又重视其生产的经济性。从教学系统框架图中可以看出呼捷玛斯艺术与工艺融合的教育创新。

这种全方位的高水平综合艺术与创作的训练，成就了20世纪初呼捷玛斯在现代造型艺术思想及教育中的领先地位，直至今日，仍是现代造型艺术设计教育的成功范式。

建筑设计教育的科学化探索

呼捷玛斯与先锋派是紧密联系在一起的，呼捷玛斯的先锋派艺术家与教师们不断更新教学方法，把自己在专业创作上的探索成果直接充实到教学中，不搞以往统一的教学大纲之类僵硬的东西。在亚·罗德钦科、弗·塔特林、拉·里西茨基、尼·拉多夫斯基和瓦·斯捷尔潘诺娃等著名艺术家的指导下，建筑系形成了两个重要的先锋运动流派：构成主义和理性主义，开创了现代建筑设计的"科学化"与"民主化"等先进的理念。

从1923年开始，每个学生，不论什么专业，都要经过1~2年的预科基础训练，这就是把科学技术与艺术结合起来，在现代科学技术基础上，教给学生造型的语言和法则、色彩规律、色与形的关系、空间构图、构成原理等，并将这些造型原则跟社会的、功能的、大生产的艺术设计结合起来。经过1~2年的基础知识的预备，三、四年级的学生们就可以进入其他的专业系部中，逐渐接触实际问题。通过实践的训练逐步深入理解理论知识的支撑，这样的方法都为建筑设计教育的发展起到良好的推动作用。

在教学过程中，教师鼓励每个人去探索，学生们的作业都极其大胆，很有独创精神。遗憾的是，由于那个时候整个国家的建筑实践比较少，大多数都是纸上谈兵，探索的成分很大。虽然这些理论和创作都有一些空想的成分，有一些幼稚的热情。但是，它提倡自由活泼的学术思想给苏联，甚至给世界提供了很多有价值的现代建筑设计新鲜血液。

这种非常活跃的教学工作和不死守呆板的规章制度，再加上学术气息浓厚，有利于发现、培养人才。最有代表性的例子就是伊·列奥尼多夫，作为呼捷玛斯的学生，他参加了许多建筑设计竞赛，并屡屡得奖，有农家住宅改进方案、明斯克大学校舍等。在理论与实践相互影响和补充的过程中，建筑设计的科学化的教学也逐步走向成熟，逐渐奠定了世界现代化教育重要的基础。

1927年，伊·列奥尼多夫做了莫斯科的列宁学院的设计，构思新颖，受到亚·维斯宁的赞赏。这一方案用最直接的方式使新结构和建筑功能成为造型因素。由于他的出众才华，1928年，在学生的推举下，伊·列奥尼多夫由助教升为讲师。这不仅是伊·列奥尼多夫个人的成就，更代表着呼捷玛斯艺术与工艺融合的现代主义建筑教育的成功。呼捷玛斯在建筑造型语言及法则、色彩规律、色与形的关系、空

间构图、构成原理等方面的探索，开创了现代建筑教学科学化的新路，是人类现代建筑教育重要的符合感知规律的设计教育典范，为后人留下了无尽的教学遗产，影响着今天及今后的建筑设计教育。图6-16表明了呼捷玛斯在三个发展阶段中对教育系统化与科学化的探索。

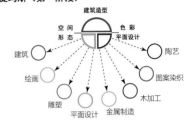

1923—1926年 呼捷玛斯（第一阶段）

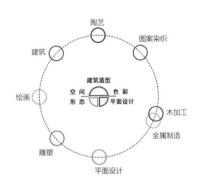

1926—1929年 呼捷玛斯——呼捷恩（第二阶段）

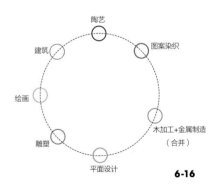

1929—1930年 呼捷恩（苏联国立高等艺术与技术学院）（第三阶段）

6-16

图6-16 呼捷玛斯基础（核心）课程与各个系的教学（安娜·博科夫）

6.4.3 世界现代建筑设计方面

1920—1930年间，呼捷玛斯在世界设计界被誉为苏联的"包豪斯"学校——共产主义的"包豪斯"，当时这里汇集了各个设计领域的众多精英，其存在的10年间对现代设计特别是现代建筑设计创作的探索，为现代主义建筑设计艺术发展作出了不可磨灭的贡献，功在千秋。

在这场新建筑的设计运动中，有一支不容忽视的革命生力军，这便是以弗·塔特林、亚·切尔尼霍夫、康·美尔尼科夫、维斯宁兄弟、莫·金兹堡、伊·列奥尼多夫等人为代表的苏联先锋派建筑运动的先驱们。他们塑造了人类历史上第一个社会主义国家的建筑形象，这是一个崭新的、属于大众的、不再为少数有产阶级服务的权贵与资本阶层品味展示的形象。

前卫主义建筑师们的设计构思和设计思想不仅启发了同时代的现代主义建筑大师的创作，也影响了20世纪30年代以后世界各国现代建筑的发展。前卫派建筑设计运动不仅是苏联建筑史上杰出的成就，而且也对今天世界范围内现代主义建筑的发展有着重要的推动作用。

从绘画到雕塑再到建筑的艺术设计之路

苏联前卫主义运动首先可以看作是一场广泛的社会文化运动，它波及了包括文学、戏剧、绘画、雕刻、建筑、工艺美术、音乐等在内的几乎所有艺术门类，影响之广、意义之深远，实属罕见。早期构成主义作品的代表作是弗·塔特林设计的第三国际纪念碑方案。通过这个方案，弗·塔特林充分展示了他的雕塑形象构成原则，并且为构成主义建筑的最终确立发挥了举足轻重的作用，也正是这个设计确立了弗·塔特林作为构成主义奠基人的地位。在

这座400米高的纪念碑中，设计者力图把建筑、雕塑、绘画几种艺术形式有机地融汇在一起，以体现一种新的时代精神。

以弗·塔特林等人为代表的构成主义艺术家们所进行的艺术实践，消除了绘画与建筑之间的传统界线，从而使新的艺术风格走出了绘画的局限，对建筑及造型设计等领域新风格的形成发挥了重要作用。无论是卡·马列维奇的至上主义、拉·里西茨基的"普朗恩"、弗·塔特林的反浮雕，还是亚·罗德钦科、斯滕贝格兄弟等人的空间构成，似乎都具有一种从绘画到建筑的接力棒一样的转化机制。它们不仅成为联系前卫主义绘画艺术与构成主义建筑的桥梁，并且对各种艺术类型之间的相互作用产生了积极的影响。正是在这种各艺术类型的相互作用之中，发生了主导艺术类型的更迭——构成主义建筑逐渐取代了前卫主义纯艺术。这种领袖地位的转变，正是在构成主义建筑师与构成主义艺术家的密切合作中完成的。同时，这种合作本身对构成主义建筑师的创作产生了实质性的影响。

过去从事前卫绘画的艺术家正在拒绝绘画，转而按照前卫空间惯用的表达，从事建筑设计或"进入工业设计"领域。但是，这种建造方法使用了"旧艺术"的设备、方法和工具，没有一个实际或明确的社会目标，也没有机械建造所需要的完整目的。但十月革命的胜利，迅速发展的工业化成为刚刚成立的苏维埃社会变革的目标，处在社会变革中的艺术家们因为类似的信仰与追求，逐渐打破了艺术之间的壁垒。1921年的苏联见证了构成主义艺术运动的诞生，也见证了新经济政策的实施和工业生产的第一次复苏。到了第二年，构成主义的风格在前卫先锋派中越来越流行，许多俄罗斯艺术家放弃了绘画和雕塑的创作，转而以一种更为整体规模的方式投身于建筑设计和宣传展台、家具、纺织品、海报、广告以及书籍等实用艺术的设计中。正

如卡尔·洛根森（Карл Иогансон）[25]在1922年说所："从绘画到雕塑，从雕塑到建筑，从建筑到技术和发明，这是我选择的道路，也必将是每一位革命艺术家的终极目标。"

构成主义建筑师们接受了左派绘画在过去十年间所积累的丰富的绘画艺术的空间经验，从而革新了建筑设计的形象语言，丰富了现代主义建筑的表现手法。

现代建筑设计造型美学方面的贡献

19世纪中后期俄国社会的现代大工业运动，为当时世界造型艺术新风格的出现提供了技术土壤，社会发展及现实的阳光、适合的温度促使了种子的萌芽——现代造型艺术的胚胎便形成了。机器时代的阳光使这个接力棒转交给了"机械主义"，这也正是世界现代造型艺术起源的最初景象。

20世纪现代主义艺术设计、建筑设计乃至绘画、雕塑艺术的发展表明，构成主义所建立的新形式逻辑，已成为一种具有方法论价值的理论。其学说具有普遍的指导意义，一直影响着后现代主义，以及当代诸流派和高技术主义、解构主义的建筑造型设计规律。可以认为，几乎整个现代和当代的艺术设计、建筑设计创作的景观，都是在构成主义所奠定的基础上发展而成的。直线、矩形、立方体、交错、距离、截面等成为建筑设计作品的基本表现方式。以构成主义为代表的苏联前卫建筑运动不仅创造了苏联建筑史上最杰出的艺术成就，而且也为世界范围内现代主义建筑造型的发展作出了特殊的贡献。

从呼捷玛斯的作品遗产中可以看出，它对构成主义建筑的探索和对世界现代建筑思想创立具有深远的影响。其学术思想、教育训练方法为现代艺术与现代建筑新观念、新风格的创立奠定了基础。他们提倡运用现代技术手段和

物质材料来满足人们对新建筑功能需求，在艺术创作上将建筑法则和生产结合，形成了独特的"构成主义机器美学"，并认为社会主义时期建筑的主要任务是采用工业化方法进行大规模工业建筑与工人住宅建造。同时，他们推崇建筑的功能，提出功能应与建筑造型、设计方法、创作目的结合成一个互不矛盾的整体，并通过这样的"新建筑"满足人们的"新生活"需求。

从20世纪三四十年代的现代主义大师勒·柯布西耶的新型城市设想，到20世纪60年代末期日本新陈代谢派建筑师丹下健三的新东京规划，再至20世纪以来所谓的"解构主义"建筑师的创作，这些设计构思方法和设计思想不仅启发了同时代的现代主义建筑大师的创作，而且也影响了20世纪30年代以后世界各国现代建筑的发展。

呼捷玛斯理性主义的逻辑与创造

如同莫·金兹堡在其著作《风格与时代》中对于机器的认识："机器的原则在于它是一个完整体系，这个体系包含了清晰的组织，具有结构精确和清晰可辨的特点。机器中的每一个部分或构件都是必需的、精确的，是必不可少的和不可改变的，而不是多余的或装饰的，它们居于特定的位置，发挥特定的作用。一台机器的部件不能用作其他不同系统的机器之上，其他的机体必须创造属于它自己的和谐的新图式，即新的结构系统。"[26]建筑设计也应当是带有逻辑性的空间创作，每个部分都应当是有其自我独立价值的。

在当时革命进程中的苏联，工业和机器被视为工人阶级乃至新的共产主义秩序的基本特征。建筑设计学科的发展从20世纪20年代早期作为一种抽象的空间形式的探索开始，到十年后成为一门受普遍规律支配和由科学实验支撑的自主学科，都是呼捷玛斯理性主义建筑的逻辑与创造背景。

1920年，通过一些公开声明以及"绘画雕塑建筑综合委员会"[27]的一系列展览，名不见经传的尼·拉多夫斯基迅速成为一个新学派的领袖。该学派明确反对伊·若尔托夫斯基的新古典主义，以及新兴的构成主义建筑。1920年12月，尼·拉多夫斯基成为"艺术文化研究所"的定期发言人。在艺术文化研究所为期五个月的建筑师论坛讨论的过程中，尼·拉多夫斯基形成了"理性主义"的建筑学说。

"理性主义"是一种强调通过知觉来感受空间与形状的方法，它将建筑艺术凌驾于赤裸的工程设计之上。尼·拉多夫斯基用最简单、纯粹的几何形体去表达空间的秩序感，并通过它们之间不同的组合来创造动态的、充满张力的、富有韵律的、复杂均衡等类型的建筑空间造型。可以说，尼·拉多夫斯基的"理性主义"是符合现代工业发展背景下现代建筑造型基本规律的。

理性主义者们的研究目标是为"建筑作为一门科学的理论"来制定客观的标准。虽然这些实验是短暂的，并且范围有限，但理性主义者仍在建筑设计教育学和科学研究之间建立了一个基本的互相融合并且交叉的关系。可以说从一开始，理性主义者就不仅仅注重促进一种建筑造型新美学的诞生，而且还注重展示他们对促进设计创造者创作潜能的现代建筑教育内涵。理性主义建筑的思想及创作手法今天仍有重要的研究价值，对于未来现代建筑的发展探索仍具有非凡的意义。

6.5 呼捷玛斯研究中待发掘的领域

20世纪初，苏联呼捷玛斯开创性地探索了现代主义艺术与现代建筑空间造型理论与教育方法的研究。虽然这个在20世纪20年代独一无二的高等院校已经离我们渐行渐远，但随着近年来对呼捷玛斯资料的逐渐收集，以及研究信息的进一步完善，我们愈发清晰地看到，呼捷玛斯的出现是整个20世纪艺术发展史中最伟大的历史事件之一，其潜在的价值不仅对研究现代艺术与建筑的起源，而且对21世纪及未来世界艺术的发展都有重要的意义。

随着对呼捷玛斯研究分析的不断深入，可以发现呼捷玛斯的教育体系、作品创作艺术理论等都十分丰富而庞杂，由于出版物稀少、语言的障碍和历史政治等复杂的因素，对呼捷玛斯的认知现在仍然非常有限的或不准确，仍存在很多研究空白，也存在很多未知的内容有待进一步发掘。

6.5.1 现代建筑教育体系独特性研究方面

呼捷玛斯独特的创作和教学体系使其成为与整个20世纪20年代俄罗斯前卫文化中的艺术潮流相密切联系的研究教育机构，其创造性成就不仅体现在众多艺术作品与先锋建筑设计的创作方面，而且在现代建筑教育体系方面，呼捷玛斯也具有科学且多元的独创性特点。

呼捷玛斯科学化的教学体系与教学方法

呼捷玛斯作为一个全新的现代造型艺术教育基地，在人类现代艺术与现代建筑的教育中创立了独树一帜的教育体系。这种科学化的教学体系不仅探索了现代艺术与建筑非凡的教育思想，而且创造了世界上独特的现代艺术造型语言，对今天的艺术与建筑教育仍有深刻的影响。

呼捷玛斯作为一个教学创新的实验场所，构思、研究并实践了许多艺术教育独创的教学方法，并致力于新艺术形式的理论化研究与实践性探索，为技术与艺术的融合创造了科学化的教学体系。呼捷玛斯的科学化教学体系包括客观的教学方法、不同专业艺术基础教育的通识、造型艺术教育与工业生产的结合、特色鲜明的预科基础教育。这种艺术教育是对传统工坊制度及师徒制的继承，是现代与传统共存及其相互影响的教学体系，其成功的教育体制造就了无数各设计专业优秀的毕业学生、各领域的造型艺术家与现代建筑设计师。在呼捷玛斯，由著名艺术家所领导的创作工作室、制造工坊的教学是呼捷玛斯基础教育实践的关键环节，是通过制定一系列科学化的艺术教学体系与适合创作的教学训练方法来实施的，实现了现代艺术与建筑教学与实践的创造性结合。从最基本的一定模式化的作业训练开始，设计每一步的教学课程与实践的操作，以指导学生完成一整套正规的科学训练。例如，作业给出一定比例的矩形、棱形等图形，要求学生通过造型训练表达或抵消机械力，如重力的图示表达，激发出创造性思维和客观的分析能力。这种没有先入为主的非结果导向的、限制性较高的作业体系，在集体训练的过程中得到了持续且深入的运用。

除此之外，呼捷玛斯还注重教育学与实验教学的结合，运用理性主义理论及心理学的分析方法，将空间、图形等基础训练与技术发展相结合，逐步提升学生们的艺术创作能力。在多年的教学实验下，呼捷玛斯成为孕育许多设计专业领域前卫造型艺术家的摇篮，这种模式化、科学化的教学体系也成为现代艺术设计院校课程体系中的最初模板，在世界范围内产生了巨大的影响。

基础教学的模式化训练与创造力潜能的培养与发挥仍是呼捷玛斯教学体系中非常重要且有待深入研究的内容。这需要我们全面深入研究呼捷玛斯的教学系统，从该院校中的学科安排、课程设置、课程内容等多方面构建全面的呼捷玛斯教学研修框架，根据历史资料，从教师课件、学生作品中继续深究呼捷玛斯的教学体系与方法，并对现代及未来的设计课程教学提出更多、更好的参考性意见。

尼·拉多夫斯基抽象理性主义教学研究之间的关系

从呼捷玛斯的历史发展过程中不难看出尼·拉多夫斯基是呼捷玛斯学院的重要成员，他不仅是苏联建筑设计先锋派教育的实践家，也是一个最难以捉摸的人物。他最大的成就在于开创了建筑教育学和实践协作的新模式。尼·拉多夫斯基成立了第一个新建筑师联盟，以及建筑—规划师联盟。作为呼捷玛斯的主要人物及重要的建筑教育家之一，尼·拉多夫斯基利用了后革命时代的巨大创造力，可以说，他科学的教学方法和系统的教育学体系是现代建筑教育与实践的破冰之船。

在1920—1930年间，尼·拉多夫斯基在呼捷玛斯任教，他是该校任教时间最长的教授。他积极地发展了新的现代教育体系以及理性主义建筑设计思想。为了摆脱传统古典建筑课程的限制，他策划设计了崭新的课程教学体系，以开发学生的空间知觉能力，激发学生的创造潜能。

作为尼·拉多夫斯基空间课程的一部分，客观的教学方法、心理感知分析方法的辅助同样是理性主义教学体系的关键。尼·拉多夫斯基通过其形式和空间的思想及其在课程教学训练中的总结，形成了一系列全新的实验教学方法。这在很大程度上，将设计教育从精英的学术感知转变到了许多人可以接受的现代设计教育。在卓越的现代教育思想的领导下，呼捷玛斯开创性的基础教学体系逐渐丰富而完善，在之后对欧洲特别是对包豪斯产生了极大影响，并且在世界范围内这种教育方法逐渐被后人推广与扩大。其教学风格及在其他不同艺术领域的教学探索数量激增，引起了建筑师职业教学体系和新的建筑造型艺术方法的成功变革。该教学计划的核心内容至20世纪末在世界许多建筑院校中仍被广泛采用。

尼·拉多夫斯基的造型方法涉及一种抽象的理性主义，可与1923年在奥·范·杜斯堡（Theo van Doesburg）[28]和科尼利斯·范·埃斯特尔森（Cornelis van Eesteren）[29]的赘生性合成中出现的抽象理性主义相提并论。他的抽象理性主义理论是一个形式主义思想的观点，他认为一个建筑除了满足功能要求外，还应具备一种超然的空间感与和谐的形态空间节奏感。这也许是迄今为止在呼捷玛斯研究工作中的另一个潜在挑战，即尼·拉多夫斯基和他的同事们对呼捷玛斯的看法是什么，以及他们的创作工作、教学和研究之间的相互影响。

尼·拉多夫斯基的抽象理性主义教学方法自呼捷玛斯传播开来，完善且深化了呼捷玛斯各个专业的教学体系，使之更加科学化，

更适合现代主义的设计教学原则，也使尼·拉多夫斯基的抽象理性主义教学方法成为呼捷玛斯教学体系中有待深入研究的重要内容。针对尼·拉多夫斯基教学方法的研究，应重点关注他在建筑艺术设计课程的教学内容、方法、框架的研究，深究他所提出的抽象理性主义理论，探讨他独创性的教学方法对其他现代设计院校的影响，全面评析他在呼捷玛斯的教学活动及创造性的成就。

技术进步与艺术设计在教育方面的表现

呼捷玛斯在设计师（平面艺术家、家具设计师、纺织设计师、陶艺师等）和建筑师的教育培养中，在教学规划中调整学科，使艺术学科和技术学科达到了某种平衡。艺术教育方面的大量教学实践和作品创作都体现了技术进步。呼捷玛斯将技术进步与艺术设计教育相融合，造就了一批具有时代精神、具有优秀艺术创造力的"技术工程师"，而探究呼捷玛斯中现代技术进步与艺术设计教育之间的关系，需从生产艺术与相应的实践教学体系方面着手。

在1921—1923年间，随着生产艺术概念的兴起，生产性艺术在先锋界艺术实践中聚集了上升的势头，其表现形式通常是对"纯"艺术的反思。从1922年年底到1923年年初，一个新的预备课程已经被构想出来；它是根据从表皮平面到形体到空间的清晰构图逻辑，为空间形式的分析研究而建立的，旨在培养生产型的实践艺术家，特别是建筑师。重视艺术与实践的结合，为艺术现实服务，这成为呼捷玛斯有效的教学宗旨，也是今天世界艺术与建筑教育的重要方向之一。亚·罗德钦科、安·拉温斯基和维·基谢廖夫，当时都是著名的生产主义现实实践的艺术家。他们为实践自己的教育目标，转到了金属制造系和木加工系，并开始进行不懈的变革，力图取代旧的传统手工制

作的落后观念，这时具有新构成主义原则的应用艺术设计实践与教学开始了轰轰烈烈的实验。

其相关的课程教学内容、教学方法、教学任务的设置，剖析技术与艺术在不同专业教学中的互动与融合，根据呼捷玛斯教师与学生创作的作品，来研究它们的融合问题在当时的解决途径，为现代设计院校的教学体系改革与创新提出建设性的意见。

6.5.2 现代艺术教育与现代建筑教育的融合

在呼捷玛斯，学生可以全面接触到现代造型艺术的各个领域，可以系统地接受综合性的艺术训练，这成就了呼捷玛斯在现代造型艺术思想及教育中领先的地位。探究呼捷玛斯中现代艺术教育与建筑设计教育的互动，可以从以下三个方面着手，这也是呼捷玛斯的教学成就中有待深入研究的重要内容。

抽象艺术创造与建筑的基础教育

现代抽象绘画艺术到今天经历了近百年的发展演化，在20世纪初期最早出现，并正式登上世界现代艺术史的舞台。在这段历史悠久的发展过程中，抽象绘画艺术先后与不计其数的其他艺术风格或流派进行交流融合，他们之间的相互交流使得抽象绘画艺术的内涵和外延都有了更复杂、更深刻的意义。同样他也对近代各类设计、美学创作的思想和手法产生了无可替代的深刻影响，建筑作为西方传统七大艺术门类之首，毫无疑问也受到了极大的影响。在呼捷玛斯的基础教学体系中，创造性地将抽象艺术创造与建筑设计基础的教学相结合，这离

图6-17　1925年呼捷玛斯的毕业证书

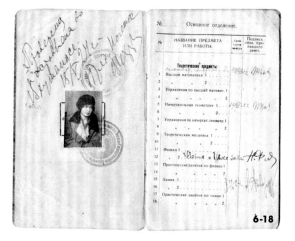

图6-18　1922—1924年学生成绩登记簿

不开苏联前卫抽象艺术的发展与呼捷玛斯创造性的现代教学体系架构。

19世纪末20世纪初，苏联前卫艺术运动兴起，视觉上的现实和超现实相结合的象征主义成为这个时期文化的主流。以卡·马列维奇为主导的至上主义和以弗·塔特林为主导的构成主义与苏联前卫艺术相结合，并通过他们的追随者的不断完善，最终形成两个相互影响的造型系统。这些不懈的努力与探索，促进了抽象艺术的全方位发展。

呼捷玛斯的形态构成、空间构成、色彩构成课程教学体系，都突出了对学生抽象概括、提取、创作能力的锻炼，以抽象艺术创造性的

培养为基础，为后续的艺术创新、建筑设计等创作奠定了基础。在建筑设计教学中，呼捷玛斯通过一系列的基础通识课程教学，重点关注了对学生艺术审美、抽象概况能力的基础培养，将抽象艺术创造能力作为建筑设计基础教育的核心与起始点，为建筑造型、建筑空间设计奠定了坚实的基础。

根据呼捷玛斯已有的研究内容，可以看出抽象艺术训练是现代建筑设计教育基础的中心环节，也是建筑设计教育的关键一环。为深入了解呼捷玛斯的建筑专业教学体系，应对呼捷玛斯中抽象艺术创造与建筑设计基础的教育体系进行深入剖析，以对今天的现代建筑设计教育提出参考性意见，这都更好地促进现代建筑学专业学生设计能力的全面提升。我们应重点关注呼捷玛斯抽象艺术课程的设置，深入研究其原创的教学内容与方法，挖掘现代艺术与建筑设计教育中对抽象艺术创作理论的应用，以纳入今后的现代建筑设计教育课程体系中。图6-17、图6-18的毕业证书和成绩登记簿很好地说明了他们当时的教学理念和课程设置。

艺术的感性、建筑的科学与理性

呼捷玛斯的教师试图通过将现代美学理论、实验心理学、理论物理学甚至数学的概念应用于艺术和建筑设计的问题中，以科学的方式解决个人创造力提升的问题，将艺术的感性与建筑的理性加以结合。此方面的研究内容适应了社会进步需要，在实践工坊和绘画系之间占中间地位的建筑系在呼捷玛斯学校的教学与创作中发挥了重要作用。

呼捷玛斯的建筑教育贯穿预科基础教学和专业教育两个部分，学生由零基础（当时许多学生甚至没有得到中学教育）开始到基础教学部的初步艺术造型教育，再从基础教学部转入各专业系所进行，深入艺术造型教育，通过平面构成、色

彩构成和立体构成等深入的基础课程，全面架构建筑教育的艺术基础。20世纪20年代后半期，学生们对构成主义产生极其浓厚的兴趣，构成主义成为呼捷玛斯的美学和情感渲染的催化剂，这种现象在建筑系内的教学中尤为明显。建筑系经努力成为呼捷玛斯的艺术"主流"。在这里从教的建筑艺术大师，是前卫先锋建筑"前十名"的领军人物，他们掀起的艺术创作潮流也体现在学生的建筑设计作品中。从学生作品中可以看出，构成主义者在建筑形式方面具有革命性的意义，虽然在某些方面具有不切实际的幻想成分，但总体上可以兼顾功能结构的合理性，将造型艺术与建筑造型设计方案、建筑逻辑的建构（Tectonic）理念有机地结合在一起。

今后应深入研究呼捷玛斯中艺术与技术相结合的教学方法，剖析建筑教育中技术体现的方方面面，重点关注建筑设计中艺术感性与建筑理性的结合问题。应对呼捷玛斯的初步艺术造型教育课程进行研究，分析建筑设计的基础艺术能力的培养；针对建筑专业教育的艺术造型教育进行分析，研究其对造型艺术与建筑设计逻辑的整合，挖掘呼捷玛斯在建筑教育中的独到之处；根据呼捷玛斯的现代建筑与艺术教育相结合的培养体系，对现代建筑设计教育提出参考性意见，将艺术的感性与建筑的理性的结合应用于现代教育实践中。

建筑设计的逻辑与技术进步的体现

在当时苏联的革命文化和更大的国际背景下，呼捷玛斯的诞生明确了其在建设工业化社会中的开创性目标，呼捷玛斯进行了广泛的大众基础教育，不仅其规模庞大，而且作为一所学校旨在促进技术与艺术、建筑设计进一步发展与融合。

呼捷玛斯在现代主义崛起之时，为了在工业时代构建出与时代对应的评价体系，树立了一套建筑艺术的核心价值作为评价标准。顺应

工业化大机器生产的现代主义的目标为：对应社会的变革和需求运用新的科学技术改善切身的问题，创造平等及富裕的生活环境。在20世纪初苏联迅速发展的工业生产和日常生活对工业产品急切需求的情况下，呼捷玛斯的建筑专业作为主要系所，其教学体系中也体现着当时的社会与科学技术进步的结合，这在当时的社会背景下是独创性的教学内容，开创了现代建筑设计教育的新方向。为了更好地将呼捷玛斯的建筑教育传承下去，应在建筑设计逻辑与技术进步的融合方面加以研究，应重点关注对呼捷玛斯与科学技术相联系的建筑实践作品研究，挖掘建筑专业的教师与学生的创作思想、设计作品、实践活动等，从中探究其在建筑教育体系中对科学技术应用的关注。

6.5.3 现代艺术与现代技术进步的互动

在呼捷玛斯，生产工艺与技术材料的应用与设计造型的教学是相融合的，也是综合而全面的造型艺术训练。这种学科创新的设置方式造就了呼捷玛斯的综合艺术教育特色，也影响了现代艺术与现代工艺进步的互动与融合。现代科学技术的进步与现代艺术创新之间的关联，仍是今后艺术与建筑设计教学需要研究的重要内容之一。

现代艺术与现代机器美学

呼捷玛斯通过基础教育与专业实践教育相结合的创新，在更大范围内推广了现代艺术与技术的结合，在机械化生产的社会背景下，呼捷玛斯开创性地探索了机器生产所蕴含的艺术美学。机器美学是以美学原理为指导，研究工业设计中有关美与审美问题的一门创新性综合学科，呼捷玛斯的艺术教学中也体现着对现代机器美学的艺术探索。工业革命以后，各种机械设备的出现改变了手工业时代建筑施工全部现场操作，使用工厂预制和现场施工相结合的建造方式，可以在更大范围内实现标准化和批量化的生产，这使建筑形式表现出一种相似性和秩序美的特征。

作为机器美学的建筑、艺术创作大师——康·美尔尼科夫，是苏联前卫建筑大师及画家。他曾在呼捷玛斯负责新建筑系的教学，为呼捷玛斯的学生树立了良好的学术榜样，注入了无限的活力。康·美尔尼科夫的机器主义构成之所以强调机器美学，是因为他深受机器时代的强大影响，他将机器主义乌托邦式建筑形象的畅想作为教学与研究的主题。他的建筑作品不被任何风格流派或艺术团体的理念束缚，充斥着革命精神的召唤，反映了机械时代发展的内在魅力。在他的指导下，呼捷玛斯呈现出一种从纯艺术转向工业和制造业的对应用艺术的渴望，机器美学思想也越来越多地被应用到呼捷玛斯的建筑与艺术创作实践中。

时代变迁，社会发生了巨大变革，人类早已经迈过二次工业革命进入了信息时代，机器主义美学思想对现代艺术的成长仍有巨大的激励和启示作用。今天，数字技术虽然显示出越来越强大的生命力与影响力，但传统机器制造业的基础地位仍然坚固，传统工业机器产品美学的设计依然是现代设计最有力的支撑，对机器工业设计美学的探索仍是重要的方向。呼捷玛斯在20世纪20年代便开始了对艺术与机器美学的探索，其开创性的成就值得我们深入研究。我们应重点挖掘呼捷玛斯机器美学艺术的创作背景，分析艺术教学体系中机器美学创作能力的培养过程，剖析相应艺术设计作品的创作理念与方法，全面而深入地探究呼捷玛斯中现代艺术与现代机器美学交汇、融合的教育方法。

现代科学技术进步与设计艺术及建筑的新美学

呼捷玛斯作为现代艺术起源的重要中心，其也在新型艺术形式——数字艺术的发展方面有着敏锐的嗅觉，对未来数字时代的艺术形式起到了重要的启蒙作用。随着现代科学技术的进步，呼捷玛斯遵循了大众艺术家的思想，将大众艺术文化的传播扩展到更多地方。在呼捷玛斯，构成主义者们以抽象的手法，探索事物存在的现实性，研究新技术条件下产品设计与技术结合的新问题，分析新的设计语言和现代工业设计的发展带来的革命性影响。当时艺术发展的显著特征在于它与现代技术的"结盟"，正是技术改变了当代艺术的表达方式和承载媒介，才使其与传统艺术分别开来。而艺术存在的真正价值也由其所承载的媒介和表现形式，蕴含在感性世界之中，形成了自然主义的数字美学。同时在现代科学技术进步的今天，呼捷玛斯的乌托邦式创作思维也对数字美学的前身，即自然主义形态美学的发展进行了无限的畅想。前卫艺术很自觉地被先锋派带入了现代教育领域，以便在不同的专业媒体中培养未来设计师的视觉文化与数字化的自然主义美学。对于呼捷玛斯的探究应该超越表面的历史叙事，应在呼捷玛斯所创造的遗产基础上探索其对21世纪及未来的艺术与技术方面的影响。

电影既是新艺术的舞台，又是教化群众的有利工具，政府和先锋艺术家都没有放弃这个高效宣传的工具。而摄影艺术诞生于工业革命后，相比其他形式，它具有最贴合工业时代的特点——可复制、重复。从绘画转向摄影艺术的著名构成主义艺术家有亚·罗德钦科。他会用不寻常的角度捕捉镜头，而这些镜头带来的新颖体验和构图被他用在了宣传海报的设计上。这是具象摄影和构成主义结合的成功探索，这些构图后来被广泛地学习和借鉴，并运用到平面艺术（包括海报和书刊）的设计上。现代科学技术的进步促进了呼捷玛斯对现代艺术形式的发掘，构成主义艺术从传统艺术形式转向机器美学，进而向以自然曲线形态的数字艺术形式不断发展。

建筑师设计建筑，真正的设计目标是创造一种生活方式。呼捷玛斯在现代主义崛起之时，为了在工业时代构建出时代对应的评价体系，树立了一套建筑艺术的核心价值作为评价标准。在当时，为顺应工业化大机器生产的现代主义，建筑设计的目标是对应社会变革和需求运用新的科学技术来改善与解决切身的问题，创造平等及富裕的生活环境。未来计算机数字幻影时代的空间技术将会如何影响建造，建筑作为艺术之首应如何适应当下，如何应对艺术修养提高中的时代性、技术性，这些应成为建筑师在新时代的新追求。在现代科学技术高速发展的今天，呼捷玛斯提出的现代主义建筑准则是否依旧适用，如何去评判今天新建的建筑，如何去解释当代建筑的时代精神与核心价值，如何去表达信息时代新的艺术美学，这些是建筑师需要在呼捷玛斯的研究中寻求的答案。

呼捷玛斯创造性地探索了科学技术进步下数字美学的新发展形式，为现代及未来艺术的发展指明了新的方向，在今天看来，呼捷玛斯对数字美学、自然主义表现形态的贡献依旧令世人瞩目，其影响依旧深远。在对呼捷玛斯的现代艺术与现代技术进步的互动研究方面，应深层次挖掘自然主义曲线形态美学的诞生、发展与影响，从艺术教育体系、教师培养方案、学生艺术创作等多方面探索科学技术进步与自然主义数字美学的关系，为现代及未来的数字美学艺术教学、技术与艺术的融合教学提出更多借鉴性的参考意见。

纯艺术与纯技术两条线路的交织

呼捷玛斯是对苏联前卫艺术运动理论的总结与探索，是实践创新基地与现代教育的发源地。这使呼捷玛斯并不仅仅是一个传统意义上象牙塔式的学术研究机构，它更是接地气的实践创新基地，它的生命力体现在这些艺术大师创造性的实践中，实现了纯艺术探索与纯技术应用两条线路有效的交织与碰撞。

呼捷玛斯所做的研究与教学工作证明了苏联前卫先锋派对现代艺术创作理论的热爱。研究与教学机构在广泛的专业艺术设计方法和实践创新的研究与教学训练中，对现代主义艺术运动具有特殊重要的推动意义，学术理论研究使它们在艺术创新工作中被重新"审视"，成为新艺术推广与宣传的主要方法。同时，对于技术的研究体现在呼捷玛斯的教师中，弗·塔特林、拉·里西茨基、维斯宁兄弟、亚·罗德钦科、莫·金兹堡、瓦·康定斯基、柳·波波娃等先锋构成主义艺术家将其理论研究成果应用于教学实践中，为呼捷玛斯开创出了一套系统科学的构成造型训练体系。呼捷玛斯的学术思想和先进的技术实践体系，为现代建筑造型艺术的新理念和新风格奠定了基础，在现代建筑发展中发挥着特殊的重要作用。

在呼捷玛斯的艺术教育中，纯艺术与纯技术一直在教学实践中相互交织、碰撞，在这个过程中，纯艺术研究得以深层次发展，纯技术应用获得艺术美学的再塑，两者在互动中不断深化、不断创新。在今后的呼捷玛斯研究中，应加强对纯艺术与纯技术两条线路的溯源、发展、影响的研究，探究纯艺术理论研究对现代艺术创作的贡献，分析纯技术应用对现代艺术设计的影响，综合研究两者在呼捷玛斯的互动、交织过程，对未来艺术与技术的发展进行全新的展望。

呼捷玛斯的历史在人类艺术史进程中更加均衡地描绘了一个现代主义起源的画面，应将呼捷玛斯定位于与包豪斯并列，作为世界现代设计艺术实验研究起源的中心。对于呼捷玛斯的探究应超越严格的历史叙事，它存在于现有的艺术与建筑设计语言之中，呼捷玛斯的历史贡献促进了我们对20世纪早期设计教育的重新理解，呼捷玛斯不愧是一个塑造表现形式、动态空间和总体环境等现代概念的创新实验基地，是现代主义起源的重要中心场所之一。针对现代艺术理论与创新，以及在建筑教育的起源研究中，应不断完善呼捷玛斯现代艺术创作及其教育思想的研究内容，深刻探索呼捷玛斯独特的艺术教育体系，发掘其在现代建筑教育体系方面的独特性、现代艺术教育与建筑教育的互动、现代艺术与现代科学技术进步的互动，特别是新技术与造型的互动等方面的深层内容。对这些问题的深入讨论不仅有助于全面了解呼捷玛斯在整个现代艺术史上的重要地位，而且对今天及未来的艺术创作、建筑设计具有深远的意义。

6.6 呼捷玛斯的成就对于当今的意义

今天，随着越来越多呼捷玛斯历史资料的再现，越来越多的研究成果，更明确地表明在现代艺术与现代建筑设计起源之初，呼捷玛斯与著名的包豪斯起到了同样的作用。呼捷玛斯以艺术与技术相融合、教育与实践相结合的教学方式，系统化和科学创造性的教育体系，不同流派、不同风格、不同艺术门类的综合艺术教育特色等创造性地为现代艺术教育、现代建筑设计，以至于当今艺术与技术的发展都留下了深刻影响，对于当代多元的艺术创作、建筑设计、科学的教育仍具有非凡的现实意义。

6.6.1 艺术与技术相融合的教育思想与方法创新

作为苏联高等艺术与技术教育的专业院校——呼捷玛斯是为培养现代工业合格的艺术专业从业者而特设的。根据泰勒主义（Frederick Winslow Taylor，1856—1915年）以实践教育为目标的原则，呼捷玛斯的教员强调了设计教育与创作实践之间的联系。在呼捷玛斯，"科学研究实验室"的各种教育过程、研究和测试成果之间的持续反馈，确保了设计教育的不断创新与突破，并且极大地推动了现代建筑空间和形式的发展，实现了人类现代艺术巨大的飞跃。第一次世界大战成为一系列新技术发展的催化剂，技术的发展改变了生活，呼捷玛斯运用艺术与技术相结合的教育思想与方法，为现代造型艺术，特别是为现代建筑艺术的起源作出了巨大贡献，对当代艺术的发展也有深远的意义。

当代技术与当代艺术

艺术作品与技术的进步发展密切相关，是技术支撑的具体呈现，同时也是内在观念的显现和表达，技术与艺术在各自发展过程中始终保持着密切的关联性。技术进步对艺术的影响，就内在而言，其影响和结果可以是渐进式的、有序发展的，也可以是突变式的、颠覆式的，特别是在科学与艺术的交织与分离之中，几次关键性的科学体系都有重大突破和技术大变革。例如光学中的光谱分析和感光材料研究等技术带来了摄影技术的产生；光学及其技术应用和机械技术的重大突破，带动了电影技术与艺术的产生和运用；计算机科学、光纤网络通信技术的巨大进步，以及虚拟现实影像技术的广泛运用，带动了网络动漫游戏的产生等。这些都直接推动和改变了艺术历史发展的进程，导致艺术创作路径、外在的艺术风格的变化和艺术作品的存在及其表现形式等都发生了根本性的改变。这种艺术与技术的互动有着广泛的社会意义，甚至对于人类文明与历史的进程都产生了深远的影响。

当今技术的定义已经发生了巨大变化。随着诸如机器人、自动驾驶汽车、云计算、生物技术和人工智能等突破性系统的出现，4IR正在颠覆人类生活的方方面面，人与机器之间，以及人与机器之间的数字无线连接所引发的大规模信息爆炸是这个时代的标志。信息技术已将现代世界的政治、文化和经济系统融合为一个整体的、相互联系的网络。随着时代的进步，艺术和技术越来越全面而深入地交织在一起，许多当代艺术家采用新型媒体来创作自己的作品。今天的当代技术与艺术之关系不仅是

操作层面上的，还在历史继承与美学观念的突破上具有同质性。这种同质性既推动了技术艺术化的进程，为技术的发展提供了基本的价值规范，同时艺术又借助技术与人生活息息相关的特性，促使艺术成为人们最为基本的生活方式。当今艺术领域的一个重要变化是当代技术与当代艺术之间开始呈现出一种胶合状态。呼捷玛斯在20世纪初的技术变革之始积极探索艺术与技术相融合的教育思想与方法，不仅是一次伟大的现代艺术的变革，而且对21世纪当代艺术与技术的发展也有着深远的影响。

现代建造技术与现代建筑设计

随着近些年来对呼捷玛斯的深入研究，很多资料证明，在20世纪初现代造型艺术和现代建筑设计起源时，呼捷玛斯和包豪斯一样都作出过巨大贡献，它们彼此借鉴、相互交流。呼捷玛斯的教育理念在某些方面对包豪斯曾产生过影响，有很多共通之处，呼捷玛斯在现代建造技术与现代建筑设计中的推动作用并不亚于包豪斯。

呼捷玛斯的建筑系分为几个方向：由康·美尔尼科夫和伊·戈洛索夫领导的"新建筑学系"；以及由尼·拉多夫斯基，弗·科林斯基和尼·多库恰耶夫组成的独立部门——联合工作室。在基础课程中，构成主义、至上主义和前卫艺术理论及实践等对建筑设计课程产生了重大影响。

康·美尔尼科夫和伊·戈洛索夫所领导的"新建筑学系"实行一种新的特殊教育方式，同时对制图法和古典主义有益的遗产进行严格的训练。该古典与前卫的教学系统于1919年在呼捷玛斯建立之前就开始分裂。1923年，尼·拉

多夫斯基开始正式领导呼捷玛斯建筑系，他以创新的教学方法而闻名，提出了理性主义的创新概念，并宣称建筑设计最主要的是空间，并的训练计划从表面上看类似于经典练习：首先，研究过去的特定建筑元素；然后，在抽象归纳中运用这些建筑元素；最后，将其应用于现实世界中的建筑设计。

工业革命以后，各种机械设备的出现改变了手工业时代建筑施工全部现场操作的景象，成为工厂预制和现场施工相结合的建造方式。施工设备也经历了由人工手动到智能化的过程。随着现代建造技术如3D打印技术的进步，建筑制品可以在更大范围内实现标准化和批量化的生产，这使建筑形式表现出一种相似性和秩序美的特征。未来建筑建造的周期将更短、效率更高，建筑形式更加多样。新型3D打印等施工机械设备的出现，将机械时代需要大量人工操作的机器完成的施工工作全部由无人操作的机械代替，将更高效地将人类从繁重的体力劳动中解放出来，也将在更广阔的空间范围内实现人类几千年来将建筑向空中发展的梦想。

建立于20世纪早期的呼捷玛斯，作为一个教学创新的实验场所，在苏联艺术、建筑和设计教育中探索出被视为普遍有效的基本教育方法。在这里构思、测试和实践了许多大众教育的现代建筑设计基础训练方法，这种方法介于艺术和科学之间，从设计教学合理化到专业知识标准化的广泛性训练。呼捷玛斯吸引了许多学生，让他们在此可以选择自己更感兴趣的专业，从而通过个人兴趣的提升实现人类的创造。例如呼捷玛斯的各个专业竭力为学生提供尽可能多的高级培训项目。例如，陶艺系与杜列沃瓷厂签署了协议，图案染织系与印花棉厂签订协议，为学生们提供学习同时实践的机会。呼捷玛斯逐渐改变着现代建筑设计教育体系。

呼捷玛斯这种通过基础教育与专业实践教育相结合的创新，在更大范围内推广了现代艺术与技术的结合。在21世纪的今天，人们将再次突破教育的固化，更深入地利用技术的进步，从而突破技术的局限，实现每个人兴趣的最大价值，从而实现人类新的创造。

现代技术的艺术与建筑设计的体现

现代技术不同于以往纯粹操作意义上的技术形态层面，现代技术与现代科学紧密地联系起来。这种科学不同于纯粹逻辑的自我演化，而是与人的具体生存境况直接相关。这表现在20世纪以来，爱因斯坦的相对论、波尔的量子力学和海森堡测不准原理为代表的建立在想象、信念和猜测而不是经验知识归纳基础上的当代技术史的发展中。艺术是为解决时代问题而存在的，艺术具有这种直观感知的创造力，随着现代生活中自然生态环境的破坏，人工体力价值的贬值，现实人类情感的疏远给社会造成的伤害，维护感性自然存在的价值，成为当代技术介入艺术的一个必然要求。

在呼捷玛斯学习与工作过的画家、雕塑家、建筑师，在革新的创作潮流者的领导下，创作潜力得到了极大的发展。在今天确定的人与人工环境的关系中，在创作潮流和概念形成的过程中，呼捷玛斯的遗产不只是提供新的教学研究方法的历史经验，而且是更复杂的职业语言的重新建构。在这种建构的过程中，艺术的感性与技术的理性相互碰撞、相互作用，开辟了人类创造力的新天地。

而作为构成主义者营地的呼捷玛斯，也是苏联前卫建筑运动的发源地。苏联前卫建筑运动不仅创造了苏联建筑史上最杰出的艺术成就，而且也为世界范围内现代主义建筑的发展作出了特殊的贡献。现代主义建筑运动的建立，在很大程度上受到了苏联前卫艺术运动的影响。现代主义建筑的一些创作原则、艺术手法都在不同程度上借鉴了苏联前卫艺术运动的经验。苏联前卫建筑师的一些设计构思和设计艺术思想不仅启发了同时代的现代主义建筑大师的创作，而且也影响了20世纪30年代以后世界各国现代建筑的发展。从三四十年代的现代主义大师勒·柯布西耶的新型城市设想，到60年代末期日本新陈代谢派建筑师丹下三健设计的新东京规划，直至当代的解构主义建筑师的创作。

20世纪末的世界建筑，流派分呈、多元并存，建筑创作观念不断翻新，建筑艺术表现形式的擅变，着实令人眼花缭乱。但是在这种纷繁的文化表象之下却不难看到科学技术对建筑设计领域的冲击，以及注重技术表现的建筑创作倾向。新技术、新材料、新设备、新观念为建筑创作开辟了更加广阔的天地，既满足了人们对建筑不断发展和日益多样化的需求，还赋予建筑以崭新的面貌，改变了人们的审美意识。

建筑技术已经发展为一种艺术表现手段，是建筑造型的创意源泉和建筑师感情抒发的媒介。以高技派建筑为代表的现代钢结构建筑，用钢构架的造型和裸露结构构件的手法展现技术，运用夸张的手段表现建筑造型；可持续发展和绿色建筑的观念也以生态技术手段和新的形式介入现代建筑创作；以生物界某些生物体功能组织和形象构成规律为研究对象，探寻自然界中科学合理的建造规律的仿生建筑，并通过这些研究成果的运用来丰富和完善建筑的处理手法，促进建筑形体结构以及建筑功能布局等的高效设计和合理形成；利用BIM和云计算、大数据、物联网、移动互联网、人工智能等信息技术引领产业转型升级的数字建筑，结合先进的精益建造理论方法，集成人员、流程、数据、技术和业务系统，实现建筑的全过程、全要素、全参与方的数字化、在线化、智能化，从而构建项目、企业和产业的平台生态新体系等。

6.6.2 艺术教育的系统化与科学性创造

作为由革命导师列宁亲自签署文件而成立的国家艺术教育机构，呼捷玛斯以苏联全国普及大众艺术教育运动为目标，同时需要探索一种新的思维方式来思考艺术本体问题，最终形成了系统化和科学创造性的教育方法。呼捷玛斯的教学体系主要分为基础教学部的预科教学与职业教育部门的专业教学两部分：基础教学部的预科教学总体可归纳为色彩构成、平面构成、立体构成、形态构成、空间构成五个训练中心。职业部门分为艺术部，包括建筑、绘画、雕塑三个专业和生产工坊，包括金属制造、木加工、图案染织、平面设计、陶艺五个专业，从这些系所、专业及工坊的数量体系中也可以看出呼捷玛斯追求的艺术教育系统化与科学化的思想。

呼捷玛斯的教职员工们具有创新性艺术思想，为以前被艺术边缘化的无产阶级群体提供了前所未有的艺术熏陶的机会。呼捷玛斯的主要创新重点在于这些教育者们所承担的历史使命：即教学与实践的创造性结合，以及在普通大众中激发创造力潜质和艺术性表达。

创造力潜质与艺术性表达

艺术教育是一项伟大的事业，然而，其更大的意义在于发展一种新的现代教育和设计研究模式，从而设想一个全面的愿景，作为新的无阶级社会关键的艺术文化的基石。在教育"大众"的同时，提出一种新的思维方式来思考建筑，这本身是一个挑战，并且需要连贯的理论和精心设计的教育计划。在数以百计的学生中，许多人来自农民和工人阶级，往往缺乏中等教育。作为呼捷玛斯的主要人物及重要的建

筑教育家之一，尼·拉多夫斯基利用了后革命时代的巨大创造力，他进步的教学方法和系统的教育学体系是现代建筑教育与实践的"破冰之船"。

尼·拉多夫斯基与建筑师弗·科林斯基和尼·拉德措夫一起开发了一个名为"空间原则"的设计教程，苏联学者称之为建筑设计的教具。这是一个核心的教学练习系统，旨在为数百名学生提供艺术和建筑方面的基础知识及有效的培训，依靠尼·拉多夫斯基严谨的教育理论与方法，最大限度地发挥了每个学生的创造力。这种教学模式偏向于系统化和合理化，并且非常科学化，是首次建立在解决三维空间问题的新方法，然而尼·拉多夫斯基的"理性主义"远非单纯的功利主义或实用主义。他力求通过感性效果和构图手法来凸显空间形态的内在合理性与逻辑性，以及凸显建筑设计及建筑教育的科学性，其核心是通过科学理性的艺术教育从而激发人类创造力潜能。

将教育与实验教学相结合的方法也是呼捷玛斯设立的基础课程的核心，其主要重点不仅是尼·拉多夫斯基的空间课程，也包括亚·罗德钦科的图形课程。这两门课程作为全面的教学体系包括循序渐进的练习，以及融入先进的创作工作室进行实践。尼·拉多夫斯基的空间课程最初是为建筑师设计开发的，但很快就成为呼捷玛斯各专业学生造型基础的必修课。课程重新思考了古典传统的学术工作室制及学徒制，在师承制度的基础上，引入了基于系统指导和"同志"式竞争及集体、团队工作的高级培训方式的新方法。亚·罗德钦科在呼捷玛斯的图形课程及"主动性"练习中塑造了学校工业设计教学的核心理念，也形成了现代设计和建筑的基本造型思想。空间课程、形体课、色彩课和亚·罗德钦科的图形课是呼捷玛斯的学位基础课程。如果说传统设计教育是灌输式教

育，那么呼捷玛斯的设计教育则是一种启发式教育。它把教室改造成一个设计实验室，从而将机械化的学习转化为现代即兴创造力的发挥，这也是激发人类创造力的重要科学教育手段和创新，在今天仍有重要的意义。

基本材料与基本元素

呼捷玛斯作为大众教育的实践尝试，是通过制定一系列标准化训练任务来实施的。其教学实验主要基于原始的艺术材料。从最基本的作业开始设计每一步的课程操作，以指导学生先完成一套正式的练习，再到后面越来越复杂的作业。从完成最基本的构图到完成涉及多因素的综合成果。从这个角度来看，正如年轻的史学家安娜·博科夫所言，在呼捷玛斯学习的任何专业课程，其本身就是概念艺术作品。例如，给定一定比例的矩形、棱形等图形，要求学生进行设计，设计要求抵消重力等机械力，从而激发他们的创造性直觉和分析能力。这种没有先入为主的、非结果导向的、限制性较高的作业体系反复且深入地应用在实践中，使设计方法更加合理与标准化，学校在几个主要时期中的发展同时也反映在这些作业的形式表现与教学的设置中。

呼捷玛斯通过情感强烈的艺术作品，展示了艺术活动的诸多元素，从而证实了艺术价值的客观属性，即其专业的价值所在。元素主要包含：①材料：表面、纹理、弹性、密度、重量和其他特性；②颜色：饱和度、强度、与光的关系、纯度、透明度、独立性和其他颜色属性；③空间：形体、深度、尺寸和其他属性；④时间（运动）：与空间表现上和色彩材料的构成等有关；⑤造型，是材料、色彩、空间相互作用的结果，是其特有的形态构图；⑥技法：绘画马赛克斑块、各种浮雕、雕塑、石雕等艺术手法。通过基本元素认识艺术作品，从基本元素入手创造艺术作品，

这不仅仅可以让学生从基础开始训练，掌握一定的设计元素，更能将其拆分成基本元素以简化认知过程。

1924年，尼·拉多夫斯基的同事伊·拉德措夫、弗·科林斯基和米·杜尔库斯重新编写了建筑构成的基础课程，如今它们仍然活跃在莫斯科建筑学院的建筑教育中。莫斯科设计与应用艺术学院的图形学、工业设计、纺织设计和环境设计也采用了同样的方式。这两所学校最初都是呼捷玛斯的一部分，最重要的是，这些训练项目仍然和创造之初一样，拥有高度艺术性和创造性潜力。这些对基本材料与基本元素的潜在研究与教育创新目标的追求仍是今天人类艺术与技术创新潜力的基础。

人的情感与当代艺术的发展

相比传统艺术，技术发展导致了艺术生产和接收形式的变化，改变了艺术的存在形式和价值结构，甚至使得当代艺术丧失了某些传统的确定性。1917年，马塞尔·杜尚[30]将他刚买的小便器倒置，在它的外沿左侧署上笔名，取名为"泉"，并声称这是一件雕塑艺术品的时候，艺术界的一场意义深远的革命便开始了。当代艺术和传统艺术之间形成了一道巨大的鸿沟，使当代艺术已经很难从其所呈现的形式方面被理解。当代艺术更多地与人的情感相联系，更多地是一种人类情感的直觉，现代艺术伟大之处就在于其概念性艺术作品中反映的人类情感直觉。

而当时呼捷玛斯的现代主义教育家尼·拉多夫斯基却以理性主义者的身份，运用了感性心理学来完善其在呼捷玛斯的设计教育体系。通过其形式和空间的思想及课程教学训练中的总结，尼·拉多夫斯基形成了一系列全新的实验教学方法，这在很大程度上是将设计教育从精英的学术实践转为大部分人可以接受的现代

设计教育。然而，他的教学挑战不仅在于培养大批的学生，还在于如何利用他们自身背景的多样性。因此，1921年尼·拉多夫斯基第一次提到艺术文化研究所需要一个心理技术实验室，并在1927年正式建立了心理技术实验室，将艺术教育和心理实验紧密地交织在一起。在这个实验室里，尼·拉多夫斯基和同事测试了学生的专业创作能力，特别是他们认为对建筑师来说，空间评估能力是必不可少的，同时他们保证参与测试的学生人数足够多，以提高心理技术研究的统计概率。理性主义者运用了感性心理学，在空间形式概念与情感之间建立联系，并将其概括到一个人的经验感受。

当代艺术一个显著的特征在于它与现代技术"结盟"，技术改变了当代艺术的表达方式和承载媒介，使其与传统艺术分别开来。所以新的承载媒介和新的艺术形式不是艺术存在真正的价值，现代艺术存在真正的价值蕴含在感性世界当中。这就是尼·拉多夫斯基现代教育的伟大之处，他结合了艺术家的感性与建筑师的理性，共同构筑了人类创造力的新图景。

6.6.3 数字时代艺术创作与建筑设计发展

呼捷玛斯作为一个现代设计教学创新的实验场所，在这里构思、试验和实践了许多大众教育的基础训练方法，致力于研究并理论化现有的艺术形式和新艺术形式，并将其构思在更多的艺术设计范围内推广。其对当今的借鉴意义不仅仅是遗留的设计作品，还有顺应时代，尤其是今天数字技术的发展下，对艺术创作和建筑设计以及人类情感表达不断创新的探索。

信息技术革命带来的影响对人们的生产生活方式是颠覆性的，信息的大爆炸、互联网的

共通连接、虚拟技术的完善，改变了人们接触和认知艺术的方式，也改变了人们对艺术与建筑空间的需求。数字时代的技术不再是限制艺术和建筑设计的工具，而是逐渐成为艺术和建筑空间的创造者。这种更加"大众的"，与技术更密不可分的艺术，正是呼捷玛斯在20世纪初技术变革之始所描绘的艺术和建筑的未来。

数字时代的技术与建筑

随着人类社会进入数字信息时代，数字化技术已经涌入我们的日常生活，也进入艺术创作与建筑设计。建筑不再仅仅是为了满足人类居住空间而存在的，随着全新材料和技术在建筑中的应用，建筑承载了更多功能，不仅仅是展示、象征等，还有更独特的造型、更舒适的空间、更奇妙的情感、更符合可持续发展等要求。

新技术、新材料的使用使现代建筑脱离了传统建筑学原理的束缚，让建筑设计师能够充分地发挥自己的想象力，设计出许多具有极强视觉冲击力的建筑作品。许多建筑设计师不断挑战传统的建筑结构，推崇建筑设计中的微重力感和失重感，推崇建筑结构"反逻辑"的设计。同时依托于现代材料的环保特性使得在建筑施工的过程中最大程度地降低其对环境的污染，从而在外形和功能上达到建筑生态美学的要求等。

呼捷玛斯的造型及建筑课程，科学系统地设置了由易至难的一系列课程。亚·罗德钦科指导的入门课程平面构成课的核心理念是引导学生完成一系列彼此联系的抽象作业，向学生们传达了一种关于线的建构思想。在建筑系专业课程的形体构成课中，学生们需要研究三维图形构建（深度）、物体延展性特征、垂线和水平线、比例、表面（造型）等课题。除简单的几何体之外，学生还需要用简单形状的物体（花瓶、罐子）、框架和平面，以及构建形体的必要元素研究其大小

和质量、运动轴线和形体平衡等课题。

从简单元素开始训练，难度分级递进，最后达到培养学生驾驭复杂形体组合的能力。数字时代逐渐改变着人们对空间的感知方式，无论是艺术创作还是建筑设计都在更多维的空间中发展。其外在形式更加复杂，但内部仍然是以简单的元素为基础而进行的复杂设计。在数字时代的计算体系和三维立体概念下，呼捷玛斯对艺术教育的系统性和科学性易于理解且显而易见，而如何实现这些复杂多变的建筑结构，使建筑形式更为感性和自由，仍需更多研究。

面对人类技术的不断进步，生活水平的逐步提升，重新思考并定义新的空间品质和空间的精神象征成为设计中的方向。建筑造型所涉及的线、面、体因为曲度的加入而变得拥有更多的塑形可能，建筑可以真正像雕塑一样从不同空间角度具备多种面向，甚至可以像立体主义绘画般表达空间的透明性。新技术实现的曲面塑造打破了现有一点透视的空间体验形式，变成散点透视的时空关系，形成新的时间与空间体验。就像中国古画的散点透视空间所达到的可观、可赏、可游可玩的画意，空间可以变得连续而丰富，建筑师对于时间和空间的感知变化和表达更多元。

在当代，借由电脑技术这种现代手段将建筑表现得淋漓尽致的当属扎哈·哈迪德的作品。扎哈·哈迪德在2004年荣获普利策建筑奖的时候，提到过她被前卫建筑所吸引，意识到现代建筑是建立在抽象艺术的突破性成就上的，不得不说扎哈·哈迪德是深受呼捷玛斯影响的建筑大师之一。她用流动的线条消解建筑的巨大体量，并使之呈现未来的动感和整体的雕塑感和新的时代性，如她在阿塞拜疆设计的阿利耶夫文化中心，在中国设计的北京银河SOHO、广州大剧院、成都当代艺术中心等。扎哈·哈迪德认为："对20世纪的建筑而言，复杂而又充满活力的当代生活不能仅仅是简单雕

刻到垂直网格和体块中。因此，当代建筑和城市化所面临的重大挑战之一就是从20世纪功能主义的居住机器到21世纪数字化、专业化的新空间，适应复杂的工作和生活过程，适合更具流动性的职业方式和企业组织的空间再创造。"

而新的技术同样也改变了建筑的设计手段和建造进程。正如扎哈·哈迪德在一次访谈中说道："开始的时候，我感到科技革命正在来临，但是我不知道它是从哪里开始的。最终，电脑科技的惊人发展改变了一切。甚至在建筑，尤其是一般的建造中，材料变得天衣无缝。这不是建筑和大地之间的无缝链接，而是理念和科技实现及制造之间的毫无冲突。比如，我们现在正在做的巴库项目，使用高科技获得了很高的完成度，设计过程也变得更简单。现在只要将机器（3D打印机）通过海运运送到任何地方，便代替了在伦敦制造椅子，然后再把它们运送到美国的过程。"[31]

随着数字信息技术带来的沟通方式变化，人们的交流不再受到空间和时间的局限，因此建筑的空间结构愈发自由多元化。数字技术也使人们的生活更依赖于网络，建筑内部广泛设有覆盖网络的区域以满足人的使用需求。信息时代加速了全球化的交流，对于建筑设计的认知也逐渐统一，信息时代文化的融合使地域特征逐渐弱化，减少了地域限制，人们更加注重通过数字虚拟技术展示建筑的可能性。电子媒介的发展为建筑提供了更多的空间展示机会，人们对建筑设计的追求从基本的空间定义延伸到虚拟技术。数字技术让设计师得以进行更深入的探索，计算机已经不是简单的辅助计算工具，而是促进了对传统几何空间的新探索。

未来数字时代的艺术前瞻

目前约有43亿人定期使用互联网，约占世界人口的55%，而这一统计数字正在迅速以9%

的速率（2018年1月到2019年1月）增长。可以想象在未来，人们看到的大多数艺术品都将是数字的，并且任何人都可以创作一幅画并将其发布到网上以供全世界欣赏，这非常类似于呼捷玛斯大众艺术家的理想，每个人都可以用自己对艺术的理解表达自我。

AR（增强现实）技术与物理作品结合，使艺术能够讲述一个更丰富、更有活力的故事。VR（虚拟现实）技术通过将观众"放置"在艺术品中，将"沉浸"提升到一个全新的水平，将艺术继续以无法预测的方式发展，并不断突破未来数字时代中对艺术的想象极限。数字时代的信息技术在现实空间基础之上，建构出了虚拟空间。在3D投影技术，以及正在发展的AR和VR技术中，人在电脑信息模拟环境中的全新感受，包括视觉、触觉、听觉，都越来越接近真实的世界。就像电影《阿凡达》或者《黑客帝国》描绘的场景一样，人们的肉体可以留在现实真实的狭小空间里，而精神却可以进入虚拟的巨大空间中。那么传统中时间和空间的概念将被打破。未来对于虚拟空间的营造将是建筑师的另一项挑战。信息技术不仅是将现实世界构建到虚拟的空间中，还能快速地将脑海里的印象和场景投射出来。比如快速成型的3D打印技术，直接画出实体的3D绘画技术，这些技术革新都在影响着未来建筑师的工作方式。

从实践的角度来看，未来数字时代的技术将使艺术创作更加高效：以较低的成本为更多的人提供服务。除了实用性之外，技术将增加（并将继续增加）获得艺术的机会，并帮助艺术组织扩大进一步的影响力；未来技术足以打破地理限制而对艺术产生影响，它将极大地改善艺术领域的可及性，从被动欣赏到主动参与，从传统媒体到在线媒体，从单一的艺术形式到跨学科的不断过渡。今天数字时代艺术的前景，正是呼捷玛斯当年对人类艺术与技术结合景象的描述，每个人都可以创造，每个人都可以被彼此互相理解，这种大众艺术文化的实现将

从更高层面丰富人类的未来。

人类艺术创造力的未来

呼捷玛斯的历史为我们描绘了20世纪初期面对技术革命和世界各方面的变化其对现代艺术和设计探索的画面（图6-19～图6-21）。对于呼捷玛斯的探究应该超越表面的历史叙事，应在呼捷玛斯所创造的遗产的基础上探索现有艺术与建筑设计语言之外的21世纪的艺术与技术语言。呼捷玛斯的历史贡献促进了我们对20世纪早期设计教育的重新理解。沿着呼捷玛斯对艺术教育的系统化与科学性创造，探寻人类艺术创造力的未来，便是呼捷玛斯对今天的意义。

艺术涉及多种感官、联想、记忆和情感，并涉及人类意识的组成部分。不断进化的计算方法使人类在艺术创作中实现了新颖的表达方式，许多艺术都涉及识别和操纵复杂的感觉模式和关联，而这正是未来人工（AI）擅长的任务。也许未来人工可能会比人类更具创造力，并且在捕捉和表现集体经验方面表现得更好。因此，当人类艺术家与未来人工携手合作时，可以实现远远超出人类能力的创造过程和成果。

艺术与技术是最能体现人类创造力的，而今"技术的艺术"和"艺术的技术"所涉及的创造力反映了一种基本的对立和互惠。也许摄影技术的产生促进了抽象绘画艺术的产生，而抽象思维的能力进一步推动了人类对自身情感和抽象空间的探索。互联网将物质的信息转化为虚拟信息，艺术创作与建筑设计凭借数字技术产生新的发展，而虚拟技术等的进一步发展，将数字信息再次转化为眼前的"真实"，即将再一次改变人们创造和接触艺术的方式，以及对建筑空间的感受与新的人类情感的需求。

图6-19　建筑材料的现代训练

图6-20　从形体到空间的训练

图6-21　新的艺术设计思想：空间、形态、色彩

结语

俄罗斯前卫艺术在当时欧洲现代艺术运动中异军突起，走在了当时领先的法国的前列。十月革命前后是俄罗斯前卫艺术的鼎盛时期，其艺术家创作作品和思想理论之活跃，使欧洲其他国家及世界的前卫艺术家望尘莫及。

俄罗斯前卫艺术运动诞生于何时？这是很多人都极感兴趣的问题。可以肯定的是，它的孕育时期很长。19世纪80年代，在莫斯科郊区阿勃拉姆采沃的马蒙托夫庄园中，艺术家群体受到英国威廉·莫利斯工艺运动[32]的启发，对民间手工艺、古俄罗斯宗教艺术、音乐、戏剧、舞台装饰艺术等各类艺术的综合兴趣，以及他们的探索倾向，促使当时已经出现了新艺术的萌芽。在谢·迪亚吉廖夫领导下成立的"艺术世界"研究团队[33]，在1898年第一次在俄国举办了俄罗斯与芬兰青年艺术家的联合展览，以及1899年《艺术世界》杂志创刊——有人认为这是俄罗斯前卫艺术运动的起步；也有学者认为，1906年《金羊毛》杂志的出版[34]，是真正意义上俄罗斯前卫艺术运动的开始。诚然，对前卫艺术运动认同的差异，也会导致对它诞生日期的不同认识。

现代艺术史学家们对俄罗斯前卫艺术诞生日期的研究千差万别、看法各异，但不同认知都具有一定的相同之处。那就是受到工艺运动的影响，受到工业革命萌芽时期艺术创新的影响，这与世界现代艺术在欧洲的出生也具有相同之处。不同的是，俄罗斯前卫艺术的诞生具有各类艺术的综合趋势，古俄罗斯文学、音乐、戏剧、舞台美术等都出现了创新的萌芽，不仅在西欧，而且在俄罗斯也出现了人类艺术的转折时刻。

俄罗斯在世界艺术史上独特的表达形式，以及对艺术文化的深远追求，都以非常特殊的形式而存在，正如俄罗斯冬日漫长的午夜，深远而悠长。独特性的表现，对艺术创新刻骨铭心的追求，俄罗斯传统艺术独特的积淀，促成了新艺术在俄罗斯广袤大地上的诞生，加上促人奋进的社会革命，都为俄罗斯前卫艺术的出生铺就了温暖的产床。

前卫艺术在苏联诞生后，迅速发展的五彩缤纷的各个流派，各具才华的艺术大师，创新思想的文学巨匠等争相登场，共同上演了人类历史上现代艺术舞台上的精美华章。呼捷玛斯作为俄罗斯、前卫艺术大师与巨匠共舞的舞台，现代艺术先驱者们分别上演了各具特色的各流派表演的精妙篇章。呼捷玛斯的时间线及其发展背景（1917—1937）清晰描绘了当时的时代背景，如附录中年表所示。

呼捷玛斯作为苏联先锋派艺术运动最重要的研究创新中心，不仅在俄罗斯前卫艺术运动中发挥了极其重要的作用，而且对世界现代主义运动也产生了极其重要的推动影响。众多先锋派艺术家们自发地聚集在呼捷玛斯周围，为俄罗斯艺术文化的创新探索着现代造型艺术教育的全新体系，这有力地揭示了先锋艺术运动文化的实质与内涵，进而进行了全方位的现代造型艺术实践，适应了人类现代社会与文化的发展，开创了人类现代艺术的新篇章。

呼捷玛斯不仅对前卫艺术的文化价值观进行了系统全面的理论探索，而且也将它们成功有效地引入艺术文化的教育之中。高效地培育推广是呼捷玛斯最伟大的成就，也是呼捷玛斯在苏联前卫艺术运动及世界现代艺术运动中所发挥的重要学术作用之一。

在人类社会前进的洪流中，呼捷玛斯被遗忘实在是巨大的遗憾，也让人类现代艺术历史蒙上了阴影。铅华褪尽，历史的真相有待我们用理性的研究去进一步审视。纵观20世纪人类现代艺术的发展，世界著名建筑与艺术史学家，如肯尼斯·弗兰姆普顿、凯瑟琳·库克等，均清晰地认识到苏联前卫艺术与建筑在世界现代艺术史中的地位。俄罗斯艺术史学家汉·马格尼多夫等后继者对呼捷玛斯的研究贡献举足轻重。无论是西方艺术史学家的诚恳务实还是俄罗斯后人的自我救赎，不可否认，人们对呼捷玛斯的研究，在对人类现代艺术史的完善，对现代艺术的进一步发展，对早期人才的培养和现代艺术教育上的积极促进作用，这些不言而喻的巨大推动作用奠定了世界现代艺术的坚实根基。期待更多有此方面研究兴趣的年轻学者加入此研究行列中，共同研究现代艺术运动起源中"难解的谜题"。

注释

1. 黑格尔. 美学（第三卷）. 朱光潜译. 上海：商务印书馆，1979.

2. 纽约现代艺术博物馆（MoMA）于1934年3月5日至4月29日举办名为"机器技术"（Machine Art）的展览。展览将三层楼的实用、机器制造的物体展示在基座上，将它们提升到雕塑的水平，展示了工业产品巨大的美学魅力。策展人菲利普·约翰逊（Philip Johnson）在展览的开创性设计中采用了阿米莉亚·埃尔哈特和哲学家约翰·杜威等人的"beauty contest judged"这一概念。杜威认为，一个人对事物的体验是由他们被观看的环境决定的。约翰逊采取了不同寻常的步骤来最大程度地展示这些物品。

3. 菲利普·约翰逊（Philip Johnson），美国建筑师和评论家。他是现代艺术博物馆中建筑部的主任（1932—1934、1946—1957）。1979年约翰逊成为获得普兹克建筑奖的第一人。

4. 亨利·罗素·希区柯克（Henry-Russell Hitchcock，1902—1982），是一位美国建筑史学家，曾在史密斯学院和纽约大学等许多大学担任教授。他对现代主义建筑的定义在建筑史上有重要意义。

5. 梅雷特·奥本海姆（Meret Oppenheim），德国出生的瑞士超现实主义艺术家和摄影师，1936年，奥本海姆用皮毛包装了一套餐具《皮草茶杯》（fur-Coed teacup）。在弗洛伊德时代，与性有关的解释是不可避免的。即使在今天，这件艺术品仍旧引发着强烈反响。

6. 奥费主义（Orphism）是立体主义众多分支之一，画风上脱离了说明式的形象，进入纯粹的立体主义的方向，企图凭想像与本能去创作。运用抒情色彩和自由联想造成律动感，同时绘画是否能如音乐般达到纯粹情境，也引起争议。

7. 这里主要指日本浮世绘版画对梵高的影响。浮世绘是指现代、当代、尘世之类的意思。因此浮世绘画的是世间风情的画作。19世纪中期，欧洲由日本进口茶叶，因为日本茶叶的包装上印有浮世绘版画图案，其风格也开始影响了当时的印象派画家。梵高临摹了很多日本浮世绘版画并收集了很多原画。梵高受浮世绘的影响逐渐将浮世绘图像和元素融入自己的绘画作品中。

8. 保尔·德拉罗什（Paul Delaroche），法国著名学院派画家，法国历史画家中自然主义的创始人，消极浪漫主义的代表人物之一。

9. 再现艺术指将客观社会生活中的人物和事物，真实地再现在作品中的艺术。所谓"再现性"是指物体艺术、地景艺术、装置艺术具有客观的再现性或直接呈现性，如随手拿来的实物、签上名的布利诺盒子和坎贝尔浓汤罐头。

10. 维捷布斯克大众艺术学校存在于1919—1941年。学校于1918年11月11日开始首次有学生入学。学校先后历经第一高等艺术学校（1919—1920）、自由国家艺术工作坊（1920—1921）、高等国家艺术和技术讲习班（1921—1922）、国家艺术与实践研究所（1922—1923）。1923年9月1日，它被重组为维捷布斯克艺术学院。

11. Alfred H. Barr Jr. Cubism and Abstract Art. (M) Massachusetts: Belknap Press. 1986. S.

12. "普鲁恩"空间（Proun），拉·里西茨基在维捷布斯克大众艺术学校任职期间（1919—1921）全力协助马列维奇发展至上主义，自己也重拾画笔，发展出自己的至上主义风格（Proun），最为人所知的平面作品便是宣传海报《红色刺穿白色》（Beat the Whites with the Red Wedge）。

13. 弗·塔特林希望通过反浮雕作品给当时贪图享受的艺术界带来一次彻底的决裂。他认为：二维的画布对于三维的事物来说太具有限制性了。反浮雕作品带给人一种漂浮在高张力状态中的感觉：它们不是固定在某个特定的点，而是悬浮在取代了早期雕像的基座的绳索中。1913年他在巴黎受到了毕加索用木材、纸张和其他材料所做的三维空间建筑的启发，开始利用玻璃、金属、电线、木材等工业材料来进行抽象浮雕的创作。这些创作于十月革命前的作品构成了他对现代艺术最根本、影响最深远的贡献。

14. S. Khan- Magomedov, VKHUTEMAS. Moscow 1920—1930. Paris 1990.

15. （俄）瓦西里·康定斯基. 论艺术的精神 [M]. 查立译. 北京：中国社会科学出版社，1987.

16. （俄）瓦西里·康定斯基. 从点、线到面——抽线艺术的基础 [M]. 余敏玲译. 重庆：重庆大学出版社，2017.

17. 辛纳克·施克珀（Hinnerk Scheper），是一位德国色彩设计师、壁画家、建筑色彩学家、非小说作家、摄影师。他曾在杜塞尔多夫学院和不来梅应用艺术学院学习壁画，并于1919—1922年在魏玛的包豪斯学习，1925—1933年担任德绍包豪斯壁画系主任。他从大约1925—1926年绘制了德绍包豪斯大楼的外观。

18. Christina Lodder, VKhUTEMAS: The Higher State Artistic and Technical Workshops. In: dies., Russian Constructivism. New Haven/ London 1983.

19. 欧洲中心论，也称欧洲中心主义（Eurocentrism），是资本主义凭借其经济的、政治的优势向全球扩张的产物。它出现于18世纪中后期，在19世纪得以发展，并且最终形成为一种人文科学领域的思想偏见。

20. 西格夫雷德·格雷迪翁（Sigfrled Gledion），波西米亚裔瑞士历史学家及建筑评论家，是现代主义的先驱，20世纪最著名的建筑理论家、历史学家之一。曾任国际现代建筑协会（CIAM）秘书长，先后执教麻省理工学院、哈佛大学、苏黎世大学，曾任哈佛大学设计研究生院院长，曾于瑞士苏黎世大学执教艺术史。

21. 尼古拉斯·佩夫斯纳（Nikolaus Pevsner），20世纪杰出的艺术史家、建筑史家和设计史学家，1936年出版的《现代运动的先驱——从威廉莫里斯到格罗皮乌斯》，堪称西方现代设计史的发轫之作，一举奠定佩夫斯纳在西方设计史学上的重要地位。他被后世学者誉为"现代设计史的奠基人"。

22. （英）肯尼斯·弗兰姆普敦. 现代建筑：一部批判的历史 [M]. 原山，陈谋辛等译. 北京：中国建筑工业出版社，1988.

23. Алексей Ган. Конструктивизм. Москва: Тверское издательство, 1922.

24. Lidja Konstantinowna Komarowa: "Die ArchitekturFakultät der WCHUTEMAS und des WCHUTEIN 1920-1930" in: Wissenschaftliche Zeitschrift der Hochschule für Architektur und Bauwesen Weimar, 26. Jg. 1979, S.

25. 卡尔·洛根森（Карл Иогансон，1890—1929），拉脱维亚和苏联画家。1914年，他加入了前卫艺术家的"绿花"协会，是拉脱维亚年轻前卫艺术家协会的创始人之一。

26. （俄）M. 金兹堡. 风格与时代 [M]. 陈志华译. 西安：陕西师范大学出版社，2004.

27. 绘画雕塑建筑综合委员会（ЖИВСКУЛЬПТАРХ），该学校是国家艺术教育体系的最高水平，在俄罗斯艺术学院的主持下发展了两百多年。该学院于1757年在俄罗斯教育人物之一伊·舒瓦洛夫伯爵的倡议下成立。

28. 奥·范·杜斯堡（Theo van Doesburg），荷兰画家和设计师，也是风格派的一位核心人物。他坚持将"风格派"的原则进一步推广到艺术设计运动中，使其成为一种大风格。他主张推动抽象艺术与现实科学相结合，更好地适应机机械美学的潮流。

29. 科尼利斯·范·埃斯特尔森（Cornelis van Eesteren），荷兰版画家，因其绘画中的数学性而闻名。他的作品创作可以看到分形、对称、双曲几何等数学概念的表达，对抽象艺术发展具有新的推动作用。

30. 马塞尔·杜尚（法语：Marcel Duchampx），法国艺术家，20世纪实验艺术的先锋，对于第二次世界大战前的西方艺术有着重要的影响，是达达主义及超现实主义的代表人物和创始人之一。他把署有R·Mutt之名的小便器送至1917年的纽约独立艺术家协会展览，题名为《泉》。这种标新立异让人有种玩笑开过了头的感觉，它遭到了以前卫自诩的组委会气急败坏的拒绝。《泉》的意义在于杜尚要质疑的不仅是美，同样还有我们对艺术的固有信念——除了美之外，还包括艺术必须有高超的技巧及神圣的价值。

31. 引自：建筑师杂志. 扎哈哈迪德的那些事 [EB/DL]. http://m.163.com/dy/article/D8C03TU70515AJG5.html,2018-01-17/2020-06-10.

32. 始于19世纪末至20世纪英国的工艺美术运动，开始探索从自然形态中吸取借鉴，从日本装饰（浮世绘等）和设计中找到改革的新参考，以此来重新提高设计的品位，恢复英国传统设计的水准。艺术家、诗人威廉·莫利斯作为其主要人物，在平面设计方面表现出杰出的才能，在他的带领下，英国的壁纸、地毯、书籍、彩色镶嵌玻璃等设计在19世纪末期取得重大进步。

33. 谢·迪亚吉廖夫（1872—1929），俄国商人和艺术总监。他于1899年创办了杂志《艺术世界》（Mir Iskusstva），并保留了主编的职位。该出版物与在伦敦出版的另一种具有类似特征的出版物相关，并一直活跃到1904年。《艺术世界》聚集了一批相关的作家、音乐家、画家和评论家。除了出版物本身，该项目的参与者还促进了与《艺术世界》有关的众多活动，特别是图片展览。

34. 1906年，莫斯科的一位杂志出版商利亚布申斯基（Н. Рябушинский），资助出版了介绍法国现代主义美术的《金羊毛》杂志社杂志。在1906—1908年间，《金羊毛》举办了两次展览，重点介绍了勃拉克、毕加索、莱热、马蒂斯、德兰等立体派和野兽派画家的作品，使俄国画家们看到了西方早期现代派艺术的面貌。1907年，《金羊毛》杂志社支持了俄国青年艺术家取名为"蓝玫瑰"（Голубая роза）的展览。原"艺术世界"的成员苏德依庚、萨普诺夫、彼得罗夫-沃德金等人参加了这个展览。他们展出的作品追求原始性、稚拙性，采用的是象征主义手法或俄国民间艺术的表现方法。在这次画展之后，青年画家们组成了"蓝玫瑰"画派。

附录

呼捷玛斯的时间线及其发展背景年表

时间 背景	1917	1918	1919	1920	1921	1922	1923	1924	1925
社会政治背景	俄国二月革命发生在彼得格勒。临时政府上台。俄国十月革命发生在彼得格勒,将俄罗斯从一战中除名。布尔什维克推翻了临时政府,夺取了政权。布尔什维克建立了人民政治委员会(Sovnarkom)——苏联政府的最高行政机构,列宁是其第一主席。俄罗斯内战开始了。红军是被以托洛茨基为第一任主席建立的。托洛茨基还被任命为外交事务委员。许多城市建立了无产阶级文化组织,鼓励无产阶级参与新文化。	布尔什维克于3月签署了《布列斯特-利托夫斯克条约》,将俄罗斯从一战中除名。俄罗斯与核心大国之间建立了和平友好的关系。布尔什维克新政府引入了战争共产主义。在新政策下,征收私营企业,将所有工业和经济资产国有化,并废除了固有的产权关利。布尔什维克党改名为共产党。列宁启动了纪念碑宣传计划。俄罗斯首都从彼得格勒迁往莫斯科。德国十一月革命发生,魏玛共和国成立。	德国签署凡尔赛条约。德国劳动党成立。第一届共产国际大会在莫斯科举行。	德国签署凡尔赛条约。德国劳动党成立。第一届共产国际大会在莫斯科举行。	俄罗斯内战结束,人民饱受饥荒之苦。共产党取代了战争共产主义,开创了新经济政策(NEP),部分私营企业被重新恢复。阿道夫·希特勒成为德国国家社会主义工人党(NSDAP)领导人。	斯大林当选为苏共中央总书记。苏维埃社会主义共和国联盟(苏联)成立。苏联拥有2240多万平方公里的土地,是世界上面积最大的国家。德意志共和国和苏联签署了《拉帕洛条约》,恢复了两国的外交关系。	德国经济的高通货膨胀达到顶峰。	列宁去世。列宁墓是由阿·舒舍夫设计的,它的第一个木制版本迅速建成,竖立在红场。	
文化背景	风格派成立于荷兰;同名期刊《风格派》由奥·范·杜斯堡(Theo van Doesburg)出版。	德国艺术工人委员会(Arbeitsrat für Kunst)由布鲁诺·托特、阿道夫·贝恩和瓦尔特·格罗皮乌斯创立。德国艺术家路德维希·巴尔(Ludwig Bähr)被苏联人民教育委员会美术部(IZO)委派去推动苏联教育改革,并将其在德国的"艺术计划"分发给苏联的左派艺术组织。	绘画雕塑建筑综合委员会(Zhivskulptarkh)成立,其使命是研究空间艺术与建筑,成员包括尼·拉多夫斯基和亚·罗德钦科。绘画雕塑建筑综合委员会成员的作品展在莫斯科举行。不久之后,该组织停止运作,许多成员加入了艺术文化研究所。弗·塔特林在彼得格勒和莫斯科展出了第三国际纪念碑的模型。	艺术文化研究所(Inkhuk)成立于莫斯科,是美术部的一个分部,最初由瓦·康定斯基领导。艺术家·罗德钦科、瓦·斯捷尔潘诺娃、拉·里西茨基、弗·塔特林和卡·马列维奇是其创始成员。瓦·康定斯基在艺术文化研究所发起了"纪念性艺术项目"。客观分析工作组是在艺术文化研究所内成立的,由亚·罗德钦科领导,旨在发展一种客观的方法来分析艺术,反对瓦·康定斯基的方法。该工作组成为呼捷玛斯核心部门的智囊团。绘画雕塑建筑综合委员会成员的作品展在莫斯科举行。苏联艺术学派新艺术肯定者协会(Unovis)是由卡·马列维奇在维捷布斯克国立自由艺术创作工作室(维捷布斯克大众艺术学校的继承者)的基础上组建的。该小组成为艺术和生产设计的实验基地。拉·里西茨基是其创始成员之一。纳姆·嘉宝(Naum Gabo)和安东尼·佩夫斯纳(Antoine Pevsner)发表了"现实主义宣言"。	九名新成员加入艺术文化研究所,弗·拉多夫斯基和弗·科林斯基。共产党取代了战争共产主义,开创了新经济政策艺术文化研究所的客观分析工作组开始了为期四个月的关于结构和组成的辩论。在这个过程中,它分成三个小组:建筑师、构成主义者和客观主义者。成立建筑师工作组,由理性主义者:尼·拉多夫斯基、弗·科林斯基基、尼·多库查夫、埃菲莫夫、彼得罗夫和马普组成。最初,该工作组成为理性主义风格的核心。卡·马列维奇发表了新艺术肯定者协会宣言。革命俄罗斯艺术家协会(AKhRR)在莫斯科成立,是一个现实主义风格艺术家协会。俄罗斯科学院(RAKhN)由瓦·康定斯基、安·加布里奇夫斯基、安·卢纳查斯基(Kandinsky,Gabrichevsky,Lunacharsky)等人创立。	梅耶霍尔德剧院编排了费尔南多·克罗姆林克(Fernande Crommelink)的《大绿林子》(The Magnium Duckold),其中一个场景由柳·波波娃(Lyubov Popova)设计,另一个则由瓦·斯捷尔潘诺娃(Varvara Stepanova)设计。苏联艺术学派新艺术肯定者协会解散了。卡·马列维奇被苏维埃在莫斯科的摩天大楼设计了一个实验性建筑方案。弗·马雅可夫斯基和奥·布里克出版了《艺术》杂志。国立艺术文化研究所在彼得格勒,卡·马列维奇任所长。拉·里西茨基加入了G杂志的编辑委员会,成为风格派(De Stijl)的一员。拉·里西茨基加入新建筑师联盟负责与外国建筑师建立联系。首届全俄农业和手工业展览会在莫斯科开幕。呼捷玛斯的学生和教员积极参与其规划和设计。勒·柯布西耶出版了《走向新建筑》一书,其中列出了新建筑的"五大特点"。	新建筑师联盟(Asnova)是由尼·拉多夫斯基和他在艺术文化研究所的建筑师工作室的同事们一起建立。新建筑师联盟成为第一个有组织的先锋苏联建筑团体。维斯宁兄弟参加了莫斯科劳动宫的设计竞赛,标志着俄罗斯构成主义的开始。尼·拉多夫斯基和其附属设计团队选择不参与。弗·科林斯基为苏维埃在莫斯科的摩天大楼设计了一个实验性建筑方案。	谢·特雷蒂亚科夫(Sergey Tretyakov)根据柳·波波娃(Popova)的设计制作,由梅耶尔德(Meyerhold)制作的大规模装置艺术奇观《动荡中的地球》(The Earth in Turnism)被展览,吸引了25000名游客。	现代建筑师联盟(OSA),莫·金兹堡(Moisey Ginzburg)和亚·维斯宁(Alexander Vesnin)创立。一些新建筑师联盟成员成为前现代建筑师联盟。拉·里西茨基返回莫斯科。康·美尔尼科夫加入新建筑师联盟。
呼捷玛斯的发展	**(前)呼捷玛斯** 成立苏联人民教育委员会。安·卢纳查斯基被任命为主席。安·卢纳查斯基成立了美术部,并任命艺术家达·施捷连贝格(David Shterenberg)为其负责人。	**(前)呼捷玛斯** 苏联人民教育委员会从2月份开始对教育系统进行了一次彻底的改革,解散了当时的高等教育机构。苏联人民教育委员会美术部成立了指导委员会,成员包括弗·塔特林、瓦·康定斯基、(主席和副主席)、鲍·科罗廖夫、弗·马雅科夫斯基、奥西普·布里克等。安·卢纳查斯基和美术部成员发表了"艺术计划",简述了艺术文化和教育方面的重大改革。俄罗斯主要城市如彼得格勒、叶卡捷琳堡、雪山、萨拉托夫、哈尔科夫、敖德萨、佩纳斯基等,都建立起国立自由艺术创作工作室体系。第一和第二国立自由艺术创作工作室于9月在莫斯科成立。第一自由艺术创作工作室是由弗若诺斯基应用艺术学院(建于1825年)的基础上建立起来的;第二自由艺术创作工作室是在莫斯科绘画雕塑与建筑学校(建于1832年)的基础上建立起来的。主要的第二艺术家包括弗·塔特林、卡·马列维奇和瓦·康定斯基,他们被允许在莫斯科国立自由艺术创作工作室开设自己的工作室。 **包豪斯** 包豪斯是由魏玛撒克逊大公爵艺术家在自由国立工艺美术学院(建于1860年)和魏玛美术学院(建于1776年)合并而成。包豪斯搬出了亨利·范德维尔德设计的大公爵艺术家的大楼。包豪斯宣言和计划是由瓦尔特·格罗皮乌斯在四月发布的。 **呼捷玛斯和包豪斯之间的交流** 苏联人民教育委员会美术部与德国左派艺术团体,特别是劳工艺术委员会(Arbeitsrat für Kunst)、十一月团体和西奥斯特集团(West-Ost Group)之间,存在着积极的通信和人员交流。安·卢纳查斯基的"艺术计划"(1918年)发表在3月的柏林期刊《艺术期刊》(Das Kunstblatt)上。	**(前)呼捷玛斯** 青年艺术家协会(OBMOKhU)是由一群前卫艺术家在自由国立艺术创作工作室的基础上建立起来的。该组织在莫斯科举行了第一次展览。苏联人民教育委员会于2月在《公社艺术》(Iskusstvo Kommuny)杂志上发表了一份美术部关于"艺术文化"问题的报告,作为改革艺术教育体系的理论性方案。 **包豪斯** 瓦·康定斯基离开艺术文化研究所,并于12月前往柏林,执行一项任务,即成立俄罗斯科学院的一个德国分支机构。瓦·康定斯基被派到柏林,以便与德国艺术联盟建立联系,并在西方推广新的苏联艺术。在那里,他遇到了瓦尔特·格罗皮乌斯、西奥·范多斯堡、库尔特·施维特、汉斯·里希特、密斯·凡·德罗和莫霍利·纳吉。	呼捷玛斯(苏联国立高等艺术与技术创作工作室)于秋季在莫斯科正式成立,并于12月根据莫斯科法令正式开幕,取代了免费的国立艺术创作工作室。它由艺术、建筑和生产等八个部门组成。最初,课程设置教学时间跨度为四年。叶·拉夫杰尔是莫斯科呼捷玛斯(1920—1922年)的首任领导。叶·拉夫杰尔支持渐进式变革,例如创建核心基础课程和艺术生产部门。呼捷玛斯公布了第一个教学模式。呼捷玛斯的建筑学系分为几个方向:由康·美尔尼科夫(Konstantin Melnikov)和伊·戈洛索夫(Ilya Golosov)领导的"新学院";以及由尼·拉多夫斯基、弗·科林斯基基和尼·多库恰耶夫组成的独立部门——左翼工作室联盟(Obmas)。绘画系是呼捷玛斯最大的部门,主要包含三大部分:架上绘画、纪念性绘画、剧院和舞台的艺术。它也分为传统保守派和前卫进步派。 **呼捷玛斯和包豪斯之间的交流** 苏联人民教育委员会美术部与德国左派艺术团体,特别是劳工艺术委员会(Arbeitsrat für Kunst)、十一月团体和西奥斯特集团(West-Ost Group)之间,存在着积极的通信和人员交流。安·卢纳查斯基的"艺术计划"(1918年)发表在3月的柏林期刊《艺术期刊》(Das Kunstblatt)上。	**呼捷玛斯** 列宁访问呼捷玛斯,客观评价了"未来主义"。呼捷玛斯的淘瓷系在杜某沃瓷厂接受了第一个生产任务——为共产国际第三次代表大会设计宣传海报。拉·里西茨基是莫斯科呼捷玛斯的建筑教授建筑和纪念性绘画课程,在艺术文化研究所做讲座,也就是在那里他参观了在魏玛和杜塞尔多夫举行。弗·法沃尔斯基(Vladimir Favorsky)为图形学系绘画系开设了构图理论课程。帕·弗洛伦斯基(Pavel Florensky)在图形学系教授透视分析课程。 **呼捷玛斯和包豪斯之间的交流** 瓦·康定斯基离开艺术文化研究所,并于12月前往柏林,执行一项任务,即成立俄罗斯科学院的一个德国分支机构。瓦·康定斯基被派到柏林,以便与德国艺术联盟建立联系,并在西方推广新的苏联艺术。在那里,他遇到了瓦尔特·格罗皮乌斯、西奥·范多斯堡、库尔特·施维特、汉斯·里希特、密斯·凡·德罗和莫霍利·纳吉。	**呼捷玛斯** 呼捷玛斯的建筑系被切分为学术和新方向两个部分。亚·罗德钦科在新兴艺术文化研究所(Inkhuk)即基础教育部授课一年。呼捷玛斯设立了核心基础学术部门,它的培训计划为期两年。 **包豪斯** 瓦·康定斯基搬到魏玛,1922年夏天开始在包豪斯教书。他在包豪斯的任期最长,一直持续到1933年。构成主义者和达达主义者在魏玛和杜塞尔多夫举行。拉·里西茨基和伊·爱伦堡(Ilya Ehrenburg)在柏林出版了三语言杂志:《主题》(Veshch/Gegenstand/Objet)。	**呼捷玛斯** 弗·法沃尔斯基成为呼捷玛斯的新任领导(任期1923—1926年)。在他的领导下,学校改革了核心课程,一些基础课程恢复到传统的学术方向。呼捷玛斯设立核心基础教学部门,它的培训计划为期两年。画家康·伊里托明担任校长。呼捷玛斯内部设立工人学院(Rabfak),为那些没有受过中等教育的人提供基本的艺术培训。呼捷玛斯的左翼工作室联盟解散。 **包豪斯** 首届俄罗斯艺术展(Erste russische Kunstausstellung)在魏玛开幕,展出了167位苏联前卫艺术家的700件作品。展览的简介目录由拉·里西茨基和封面由亚·罗德钦科设计。 **呼捷玛斯和包豪斯之间的交流** 阿道夫·贝恩前往俄罗斯。	**呼捷玛斯** 亚·维斯宁(Alexandre Vesnin)是构成主义的领袖,他在呼捷玛斯创建了自己的建筑工作室,古典主义大师伊·若尔托夫斯基(Ivan Zholtovsky)开始于学校任教。呼捷玛斯毕业生、艺术家格·克鲁齐斯(Gustav Klutsis)开始于学校任教。呼捷玛斯开始发展交流拉·里西茨基、汉内斯·迈耶(Hannes Meyer)、汉斯·施密特(Hans Schmidt)和马尔·斯塔姆(Mart Stam)出版了ABC贡献杂志(ABC Beitrage zum Bauen)。第一期以新建筑师联盟和呼捷玛斯(尼·拉多夫斯基工作室)的作品为特色,其中包括了维斯宁兄弟(Vesnin Brothers)为劳动宫设计的一个建筑设计项目。	**现代建筑师联盟(OSA)** 国际装饰艺术博览会在巴黎举行,在大皇宫举办了呼捷玛斯学生作品的大型展览,荣获许多奖项。它还展出了教师们的创作项目:康·美尔尼科夫设计的苏联馆和亚·罗德钦科设计的工人俱乐部。 **包豪斯** 包豪斯搬到了德绍,那里的新建筑是由格罗皮乌斯工作室主创设计的,在包豪斯学生辅助下设计和建造的。 **呼捷玛斯和包豪斯之间的交流** 全俄对外文化交流协会(VOKS)在莫斯科成立,负责监督和促进艺术和文化方面的国际联系。瓦尔特·格罗皮乌斯出版了《国际建筑》(International Architecture)是包豪斯丛书(Bauhausbücher)系列的第一本,其中包括了维斯宁兄弟为劳动宫设计的一个建筑设计项目。

383

背景＼时间	1926	1927	1928	1929	1930	1931	1932	1933	1934	1935	1936	1937
社会政治背景	托洛茨基被苏维共产党中央政治局开除。	托洛茨基被驱逐出中央委员会，被迫流亡国外。国家社会主义德国工人党（NSDAP）第一届年会在纽伦堡举行。	新经济政策结束，并启动了第一个通过国家工业化建设社会主义经济的五年计划。	大萧条影响着世界各地的经济。作为第一个五年计划的一部分，苏共中央开始了苏联农业集体化。	古拉格（Gulag，是苏联劳动集中营主要管理机构的缩写），负责强迫劳动的集中营制度建立。纳粹党在选举国会中获得多数席位。		苏联政府宣布第一个五年计划已经完成。	阿道夫·希特勒在德国掌权并成为总理。萨尔公民投票赞成重新并入德国。纳粹冲锋队举行反对德国犹太人的大规模示威。	谢·基洛夫在党的十七大得到多数民众支持。基洛夫在那年晚些时候被谋杀。	共产国际在莫斯科召开了第七次会议，建立反法西斯统一战线。	奥林匹克运会在柏林举行。	德国纳粹政府在慕尼黑举办了由650件现代派艺术品组成的艺术展，题目为堕落艺术（entarttetKunst），目的是促使公众舆论反对现代主义运动。
文化背景	拉·里西茨基和尼·拉多夫斯基合作出版了《新建筑师联盟》（第一期）的学术杂志。现代建筑师联盟出版了一本双月刊《现代建筑》（Sovre-mennaya Arkhitektura），定期发布与呼捷玛斯和包豪斯相关的文章和设计项目。拉·里西茨基设计了德累斯顿国际艺术展的展览会。国立艺术文化研究所在列宁格勒被关闭。	世界第一部有声电影诞生。美国航海家查尔斯·林白独自驾驶单翼机飞行，完成纽约至巴黎的飞行，历史33小时。韦纳·海森堡发现不确定性。BBC成立。现代舞蹈创始人邓肯逝世。	新建筑师联盟分裂，维·巴利欣成为新的领导人。尼·拉多夫斯基建立了另一个组织——建筑—规划师联盟（ARU），其中包括呼捷玛斯—呼捷恩的许多新学生。国际现代建筑协会（CIAM）在瑞士成立，旨在传播现代建筑运动的原则。苏联代表拉·里西茨基、尼·科利和莫·金兹堡无法出席就职会议。	拉·里西茨基在莫斯科举办了第一届图形和印刷展，并在斯图加特举办了苏联电影展。	恩斯特·梅和另外17人组成的"梅旅"（"May Brigade"）前往俄罗斯。在接下来的几年里，他们在乌拉尔20多个新城市完成了，包括马格尼托戈尔斯克、奥廖尔斯克、新库兹涅茨克和凯梅罗沃。		苏维埃宫国际建筑设计竞赛在莫斯科举行。共提交160个项目，其中24个由外国参与者提交；15个项目入围。这三个阶段的比赛标志着建筑设计与创作从前卫先锋派向社会主义现实主义风格的转变。勒·柯布西耶参加苏维埃宫建筑设计竞赛，其方案被苏联当局拒绝。几支苏联团队被邀请参加了这场内部竞赛。	鲍·约凡的古典纪念性的婚礼蛋糕式多层次的建筑方案被选为苏维埃宫设计竞赛的决赛作品。原定在莫斯科举行的第四届国际现代建筑协会（CIAM）会议被取消，改在一艘开往雅典的船上举行。五月旅（May Brigade）的成员离开苏联。	第一届苏联作家代表大会在莫斯科举行。它标志着先锋派彻底脱离了左翼"形式主义"，取而代之的是社会主义现实主义。	苏联农业科学家米丘林逝世。摇滚乐巨星普雷斯利出生。尼龙首次合成。梅兰芳在苏联的演出大获成功。		第一届全苏建筑师大会由苏联建筑师联盟主持，在莫斯科主办。美国建筑师弗兰克·赖特受邀参加了此次会议。世界现代生活艺术与技术博览会在巴黎举行。苏维埃馆的特色是一个工人和一个科尔霍兹妇女的雕塑（拉博希伊·科尔霍兹尼萨），由呼捷玛斯教授维拉·穆赫姆（VeraMukhina）创作。
呼捷玛斯的发展	**呼捷玛斯** 帕·诺维茨基成为呼捷玛斯（1926—1930）的新校长。木加工系和金属制造系合并为一个部门，木制品金属加工等。呼捷玛斯的建筑系分为三个部分：住房、公共和工业建筑；规划和"空间装饰"（景观）建筑。理性主义者尼·多库恰耶夫和构成主义者莫·金兹堡教授了两门关于建筑构图的新课程。 **包豪斯** 德绍的包豪斯新大楼投入使用。呼捷玛斯和包豪斯之间开始交流。一群呼捷玛斯的学生和教员前往包豪斯。西方革命艺术展在莫斯科举行，展出了包豪斯的作品。	**呼捷玛斯** 呼捷玛斯在秋天更名为呼捷恩（苏联国立高等艺术与技术学院），教学课程训练为期五年。维·巴利欣成为呼捷恩的领导。呼捷恩的核心基础课程培训被缩短为一年。 **包豪斯** 瓦尔特·格罗皮乌斯辞职。汉内斯·迈耶被任命为包豪斯的新领导。包豪斯大师和学生参与了魏森霍夫德隆住房项目（Weissenhofsiedlung housing project）。 **呼捷玛斯和包豪斯之间的交流** 两个苏联代表团来到包豪斯，一个代表团由工程师组成，另一个代表团则由建筑师组成。这些小组成员包括来自呼捷玛斯、莫斯科技术学院（MVTU）、莫斯科交通工程师学院（MIIT）和其他学校的学生和教员。代表中有来自莫斯科的莫·金兹堡和拉·里西茨基，列宁格勒的卡·马列维奇，还有社会活动家伊·爱伦堡。尽管在包豪斯举办的呼捷玛斯展览并没有达到所计划的规模，但是苏联代表则带来了大量的展示资料。卡·马列维奇带着艺术文化研究所制作的画作以及一系列分析表来到包豪斯。他的作品发表在包豪斯丛书《Bauhausbticher//》上。由现代建筑师联盟组织的第一届当代建筑展在呼捷玛斯举行。展览包括呼捷玛斯和新建筑的作品。全俄对外文化交流协会与包豪斯教师——建筑师汉尼斯·迈耶建立了联系，并协助他在俄罗斯发表了几篇文章。	**呼捷玛斯** 呼捷恩举办了一个全校性的展览，安·卢纳查斯基参加了展览，并对展览给予了好评。呼捷恩庆祝国立自由艺术创作工作室成立十周年。 **包豪斯** 瓦尔特·格罗皮乌斯辞职。汉内斯·迈耶被任命为包豪斯的新领导。新的金属制品金属加工系和陶艺系任教。 **呼捷玛斯和包豪斯之间的交流** 电影导演维托夫参观包豪斯。拉·里西茨基在包豪斯演讲。包豪斯代表团，其中包括冈塔·丝桃儿（Gunta S...）、阿里耶·沙龙（Arieh S...），访问呼捷恩。辛内斯·迈耶主持的德绍包豪斯的第一次展览在莫斯科举行。	**呼捷玛斯** 呼捷恩出版了最全套作品集小册子，包括各个部门的描述、工作样本以及招生指南。核心基础培训课程缩短为一年。呼捷恩毕业生、建筑师伊·列奥尼多夫开始在学校任教。 **包豪斯** 包豪斯和莫斯科技术大学的建筑系部合并，成立莫斯科科技大学建筑工程学院（ASI），最终更名为莫斯科建筑学院。包豪斯的壁画大师辛纳克·施克珀和他的妻子卢贝到了莫斯科。辛纳克·施克珀在呼捷恩讲课。	**呼捷玛斯** 呼捷恩在莫斯科的教学事务停止。它的院系由几个独立的学院接替：建筑学、艺术、印刷、纺织和硅酸盐学院。一些部门被转移到列宁格勒。核心基础培训课程缩短为一年。呼捷恩毕业生、建筑师伊·列奥尼多夫开始在学校任教。 **包豪斯** 汉内斯·迈耶由于被怀疑与"共产主义"有联系而被迫离开包豪斯。1930年，辛·纳克·施克珀和卢梭呼捷恩的学生写了一封"公开信"，批评学校的传统古典主义教学倾向。	**呼捷玛斯和包豪斯** 1928—1930年，德绍包豪斯展览在莫斯科举行，展出了阿宁格勒。当年总共有1398人从学校毕业，大多数高年级学生都能顺利毕业。 **包豪斯** 汉内斯·迈耶在莫斯科的建筑绘画机构工作。他分别为现代建筑师联盟成员所设计的纳康芬和沙博洛夫卡住宅项目，完成了住宅项目室内外的配色方案。 **呼捷玛斯和包豪斯之间的交流** 拉·里西茨基在维也纳出版了《俄罗斯：世界革命的建筑》（Rut...Weltrevolution），其中包括呼捷恩的许多作品。汉内斯·迈耶和他的"前线"（"Sto Pbrigade Rot Front"）团队前往苏联，在莫斯科建筑与工程学院任教，并在莫斯科的国家城市设计学院（Giprogor）从事城市设计工作。	**包豪斯和包豪斯** 包豪斯被彻底关闭了。这所学校在密斯·凡·德罗的领导下搬到了柏林。 **呼捷玛斯和包豪斯之间的交流** 纽约现代艺术博物馆国际展览会展出了瓦尔特·格罗皮乌斯和密斯·凡·德罗等人的作品。展览目录中只有一个来自苏联的项目：尼古拉耶夫和菲森科，代表莫斯科科技大学在莫斯科的电子技术研究所和实验室的设计。	**包豪斯** 包豪斯被彻底关闭了，它的一些成员移民到美国，但绝大多数人去了苏联。 **（后）呼捷玛斯** 新成立的莫斯科建筑学院取代了莫斯科科技大学建筑系与工程学院，成为呼捷玛斯的继承机构之一。	**（后）包豪斯** 瓦尔特·格罗皮乌斯搬到伦敦。	**（后）呼捷玛斯** 呼捷玛斯重要的教师卡·马列维奇去世，在逝世一周前他收到了学生的来信，告知他的养老金申请被当局拒绝了。所有有先锋派艺术风格的作品都被从苏联的博物馆、美术馆中撤出。	**（后）呼捷玛斯斯和包豪斯之间的交流** 立体主义和抽象艺术展在纽约MoMA举办，由阿尔弗雷德·巴尔构思。展览展出了呼捷玛斯学院构成主义者的作品，但并未提及他们所处的学术环境。呼捷玛斯在此次展览中只有文字未提，但包豪斯学院的设计项目则可以学校的名义参展。汉内斯·凡·德罗移居美国，前线成员在"最后一刻"离开苏联，一些成员决定留下来，之后被完全埋没。	**包豪斯** 瓦尔特·格罗皮乌斯和马塞尔·布鲁尔移居美国，开始在哈佛大学设计研究生院任教。莫霍利·纳吉搬到美国，并在芝加哥建立了新的包豪斯。密斯·凡·德罗移居美国，成为芝加哥伊利诺伊大学建筑系（IIT）的负责人。

参考文献

[1] В.Е.Хазанова. Из истории советской архитектуры 1917-25гг.: документы и материалы[M]. Москва: Наука, 1970.

[2] А.В. Иконников, В.И. Павличенков. Всеобщая история архитектуры. Том 12. Книга первая. Архитектура СССР[M]. Москва: Стройиздат, 1975.

[3] С.О.Хан-Магомедов. Илья Голосов[M]. Москва: Стройиздат, 1988.

[4] Т.Ф.Саваренская, Д.О.Швидковский, Ф.А.Петров. История градостроительного искусства. Поздний феодализм и капитализм[M]. Москва: Стройиздат, 1989.

[5] С.О.Хан-Магомедов. Л.М.Лисицкий.1890—1941[M]. Москва: Стройиздат, 1990.

[6] С.О.Хан-Магомедов. Архитектура советского авангарда: Книга первая. Проблемы формообразования. Мастера и течения[M]. Москва : Стройиздат, 1996.

[7] С.О.Хан-Магомедов. М. Я. Гинзбург[M]. Москва : Изд-во литературы по строительству, 1972.

[8] С.О.Хан-Магомедов. Творцы русского классического художественного авангарда Николай Ладовский[M]. Москва : Архитектура-С, 2007.

[9] С.О.Хан-Магомедов. Творцы русского классического художественного авангарда Константин Мельников[M]. Москва: Стройиздат, 1990.

[10] С.О.Хан-Магомедов. Творцы русского классического художественного авангарда Борис Королев[M]. Москва: Архитектура-С, 2007.

[11] С.О.Хан-Магомедов. Творцы русского классического художественного авангарда Владимир и Георгий Стенберги[M]. Москва: Архитектура-С, 2008.

[12] С.О.Хан-Магомедов. Творцы русского классического художественного авангарда Владимир Кринский[M]. Москва: Архитектура-С, 2008.

[13] С.О.Хан-Магомедов. Творцы русского классического художественного авангарда Георгий Крутиков[M]. Москва: Архитектура-С, 2009.

[14] С.О.Хан-Магомедов. Л. М. Лисицкий. 1890—1941[M]. Москва: [б. и.], 2011.

[15] С.О.Хан-Магомедов. Иван Жолтовский[M]. Москва: Гордеев С.Э., 2010.

[16] С.О.Хан-Магомедов. Иван Фомин[M]. Москва: Гордеев С.Э., 2011.

[17] С.О.Хан-Магомедов. Сто шедевров советского архитектурного авангарда: билингва[M]. Москва: Едиториал УРСС, 2005.

[18] С.О.Хан-Магомедов. Александр Веснин и конструктивизм[M]. Москва: Архитектура-С, 2007.

[19] С.О.Хан-Магомедов. Иван Леонидов 1971[M]. Москва: Стройиздат, 1971.

[20] С.О.Хан-Магомедов. Лазарь Лисицкий 2011[M]. Москва: С.Э. Гордеев, 2011.

[21] С.О.Хан-Магомедов. Рационализм - "формализм". Том 2 [M]. Москва: Архитектура-С, 2007.

[22] С.О.Хан-Магомедов. ВХУТЕМАС[M]. Москва: Издательство Ладья, 1995.

[23] С.О.Хан-Магомедов. ВХУТЕМАС. Книга2(1920—1930г.)[M]. Москва: Издательство Ладья, 2000.

[24] С.О.Хан-Магомедов. Высшие государственные художественно-технические мастерские. 1920—1930. В 2 кн.[M]. Москва: Ладья, 2000.

[25] С.О.Хан-Магомедов. Живскульптарх, 1919—1920: первая творческая организация советского архитектурного авангарда[M]. Москва: Архитектура, 1993.

[26] С.О.Хан-Магомедов. ВХУТЕМАС и ИНХУК(к проблематике становления сферы дизайна в 20-е годы) [J]. Техническая эстетика, 1980(12): 20-23.

[27] С.О.Хан-Магомедов. Пионеры советского дизайна[M]. Москва: Галарт, 1995.

[28] Л.Жадова. ВХУТЕМАС—ВХУТЕИН. Страницы истории[J]. Декоративное искусство СССР, 1970(11): 156.

[29] Н.Ф.Былинкин и др. История советской архитектуры [M]. Москва: Стройиздат, 1985.

[30] Н.Ф.Былинкин и др. Современная советская архитектура[M].

Москва: Стройиздат, 1985.

[31] А.М.Журавлев, А.В.Иконников, А.Г.Рочегов. Архитектура Советской России[М]. Москва: Стройиздат,1987.

[32] В.В.Курбатов. Советская архитектура[М]. Москва: Просвещение,1988.

[33] Яков Чернихов. Архитектурные фантазии 101 композиция[М]. Ленинград: Международная Книга, 1933.

[34] Яков Чернихов. Основы Современной Архитектуры[М]. Ленинград: издание ленинградского общества архитекторов, 1930.

[35] Яков Чернихов. Конструкция архитектурных и машинных форм[М]. Ленинград: Издание Ленинградского общества архитекторов, 1931.

[36] Яков Чернихов. Геометрическое черчение[М]. Ленинград: Акад. художеств, 1928.

[37] Справочник отдела ИЗО Наркомпроса Вып.1[М]. Москва: Учебно-Производ. Графическ. Мастерск. ИЗО при 1-х Св.Г.Х.Мастерских, 1920.

[38] В.Г.Лисовский. Архитектурные мастерские Академии художеств в годы революции и гражданской войны[J]. Архитектурное наследство, 2013, Вып. 59: 237-254.

[39] В.Г.Лисовский. Архитектурные отделение Высшего художественного училища[J]. Архитектурное наследство, 2012, Вып. 57: 174-196.

[40] В.П.Лапшин. Художественная жизнь Москвы и Петрограда в 1917 году[М]. Москва: Сов. Художник, 1983.

[41] К.А.Сомов. Письма. Дневники. Суждения современников[М]. Москва: Искусство, 1979.

[42] И.А.Вакар , Т.И.Михиенко. Малевич о себе. Современники о Малевиче.Т.1. [М]. Москва: RA, 2004.

[43] И.В.Смекалов. Александр Иванов из Наркомпроса-художник и администратор[J]. Декоративное искусство и предметно-пространственная среда. Вестник МГХПА, 2016(01), часть 1: 180-189.

[44] Д.Штеренберг. Отчет о деятельности Отдела изобразительных искусств Наркомпроса. Изобразительное искусство, 1919(01): 53-54.

[45] Футуристическая революция(1917—1921). Кн.1.[М]. Москва: Новое литературное обозрение, 2003.

[46] С.М.Грачева. Российское академическое художественное образование в первой половине ХХ Века: апология традиции и современности[J] Вопросы образования, 2003(02): 236-253.

[47] О.Калугина. Скульптурный класс пореформенной Академии художеств. О традициях и новаторстве[J]. Art council=Художественный совет, 2007(04): 56.

[48] А.В.Крусанов. Русский авангард 1907—1932. Исторический обзор. Т.2.Кн.1. [М]. Москва: НЛО, 2003.

[49] О.П.Родосская. Академия художеств в 1920—1930-е годы[А]. Академия художеств: вчера, сегодня, завтра-? Материалы международной конференции-коллоквиума[С]. СПБ: ИД «Петрополис», 2007: 124-137.

[50] В.И.Ракитин, А.Д.Сарабьянов. Энциклопедия русского авангарда: Изобразительное искусство. Архитектура. Т.1-3.[М]. Москва: RA, Global Expert & Service Team, 2013.

[51] Е.В.Абаренкова. Подвижники искусства(к истории худож. студий России конца XIX-нач.ХХ вв.) [М]. Москва: Фонд им.И.Д. Сытина, 1994.

[52] Е.А.Боровская. Рисовальная школа Императорского общества поощрения художеств в контексте художественного процесса начала ХХ века[А]. Проблемы развития русского и зарубежного искусства. Вып.32. [С]. СПБ: гос. акад. ин-т живописи, скульптуры и архитектуры им. И. Е. Репина, 2015: 164-175.

[53] Д.Я.Северюхин. Золотой век художественных объединений в России и СССР(1880—1932): справочник[М]. СПБ: Изд-во Чернышева, 1992.

[54] Д.Я.Северюхин. Старый художественный Петербург: рынок и самоорганизация художников от начала XVIII в. До 1932г. [М]. СПБ: Mipъ, 2008.

[55] К.Ю.Стернин. Художественная жизнь России начала ХХ века[М]. Москва: Искусство, 1976.

[56] Э.М.Романовская. Художественное училище имени Николая Рериха: страницы истории[М]. СПБ: Лань, 2001.

[57] А.Некрасов, А. Щеглов. МАРХИ ХХ век/Сб.воспоминаний в 5 томах. Т.1:1900—1941. [М]. Москва: МАРХИ, ИД «Салон-пресс», 2006.

[58] И.Е.Печёнкин. Строительство доходного дома Строгановского училища на Мясницкой улице (один эпизод из творческой биографии Ф.О.Шехтеля) [J]. Архитектурное наследство, 2012(57): 197-203.

[59] И.Маца. Советское искусство за 15 лет. Материалы и документация[М]. М., Л.: ОГИЗ-ИЗОГИЗ, 1933.

[60] А.Н.Лаврентьев. Александр Родченко[М]. Москва:

Архитектура-С, 2007.

[61] П.Н.Исаев. Полиграфический факультет ВХУТЕМАСа. 1918—1930гг[J]. Среди коллекционеров, 2012, 2(07): 14-41.

[62] Н.И.Романов. В.Фалилеев[M]. М.- Пг.: Госиздат, 1923.

[63] А.В.Луначарский. Об искусстве[M]. Пг.: Изд–во Комиссариата нар. просвещения,1918.

[64] А.В.Луначарский. Об искусстве.Т.2.[M]. Москва: Искусство, 1981.

[65] Н.Л.Адаскина. СГХМ/ВХУТЕМАС-ВХУТЕИН[M]. Москва: Галарт, 1995.

[66] Н.Л.Адаскина. Вхутемас. Его роль в формировании основных принципов художественной педагогики 1920-х годов[A]. ГТГ. Вопросы русского и советского искусства. Материалы итоговой научной конференции. Январь 1972. Вып.11.[C]. Москва: Сов. Художник, 1973.

[67] Н.Л.Адаскина. Место ВХУТЕМАСа в русском авангарде// Великая утопия. Русский советский авангард 1915—1932 [M]. Москва: Галарт, 1993.

[68] Архитектурные школы Москвы. Сб.3: Педагоги и выпускники 1918—1999[M]. Москва: Ладья, 2002.

[69] 250 Лет московский архитектуной школы. Учебные работы и проекты. 1749—1999[M]. Москва: А-Фонд, 2000.

[70] Нина Кандинский. Кандинский и я[M]. Москва: Искусство- XXI век, 2017.

[71] Е.Б.Овсянникова. Свободные или государственные? [J]. Декоративное искусство СССР, 1986(10): 23-27.

[72] Е.Б.Овсянникова. В.В.Кандинский. «Тезисы преподавателя» Свободных государственных художественных мастерских, 1918, октябрь[J]. Искусство, 1989(03): 31-33.

[73] А.С.Шатский. Витебск. Жизнь искусства.1918—1922[M]. Москва: Язык русской культуры, 2001.

[74] И.С.Чередина. Архитекторы Москвы. С.Е.Чернышев[M]. Москва: Прогресс Традиция, 2014.

[75] А.В.Лентулов. Воспоминания[M]. СПБ: Петроний, 2014.

[76] Л.И.Иванова-Веэн. Архитектор, художник Н.П.Травин - воспитанник Строгановского училища п подмастерье Первых СГХМ[J]. Вестник МГХПА, 2018(03): 55-65.

[77] Е.Р.Лисовская. Студент ВХУТЕИНа Н.П.Травин, автор комплекса на Шаболовке[A]. Наука, образование и экспериментальное проектирование: Материалы международной научно-практической

конференции 2017г[C]. Москва: МАРХИ, 2017.

[78] А. Шубин. Наш первый художественный очаг[J]. Товарищ Терентий, 1923(23):5-7.

[79] С.П.Ярков. Художественная школа Урала[M]. Екатеринбург: Худож., 1980.

[80] Д.Н.Димаков. Пензенские СГХМ(Свободные государственные художественные мастерские. Гхутемас-ГХТПМ[A]. Энциклопедия русского авангарда. Т.2.Кн.3[C]. Москва: RA, 2013: 95, 96.

[81] Н.А.Бакулина. К истории художественной жизни Западной Сибири в годы гражданской войны[A]. Традиции и инновации в современном социокультурном пространстве. Вып.1.[C]. Новосибирск, 2011: 168-171.

[82] А.П.Герасимов. Деятельность сибирских архитекторов в создании томского общества любителей художеств[J].Культура и цивилизация, 2017, Т.7 (4А): 371-383.

[83] Л.И.Овчиникова. Архитектуры и художественная жизнь Томска(1909—1920-е гг) [J]. Вестник ТГАСУ, 2012(02): 37-42.

[84] Г.З.Кутушев, И.Г.Акманов. Формирование аппарата Наркомпроса Башкирской АССР(февраль 1919г.-сентябрь 1922 г.)[J]. Вестник Башкирского университета, 2012,Т.17, 1(01): 778-782.

[85] Л.Н.Попова. История изобразительного искусства Башкортостана. Ч.1: Живопись. Довоенный период[M]. Уфа: БИРО, 2000.

[86] Русский футуризм и Давид Бурлюк, «отец русского футуризма» [M]. СПБ: Palace Edition, 2000.

[87] И.В. Смекалов. Региональные центры авангарда на Всероссийкой конференции учащих и учащихся(июнь 1920). Декоративное искусство и предметно-пространственная среде[J]. Вестник МГХПА, 2014(02): 166-179.

[88] И.Маца. Советское искусство за 15 лет: материалы и документация[M]. М-Л: Изогиз, 1933.

[89] Справочник Отдела ИЗО Наркомпрос. Вып.1. [M]. Москва: Учебно-Произв., 1920.

[90] Г.А.Беляева. «Художник »: конструирование профессиональных идентичностей в государственной политике и её региональных вариациях(1918—1932)[A]. Человек как проект. Интерпретация культурных кодов[C]. Саратов: Лиска, 2016: 72-120.

[91] Е.И.Водонос. Очерки художественной жизни Саратова эпохи «культурного взрыва», 1918—1932[M]. Саратов: Бенефит СГХМ, 2006.

[92] Николай Загреков. 1897—1992. Возвращение в Россию[M]. СПб.: СканРус, 2004.

[93] Е.П.Ключевская. Казанская архитектурная школа начала 20-х[J]. ДИНА: Дизайн и новая архитектура, 2001(78): 34-39.

[94] Е.П.Ключевская. СГХМ(Свободные Государственные художественные мастерские). 1918—1926[A]. Энциклопедия русского авангарда. Том.3: А-М[C]. Москва: Глобал Эксперт энд Сервис Тим, 2014: 249-252.

[95] Е.Ковтун. Путь Малевича[A]. К. Малевич. Каталог выставки[C]. М., 1988: 153-173.

[96] СУЛФ. ЛЕФ. ТатАХРР. Советское искусство 20-30-х годов: Сб. Статей[M]. Казань: Изд-во Казан. ун-та, 1992.

[97] А.Алехина. Строгановцы в Ярослваском крае[J]. Художник, 1978(03): 41.

[98] Н.П.Голенкевич. Художественная жизнь Ярославля конца XIX-первой трети XX столетия. Выставки, творческие объединения, художники[M]. Москва: 2К, 2002.

[99] Н.П.Голенкевич. Художник-педагоги Ярославских государственных художественных мастерских(1919—1921). Судьбы и наследие[J]. Вестник Санкт-Петербурского государственного университета технологии и дизайна, 2013(03): 107-113.

[100] Справочник отдела ИЗО Наркомпроса. Вып.1.[M]. Москва: Учебно-Произв. Графич. Мастерск. ИЗО при 1-х Св.Г.Х.Мастерских, 1920.

[101] Г.Н.Симакова. Архитектурное образование в России: Справочник[M]. Москва: ФБУ«ЦНТБ СиА», 2013.

[102] Л.И.Иванова- Веэн. Архитектурные школы Москвы. Исторические Данные . 1749—1995[M]. Москва: МОЛ СЛ Росии, 1999.

[103] Л.И.Иванова-Веэн. География свободных государственных художественных мастерских 1918—1920 гг. по отечественным материалам отдела ИЗО НАРКОМПРОСА[A]. Материалы VII Международной научно-практической конференции им.В.Татлина[C]. Пенза: ПГУАС, 2011; 358-364.

[104] А.М.Успенская. Развитие архитектурных школ СССР[A]. Наука, образование и экспериментальное проектирование. Труды МАРХИ: Материалы международной научно-практической конференции, 2-6 апреля 2018г.:Сб.статей[C]. Москва: МАРХИ, 2018: 213-216.

[105] А.Д.Сарабьянов. Неизвестный русский авангард[M].

Москва: Советский художник, 1992.

[106] Советское искусство 20-30-х годов. Каталог Временной выставки[M]. Москва: ГТГ, 1990.

[107] Д.Сарабьянов. Любовь Попова[M]. Москва: Галарт, 1994.

[108] Ольга Розанова. 1886—1918. Каталог выставки[M]. Helsinki: Helsingin kaupungin taidemuseo, 1992.

[109] Н.В.Брызгова. Проектная графика[M]. Москва: МГХПУ им. С. Г. Строганова, 2005.

[110] Н.В.Брызгова. Е.В.Жердев. Промышленный дизайн: история, современность, футурология[M]. Москва: МГХПУ им. С.Г. Строганова, 2015.

[111] Д.Е.Аркин. Искусство бытовой вещи. Очерки новейшей художественной промышленности[M]. Москва: Изогиз, 1932.

[112] О.М.Брик. Художник-пролетарий[J]. Искусство коммуны, 1918(02):1.

[113] А.Н.Лаврентьев. Александр Родченко: начало карьеры дизайнера[J]. Дизайн Ревю, 2011(02): 08.

[114] Первая всероссийская конференция по художественной промышленности. Август 1919[M]. Москва: 1-я Гос. тип., 1920.

[115] И.Пуни. Творчество жизни[J]. Искусство Коммуны, 1918(08): 2.

[116] Пути свободной России к развитию художественной промышленности[J]. Художественный труд, 1919(01): 53.

[117] Н.И.Дружкова. Педагогическая концепция Баухауза и её традиции в современном художественном образовании[D]. Москва: Институт художественного образования Российской академии образования, 2008.

[118] В.Д.Козловский. Баухаз как феномен немецкой художественной культуры первой трети XX века[J]. Вестник МГУКИ, 2014, 6(62): 82-84.

[119] А.Ю.Королёва. Единство искусства и техники. Теория и практика предметных мастерских Баухуза(1919—1933)[J]. Известия РГПУ им.А.И.Герцена, 2007: 68-71.

[120] Д.Суджич. В как Bauhaus: Азбука современного мира[M]. Москва: Strelka Press, 2017.

[121] К.Л.Лукичёва, А.Н.Шукурова. Баухауз «Банкетная кампания» 1904-Большой Иргиз[M]. Москва: Большая российская энциклопедия, 2005.

[122] М.Дросте. Баухауз[M]. Москва: Taschen, Арт-Родник, 2008.

[123] А.С.Хлебников. Методология формообразования в Баухаузе,

ВХУТЕМАСе и ИНХУКе[J]. Вестник ТГУ, 2008(07): 227-232.

[124] К.Б.Бакалдина. Развитие пространственных представлений в пропедевтических концепциях Баухауза и ВХУТЕМАСа[J]. Учебные записки ОГУ. Серия: Гуманитарные и социальные науки, 2011(06): 372-376.

[125] Institute M A. From VKHUTEMAS To MARKHI[M]. Moscow : A-Fond Publishers, 2005.

[126] Rem Koolhaas O A. OMA/REM KOOLHAAS1987—1998[M]. El Croquis, 2009.

[127] Jodidio P. Hadid. Complete Works 1979—2009[M]. Sacramento: TASCHEN, 2010.

[128] Hans M. Wingler. The Bauhaus[M]. Weimar, Dessau, Berlin,Chicago, Cambridge, MA: The MIT Press, 1976.

[129] Kenneth Frampton. Studies in Tectonic Culture: The Poetics of Construction in Nineteenth and Twentieth Century Architecture[M]. Cambridge, MA: MIT Press, 1995.

[130] Angela Lampe. Chagall, Lissitzky, Malevich. L'avant garde russe a Vitebsk. 1918—1922. Exhibition cataloque[M]. Paris: Centre Pompidou, 2018.

[131] J.Kowtun. Avant Garde Art in Russia(Schools and Movements)[M]. N-Y.: Parkstone Press Ltd, 1998.

[132] A.Shatskikh. Vitebsk. The life of Art [M]. New Haven, London: Yale University Press, 2007.

[133]（俄）金茨堡. 陈志华译. 风格与时代[M]. 西安：陕西师范大学出版社，2004.

[134]（俄）康定斯基. 余敏玲译. 艺术中的精神[M]. 重庆：重庆大学出版社，2011.

[135]（俄）A.B.利亚布申, И.B.谢什金娜. 吕富珣译. 苏维埃建筑 [M]. 北京：中国建筑工业出版社，1990.

[136]（美）理查德·韦斯顿. 海鹰, 杨晓宾译. 现代主义[M]. 北京：中国水利水电出版社，知识产权出版社，2006.

[137]（日）小林克弘编. 陈志华，王小盾译. 建筑构成手法[M]. 北京：中国建筑工业出版社，2004.

[138]（俄）康定斯基. 余敏玲译. 点线面[M]. 重庆：重庆大学出版社，2011.

[139] 乔治·瑞克. 乔迁译. 俄罗斯构成主义的起源[J]. 雕塑，2000(01).

[140] 吕富珣. 苏联前卫建筑[M]. 北京：中国建材工业出版社，1991.

[141] 韩林飞. 建筑师创造力的培养：从苏联高等艺术与技术工作室（ВХУТЕМАС）到莫斯科建筑学院（МАРХИ）[M]. 北京：中国建筑工业出版社，2007.

[142] 刘青砚编. 20世纪俄罗斯抽象艺术[M]. 济南：山东美术出版社，2005.

[143] 童寯. 苏联建筑——兼述东欧现代建筑[M]. 北京：中国建筑工业出版社，1982.

[144] 李伟伟. 苏联建筑发展概论[M]. 大连：辽宁大连理工大学出版社，1992.

[145] 杜倩. 扎哈·哈迪德建筑创作思想及其作品研究[D]. 同济大学，2008.

[146] 孙亮. 莱姆·库哈斯的建筑创作理念研究[D]. 同济大学，2008.

[147] 高颖. 包豪斯与苏维埃[D]. 天津大学，2009.

[148]（俄）康定斯基. 罗世平，魏大海，辛丽译. 康定斯基论点线面[M]. 北京：中国人民大学出版社，2003.

[149]（俄）康定斯基. 杨振宇译. 康定斯基回忆录[M]. 杭州：浙江文艺出版社，2005.

[150] 吕富珣. 苏俄前卫建筑[M]. 北京：中国建材工业出版社，1994.

苏联以外其他国家人名索引（按英文字母表顺序排列）

（正文中出现但未在索引中列出的人物，均为不知名教师、学生、专业人士，无相
　　关详细记信息记载。）

名词缩写对照表

图片来源

绪论 -1、绪论 -2　来源：韩林飞，B.A. 普利什肯，崔小平．建筑师创造力的培养：从苏联高等艺术与技术创作工作室 (M)．中国建筑工业出版社，2007: 12-13.

绪论 -3　来源：Anna Bokov. Avant-Garde as Method: Vkhutemas and the Pedagogy of Space, 1920–1930 (M). Park Books, 2021: 108.

绪论 -4　来源：韩林飞，B.A. 普利什肯，崔小平．建筑师创造力的培养：从苏联高等艺术与技术创作工作室 (M)．中国建筑工业出版社，2007: 9.

图 1-1　来源：Ирина Владимировна Чепкунова. ВХУТЕМАС. Мысль материальна. Каталог коллекции студенческих работ ВХУТЕМАС из собрания Государственного музея архитектуры им. А.В. щусева(М). Гос. музей архитектуры им А.В. Щусева, 2011: 6.

图 1-2　来源：Simon Baier, Gian Casper Bott, Dimitrij Dimakov, Nathalie Leleu, Maria Lipatova, Vladimir Tatlin. Tatlin: New Art for a New World(M). Hatje Cantz, 2012: 108.

图 1-3　来源：Brumfield, William Craft. The Origins of Modernism in Russian Architecture(M). University of California Press, 1991: 3.

图 1-4　来源：Brumfield, William Craft. The Origins of Modernism in Russian Architecture(M). University of California Press, 1991: 7.

图 1-5　来源：Rainer Graefe, Christian Schädlich, Dietrich W. Schmidt. Avantgarde I 1900-1923. Russisch-sowjetische Architektur(M). Deutsche Verlags-Anstalt, 1991: 76.

图 1-6　来源：Brumfield, William Craft. The Origins of Modernism in Russian Architecture(M). University of California Press, 1991: 12.

图 1-7　来源：Алессандра Латур. МОСКВА 1890-2000(M), Искусство XXI век, 2009: 29.

图 1-8　来源：Brumfield, William Craft. The Origins of Modernism in Russian Architecture. University of California Press, 1991: 16.

图 1-9　来源：Brumfield, William Craft. The Origins of Modernism in Russian Architecture. University of California Press, 1991: 17.

图 1-10　来源：Brumfield, William Craft. The Origins of Modernism in Russian Architecture. University of California Press, 1991: 23.

图 1-11　来源：Brumfield, William Craft. The Origins of Modernism in Russian Architecture. University of California Press, 1991: 24.

图 1-12、图 1-13　来源：Brumfield, William Craft. The Origins of Modernism in Russian Architecture. University of California Press, 1991: 25.

图 1-14　来源：Brumfield, William Craft. The Origins of Modernism in Russian Architecture. University of California Press, 1991: 256.

图 1-15　来源：Rainer Graefe, Christian Schädlich, Dietrich W. Schmidt. Avantgarde I 1900-1923. Russisch-sowjetische Architektur(M). Deutsche Verlags-Anstalt, 1991: 41.

图 1-16　来源：Rainer Graefe, Christian Schädlich, Dietrich W. Schmidt. Avantgarde I 1900-1923. Russisch-sowjetische Architektur(M). Deutsche Verlags-Anstalt, 1991: 47.

图 1-17　来源：Rainer Graefe, Christian Schädlich, Dietrich W. Schmidt. Avantgarde I 1900-1923. Russisch-sowjetische Architektur(M). Deutsche Verlags-Anstalt, 1991: 40.

图 1-18、图 1-19　来源：Brumfield, William Craft. The Origins of Modernism in Russian Architecture(M). University of California Press, 1991: 54.

图 1-20　来源：Brumfield, William Craft. The Origins of Modernism in Russian Architecture(M). University of California Press, 1991: 55.

图 1-21、图 1-22　来源：Brumfield, William Craft. The Origins of Modernism in Russian Architecture(M). University of California Press, 1991: 56.

图 1-23　来源：Хан-Магомедов С. О..Конструктивизм-концепция формообразования (М). Стройиздат, 2003: 459.

图 1-24　来源：Simon Baier, Gian Casper Bott, Dimitrij Dimakov, Nathalie Leleu, Maria Lipatova, Vladimir Tatlin. Tatlin: New Art for a New World(M). Hatje Cantz, 2012: 113.

图 1-25　来源：Jean-Louis Cohen. Le Corbusier and the Mystique of the USSR: Theories and Projects for Moscow, 1928-1936(M). Princeton University Press, 1992: 45.

图 1-26　来源：Алессандра Латур. МОСКВА 1890-2000(M). Искусство XXI век, 2009: 192.

图 1-27　来源：Хан-Магомедов С. О..Супрематизм и архитектура(M). Архитектура-С, 2007: 402.

图 1-28　来源：Rainer Graefe, Christian Schädlich, Dietrich W. Schmidt. Avantgarde I 1900-1923. Russisch-sowjetische Architektur(M). Deutsche Verlags-Anstalt, 1991: 278.

图 1-29　来源：Хан-Магомедов С. О..Архитектура советского авангарда(M). Стройиздат, 1996: 158.

图 1-30　来源：Ирина Коробьина и Александр Раппапорт.Павильоны СССР на международных выставках(M). Майер, 2013: 13.

图 1-31　来源：Желудкова Е. Ю. Авангардстрой. Архитектурный ритм революции(M). Кучково поле, 2018: 146.

图 1-32　来源：Irina Tschepkunowa. WChUTEMAS Ein russisches Labor der Moderne Architekturentwürfe 1920-1930(M). Martin-Gropius-Bau Berlin, 2014: 33.

图 1-33　来源：Хан-Магомедов С. О..Супрематизм и архитектура(M), Архитектура-С, 2007: 502.

图 1-34(a)　来源：Ирина Владимировна Чепкунова. ВХУТЕМАС. Мысль материальна. Каталог коллекции студенческих работ ВХУТЕМАС из собрания Государственного музея архитектуры им. А.В. щусева(M), Гос. музей архитектуры им А.В. Щусева, 2011: 18.

图 1-34(b)　来源：Ирина Владимировна Чепкунова. ВХУТЕМАС. Мысль материальна. Каталог коллекции студенческих работ ВХУТЕМАС из собрания Государственного музея архитектуры им. А.В. щусева(M), Гос. музей архитектуры им А.В. Щусева, 2011: 20.

图 1-35　来源：Хан-Магомедов С. О..Конструктивизм-концепция формообразования (M). Стройиздат, 2003: 144.

图 1-36　来源：Ирина Владимировна Чепкунова. ВХУТЕМАС. Мысль материальна. Каталог коллекции студенческих работ ВХУТЕМАС из собрания Государственного музея архитектуры им. А.В. щусева(M). Гос. музей архитектуры им А.В. Щусева, 2011: 16-17.

图 1-37(a)　来源：Хан-Магомедов С. О..Александр Веснин и конструктивизм(M). Архитектура-С, 2007: 179.

图 1-37(b)　来源：Хан-Магомедов С. О..Александр Веснин и конструктивизм(M). Архитектура-С, 2007: 178.

图 1-38　来源：Anna Bokov. Avant-Garde as Method: Vkhutemas and the Pedagogy of Space, 1920–1930 (M). Park Books, 2021: 108.

图 1-39　来源：Хан-Магомедов С. О.. Конструктивизм-концепция формообразования (M). Стройиздат, 2003: 456.

图 1-40(a)、图 1-40(b)　来源：Хан-Магомедов С. О.. Вхутемас 1920-1930 (M). Ладья, 1995: 94.

图 1-41(a)、图 1-41(b)　来源：Хан-Магомедов С. О.. Вхутемас 1920-1930 (M). Ладья, 1995: 100.

图 1-42(a)　来源：Хан-Магомедов С. О.. Вхутемас 1920-1930 (M). Ладья, 1995: 92.

图 1-42(b)　来源：Хан-Магомедов С. О.. Вхутемас 1920-1930 (M). Ладья, 1995: 102.

图 1-43 ~ 图 1-45　来源：Хан-Магомедов С. О.. Вхутемас 1920-1930 (M). Ладья, 1995: 106.

图 1-46　来源：Rainer Graefe, Christian Schädlich, Dietrich W. Schmidt. Avantgarde I 1900-1923. Russisch-sowjetische Architektur(M). Deutsche Verlags-Anstalt, 1991: 63.

图 1-47(a)　来源：Хан-Магомедов С. О.. Вхутемас 1920-1930 (M). Ладья, 1995: 109.

图 1-47(b)　来源：Хан-Магомедов С. О.. Вхутемас 1920-1930 (M). Ладья, 1995: 107.

图 1-48　来源：Rainer Graefe, Christian Schädlich, Dietrich W. Schmidt. Avantgarde I 1900-1923. Russisch-sowjetische Architektur(M). Deutsche Verlags-Anstalt, 1991: 204.

图 1-49　来源：Selim O. Kahn-Magomedov. Pioneers of Soviet Architecture: The Search for New Solutions in the 1920s and 1930s (M). Thames and Hudson Ltd, 1987: 59.

图 1-50　来源：Solomon R. Guggenheim Museum, State Tret'iakov Gallery, State Russian Museum, Schirn Kunsthalle Frankfurt. The Great Utopia: The Russian and Soviet Avant-Garde, 1915-1932(M). Solomon R Guggenheim Museum, 1992: 256-257.

图 1-51　来源：Хан-Магомедов С. О.. Вхутемас 1920-1930 (M). Ладья, 1995: 129.

图 1-52(a)　来源：Хан-Магомедов С. О.. Вхутемас 1920-1930 (M). Ладья, 1995: 136.

图 1-52(b)　来源：Хан-Магомедов С. О.. Супрематизм и архитектура(M). Архитектура-С, 2007: 313.

图 1-53(a)　来源：Solomon R. Guggenheim Museum, State Tret'iakov Gallery, State Russian Museum, Schirn Kunsthalle Frankfurt. The Great Utopia: The Russian and Soviet Avant-Garde, 1915-1932(M). Solomon R Guggenheim Museum, 1992: 311.

图 1-53(b)　来源：Хан-Магомедов С. О.. Супрематизм и архитектура(M). Архитектура-С, 2007: 311.

图 1-54　来源：Хан-Магомедов С. О.. Вхутемас 1920-1930 (M). Ладья, 1995: 123.

图 1-55(a)　来源：Хан-Магомедов С. О.. Супрематизм и архитектура(M). Архитектура-С, 2007: 74, 310.

图 1-55(b)　来源：Angela Lampe. Chagall, Lissitzky, Malevitch: The Russian Avant-garde in Vitebsk (1918-1922) (M). Prestel, 2018: 173.

图 1-56　来源：Хан-Магомедов С. О.. Вхутемас 1920-1930 (M). Ладья, 1995: 229.

图 1-57(a)　来源：Хан-Магомедов С. О.. Вхутемас 1920-1930 (M). Ладья, 1995: 140.

图 1-57(b)　来源：Christina Lodder. Russian constructivism(M). Yale University Press, 1983: 139.

图 1-58　来源：Хан-Магомедов С. О.. Вхутемас 1920-1930 (M). Ладья, 1995: 163.

图 1-59　来源：Anna Bokov. Avant-Garde as Method: Vkhutemas and the Pedagogy of Space, 1920–1930 (M). Park Books, 2021: 353.

图 1-60(a) ~ 图 1-60(f)　来源：Хан-Магомедов С. О.. Вхутемас 1920-1930 (M). Ладья, 1995: 141.

图 1-61　来源：https://expositions.nlr.ru/ex_manus/granin/others.php

图 1-62　来源：https://pskovlib.ru/virtualnye-vystavki/14518-velikoe-nasle-die-po-materialam-redkogo-fonda-biblioteki.

图 1-63　来源：https://www.vkhutemas.ru/structure/rectorate/

图 1-64　来源：Anna Bokov. Avant-Garde as Method: Vkhutemas and the Pedagogy of Space, 1920–1930 (M). Park Books, 2021: 213.

图 1-65(a)　来源：Хан-Магомедов С. О.. Вхутемас 1920-1930 (M). Ладья, 1995: 287.

图 1-65(b)　来源：Irina Tschepkunowa. WChUTEMAS Ein russisches Labor der Moderne Architekturentwürfe 1920-1930(M). Martin-Gropius-Bau Berlin, 2014: 27.

图 1-65(c)　来源：Хан-Магомедов С. О.. Конструктивизм-концепция формообразования (M). Стройиздат, 2003: 439.

图 1-65(d)　来源：: Хан-Магомедов С. О.. Pioneers of Soviet Architecture(M). Rizzoli, 1987: 60.

图 1-65(e)　来源：: Хан-Магомедов С. О. .Pioneers of Soviet Architecture(M). Rizzoli, 1987: 125.

图 1-65(f)　来源：Anna Bokov. Avant-Garde as Method: Vkhutemas and the Pedagogy of Space, 1920–1930 (M). Park Books, 2021: 333.

图 1-66　来源：Solomon R. Guggenheim Museum, State Tret'iakov Gallery, State Russian Museum, Schirn Kunsthalle Frankfurt. The Great Utopia: The Russian and Soviet Avant-Garde, 1915-1932(M). Solomon R Guggenheim Museum, 1992: 284.

图 1-67　来源：Solomon R. Guggenheim Museum, State Tret'iakov Gallery, State Russian Museum, Schirn Kunsthalle Frankfurt. The Great Utopia: The Russian and Soviet Avant-Garde, 1915-1932(M). Solomon R Guggenheim Museum, 1992: 285.

图 1-68　来源：Solomon R. Guggenheim Museum, State Tret'iakov Gallery, State Russian Museum, Schirn Kunsthalle Frankfurt. The Great Utopia: The Russian and Soviet Avant-Garde, 1915-1932(M). Solomon R Guggenheim Museum, 1992: 286.

图 1-69　来源：Anna Bokov. Avant-Garde as Method: Vkhutemas and the Pedagogy of Space, 1920–1930 (M). Park Books, 2021: 465.

图 1-70　来源：Christina Lodder. Russian constructivism(M). Yale University Press, 1983: 132.

图 1-71　来源：Christina Lodder. Russian constructivism(M). Yale University Press, 1983: 238.

图 1-72　来源：Solomon R. Guggenheim Museum, State Tret'iakov Gallery, State Russian Museum, Schirn Kunsthalle Frankfurt. The Great Utopia: The Russian and Soviet Avant-Garde, 1915-1932(M). Solomon R Guggenheim Museum, 1992: 290.

图 1-73　来源：作者自绘.

图 2-1　来源：Martin-Gropius-Bau, WChUTEMASE in russisches Laborder Moderne Architekturentwürfe1920-1930(M). Berlin：Berlin, 2014: 235.

图 2-2　来源：Anna Bokov, Avant-Garde as Method Vkhutemas and the Pedagogy of Space 1920-1930 (M). Zurich：Park Books, 2020: 292.

图 2-3　来源：Anna Bokov, Avant-Garde as Method Vkhutemas and the Pedagogy of Space 1920-1930 (M). Zurich：Park Books, 2020: 287-291.

图 2-4　来源：Anna Bokov, Avant-Garde as Method Vkhutemas and the Pedagogy of Space 1920-1930 (M). Zurich：Park Books, 2020: 291.

图 2-5　来源：Martin-Gropius-Bau, WChUTEMASE in russisches Laborder Moderne Architekturentwürfe1920-1930(M). Berlin：Berlin, 2014: 75.

图 2-6(a) (b)　来源：Guggenheim Museum, The Great Utopia: The Russian and Soviet Avant-Garde, I9I5-1932 (M). New York：Rizzoli International Publications, 1992: 105.

图 2-7(a) (b)　来源：Guggenheim Museum, The Great Utopia: The Russian and Soviet Avant-Garde, I9I5-1932 (M). New York：Rizzoli International Publications, 1992: 106.

图 2-7(c) (d)　来源：Guggenheim Museum, The Great Utopia：The Russian and Soviet Avant-Garde, I9I5-1932 (M). New York：Rizzoli International Publications, 1992: 108.

图 2-8　来源：Guggenheim Museum, The Great Utopia：The Russian and Soviet Avant-Garde, I9I5-1932 (M). New York：Rizzoli International Publications, 1992: 221.

图 2-9　来源：Хан-Магомедов С.О.. ВХУТЕМАС (M). Москва：Издательство, 1995: 164-165.

图 2-10　来源：Guggenheim Museum, The Great Utopia：The Russian and Soviet A.vant-Garde, I9I5-1932 (M). New York：Rizzoli International Publications, 1992: 145.

图 2-11(a) (b)　来源：Martin-Gropius-Bau, WChUTEMASE in russisches Laborder Moderne Architekturentwürfe1920-1930(M). Berlin：Berlin, 2014: 102-103.

图 2-11(c)　来源：Martin-Gropius-Bau, WChUTEMASE in russisches Laborder Moderne Architekturentwürfe1920-1930(M). Berlin：Berlin, 2014: 108.

图 2-11(d)　来源：Martin-Gropius-Bau, WChUTEMASE in russisches Labor-der Moderne Architekturentwürfe1920-1930(M). Berlin：Berlin，2014: 111.

图 2-11(e)　来源：Guggenheim Museum, The Great Utopia：The Russian and Soviet Avant-Garde, 1915-1932 (M). New York：Rizzoli International Publications，1992: 111.

图 2-11(f)　来源：Guggenheim Museum, The Great Utopia：The Russian and Soviet Avant-Garde, 1915-1932 (M). New York：Rizzoli International Publications，1992: 110.

图 2-12　来源：Guggenheim Museum, The Great Utopia：The Russian and Soviet Avant-Garde, 1915-1932 (M). New York：Rizzoli International Publications，1992: 141.

图 2-13　来源：Хан-Магомедов С.О..Александр Веснин и конструктивизм(M). Москва：Архитектура-С，2007: 121.

图 2-14　来源：Еврейский музейи, Эль Лисицкий(M). Москва：Крымский Вал，2017: 165.

图 2-15　来源：Guggenheim Museum, The Great Utopia：The Russian and Soviet Avant-Garde, 1915-1932 (M). New York：Rizzoli International Publications，1992: 155.

图 2-16　来源：Guggenheim Museum, The Great Utopia：The Russian and Soviet Avant-Garde, 1915-1932 (M). New York：Rizzoli International Publications，1992: 187.

图 2-17、图 2-19　来源：Хан-Магомедов С.О.. ВХУТЕМАС (M). Москва：Издательство，1995: 172.

图 2-18　来源：Хан-Магомедов С.О.. ВХУТЕМАС (M). Москва：Издательство，1995: 171.

图 2-20　来源：Christina Lodder, RUSSIAN CONSTRUCTIVISM (M). London：Yale University Press New Haven and London，1983: 132.

图 2-21　来源：Anna Bokov, Avant-Garde as Method Vkhutemas and the Pedagogy of Space 1920-1930 (M). Zurich：Park Books，2020: 291.

图 2-22　来源：Хан-Магомедов С.О.. Александр Веснин и конструктивизм(M).Москва：Архитектура-С，2007: 133.

图 2-23　来源：С.О.Кан-Магомедов, АРХИТЕКТУР СОВЕТСКОГО АВАНГАРДА (M). Москва：Стройиздат，1996: 143.

图 2-24、图 2-25　来源：Anna Bokov, Avant-Garde as Method Vkhutemas and the Pedagogy of Space 1920-1930 (M). Zurich：Park Books，2020: 298.

图 2-26　来源：Anna Bokov, Avant-Garde as Method Vkhutemas and the. Pedagogy of Space 1920-1930 (M). Zurich：Park Books，2020: 293

图 2-27　来源：Хан-Магомедов С.О.. ВХУТЕМАС (M). Москва：Издательство，1995: 221.

图 2-28　来源：Хан-Магомедов С.О.. Александр Веснин и конструктивизм(M).Москва：Архитектура-С，2007: 135.

图 2-29、图 2-31　来源：Хан-Магомедов С.О.. ВХУТЕМАС (M). Москва：Издательство，1995: 226.

图 2-30　来源：Хан-Магомедов С.О.. ВХУТЕМАС (M). Москва：Издательство，1995: 225.

图 2-32　来源：Хан-Магомедов С.О.. ВХУТЕМАС (M). Москва：Издательство，1995: 236.

图 2-33　来源：Хан-Магомедов С.О.. ВХУТЕМАС (M). Москва：Издательство，1995: 231.

图 2-34　来源：Anna Bokov, Avant-Garde as Method Vkhutemas and the Pedagogy of Space 1920-1930 (M). Zurich：Park Books，2020: 2-3.

图 2-35　来源：Guggenheim Museum, The Great Utopia：The Russian and Soviet A.vant-Garde, 1915-1932 (M). New York：Rizzoli International Publications，1992: 243.

图 2-36　来源：Guggenheim Museum, The Great Utopia：The Russian and Soviet A.vant-Garde, 1915-1932 (M). New York：Rizzoli International Publications，1992: 237-245.

图 2-37　来源：Guggenheim Museum, The Great Utopia：The Russian and Soviet A.vant-Garde, 1915-1932 (M). New York：Rizzoli International Publications，1992: 236.

图 2-38、图 2-39　来源：Хан-Магомедов С.О.. ВХУТЕМАС (M). Москва：Издательство，1995: 287.

图 2-40　来源：Хан-Магомедов С.О.. Александр Веснин и конструктивизм(M).Москва：Архитектура-С，2007: 145.

图 2-41　来源：Хан-Магомедов С.О.. Александр Веснин и конструктивизм(M).Москва：Архитектура-С，2007: 147.

图 2-42　来源：Хан-Магомедов С.О.. Александр Веснин и конструктивизм(M).Москва：Архитектура-С，2007: 156.

图 2-43　来源：Хан-Магомедов С.О.. Александр Веснин и конструктивизм(M).Москва：Архитектура-С，2007: 157.

图 2-44　来源：Хан-Магомедов С.О.. ВХУТЕМАС (M). Москва：Издательство，1995: 291.

图 2-45　来源：Хан-Магомедов С.О.. ВХУТЕМАС (M). Москва：Издательство，1995: 294.

图 2-46　来源：Хан-Магомедов С.О.. ВХУТЕМАС (M). Москва：Издательство，1995: 298.

图 2-47　来源：Хан-Магомедов С.О.. ВХУТЕМАС (M). Москва：Издательство，1995: 299.

图 2-48　来源：Selim O. Khan-Magomedov, PIONEERS OFSOVIETARCHI-

TECTURE-The Search for New Solutions in the 1920s and 1930s (M). New York: Rizzoli International Publications, 1987: 120.

图 2-49 来源：Хан-Магомедов С.О.. ВХУТЕМАС (M). Москва：Издательство，1995: 303.

图 2-50 来源：Хан-Магомедов С.О.. ВХУТЕМАС (M). Москва：Издательство，1995: 313.

图 2-51 来源：Хан-Магомедов С.О.. ВХУТЕМАС (M). Москва：Издательство，1995: 315.

图 2-52 来源：Хан-Магомедов С.О.. ВХУТЕМАС (M). Москва：Издательство，1995: 317.

图 2-53 来源：Хан-Магомедов С.О.. ВХУТЕМАС (M). Москва：Издательство，1995: 329.

图 2-54 来源：Anna Bokov, Avant-Garde as Method Vkhutemas and the Pedagogy of Space 1920-1930 (M). Zurich：Park Books，2020: 209.

图 2-55 来源：Хан-Магомедов С.О.. ВХУТЕМАС (M). Москва：Издательство，1995: 330.

图 2-56 来源：Хан-Магомедов С.О.. ВХУТЕМАС (M). Москва：Издательство，1995: 332.

图 2-57 来源：Хан-Магомедов С.О.. ВХУТЕМАС (M). Москва：Издательство，1995: 334.

图 2-58 来源：Anna Bokov, Avant-Garde as Method Vkhutemas and the Pedagogy of Space 1920-1930 (M). Zurich：Park Books，2020: 323.

图 2-59 来源：Хан-Магомедов С.О.. ВХУТЕМАС (M). Москва：Издательство，2000: 22.

图 2-60 来源：Anna Bokov, Avant-Garde as Method Vkhutemas and the Pedagogy of Space 1920-1930 (M). Zurich：Park Books，2020: 213.

图 2-61 来源：Хан-Магомедов С.О.. ВХУТЕМАС (M). Москва：Издательство，2000: 29.

图 2-62 来源：Хан-Магомедов С.О.. ВХУТЕМАС (M). Москва：Издательство，2000: 33.

图 2-63 来源：Хан-Магомедов С.О.. ВХУТЕМАС (M). Москва：Издательство，2000: 34.

图 2-64 来源：Хан-Магомедов С.О.. ВХУТЕМАС (M). Москва：Издательство，2000: 35.

图 2-65 来源：Хан-Магомедов С.О.. ВХУТЕМАС (M). Москва：Издательство，2000: 42.

图 2-66 来源：Хан-Магомедов С.О.. ВХУТЕМАС (M). Москва：Издательство，2000: 53.

图 2-67 来源：С.О.Кан-Магомедов, АРХИТЕКТУР СОВЕТСКОГО АВАНГАРДА (M). Москва：Стройиздат，1996: 315.

图 2-68 来源：Хан-Магомедов С.О.. ВХУТЕМАС (M). Москва：Издательство，2000: 59.

图 2-69 来源：Selim Omarovich Khan-Magomedov,Georgii KrutikovThe Flying City and Beyond(M). Moscow：Museum of Architecture Collection，2015: 34-35.

图 2-70 来源：Хан-Магомедов С.О.. Александр Веснин и конструктивизм(M).Москва：Архитектура-С，2007: 215.

图 2-71 来源：Хан-Магомедов С.О.. ВХУТЕМАС (M). Москва：Издательство，2000: 67.

图 2-72 来源：Хан-Магомедов С.О.. ВХУТЕМАС (M). Москва：Издательство，2000: 71.

图 2-73 来源：Хан-Магомедов С.О.. ВХУТЕМАС (M). Москва：Издательство，2000: 78.

图 2-74 来源：Selim O. Khan-Magomedov, PIONEERS OF SOVIETARCHI-TECTURE-The Search for New Solutions in the 1920s and 1930s (M). New York：Rizzoli International Publications，1987: 518.

图 2-75 来源：Selim O. Khan-Magomedov, PIONEERS OF SOVIETARCHI-TECTURE-The Search for New Solutions in the 1920s and 1930s (M). New York：Rizzoli International Publications，1987: 310.

图 2-76 来源：Хан-Магомедов С.О.. Александр Веснин и конструктивизм(M).Москва：Архитектура-С，2007: 397.

图 2-77 来源：Хан-Магомедов С.О.. ВХУТЕМАС (M). Москва：Издательство，2000: 91.

图 2-78 来源：Хан-Магомедов С.О.. ВХУТЕМАС (M). Москва：Издательство，2000: 86.

图 2-79 来源：Хан-Магомедов С.О.. ВХУТЕМАС (M). Москва：Издательство，2000: 101.

图 2-80 来源：Selim O. Khan-Magomedov, PIONEERS OF SOVIETARCHI-TECTURE-The Search for New Solutions in the 1920s and 1930s (M). New York：Rizzoli International Publications，1987: 307-308.

图 2-81 来源：Хан-Магомедов С.О.. Александр Веснин и конструктивизм(M).Москва：Архитектура-С，2007: 403.

图 2-82 来源：Selim O. Khan-Magomedov, PIONEERS OF SOVIETARCHI-TECTURE-The Search for New Solutions in the 1920s and 1930s (M). New York：Rizzoli International Publications，1987: 522.

图 2-83 来源：Хан-Магомедов С.О.. ВХУТЕМАС (M). Москва：

Издательство，2000: 131.

图 2-84　来源：Guggenheim Museum, The Great Utopia：The Russian and Soviet Avant-Garde, 1915-1932 (M). New York：Rizzoli International Publications，1992: 138.

图 2-85　来源：Anna Bokov, Avant-Garde as Method Vkhutemas and the Pedagogy of Space 1920-1930 (M), Zurich：Park Books，2020: 457.

图 2-86、图 2-87　来源：Christina Lodder,, RUSSIAN CONSTRUCTIVISM (M). London：Yale University Press New Haven and London，1983: 138.

图 2-88　来源：AnnaBokov, Avant-Garde as Method Vkhutemas and the Pedagogy of Space 1920-1930 (M). Zurich：Park Books，2020: 463.

图 2-89　来源：Selim O. Khan-Magomedov, PIONEERS OFSOVIETARCHI-TECTURE-The Search for New Solutions in the 1920s and 1930s (M). New York：Rizzoli International Publications，1987: 164.

图 2-90　来源：C.O.КАН-МАГОМЕДОВ, КОНСТРУКТИВИЗМ-концепция формообразования(M). МОСКВА：СТРОЙИЗДАТ，1936: 250.

图 2-91　来源：C.O.КАН-МАГОМЕДОВ, КОНСТРУКТИВИЗМ-концепция формообразования(M). МОСКВА：СТРОЙИЗДАТ，1936: 248.

图 2-92　来源：Хан-Магомедов С.О.. ВХУТЕМАС (M). Москва：Издательство，2000: 138.

图 2-93　来源：Хан-Магомедов С.О.. ВХУТЕМАС (M). Москва：Издательство，2000: 139.

图 2-94　来源：Хан-Магомедов С.О.. ВХУТЕМАС (M). Москва：Издательство，2000: 140.

图 2-95　来源：Selim O. Khan-Magomedov, PIONEERS OF SOVIETARCHI-TECTURE-The Search for New Solutions in the 1920s and 1930s (M). New York：Rizzoli International Publications，1987: 167.

图 2-96　来源：Selim O. Khan-Magomedov, PIONEERS OF OVIETARCHITEC-TURE-The Search for New Solutions in the 1920s and 1930s (M). New York：Rizzoli International Publications，1987: 168.

图 2-97　来源：Хан-Магомедов С.О.. ВХУТЕМАС (M). Москва：Издательство，2000: 142.

图 2-98　来源：Selim O. Khan-Magomedov, PIONEERS OF SOVIETARCHI-TECTURE-The Search for New Solutions in the 1920s and 1930s (M). New York：Rizzoli International Publications，1987: 167.

图 2-99　来源：Christina Lodder, RUSSIAN CONSTRUCTIVISM (M). London：Yale University Press New Haven and London, 1983: 136.

图 2-100　来源：Хан-Магомедов С.О.. ВХУТЕМАС (M). Москва：

Издательство，2000: 145.

图 2-101　来源：C.O.КАН-МАГОМЕДОВ, КОНСТРУКТИВИЗМ-концепция формообразования(M). МОСКВА：СТРОЙИЗДАТ，1936: 252.

图 2-102　来源：C.O.КАН-МАГОМЕДОВ, КОНСТРУКТИВИЗМ-концепция формообразования(M). МОСКВА：СТРОЙИЗДАТ，1936: 355.

图 2-103　来源：C.O.КАН-МАГОМЕДОВ, КОНСТРУКТИВИЗМ-концепция формообразования(M). МОСКВА：СТРОЙИЗДАТ，1936: 254.

图 2-104、图 2-105　来源：C.O.КАН-МАГОМЕДОВ, КОНСТРУКТИВИЗМ-концепция формообразования(M). МОСКВА：СТРОЙИЗДАТ，1936: 256.

图 2-106　来源：C.O.КАН-МАГОМЕДОВ, КОНСТРУКТИВИЗМ-концепция формообразования(M). МОСКВА：СТРОЙИЗДАТ，1936: 260-261.

图 2-107　来源：C.O.КАН-МАГОМЕДОВ, КОНСТРУКТИВИЗМ-концепция формообразования(M). МОСКВА：СТРОЙИЗДАТ，1936: 257.

图 2-108　来源：Хан-Магомедов С.О.. ВХУТЕМАС (M). Москва：Издательство，2000: 159.

图 2-109　来源：Guggenheim Museum, The Great Utopia:The Russian and Soviet Avant-Garde, 1915-1932 (M). New York：Rizzoli International Publications，1992: 165-168.

图 2-110　来源：Хан-Магомедов С.О.. ВХУТЕМАС (M). Москва：Издательство，2000: 163.

图 2-111、图 2-112　来源：Хан-Магомедов С.О.. ВХУТЕМАС (M). Москва：Издательство，2000: 165-166.

图 2-113　来源：Хан-Магомедов С.О.. ВХУТЕМАС (M). Москва：Издательство，2000: 169.

图 2-114　来源：Хан-Магомедов С.О.. ВХУТЕМАС (M). Москва：Издательство，2000: 182.

图 2-115　来源：Хан-Магомедов С.О.. ВХУТЕМАС (M). Москва：Издательство，2000: 198.

图 2-116　来源：C.O.ХАН-МАГОМЕДОВ, КОНСТРЧКТИВИЗМ-концепция формообразования(M). МОСКВА：СТРОЙИЗДАТ，1936: 394.

图 2-117　来源：Хан-Магомедов С.О.. ВХУТЕМАС (M). Москва：Издательство，2000: 199.

图 2-118　来源：Хан-Магомедов С.О.. ВХУТЕМАС (M). Москва：Издательство，2000: 203.

图 2-119、图 2-120　来源：C.O.ХАН-МАГОМЕДОВ, КОНСТРЧКТИВИЗМ-концепция формообразования(M). МОСКВА：СТРОЙИЗДАТ，1936: 396-397.

图 2-121　来源：Хан-Магомедов С.О.. ВХУТЕМАС (M). Москва：

Издательство，2000: 208.

图 2-122　来源：Guggenheim Museum, The Great Utopia:The Russian and

Soviet Avant-Garde, 1915-1932 (M). New York：Rizzoli International Publica-

tions，1992: 282.

图 2-123　来源：Guggenheim Museum, The Great Utopia:The Russian and

Soviet Avant-Garde, 1915-1932 (M). New York：Rizzoli International Publica-

tions，1992: 181.

图 2-124　来源：https://dzen.ru/a/Y8VUkrK0MBI5PPMv.

图 2-125　来源：https://dzen.ru/a/Y8VUkrK0MBI5PPMv.

图 2-126　来源：Хан-Магомедов С.О.. ВХУТЕМАС (M). Москва：

Издательство，2000: 218.

图 2-127　来源：Хан-Магомедов С.О.. ВХУТЕМАС (M). Москва：

Издательство，2000: 219.

图 2-128　来源：Хан-Магомедов С.О.. ВХУТЕМАС (M). Москва：

Издательство，2000: 220-223.

图 2-129　来源：С.О.ХАН-МАГОМЕДОВ, КОНСТРЧКТИВИЗМ-концепция

формообразования(M). МОСКВА：СТРОЙИЗДАТ，1936: 458.

图 2-130　来源：С.О.ХАН-МАГОМЕДОВ, КОНСТРЧКТИВИЗМ-концепция

формообразования(M). МОСКВА：СТРОЙИЗДАТ，1936: 460.

图 2-131　来源：Хан-Магомедов С.О.. ВХУТЕМАС (M). Москва：

Издательство，2000: 224.

图 2-132　来源：Хан-Магомедов С.О.. ВХУТЕМАС (M). Москва：

Издательство，2000: 245.

图 2-133　来源：Хан-Магомедов С.О.. ВХУТЕМАС (M). Москва：

Издательство，2000: 253.

图 2-134　来源：Хан-Магомедов С.О.. ВХУТЕМАС (M). Москва：

Издательство，2000: 259.

图 2-135　来源：Хан-Магомедов С.О.. ВХУТЕМАС (M). Москва：

Издательство，2000: 261.

图 2-136　来源：Хан-Магомедов С.О.. ВХУТЕМАС (M). Москва：

Издательство，2000: 263.

图 2-137　来源：Guggenheim Museum, The Great Utopia：The Russian

and Soviet Avant-Garde, 1915-1932 (M). New York：Rizzoli International

Publications，1992: 337-339.

图 2-138　来源：Guggenheim Museum, The Great Utopia：The Russian

and Soviet Avant-Garde, 1915-1932 (M). New York：Rizzoli International

Publications，1992: 343.

图 2-139　来源：Guggenheim Museum, The Great Utopia：The Russian

and Soviet Avant-Garde, 1915-1932 (M). New York：Rizzoli International

Publications，1992: 344.

图 2-140　来源：Guggenheim Museum, The Great Utopia：The Russian

and Soviet Avant-Garde, 1915-1932 (M). New York：Rizzoli International

Publications，1992: 344.

图 2-141　来源：Хан-Магомедов С.О.. ВХУТЕМАС (M). Москва：

Издательство，2000: 273.

图 2-142　来源：Хан-Магомедов С.О.. ВХУТЕМАС (M). Москва：

Издательство，2000: 274.

图 2-143　来源：Хан-Магомедов С.О.. ВХУТЕМАС (M). Москва：

Издательство，2000: 277.

图 2-144　来源：Хан-Магомедов С.О.. ВХУТЕМАС (M). Москва：

Издательство，2000: 286.

图 2-145　来源：Хан-Магомедов С.О.. ВХУТЕМАС (M), Москва：

Издательство，2000: 287.

图 2-146　来源：Хан-Магомедов С.О.. ВХУТЕМАС (M). Москва：

Издательство，2000: 299.

图 2-147　来源：Хан-Магомедов С.О.. ВХУТЕМАС (M). Москва：

Издательство，2000: 305.

图 2-148　来源：Хан-Магомедов С.О.. ВХУТЕМАС (M). Москва：

Издательство，2000: 309.

图 2-149 ~ 图 2-151　来源：Хан-Магомедов С.О.. ВХУТЕМАС (M).

Москва：Издательство，2000: 312.

图 2-152　来源：Хан-Магомедов С.О.. ВХУТЕМАС (M). Москва：

Издательство，2000: 313.

图 2-153、图 2-154　来源：Хан-Магомедов С.О.. ВХУТЕМАС (M).

Москва：Издательство，2000: 321.

图 2-155 ~ 图 2-157　来源：Хан-Магомедов С.О.. ВХУТЕМАС (M).

Москва：Издательство，2000: 322.

图 2-158　来源：Guggenheim Museum, The Great Utopia：The Russian

and Soviet Avant-Garde, 1915-1932 (M). New York：Rizzoli International

Publications，1992: 282.

图 2-159　来源：Хан-Магомедов С.О.. ВХУТЕМАС (M). Москва：

Издательство，2000: 340.

图 2-160　来源：Martin-Gropius-Bau, WChUTEMASE in russisches Laborder

Moderne Architekturentwürfe1920-1930(M). Berlin：Berlin，2014：134.

图 2-161　来源：Guggenheim Museum, The Great Utopia:The Russian and Soviet Avant-Garde, 1915-1932 (M). New York：Rizzoli International Publications，1992: 191.

图 2-162　来源：С.О.ХАН-МАГОМЕДОВ, КОНСТРУКТИВИЗМ-концепция формообразования(M). МОСКВА：СТРОЙИЗДАТ，1936: 397.

图 2-163　来源：Guggenheim Museum, The Great Utopia:The Russian and Soviet Avant-Garde, 1915-1932 (M). New York：Rizzoli International Publications，1992: 195.

图 2-164　来源：С.О.ХАН-МАГОМЕДОВ, КОНСТРУКТИВИЗМ-концепция формообразования(M). МОСКВА：СТРОЙИЗДАТ，1936: 389.

图 2-165　来源：Guggenheim Museum, The Great Utopia：The Russian and Soviet Avant-Garde, 1915-1932 (M). New York：Rizzoli International Publications，1992: 201.

图 2-166　来源：Guggenheim Museum, The Great Utopia：The Russian and Soviet Avant-Garde, 1915-1932 (M). New York：Rizzoli International Publications，1992: 205.

图 2-167　来源：С.О.ХАН-МАГОМЕДОВ, КОНСТРУКТИВИЗМ-концепция формообразования(M). МОСКВА：СТРОЙИЗДАТ，1936: 391.

图 2-168　来源：С.О.ХАН-МАГОМЕДОВ, КОНСТРУКТИВИЗМ-концепция формообразования(M). МОСКВА：СТРОЙИЗДАТ，1936: 395.

图 2-169　来源：С.О.ХАН-МАГОМЕДОВ, КОНСТРУКТИВИЗМ-концепция формообразования(M). МОСКВА：СТРОЙИЗДАТ，1936: 403.

图 2-170　来源：Guggenheim Museum, The Great Utopia：The Russian and Soviet Avant-Garde, 1915-1932 (M). New York：Rizzoli International Publications，1992: 209.

图 2-171　来源：С.О.ХАН-МАГОМЕДОВ, КОНСТРУКТИВИЗМ-концепция формообразования(M). МОСКВА：СТРОЙИЗДАТ，1936: 414.

图 2-172　来源：Guggenheim Museum, The Great Utopia：The Russian and Soviet Avant-Garde, 1915-1932 (M). New York：Rizzoli International Publications，1992: 223.

图 2-173　来源：С.О.ХАН-МАГОМЕДОВ, КОНСТРУКТИВИЗМ-концепция формообразования(M). МОСКВА：СТРОЙИЗДАТ，1936: 478.

图 2-174　来源：С.О.ХАН-МАГОМЕДОВ, КОНСТРУКТИВИЗМ-концепция формообразования(M). МОСКВА：СТРОЙИЗДАТ，1936: 481.

图 2-175　来源：Guggenheim Museum, The Great Utopia：The Russian and Soviet Avant-Garde, 1915-1932 (M). New York：Rizzoli International Publications，1992: 233.

图 2-176　来源：Guggenheim Museum, The Great Utopia：The Russian

and Soviet Avant-Garde, 1915-1932 (M). New York：Rizzoli International Publications，1992: 231.

图 2-177　来源：Guggenheim Museum, The Great Utopia：The Russian and Soviet Avant-Garde, 1915-1932 (M). New York：Rizzoli International Publications，1992: 237.

图 2-178　来源：Guggenheim Museum, The Great Utopia：The Russian and Soviet Avant-Garde, 1915-1932 (M). New York：Rizzoli International Publications，1992: 240.

图 2-179　来源：Martin-Gropius-Bau, WChUTEMASE in russisches Laborder Moderne Architekturentwürfe1920-1930(M). Berlin：Berlin，2014: 221.

图 2-180　来源：Guggenheim Museum, The Great Utopia：The Russian and Soviet Avant-Garde, 1915-1932 (M). New York：Rizzoli International Publications，1992: 243.

图 2-181　来源：Guggenheim Museum, The Great Utopia：The Russian and Soviet Avant-Garde, 1915-1932 (M). New York：Rizzoli International Publications，1992: 244.

图 2-182　来源：Guggenheim Museum, The Great Utopia：The Russian and Soviet Avant-Garde, 1915-1932 (M). New York：Rizzoli International Publications，1992: 247.

图 2-183　来源：Комментированное издание, эль лисицкий.РОССИя. РЕКОНСТРУКЦИЯ АРХИТЕКТУРЫ В СОВЕТСКОМ СОюзЕ(M). Санкт-Петербург：Издательство Европейского университета，2019: 82.

图 2-184　来源：Комментированное издание, эль лисицкий.РОССИя. РЕКОНСТРУКЦИЯ АРХИТЕКТУРЫ В СОВЕТСКОМ СОюзЕ(M). Санкт-Петербург：Издательство Европейского университета，2019: 96.

图 2-185　来源：Selim O. Khan-Magomedov, PIONEERS OF SOVIETARCHI-TECTURE-The Search for New Solutions in the 1920s and 1930s (M). New York：Rizzoli International Publications，1987: 202.

图 2-186　来源：Selim O. Khan-Magomedov, PIONEERS OF SOVIETARCHI-TECTURE-The Search for New Solutions in the 1920s and 1930s (M). New York：Rizzoli International Publications，1987: 205.

图 2-187　来源：Martin-Gropius-Bau, WChUTEMASE in russisches Laborder Moderne Architekturentwürfe1920-1930(M). Berlin：Berlin，2014: 181.

图 2-188　来源：Martin-Gropius-Bau, WChUTEMASE in russisches Laborder Moderne Architekturentwürfe1920-1930(M). Berlin：Berlin，2014: 183, 228，229.

图 2-189　来源：Хан-Магомедов С.О.. Александр Веснин и конструктивизм(M). Москва：Архитектура-С，2007: 393.

图 2-190　来源：Anna Bokov, Avant-Garde as Method Vkhutemas and

the Pedagogy of Space 1920-1930 (M). Zurich：Park Books，2020: 586.

图 2-191　来源：Guggenheim Museum, The Great Utopia:The Russian and Soviet Avant-Garde, 1915-1932 (M). New York：Rizzoli International Publications，1992: 256.

图 2-192　来源：Selim O. Khan-Magomedov, PIONEERS OF SOVIETARCHITECTURE-The Search for New Solutions in the 1920s and 1930s (M). New York：Rizzoli International Publications，1987: 221.

图 2-193　来源：Guggenheim Museum, The Great Utopia: The Russian and Soviet Avant-Garde, 1915-1932 (M). New York：Rizzoli International Publications，1992: 401.

图 2-194　来源：Guggenheim Museum, The Great Utopia: The Russian and Soviet Avant-Garde, 1915-1932 (M). New York：Rizzoli International Publications，1992: 405.

图 2-195　来源：Selim O. Khan-Magomedov, PIONEERS OF SOVIETARCHITECTURE-The Search for New Solutions in the 1920s and 1930s (M). New York：Rizzoli International Publications，1987: 232.

图 2-196　来源：Selim O. Khan-Magomedov, PIONEERS OF SOVIETARCHITECTURE-The Search for New Solutions in the 1920s and 1930s (M). New York：Rizzoli International Publications，1987: 233.

图 2-197　来源：Guggenheim Museum, The Great Utopia: The Russian and Soviet Avant-Garde, 1915-1932 (M). New York：Rizzoli International Publications，1992: 412.

图 2-198　来源：Selim O. Khan-Magomedov, PIONEERS OF SOVIETARCHITECTURE-The Search for New Solutions in the 1920s and 1930s (M). New York：Rizzoli International Publications，1987: 236.

图 2-199　来源：Selim O. Khan-Magomedov, PIONEERS OF SOVIETARCHITECTURE-The Search for New Solutions in the 1920s and 1930s (M). New York：Rizzoli International Publications，1987: 424.

图 2-200　来源：Guggenheim Museum, The Great Utopia: The Russian and Soviet Avant-Garde, 1915-1932 (M). New York：Rizzoli International Publications，1992: 423.

图 2-201　来源：.Selim O. Khan-Magomedov, PIONEERS OF SOVIETARCHITECTURE-The Search for New Solutions in the 1920s and 1930s (M). New York：Rizzoli International Publications，1987: 492.

图 2-202　来源：Selim O. Khan-Magomedov, PIONEERS OF SOVIETARCHITECTURE-The Search for New Solutions in the 1920s and 1930s (M). New York：Rizzoli International Publications，1987: 244.

图 2-203　来源：Selim O. Khan-Magomedov, PIONEERS OF SOVIETARCHITECTURE-The Search for New Solutions in the 1920s and 1930s (M). New

York：Rizzoli International Publications，1987: 224.

图 2-204　来源：Guggenheim Museum, The Great Utopia: The Russian and Soviet Avant-Garde, 1915-1932 (M). New York：Rizzoli International Publications，1992: 453.

图 2-205　来源：Хан-Магомедов С.О.. Александр Веснин и конструктивизм(M).Москва：Архитектура-С，2007: 234.

图 2-206　来源：Selim O. Khan-Magomedov, PIONEERS OF SOVIETARCHITECTURE-The Search for New Solutions in the 1920s and 1930s (M). New York：Rizzoli International Publications，1987: 185.

图 2-207　来源：Хан-Магомедов С.О.. Александр Веснин и конструктивизм(M). Москва：Архитектура-С，2007: 215.

图 2-208　来源：Хан-Магомедов С.О.. Александр Веснин и конструктивизм(M). Москва：Архитектура-С，2007: 224.

图 2-209　来源：Хан-Магомедов С.О..Александр Веснин и конструктивизм(M).Москва：Архитектура-С，2007: 225.

图 2-210　来源：Guggenheim Museum, The Great Utopia:The Russian and Soviet Avant-Garde, 1915-1932 (M). New York：Rizzoli International Publications，1992: 264.

图 2-211　来源：Хан-Магомедов С.О.. Александр Веснин и конструктивизм(M).Москва：Архитектура-С，2007: 226.

图 2-212　来源：Хан-Магомедов С.О.. Александр Веснин и конструктивизм(M).Москва：Архитектура-С，2007: 227.

图 2-213　来源：Guggenheim Museum, The Great Utopia:The Russian and Soviet Avant-Garde, 1915-1932 (M). New York：Rizzoli International Publications，1992: 346.

图 2-214　来源：Хан-Магомедов С.О.. Александр Веснин и конструктивизм(M).Москва：Архитектура-С，2007: 186.

图 2-215　来源：Хан-Магомедов С.О.. Александр Веснин и конструктивизм(M).Москва：Архитектура-С，2007: 188.

图 2-216　来源：Хан-Магомедов С.О.. Александр Веснин и конструктивизм(M).Москва：Архитектура-С，2007: 191.

图 2-217　来源：Хан-Магомедов С.О.. Александр Веснин и конструктивизм(M).Москва：Архитектура-С，2007: 196.

图 2-218　来源：Хан-Магомедов С.О.. Александр Веснин и конструктивизм(M).Москва：Архитектура-С，2007: 400.

图 2-219　来源：Guggenheim Museum, The Great Utopia: The Russian and Soviet Avant-Garde, 1915-1932 (M). New York：Rizzoli International Publications，1992: 254.

图 2-220　来源：Guggenheim Museum, The Great Utopia: The Russian

and Soviet Avant-Garde, 1915-1932 (M). New York：Rizzoli International Publications，1992: 248.

图 2-221　来源：Guggenheim Museum, The Great Utopia: The Russian and Soviet Avant-Garde, 1915-1932 (M). New York：Rizzoli International Publications，1992: 311.

图 2-222　来源：Guggenheim Museum, The Great Utopia:The Russian and Soviet Avant-Garde, 1915-1932 (M). New York：Rizzoli International Publications，1992: 312.

图 2-223　来源：Guggenheim Museum, The Great Utopia:The Russian and Soviet Avant-Garde, 1915-1932 (M). New York：Rizzoli International Publications，1992: 315.

图 2-224　来源：Guggenheim Museum, The Great Utopia:The Russian and Soviet Avant-Garde, 1915-1932 (M). New York：Rizzoli International Publications，1992: 317.

图 2-225　来源：Martin-Gropius-Bau, NAUM GABO AND THE COMPETITION FOR THE PALACE OF SOVIETS, MOSCOW 1931-1933 (M). Berlin：BERLINISCHE GALERIE SHCHUSEV MUSEUM，1993: 216.

图 2-226　来源：Guggenheim Museum, The Great Utopia:The Russian and Soviet Avant-Garde, 1915-1932 (M). New York：Rizzoli International Publications，1992: 319.

图 2-227　来源：Guggenheim Museum, The Great Utopia:The Russian and Soviet Avant-Garde, 1915-1932 (M). New York：Rizzoli International Publications，1992: 320.

图 2-228　来源：Martin-Gropius-Bau, WChUTEMASE in russisches Laborder Moderne Architekturentwürfe1920-1930(M). Berlin：Berlin，2014: 136.

图 2-229、图 2-230　来源：Martin-Gropius-Bau, WChUTEMASE in russisches Laborder Moderne Architekturentwürfe1920-1930(M). Berlin：Berlin，2014: 137.

图 2-231　来源：Guggenheim Museum, The Great Utopia:The Russian and Soviet Avant-Garde, 1915-1932 (M). New York：Rizzoli International Publications，1992: 335.

图 2-232　来源：Martin-Gropius-Bau, WChUTEMASE in russisches Laborder Moderne Architekturentwürfe1920-1930(M). Berlin：Berlin，2014: 178.

图 2-233　来源：Martin-Gropius-Bau, WChUTEMASEin russisches Laborder ModerneArchitekturentwürfe1920-1930(M). Berlin：Berlin，2014: 180.

图 2-234　来源：Martin-Gropius-Bau, WChUTEMASEin russisches Laborder ModerneArchitekturentwürfe1920-1930(M). Berlin：Berlin，2014: 182.

图 2-235　来源：Guggenheim Museum, The Great Utopia:The Russian and Soviet A.vant-Garde, 1915-1932 (M). New York：Rizzoli International Publications，1992: 312.

图 2-236　来源：Guggenheim Museum, The Great Utopia:The Russian and Soviet Avant-Garde, 1915-1932 (M). New York：Rizzoli International Publications，1992: 322.

图 2-237　来源：Martin-Gropius-Bau, WChUTEMASE in russisches Laborder Moderne Architekturentwürfe1920-1930(M). Berlin：Berlin，2014: 193.

图 2-238　来源：Guggenheim Museum, The Great Utopia:The Russian and Soviet Avant-Garde, 1915-1932 (M). New York：Rizzoli International Publications，1992: 328.

图 2-239　来源：Guggenheim Museum, The Great Utopia:The Russian and Soviet A.vant-Garde, 1915-1932 (M). New York：Rizzoli International Publications，1992: 329.

图 2-240　来源：Martin-Gropius-Bau, WChUTEMASE in russisches Laborder Moderne Architekturentwürfe1920-1930(M). Berlin：Berlin，2014: 198.

图 2-241　来源：Guggenheim Museum, The Great Utopia:The Russian and Soviet Avant-Garde, 1915-1932 (M). New York：Rizzoli International Publications，1992: 330.

图 2-242、图 2-243　来源：Guggenheim Museum, The Great Utopia:The Russian and Soviet Avant-Garde, 1915-1932 (M).New York：Rizzoli International Publications，1992: 332.

图 2-244　来源：Guggenheim Museum, The Great Utopia:The Russian and Soviet Avant-Garde, 1915-1932 (M). New York：Rizzoli International Publications，1992: 333.

图 2-245　来源：Martin-Gropius-Bau, WChUTEMASE in russisches Laborder Moderne Architekturentwürfe1920-1930(M). Berlin：Berlin，2014: 211.

图 2-246　来源：С.О.Хан-Магомедов, АРХИТЕКТУР СОВЕТСКОГО АВАНГАРДА (М). Москва：Стройиздат，1996: 262.

图 3-1、图 3-2、图 3-5 ~ 图 3-7　来源：en.wikipedia.org.

图 3-3　来源：Nikolai 拉多夫斯基 written by Russell，Cohn Ronald.

图 3-4　来源：https://img3.doubanio.com/view/photo/l/public/p2401908244.webp.

图 3-8、图 3-9　来源：The Museum of Modern Art:Distributed by H.N. Abrams, Architectural Drawings of the Russian Avant- Garde [M] . The Museum of Modern Art,1990:33-34.

图 3-10、图 3-11　来源：thecharnelhouse.org.

图 3-12 ~ 图 3--14　来源：Berliner Festspiele /Ausstellung.WChUTEMAS-ein-russisches Labor der Moderne:Architekturentwürfe1920-1930(M).Berlin,Martin-GropiusBau,Körperschaft2014:102-110.

图 3-15 ~ 图 3-19、图 3-21- 图 3-27　来源：韩林飞，В．А普利什肯，建筑师创

造力的培养：从苏联高等艺术与技术创作工作室 [M]. 北京：中国建筑工业出版社，2007.

图 3-20　来源：Редакиа《EM-MA》.Ежегодник МАРХИ (C).Mock-ba:АрхиTekTypa- C. 2002: 24-25.

图 3-28 ～图 3-47　来源：韩林飞 . 形态构成训练 (M). 北京：中国建筑工业出版社，2015,25.

图 3-48 ～图 3-55　来源：http://www.marhi.ru/

图 3-56　来源：http://img.mp.itc.cn/upload/20170320/295d1dbe-01fa4d7bb7af3861ed9ae94e.jpg.

图 3-57　来源：作者自绘 .

图 3-58、图 3-59　来源：https://mr.baidu.com/r/PB7Z147Zi8?f=cp&u=aad-58dc660578d77.

图 3-60、图 3-61　来源：https://mr.baidu.com/r/PujrMiRHzy?f=cp&u=aff23 4d4d642d4c8.

图 3-62　来源：https://p9.itc.cn/images01/20210324/67fd-5cdbff394325bdf15f412d713bdd.png.

图 3-63、图 3-64　来源：https://mr.baidu.com/r/PujAjUo2pa?f=cp&u=c-6575e25c163d935.

图 3-65　来源：https://view.inews.qq.com/a/20220331A01UOH00.

图 3-66　来源：https://m.sohu.com/a/146411839_267672/?pvid=000115_3w_a.

图 3-67　来源：Zaha Hadid,Museum for the 19th Century 1976-77，Source:Zaha Hadid:The Complete Building and Projects,Thames&Hudson,1998.p17.

图 3-68　来源：Zaha Hadid,Museum for the 19th Century 1976-77，Source:Zaha Hadid:The Complete Building and Projects,Thames&Hudson,1998.p17.

图 3-69　来源：https://www.archdaily.com/786030/ad-classics-dutch-par-liament-extension-oma-zaha-hadid-elia-zenghelis-the-netherlands?ad_content=786030&ad_medium=widget&ad_name=editors-choice.

图 3-70　来源：https://www.ddove.com/htmldatanew/20160612/2cea7f-15c1a69160.html.

图 3-71　来源：https://www.zhihu.com/question/270601902/an-swer/553299067?utm_id=0.

图 3-72　来源：https://view.inews.qq.com/a/20220120A0961200.

图 3-73　来源：https://www.sohu.com/a/126540640_329090.

图 3-74　来源：https://mr.baidu.com/r/PuiC9kEFkA?f=cp&u=fbd0ad36a-f96a9b4.

图 3-75　来源：https://mr.baidu.com/r/PuiC9kEFkA?f=cp&u=fbd0ad36a-f96a9b4.

图 3-76　来源：https://m.sohu.com/a/346335726_298474/?pvid=000115_3w_a.

图 3-77a　来源：https://na-dache.pro/uploads/posts/2022-11/1668913223_142-na-dache-pro-p-kvadrati-na-stene-foto-150.jpg.

图 3-77b　来源：https://www.artribune.com/wp-content/uploads/2016/04/Zaha-Hadid-su-Kazimir-Malevic-Tate-Modern-Londra-2014.jpg.

图 3-78　来源：https://weibo.com/1968821615/ECteWyJuF.

图 3-79 ～图 3-94　来源 韩林飞 . 林嘉芙 . 苏联前卫艺术运动对鲁迅的影响研究 (J). 美术大观 .2021,(06)：88.

图 4-1　来源：https://i.ytimg.com/vi/PL0vU02QC4w/maxresdefault.jpg.

图 4-2 ～图 4-8、图 4-10、图 4-11、图 4-14 ～图 4-16　来源：康贺阳 . 金兹堡 "社会凝聚器" 理论及其对建筑空间综合设计的启示 (D). 北京：北京交通大学 ,2021.

图 4-9　来源：https://www.pinterest.se/pin/the-collective-old-oak-offers-more-than-500-individuals-a-private-bedroom-and-access-to-communal-kitchens-a--580542826881816828/

图 4-12　来源：李瑞华，吴聪，杨一帆 . 近现代建筑遗产的保护与利用——以福绥境大楼为例 (J). 遗产与保护研究 ,2018,3(10):89-93.

图 4-13　来源：作者自绘 .

图 4-17　来源：https://www.tretyakovgallerymagazine.com/arti-cles/3-2013-40/almanac-unovis-chronicle-malevichs-vitebsk-experiment.

图 4-18　来源：https://www.pinterest.ca/pin/358880664027977140/

图 4-19　来源：https://www.litfund.ru/auction/9/420/

图 4-20　来源：https://www.tretyakovgallerymagazine.com/arti-cles/3-2013-40/almanac-unovis-chronicle-malevichs-vitebsk-experiment.

图 4-21　来源：https://www.pinterest.co.uk/pin/18851953-vladimir-tat-lin--460070918155452377/

图 4-22a、图 4-23b　来源：任艳，江滨 . 弗拉基米尔塔特林 构成主义建筑大师 (J). 中国勘察设计 ,2018(08):74-81.

图 4-22b　来源：https://nl.pinterest.com/pin/446208275576496135/

图 4-23a　来源：https://www.pinterest.de/pin/4953256590135436870/

图 4-24a　来源：https://www.pinterest.co.uk/pin/488570259569709638/

图 4-24b　来源：https://www.pinterest.ca/pin/345862446352937994/

图 4-25　来源：https://www.pinterest.ca/pin/18851953-vladimir-tat-lin--460070918155452363/

图 4-26　来源：https://www.mutualart.com/Artwork/A-so-called--Tatlin--chair/3C8D655442A73552.

图 4-27 ～图 4-43　来源：Гинзбург Моисей Яковлевич. Стиль и эпоха(M). Москва: Государственное издательство, 1924.

图 4-44 ～图 4-66　来源: Хан-Магомедов С.О.. Константин Мельников (M), Стройиздат， 1990.

图 4-67 ~ 图 4-84 来源：索菲·库帕斯·里希茨基．埃尔里希茨基的生活、信件与文稿 (M)．泰晤士与哈德逊出版，1980．

图 4-85 来源：https://de.wikipedia.org/wiki/Datei:Suprematism._Two-Dimensional_Self-Portrait.jpg．

图 4-86a 来源：https://arthive.com/zh/kazimirmalevich/works/16406~Suprematist_composition_airplane_flying．

图 4-86b 来源：https://arthive.com/zh/kazimirmalevich/works/305038~Black_square_and_red_square_Picturesque_realism_A_boy_with_a_knapsack_Colorful_masses_in_the_fourth_dimension．

图 4-86c 来源：https://de.wikipedia.org/wiki/Datei:Suprematism._Two-Dimensional_Self-Portrait.jpg．

图 4-87a 来源：https://arthive.com/zh/kazimirmalevich/works/16468~Supremus_No_56．

图 4-87b 来源：https://arthive.com/zh/kazimirmalevich/works/16458~Suprematism．

图 4-87c 来源：https://de.wikipedia.org/wiki/Datei:Suprematism._Two-Dimensional_Self-Portrait.jpg．

图 4-88 来源：https://www.pinterest.ca/pin/550002173240552696/?mt=login．

图 4-89 ~ 图 4-91 来源：https://www.wikidata.org/wiki/Wikidata:WikiProject_sum_of_all_paintings/Creator/Kazimir_Malevich．

图 4-92 来源：https://arthive.com/zh/kazimirmalevich/works/305058~Red_figure．

图 4-93 来源：https://www.wikidata.org/wiki/Wikidata:WikiProject_sum_of_all_paintings/Creator/Kazimir_Malevich．

图 4-94 来源：https://id.pinterest.com/pin/736127501565440315/

图 4-95 来源：https://arthive.com/zh/kazimirmalevich/works/16486~Landscape_with_white_house．

图 4-96 来源：The Museum of Modern Art:Distributed by H.N. Abrams, Architectural Drawings of the Russian Avant- Garde [M] .The Museum of Modern Art. 1990:40．

图 4-97 ~ 图 4-100 来源：The Museum of Modern Art:Distributed by H.N. Abrams, Architectural Drawings of the Russian Avant- Garde [M] .The Museum of Modern Art. 1990:40-45．

图 4-101 来源：The Museum of Modern Art:Distributed by H.N. Abrams, Architectural Drawings of the Russian Avant- Garde [M] ,The Museum of Modern Art. 1990:46．

图 4-102 ~ 图 4-105 来源：Berliner Festspiele /Ausstellung.WChUTE-MAS-einrussisches Labor der Moderne:Architekturentwürfe1920-1930(M).

Berlin,Martin-GropiusBau,Körperschaft . 2014:110-115．

图 4-106 ~ 图 4-107 来源：Berliner Festspiele /Ausstellung.WChUTE-MAS-einrussisches Labor der Moderne:Architekturentwürfe1920-1930(M). Berlin,Martin-GropiusBau,Körperschaft. 2014:120．

图 4-108 ~ 图 4-109 来源：Berliner Festspiele /Ausstellung.WChUTE-MAS-einrussisches Labor der Moderne:Architekturentwürfe1920-1930(M). Berlin,Martin-GropiusBau,Körperschaft. 2014:125．

图 4-110 来源：Berliner Festspiele /Ausstellung.WChUTEMAS-einrussisches Labor der Moderne:Architekturentwürfe1920-1930(M).Berlin,Martin-GropiusBau,Körperschaft. 2014:130．

图 4-111 ~ 图 4-115 来源：曼弗雷多·塔夫里，弗朗切斯科·达尔科著，刘先觉等译《现代建筑》(M)．中国建筑工业出版社，2000: 120．

图 4-116 ~ 图 4-134 来源：吕富珣．《苏俄前卫建筑》(M)．中国建材工业出版社．1994: 180．

图 4-135 ~ 图 4-137 来源：CATHERINE COOKE.RUSSIAN CONSTRUCTIVISM &IAKOV CHERNIKHOV(M).42 Leinster Gardens，London W2 3AN，1989: 25-30．

图 4-138 来源：《图形表现艺术》书籍内页插图，亚·切尔尼霍夫，1927．

图 4-139 来源：《几何制图》书籍内页插图，亚·切尔尼霍夫，1927．

图 4-140 来源：CATHERINE COOKE.RUSSIAN CONSTRUCTIVISM &IAKOV CHERNIKHOV(M).42 Leinster Gardens，London W2 3AN，1989: 25-30．

图 4-141 来源：《现代建筑原理》书籍内页插图，亚·切尔尼霍夫，1920—1930．

图 4-142 来源：《装饰》，亚·切尔尼霍夫，1930．

图 4-143 来源：《建筑与机械形式的构成》书籍内页插图，亚·切尔尼霍夫，1925—1931．

图 4-144 来源：《101 个建筑幻想》书籍内页插图，亚·切尔尼霍夫，1933．

图 4-145、图 4-146 来源：CATHERINE COOKE.RUSSIAN CONSTRUCTIVISM &IAKOV CHERNIKHOV(M).42 Leinster Gardens，London W2 3AN，1989: 25-30．

图 4-147 ~ 图 4-157 来源：CATHERINE COOKE.RUSSIAN CONSTRUCTIVISM &IAKOV CHERNIKHOV(M).42 Leinster Gardens，London W2 3AN，1989: 75-80．

图 4-158 ~ 图 4-172 来源：CATHERINE COOKE.RUSSIAN CONSTRUCTIVISM &IAKOV.

图 4-173、图 4-174 来源：《字母形态构成》，亚·切尔尼霍夫，1951．

图 4-175 来源：С.О.Хан-Магомедов ИДЬЯ ГОДОСОВ (М). МОСКВА: СТРОЙИЗДАТ.1988．

图 4-176 来源：С.О.Хан-Магомедов ИДЬЯ ГОДОСОВ (М). МОСКВА:

СТРОЙИЗДАТ.1988: 104-105.

图 4-177　来源：С.О.Хан-Магомедов ИДЬЯ ГОДОСОВ (М). МОСКВА：СТРОЙИЗДАТ.1988: 96.

图 4-178　来源：С.О.Хан-Магомедов ИДЬЯ ГОДОСОВ (М). МОСКВА：СТРОЙИЗДАТ.1988: 165.

图 4-179　来源：С.О.Хан-Магомедов ИДЬЯ ГОДОСОВ (М). МОСКВА：СТРОЙИЗДАТ.1988: 125.

图 4-180　来源：С.О.Хан-Магомедов ИДЬЯ ГОДОСОВ (М). МОСКВА：СТРОЙИЗДАТ.1988: 194.

图 4-181　来源：С.О.Хан-Магомедов ИДЬЯ ГОДОСОВ (М). МОСКВА：СТРОЙИЗДАТ.1988: 162.

图 4-182　来源：С.О.Хан-Магомедов ИДЬЯ ГОДОСОВ (М). МОСКВА：СТРОЙИЗДАТ.1988: 162.

图 4-183　来源：С.О.Хан-Магомедов ИДЬЯ ГОДОСОВ (М). МОСКВА：СТРОЙИЗДАТ.1988: 145.

图 4-184　来源：С.О.Хан-Магомедов ИДЬЯ ГОДОСОВ (М). МОСКВА：СТРОЙИЗДАТ.1988: 201.

图 4-185　来源：С.О.Хан-Магомедов ИДЬЯ ГОДОСОВ (М). МОСКВА：СТРОЙИЗДАТ.1988: 193.

图 4-186　来源：Andrei Gozak ,Andrei Leonidov IVAN LEONIDOV (M). МОСКВА：Catherine Cooke .1988.

图 4-187　来源：Andrei Gozak ,Andrei Leonidov IVAN LEONIDOV (M). МОСКВА：Catherine Cooke .1988: 39.

图 4-188　来源：Andrei Gozak ,Andrei Leonidov IVAN LEONIDOV (M). МОСКВА：Catherine Cooke .1988: 51.

图 4-189　来源：Andrei Gozak ,Andrei Leonidov IVAN LEONIDOV (M). МОСКВА：Catherine Cooke .1988: 50.

图 4-190　来源：Andrei Gozak ,Andrei Leonidov IVAN LEONIDOV (M) .МОСКВА：Catherine Cooke .1988: 56-57.

图 4-191　来源：Andrei Gozak ,Andrei Leonidov IVAN LEONIDOV (M). МОСКВА：Catherine Cooke .1988: 141-145.

图 4-192　来源：Andrei Gozak ,Andrei Leonidov IVAN LEONIDOV (M). МОСКВА：Catherine Cooke .1988: 105.

图 4-193　来源：Andrei Gozak ,Andrei Leonidov IVAN LEONIDOV (M). МОСКВА：Catherine Cooke .1988: 108.

图 4-194　来源：Andrei Gozak ,Andrei Leonidov IVAN LEONIDOV (M). МОСКВА：Catherine Cooke: 1988: 110.

图 4-195　来源：Andrei Gozak ,Andrei Leonidov IVAN LEONIDOV (M). МОСКВА：Catherine Cooke .1988: 136.

图 4-196 ～图 4-202　来源：Марианна Евстратова,Сергей К олузаков Храм Святителя Николая в Бари. Проект архитектора А.В. Щусева (М). МОСКВА：Кучково поле，2017.

图 4-203　来源：С.О.ХАН-МАГОМЕДОВ, КОНСТРЧКТИВИЗМ-концепция формообразования(М). МОСКВА：СТРОЙИЗДАТ，1936: 377.

图 4-204 ～图 4-206　来源：А.Н.Лаврентьев. Ракурсы Родченко.(М). МОСКВА：Искусство , 1992.

图 4-207　来源：https://ohota-6.ru/wp-content/uploads/2021/06/vystavka-aleksandr-rodchenko-iz-kollekczii-still-art-foundation-kudago-prodvizhenie-sobytij-i-mest-v-internete.jpg.

图 5-1 ～图 5-3　来源：https://thechamelhouse.org /

图 5-4 ～图 5-7　来源：Architectsand Fashion2022(1):8.

图 5-8、图 5-9　来源：https://www.bauhaus-dessau.de/de/index.htm.

图 5-10　来源：https://ic.pics.livejournal.com/varivara/31821048/82946/82946_original.jpg.

图 5-11　来源：作者自摄，照片摄于 2005 年 .

图 5-12、图 5-13　来源：https://thechamelhouse.org.

图 5-14b　来源：https://artincontext.org/wp-content/uploads/2021/12/Kandinsky-Art-Book.jpg.

图 5-14c　来源：https://cdn1.ozone.ru/multimedia/c1200/1015977599.jpg.

图 5-15　来源：https://thechamelhouse.org/

图 5-16　来源：《现代主义设计 -- 现代十大设计理念》，108 .

图 5-17　来源：https://thechamelhouse.org/

图 5-18、图 5-19　来源：《BXYTEMAC》，125 .

图 5-20、图 5-21　来源：《BXYTEMAC》，126 .

图 5-22　来源：《BXYTEMAC》，157 .

图 5-23　来源：《包豪斯：大师和学生们》，152 .

图 5-24　来源：《平面设计史》，90 .

图 5-25　来源：《包豪斯：大师和学生们》，152 .

图 5-26　来源：《BXYTEMAC》，100 .

图 5-27　来源：作者自摄，照片摄于 2003 年 ,

图 5-28　来源：《包豪斯：大师和学生们》，152 .

图 5-29 ～图 5-33　来源：作者自摄，照片摄于 2003 年 .

图 5-34　来源：FrankWhitford,Bauhaus（World o f Art），171 .

图 5-35　来源：Frank Whitford,Bauhaus（World of Art），79 .

图 5-36　来源：《BXYFEMAC》，232 .

图 5-37　来源：《BXYFEMAC》，233 .

图 5-38　来源：《BXYTEMAC》，252.

图 5-39　来源：《BXYTEMAC》，253.

图 5-40　来源：《BXYTEMAC》，212.

图 5-41　来源：《BXYTEMAC》，179.

图 5-42　来源：《BXYTEMAC》，180.

图 5-43　来源：《BXYTEMAC》，181.

图 5-44　来源：《BXYTEMAC》，182.

图 5-45　来源：《BXYTEMAC》，199.

图 5-46　来源：《建筑师创造力的培养》，31.

图 5-47　来源：《包豪斯：大师和学生们》，43.

图 5-48　来源：《包豪斯：大师和学生们》，116.

图 5-49　来源：《包豪斯：大师和学生们》，43.

图 5-50　来源：《包豪斯：大师和学生们》，43.

图 5-51　来源：Frank Whitford，Bauhaus（World of Art），84.

图 5-52　来源：Frank Whitford，Bauhaus（World of Art），169.

图 5-53 ~ 图 5-57　来源：作者自摄，照片摄于 2003 年.

图 5-58　来源：《BXYTEMAC》，211.

图 5-59　来源：《BXYTEMAC》，215.

图 5-60　来源：《BXYTEMAC》，216.

图 5-61 ~ 图 5-68　来源：作者自摄，照片摄于俄罗斯国家博物馆.

图 5-69 ~ 图 5-71　来源：《包豪斯：大师和学生们》，47.

图 5-72　来源：《包豪斯：大师和学生们》，80.

图 5-73　来源：作者自摄，照片摄于 2003 年.

图 5-74　来源：Frank Whitford，Bauhaus（World of Art），194.

图 5-75　来源：作者自绘.

图 6-1　来源：MoMA 展览"立体主义和抽象艺术"（Cubism and Abstract Art）图录的封面，附有阿尔弗雷德·巴尔的现代主义艺术史图表。

图 6-2　来源：MoMA 展览"立体主义和抽象艺术"（Cubism and Abstract Art）图录的封面中文翻译。

图 6-3　来源：AnnaBokov, Avant-Garde as Method Vkhutemas and the Pedagogy of Space 1920-1930 (M). Zurich：Park Books，2020: 537.

图 6-4、图 6-5　来源：https://www.moma.org/

图 6-6　来源：https://thecharnelhouse.org.

图 6-7　来源：AnnaBokov, Avant-Garde as Method Vkhutemas and the Pedagogy of Space 1920-1930 (M). Zurich：Park Books，2020: 541，作者译.

图 6-8　来源：瓦·康定斯基《论艺术的精神》（1911 俄文版）封面。

图 6-9　来源：瓦·康定斯基《从点、线到面———抽象艺术的基础》（1926 俄文版）封面。

图 6-10、图 6-11　来源：AnnaBokov, Avant-Garde as Method Vkhutemas and the Pedagogy of Space 1920-1930 (M). Zurich：Park Books，2020，541，作者译.

图 6-12　来源：https://thecharnelhouse.org.

图 6-13　来源：Whitford, Frank. The Bauhaus : Masters and Students by Themselves.New York：The Overlook Press, 1977.

图 6-14　来源：AnnaBokov, Avant-Garde as Method Vkhutemas and the Pedagogy of Space 1920-1930 (M). Zurich：Park Books，2020: 544，作者译.

图 6-15　来源：AnnaBokov, Avant-Garde as Method Vkhutemas and the Pedagogy of Space 1920-1930 (M). Zurich：Park Books，2020: 543，作者译.

图 6-16　来源：AnnaBokov, Avant-Garde as Method Vkhutemas and the Pedagogy of Space 1920-1930 (M). Zurich：Park Books，2020: 552，作者译.

图 6-17　来源：AnnaBokov, Avant-Garde as Method Vkhutemas and the Pedagogy of Space 1920-1930 (M). Zurich：Park Books，2020: 553，作者译.

图 6-18、图 6-19　来源：AnnaBokov, Avant-Garde as Method Vkhutemas and the Pedagogy of Space 1920-1930 (M). Zurich：Park Books，2020: 104.

图 6-20　来源：AnnaBokov, Avant-Garde as Method Vkhutemas and the Pedagogy of Space 1920-1930 (M). Zurich：Park Books，2020: 454.

图 6-21　来源：AnnaBokov, Avant-Garde as Method Vkhutemas and the Pedagogy of Space 1920-1930 (M). Zurich：Park Books，2020: 314.

图后记 -1　来源：Alexander Lavrentiev, Kirill Gavrilin"The Work of Shaping Life". Moscow State Stroganov Academy of Design and Applied Arts: 195th Anniversary(J)ART SCHOOLS OF RUSSIA. 2020: 02.

图后记 -2　来源：http://www.recentering-periphery.org/architecture-at-vkhutemas/

图后记 -3　来源：拉·里西茨基，《俄罗斯，为世界革命的建筑探索》封面。

后记

本书的研究与写作始于2005年，至2010年完成初稿。史学界前辈、我的清华大学老师陈志华先生与中国建筑出版界的前辈与忘年交杨永生先生，初读了草稿后欣然作序，极大地鼓舞了我进一步的研究。由于当时初稿的一部分内容不尽满意，研究持续而艰难地进行着，再加上身不由己的忙碌与浮躁（当时陷入了设计实践创收的浪潮，国内外飞来飞去、昼出夜行的工作状态；在国外断断续续的教学与访学；回国后俄国资料来源的受限），致使书稿停留在书架的尘埃中。但我始终不愿意停下对呼捷玛斯这段历史的研究，随着呼捷玛斯2000年、2010年两次纪念会我去莫斯科建筑学院参加（图后记-1），看到世界上许多花白头发的学者仍在仔细认真且执着地研究着这个人类现代艺术与现代建筑史中的谜题。之后自己在创收的羞愧中继续着断断续续的研究，更准确地说，我是在呼捷玛斯的研究中对现代建筑起源阶段各种学术思想进行学习。

2018年年底，较完整的书稿终于完成了，中国电力出版社的出版计划使我备受鼓舞，然而从2019年年底开始，持续的新冠疫情在全球爆发了，给世界带来了巨大的改变。趁此时间我也终可以较全身心地投入此书最终的修订、整理与核校。这段难得的完整时间最终形成了本书较全面的形态，终于在呼捷玛斯百年华诞时给自己的兴趣与专注一个较满意的答复。

在忙忙碌碌的状态下，十多年我时断时续地逐渐完成了对呼捷玛斯的研究。本书的付梓实在不易，是苏联前卫先锋艺术家与建筑师非凡的创造力的激励；是家人朋友的支持使我充满了写作的能量；是遍及国内外的那些毕业或在读的学生们的认真与关爱予以我无穷的动力；是就读莫斯科建筑学院的老师们的不断鼓励使

我坚持了下来；也是网络信息时代让我无论身处何处，都能与瞬息万变的大千世界保持"零"距离。便捷的研究信息资源获取方式使我省去了以往图与书馆研究的繁杂，虽然俄语的英代克斯（yandex）网络并不那么高效，但俄罗斯，这个与互联网社会始终保持一定距离的国家充满了独特的魔力。最新研究的学术信息使我及时汲取着新鲜的养分。

2018年较完整的书稿完成后，在网络上经历了一次很好的"会诊"，意大利米兰理工大学的毛里齐奥·梅里吉教授（Maurizio Meriggi）、日本东京工业大学的渡边胜道教授（Katsumichi Watanabe）、耶鲁大学博士安娜·博科夫（Анна Боков）、北京大学的王昀教授、清华大学的祁斌教授、中央美术学院的吕品晶教授和刘文豹教授等都提出了非常好的意见和建议；先辈顾孟潮先生、韩森先生、洪铁城先生一直关注我的研究内容，感谢他们的支持与帮助，我们都是苏俄前卫艺术研究的好朋友、好伙伴。此外，安娜·波科夫的著作《将先锋作为方法：呼捷玛斯》也为本书提供了重要的基础资料。

感谢提供了众多重要资料的俄罗斯先锋建筑与艺术研究的创始人汉·马格尼多夫教授（Хан Магомедов）。作为呼捷玛斯的传人，他经常称自己的研究是一种自我救赎，每次电话中的请教，他敏锐的洞察力、高瞻远瞩的学术判断力都令我茅塞顿开。2012年他的离世，使我失去了一位尊敬的师长、一位苏联前卫艺术与呼捷玛斯研究的始创者。

感谢莫斯科建筑学院（国家科学院）的校长德·什韦德科夫斯基院士（Д.Швидковский）。作为我的博士生导师，他深刻的建筑史分析判断，睿智的思维方式，精准而犀利的语言表达是我永远学习的榜样。还要感谢莫斯科建筑学院的前校长库亚·德里亚夫采夫院士（А. Кудрявцев）。作为《苏联建筑》

（Architecture USSR）的最后十年的原主编，他对苏联先锋建筑在世界建筑史中的定位使我清晰地认识到前卫与现代、古典与传统的关系。还有伊·列扎娃院士（И. Лежава）、格·叶萨乌洛夫教授（Г. Есаулов）、米·舒边科夫教授（М. Шубенков）、阿·阿尼西莫夫教授（А. Анисимов）、尤·沃尔乔克教授（Ю. Волчок），他们关于呼捷玛斯的研究观点极大地启发了我对本书的创作思维。

感谢莫斯科建筑学院呼捷玛斯博物馆馆长拉·韦恩（Л. Веэн），国立舒舍夫建筑博物馆馆长伊·里哈切娃（Е. Лихачёва），马雅科夫斯基博物馆副院长尤·萨多夫尼科娃（Ю. Садовникова），特里季亚科夫画廊研究员弗·克鲁格洛夫（В.Круглов），他（她）们提供的图片资料为本书增色不少。

感谢俄罗斯建筑师联盟主席安·波科夫院士（А. Боков）与前主席尤·格涅多夫斯基院士（Ю. Гнедовский），以及俄罗斯建筑建设科学院院长、前莫斯科总建筑师亚·库兹明院士（А. Кузьмин），俄罗斯科学院社会科学部柳·阿娜索娃（Л. Аносова）教授，他们不仅为本书提供了许多研究资料，而且为本书一些重要观点的形成提供了帮助，感谢他们！

感谢俄罗斯的建筑师尼·舒马科夫（Н. Шумаков），德·布什（Д. Буш），谢·西塔尔（С.Ситар），他们极富个性的建筑事务所延续了呼捷玛斯的教学成果与创作经验，为本书关于呼捷玛斯创作思想的继承提供了帮助。

还要感谢我和夫人在俄罗斯留学工作期间，作为家庭两代甚至三代的私人朋友，叶连缅科（Ярёменко）院士一家及库申科（Якушенко）一家对我们的关心与照顾。每当想起在彼此温馨的家里聚会，共贺新年、圣诞等节日，心里充满了暖意；每当想起莫斯科冬日的鹅毛大雪，想起夏天郊外蓝天下高耸的白桦树林时，就一定会想起这些诚恳、善良、暖

心的俄罗斯朋友们。

更要感谢我研究生的母校清华大学建筑学院，是20世纪50年代的留苏学者朱畅中、汪国瑜、刘鸿滨先生的苏联建筑研究引领我走进了莫斯科建筑学院的大门。留苏学者蔡镇钰博士、赵冠谦博士、金大勤博士、童林旭博士的许多研究成果帮助我进入了此领域的研究。两所学校的师兄吕富珣博士关于俄罗斯先锋建筑的研究成为我研究的重要基础，前辈扎实勤奋的学术作风影响了我。

感谢北京大学的俞孔坚院士、李迪华教授、李国平教授等，在北大三年的博士后工作期间，他们给予了我许多帮助，对于我的苏联研究充满了希望，这也是我坚持下去的动力之一。在回国后到北大工作期间，我深深地感受到了北大不同的研究思维方法、发散的思维方式、"大胆假设，小心求证"的严谨学术作风。这些对研究的基本态度为本书的思考与，写作增加了"北大"的风格。

感谢康贺阳、肖春瑶、车佳星、王浩、张晨铭、鲁宇捷、韩雨浓、付绮纬、李思扬、张宁等多位研究生，他们积极思考、默契配合，展现了对呼捷玛斯教学研究深厚的兴趣，创造性地为本书图版的编排、文字的校对贡献了自己的智慧。

感谢中国电力出版社的梁瑶、王倩编辑，从内容的把握到文字的编辑，她们仔细认真地梳理，在书籍设计、图片处理等方面为本书增色良多。感谢王伯杨先生，他为本书中沙俄、苏联、俄罗斯等时间关系的疏理提出了建设性的意见。也要感谢筑景国际USI的刘航助理、江怡廷、杨光、林嘉芙等同学在图片处理方面的贡献。

本书涉及的建筑历史资料信息非常庞杂，筛理整合的工作量巨大，涉及的人名、流派名称，俄文、英文、中文三种文字（甚至还有德文）相互交叉，虽进行了大量的核审校对工作，但难免有所疏漏。敬请读者朋友理解，若能反馈于我们，让我的研究工作进一步改进，更是感谢！

更要感谢一百年前呼捷玛斯（图后记-2）前辈先贤们创造性探索，他们对现代主义思想与创作的贡献时时刻刻激励着我的研究，甚至伊利西斯基的《俄罗斯，为世界革命的建筑探索》一书（图后记-3），以及弗·塔特林、尼·拉多夫斯基、康·美尔尼科夫等经常出现在我写作时的身旁，在与他们的对话中探讨着现代主义设计。呼捷玛斯就像契诃夫笔下的《草原》游记一样，深厚而宽广、像云朵游过天空一样，在那个不可思议的地方，呼捷玛斯就像天空那种没法测度的深邃和无边无际一样，蕴藏着无穷的力量。在人类现代艺术创造的长河里，你可以感到美的魅力、青春的朝气、力量的壮大和求生的渴望。灵魂中响应着美丽而严峻的人类理想的呼唤，一心想随着夜鸟一块儿在草原上空翱翔。在美的胜利中，在幸福的洋溢中，透露着紧张与艰辛，仿佛草原知道自己的孤独，知道自己的财富和灵感对这个世界来说意味的能量。再次期待更多青年学者加入此方面现代主义起源的研究，共同研究与探讨这个"难求解"的谜题。

韩林飞

2020年9月

图后记-1　呼捷玛斯的教学楼（原第二国立自由艺术创作工作室）2010摄

图后记-2　拉·里西茨基，《呼捷玛斯》招贴设计，1927年

图后记-3　拉·里西茨基，《俄罗斯，为世界革命的建筑探索》封面，1930年

作者简介

韩林飞 建筑师，建筑学与城乡规划学研究者。北京大学地理学博士后、俄罗斯莫斯科建筑学院建筑学博士、俄罗斯科学院城市经济学博士，清华大学硕士。从事建筑设计、城乡规划与设计、地下空间资源开发与利用等领域研究、苏联俄罗斯建筑与城市规划研究20余年。现为俄罗斯莫斯科建筑学院教授，意大利米兰理工大学客座教授，北京交通大学教授、博士生导师。

担任国际建筑师协会（UIA）学术委员；联合国国际建筑科学院会员；俄罗斯建筑与建设科学院外籍顾问；中国建筑学会第十三届理事会理事；中国区域经济学会常务理事；中国国家技术产品文件标准化技术委员会委员；北京城市规划学会第五届理事会理事。曾任美国辛辛那提大学访问学者，中国北京服装学院、华中科技大学兼职教授。出版专著、译著20余部，发表论文150余篇，主持国外、国家级和省级科研项目20余项，完成30余个城市的多项建筑和规划设计工作。

获"2018年中国城市化贡献力人物"；2015年获"第十二届詹天佑铁道科学技术奖专项奖"；2014年获中意建筑大奖；2007年获"北京市创意设计年度青年人物"金奖；获2008年科技部精瑞住宅科学技术奖住区规划设计奖金奖；获2001年中国城市规划设计三等奖；多次在独联体国家举办的国际建筑院校毕业设计展览竞赛上荣获优秀指导教师一等奖。

主要出版著作有《铁路客站周边城市规划与设计》《空间构成图解——二维到三维形体的转换》《色彩构成图解——解构、重组与空间创造》《世界建筑旅行地图：俄罗斯》《建筑与抽象绘画》《中小城镇特色与风貌》《建筑与太空》《创意设计——灾后重建的理性思考》《滨海旅游度假区生态与经济规划》，以及《建筑与历史环境》（译著）等。